# 中国国家标准汇编

2006 年修订-24

中国标准出版社　编

中国标准出版社

北京

**图书在版编目（CIP）数据**

中国国家标准汇编．2006 年修订．24/中国标准出版社编．—北京：中国标准出版社，2007

ISBN 978-7-5066-4606-2

Ⅰ．中…　Ⅱ．中…　Ⅲ．国家标准-汇编-中国-2006
Ⅳ．T-652．1

中国版本图书馆 CIP 数据核字（2007）第 102604 号

中国标准出版社出版发行
北京复兴门外三里河北街 16 号
邮政编码：100045
网址 www.spc.net.cn
电话：68523946　68517548
中国标准出版社秦皇岛印刷厂印刷
各地新华书店经销
*
开本 880×1230　1/16　印张 38.25　字数 1 146 千字
2007 年 8 月第一版　2007 年 8 月第一次印刷
*
定价 180.00 元



ISBN 978-7-5066-4606-2
9 787506 646062 >

# 出 版 说 明

1.《中国国家标准汇编》是一部大型综合性国家标准全集，自1983年起，按国家标准顺序号以精装本、平装本两种装帧形式陆续分册汇编出版。《汇编》在一定程度上反映了我国建国以来标准化事业发展的基本情况和主要成就，是各级标准化管理机构，工矿企事业单位，农林牧副渔系统，科研、设计、教学等部门必不可少的工具书。

2. 由于标准的动态性，每年有相当数量的国家标准被修订，这些国家标准的修订信息无法在已出版的《汇编》中得到反映。为此，自1995年起，新增出版在上一年度被修订的国家标准的汇编本。

3. 修订的国家标准汇编本的正书名、版本形式、装帧形式与《中国国家标准汇编》相同，视篇幅分设若干册，但不占总的分册号，仅在封面和书脊上注明"2006年修订-1，-2，-3，……"等字样，作为对《中国国家标准汇编》的补充。读者配套购买则可收齐前一年新制定和修订的全部国家标准。

4. 修订的国家标准汇编本的各分册中的标准，仍按顺序号由小到大排列(不连续)；如有遗漏的，均在当年最后一分册中补齐。

5. 2006年度发布的修订国家标准分27册出版。本分册为"2006年修订-24"，收入新修订的国家标准32项。

中国标准出版社

2007年6月

# 目　录

ICS 59.080.01
W 04

GB

# 中华人民共和国国家标准

GB/T 18412.1—2006

# 纺织品　农药残留量的测定
# 第1部分:77种农药

Textiles—Determination of the pesticide residues—
Part 1: 77 pesticides



2006-05-25 发布　　　　2006-12-01 实施

中华人民共和国国家质量监督检验检疫总局
中国国家标准化管理委员会　发布

# 前言

GB/T 18412《纺织品 农药残留量的测定》包括以下部分：

——第1部分：77种农药；

——第2部分：有机氯农药；

——第3部分：有机磷农药；

——第4部分：拟除虫菊酯农药；

——第5部分：有机氮农药；

——第6部分：苯氧羧酸类农药；

——第7部分：毒杀芬。

本部分为GB/T 18412的第1部分。

本部分附录A为规范性附录，附录B、附录C和附录D为资料性附录。

本部分由中国纺织工业协会提出。

本部分由全国纺织品标准化技术委员会基础分会(SAC/TC 209/SC 1)归口。

本部分起草单位：吉林出入境检验检疫局、纺织工业标准化研究所。

本部分主要起草人：牟峻、郑宇英、王明泰、靳颖、刘志研、吴剑。

# 纺织品　农药残留量的测定
# 第1部分:77种农药

**警告——使用GB/T 18412的本部分的人员应有正规实验室工作的实践经验。本部分并未指出所有可能的安全问题。使用者有责任采取适当的安全和健康措施,并保证符合国家有关法规规定的条件。**

## 1　范围

GB/T 18412的本部分规定了采用气相色谱-质量选择检测器(GC-MSD)测定纺织品中77种农药(见附录A)残留量的方法。

本部分适用于纺织材料及其产品。

## 2　原理

试样经正己烷-乙酸乙酯(1+1)超声波提取,提取液浓缩后,经氟罗里硅土(Florisil)固相柱净化,洗脱液经浓缩并定容后,用气相色谱-质谱测定和确证,外标法定量。

## 3　试剂和材料

除另有规定外,所用试剂应均为分析纯。

3.1　正己烷:残留级。

3.2　乙酸乙酯:残留级。

3.3　丙酮:残留级。

3.4　乙腈:残留级。

3.5　甲苯:残留级。

3.6　无水硫酸钠:650℃灼烧3 h,冷却后贮于干燥器中备用。

3.7　氟罗里硅土(Florisil)固相柱:1.0 g,或相当者。

3.8　77种农药标准品:纯度≥97%,见附录A。

3.9　标准储备液:分别准确称取适量的每种农药标准品,用少量丙酮溶解并配制成浓度为500 μg/mL～1 000 μg/mL的标准储备液。

3.10　标准中间工作溶液:分别准确移取一定体积的各农药标准储备液,可根据需要用丙酮稀释成浓度为5 μg/mL～50 μg/mL的混合标准中间工作液。

3.11　混合标准工作溶液:准确移取一定体积的混合标准中间工作溶液,可根据需要用丙酮稀释成适用浓度的混合标准工作溶液。

注:标准储备液在0℃～4℃冰箱中保存有效期为12个月,标准中间工作溶液在0℃～4℃冰箱中保存有效期为6个月,混合标准工作溶液在0℃～4℃冰箱中保存有效期为3个月。

## 4　仪器与设备

4.1　气相色谱-质谱仪:配有质量选择检测器(MSD)。

4.2　超声波发生器:工作频率40 kHz。

4.3　旋转蒸发器。

4.4　无水硫酸钠柱:7.5 cm×1.5 cm(内径),内装4 cm高无水硫酸钠。

4.5　锥形瓶:具磨口塞,100 mL。

4.6　浓缩瓶:具磨口塞,100 mL。

## 5 分析步骤

### 5.1 提取

取代表性样品，将其剪碎至 5 mm×5 mm 以下，混匀。称取 2.0 g（精确至 0.01 g）试样，置于 100 mL 具塞锥形瓶中，加入 50 mL 正己烷-乙酸乙酯（1+1），于超声波发生器中提取 20 min。将提取液过滤。残渣再用 30 mL 正己烷-乙酸乙酯（1+1）超声提取 5 min，合并滤液，经无水硫酸钠柱脱水后，收集于 100 mL 浓缩瓶中，于 40℃水浴旋转蒸发器浓缩至近干，加入 3 mL 乙腈-甲苯（1+3）溶解残渣。

### 5.2 净化

用 5 mL 乙腈-甲苯（1＋3）预淋洗氟罗里硅土（Florisil）固相柱，将提取样液移入净化柱中，用 2×2 mL 乙腈-甲苯（1+3）洗涤容器并入柱中，再用 15 mL 乙腈-甲苯（1+3）进行洗脱。收集全部洗脱液于 50 mL 浓缩瓶中，于 40℃水浴中旋转浓缩至近干，用丙酮溶解并定容至 2.0 mL，供气相色谱-质谱确证和测定。

### 5.3 测定

#### 5.3.1 气相色谱-质谱条件

由于测试结果取决于所使用仪器，因此不可能给出气相色谱-质谱分析的通用参数。设定的参数应保证色谱测定时被测组分与其他组分能够得到有效的分离，下列给出的参数证明是可行的。

a） 色谱柱：DB-5 MS 30 m×0.25 mm×0.1 μm，或相当者；

b） 色谱柱温度：50℃（2 min）$\xrightarrow{10℃/min}$180℃（1 min）$\xrightarrow{3℃/min}$270℃（10 min）；

c） 进样口温度：270℃；

d） 色谱-质谱接口温度：280℃；

e） 载气：氦气，纯度≥99.999%，流速 1.2 mL/min；

f） 电离方式：EI；

g） 电离能量：70 eV；

h） 测定方式：选择离子监测方式，定量和定性检测参见附录 B；定量测定的选择离子监测方式的质谱参数参见附录 C；

i） 进样方式：无分流进样，1.5 min 后开阀；

j） 进样量：1 μL。

#### 5.3.2 气相色谱-质谱分析及阳性结果确证

根据样液中被测物含量情况，选定浓度相近的标准工作溶液，对标准工作溶液与样液等体积参插进样测定，标准工作溶液和待测样液中每种农药的响应值均应在仪器检测的线性范围内。

注：在上述气相色谱-质谱条件下，77 种农药标准物的参考保留时间参见附录 B，气相色谱-质谱选择离子色谱图参见附录 D。

如果样液与标准工作溶液的选择离子色谱图中，在相同保留时间有色谱峰出现，则根据附录 B 中每种农药列出的选择离子的种类及其丰度比对其进行确证。

## 6 结果计算

试样中每种农药残留量按式（1）计算，计算结果表示到小数点后两位。

$$X_i = \frac{A_i \times c_i \times V}{A_{is} \times m} \quad \cdots\cdots\cdots\cdots (1)$$

式中：

$X_i$——试样中农药 $i$ 残留量，单位为微克每克（μg/g）；

$A_i$——样液中农药 $i$ 的峰面积（或峰高）；

$A_{is}$——标准工作液中农药 $i$ 的峰面积（或峰高）；

$c_i$——标准工作液中农药 $i$ 的浓度，单位为微克每毫升（μg/mL）；

$V$——样液最终定容体积，单位为毫升（mL）；

$m$——最终样液代表的试样量，单位为克（g）。

## 7 测定低限、回收率和精密度

### 7.1 测定低限

本方法对纺织品中 77 种农药残留量的测定低限参见附录 B。

### 7.2 回收率

本方法对纺织品中 77 种农药的回收率为 65%～110%。

### 7.3 精密度

在同一实验室，由同一操作者使用相同设备，按相同的测试方法，并在短时间内对同一被测对象相互独立进行的测试获得的两次独立测试结果的绝对差值不大于这两个测定值的算术平均值的 20%。以大于这两个测定值的算术平均值的 20%的情况不超过 5%为前提。

## 8 试验报告

试验报告至少应给出以下内容：

a) 样品描述；

b) 使用的标准；

c) 试验结果；

d) 偏离标准的差异；

e) 试验日期。

# 附 录 A
（规范性附录）
77种农药种类表

表 A.1

| 序号 | 农药名称 | 英文名称 | CAS No. | 化学分子式 |
|---|---|---|---|---|
| 1 | 甲胺磷 | methamidophos | 10265-92-6 | $C_2H_8NO_2PS$ |
| 2 | 敌敌畏 | dichlorvos | 62-73-7 | $C_4H_7Cl_2O_4P$ |
| 3 | 速灭磷 | mevinphos | 7786-34-7 | $C_7H_{13}O_6P$ |
| 4 | 杀线威 | oxamyl | 23135-22-0 | $C_7H_{13}N_3O_3S$ |
| 5 | 异丙威 | isoprocarb | 2631-40-5 | $C_{11}H_{15}NO_2$ |
| 6 | 灭虫威 | methiocarb | 2032-65-7 | $C_{11}H_{15}NO_2S$ |
| 7 | 氧化乐果 | omethoate | 1113-02-6 | $C_5H_{12}NO_4PS$ |
| 8 | 四氯硝基苯 | tecnazene | 117-18-0 | $C_6HCl_4NO_2$ |
| 9 | 甲基内吸磷 | demeton methyl | 919-86-8 | $C_6H_{15}O_3PS_2$ |
| 10 | 丙线磷 | ethoprophos | 13194-48-4 | $C_8H_{19}O_2PS_2$ |
| 11 | 杀虫脒 | chlordimeform | 6164-98-3 | $C_{10}H_{13}ClN_2$ |
| 12 | 百治磷 | dicrotophos | 141-66-2 | $C_8H_{16}NO_5P$ |
| 13 | 久效磷 | monocrotophos | 6923-22-4 | $C_7H_{14}NO_5P$ |
| 14 | 氟乐灵 | trifluralin | 1582-09-8 | $C_{13}H_{16}F_3N_3O_4$ |
| 15 | α-六六六 | α-BHC | 319-84-6 | $C_6H_6Cl_6$ |
| 16 | 甲基乙拌磷 | thiometon | 640-15-3 | $C_6H_{15}O_2PS_3$ |
| 17 | 六氯苯 | hexachlorobenzene | 118-74-1 | $C_6Cl_6$ |
| 18 | 乐果 | dimethoate | 60-51-5 | $C_5H_{12}NO_3PS_2$ |
| 19 | 克百威 | carbofuran | 1563-66-2 | $C_{12}H_{15}NO_3$ |
| 20 | β-六六六 | β-BHC | 319-85-7 | $C_6H_6Cl_6$ |
| 21 | γ-六六六 | lindane | 58-89-9 | $C_6H_6Cl_6$ |
| 22 | 五氯硝基苯 | pentachloronitrobenzene | 82-68-8 | $C_6Cl_5NO_2$ |
| 23 | 烯虫磷 | propetamphos | 31218-83-4 | $C_{10}H_{20}NO_4PS$ |
| 24 | 二嗪磷 | diazinon | 333-41-5 | $C_{12}H_{21}N_2O_3PS$ |
| 25 | 乙拌磷 | disulfoton | 298-04-4 | $C_8H_{19}O_2PS_3$ |
| 26 | δ-六六六 | δ-BHC | 319-86-8 | $C_6H_6Cl_6$ |
| 27 | 抗蚜威 | pirimicarb | 23103-98-2 | $C_{11}H_{18}N_4O_2$ |
| 28 | 甲基对硫磷 | parathion-methyl | 298-00-0 | $C_8H_{10}NO_5PS$ |
| 29 | 甲萘威 | carbaryl | 63-25-2 | $C_{12}H_{11}NO_2$ |
| 30 | 七氯 | heptachlor | 76-44-8 | $C_{10}H_5Cl_7$ |

表 A.1(续)

| 序号 | 农药名称 | 英文名称 | CAS No. | 化学分子式 |
|---|---|---|---|---|
| 31 | 杀螟硫磷 | fenitrothion | 122-14-5 | $C_9H_{12}NO_5PS$ |
| 32 | 艾氏剂 | aldrin | 309-00-2 | $C_{12}H_8Cl_6$ |
| 33 | 马拉硫磷 | malathion | 121-75-5 | $C_{10}H_{19}O_6PS_2$ |
| 34 | 倍硫磷 | fenthion | 55-38-9 | $C_{10}H_{15}O_3PS_2$ |
| 35 | 毒死蜱 | chlorpyrifos | 2921-88-2 | $C_9H_{11}Cl_3NO_3PS$ |
| 36 | 对硫磷 | parathion | 56-38-2 | $C_{10}H_{14}NO_5PS$ |
| 37 | 异艾氏剂 | isodrin | 465-73-6 | $C_{12}H_8Cl_6$ |
| 38 | 毒虫畏 | chlorfenvinphos | 470-90-6 | $C_{12}H_{14}Cl_3O_4P$ |
| 39 | 环氧七氯 | heptachlor epoxide | 1024-57-3 | $C_{10}H_5Cl_7O$ |
| 40 | 喹硫磷 | quinalphos | 13593-03-8 | $C_{12}H_{15}N_2O_3PS$ |
| 41 | *cis*-氯丹 | *cis*-chlordane | 5103-71-9 | $C_{10}H_6Cl_8$ |
| 42 | *o*,*p*′-滴滴依 | *o*,*p*′-DDE | 3424-82-6 | $C_{14}H_8Cl_4$ |
| 43 | 乙基溴硫磷 | bromophos-ethyl | 4824-78-6 | $C_{10}H_{12}BrCl_2O_3PS$ |
| 44 | α-硫丹 | endosulfan(α-isomer) | 115-29-7 | $C_9H_6Cl_6O_3S$ |
| 45 | 杀虫畏 | tetrachlorvinphos | 961-11-5 | $C_{10}H_9Cl_4O_4P$ |
| 46 | *trans*-氯丹 | *trans*-chlordane | 5103-74-2 | $C_{10}H_6Cl_8$ |
| 47 | 丙溴磷 | profenofos | 41198-08-7 | $C_{11}H_{15}BrClO_3PS$ |
| 48 | 狄氏剂 | dieldrin | 60-57-1 | $C_{12}H_8Cl_6O$ |
| 49 | *p*,*p*′-滴滴依 | *p*,*p*′-DDE | 72-55-9 | $C_{14}H_8Cl_4$ |
| 50 | *o*,*p*′-滴滴滴 | *o*,*p*′-DDD | 53-19-0 | $C_{14}H_{10}Cl_4$ |
| 51 | 异狄氏剂 | endrin | 72-20-8 | $C_{12}H_8Cl_6O$ |
| 52 | β-硫丹 | endosulfan(β-isomer) | 33213-65-9 | $C_9H_6Cl_6O_3S$ |
| 53 | *p*,*p*′-滴滴滴 | *p*,*p*′-DDD | 72-54-8 | $C_{14}H_{10}Cl_4$ |
| 54 | *o*,*p*′-滴滴涕 | *o*,*p*′-DDT | 789-02-6 | $C_{14}H_9Cl_5$ |
| 55 | 脱叶磷 | S,S,S-tributyl phosphorotrithioate | 78-48-8 | $C_{12}H_{27}OPS_3$ |
| 56 | 三唑磷 | triazophos | 24017-47-8 | $C_{12}H_{16}N_3O_3PS$ |
| 57 | 敌瘟磷 | edifenphos | 17109-49-8 | $C_{14}H_{15}O_2PS_2$ |
| 58 | *p*,*p*′-滴滴涕 | *p*,*p*′-DDT | 50-29-3 | $C_{14}H_9Cl_5$ |
| 59 | 苯硫磷 | EPN | 2104-64-5 | $C_{14}H_{14}NO_4PS$ |
| 60 | 甲氧滴滴涕 | methoxychlor | 72-43-5 | $C_{16}H_{15}Cl_3O_2$ |
| 61 | 联苯菊酯 | bifenthrin | 82657-04-3 | $C_{23}H_{22}ClF_3O_2$ |
| 62 | 甲氰菊酯 | fenpropathion | 64257-84-7 | $C_{22}H_{23}NO_3$ |
| 63 | 保棉磷 | azinphos methyl | 86-50-0 | $C_{10}H_{12}N_3O_3PS_2$ |
| 64 | 呋线威 | furathiocarb | 65907-30-4 | $C_{18}H_{26}N_2O_5S$ |
| 65 | 灭蚁灵 | mirex | 2385-85-5 | $C_{10}Cl_{12}$ |

表 A.1(续)

| 序号 | 农药名称 | 英文名称 | CAS No. | 化学分子式 |
|---|---|---|---|---|
| 66 | 氯氟氰菊酯(*RS*) | cyhalothrin(*RS*) | 91465-08-6 | $C_{23}H_{19}ClF_3NO_3$ |
| 67 | 益棉磷 | azinphos-ethyl | 2642-71-9 | $C_{12}H_{16}N_3O_3PS_2$ |
| 68 | 氟丙菊酯 | acrinathrin | 103833-18-7 | $C_{26}H_{21}F_6NO_5$ |
| 69 | 氯菊酯 | permethrin | 52645-53-1 | $C_{21}H_{20}Cl_2O_3$ |
| 70 | 蝇毒磷 | coumaphos | 56-72-4 | $C_{14}H_{16}ClO_5PS$ |
| 71 | 氟氯氰菊酯 | cyfluthrin | 68359-37-5 | $C_{22}H_{18}Cl_2FNO_3$ |
| 72 | 氯氰菊酯 | cypermethin | 52315-07-8 | $C_{22}H_{19}Cl_2NO_3$ |
| 73 | 氟硅菊酯 | silafluofen | 105024-66-6 | $C_{25}H_{29}FO_2Si$ |
| 74 | 杀灭菊酯 | fenvalerate | 51630-58-1 | $C_{25}H_{22}ClNO_3$ |
| 75 | 氰戊菊酯 | esfenvalerate | 66230-04-4 | $C_{25}H_{22}ClNO_3$ |
| 76 | 氟胺氰菊酯 | fluvalinate | 102851-06-9 | $C_{26}H_{22}ClF_3N_2O_3$ |
| 77 | 溴氰菊酯 | deltamethrin | 52918-63-5 | $C_{22}H_{19}Br_2NO_3$ |

# 附 录 B
## (资料性附录)
## 77 种农药定量和定性选择离子及测定低限表

表 B.1

| 序号 | 农药名称 | 出峰顺序 | 保留时间/min | 特征碎片离子/amu | | | 测定低限/(μg/g) |
|---|---|---|---|---|---|---|---|
| | | | | 定量 | 定性 | 丰度比 | |
| 1 | 甲胺磷 | 1 | 10.34 | 141 | 110、111、126 | 100：16：27：14 | 0.20 |
| 2 | 敌敌畏 | 2 | 10.65 | 220 | 185、187、222 | 21：100：33：12 | 0.10 |
| 3 | 速灭磷 | 3 | 13.11 | 192 | 164、193、224 | 100：30：30：9 | 0.20 |
| 4 | 杀线威 | 4 | 14.13 | 205 | 177、206、220 | 100：7：17：26 | 0.20 |
| 5 | 异丙威 | 5 | 14.46 | 136 | 121、122、103 | 45：100：10：8 | 0.10 |
| 6 | 灭虫威 | 6 | 14.55 | 168 | 109、153、169 | 100：44：59：10 | 0.20 |
| 7 | 氧化乐果 | 7 | 15.10 | 156 | 141、181、213 | 100：12：8：6 | 0.20 |
| 8 | 四氯硝基苯 | 8 | 15.27 | 261 | 169、142、107 | 72：100：86：12 | 0.05 |
| 9 | 甲基内吸磷 | 9 | 15.34 | 142 | 143、169、230 | 100：50：14：18 | 0.10 |
| 10 | 丙线磷 | 10 | 15.63 | 242 | 158、168、200 | 24：100：14：39 | 0.10 |
| 11 | 杀虫脒 | 11 | 15.96 | 196 | 152、168、181 | 100：38：7：74 | 0.20 |
| 12 | 百治磷 | 12 | 16.13 | 193 | 127、192、237 | 13：100：8：10 | 0.10 |
| 13 | 久效磷 | 13 | 16.21 | 192 | 127、164、223 | 16：100：9：4 | 0.20 |
| 14 | 氟乐灵 | 14 | 16.24 | 306 | 203、215、231 | 100：72：11：10 | 0.05 |
| 15 | α-六六六 | 15 | 16.58 | 219 | 264、290、335 | 72：100：94：59 | 0.05 |
| 16 | 甲基乙拌磷 | 16 | 16.79 | 246 | 158、185、217 | 100：80：30：10 | 0.05 |
| 17 | 六氯苯 | 17 | 16.81 | 284 | 142、214、249 | 100：21：13：23 | 0.05 |
| 18 | 乐果 | 18 | 17.21 | 125 | 87、143、229 | 59：100：13：11 | 0.20 |
| 19 | 克百威 | 19 | 17.41 | 221 | 131、149、164 | 9：13：53：100 | 0.20 |
| 20 | β-六六六 | 20 | 17.57 | 219 | 181、183、217 | 75：99：100：55 | 0.05 |
| 21 | γ-六六六 | 21 | 17.74 | 219 | 181、183、254 | 72：100：97：23 | 0.05 |
| 22 | 五氯硝基苯 | 22 | 17.83 | 295 | 237、249、265 | 90：100：88：39 | 0.05 |
| 23 | 烯虫磷 | 23 | 18.23 | 236 | 194、205、222 | 69：100：10：71 | 0.10 |
| 24 | 二嗪磷 | 24 | 18.32 | 304 | 248、276、289 | 100：40：47：18 | 0.05 |
| 25 | 乙拌磷 | 25 | 18.37 | 274 | 142、153、186 | 85：100：95：90 | 0.10 |
| 26 | δ-六六六 | 26 | 19.10 | 219 | 181、183、254 | 70：100：92：21 | 0.05 |
| 27 | 抗蚜威 | 27 | 19.82 | 238 | 138、166、167 | 29：10：100：10 | 0.20 |
| 28 | 甲基对硫磷 | 28 | 19.98 | 263 | 200、233、246 | 100：10：14：8 | 0.10 |
| 29 | 甲萘威 | 29 | 20.04 | 144 | 115、116、201 | 100：41：23：8 | 0.20 |

**表 B.1(续)**

| 序号 | 农药名称 | 出峰顺序 | 保留时间/min | 特征碎片离子/amu | | | 测定低限/(μg/g) |
|---|---|---|---|---|---|---|---|
| | | | | 定量 | 定性 | 丰度比 | |
| 30 | 七氯 | 30 | 20.17 | 337 | 272、237、374 | 23∶100∶35∶13 | 0.10 |
| 31 | 杀螟硫磷 | 31 | 20.93 | 277 | 214、247、260 | 100∶8∶6∶55 | 0.05 |
| 32 | 艾氏剂 | 32 | 21.38 | 293 | 255、263、298 | 39∶30∶100∶30 | 0.10 |
| 33 | 马拉硫磷 | 33 | 21.44 | 256 | 173、211、285 | 10∶100∶9∶6 | 0.10 |
| 34 | 倍硫磷 | 34 | 21.73 | 278 | 245、263、279 | 100∶7∶7∶13 | 0.05 |
| 35 | 毒死蜱 | 35 | 21.84 | 314 | 197、258、286 | 71∶100∶43∶28 | 0.05 |
| 36 | 对硫磷 | 36 | 21.86 | 291 | 218、235、261 | 100∶10∶16∶14 | 0.05 |
| 37 | 异艾氏剂 | 37 | 22.57 | 364 | 193、263、293 | 7∶100∶46∶6 | 0.10 |
| 38 | 毒虫畏(*Z*) | 38 | 23.16 | 323 | 267、269、295 | 69∶100∶66∶24 | 0.10 |
| | 毒虫畏(*E*) | 40 | 23.66 | | | | |
| 39 | 环氧七氯 | 39 | 23.28 | 353 | 317、388、263 | 100∶8∶9∶15 | 0.05 |
| 40 | 喹硫磷 | 41 | 23.74 | 298 | 225、241、270 | 100∶22∶48∶41 | 0.10 |
| 41 | *cis*-氯丹 | 42 | 24.16 | 373 | 237、263、272 | 100∶63∶30∶37 | 0.10 |
| 42 | *o*,*p*′-滴滴依 | 43 | 24.50 | 318 | 210、246、281 | 48∶13∶100∶5 | 0.05 |
| 43 | 乙基溴硫磷 | 44 | 24.51 | 359 | 242、303、331 | 100∶33∶81∶35 | 0.10 |
| 44 | α-硫丹 | 45 | 24.69 | 339 | 241、265、277 | 45∶100∶70∶81 | 0.10 |
| 45 | 杀虫畏 | 46 | 24.86 | 329 | 204、240、331 | 100∶8∶10∶98 | 0.10 |
| 46 | *trans*-氯丹 | 47 | 24.89 | 373 | 237、263、272 | 100∶64∶22∶50 | 0.10 |
| 47 | 丙溴磷 | 48 | 25.88 | 339 | 269、297、374 | 100∶45∶44∶40 | 0.20 |
| 48 | 狄氏剂 | 49 | 25.91 | 263 | 277、345、380 | 100∶86∶49∶49 | 0.10 |
| 49 | *p*,*p*′-滴滴依 | 50 | 26.03 | 318 | 246、281、316 | 79∶100∶15∶61 | 0.05 |
| 50 | *o*,*p*′-滴滴滴 | 51 | 26.20 | 235 | 199、212、320 | 100∶15∶8∶5 | 0.05 |
| 51 | 异狄氏剂 | 52 | 26.40 | 317 | 263、281、345 | 100∶85∶64∶47 | 0.10 |
| 52 | β-硫丹 | 53 | 26.92 | 339 | 237、265、277 | 44∶100∶62∶53 | 0.10 |
| 53 | *p*,*p*′-滴滴滴 | 54 | 28.01 | 235 | 199、212、237 | 100∶11∶8∶65 | 0.05 |
| 54 | *o*,*p*′-滴滴涕 | 55 | 28.07 | 235 | 199、121、246 | 100∶22∶10∶14 | 0.05 |
| 55 | 脱叶磷 | 56 | 28.20 | 258 | 202、226、314 | 44∶100∶44∶19 | 0.10 |
| 56 | 三唑磷 | 57 | 29.58 | 257 | 208、285、313 | 100∶67∶74∶33 | 0.10 |
| 57 | 敌瘟磷 | 58 | 29.97 | 310 | 173、201、218 | 74∶100∶35∶18 | 0.10 |
| 58 | *p*,*p*′-滴滴涕 | 59 | 32.76 | 235 | 199、212、246 | 100∶11∶13∶7 | 0.05 |
| 59 | 苯硫磷 | 60 | 33.20 | 323 | 185、278、293 | 47∶100∶10∶8 | 0.10 |
| 60 | 甲氧滴滴涕 | 61 | 33.68 | 274 | 212、227、238 | 6∶8∶100∶5 | 0.05 |
| 61 | 联苯菊酯 | 62 | 33.70 | 181 | 165、166、182 | 100∶25∶26∶15 | 0.10 |
| 62 | 甲氰菊酯 | 63 | 33.95 | 181 | 209、265、349 | 100∶30∶48∶15 | 0.10 |

表 B.1(续)

| 序号 | 农药名称 | 出峰顺序 | 保留时间/min | 特征碎片离子/amu | | | 测定低限/(μg/g) |
|---|---|---|---|---|---|---|---|
| | | | | 定量 | 定性 | 丰度比 | |
| 63 | 保棉磷 | 64 | 34.96 | 160 | 125、132、161 | 100∶16∶75∶12 | 0.20 |
| 64 | 呋线威 | 65 | 35.13 | 382 | 163、194、325 | 10∶100∶27∶14 | 0.20 |
| 65 | 灭蚊灵 | 66 | 35.15 | 272 | 237、332、404 | 100∶49∶11∶6 | 0.05 |
| 66 | 氯氟氰菊酯(*RS*) | 67 | 36.80 | 181 | 197、208、225 | 100∶77∶54∶8 | 0.10 |
| 67 | 益棉磷 | 68 | 36.93 | 160 | 132、133、161 | 86∶100∶11∶10 | 0.20 |
| 68 | 氟丙菊酯 | 69 | 37.61 | 181 | 208、247、289 | 100∶64∶13∶43 | 0.10 |
| 69 | 氯菊酯(Ⅰ) | 70 | 38.69 | 183 | 163、165、184 | 100∶18∶16∶15 | 0.02 |
| | 氯菊酯(Ⅱ) | 71 | 39.13 | | | 100∶25∶20∶15 | |
| 70 | 蝇毒磷 | 72 | 39.17 | 362 | 226、306、334 | 100∶58∶14∶14 | 0.20 |
| 71 | 氟氯氰菊酯(Ⅰ) | 73 | 40.64 | 206 | 163、199、226 | 76∶100∶47∶60 | 0.20 |
| | 氟氯氰菊酯(Ⅱ) | 74 | 40.97 | | | 64∶100∶40∶44 | |
| | 氟氯氰菊酯(Ⅲ) | 75 | 41.18 | | | 75∶100∶46∶59 | |
| | 氟氯氰菊酯(Ⅳ) | 76 | 41.33 | | | 63∶100∶38∶43 | |
| 72 | 氯氰菊酯(Ⅰ) | 77 | 41.56 | 181 | 163、208、209 | 88∶100∶22∶31 | 0.20 |
| | 氯氰菊酯(Ⅱ) | 78 | 41.96 | | | 76∶100∶18∶28 | |
| | 氯氰菊酯(Ⅲ) | 79 | 42.10 | | | 88∶100∶21∶34 | |
| | 氯氰菊酯(Ⅳ) | 80 | 42.25 | | | 73∶100∶17∶26 | |
| 73 | 氟硅菊酯 | 81 | 42.53 | 286 | 179、199、258 | 70∶100∶19∶48 | 0.10 |
| 74 | 杀灭菊酯 | 82 | 43.86 | 181 | 209、225、419 | 100∶23∶90∶65 | 0.20 |
| 75 | 氰戊菊酯 | 83 | 44.29 | 181 | 209、225、419 | 100∶24∶87∶66 | 0.20 |
| 76 | 氟胺氰菊酯(Ⅰ) | 84 | 45.11 | 181 | 209、250、252 | 18∶25∶100∶32 | 0.10 |
| | 氟胺氰菊酯(Ⅱ) | 85 | 45.35 | | | | |
| 77 | 溴氰菊酯 | 86 | 46.70 | 181 | 209、251、253 | 100∶26∶48∶94 | 0.20 |

# 附 录 C
# （资料性附录）
# 定量测定的选择离子监测方式的质谱参数

表 C.1

| 通 道 | 时间/min | 选择离子/amu |
|---|---|---|
| 1 | 9.00 | 141,192,220 |
| 2 | 13.50 | 125,136,142,156,168,192,193,196,205,219,221,236,238,242,261,274,285,295,304,306 |
| 3 | 19.45 | 144,256,263,277,278,291,293,314,337 |
| 4 | 22.20 | 235,257,258,263,298,310,317,318,320,323,329,339,353,359,364,373 |
| 5 | 32.00 | 160,181,183,272,274,323,362,382 |
| 6 | 39.50 | 181,206,286 |

# 附　录　D
（资料性附录）
77 种农药标准物气相色谱-质谱选择离子色谱图

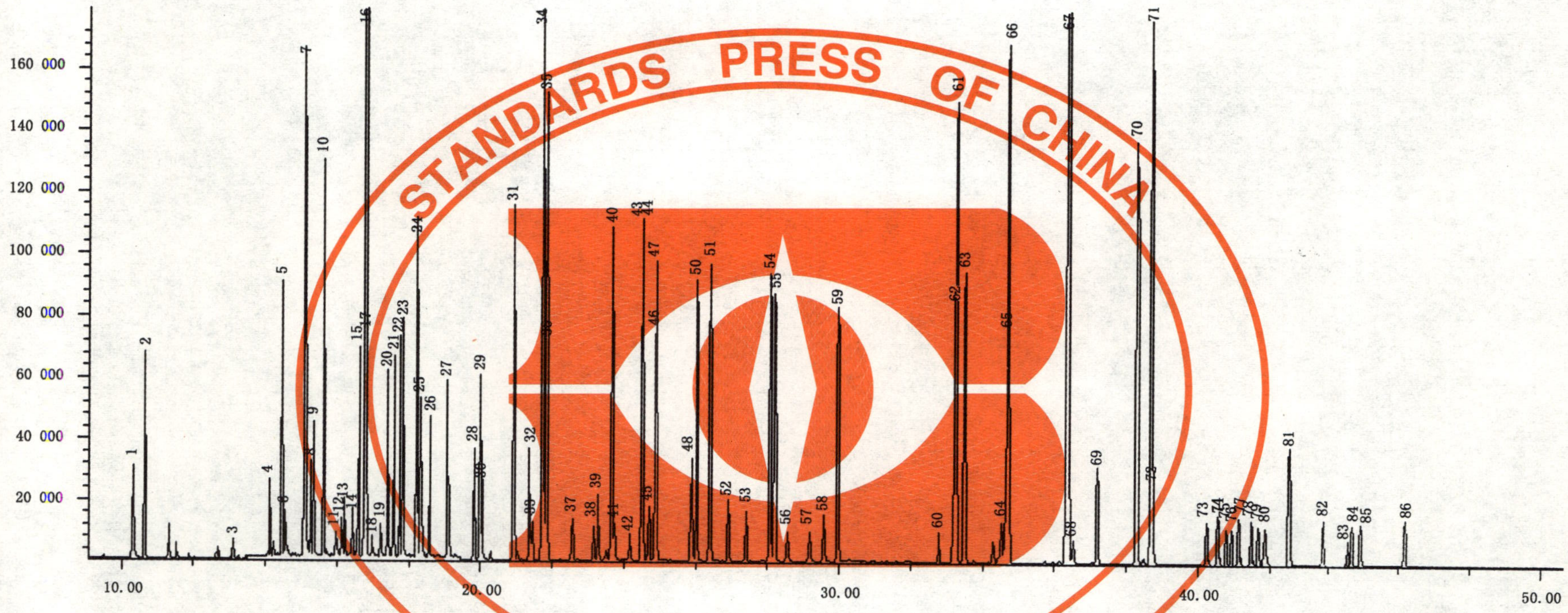



图 D.1　77 种农药标准物的气相色谱-质谱选择离子色谱图

ICS 59.080.01
W 04

# 中华人民共和国国家标准

GB/T 18412.2—2006
代替 GB/T 18412—2001

# 纺织品 农药残留量的测定 第2部分:有机氯农药

Textiles—Determination of the pesticide residues—
Part 2: Organochlorine pesticides

2006-05-25 发布 2006-12-01 实施

中华人民共和国国家质量监督检验检疫总局
中国国家标准化管理委员会 发布

# 前　言

GB/T 18412《纺织品　农药残留量的测定》包括以下部分：

第1部分：77种农药；

第2部分：有机氯农药；

第3部分：有机磷农药；

第4部分：拟除虫菊酯农药；

第5部分：有机氮农药；

第6部分：苯氧羧酸类农药；

第7部分：毒杀芬。

本部分为GB/T 18412的第2部分。

本部分代替GB/T 18412—2001《纺织品　有机氯杀虫剂残留量的测定》，与GB/T 18412—2001相比主要变化如下：

——对标准名称进行了修改；

——增加了四氯硝基苯、氟乐灵、异艾氏剂、*cis*-氯丹、*o*，*p*′-滴滴依、α-硫丹、*trans*-氯丹、*o*，*p*′-滴滴滴、β-硫丹、甲氧滴滴涕、灭蚁灵等11种有机氯农药残留量的测定；

——增加了对纺织品中26种有机氯农药残留量的气相色谱-质量选择检测器（GC-MSD）检测方法；

——可对纺织品中26种有机氯农药残留量同时一次测定；

——样品前处理由石油醚索氏提取改为丙酮-正己烷超声波提取；

——测定低限作为资料性附录的内容；

——增加了附录A、附录B、附录D和附录E。

本部分附录A为规范性附录，附录B、附录C、附录D和附录E为资料性附录。

本部分由中国纺织工业协会提出。

本部分由全国纺织品标准化技术委员会基础分会（SAC/TC 209/SC 1）归口。

本部分起草单位：吉林出入境检验检疫局、纺织工业标准化研究所。

本部分主要起草人：牟峻、靳颖、郑宇英、王明泰、刘志研。

# 纺织品　农药残留量的测定
# 第2部分:有机氯农药

**警告——使用GB/T 18412的本部分的人员应有正规实验室工作的实践经验。本部分并未指出所有可能的安全问题。使用者有责任采取适当的安全和健康措施,并保证符合国家有关法规规定的条件。**

## 1　范围

GB/T 18412的本部分规定了采用气相色谱-电子俘获检测器(GC-ECD)和气相色谱-质谱(GC-MS)测定纺织品中26种有机氯农药(见附录A)残留量的方法。

本部分适用于纺织材料及其产品。

## 2　原理

试样经丙酮-正己烷(1+8)超声波提取,提取液浓缩定容后,用配有电子俘获检测器的气相色谱仪(GC-ECD)测定,外标法定量,或用气相色谱-质谱(GC-MS)测定和确证,外标法定量。

## 3　试剂和材料

除另有规定外,所用试剂应均为分析纯。

3.1　丙酮:残留级。

3.2　正己烷:残留级。

3.3　苯:残留级。

3.4　无水硫酸钠:650℃灼烧3 h,冷却后贮于干燥器中备用。

3.5　丙酮-正己烷(1+8)。

3.6　有机氯农药标准品:纯度≥98%,见附录A。

3.7　标准储备溶液:分别准确称取适量的每种有机氯农药标准品,用苯分别配制成质量浓度为100 μg/mL的标准储备液。

3.8　混合标准工作溶液:根据需要再用苯逐级稀释成适用浓度的系列混合标准工作溶液。

注:标准储备溶液在0℃~4℃冰箱中保存有效期为12个月,混合标准工作溶液在0℃~4℃冰箱中保存有效期为6个月。

## 4　仪器与设备

4.1　气相色谱仪:配有电子俘获检测器(ECD)。

4.2　气相色谱-质谱仪:配有质量选择检测器(MSD)。

4.3　超声波发生器:工作频率40 kHz。

4.4　旋转蒸发器。

4.5　无水硫酸钠柱:7.5 cm×1.5 cm(内径),内装4 cm高无水硫酸钠。

4.6　锥形瓶:具磨口塞,100 mL。

4.7　浓缩瓶:具磨口塞,100 mL。

## 5　分析步骤

### 5.1　提取

取代表性样品,将其剪碎至5 mm×5 mm以下,混匀。称取2.0 g(精确至0.01 g)试样,置于

100 mL具塞锥形瓶中，加入 50 mL 丙酮-正己烷（1＋8），于超声波发生器中提取 20 min。将提取液过滤。残渣再用 30 mL 正己烷超声提取 5 min，合并滤液，经无水硫酸钠柱脱水后，收集于 100 mL 浓缩瓶中，于 40℃水浴旋转蒸发器浓缩至近干，用苯溶解并定容至 5.0 mL，供气相色谱测定或气相色谱-质谱确证和测定。

**5.2 测定**

**5.2.1 气相色谱-电子俘获检测器(GC-ECD)测定**

**5.2.1.1 气相色谱条件**

由于测试结果取决于所使用仪器，因此不可能给出色谱分析的通用参数。设定的参数应保证色谱测定时被测组分与其他组分能够得到有效的分离，下列给出的参数证明是可行的。

a） 色谱柱：HP-5　30 m×0.32 mm×0.1 μm，或相当者；

b） 色谱柱温度：50℃（2 min）$\xrightarrow{10℃/min}$180℃（1 min）$\xrightarrow{3℃/min}$270℃（5 min）；

c） 进样口温度：280℃；

d） 检测器温度：300℃；

e） 载气、尾吹气：氮气，纯度≥99.999%，流速 1.2 mL/min，尾吹流量 50 mL/min；

f） 进样方式：无分流进样，1.5 min 后开阀；

g） 进样量：1 μL。

**5.2.1.2 气相色谱分析**

根据样液中有机氯农药含量情况，选定浓度相近的标准工作溶液，对标准工作溶液与样液等体积参插进样。标准工作溶液和待测样液中每种有机氯农药的响应值均应在仪器检测的线性范围内，外标法测定。

注：在上述气相色谱条件下，26 种有机氯农药标准物的参考保留时间参见附录 B，气相色谱图参见附录 D。

**5.2.2 气相色谱-质量选择检测器(GC-MSD)测定**

**5.2.2.1 气相色谱-质谱条件**

由于测试结果取决于所使用仪器，因此不可能给出气相色谱-质谱分析的通用参数。设定的参数应保证色谱测定时被测组分与其他组分能够得到有效的分离，下列给出的参数证明是可行的。

a） 色谱柱：DB-5 MS　30 m×0.25 mm×0.1 μm，或相当者；

b） 色谱柱温度：50℃（2 min）$\xrightarrow{10℃/min}$180℃（1 min）$\xrightarrow{3℃/min}$270℃（5 min）；

c） 进样口温度：270℃；

d） 色谱-质谱接口温度：280℃；

e） 载气：氦气，纯度≥99.999%，流速 1.2 mL/min；

f） 电离方式：EI；

g） 电离能量：70 eV；

h） 测定方式：选择离子监测方式，定性和定量选择离子参见附录 B，定量测定的选择离子监测方式的质谱参数参见附录 C；

i） 进样方式：无分流进样，1.5 min 后开阀；

j） 进样量：1 μL。

**5.2.2.2 气相色谱-质谱分析及阳性结果确证**

根据样液中被测物含量情况，选定浓度相近的标准工作溶液，对标准工作溶液与样液等体积参插进样测定，标准工作溶液和待测样液中每种有机氯农药的响应值均应在仪器检测的线性范围内。

注：在上述气相色谱-质谱条件下，26 种有机氯农药标准物的参考保留时间参见附录 B，气相色谱-质谱图参见附录 E。

如果样液与标准工作溶液的选择离子色谱图中，在相同保留时间有色谱峰出现，则根据附录 B 中每种有机氯农药选择离子的种类及其丰度比对其进行确证。

## 6 结果计算

试样中每种有机氯农药残留量按式(1)计算,计算结果表示到小数点后两位。

$$X_i = \frac{A_i \times c_i \times V}{A_{is} \times m} \qquad \cdots\cdots(1)$$

式中:

$X_i$——试样中有机氯农药 $i$ 残留量,单位为微克每克(μg/g);

$A_i$——样液中有机氯农药 $i$ 的峰面积(或峰高);

$A_{is}$——标准工作液中有机氯农药 $i$ 的峰面积(或峰高);

$c_i$——标准工作液中有机氯农药 $i$ 的质量浓度,单位为微克每毫升(μg/mL);

$V$——样液最终定容体积,单位为毫升(mL);

$m$——最终样液代表的试样量,单位为克(g)。

## 7 测定低限、回收率和精密度

### 7.1 测定低限

本方法对纺织品中 26 种有机氯农药残留量的测定低限参见附录 B。

### 7.2 回收率

本方法对纺织品中 26 种有机氯农药的回收率为 75%～110%。

### 7.3 精密度

在同一实验室,由同一操作者使用相同设备,按相同的测试方法,并在短时间内对同一被测对象相互独立进行的测试获得的两次独立测试结果的绝对差值不大于这两个测定值的算术平均值的 20%。以大于这两个测定值的算术平均值的 20%的情况不超过 5%为前提。

## 8 试验报告

试验报告至少应给出以下内容:

a) 样品描述;

b) 使用的标准;

c) 采用的方法;

d) 试验结果;

e) 偏离标准的差异;

f) 试验日期。

# 附 录 A
## （规范性附录）
## 26种有机氯农药种类表

表 A.1

| 序号 | 农药名称 | 英文名称 | CAS No. | 化学分子式 | 相对分子质量 |
|---|---|---|---|---|---|
| 1 | 四氯硝基苯 | tecnazene | 117-18-0 | $C_6HCl_4NO_2$ | 260.89 |
| 2 | 氟乐灵 | trifluralin | 1582-09-8 | $C_{13}H_{16}F_3N_3O_4$ | 335.28 |
| 3 | α-六六六 | α-BHC | 319-84-6 | $C_6H_6Cl_6$ | 290.83 |
| 4 | 六氯苯 | hexachlorobenzene | 118-74-1 | $C_6Cl_6$ | 284.78 |
| 5 | β-六六六 | β-BHC | 319-85-7 | $C_6H_6Cl_6$ | 290.83 |
| 6 | γ-六六六 | lindane | 58-89-9 | $C_6H_6Cl_6$ | 290.83 |
| 7 | 五氯硝基苯 | pentachloronitrobenzene | 82-68-8 | $C_6Cl_5NO_2$ | 295.34 |
| 8 | δ-六六六 | δ-BHC | 319-86-8 | $C_6H_6Cl_6$ | 290.83 |
| 9 | 七氯 | heptachlor | 76-44-8 | $C_{10}H_5Cl_7$ | 373.32 |
| 10 | 艾氏剂 | aldrin | 309-00-2 | $C_{12}H_8Cl_6$ | 364.91 |
| 11 | 异艾氏剂 | isodrin | 465-73-6 | $C_{12}H_8Cl_6$ | 364.91 |
| 12 | 环氧七氯 | heptachlor epoxide | 1024-57-3 | $C_{10}H_5Cl_7O$ | 389.32 |
| 13 | *cis*-氯丹 | *cis*-chlordane | 5103-71-9 | $C_{10}H_6Cl_8$ | 409.78 |
| 14 | *o*,*p*′-滴滴依 | *o*,*p*′-DDE | 3424-82-6 | $C_{14}H_8Cl_4$ | 318.03 |
| 15 | α-硫丹 | endosulfan(α-isomer) | 115-29-7 | $C_9H_6Cl_6O_3S$ | 406.92 |
| 16 | *trans*-氯丹 | *trans*-chlordane | 5103-74-2 | $C_{10}H_6Cl_8$ | 409.78 |
| 17 | 狄氏剂 | dieldrin | 60-57-1 | $C_{12}H_8Cl_6O$ | 381.91 |
| 18 | *p*,*p*′-滴滴依 | *p*,*p*′-DDE | 72-55-9 | $C_{14}H_8Cl_4$ | 318.03 |
| 19 | *o*,*p*′-滴滴滴 | *o*,*p*′-DDD | 53-19-0 | $C_{14}H_{10}Cl_4$ | 320.05 |
| 20 | 异狄氏剂 | endrin | 72-20-8 | $C_{12}H_8Cl_6O$ | 380.91 |
| 21 | β-硫丹 | endosulfan(β-isomer) | 33213-65-9 | $C_9H_6Cl_6O_3S$ | 406.92 |
| 22 | *p*,*p*′-滴滴滴 | *p*,*p*′-DDD | 72-54-8 | $C_{14}H_{10}Cl_4$ | 320.05 |
| 23 | *o*,*p*′-滴滴涕 | *o*,*p*′-DDT | 789-02-6 | $C_{14}H_9Cl_5$ | 354.49 |
| 24 | *p*,*p*′-滴滴涕 | *p*,*p*′-DDT | 50-29-3 | $C_{14}H_9Cl_5$ | 354.49 |
| 25 | 甲氧滴滴涕 | methoxychlor | 72-43-5 | $C_{16}H_{15}Cl_3O_2$ | 345.65 |
| 26 | 灭蚁灵 | mirex | 2385-85-5 | $C_{10}Cl_{12}$ | 545.55 |

# 附 录 B
## （资料性附录）
## 有机氯农药定量和定性选择离子及测定低限表

表 B.1

| 序号 | 农药名称 | 保留时间/min | | 特征碎片离子/amu | | | 测定低限/(μg/g) | |
|---|---|---|---|---|---|---|---|---|
| | | GC-ECD | GC-MSD | 定量 | 定性 | 丰度比 | GC-ECD | GC-MSD |
| 1 | 四氯硝基苯 | 16.047 | 15.44 | 261 | 169、142、107 | 72：100：86：12 | 0.02 | 0.05 |
| 2 | 氟乐灵 | 17.204 | 16.44 | 306 | 203、215、231 | 100：72：11：10 | 0.01 | 0.05 |
| 3 | α-六六六 | 18.913 | 16.80 | 219 | 264、290、335 | 72：100：94：59 | 0.01 | 0.05 |
| 4 | 六氯苯 | 19.194 | 17.02 | 284 | 142、214、249 | 100：21：13：23 | 0.01 | 0.05 |
| 5 | β-六六六 | 19.913 | 17.61 | 219 | 181、183、217 | 75：99：100：55 | 0.02 | 0.05 |
| 6 | γ-六六六 | 20.156 | 17.81 | 219 | 181、183、254 | 72：100：97：23 | 0.01 | 0.05 |
| 7 | 五氯硝基苯 | 20.353 | 17.98 | 295 | 237、249、265 | 90：100：88：39 | 0.01 | 0.05 |
| 8 | δ-六六六 | 21.130 | 18.61 | 219 | 181、183、254 | 70：100：92：21 | 0.02 | 0.05 |
| 9 | 七氯 | 23.184 | 20.35 | 337 | 272、237、374 | 23：100：35：13 | 0.02 | 0.10 |
| 10 | 艾氏剂 | 24.800 | 21.72 | 293 | 255、263、298 | 39：30：100：30 | 0.02 | 0.10 |
| 11 | 异艾氏剂 | 26.227 | 22.93 | 364 | 193、263、293 | 7：100：46：6 | 0.02 | 0.10 |
| 12 | 环氧七氯 | 27.025 | 23.65 | 353 | 317、388、263 | 100：8：9：15 | 0.02 | 0.05 |
| 13 | *cis*-氯丹 | 28.026 | 24.55 | 373 | 237、263、272 | 100：63：30：37 | 0.05 | 0.10 |
| 14 | *o*,*p*′-滴滴依 | 28.350 | 24.89 | 318 | 210、246、281 | 48：13：100：5 | 0.02 | 0.05 |
| 15 | α-硫丹 | 28.663 | 25.09 | 339 | 241、265、277 | 45：100：70：81 | 0.02 | 0.10 |
| 16 | *trans*-氯丹 | 28.828 | 25.26 | 373 | 237、263、272 | 100：64：22：50 | 0.05 | 0.10 |
| 17 | 狄氏剂 | 30.062 | 26.33 | 263 | 277、345、380 | 100：86：49：49 | 0.01 | 0.10 |
| 18 | *p*,*p*′-滴滴依 | 30.518 | 26.44 | 318 | 246、281、316 | 79：100：15：61 | 0.02 | 0.05 |
| 19 | *o*,*p*′-滴滴滴 | 31.241 | 26.81 | 235 | 199、212、320 | 100：15：8：5 | 0.05 | 0.05 |
| 20 | 异狄氏剂 | 31.774 | 27.36 | 317 | 263、281、345 | 100：85：64：47 | 0.02 | 0.10 |
| 21 | β-硫丹 | 32.386 | 27.84 | 339 | 237、265、277 | 44：100：62：53 | 0.02 | 0.10 |
| 22 | *p*,*p*′-滴滴滴 | 32.540 | 28.51 | 235 | 199、212、237 | 100：11：8：65 | 0.02 | 0.05 |
| 23 | *o*,*p*′-滴滴涕 | 34.101 | 28.64 | 235 | 199、121、246 | 100：22：10：14 | 0.05 | 0.05 |
| 24 | *p*,*p*′-滴滴涕 | 34.485 | 30.42 | 235 | 199、212、246 | 100：11：13：7 | 0.02 | 0.05 |
| 25 | 甲氧滴滴涕 | 37.936 | 33.67 | 274 | 212、227、238 | 6：8：100：5 | 0.01 | 0.05 |
| 26 | 灭蚁灵 | 39.979 | 35.24 | 272 | 237、332、404 | 100：49：11：6 | 0.01 | 0.05 |

# 附 录 C
（资料性附录）
## 定量测定的选择离子监测方式的质谱参数

表 C.1

| 通 道 | 时间/min | 选择离子/amu |
|---|---|---|
| 1 | 5.00 | 261，306 |
| 2 | 16.60 | 219，249，293，295，337，353，364 |
| 3 | 24.20 | 318，339，373 |
| 4 | 26.00 | 235，263，317，318，320，339 |
| 5 | 32.00 | 272，274 |

# 附 录 D
（资料性附录）
## 有机氯农药标准物气相色谱图(GC-ECD)

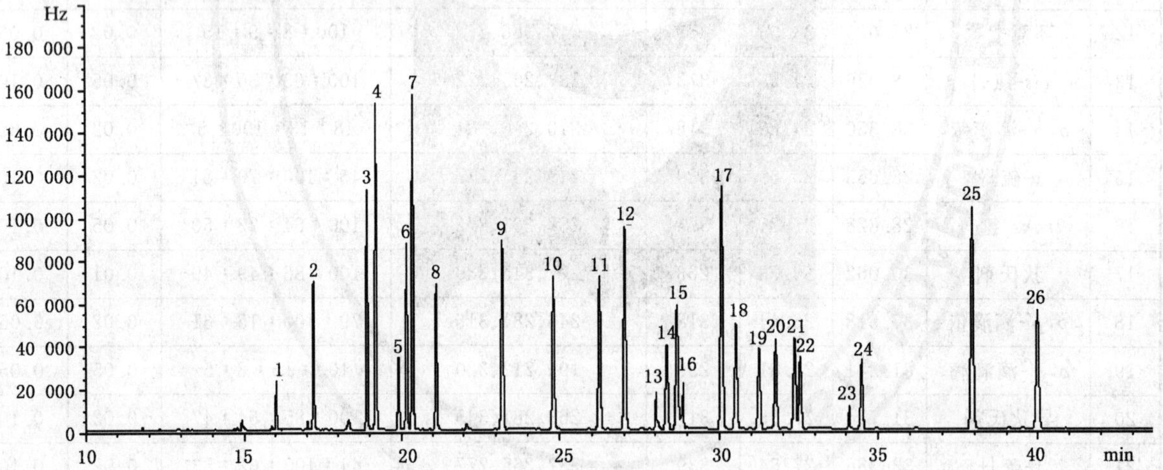


1——四氯硝基苯；
2——氟乐灵；
3——α-六六六；
4——六氯苯；
5——β-六六六；
6——林丹；
7——五氯硝基苯；
8——δ-六六六；
9——七氯；
10——艾氏剂；
11——异艾氏剂；
12——环氧七氯；
13——*cis*-氯丹；
14——*o*,*p*′-滴滴依；
15——α-硫丹；
16——*trans*-氯丹；
17——狄氏剂；
18——*p*,*p*′-滴滴依；
19——*o*,*p*′-滴滴滴；
20——异狄氏剂；
21——β-硫丹；
22——*p*,*p*′-滴滴滴；
23——*o*,*p*′-滴滴涕；
24——*p*,*p*′-滴滴涕；
25——甲氧滴滴涕；
26——灭蚊灵。

图 D.1 有机氯农药标准物气相色谱图(GC-ECD)

# 附　录　E
（资料性附录）
## 有机氯农药标准物气相色谱-质谱图(GC-MSD)

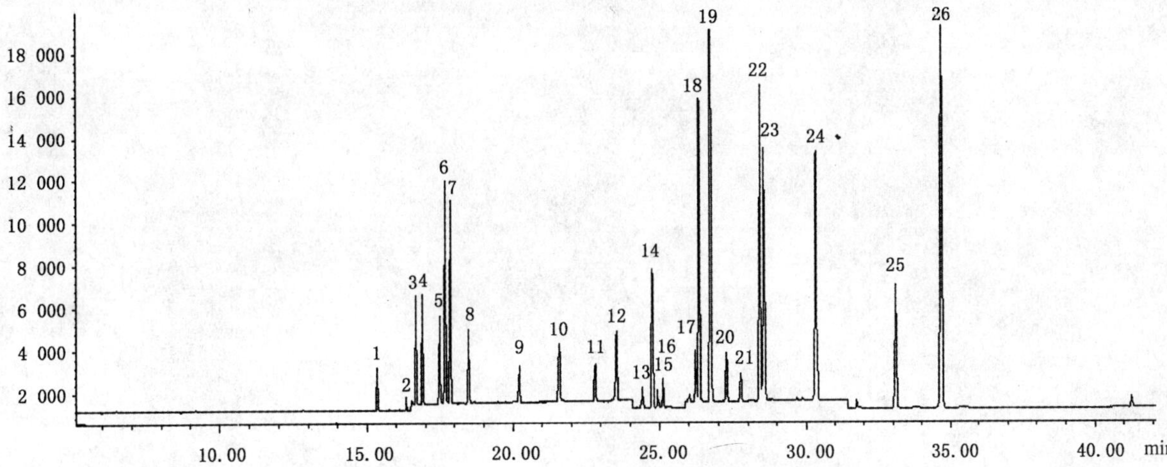


1——四氯硝基苯；
2——氟乐灵；
3——α-六六六；
4——六氯苯；
5——β-六六六；
6——林丹；
7——五氯硝基苯；
8——δ-六六六；
9——七氯；
10——艾氏剂；
11——异艾氏剂；
12——环氧七氯；
13——*cis*-氯丹；
14——*o*,*p*′-滴滴依；
15——α-硫丹；
16——*trans*-氯丹；
17——狄氏剂；
18——*p*,*p*′-滴滴依；
19——*o*,*p*′-滴滴滴；
20——异狄氏剂；
21——β-硫丹；
22——*p*,*p*′-滴滴滴；
23——*o*,*p*′-滴滴涕；
24——*p*,*p*′-滴滴涕；
25——甲氧滴滴涕；
26——灭蚁灵。

图 E.1　有机氯农药标准物的气相色谱-质谱图(GC-MSD)

ICS 59.080.01
W 04

GB

# 中华人民共和国国家标准

GB/T 18412.3—2006

# 纺织品　农药残留量的测定
# 第3部分：有机磷农药

**Textiles—Determination of the pesticide residues—Part 3：Organophosphrous pesticides**

2006-05-25 发布　　　　2006-12-01 实施

中华人民共和国国家质量监督检验检疫总局
中国国家标准化管理委员会　发布

# 前 言

GB/T 18412《纺织品　农药残留量的测定》包括以下部分：

第1部分：77种农药；

第2部分：有机氯农药；

第3部分：有机磷农药；

第4部分：拟除虫菊酯农药；

第5部分：有机氮农药；

第6部分：苯氧羧酸类农药；

第7部分：毒杀芬。

本部分为GB/T 18412的第3部分。

本部分附录A为规范性附录，附录B、附录C、附录D和附录E为资料性附录。

本部分由中国纺织工业协会提出。

本部分由全国纺织品标准化技术委员会基础分会(SAC/TC 209/SC 1)归口。

本部分起草单位：吉林出入境检验检疫局、纺织工业标准化研究所。

本部分主要起草人：王明泰、吴剑、牟峻、郑宇英、赵庆松。

# 纺织品　农药残留量的测定
# 第3部分:有机磷农药

**警告——使用GB/T 18412的本部分的人员应有正规实验室工作的实践经验。本部分并未指出所有可能的安全问题。使用者有责任采取适当的安全和健康措施,并保证符合国家有关法规规定的条件。**

## 1　范围

GB/T 18412的本部分规定了采用气相色谱-火焰光度检测器(GC-FPD)和气相色谱-质谱(GC-MS)测定纺织品中30种有机磷农药(见附录A)残留量的方法。

本部分适用于纺织材料及其产品。

## 2　原理

试样经乙酸乙酯超声波提取,提取液浓缩定容后,用配有火焰光度检测器的气相色谱仪(GC-FPD)测定,外标法定量,或用气相色谱-质谱(GC-MS)测定和确证,外标法定量。

## 3　试剂和材料

除另有规定外,所用试剂应均为分析纯。

3.1　乙酸乙酯:残留级。

3.2　丙酮:残留级。

3.3　无水硫酸钠:650℃灼烧3 h,冷却后贮于干燥器中备用。

3.4　有机磷农药标准品:纯度≥98%,见附录A。

3.5　标准储备溶液:分别准确称取适量的每种有机磷农药标准品,用丙酮分别配制成质量浓度为100 μg/mL的标准储备液。

3.6　混合标准工作溶液:根据需要再用丙酮逐级稀释成适用浓度的系列混合标准工作溶液。

注:标准储备溶液在0℃～4℃冰箱中保存有效期为12个月,混合标准工作溶液在0℃～4℃冰箱中保存有效期为6个月。

## 4　仪器与设备

4.1　气相色谱仪:配有火焰光度检测器(FPD),526 nm磷滤光片。

4.2　气相色谱-质谱仪:配有质量选择检测器(MSD)。

4.3　超声波发生器:工作频率40 kHz。

4.4　旋转蒸发器。

4.5　无水硫酸钠柱:7.5 cm×1.5 cm(内径),内装4 cm高无水硫酸钠。

4.6　锥形瓶:具磨口塞,100 mL。

4.7　浓缩瓶:具磨口塞,100 mL。

## 5　分析步骤

### 5.1　提取

取代表性样品,将其剪碎至5 mm×5 mm以下,混匀。称取2.0 g(精确至0.01 g)试样,置于100 mL具塞锥形瓶中,加入50 mL乙酸乙酯,于超声波发生器中提取20 min。将提取液过滤。残渣再用30 mL乙酸乙酯超声提取5 min,合并滤液,经无水硫酸钠柱脱水后,收集于100 mL浓缩瓶中,于

40℃水浴旋转蒸发器浓缩至近干，用丙酮溶解并定容至 5.0 mL，供气相色谱测定或气相色谱-质谱确证和测定。

**5.2 测定**

**5.2.1 气相色谱-火焰光度检测器(GC-FPD)测定**

**5.2.1.1 气相色谱条件**

由于测试结果取决于所使用仪器，因此不可能给出色谱分析的通用参数。设定的参数应保证色谱测定时被测组分与其他组分能够得到有效的分离，下列给出的参数证明是可行的。

a) 色谱柱：HP-5 30 m×0.32 mm×0.1 μm，或相当者；

b) 色谱柱温度：$50℃(2\ min)\xrightarrow{10℃/min}180℃(1\ min)\xrightarrow{3℃/min}270℃(12\ min)$；

c) 进样口温度：280℃；

d) 检测器温度：300℃；

e) 载气、尾吹气：氮气，纯度≥99.999%，流速 1.2 mL/min，尾吹流量 50 mL/min；

f) 燃气：氢气，流量 75 mL/min；

g) 助燃气：空气，流量 100 mL/min；

h) 进样方式：无分流进样，1.5 min 后开阀；

i) 进样量：1 μL。

**5.2.1.2 气相色谱分析**

根据样液中有机磷农药含量情况，选定浓度相近的标准工作溶液，对混合标准工作溶液与样液等体积参插进样。标准工作溶液和待测样液中每种有机磷农药的响应值均应在仪器检测的线性范围内，外标法测定。

注：在上述气相色谱条件下，30 种有机磷农药标准物的参考保留时间参见附录 B，气相色谱图参见附录 D。

**5.2.2 气相色谱-质量选择检测器(GC-MSD)测定**

**5.2.2.1 气相色谱-质谱条件**

由于测试结果取决于所使用仪器，因此不可能给出气相色谱-质谱分析的通用参数。设定的参数应保证色谱测定时被测组分与其他组分能够得到有效的分离，下列给出的参数证明是可行的。

a) 色谱柱：DB-5 MS 30 m×0.25 mm×0.1 μm，或相当者；

b) 色谱柱温度：$50℃(2\ min)\xrightarrow{10℃/min}180℃(1\ min)\xrightarrow{3℃/min}270℃(8\ min)$；

c) 进样口温度：270℃；

d) 色谱-质谱接口温度：280℃；

e) 载气：氦气，纯度≥99.999%，流速 1.2 mL/min；

f) 电离方式：EI；

g) 电离能量：70 eV；

h) 测定方式：选择离子监测方式，定量和定性检测参见附录 B；定量测定的选择离子监测方式的质谱参数参见附录 C；

i) 进样方式：无分流进样，1.5 min 后开阀；

j) 进样量：1 μL。

**5.2.2.2 气相色谱-质谱分析及阳性结果确证**

根据样液中被测物含量情况，选定浓度相近的标准工作溶液，对标准工作溶液与样液等体积参插进样测定，标准工作溶液和待测样液中每种有机磷农药的响应值均应在仪器检测的线性范围内。

注：在上述气相色谱-质谱条件下，30 种有机磷农药标准物的参考保留时间参见附录 B，气相色谱-质谱图参见附录 E。

如果样液与标准工作溶液的选择离子色谱图中，在相同保留时间有色谱峰出现，则根据附录 B 中每种有机磷农药选择离子的种类及其丰度比对其进行确证。

## 6 结果计算

试样中每种有机磷农药残留量按式(1)计算,计算结果表示到小数点后两位。

$$X_i = \frac{A_i \times c_i \times V}{A_{is} \times m} \qquad \cdots\cdots(1)$$

式中:

$X_i$——试样中有机磷农药 $i$ 残留量,单位为微克每克(μg/g);

$A_i$——样液中有机磷农药 $i$ 的峰面积(或峰高);

$A_{is}$——标准工作液中有机磷农药 $i$ 的峰面积(或峰高);

$c_i$——标准工作液中有机磷农药 $i$ 的质量浓度,单位为微克每毫升(μg/mL);

$V$——样液最终定容体积,单位为毫升(mL);

$m$——最终样液代表的试样量,单位为克(g)。

## 7 测定低限、回收率和精密度

### 7.1 测定低限

本方法对纺织品中 30 种有机磷农药残留量的测定低限参见附录 B。

### 7.2 回收率

本方法对纺织品中 30 种有机磷农药的回收率为 75%～110%。

### 7.3 精密度

在同一实验室,由同一操作者使用相同设备,按相同的测试方法,并在短时间内对同一被测对象相互独立进行的测试获得的两次独立测试结果的绝对差值不大于这两个测定值的算术平均值的 20%。以大于这两个测定值的算术平均值的 20%的情况不超过 5%为前提。

## 8 试验报告

试验报告至少应给出以下内容:

a) 样品描述;

b) 使用的标准;

c) 采用的方法;

d) 试验结果;

e) 偏离标准的差异;

f) 试验日期。

# 附 录 A
## （规范性附录）
## 30种有机磷农药种类表

表 A.1

| 序号 | 农药名称 | 英文名称 | CAS No. | 化学分子式 |
|---|---|---|---|---|
| 1 | 甲胺磷 | methamidophos | 10265-92-6 | $C_2H_8NO_2PS$ |
| 2 | 敌敌畏 | dichlorvos | 62-73-7 | $C_4H_7Cl_2O_4P$ |
| 3 | 速灭磷 | mevinphos | 7786-34-7 | $C_7H_{13}O_6P$ |
| 4 | 氧化乐果 | omethoate | 1113-02-6 | $C_5H_{12}NO_4PS$ |
| 5 | 甲基内吸磷 | demeton methyl | 919-86-8 | $C_6H_{15}O_3PS_2$ |
| 6 | 丙线磷 | ethoprophos | 13194-48-4 | $C_8H_{19}O_2PS_2$ |
| 7 | 百治磷 | dicrotophos | 141-66-2 | $C_8H_{16}NO_5P$ |
| 8 | 久效磷 | monocrotophos | 6923-22-4 | $C_7H_{14}NO_5P$ |
| 9 | 甲基乙拌磷 | thiometon | 640-15-3 | $C_6H_{15}O_2PS_3$ |
| 10 | 乐果 | dimethoate | 60-51-5 | $C_5H_{12}NO_3PS_2$ |
| 11 | 烯虫磷 | propetamphos | 31218-83-4 | $C_{10}H_{20}NO_4PS$ |
| 12 | 二嗪磷 | diazinon | 333-41-5 | $C_{12}H_{21}N_2O_3PS$ |
| 13 | 乙拌磷 | disulfoton | 298-04-4 | $C_8H_{19}O_2PS_3$ |
| 14 | 甲基对硫磷 | parathion-methyl | 298-00-0 | $C_8H_{10}NO_5PS$ |
| 15 | 杀螟硫磷 | fenitrothion | 122-14-5 | $C_9H_{12}NO_5PS$ |
| 16 | 马拉硫磷 | malathion | 121-75-5 | $C_{10}H_{19}O_6PS_2$ |
| 17 | 倍硫磷 | fenthion | 55-38-9 | $C_{10}H_{15}O_3PS_2$ |
| 18 | 对硫磷 | parathion | 56-38-2 | $C_{10}H_{14}NO_5PS$ |
| 19 | 毒虫畏 | chlorfenvinphos | 470-90-6 | $C_{12}H_{14}Cl_3O_4P$ |
| 20 | 喹硫磷 | quinalphos | 13593-03-8 | $C_{12}H_{15}N_2O_3PS$ |
| 21 | 乙基溴硫磷 | bromophos-ethyl | 4824-78-6 | $C_{10}H_{12}BrCl_2O_3PS$ |
| 22 | 杀虫畏 | tetrachlorvinphos | 961-11-5 | $C_{10}H_9Cl_4O_4P$ |
| 23 | 丙溴磷 | profenofos | 41198-08-7 | $C_{11}H_{15}BrClO_3PS$ |
| 24 | 脱叶磷 | S,S,S-tributyl phosphorotrithioate | 78-48-8 | $C_{12}H_{27}OPS_3$ |
| 25 | 三唑磷 | triazophos | 24017-47-8 | $C_{12}H_{16}N_3O_3PS$ |
| 26 | 敌瘟磷 | edifenphos | 17109-49-8 | $C_{14}H_{15}O_2PS_2$ |
| 27 | 苯硫磷 | EPN | 2104-64-5 | $C_{14}H_{14}NO_4PS$ |
| 28 | 保棉磷 | azinphos methyl | 86-50-0 | $C_{10}H_{12}N_3O_3PS_2$ |
| 29 | 益棉磷 | azinphos-ethyl | 2642-71-9 | $C_{12}H_{16}N_3O_3PS_2$ |
| 30 | 蝇毒磷 | coumaphos | 56-72-4 | $C_{14}H_{16}ClO_5PS$ |

# 附　录　B
（资料性附录）
## 30 种有机磷农药定量和定性选择离子及测定低限表

表 B.1

| 序号 | 农药名称 | 保留时间/min | | 特征碎片离子/amu | | | 测定低限/(μg/g) | |
|---|---|---|---|---|---|---|---|---|
| | | GC-FPD | GC-MSD | 定量 | 定　性 | 丰度比 | GC-FPD | GC-MSD |
| 1 | 甲胺磷 | 11.02 | 10.38 | 141 | 110、111、126 | 100∶16∶27∶14 | 0.20 | 0.20 |
| 2 | 敌敌畏 | 11.43 | 10.77 | 220 | 185、187、222 | 21∶100∶33∶12 | 0.05 | 0.10 |
| 3 | 速灭磷 | 14.11 | 13.25 | 192 | 164、193、224 | 100∶30∶30∶9 | 0.20 | 0.10 |
| 4 | 氧化乐果 | 16.46 | 15.24 | 156 | 141、181、213 | 100∶12∶8∶6 | 0.20 | 0.10 |
| 5 | 甲基内吸磷 | 16.94 | 15.62 | 142 | 143、169、230 | 100∶50∶14∶18 | 0.10 | 0.10 |
| 6 | 丙线磷 | 17.17 | 15.81 | 242 | 158、168、200 | 24∶100∶14∶39 | 0.05 | 0.10 |
| 7 | 百治磷 | 17.75 | 16.33 | 193 | 127、192、237 | 13∶100∶8∶10 | 0.10 | 0.10 |
| 8 | 久效磷 | 17.92 | 16.48 | 192 | 127、164、223 | 16∶100∶9∶4 | 0.20 | 0.20 |
| 9 | 甲基乙拌磷 | 18.61 | 17.01 | 246 | 158、185、217 | 100∶80∶30∶10 | 0.05 | 0.10 |
| 10 | 乐果 | 18.83 | 17.20 | 125 | 87、143、229 | 59∶100∶13∶11 | 0.20 | 0.20 |
| 11 | 烯虫磷 | 19.81 | 18.07 | 236 | 194、205、222 | 69∶100∶10∶71 | 0.10 | 0.10 |
| 12 | 二嗪磷 | 20.30 | 18.48 | 304 | 248、276、289 | 100∶40∶47∶18 | 0.10 | 0.10 |
| 13 | 乙拌磷 | 20.47 | 18.59 | 274 | 142、153、186 | 85∶100∶95∶90 | 0.05 | 0.10 |
| 14 | 甲基对硫磷 | 22.25 | 20.11 | 263 | 200、233、246 | 100∶10∶14∶8 | 0.10 | 0.10 |
| 15 | 杀螟硫磷 | 23.52 | 21.25 | 277 | 214、247、260 | 100∶8∶6∶55 | 0.10 | 0.05 |
| 16 | 马拉硫磷 | 24.06 | 21.77 | 256 | 173、211、285 | 10∶100∶9∶6 | 0.10 | 0.20 |
| 17 | 倍硫磷 | 24.45 | 22.07 | 278 | 245、263、279 | 100∶7∶7∶13 | 0.10 | 0.05 |
| 18 | 对硫磷 | 24.58 | 22.18 | 291 | 218、235、261 | 100∶10∶16∶14 | 0.05 | 0.05 |
| 19 | 毒虫畏(*Z*) | 26.07 | 23.52 | 323 | 267、269、295 | 69∶100∶66∶24 | 0.10 | 0.10 |
| | 毒虫畏(*E*) | 26.64 | 24.04 | | | | | |
| 20 | 喹硫磷 | 26.76 | 24.12 | 298 | 225、241、270 | 100∶22∶48∶41 | 0.20 | 0.20 |
| 21 | 乙基溴硫磷 | 27.66 | 24.90 | 359 | 242、303、331 | 100∶33∶81∶35 | 0.10 | 0.10 |
| 22 | 杀虫畏 | 28.05 | 25.28 | 329 | 204、240、331 | 100∶8∶10∶98 | 0.10 | 0.10 |
| 23 | 丙溴磷 | 29.19 | 26.29 | 339 | 269、297、374 | 100∶45∶44∶40 | 0.10 | 0.20 |
| 24 | 脱叶磷 | 29.41 | 26.50 | 258 | 202、226、314 | 44∶100∶44∶19 | 0.10 | 0.20 |
| 25 | 三唑磷 | 32.71 | 29.60 | 257 | 208、285、313 | 100∶67∶74∶33 | 0.20 | 0.20 |
| 26 | 敌瘟磷 | 33.33 | 30.05 | 310 | 173、201、218 | 74∶100∶35∶18 | 0.20 | 0.20 |
| 27 | 苯硫磷 | 36.78 | 33.22 | 323 | 185、278、293 | 47∶100∶10∶8 | 0.20 | 0.20 |
| 28 | 保棉磷 | 38.74 | 35.02 | 160 | 125、132、161 | 100∶16∶75∶12 | 0.20 | 0.20 |
| 29 | 益棉磷 | 40.88 | 37.02 | 160 | 132、133、161 | 86∶100∶11∶10 | 0.20 | 0.20 |
| 30 | 蝇毒磷 | 43.24 | 39.25 | 362 | 226、306、334 | 100∶58∶14∶14 | 0.20 | 0.20 |

# 附 录 C
（资料性附录）
## 定量测定的选择离子监测方式的质谱参数

表 C.1

| 通 道 | 时间/min | 选择离子/amu |
|---|---|---|
| 1 | 8.00 | 141, 220 |
| 2 | 12.00 | 142, 156, 192, 193, 229, 236, 242, 246, 263, 274, 304 |
| 3 | 21.00 | 256, 258, 277, 278, 291, 298, 323, 329, 339, 359 |
| 4 | 28.00 | 160, 257, 310, 323, 362 |

# 附 录 D
（资料性附录）
## 有机磷农药标准物气相色谱图(GC-FPD)

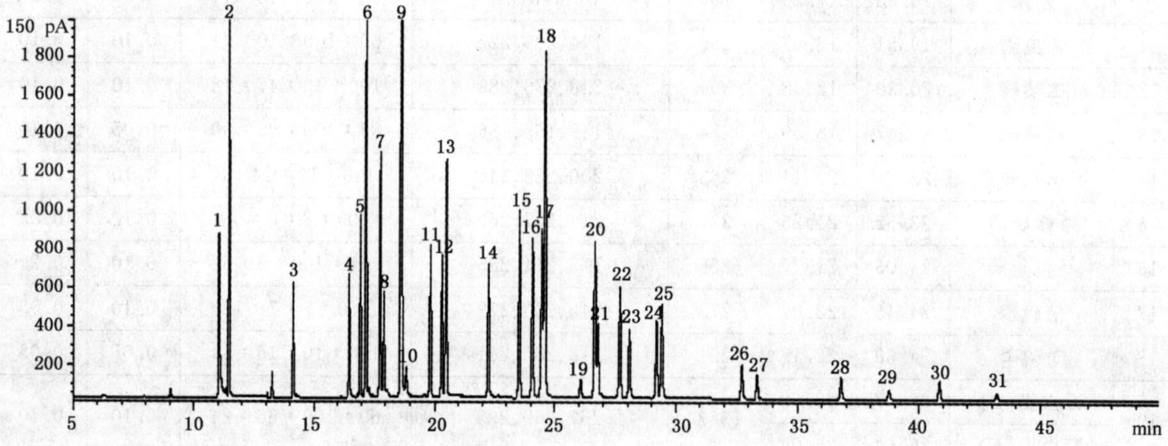


1——甲胺磷；
2——敌敌畏；
3——速灭磷；
4——氧化乐果；
5——甲基内吸磷；
6——丙线磷；
7——百治磷；
8——久效磷；
9——甲基乙拌磷；
10——乐果；
11——烯虫磷；
12——二嗪磷；
13——乙拌磷；
14——甲基对硫磷；
15——杀螟硫磷；
16——马拉硫磷；
17——倍硫磷；
18——对硫磷；
19——毒虫畏(*Z*)；
20——毒虫畏(*E*)；
21——喹硫磷；
22——乙基溴硫磷；
23——杀虫畏；
24——丙溴磷；
25——脱叶磷；
26——三唑磷；
27——敌瘟磷；
28——苯硫磷；
29——保棉磷；
30——益棉磷；
31——蝇毒磷。

图 D.1 有机磷农药标准物气相色谱图(GC-FPD)

# 附　录　E
（资料性附录）
## 有机磷农药标准物气相色谱-质谱图(GC-MSD)

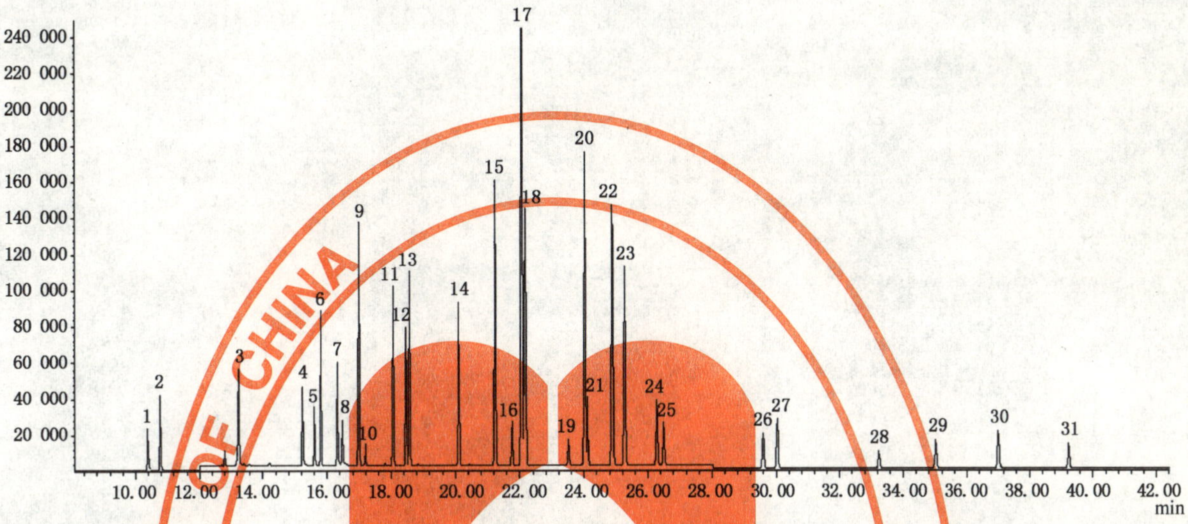


1——甲胺磷；
2——敌敌畏；
3——速灭磷；
4——氧化乐果；
5——甲基内吸磷；
6——丙线磷；
7——百治磷；
8——久效磷；
9——甲基乙拌磷；
10——乐果；
11——烯虫磷；
12——二嗪磷；
13——乙拌磷；
14——甲基对硫磷；
15——杀螟硫磷；
16——马拉硫磷；
17——倍硫磷；
18——对硫磷；
19——毒虫畏(*Z*)；
20——毒虫畏(*E*)；
21——喹硫磷；
22——乙基溴硫磷；
23——杀虫畏；
24——丙溴磷；
25——脱叶磷；
26——三唑磷；
27——敌瘟磷；
28——苯硫磷；
29——保棉磷；
30——益棉磷；
31——蝇毒磷。

图 E.1　有机磷农药标准物的气相色谱-质谱图(GC-MSD)

ICS 59.080.01
W 04

# 中华人民共和国国家标准

GB/T 18412.4—2006

# 纺织品　农药残留量的测定
# 第4部分：拟除虫菊酯农药

**Textiles—Determination of the pesticide residues—**
**Part 4: Pyrethroid pesticides**

2006-05-25 发布　　2006-12-01 实施

中华人民共和国国家质量监督检验检疫总局
中国国家标准化管理委员会　发布

# 前　言

GB/T 18412《纺织品　农药残留量的测定》包括以下部分：

第1部分：77种农药；

第2部分：有机氯农药；

第3部分：有机磷农药；

第4部分：拟除虫菊酯农药；

第5部分：有机氮农药；

第6部分：苯氧羧酸类农药；

第7部分：毒杀芬。

本部分为GB/T 18412的第4部分。

本部分附录A为规范性附录，附录B、附录C和附录D为资料性附录。

本部分由中国纺织工业协会提出。

本部分由全国纺织品标准化技术委员会基础分会(SAC/TC 209/SC 1)归口。

本部分起草单位：吉林出入境检验检疫局、纺织工业标准化研究所。

本部分主要起草人：王明泰、赵庆松、牟峻、卢利军、于艳秋。

# 纺织品　农药残留量的测定
# 第4部分:拟除虫菊酯农药

**警告——使用GB/T 18412的本部分的人员应有正规实验室工作的实践经验。本部分并未指出所有可能的安全问题。使用者有责任采取适当的安全和健康措施,并保证符合国家有关法规规定的条件。**

## 1　范围

GB/T 18412的本部分规定了采用气相色谱-电子俘获检测器(GC-ECD)和气相色谱-质谱(GC-MS)测定纺织品中12种拟除虫菊酯农药(见附录A)残留量的方法。

本部分适用于纺织材料及其产品。

## 2　原理

试样经丙酮-正己烷(1+4)超声波提取,提取液浓缩定容后,用配有电子俘获检测器的气相色谱仪(GC/ECD)测定,外标法定量,或用气相色谱-质谱(GC-MS)测定和确证,外标法定量。

## 3　试剂和材料

除另有规定外,所用试剂应均为分析纯。

3.1　丙酮:残留级。

3.2　正己烷:残留级。

3.3　无水硫酸钠:650℃灼烧3 h,冷却后贮于干燥器中备用。

3.4　丙酮-正己烷(1+4)。

3.5　拟除虫菊酯农药标准品:纯度≥98%,见附录A。

3.6　标准储备溶液:分别准确称取适量的每种拟除虫菊酯农药标准品,用正己烷分别配制成质量浓度为100 μg/mL的标准储备液。

3.7　混合标准工作溶液:根据需要再用正己烷逐级稀释成适用浓度的系列混合标准工作溶液。

注:标准储备溶液在0℃～4℃冰箱中保存有效期为12个月,混合标准工作溶液在0℃～4℃冰箱中保存有效期为6个月。

## 4　仪器与设备

4.1　气相色谱仪:配有电子俘获检测器(ECD)。

4.2　气相色谱-质谱仪:配有质量选择检测器(MSD)。

4.3　超声波发生器:工作频率40 kHz。

4.4　旋转蒸发器。

4.5　无水硫酸钠柱:7.5 cm×1.5 cm(内径),内装4 cm高无水硫酸钠。

4.6　锥形瓶:具磨口塞,100 mL。

4.7　浓缩瓶:具磨口塞,100 mL。

## 5　分析步骤

### 5.1　提取

取代表性样品,将其剪碎至5 mm×5 mm以下,混匀。称取2.0 g(精确至0.01 g)试样,置于100 mL具塞锥形瓶中,加入50 mL丙酮-正己烷(1+4),于超声波水浴中提取20 min。将提取液过滤。

残渣再用 30 mL 丙酮-正己烷(1+4)超声提取 5 min,合并滤液,经无水硫酸钠柱脱水后,收集于 100 mL 浓缩瓶中,于 40℃水浴旋转蒸发器浓缩至近干,用正己烷溶解并定容至 5.0 mL,供气相色谱测定或气相色谱-质谱确证和测定。

## 5.2 测定

### 5.2.1 气相色谱-电子俘获检测器(GC-ECD)测定

#### 5.2.1.1 气相色谱条件

由于测试结果取决于所使用仪器,因此不可能给出色谱分析的通用参数。设定的参数应保证色谱测定时被测组分与其他组分能够得到有效的分离,下列给出的参数证明是可行的。

a) 色谱柱:HP-5 30 m×0.32 mm×0.1 μm,或相当者;

b) 色谱柱温度:50℃(2 min) $\xrightarrow{10℃/min}$ 180℃(1 min) $\xrightarrow{3℃/min}$ 270℃(10 min);

c) 进样口温度:280℃;

d) 检测器温度:300℃;

e) 载气、尾吹气:氮气,纯度≥99.999%,流速 1.2 mL/min,尾吹流量 50 mL/min;

f) 进样方式:无分流进样,1.5 min 后开阀;

g) 进样量:1 μL。

#### 5.2.1.2 气相色谱分析

根据样液中拟除虫菊酯农药含量情况,选定浓度相近的标准工作溶液,对标准工作溶液与样液等体积参插进样。标准工作溶液和待测样液中每种拟除虫菊酯农药的响应值均应在仪器检测的线性范围内,外标法测定。

注:在上述气相色谱条件下,12 种拟除虫菊酯农药标准物的参考保留时间参见附录 B,气相色谱图参见附录 C。

### 5.2.2 气相色谱-质量选择检测器(GC-MSD)测定

#### 5.2.2.1 气相色谱-质谱条件

由于测试结果取决于所使用仪器,因此不可能给出气相色谱-质谱分析的通用参数。设定的参数应保证色谱测定时被测组分与其他组分能够得到有效的分离,下列给出的参数证明是可行的。

a) 色谱柱:DB-5 MS 30 m×0.25 mm×0.1 μm,或相当者;

b) 色谱柱温度:50℃(2 min) $\xrightarrow{10℃/min}$ 180℃(1 min) $\xrightarrow{3℃/min}$ 270℃(10 min);

c) 进样口温度:270℃;

d) 色谱-质谱接口温度:280℃;

e) 载气:氦气,纯度≥99.999%,流速 1.2 mL/min;

f) 电离方式:EI;

g) 电离能量:70 eV;

h) 测定方式:选择离子监测方式,定量和确证离子参见附录 B;

i) 进样方式:无分流进样,1.5 min 后开阀;

j) 进样量:1 μL。

#### 5.2.2.2 气相色谱-质谱分析及阳性结果确证

根据样液中被测物含量情况,选定浓度相近的标准工作溶液,对标准工作溶液与样液等体积参插进样测定,标准工作溶液和待测样液中每种拟除虫菊酯农药的响应值均应在仪器检测的线性范围内。

注:在上述气相色谱-质谱条件下,12 种拟除虫菊酯农药标准物的参考保留时间参见附录 B,气相色谱-质谱图参见附录 D。

如果样液与标准工作溶液的选择离子色谱图中,在相同保留时间有色谱峰出现,则根据附录 B 中每种拟除虫菊酯农药选择离子的种类及其丰度比对其进行确证。

## 6 结果计算

试样中每种拟除虫菊酯农药残留量按式(1)计算,计算结果表示到小数点后两位。

$$X_i = \frac{A_i \times c_i \times V}{A_{is} \times m} \quad \cdots\cdots\cdots\cdots (1)$$

式中:

$X_i$——试样中拟除虫菊酯农药 $i$ 残留量,单位为微克每克(μg/g);

$A_i$——样液中拟除虫菊酯农药 $i$ 的峰面积(或峰高);

$A_{is}$——标准工作液中拟除虫菊酯农药 $i$ 的峰面积(或峰高);

$c_i$——标准工作液中拟除虫菊酯农药 $i$ 的质量浓度,单位为微克每毫升(μg/mL);

$V$——样液最终定容体积,单位为毫升(mL);

$m$——最终样液代表的试样量,单位为克(g)。

## 7 测定低限、回收率和精密度

### 7.1 测定低限

本方法对纺织品中 12 种拟除虫菊酯农药残留量的测定低限参见附录 B。

### 7.2 回收率

本方法对纺织品中 12 种拟除虫菊酯农药的回收率为 75%~110%。

### 7.3 精密度

在同一实验室,由同一操作者使用相同设备,按相同的测试方法,并在短时间内对同一被测对象相互独立进行的测试获得的两次独立测试结果的绝对差值不大于这两个测定值的算术平均值的 20%。以大于这两个测定值的算术平均值的 20%的情况不超过 5%为前提。

## 8 试验报告

试验报告至少应给出以下内容:

a) 样品描述;

b) 使用的标准;

c) 采用的方法;

d) 试验结果;

e) 偏离标准的差异;

f) 试验日期。

# 附 录 A
## （规范性附录）
## 12 种拟除虫菊酯农药种类表

表 A.1

| 序号 | 农药名称 | 英文名称 | CAS No. | 化学分子式 |
|---|---|---|---|---|
| 1 | 联苯菊酯 | bifenthrin | 82657-04-3 | $C_{23}H_{22}ClF_3O_2$ |
| 2 | 甲氰菊酯 | fenpropathion | 64257-84-7 | $C_{22}H_{23}NO_3$ |
| 3 | 氯氟氰菊酯(*RS*) | cyhalothrin(*RS*) | 91465-08-6 | $C_{23}H_{19}ClF_3NO_3$ |
| 4 | 氟丙菊酯 | acrinathrin | 103833-18-7 | $C_{26}H_{21}F_6NO_5$ |
| 5 | 氯菊酯(Ⅰ) | permethrin(Ⅰ) | 52645-53-1 | $C_{21}H_{20}Cl_2O_3$ |
| | 氯菊酯(Ⅱ) | permethrin(Ⅱ) | | |
| 6 | 氟氯氰菊酯(Ⅰ) | cyfluthrin(Ⅰ) | 68359-37-5 | $C_{22}H_{18}Cl_2FNO_3$ |
| | 氟氯氰菊酯(Ⅱ) | cyfluthrin(Ⅱ) | | |
| | 氟氯氰菊酯(Ⅲ) | cyfluthrin(Ⅲ) | | |
| | 氟氯氰菊酯(Ⅳ) | cyfluthrin(Ⅳ) | | |
| 7 | 氯氰菊酯(Ⅰ) | cypermethin(Ⅰ) | 52315-07-8 | $C_{22}H_{19}Cl_2NO_3$ |
| | 氯氰菊酯(Ⅱ) | cypermethin(Ⅱ) | | |
| | 氯氰菊酯(Ⅲ) | cypermethin(Ⅲ) | | |
| | 氯氰菊酯(Ⅳ) | cypermethin(Ⅳ) | | |
| 8 | 氟硅菊酯 | silafluofen | 105024-66-6 | $C_{25}H_{29}FO_2Si$ |
| 9 | 杀灭菊酯 | fenvalerate | 51630-58-1 | $C_{25}H_{22}ClNO_3$ |
| 10 | 氰戊菊酯 | esfenvalerate | 66230-04-4 | $C_{25}H_{22}ClNO_3$ |
| 11 | 氟胺氰菊酯(Ⅰ) | fluvalinate-tau-(Ⅰ) | 102851-06-9 | $C_{26}H_{22}ClF_3N_2O_3$ |
| | 氟胺氰菊酯(Ⅱ) | fluvalinate-tau-(Ⅱ) | | |
| 12 | 溴氰菊酯 | deltamethrin | 52918-63-5 | $C_{22}H_{19}Br_2NO_3$ |

# 附 录 B
# （资料性附录）
# 拟除虫菊酯农药定量和定性选择离子及测定低限表

表 B.1

| 序号 | 峰号 | 农药名称 | 保留时间/min | | 特征碎片离子/amu | | | 测定低限/(μg/g) | |
|---|---|---|---|---|---|---|---|---|---|
| | | | GC-ECD | GC-MSD | 定量 | 定性 | 丰度比 | GC-ECD | GC-MSD |
| 1 | 1 | 联苯菊酯 | 37.95 | 33.72 | 181 | 165、166、182 | 100∶25∶26∶15 | 0.05 | 0.10 |
| 2 | 2 | 甲氰菊酯 | 38.27 | 33.99 | 181 | 209、265、349 | 100∶30∶48∶15 | 0.05 | 0.10 |
| 3 | 3 | 氯氟氰菊酯(*RS*) | 41.25 | 36.80 | 181 | 197、208、225 | 100∶77∶54∶8 | 0.05 | 0.20 |
| 4 | 4 | 氟丙菊酯 | 41.99 | 37.69 | 181 | 208、247、289 | 100∶64∶13∶43 | 0.05 | 0.10 |
| 5 | 5 | 氯菊酯(Ⅰ) | 43.49 | 38.82 | 183 | 163、165、184 | 100∶18∶16∶15 | 0.02 | 0.02 |
| | 6 | 氯菊酯(Ⅱ) | 43.92 | 39.32 | | | 100∶25∶20∶15 | | |
| 6 | 7 | 氟氯氰菊酯(Ⅰ) | 45.53 | 40.75 | 206 | 163、199、226 | 76∶100∶47∶60 | 0.10 | 0.20 |
| | 8 | 氟氯氰菊酯(Ⅱ) | 45.85 | 41.09 | | | 64∶100∶40∶44 | | |
| | 9 | 氟氯氰菊酯(Ⅲ) | 46.10 | 41.29 | | | 75∶100∶46∶59 | | |
| | 10 | 氟氯氰菊酯(Ⅳ) | 46.23 | 41.45 | | | 63∶100∶38∶43 | | |
| 7 | 11 | 氯氰菊酯(Ⅰ) | 46.55 | 41.68 | 181 | 163、208、209 | 88∶100∶22∶31 | 0.10 | 0.20 |
| | 12 | 氯氰菊酯(Ⅱ) | 46.90 | 42.00 | | | 76∶100∶18∶28 | | |
| | 13 | 氯氰菊酯(Ⅲ) | 47.16 | 42.21 | | | 88∶100∶21∶34 | | |
| | 14 | 氯氰菊酯(Ⅳ) | 47.31 | 42.34 | | | 73∶100∶17∶26 | | |
| 8 | 15 | 氟硅菊酯 | 49.21 | 43.09 | 286 | 179、199、258 | 70∶100∶19∶48 | 0.10 | 0.10 |
| 9 | 16 | 杀灭菊酯 | 50.04 | 44.38 | 181 | 209、225、419 | 100∶23∶90∶65 | 0.10 | 0.20 |
| 10 | 17 | 氰戊菊酯 | 50.89 | 45.03 | 181 | 209、225、419 | 100∶24∶87∶66 | 0.10 | 0.20 |
| 11 | 18 | 氟胺氰菊酯(Ⅰ) | 51.06 | 45.22 | 181 | 209、250、252 | 18∶25∶100∶32 | 0.05 | 0.10 |
| | 19 | 氟胺氰菊酯(Ⅱ) | 51.40 | 45.47 | | | | | |
| 12 | 20 | 溴氰菊酯 | 53.66 | 46.72 | 181 | 209、251、253 | 100∶26∶48∶94 | 0.10 | 0.20 |

# 附 录 C
（资料性附录）
## 拟除虫菊酯农药标准物气相色谱图(GC-ECD)

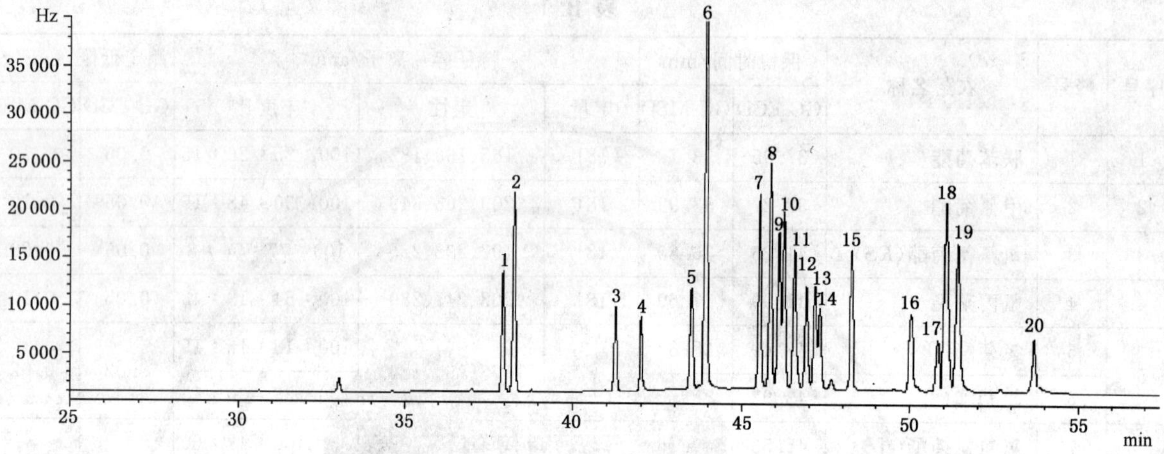


1——联苯菊酯；
2——甲氰菊酯；
3——氯氟氰菊酯(*RS*)；
4——氟丙菊酯；
5——氯菊酯(Ⅰ)；
6——氯菊酯(Ⅱ)；
7——氟氯氰菊酯(Ⅰ)；
8——氟氯氰菊酯(Ⅱ)；
9——氟氯氰菊酯(Ⅲ)；
10——氟氯氰菊酯(Ⅳ)；
11——氯氰菊酯(Ⅰ)；
12——氯氰菊酯(Ⅱ)；
13——氯氰菊酯(Ⅲ)；
14——氯氰菊酯(Ⅳ)；
15——氟硅菊酯；
16——杀灭菊酯；
17——氰戊菊酯；
18——氟胺氰菊酯(Ⅰ)；
19——氟胺氰菊酯(Ⅱ)；
20——溴氰菊酯。

图 C.1 拟除虫菊酯农药标准物气相色谱图(GC-ECD)

# 附 录 D
（资料性附录）
## 拟除虫菊酯农药标准物气相色谱-质谱图(GC-MSD)

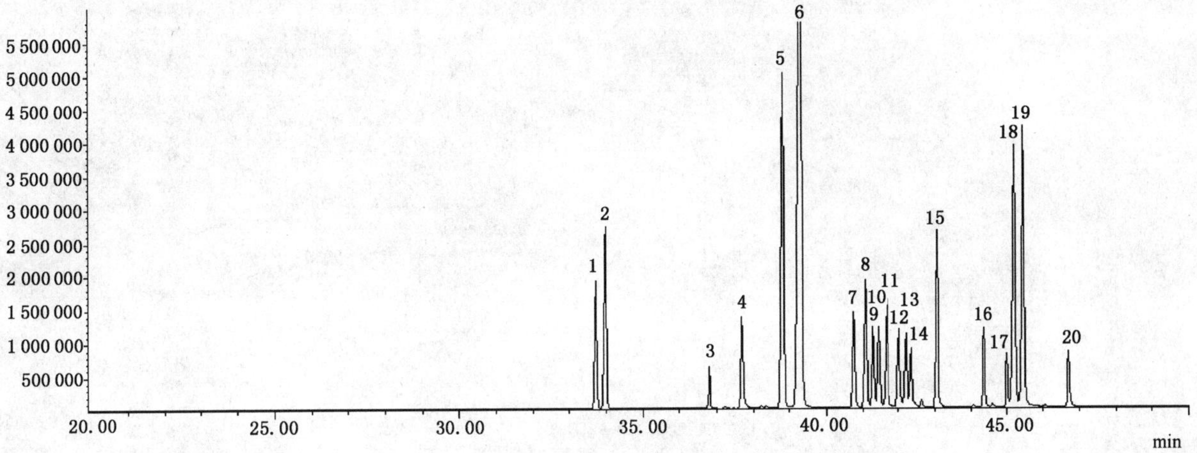


1——联苯菊酯；
2——甲氰菊酯；
3——氯氟氰菊酯(*RS*)；
4——氟丙菊酯；
5——氯菊酯(Ⅰ)；
6——氯菊酯(Ⅱ)；
7——氟氯氰菊酯(Ⅰ)；
8——氟氯氰菊酯(Ⅱ)；
9——氟氯氰菊酯(Ⅲ)；
10——氟氯氰菊酯(Ⅳ)；
11——氯氰菊酯(Ⅰ)；
12——氯氰菊酯(Ⅱ)；
13——氯氰菊酯(Ⅲ)；
14——氯氰菊酯(Ⅳ)；
15——氟硅菊酯；
16——杀灭菊酯；
17——氰戊菊酯；
18——氟胺氰菊酯(Ⅰ)；
19——氟胺氰菊酯(Ⅱ)；
20——溴氰菊酯。

图 D.1 拟除虫菊酯农药标准物的气相色谱-质谱图(GC-MSD)

ICS 59.080.01
W 04

# 中华人民共和国国家标准

GB/T 18412.6—2006

# 纺织品 农药残留量的测定 第6部分:苯氧羧酸类农药

Textiles—Determination of the pesticide residues—Part 6:Phenoloxy hydroxy acids pesticides

2006-05-25 发布 2006-12-01 实施

中华人民共和国国家质量监督检验检疫总局
中国国家标准化管理委员会 发布

# 前　言

GB/T 18412《纺织品　农药残留量的测定》包括以下部分：

第1部分：77种农药；

第2部分：有机氯农药；

第3部分：有机磷农药；

第4部分：拟除虫菊酯农药；

第5部分：有机氮农药；

第6部分：苯氧羧酸类农药；

第7部分：毒杀芬。

本部分为GB/T 18412的第6部分。

本部分附录A为规范性附录，附录B和附录C为资料性附录。

本部分由中国纺织工业协会提出。

本部分由全国纺织品标准化技术委员会基础分会(SAC/TC 209/SC 1)归口。

本部分起草单位：吉林出入境检验检疫局、纺织工业标准化研究所。

本部分主要起草人：王明泰、刘志研、牟峻、靳颖、吴剑。

# 纺织品　农药残留量的测定
# 第6部分:苯氧羧酸类农药

**警告——使用GB/T 18412的本部分的人员应有正规实验室工作的实践经验。本部分并未指出所有可能的安全问题。使用者有责任采取适当的安全和健康措施,并保证符合国家有关法规规定的条件。**

## 1 范围

GB/T 18412的本部分规定了采用气相色谱-质谱(GC-MS)测定纺织品中2,4-滴(2,4-D)、2,4-滴丙酸(Dichlorprop)、2-甲-4-氯乙酸(MCPA)、2-甲-4-氯丙酸(MCPP)、2-甲-4-氯丁酸(MCPB)、2,4,5-涕(2,4,5-T)6种苯氧羧酸类农药残留量的方法。

本部分适用于纺织材料及其产品。

## 2 规范性引用文件

下列文件中的条款通过GB/T 18412的本部分的引用而成为本部分的条款。凡是注日期的引用文件,其随后所有的修改单(不包括勘误的内容)或修订版均不适用于本部分,然而,鼓励根据本部分达成协议的各方研究是否可使用这些文件的最新版本。凡是不注日期的引用文件,其最新版本适用于本部分。

GB/T 6682　分析实验室用水规格和试验方法(GB/T 6682—1992,neq ISO 3696:1987)

## 3 原理

用酸性丙酮水溶液提取试样,提取液经二氯甲烷液-液分配提取后,再用甲醇-三氟化硼乙醚溶液甲酯化,经正已烷提取,用气相色谱-质谱(GC-MS)测定和确证,外标法定量。

## 4 试剂和材料

除另有规定外,所用试剂应均为分析纯,水为符合GB/T 6682规定的二级水。

4.1　丙酮:残留级。

4.2　二氯甲烷:残留级。

4.3　甲醇:残留级。

4.4　正己烷:残留级。

4.5　三氟化硼乙醚溶液:46.8%～47.8%。

4.6　浓硫酸。

4.7　无水硫酸钠:650℃灼烧3 h,冷却后贮于干燥器中备用。

4.8　氯化钠:优级纯。

4.9　硫酸溶液:体积分数为10%,取40 mL浓硫酸,缓慢倒入360 mL水中,混匀。

4.10　饱和氯化钠溶液:取400 mL水,加入过量氯化钠,混匀。

4.11　硫酸钠溶液:20 g/L水溶液。

4.12　三氟化硼乙醚-甲醇混合溶液(20+80):取20 mL三氟化硼乙醚溶液,缓慢倒入80 mL甲醇中,混匀。每月新配制一次。

4.13　苯氧羧酸类农药标准品:纯度≥98%,见附录A。

4.14　标准储备溶液:分别准确称取适量的苯氧羧酸类农药标准品,用丙酮分别配制成质量浓度为

1 000 μg/mL的标准储备液。

4.15 混合标准工作溶液：根据需要再用丙酮稀释成适用浓度的混合标准工作溶液。

注：标准储备溶液在0℃～4℃冰箱中保存，有效期为12个月；混合标准工作溶液在0℃～4℃冰箱中保存，有效期为6个月。

## 5 仪器与设备

5.1 气相色谱仪：配有质量选择检测器(MSD)。

5.2 超声波发生器：工作频率40 kHz。

5.3 旋转蒸发器。

5.4 涡旋混合器。

5.5 水浴锅：70℃。

5.6 离心机：4 000 r/min。

5.7 无水硫酸钠柱：7.5 cm×1.5 cm(内径)，内装4 cm高无水硫酸钠。

5.8 分液漏斗：125 mL。

5.9 锥形瓶：具磨口塞，100 mL。

5.10 浓缩瓶：具磨口塞，100 mL、250 mL。

5.11 离心管：具磨口塞，15 mL。

## 6 分析步骤

### 6.1 提取

取代表性样品，将其剪碎至5 mm×5 mm以下，混匀。称取2.0 g(精确至0.01 g)试样，置于100 mL具塞锥形瓶中，依次加入10 mL硫酸溶液和50 mL丙酮，于超声波发生器中提取20 min。将提取液过滤于250 mL浓缩瓶中，残渣再用10 mL硫酸溶液和50 mL丙酮超声提取5 min，合并滤液，于40℃水浴旋转蒸发器浓缩以除去丙酮。将残留溶液移入125 mL分液漏斗中，加入10 mL硫酸溶液和10 mL饱和氯化钠溶液，依次用2×30 mL二氯甲烷萃取两次，合并有机相，经无水硫酸钠柱脱水后，收集于100 mL浓缩瓶中，于40℃水浴旋转蒸发器浓缩至近干。

### 6.2 甲酯化

加入3 mL三氟化硼乙醚-甲醇混合溶液(20+80)，于涡旋混合器充分溶解后，将其移入15 mL离心管中，加塞，于70℃水浴锅中酯化1 h，冷却至室温。加入5 mL硫酸钠溶液，再准确加入5.0 mL正己烷，于涡旋混合器混合1 min，再以4 000 r/min离心3 min，正己烷相供气相色谱-质谱测定。

### 6.3 标准工作溶液的制备

准确移取一定体积的适用浓度的混合标准工作溶液于15 mL离心管中，用氮气流吹干后，以下按6.2步骤进行。

### 6.4 测定

#### 6.4.1 气相色谱-质谱条件

由于测试结果取决于所使用仪器，因此不可能给出气相色谱-质谱分析的通用参数。设定的参数应保证色谱测定时被测组分与其他组分能够得到有效的分离，下列给出的参数证明是可行的。

a) 色谱柱：DB-1701 MS 30 m×0.25 mm×0.1 μm，或相当者；

b) 色谱柱温度：50℃(2 min)$\xrightarrow{30℃/min}$200℃(1 min)$\xrightarrow{6℃/min}$260℃(5 min)；

c) 进样口温度：270℃；

d) 色谱-质谱接口温度：280℃；

e) 载气：氦气，纯度≥99.999%，流速1.2 mL/min；

f) 电离方式：EI；

g) 电离能量:70 eV;

h) 测定方式:选择离子监测方式,定量和确证离子参见附录 B;

i) 进样方式:无分流进样,1.5 min 后开阀;

j) 进样量:1 μL。

### 6.4.2 气相色谱-质谱分析及阳性结果确证

根据样液中被测物含量情况,选定浓度相近的标准工作溶液,对标准工作溶液与样液等体积参插进样测定,标准工作溶液和待测样液中每种苯氧羧酸类甲酯的响应值均应在仪器检测的线性范围内。

注:在上述气相色谱-质谱条件下,每种苯氧羧酸类甲酯的保留时间参见附录 B,其标准物的气相色谱-质谱图参见附录 C。

如果样液与标准工作溶液的选择离子色谱图中,在相同保留时间有色谱峰出现,则根据附录 B 中每种苯氧羧酸类甲酯选择离子的种类及其丰度比对其进行确证。

## 7 结果计算

试样中每种苯氧羧酸类农药残留量按式(1)计算,计算结果表示到小数点后两位。

$$X_i = \frac{A_i \times c_i \times V}{A_{is} \times m} \quad \cdots\cdots\cdots\cdots(1)$$

式中:

$X_i$——试样中苯氧羧酸类农药 $i$ 残留量,单位为微克每克(μg/g);

$A_i$——样液中苯氧羧酸类甲酯 $i$ 的峰面积(或峰高);

$A_{is}$——标准工作液中苯氧羧酸类甲酯 $i$ 的峰面积(或峰高);

$c_i$——标准工作液中苯氧羧酸类农药 $i$ 的质量浓度,单位为微克每毫升(μg/mL);

$V$——样液最终定容体积,单位为毫升(mL);

$m$——最终样液代表的试样量,单位为克(g)。

## 8 测定低限、回收率和精密度

### 8.1 测定低限

本方法对纺织品中 6 种苯氧羧酸类农药残留量的测定低限参见附录 B。

### 8.2 回收率

本方法对纺织品中 6 种苯氧羧酸类农药的回收率为 80%~110%。

### 8.3 精密度

在同一实验室,由同一操作者使用相同设备,按相同的测试方法,并在短时间内对同一被测对象相互独立进行的测试获得的两次独立测试结果的绝对差值不大于这两个测定值的算术平均值的 20%。以大于这两个测定值的算术平均值的 20%的情况不超过 5%为前提。

## 9 试验报告

试验报告至少应给出以下内容:

a) 样品描述;

b) 使用的标准;

c) 试验结果;

d) 偏离标准的差异;

e) 试验日期。

# 附　录　A
（规范性附录）
# 6种苯氧羧酸类农药种类表

表 A.1

| 序号 | 农药名称 | 英文名称 | CAS No. | 化学分子式 | 相对分子质量 |
|---|---|---|---|---|---|
| 1 | 2-甲-4-氯丙酸 | MCPP | 93-65-2 | $C_{10}H_{11}ClO_3$ | 214.04 |
| 2 | 2-甲-4-氯乙酸 | MCPA | 94-74-6 | $C_9H_9ClO_3$ | 200.02 |
| 3 | 2,4-D丙酸 | Dichlorprop | 120-36-5 | $C_9H_8Cl_2O_3$ | 235.07 |
| 4 | 2,4-滴 | 2,4-D | 94-75-7 | $C_8H_6Cl_2O_3$ | 219.97 |
| 5 | 2-甲-4-氯丁酸 | MCPB | 94-81-5 | $C_{11}H_{13}ClO_3$ | 228.06 |
| 6 | 2,4,5-涕 | 2,4,5-T | 93-76-5 | $C_8H_5Cl_3O_3$ | 253.93 |

## 附 录 B
## （资料性附录）
## 苯氧羧酸类甲酯定量和定性选择离子表和测定低限

表 B.1

| 序号 | 农药名称 | CAS. No | 保留时间/min | 特征碎片离子/amu | | 测定低限/(μg/g) |
|---|---|---|---|---|---|---|
| | | | | 定量 | 定性 | |
| 1 | 2-甲-4-氯丙酸甲酯 | 023844-56-6 | 7.87 | 228 | 169、142、107 | 0.02 |
| | | | | 丰度比(88：100：80：42) | | |
| 2 | 2-甲-4-氯乙酸甲酯 | 002436-73-9 | 7.99 | 214 | 155、141、125 | 0.25 |
| | | | | 丰度比(89：63：100：42) | | |
| 3 | 2,4-D 丙酸甲酯 | 057153-17-0 | 8.26 | 248 | 189、162、133 | 0.10 |
| | | | | 丰度比(36：48：100：13) | | |
| 4 | 2,4-滴甲酯 | 001928-38-7 | 8.39 | 234 | 199、175、161 | 0.05 |
| | | | | 丰度比(66：100：58：26) | | |
| 5 | 2-甲-4-氯丁酸甲酯 | 057153-18-1 | 9.39 | 242 | 211、155、142 | 0.10 |
| | | | | 丰度比(65：71：24：100) | | |
| 6 | 2,4,5-涕甲酯 | 001928-37-6 | 9.47 | 268 | 233、209、181 | 0.05 |
| | | | | 丰度比(48：100：39：24) | | |

# 附 录 C
(资料性附录)
## 苯氧羧酸类甲酯标准物气相色谱-质谱图

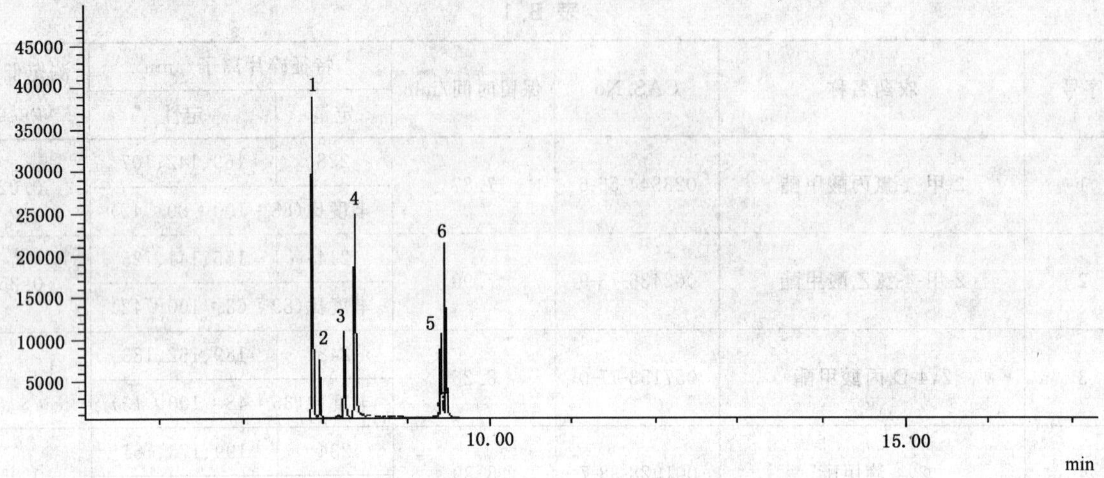


1——2-甲-4-氯丙酸甲酯(7.87 min);
2——2-甲-4-氯乙酸甲酯(7.99 min);
3——2,4-滴丙酸甲酯(8.26 min);
4——2,4-滴甲酯(8.39 min);
5——2-甲-4-氯丁酸甲酯(9.39 min);
6——2,4,5-涕甲酯(9.47 min)。

**图 C.1 苯氧羧酸类甲酯标准物的气相色谱-质谱图**

ICS 59.080.01
W 04

GB

# 中华人民共和国国家标准

GB/T 18412.7—2006

# 纺织品　农药残留量的测定
# 第7部分:毒杀芬

Textiles—Determination of the pesticide residues—
Part 7:Toxaphene

2006-05-25 发布　　　　2006-12-01 实施

中华人民共和国国家质量监督检验检疫总局
中国国家标准化管理委员会　发布

# 前言

GB/T 18412《纺织品　农药残留量的测定》包括以下部分：

第1部分：77种农药；

第2部分：有机氯农药；

第3部分：有机磷农药；

第4部分：拟除虫菊酯农药；

第5部分：有机氮农药；

第6部分：苯氧羧酸类农药；

第7部分：毒杀芬。

本部分为GB/T 18412的第7部分。

本部分附录A为资料性附录。

本部分由中国纺织工业协会提出。

本部分由全国纺织品标准化技术委员会基础分会(SAC/TC 209/SC 1)归口。

本部分起草单位：吉林出入境检验检疫局、纺织工业标准化研究所。

本部分主要起草人：刘志研、王明泰、牟峻、赵庆松、李爱军。

# 纺织品　农药残留量的测定
# 第7部分：毒杀芬

**警告——使用GB/T 18412的本部分的人员应有正规实验室工作的实践经验。本部分并未指出所有可能的安全问题。使用者有责任采取适当的安全和健康措施，并保证符合国家有关法规规定的条件。**

## 1　范围

GB/T 18412的本部分规定了采用气相色谱-电子俘获检测器(GC-ECD)和气相色谱-质谱(GC-MS)测定纺织品中毒杀芬残留量的方法。

本部分适用于纺织材料及其产品。

## 2　原理

试样经正己烷超声波提取，提取液浓缩定容后，用配有电子俘获检测器的气相色谱仪(GC-ECD)测定，外标法定量，或采用气相色谱-质谱(GC-MS)测定和确证，外标法定量。

## 3　试剂和材料

除另有规定外，所用试剂应均为分析纯。

3.1　正己烷：残留级。

3.2　无水硫酸钠：650℃灼烧3 h，冷却后贮于干燥器中备用。

3.3　毒杀芬标准品($C_{10}H_{10}Cl_5$，CAS No.：8001-35-2)：已知纯度≥78%。

3.4　标准储备溶液：准确称取适量的毒杀芬标准品，用正己烷分别配制成质量浓度为100 μg/mL的标准储备液。

3.5　标准工作溶液：根据需要再用正己烷逐级稀释成适用浓度的标准工作溶液。

注：标准储备溶液在0℃～4℃冰箱中保存，有效期为12个月；混合标准工作溶液在0℃～4℃冰箱中保存，有效期为6个月。

## 4　仪器与设备

4.1　气相色谱仪：配有电子俘获检测器(ECD)。

4.2　气相色谱-质谱仪：配有质量选择检测器(MSD)。

4.3　超声波发生器：工作频率40 kHz。

4.4　旋转蒸发器。

4.5　无水硫酸钠柱：7.5 cm×1.5 cm(内径)，内装4 cm高无水硫酸钠。

4.6　锥形瓶：具磨口塞，100 mL。

4.7　浓缩瓶：具磨口塞，100 mL。

## 5　分析步骤

### 5.1　提取

取代表性样品，将其剪碎至5 mm×5 mm以下，混匀。称取5.0 g(精确至0.01 g)试样，置于100 mL具塞锥形瓶中，加入50 mL正己烷，于超声波发生器中提取20 min，将提取液过滤。残渣再用30 mL正己烷超声提取5 min，合并滤液，经无水硫酸钠柱脱水后，收集于100 mL浓缩瓶中，于40℃水浴旋转蒸发器浓缩至近干,用正己烷溶解并定容至 5.0 mL,供气相色谱测定或气相色谱-质谱确证和测定。

## 5.2 测定

### 5.2.1 气相色谱-电子俘获检测器(GC-ECD)测定

#### 5.2.1.1 气相色谱条件

由于测试结果取决于所使用仪器,因此不可能给出色谱分析的通用参数。设定的参数应保证色谱测定时被测组分与其他组分能够得到有效的分离,下列给出的参数证明是可行的。

a) 色谱柱:HP-5 30 m×0.32 mm×0.1 μm,或相当者;

b) 色谱柱温度:100℃(1 min)$\xrightarrow{30℃/min}$180℃(1 min)$\xrightarrow{15℃/min}$270℃(10 min);

c) 进样口温度:280℃;

d) 检测器温度:300℃;

e) 载气、尾吹气:氮气,纯度≥99.999%,流速 1.2 mL/min,尾吹流量 50 mL/min;

f) 进样方式:无分流进样,1.5 min 后开阀;

g) 进样量:1 μL。

#### 5.2.1.2 气相色谱分析

根据样液中毒杀芬含量情况,选定浓度相近的标准工作溶液,对标准工作溶液与样液等体积参插进样。标准工作溶液和待测样液中毒杀芬的响应值均应在仪器检测的线性范围内。

注 1:毒杀芬含量采用 22 个色谱峰的峰面积总和进行外标法定量。

注 2:在上述气相色谱条件下,毒杀芬标准物的参考保留时间和气相色谱图参见附录 A 中图 A.1。

### 5.2.2 气相色谱-质量选择检测器(GC-MSD)测定

#### 5.2.2.1 气相色谱-质谱条件

由于测试结果取决于所使用仪器,因此不可能给出气相色谱-质谱分析的通用参数。设定的参数应保证色谱测定时被测组分与其他组分能够得到有效的分离,下列给出的参数证明是可行的。

a) 色谱柱:DB-5 MS 30 m×0.25 mm×0.1 μm,或相当者;

b) 色谱柱温度:50℃(1 min)$\xrightarrow{30℃/min}$180℃(1 min)$\xrightarrow{15℃/min}$280℃(20 min);

c) 进样口温度:270℃;

d) 色谱-质谱接口温度:280℃;

e) 载气:氦气,纯度≥99.999%,流速 1.2 mL/min;

f) 电离方式:EI;

g) 电离能量:70 eV;

h) 测定方式:选择离子监测方式;

i) 选择离子($m/z$):定量 159,231 amu,定性 159,231,293,341 amu;

j) 进样方式:无分流进样,1.5 min 后开阀;

k) 进样量:1 μL。

#### 5.2.2.2 气相色谱-质谱分析及阳性结果确证

根据样液中被测物含量情况,选定浓度相近的标准工作溶液,对标准工作溶液与样液等体积参插进样测定,标准工作溶液和待测样液中毒杀芬的响应值均应在仪器检测的线性范围内。如果样液与标准工作溶液的选择离子色谱图中,在相同保留时间有色谱峰出现,则根据选择离子 $m/z$ 159、231、293、341 的丰度比对其进行确证。

注 1:毒杀芬含量采用 22 个色谱峰的峰面积总和进行外标法定量。

注 2:在上述气相色谱-质谱条件下,毒杀芬标准物的参考保留时间和气相色谱-质谱图参见附录 A 中图 A.2。

## 6 结果计算

试样中毒杀芬残留量按式(1)计算,计算结果表示到小数点后两位。

$$X = \frac{\Sigma A_i \times c \times V}{\Sigma A_{is} \times m} \quad \cdots\cdots (1)$$

式中：

$X$——试样中毒杀芬残留量，单位为微克每克(μg/g)；

$\Sigma A_i$——样液中毒杀芬的峰面积总和；

$\Sigma A_{is}$——标准工作液中毒杀芬的峰面积总和；

$c$——标准工作液中毒杀芬的质量浓度，单位为微克每毫升(μg/mL)；

$V$——样液最终定容体积，单位为毫升(mL)；

$m$——最终样液代表的试样量，单位为克(g)。

## 7 测定低限、回收率和精密度

### 7.1 测定低限

本方法采用气相色谱-电子俘获检测器(GC-ECD)测定，测定低限为 0.20 μg/g。

本方法采用气相色谱-质量选择检测器(GC-MSD)测定，测定低限为 0.50 μg/g。

### 7.2 回收率

本方法对纺织品中毒杀芬的回收率为 80%～110%。

### 7.3 精密度

在同一实验室，由同一操作者使用相同设备，按相同的测试方法，并在短时间内对同一被测对象相互独立进行的测试获得的两次独立测试结果的绝对差值不大于这两个测定值的算术平均值的 20%。以大于这两个测定值的算术平均值的 20%的情况不超过 5%为前提。

## 8 试验报告

试验报告至少应给出以下内容：

a) 样品描述；

b) 使用的标准；

c) 采用的方法；

d) 试验结果；

e) 偏离标准的差异；

f) 试验日期。

# 附 录 A
（资料性附录）
## 毒杀芬标准物气相色谱图和气相色谱-质谱图

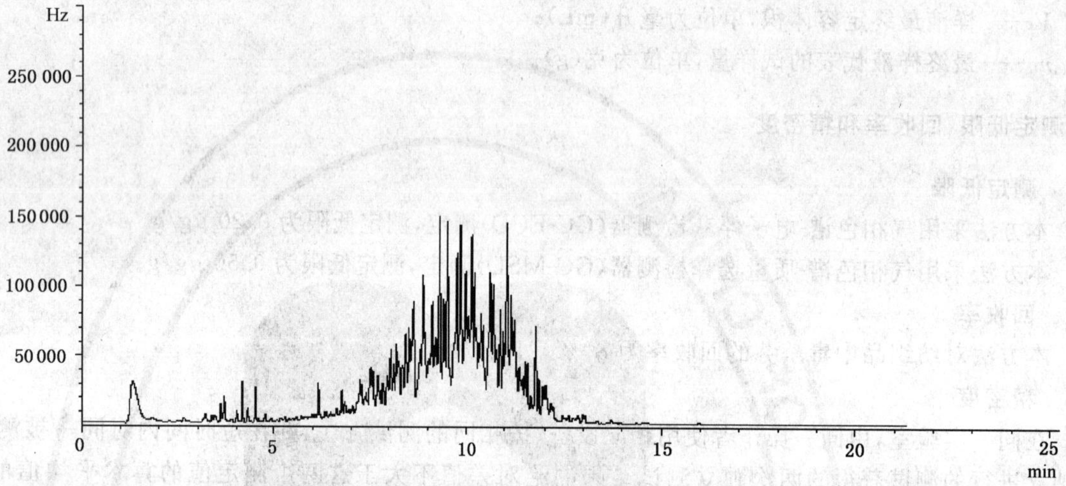


图 A.1　毒杀芬标准物的气相色谱图(GC-ECD)

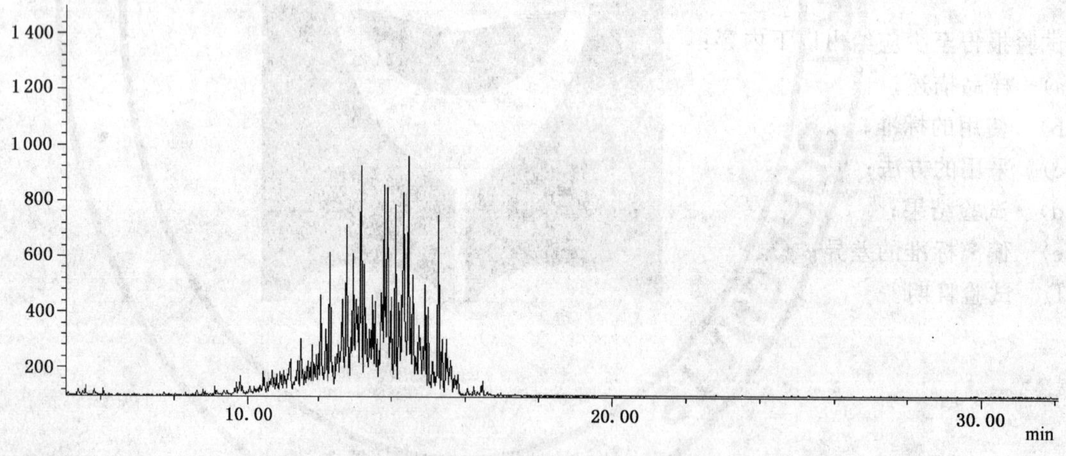


图 A.2　毒杀芬标准物的气相色谱-质谱图(GC-MSD)

ICS 59.080.01
W 04

# 中华人民共和国国家标准

GB/T 18414.1—2006
代替 GB/T 18414.1—2001

# 纺织品　含氯苯酚的测定
# 第1部分：气相色谱-质谱法

**Textiles—Determination of the content of chlorinated phenols—**
**Part 1: Gas chromatography/mass spectrography**

2006-05-25 发布　　2006-12-01 实施

中华人民共和国国家质量监督检验检疫总局
中国国家标准化管理委员会　发布

# 前　言

GB/T 18414《纺织品　含氯苯酚的测定》包括两个部分：

——第 1 部分：气相色谱-质谱法；

——第 2 部分：气相色谱法。

本部分为 GB/T 18414 的第 1 部分。

本部分代替 GB/T 18414.1—2001《纺织品　五氯苯酚残留量的测定　第 1 部分：气相色谱-质谱法》。

本部分与 GB/T 18414.1—2001 相比的主要技术内容变化如下：

——对标准名称进行了修改；

——增加了 2,3,5,6-四氯苯酚残留量的测定内容，并可对纺织品中 2,3,5,6-四氯苯酚和五氯苯酚及其盐和酯含量同时一次测定；

——提取剂用量及提取时间作了调整；

——增加了附录 A、附录 B 和附录 D。

本部分的附录 A 为规范性附录，附录 B、附录 C 和附录 D 为资料性附录。

本部分由中国纺织工业协会提出。

本部分由全国纺织品标准化技术委员会基础分会(SAC/TC 209/SC 1)归口。

本部分起草单位：中华人民共和国吉林出入境检验检疫局、中华人民共和国江苏出入境检验检疫局、纺织工业标准化研究所。

本部分主要起草人：牟峻、靳颖、曹锡忠、蔡建和、郑宇英、王明泰。

# 纺织品　含氯苯酚的测定
# 第1部分:气相色谱-质谱法

**警告——使用GB/T 18414的本部分的人员应有正规实验室工作的实践经验。本标准并未指出所有可能的安全问题。使用者有责任采取适当的安全和健康措施,并保证符合国家有关法规规定的条件。**

## 1　范围

GB/T 18414的本部分规定了采用气相色谱-质量选择检测器(GC-MSD)测定纺织品中含氯苯酚(2,3,5,6-四氯苯酚和五氯苯酚)及其盐和酯的方法。

本部分适用于纺织材料及其产品。

## 2　规范性引用文件

下列文件中的条款通过GB/T 18414的本部分的引用而成为本部分的条款。凡是注日期的引用文件,其随后所有的修改单(不包括勘误的内容)或修订版均不适用于本部分,然而,鼓励根据本部分达成协议的各方研究是否可使用这些文件的最新版本。凡是不注日期的引用文件,其最新版本适用于本部分。

GB/T 6682　分析实验室用水规格和试验方法(GB/T 6682—1992,neq ISO 3696:1987)

## 3　原理

用碳酸钾溶液提取试样,提取液经乙酸酐乙酰化后以正己烷提取,用配有质量选择检测器的气相色谱仪(GC-MSD)测定,采用选择离子检测进行确证,外标法定量。

## 4　试剂和材料

除另有规定外,所用试剂均为分析纯,水为符合GB/T 6682规定的二级水。

4.1　正己烷。

4.2　乙酸酐。

4.3　无水碳酸钾。

4.4　无水硫酸钠:650℃灼烧4 h,冷却后贮于干燥器中备用。

4.5　碳酸钾溶液:0.1 mol/L水溶液,取13.8 g无水碳酸钾溶于水中,定容至1 000 mL。

4.6　硫酸钠溶液:20 g/L。

4.7　2,3,5,6-四氯苯酚标准品和五氯苯酚标准品:纯度均≥99%,见附录A。

4.8　标准储备溶液:分别准确称取适量的2,3,5,6-四氯苯酚标准品和五氯苯酚标准品,用碳酸钾溶液配制成浓度为100 μg/mL的标准储备液。

4.9　混合标准工作溶液:根据需要用碳酸钾溶液稀释成适用浓度的混合标准工作溶液。

注:标准储备溶液在0℃～4℃冰箱中保存有效期6个月,混合标准工作溶液在0℃～4℃冰箱中保存有效期3个月。

## 5　仪器与设备

5.1　气相色谱仪:配有质量选择检测器(MSD)。

5.2　超声波发生器:工作频率40 kHz。

5.3　离心机:4 000 r/min。

5.4 分液漏斗：150 mL。

5.5 锥形瓶：具磨口塞，100 mL。

5.6 离心管：具磨口塞，10 mL。

## 6 分析步骤

### 6.1 提取

取代表性样品，将其剪碎至 5 mm×5 mm 以下，混匀。称取 1.0 g（精确至 0.01 g）试样，置于 100 mL具塞锥形瓶中，加入 80 mL 碳酸钾溶液，在超声波发生器中提取 20 min。将提取液抽滤，残渣再用 30 mL 碳酸钾溶液超声提取 5 min，合并滤液。

### 6.2 乙酰化

将滤液置于 150 mL 分液漏斗中，加入 2 mL 乙酸酐，振摇 2 min，准确加入 5.0 mL 正己烷，再振摇 2 min，静置 5 min，弃去下层。正己烷相再加入 50 mL 硫酸钠溶液洗涤，弃去下层。将正己烷相移入 10 mL离心管中，加入 5 mL 硫酸钠溶液，具塞，振摇 1 min，以 4 000 r/min 离心 3 min，正己烷相供气相色谱-质谱确证和测定。

### 6.3 标准工作溶液的制备

准确移取一定体积的适用浓度的标准工作溶液于 150 mL 分液漏斗中，用碳酸钾溶液稀释至 110 mL，加入 2 mL 乙酸酐，以下按 6.2 步骤进行。

### 6.4 测定

#### 6.4.1 气相色谱-质谱条件

由于测试结果取决于所使用仪器，因此不可能给出色谱分析的通用参数。设定的参数应保证色谱测定时被测组分与其他组分能够得到有效的分离，下面给出的参数证明是可行的。

a) 色谱柱：DB-17 MS 30 m×0.25 mm×0.1 μm，或相当者；

b) 色谱柱温度：50℃（2 min）$\xrightarrow{30℃/min}$220℃（1 min）$\xrightarrow{6℃/min}$260℃（1 min）；

c) 进样口温度：270℃；

d) 色谱-质谱接口温度：260℃；

e) 载气：氦气，纯度≥99.999%，1.4 mL/min；

f) 电离方式：EI；

g) 电离能量：70 eV；

h) 测定方式：选择离子监测方式，参见附录 B；

i) 进样方式：无分流进样，1.2 min 后开阀；

j) 进样量：1 μL。

#### 6.4.2 气相色谱-质谱测定及阳性结果确证

根据样液中被测物含量情况，选定浓度相近的标准工作液（6.3），按 6.4.1 的条件，分别对标准工作溶液与样液等体积参插进样测定，标准工作溶液和待测样液中 2,3,5,6-四氯苯酚乙酸酯和五氯苯酚乙酸酯的响应值均应在仪器检测的线性范围内。

注：在上述气相色谱-质谱条件下，2,3,5,6-四氯苯酚乙酸酯和五氯苯酚乙酸酯的气相色谱-质谱图选择离子色谱图参见附录 C 中图 C.1，气相色谱-质谱图参见附录 D 中图 D.1。

如果样液与标准工作溶液的选择离子色谱图中，在相同保留时间有色谱峰出现，则根据附录 B 中选择离子的种类及其丰度比进行确证。

## 7 结果计算

试样中含氯苯酚含量式（1）计算，结果表示到小数点后两位：

$$X_i = \frac{A_i \times c_i \times V}{A_{is} \times m} \quad \cdots\cdots (1)$$

式中：

$X_i$——试样中含氯苯酚 $i$ 的含量，单位为毫克每千克(mg/kg)；

$A_i$——样液中含氯苯酚乙酸酯 $i$ 的峰面积(或峰高)；

$A_{is}$——标准工作液中含氯苯酚乙酸酯 $i$ 的峰面积(或峰高)；

$c_i$——标准工作液中含氯苯酚 $i$ 的浓度，单位为毫克每升(mg/L)；

$V$——样液体积，单位为毫升(mL)；

$m$——最终样液代表的试样量，单位为克(g)。

## 8 测定低限、回收率和精密度

### 8.1 测定低限

本方法的测定低限2,3,5,6-四氯苯酚和五氯苯酚均为0.05 mg/kg。

### 8.2 回收率

2,3,5,6-四氯苯酚和五氯苯酚在0.05 mg/kg～2.00 mg/kg时，回收率为85%～110%。

### 8.3 精密度

在同一实验室，由同一操作者使用相同设备，按相同的测试方法，并在短时间内对同一被测对象相互独立进行的测试获得的两次独立测试结果的绝对差值不大于这两个测定值的算术平均值的10%，以大于这两个测定值的算术平均值的10%的情况不超过5%为前提。

## 9 试验报告

试验报告至少应给出以下内容：

a) 试样描述；

b) 使用的标准；

c) 试验结果；

d) 偏离标准的差异；

e) 在试验中观察到的异常现象；

f) 试验日期。

# 附 录 A
（规范性附录）
含氯苯酚种类表

表 A.1

| 序　号 | 名　称 | 英 文 名 称 | 化学文摘编号（CAS No.） | 化学分子式 | 相对分子质量 |
|---|---|---|---|---|---|
| 1 | 2,3,5,6-四氯苯酚 | 2,3,5,6-Tetrachlorophenol | 935-95-5 | $C_6H_2Cl_4O$ | 229.89 |
| 2 | 五氯苯酚 | Pentachlorophenol | 87-86-5 | $C_6HCl_5O$ | 263.85 |

# 附 录 B
（资料性附录）
含氯苯酚乙酸酯定量和定性选择离子表

表 B.1

| 序　号 | 名　称 | 化学文摘编号（CAS No.） | 保留时间/min | 特征碎片离子/amu | |
|---|---|---|---|---|---|
| | | | | 定量 | 定性 |
| 1 | 2,3,5,6-四氯苯酚乙酸酯 | 61925-90-4 | 8.815 | 232 | 230、234、272 |
| | | | | 丰度比(100：77：50：23) | |
| 2 | 五氯苯酚乙酸酯 | 1441-02-7 | 10.038 | 266 | 264、268、308 |
| | | | | 丰度比(100：62：64：14) | |

# 附 录 C
（资料性附录）
含氯苯酚乙酸酯标准物气相色谱-质谱选择离子色谱图（GC-MSD）

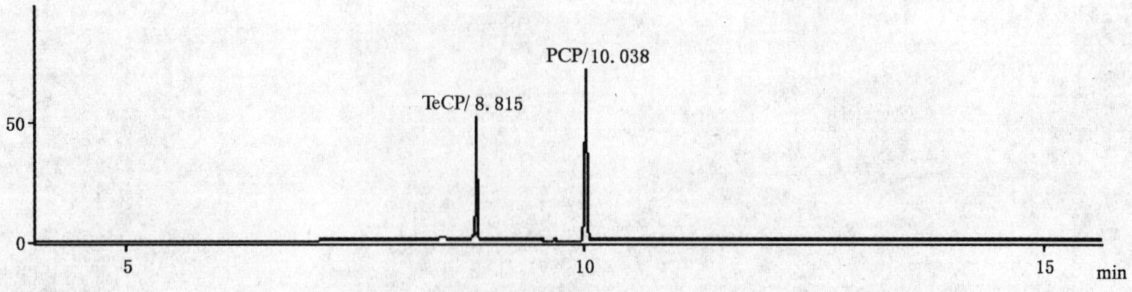


图 C.1　含氯苯酚乙酸酯标准物的气相色谱-质谱选择离子色谱图（GC-MSD）

# 附 录 D
（资料性附录）
## 气相色谱-质谱图

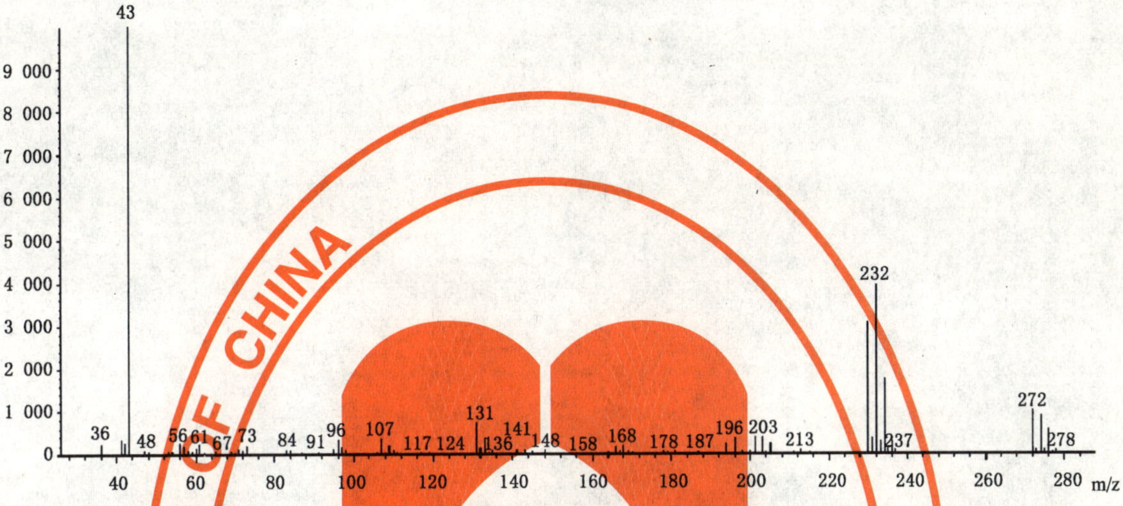


图 D.1 2,3,5,6-四氯苯酚乙酸酯标准物的气相色谱-质谱图

图 D.2 五氯苯酚乙酸酯标准物的气相色谱-质谱图

ICS 59.080.01
W 04

# 中华人民共和国国家标准

GB/T 18414.2—2006
代替 GB/T 18414.2—2001

# 纺织品 含氯苯酚的测定
# 第2部分：气相色谱法

Textiles—Determination of the content of chlorinated phenols—
Part 2: Gas chromatography

2006-05-25 发布 2006-12-01 实施

中华人民共和国国家质量监督检验检疫总局
中国国家标准化管理委员会 发布

# 前言

GB/T 18414《纺织品　含氯苯酚的测定》包括两个部分：

——第1部分：气相色谱-质谱法；

——第2部分：气相色谱法。

本部分为GB/T 18414的第2部分。

本部分代替GB/T 18414.2—2001《纺织品　五氯苯酚残留量的测定　第2部分：气相色谱法》。

本部分与GB/T 18414.2—2001相比主要技术内容变化如下：

——对标准名称进行了修改；

——增加了2,3,5,6-四氯苯酚残留量的测定内容，并可对纺织品中2,3,5,6-四氯苯酚和五氯苯酚及其盐和酯含量同时一次测定；

——试样量由0.5 g改为1 g；

——提取液由碳酸钾溶液改为丙酮，提取和乙酰化操作步骤作了修改；

——气相色谱条件作了调整；

——删除了空白试验；

——增加了附录A。

本部分的附录A为规范性附录，附录B为资料性附录。

本部分由中国纺织工业协会提出。

本部分由全国纺织品标准化技术委员会基础分会(SAC/TC209/SC1)归口。

本部分起草单位：中华人民共和国江苏出入境检验检疫局、中华人民共和国吉林出入境检验检疫局、纺织工业标准化研究所。

本部分主要起草人：蔡建和、曹锡忠、牟峻、靳颖、郑宇英、徐鑫华。

# 纺织品　含氯苯酚的测定
# 第2部分:气相色谱法

**警告——使用GB/T 18414的本部分的人员应有正规实验室工作的实践经验。本部分并未指出所有可能的安全问题。使用者有责任采取适当的安全和健康措施,并保证符合国家有关法规规定的条件。**

## 1　范围

GB/T 18414的本部分规定了采用气相色谱-电子俘获检测器(GC-ECD)测定纺织品中含氯苯酚(2,3,5,6-四氯苯酚和五氯苯酚)及其盐和酯的方法。

本部分适用于纺织材料及其产品。

## 2　规范性引用文件

下列文件中的条款通过GB/T 18414的本部分的引用而成为本部分的条款。凡是注日期的引用文件,其随后所有的修改单(不包括勘误的内容)或修订版均不适用于本部分,然而,鼓励根据本部分达成协议的各方研究是否可使用这些文件的最新版本。凡是不注日期的引用文件,其最新版本适用于本部分。

GB/T 6682　分析实验室用水规格和试验方法(GB/T 6682—1992,neq ISO 3696:1987)

GB/T 12808—1991　实验室玻璃仪器　单标线吸量管(eqv ISO 648:1977)

## 3　原理

用丙酮提取试样,提取液浓缩后用碳酸钾溶液溶解,经乙酸酐乙酰化后以正己烷提取,用配有电子俘获检测器的气相色谱仪(GC-ECD)测定,外标法定量。

## 4　试剂和材料

除另有规定外,所用试剂应均为分析纯,水为符合GB/T 6682规定的二级水。

4.1　丙酮。

4.2　正己烷。

4.3　乙酸酐。

4.4　无水硫酸钠:650℃灼烧4 h,冷却后贮于干燥器中备用。

4.5　碳酸钾溶液:0.1 mol/L水溶液,取13.8 g无水碳酸钾溶于水中,定容至1 000 mL。

4.6　硫酸钠溶液:20 g/L。

4.7　2,3,5,6-四氯苯酚标准品和五氯苯酚标准品:纯度均≥99%,见附录A。

4.8　标准储备溶液:分别准确称取适量的2,3,5,6-四氯苯酚标准品和五氯苯酚标准品,用碳酸钾溶液配制成浓度为100 μg/mL的标准储备液。

4.9　混合标准工作溶液:根据需要用碳酸钾溶液稀释成适用浓度的混合标准工作溶液。

注:标准储备溶液在0℃~4℃冰箱中保存有效期6个月,混合标准工作溶液在0℃~4℃冰箱中保存有效期3个月。

## 5　仪器与设备

5.1　气相色谱仪,配有电子俘获检测器(ECD)。

5.2　超声波发生器:工作频率40 kHz。

5.3 提取器：由硬质玻璃制成，具密闭瓶塞，50 mL。

5.4 旋转蒸发器。

5.5 分液漏斗：150 mL。

5.6 单标线吸量管：5 mL，符合 GB/T 12808—1991 中 A 类。

5.7 玻璃筒形漏斗：20 mL。

## 6 分析步骤

### 6.1 提取

取代表性样品，将其剪碎至 5 mm×5 mm 以下，混匀。称取 1.0 g（精确至 0.01 g）试样，置于提取器中，加入 20 mL 丙酮，充分混匀后于超声波发生器中提取 15 min，如试样在吸收溶剂后膨胀太大，可增加丙酮用量。将丙酮溶液转移至浓缩瓶，残渣再分别用 20 mL 丙酮提取 2 次，并入浓缩瓶。将浓缩瓶置于旋转蒸发器上浓缩至近干，用 30 mL 碳酸钾溶液（4.5）分 3 次将残液转移至分液漏斗中。

### 6.2 乙酰化

将滤液置于 150 mL 分液漏斗中，加入 1 mL 乙酸酐，振摇 2 min，用单标线吸管（5.6）准确加入 5.0 mL正己烷，再振摇 2 min，静置 5 min，弃去下层。正己烷相用硫酸钠溶液（4.6）洗 2 次（每次用量 20 mL），静置分层后弃去下层。在玻璃筒形漏斗（5.7）中加脱脂棉和约 1 g 无水硫酸钠（4.4），将正己烷层过无水硫酸钠至具塞试管中。此溶液供气相色谱仪测定。

### 6.3 标准工作液的制备

准确吸取适量的混合标准工作溶液（4.9）至分液漏斗中，加入碳酸钾溶液至总体积约 30 mL，以下按 6.2 步骤操作。

### 6.4 测定

#### 6.4.1 气相色谱条件

由于测试结果取决于所使用仪器，因此不可能给出色谱分析的通用参数。设定的参数应保证色谱测定时被测组分与其他组分能够得到有效的分离，下面给出的参数证明是可行的。

a) 色谱柱：毛细管柱，DB-1701，30 m×0.25 mm×0.25μm；

b) 色谱柱温度：170℃（1 min）$\xrightarrow{5℃/min}$ 220℃ $\xrightarrow{20℃/min}$ 260℃（2min）；

c) 进样口温度：260℃；

d) 检测器温度：280℃；

e) 载气：氦气，纯度≥99.999%，流量 1 mL/min；

f) 进样量：1 μL，无分流。

#### 6.4.2 气相色谱-质谱测定及阳性结果确证

根据样液中被测物含量情况，选定浓度相近的标准工作液（6.3）。按 6.4.1 的条件，分别对标准工作液和样品溶液进行分析。标准工作液和样品溶液中五氯苯酚乙酸酯和 2,3,5,6-四氯苯酚乙酸酯的响应值均应在仪器检测的线性范围内。

注：按照上述条件所得五氯苯酚乙酸酯和 2,3,5,6-四氯苯酚乙酸酯标准物的气相色谱图参见附录 B。

## 7 结果计算

试样中含氯苯酚含量按式（1）计算，结果表示到小数点后两位：

$$X_i = \frac{A_i \times c_i \times V}{A_{is} \times m} \quad \cdots\cdots (1)$$

式中：

$X_i$——试样中含氯苯酚 $i$ 的含量，单位为毫克每千克（mg/kg）；

$A_i$——样液中含氯苯酚乙酸酯 $i$ 的峰面积（或峰高）；

$A_{is}$——标准工作液中含氯苯酚乙酸酯 $i$ 的峰面积(或峰高);

$c_i$—— 标准工作液中含氯苯酚 $i$ 的浓度,单位为毫克每升(mg/L);

$V$—— 样液体积,单位为毫升(mL);

$m$——最终样液代表的试样量,单位为克(g)。

## 8 测定低限、回收率和精密度

### 8.1 测定低限

本方法的测定低限 2,3,5,6-四氯苯酚和五氯苯酚均为 0.02 mg/kg。

### 8.2 回收率

在样品中添加 0.02 mg/kg～0.50 mg/kg 五氯苯酚和 2,3,5,6-四氯苯酚时,回收率为 90%～110%。

### 8.3 精密度

在同一实验室,由同一操作者使用相同设备,按相同的测试方法,并在短时间内对同一被测对象相互独立进行的测试获得的两次独立测试结果的绝对差值不大于这两个测定值的算术平均值的 10%,以大于这两个测定值的算术平均值的 10%的情况不超过 5%为前提。

## 9 试验报告

试验报告至少应给出以下内容:

a) 试样描述;

b) 使用的标准;

c) 试验结果;

d) 偏离标准的差异;

e) 在试验中观察到的异常现象;

f) 试验日期。

# 附 录 A
（规范性附录）
含氯苯酚种类表

表 A.1

| 序号 | 名称 | 英文名称 | 化学文摘编号（CAS No.） | 化学分子式 | 相对分子质量 |
|---|---|---|---|---|---|
| 1 | 2,3,5,6-四氯苯酚 | 2,3,5,6-Tetrachlorophenol | 935-95-5 | $C_6H_2Cl_4O$ | 229.89 |
| 2 | 五氯苯酚 | Pentachlorophenol | 87-86-5 | $C_6HCl_5O$ | 263.85 |

# 附 录 B
（资料性附录）
乙酰化五氯苯酚和2,3,5,6-四氯苯酚标准气相色谱图

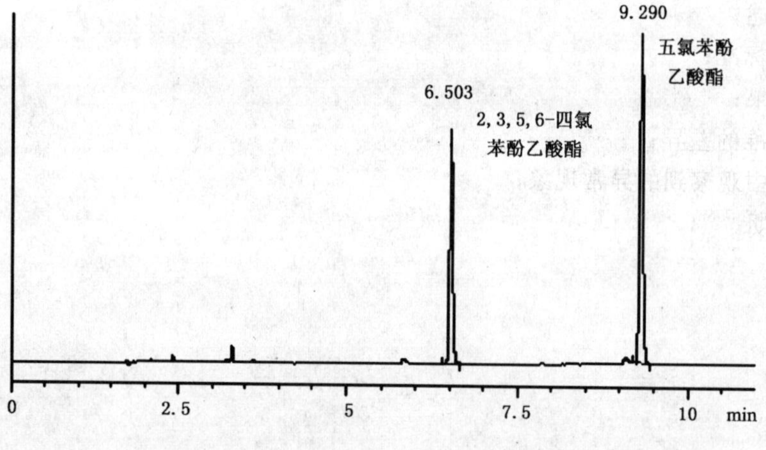


图 B.1 五氯苯酚（PCP）乙酸酯和2,3,5,6-四氯苯酚（TeCP）乙酸酯标准物气相色谱图

ICS 43.120
T 47

# 中华人民共和国国家标准

GB/T 18488.1—2006
代替 GB/T 18488.1—2001

## 电动汽车用电机及其控制器 第1部分：技术条件

## The electrical machines and controllers for electric vehicles—Part 1: General specification

2006-12-01 发布

2007-07-01 实施

中华人民共和国国家质量监督检验检疫总局
中国国家标准化管理委员会
发布

# 前 言

GB/T 18488 在《电动汽车用电机及其控制器》总标题下，包括两个部分：

——第 1 部分：技术条件；

——第 2 部分：试验方法。

本部分是 GB/T 18488 的第 1 部分。

本部分是对 GB/T 18488.1—2001 的修订，自实施之日起代替 GB/T 18488.1—2001《电动汽车用电机及其控制器技术条件》。

修订的主要内容有：

1) 增加了相关引用标准，主要包括 GB/T 19596—2004、QC/T 413—2002 和 GB/T 3859.1—1993。

2) 删除了原标准中的“3　定义”一章。

3) 对原标准第 4 章、第 5 章进行了必要的补充，主要增加了 S1～S9 工作制的具体内容。

本部分的附录 A、附录 B 为资料性附录。

本部分由全国汽车标准化技术委员会提出。

本部分由全国汽车标准化技术委员会归口。

本次修订起草单位：中国科学院电工研究所、北京理工大学、株洲电力机车研究所。

本部分主要起草人：温旭辉、刘彤彦、郭淑英、张承宁、刘钧、琚龙。

本部分所代替标准的历次版本发布情况：

——GB/T 18488.1—2001。

# 电动汽车用电机及其控制器
# 第1部分:技术条件

## 1 范围

本部分规定了电动汽车用驱动电机及其控制器的工作制、定额、环境条件、技术要求、检查试验项目及型式试验等要求。

本部分适用于电动汽车的驱动电机及其控制器。

本部分未规定的有关电机事项均应符合GB 755—2000。如有特殊要求,用户和制造厂可在专用的技术协议中规定。

本部分未规定的有关驱动控制器事项均应符合GB/T 3859.1—1993。如有特殊要求,用户和制造厂可在专用的技术协议中规定。

## 2 规范性引用文件

下列文件中的条款通过GB/T 18488的本部分的引用而成为本部分的条款。凡是注日期的引用文件,其随后所有的修改单(不包括勘误的内容)或修订版均不适用于本部分,然而,鼓励根据本部分达成协议的各方研究是否可使用这些文件的最新版本。凡是不注日期的引用文件,其最新版本适用于本部分。

GB 755—2000 旋转电机 定额和性能(idt IEC 60034-1:1996)

GB/T 2423.17—1993 电工电子产品基本环境试验规程 试验Ka:盐雾试验方法(eqv IEC 60068-2-11:1981)

GB/T 3859.1—1993 半导体变流器 基本要求的规定(eqv IEC 60146-1-1:1991)

GB/T 4772.1—1999 旋转电机尺寸和输出功率等级 第1部分:机座号56~400和凸缘号55~1080

GB/T 4942.1—2006 旋转电机外壳防护分级(IP代码)(IEC 60947-1:2000,IDT)

GB/T 4942.2—1993 低压电器外壳防护等级(eqv IEC 60947-1:1988)

GB 10068—2000 轴中心高为56 mm及以上电机的机械振动 振动测量、评定及限值(idt IEC 60034-14:1996)

GB 10069.3—2006 旋转电机噪声测定方法及限值 第3部分:噪声限值(IEC 60034-9:1997,IDT)

GB/T 12113—2003 接触电流和保护导体电流的测量方法(IEC 60990:1999,IDT)

GB/T 12665—1990 电机在一般环境条件下使用的湿热试验要求

GB 14023—2006 车辆、机动船和由火花点火发动机驱动的装置的无线电骚扰特性的限值和测量方法(CISPR 12:2005,IDT)

GB 14711—2006 中小型旋转电机安全通用要求

GB/T 17619—1998 机动车电子电器组件的电磁辐射抗扰性限值和测量方法

GB/T 19596—2004 电动汽车术语(ISO 8713:2002,NEQ)

QC/T 413—2002 汽车电气设备基本技术条件

## 3 工作制和定额

### 3.1 工作制

#### 3.1.1 S1工作制——连续工作制

在恒定负载下运行至热稳定状态，见图1。

本工作制简称为S1。

#### 3.1.2 S2工作制——短时工作制

在额定负载下运行时，允许施加周期性过载，过载倍数及每次过载持续时间、间隔时间以及整个运行时间应在产品标准中规定，见图2。

本工作制简称为S2，随后应标注工作制的持续时间。

例：S2　60 min

#### 3.1.3 S3工作制——断续周期工作制

按一系列相同的工作周期运行，每一周期包括一段恒定负载运行时间和一段停机和断能时间，见图3。这种工作制，每一周期的启动电流不致对温升有显著影响。

本工作制简称为S3，随后应标注负载持续率。

例：S3　25％

#### 3.1.4 S4工作制——包括启动的断续周期工作制

按一系列相同的工作周期运行，每一周期包括一段对温升有显著影响的启动时间，一段恒定负载运行时间和一段停机和断能时间，见图4。

本工作制简称为S4，随后应标注负载持续率以及归算至电动机转轴上的电动机转动惯量($J_M$)和负载转动惯量($J_{ext}$)。

例：S4　25％　$J_M=0.15\ kg\cdot m^2$　$J_{ext}=0.7\ kg\cdot m^2$

#### 3.1.5 S5工作制——包括电制动的断续周期工作制

按一系列相同的工作周期运行，每一周期包括一段启动时间，一段恒定负载运行时间，一段电制动时间和一段停机和断能时间，见图5。

本工作制简称为S5，随后应标注负载持续率以及归算至电动机转轴上的电动机转动惯量($J_M$)和负载转动惯量($J_{ext}$)。

例：S5　25％　$J_M=0.15\ kg\cdot m^2$　$J_{ext}=0.7\ kg\cdot m^2$

#### 3.1.6 S6工作制——连续周期工作制

按一系列相同的工作周期运行，每一周期包括一段恒定负载运行时间和一段空载运行时间，无停机和断能时间，见图6。

本工作制简称为S6，随后应标注负载持续率。

例：S6　40％

#### 3.1.7 S7工作制——包括电制动的连续周期工作制

按一系列相同的工作周期运行，每一周期包括一段启动时间，一段恒定负载运行时间和一段电制动时间，无停机和断能时间，见图7。

本工作制简称为S7，随后应标注归算至电动机转轴上的电动机转动惯量($J_M$)和负载转动惯量($J_{ext}$)。

例：S7　$J_M=0.4\ kg\cdot m^2$　$J_{ext}=7.5\ kg\cdot m^2$

#### 3.1.8 S8工作制——包括负载-转速相应变化的连续周期工作制

按一系列相同的工作周期运行，每一周期包括一段按预定转速运行的恒定负载运行时间和一段或几段按不同转速运行的其他恒定负载时间，无停机和断能时间，见图8。

本工作制简称为S8，随后应标注归算至电动机转轴上的电动机转动惯量($J_M$)和负载转动惯量

($J_{ext}$)以及在每一转速下的负载、转速与负载持续率。

例：S8　$J_M=0.5\ kg\cdot m^2$　$J_{ext}=6\ kg\cdot m^2$　16 kW　740 r/min　30%

40 kW　1 460 r/min　30%

25 kW　980 r/min　40%

**3.1.9　S9 工作制——负载和转速作非周期变化的工作制**

负载和转速在允许的范围内作非周期性变化的工作制。这种工作制包括经常性过载，其值可远远超过基准负载，见图 9。

本工作制简称为 S9。

对于本工作制中的过载概念，应选定一个以 S1 工作制为基准的合适的恒定负载为基准值（图 9 中的“$P_{ref}$”）。

**3.2　整车工况**

具体要求参照附录 B。

**3.3　定额**

**3.3.1　电机的功率等级**

电机的功率等级为 1 kW、2.2 kW、3.7 kW、5.5 kW、7.5 kW、11 kW、15 kW、18.5 kW、22 kW、30 kW、37 kW、45 kW、55 kW、75 kW、90 kW、110 kW、132 kW、150 kW、160 kW、185 kW、200 kW 及以上，并符合 GB/T 4772.1—1999 的要求。

**3.3.2　控制器容量等级**

5 kVA、10 kVA、15 kVA、35 kVA、50 kVA、60 kVA、100 kVA、150 kVA、200 kVA、270 kVA、300 kVA、360 kVA、420 kVA 及以上。

额定电压小于或等于 360 V 和额定功率小于或等于 200 kW 单台电动机与控制器输出容量的匹配关系参见附录 A。

**3.3.3　电源的电压等级**

电源的电压等级为 36 V、48 V、120 V、144 V、168 V、192 V、216 V、240 V、264 V、288 V、312 V、336 V、360 V、384 V、408 V、540 V、600 V。

## 4　环境条件

**4.1　海拔**

海拔不超过 1 000 m。在海拔超过 1 000 m 时，应按 GB 755—2000 的有关规定。

**4.2　温度**

当大气环境温度在 −20℃～+40℃时，电机及其控制器能按规定的定额运行。

**4.3　湿度**

电机及其控制器在相对湿度不超过 100% 的情况下能正常工作，电机及其控制器应在其表面温度低于露点的情况下，即电机及其控制器表面产生冷凝也能安全工作。

**4.4　盐雾**

电机及控制器的抗盐雾能力应能满足 GB/T 2423.17—1993 中的有关规定。

## 5　技术要求

**5.1　定频振动和扫频振动**

根据安装部位，电机及其控制器应满足 QC/T 413—2002 中对定频和扫频试验的要求。

**5.2　控制器壳体机械强度**

控制器壳体 30 cm×30 cm 的面积上应能承受 100 kg 质量的物体产生的重力，而不发生明显的塑性变形。

**5.3 防护等级**

电机及其控制器的防护等级应参考 GB/T 4942.1—2001 和 GB/T 4942.2—1993，具体在产品标准中规定。

**5.4 温升限值**

在本标准规定的环境条件和工作制下，电机应符合 GB 755—2000 中 7.10 规定的温升限值，控制器中各部位的温升不应超过表 1 的规定。

表 1

| 部件与器件 | 材料与被覆层 | 温升/K |
|---|---|---|
| 电力半导体器件及其他电气元、器件 | — | 不超过相应标准的规定 |
| 连接于一般低压电器的母线连接处的母线 | 紫铜、无被覆层 | 60 |
| | 紫铜、搪锡 | 65 |
| | 紫铜、镀银 | 70 |
| | 铝、超声波搪锡 | 55 |
| 连接于电力半导体器件的母线连接处的母线 | 紫铜、无被覆层 | 45 |
| | 紫铜、搪锡 | 55 |
| | 紫铜、镀银 | 70 |
| | 铝、超声波搪锡 | 35 |
| 与半导体器件相接的塑料绝缘导线或橡皮绝缘导线 | — | 45 |

**5.5 电机定子绕组冷态直流电阻**

其电阻值具体在产品标准中规定。

**5.6 电机绕组的匝间绝缘**

应达到 GB 14711—2006 中 9.2.1 的要求。

**5.7 电机定子绕组对机壳的绝缘电阻**

在冷态时电机定子绕组对机壳的冷态绝缘电阻值应大于 20 MΩ。

**5.8 耐电压**

电机绝缘应具有足够的介电强度，应能承受 GB/T 14711—1993 中 9.1 和 9.2 规定的耐电压试验，无击穿和闪络现象。控制器的各带电电路对地（外壳）和彼此无电连接的电路之间介电强度，应能耐受表 2 所规定的试验电压，持续时间为 1 min。

表 2

单位为 V

| 额定绝缘电压 $V_1$ | 试验电压 |
|---|---|
| ≤60 | 500 |
| >60～125 | 1 000 |
| >125～250 | 1 500 |
| >250～500 | 2 000 |
| >500 | $2V_1+1\,000$ |

**5.9 热态绝缘电阻**

电机在冷态、热态和受潮后都应有足够的绝缘电阻值。在湿热实验后其热态绝缘电阻应不低于 GB/T 12665—1990 中 4.1.1 的规定，控制器中带电电路之间及带电零部件与导电零部件或接地零部件之间的电气间隙和爬电距离应符合表 3 的规定。控制器中各带电电路与地（外壳）之间的绝缘电阻在环境温度 40℃和相对湿度 95%时,应不小于 1 MΩ。

表 3

| 额定绝缘电压/V | | 额定电流≤63 A | | 额定电流>63 A | |
|---|---|---|---|---|---|
| 交流 | 直流 | 电气间隙/mm | 爬电距离/mm | 电气间隙/mm | 爬电距离/mm |
| ≤60 | ≤75 | 2 | 3 | 3 | 4 |
| >60～250 | >75～300 | 3 | 4 | 5 | 8 |
| >250～380 | >300～450 | 4 | 6 | 6 | 10 |
| >380～500 | >450～600 | 6 | 10 | 8 | 12 |
| >500～660 | >600～700 | 6 | 12 | 8 | 14 |
| >660～750 | >700～800 | 10 | 14 | 10 | 20 |
| >750～1 140 | >800～1 200 | 14 | 20 | 14 | 28 |

注 1：表 3 中所列电压和电流均为交流方均根值或直流值。

注 2：作为装置组成部件的电器元件及单元,其电气间隙和爬电距离应符合相应标准规定。

**5.10 电压波动**

电机及其控制器必须能在电源电压为 120%额定电压之下安全承受最大电流。另外,电机在电源电压降为 75%额定电压时,应能在最大电流下运行(不要求连续运行)。

**5.11 电机转矩-转速特性及效率**

电机及其控制器的转矩-转速特性以及效率应符合产品标准中的规定。

**5.12 电机及其控制器的过载能力**

在额定输出电流下连续工作,允许加非周期性过载,过载倍数和持续时间具体在产品标准中规定。

**5.13 堵转转矩和堵转电流**

电机的堵转转矩和堵转电流应符合产品标准中的规定。

**5.14 再生能量回馈特性**

在电机因惯性旋转或被拖动旋转时,电机运行于发电状态。电机通过控制器应能给出 125%的额定电压以向电源充电。馈电电流的大小和馈电效率具体在产品标准中规定。

**5.15 最高工作转速**

在额定电压时,电机带载运行所能达到的最高转速。带载的大小和最高工作转速值具体在产品标准中规定。

**5.16 超速**

电机应能承受 1.2 倍最高工作转速试验,持续时间为 2 min,并能保证其机械不发生有害变形。

**5.17 电机控制器的保护功能**

电机控制器应具有短路、过电流、过电压、欠电压和过热的保护功能。

**5.18 安全接地检查**

电机及其控制器中能触及的可导电部分与外壳接地点处的电阻不应大于 0.1 Ω,接地点应有明显的接地标志。

**5.19 接触电流**

电机及其控制器应具有良好的绝缘性能,按照国标 GB/T 12113—2003 规定的测量方法进行试验,在正常工作时,其热态接触电流应不大于 5 mA。

**5.20 噪声**

电机及其控制器运行所发出的噪声应符合 GB 10069.3—2006 的噪声限值要求。

### 5.21 振动

电机的振动应参照 GB 10068—2000 的振动限值要求。

### 5.22 电磁兼容性

#### 5.22.1 电磁辐射

电机及其控制器在运行中产生的电磁辐射不得超过 GB 14023—2006 中第 4 章规定的辐射干扰的允许值。

#### 5.22.2 电磁辐射抗扰度

按 GB/T 17619—1998 第 4 章规定的测量方法和该标准中表 1 规定的抗干扰电平进行试验，电机及其控制器在正常使用条件下能正常工作。

### 5.23 耐久性

满足用户与制造商的技术协议中规定的考核要求。

## 6 检查试验项目

每台电机及其控制器必须进行以下项目的检查试验，检查试验项目包括：

a) 机械检查，包括转动检查、安装尺寸、外形尺寸、质量、外观及铭牌内容的检查；

b) 电机定子绕组的冷态直流电阻值；

c) 电机绕组匝间绝缘；

d) 控制器壳体机械强度；

e) 电机定子绕组对机壳的绝缘电阻；

f) 耐电压；

g) 空载检查；

h) 堵转转矩和堵转电流；

i) 电机控制器保护功能；

j) 安全接地检查；

k) 水冷系统的水压试验。

## 7 型式试验

在产品定型、转产、转厂、停产后复产，结构、材料或工艺有重大改变或合同规定等情况下，应进行型式试验，抽试产品样本数量为 2 套，如有项目不合格，该项目复检的样本数量应当加倍。重检如仍不合格，则应判定为不合格。试验项目如下：

a) 检查试验的全部项目。

b) 环境试验：

1) 温度、湿度和热态绝缘电阻；

2) 定频振动和扫频振动；

3) 盐雾。

c) 温升：按照产品工作制要求运行。

d) 防水、防尘。

e) 电机转速-转矩特性及效率。

f) 再生能量回馈。

g) 最高工作转速。

h) 超速。

i) 振动和噪声。

j) 接触电流。

k) 电压波动。

l) 过载能力和峰值功率。

m) 电磁兼容性。

n) 耐久性。

## 8 标志、包装、运输、贮存

### 8.1 标志

#### 8.1.1 电机铭牌

产品铭牌内容应包括：

a) 制造厂名；

b) 型号、编号、名称；

c) 主要参数：额定功率、额定电压、额定转速、相数、工作制、冷却方式、峰值功率、最高工作转速、绝缘等级、防护等级。

#### 8.1.2 电机控制器铭牌

a) 制造厂名；

b) 型号、编号、名称；

c) 主要参数：额定输入电压、额定输入电流、额定输出电压、额定输出电流、额定输出容量、最大输出容量、最高输出频率、防护等级、冷却方式。

#### 8.1.3 包装标志

包装箱外部应注明下列标志：

a) 产品型号、名称、及出厂序号；

b) 产品净重及含包装箱的毛重；

c) 收货单位的名称及地址；

d) 制造厂的厂名及地址；

e) 位置标志"↑"和写在箭头上部的"向上"字样；

f) 包装箱外形尺寸；

g) 包装日期。

### 8.2 包装

8.2.1 产品包装必须符合有关包装运输规范要求，保证产品在运输存放过程中不受机械损伤，并有防雨防尘能力。

8.2.2 产品随带文件

a) 产品合格证书；

b) 使用维护所必需的电气原理图、装配图、接线图、使用维护说明书；

c) 装箱清单；

d) 电气元器件清单；

e) 备用件一览表。

### 8.3 运输

产品(无冷却液)在运输过程中，不应有剧烈振动、撞击和倒放。运输温度应在－25℃～＋55℃范围内。

### 8.4 贮存

产品不得曝晒及淋雨，应存放在空气流通、周围介质温度在－25℃～＋55℃范围内，空气最大相对湿度不超过90%(相对于温度20℃±5℃时)及无腐蚀性气体的仓库中。

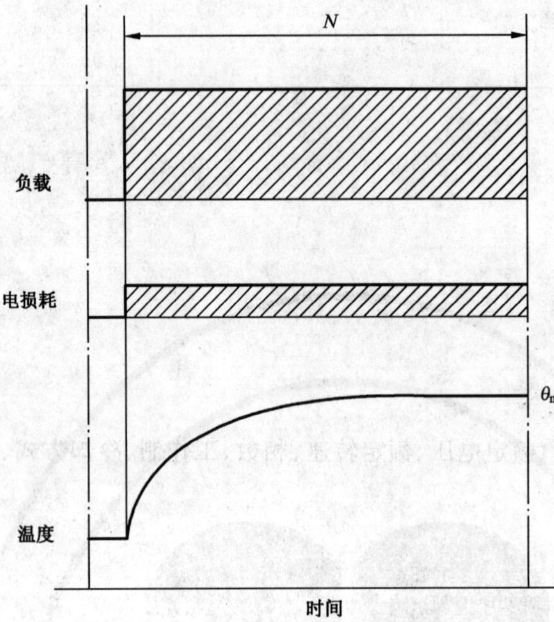


N——在恒定负载下运行时间；

$\theta_{max}$——达到的最高温度。

图 1 连续工作制 S1

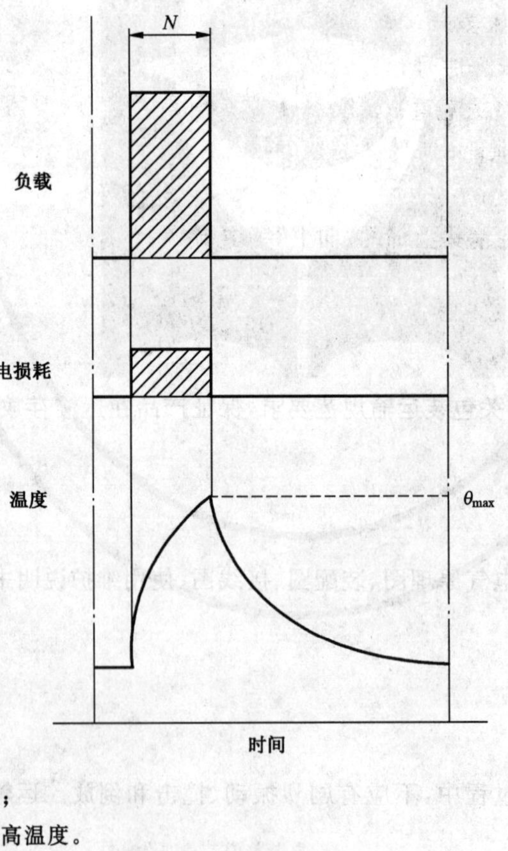


N——在恒定负载下运行时间；

$\theta_{max}$——在工作周期中达到的最高温度。

图 2 短时工作制 S2

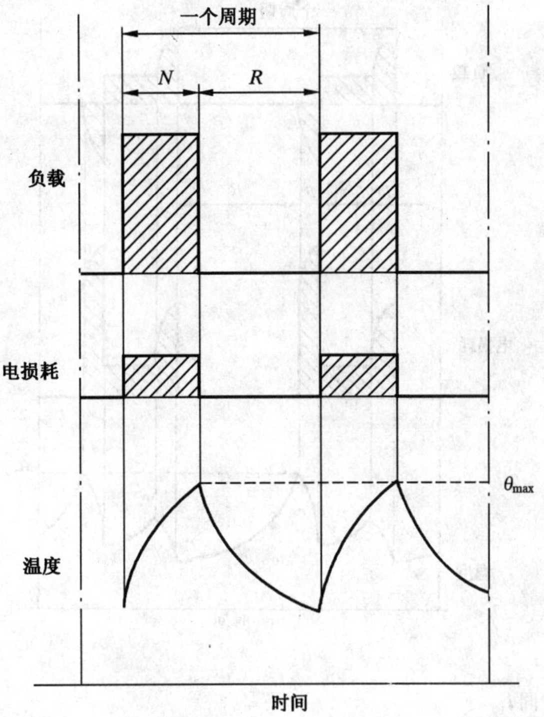


N——在恒定负载下运行时间；

R——断能停转时间；

$\theta_{max}$——在工作周期中达到的最高温度。

$$负载持续率：\frac{N}{N+R}\times 100\%$$

图 3　断续周期工作制 S3

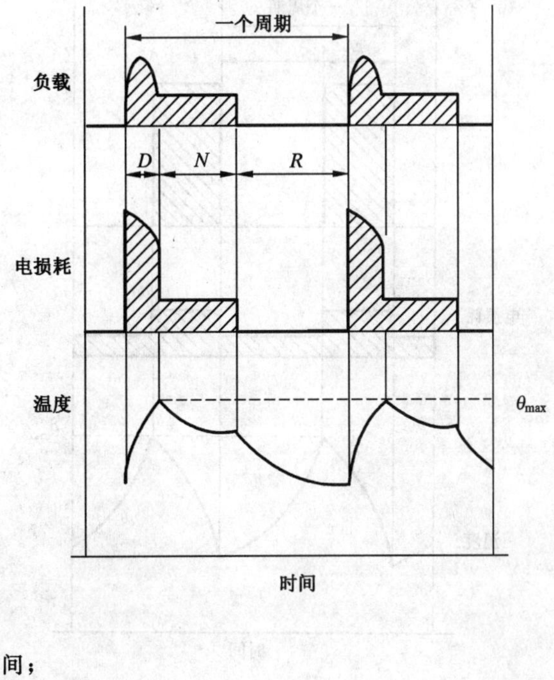


D——起动时间；

N——在恒定负载下运行时间；

R——断能停转时间；

$\theta_{max}$——在工作周期中达到的最高温度。

$$负载持续率：\frac{D+N}{D+N+R}\times 100\%$$

图 4　包括起动的断续周期工作制 S4

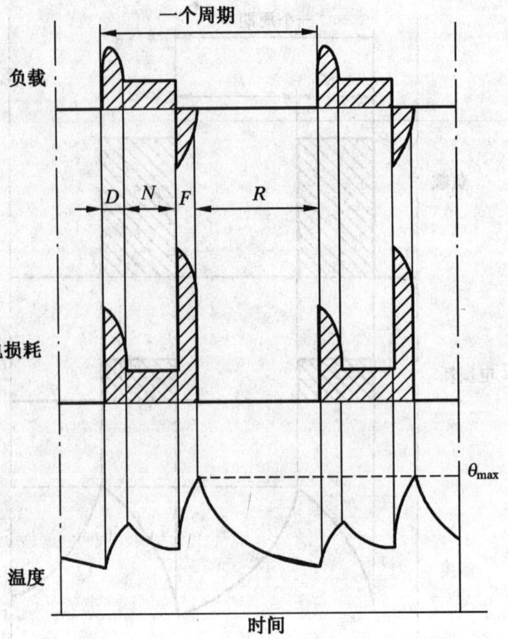


D——起动时间；

N——在恒定负载下运行时间；

F——电制动时间；

R——断能停转时间；

$\theta_{max}$——在工作周期中达到的最高温度。

$$负载持续率:\frac{D+N+F}{D+N+F+R}\times 100\%$$

图 5　包括电制动的断续周期工作制 S5

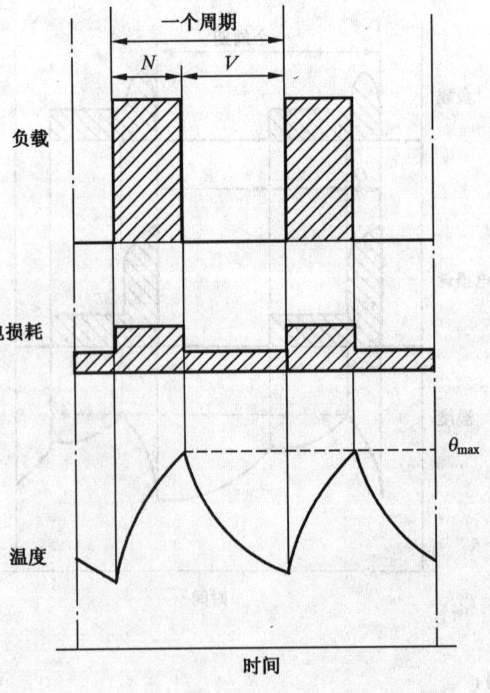


N——在恒定负载下运行时间；

V——空载运行时间；

$\theta_{max}$——在工作周期中达到的最高温度。

$$负载持续率:\frac{N}{N+V}\times 100\%$$

图 6　连续周期工作制 S6

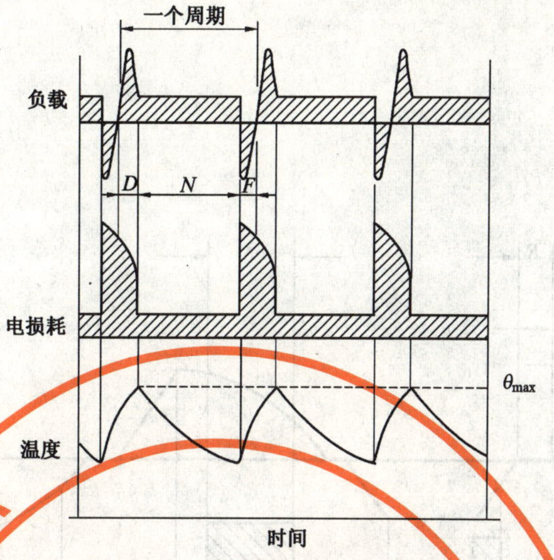


$D$——起动时间；

$N$——在恒定负载下运行时间；

$F$——电制动时间；

$\theta_{max}$——在工作周期中达到的最高温度。

负载持续率：1

**图 7　包括电制动的连续周期工作制 S7**

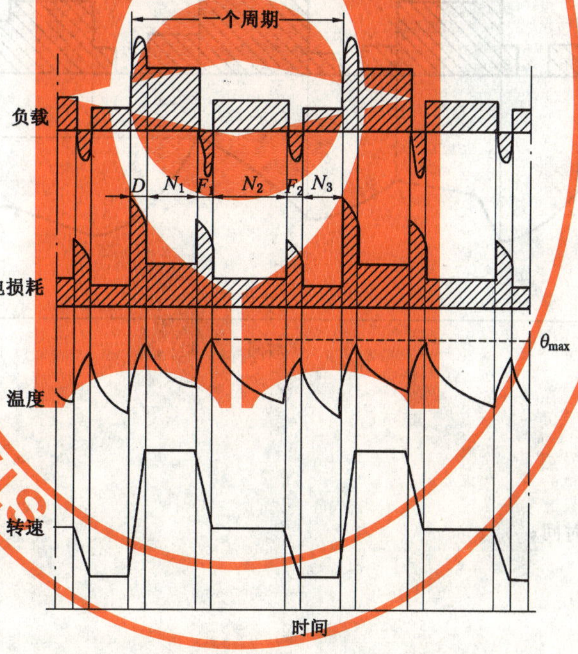


$D$——加速时间；

$N_1$、$N_2$、$N_3$——在恒定负载下运行时间；

$F_1$、$F_2$——电制动时间；

$\theta_{max}$——在工作周期中达到的最高温度。

负载持续率：$\dfrac{D+N_1}{D+N_1+F_1+N_2+F_2+N_3}\times100\%$

$$\frac{F_1+N_2}{D+N_1+F_1+N_2+F_2+N_3}\times100\%$$

$$\frac{F_2+N_3}{D+N_1+F_1+N_2+F_2+N_3}\times100\%$$

**图 8　包括变速变负载的连续周期工作制 S8**

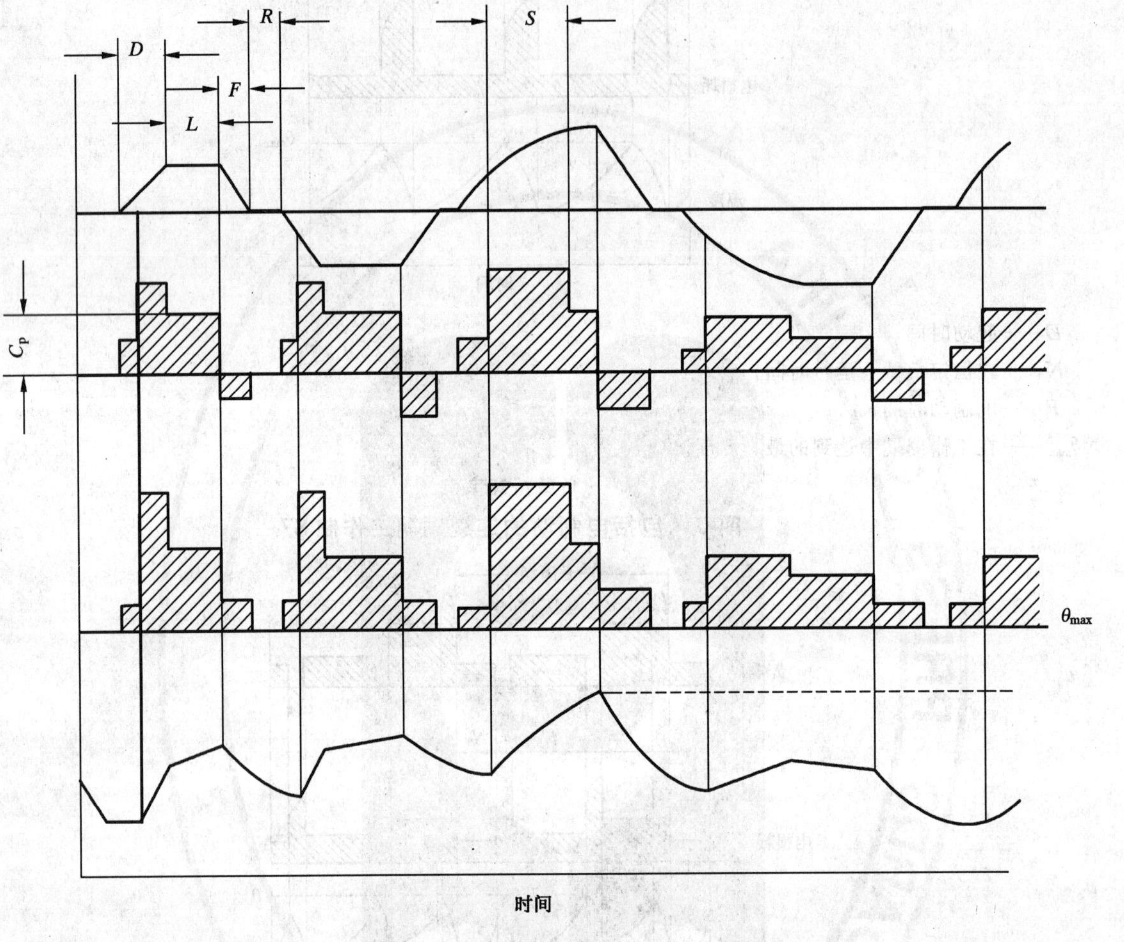


D——起动时间；

L——在可变负载下运行时间；

F——电制动时间；

R——断能停转时间；

$C_p$——满载时间；

$\theta_{max}$——达到的最高温度；

S——过载运行时间。

**图 9　负载和转速非周期变化工作制 S9**

# 附 录 A
## （资料性附录）
## 单台电动机与控制器输出容量的匹配关系

| 电机额定功率/kW | 控制器输出容量/kVA |
|---|---|
| 1 | 5 |
| 2.2 | 5 |
| 3.7 | 10 |
| 5.5 | 15 |
| 7.5 | 15 |
| 11 | 35 |
| 15 | 35 |
| 18.5 | 50 |
| 22 | 50 |
| 30 | 60 |
| 37 | 60 |
| 45 | 100 |
| 55 | 100 |
| 75 | 150 |
| 90 | 150 |
| 110 | 200 |
| 132 | 200 |
| 150 | 270 |
| 160 | 330 |
| 185 | 360 |
| 200 | 420 |

# 附　录　B
## （资料性附录）
## 城市工况及市郊工况

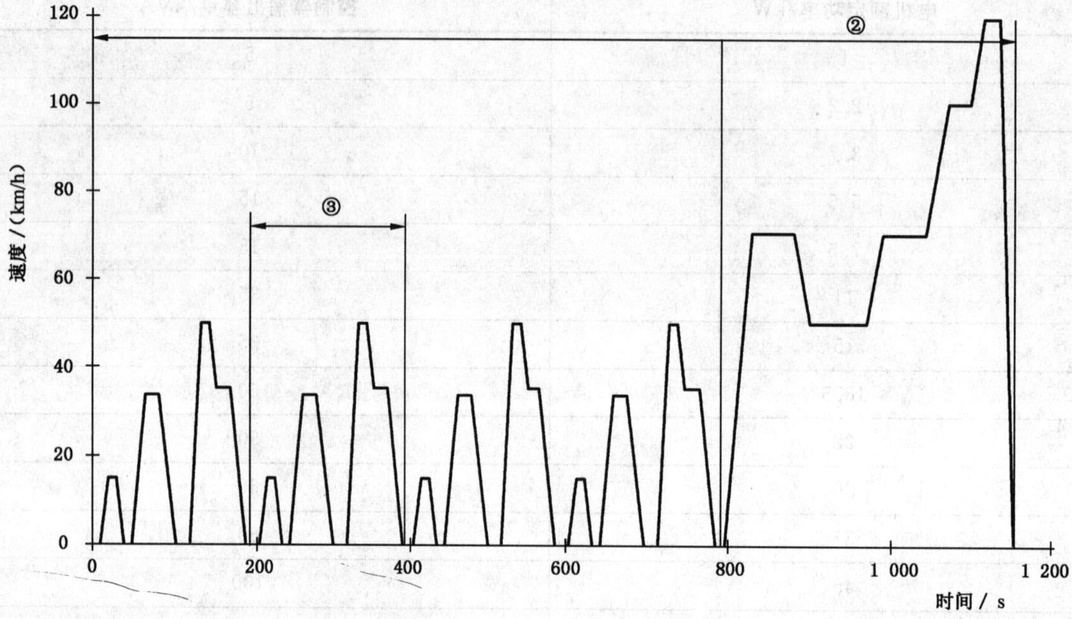


①——市区循环；
②——市郊循环；
③——基本的市区循环。

**图 B.1　试验运转**

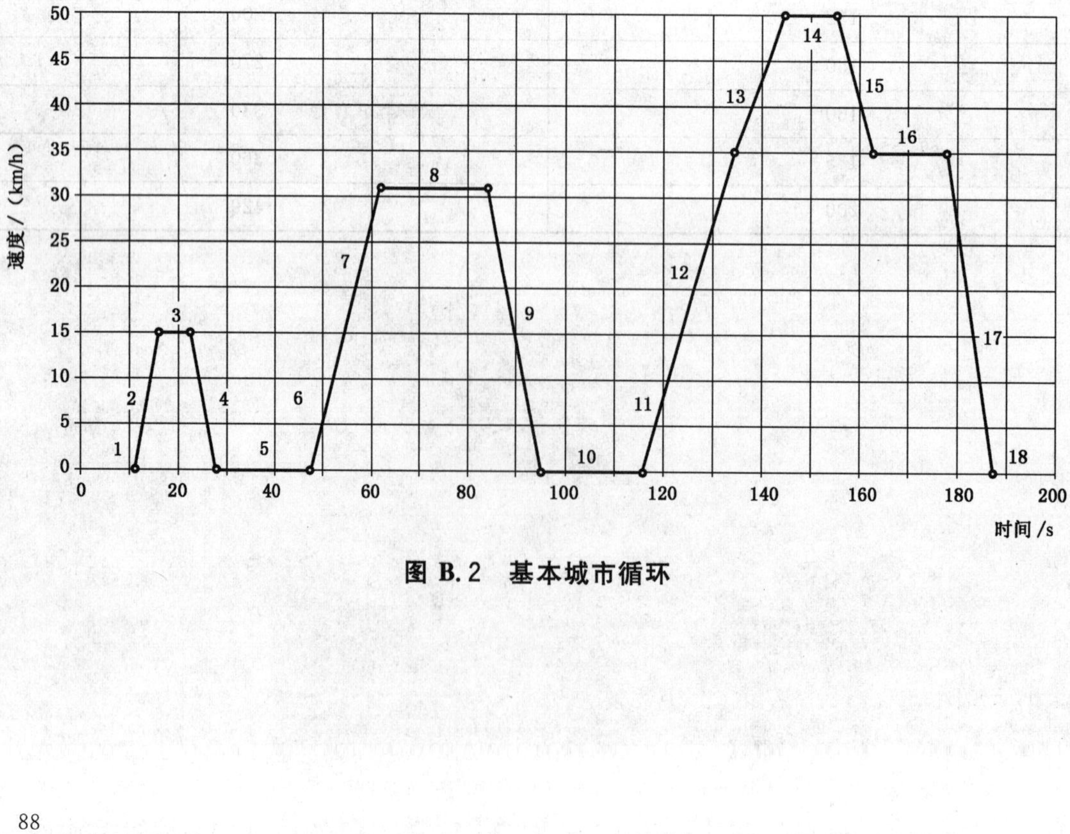


**图 B.2　基本城市循环**

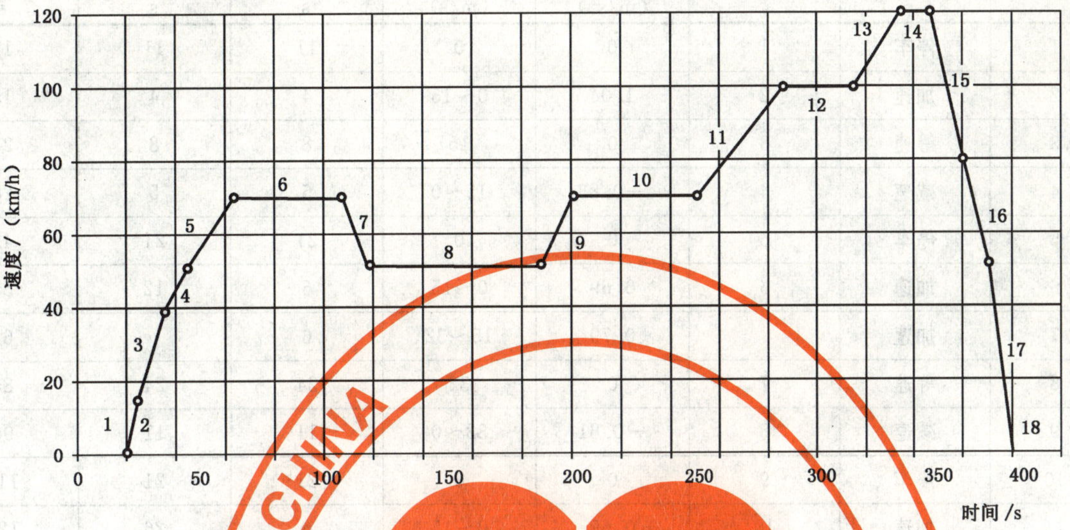


图 B.3 市郊循环

1——参考曲线；
2——速度公差/(km/h)；
3——时间公差/s。

图 B.4 标准曲线和公差

**表 B.1 基本城市循环**

| 运转次序 | 操作状态 | 工况序号 | 加速度/($m/s^2$) | 速度/(m/s) | 操作时间/s | 工况时间/s | 累计时间/s |
|---|---|---|---|---|---|---|---|
| 1 | 停车 | 1 | 0 | 0 | 11 | 11 | 11 |
| 2 | 加速 | 2 | 1.04 | 0～15 | 4 | 4 | 15 |
| 3 | 等速 | 3 | 0 | 15 | 8 | 8 | 23 |
| 4 | 减速 | 4 | −0.83 | 15～0 | 5 | 5 | 28 |
| 5 | 停车 | 5 | 0 | 0 | 21 | 21 | 49 |
| 6 | 加速 | 6 | 0.69 | 0～15 | 6 | 12 | 55 |
| 7 | 加速 |  | 0.79 | 15～32 | 6 |  | 61 |
| 8 | 等速 | 7 | 0 | 32 | 24 | 24 | 85 |
| 9 | 减速 | 8 | −0.81 | 32～0 | 11 | 11 | 96 |
| 10 | 停车 | 9 | 0 | 0 | 21 | 21 | 117 |
| 11 | 加速 | 10 | 0.69 | 0～15 | 6 | 26 | 123 |
| 12 | 加速 |  | 0.51 | 15～35 | 11 |  | 134 |
| 13 | 加速 |  | 0.46 | 35～50 | 9 |  | 143 |
| 14 | 等速 | 11 | 0 | 50 | 12 | 12 | 155 |
| 15 | 减速 | 12 | −0.52 | 50～35 | 8 | 8 | 163 |
| 16 | 等速 | 13 | 0 | 35 | 15 | 15 | 178 |
| 17 | 减速 | 14 | −0.97 | 35～0 | 10 | 10 | 188 |
| 18 | 停车 | 15 | 0 | 0 | 7 | 7 | 195 |

| 工况统计 | 单位 | 数值 | 百分比/% |
|---|---|---|---|
| 停车 | s | 60 | 30.77 |
| 加速 | s | 42 | 21.54 |
| 等速 | s | 59 | 30.26 |
| 减速 | s | 34 | 17.44 |
| 总时间 | s | 195 | 100.00 |
| 平均车速 | km/h | 18.77 |  |
| 一个基本城市循环的工作时间 | s | 195 |  |
| 一个城市循环的工作时间 | s | 780 |  |
| 一个基本城市循环的理论行驶距离 | m | 1 017 |  |
| 一个城市循环的理论行驶距离 | m | 4 067 |  |

**表 B.2　市郊循环**

| 运转次序 | 操作状态 | 工况序号 | 加速度/($m/s^2$) | 速度/(m/s) | 操作时间/s | 工况时间/s | 累计时间/s |
|---|---|---|---|---|---|---|---|
| 1 | 停车 | 1 | 0 | 0 | 20 | 20 | 20 |
| 2 | 加速 | 2 | 0.69 | 0～15 | 6 | 41 | 26 |
| 3 | 加速 | | 0.51 | 15～35 | 11 | | 37 |
| 4 | 加速 | | 0.42 | 35～50 | 10 | | 47 |
| 5 | 加速 | | 0.40 | 50～70 | 14 | | 61 |
| 6 | 等速 | 3 | 0 | 70 | 50 | 50 | 111 |
| 7 | 减速 | 4 | −0.69 | 70～50 | 8 | 8 | 119 |
| 8 | 等速 | 5 | 0 | 50 | 69 | 69 | 188 |
| 9 | 加速 | 6 | 0.43 | 50～70 | 13 | 13 | 201 |
| 10 | 等速 | 7 | 0 | 70 | 50 | 50 | 251 |
| 11 | 加速 | 8 | 0.24 | 70～100 | 35 | 35 | 286 |
| 12 | 等速 | 9 | 0 | 100 | 30 | 30 | 316 |
| 13 | 加速 | 10 | 0.28 | 100～120 | 20 | 20 | 336 |
| 14 | 等速 | 11 | 0 | 120 | 10 | 10 | 346 |
| 15 | 减速 | 12 | −0.69 | 120～80 | 16 | 34 | 362 |
| 16 | 减速 | | −1.04 | 80～50 | 8 | 34 | 370 |
| 17 | 减速 | | −1.39 | 50～0 | 10 | 34 | 380 |
| 18 | 停车 | 13 | 0 | 0 | 20 | 20 | 400 |

| 工况统计 | 单位 | 数值 | 百分比/% |
|---|---|---|---|
| 停车 | s | 40 | 10.00 |
| 加速 | s | 109 | 27.25 |
| 等速 | s | 209 | 52.25 |
| 减速 | s | 42 | 10.50 |
| 总时间 | s | 400 | 100.00 |
| 平均车速 | km/h | 62.60 | |
| 工作时间 | s | 400 | |
| 理论行驶距离 | m | 6 956 | |
| 整个循环的平均速度 | | | |

ICS 43.120
T 47

# 中华人民共和国国家标准

GB/T 18488.2—2006
代替 GB/T 18488.2—2001

# 电动汽车用电机及其控制器
# 第2部分:试验方法

**The electrical machines and controllers for electric vehicles—
Part 2:Test methods**

2006-12-01 发布　　　　2007-07-01 实施

中华人民共和国国家质量监督检验检疫总局
国家标准化管理委员会　发布

00

# 前　言

GB/T 18488 在《电动汽车用电机及其控制器》总标题下，包括两个部分：

——第 1 部分：技术条件；

——第 2 部分：试验方法。

本部分是 GB/T 18488 的第 2 部分。

本部分是对 GB/T 18488.2—2001 的修订，自实施之日起代替 GB/T 18488.2—2001《电动汽车用电机及其控制器试验方法》。

修订的主要内容有：

1)　增加了相关引用标准，主要包括 GB/T 1032—2005、JB/T 9615.1—2000 和 GB/T 13422—1992。

2)　对第 4 章～第 9 章的试验项目所需的方法补充了详细说明，主要是对原标准中第 4 章～第 7 章中常规检验项目进行了调整和内容的补充。

本部分全国汽车标准化技术委员会提出。

本部分由全国汽车标准化技术委员会归口。

本部分起草单位：中国科学院电工研究所、北京理工大学、株洲电力机车研究所。

本部分主要起草人：温旭辉、刘彤彦、郭淑英、张承宁、刘钧、琚龙。

本部分所代替标准的历次版本发布情况：

——GB/T 18488.2—2001。

# 电动汽车用电机及其控制器
# 第2部分:试验方法

## 1 范围

本部分规定了电动汽车用驱动电机及其控制器试验用的仪器、仪表,试验准备及各项试验方法。

本部分适用于电动汽车驱动电动机及其控制器。

## 2 规范性引用文件

下列文件中的条款通过GB/T 18488的本部分的引用而成为本部分的条款。凡是注日期的引用文件,其随后所有的修改单(不包括勘误的内容)或修订版均不适用于本部分,然而,鼓励根据本部分达成协议的各方研究是否可使用这些文件的最新版本。凡是不注日期的引用文件,其最新版本适用于本部分。

GB 755—2000 旋转电机 定额和性能(idt IEC 60034-1:1996)

GB/T 1029—2005 三相同步电机试验方法(IEC 60034-2:1972)

GB/T 1032—2005 三相异步电动机试验方法

GB/T 2423.17—1993 电工电子产品基本环境试验规程 试验Ka:盐雾试验方法(eqv IEC 60068-2-11:1981)

GB/T 3859.1—1993 半导体变流器 基本要求的规定(eqv IEC 60146-1-1:1991)

GB/T 4942.1—2006 旋转电机外壳防护等级(IP代码)分级(IEC 60034-5:2000,IDT)

GB/T 4942.2—1993 低压电器外壳防护等级(eqv IEC 60947-1:1988)

GB/T 10068—2000 轴中心高为56 mm及以上电机的机械振动 振动测量、评定及限值(idt IEC 60034-14:1996)

GB 10069.1—2006 旋转电机噪声测定方法及限值 第1部分:旋转电机噪声测定方法(ISO 1680:1999,MOD)

GB/T 12665—1990 电机在一般环境条件下使用的湿热试验要求

GB/T 13422—1992 半导体电力变流器 电气试验方法

GB/T 14023—2006 车辆、机动船和由火花点火发动机驱动的装置的无线电骚扰特性的限值和测量方法(CSPR 12:2005,IDT)

GB 14711—2006 中小型旋转电机安全通用要求(neq IEC 60034-1)

GB/T 17619—1998 机动车电子电器组件的电磁辐射抗扰性限值和测量方法

JB/T 9615.1—2000 交流低压电机散嵌绕组匝间绝缘试验方法

JB/T 9615.2—2000 交流低压电机散嵌绕组匝间绝缘试验限值

## 3 试验准备

### 3.1 测量仪器选择

#### 3.1.1 仪器准确度

测量电压、电流有效值可采用磁电式仪表或能读出有效值的其他仪表,包括数字式仪表。试验时,采用的电气测量仪器、仪表准确度应不低于0.5级(兆欧表除外),直流分流器准确度应不低于0.2级。

数字式转速测量仪的准确度应不低于0.1%±1个字;转矩测量仪及测功机的准确度应不低于1%(直测效率时应不低于0.5%);温度计的误差在±1℃以内。

选择仪表时,应使测量值位于20%~95%仪表量程范围内。

### 3.1.2 测量要求

a) 在电流表量程允许的范围内,尽可能不采用分流器。在用分流器测量电流时,测量线的电阻应按所用毫伏表选配。

b) 试验时,各仪表的读数应同时读取。

### 3.1.3 控制器输入功率的测量

电机控制器输入功率的测量值为电机控制器输入的电压和电流的测量值的乘积,输入电压应在控制器输入接线端子处量取,输入电流应在控制器输入接线处量取。

### 3.2 试验电源

所使用的直流电源应符合车辆用电池的电压和电流特性,电源输出阻抗要与规定的电池阻抗尽可能相等。

### 3.3 布线

测试中的布线应与车辆中的布线相近,如果布线不可避免地与车辆中布线不同,应注意电源控制器的外线路阻抗与车辆中布线的阻抗尽可能相等。

### 3.4 冷却装置

电机及其控制器的冷却条件应模拟车辆中具体使用条件,电机及其控制器冷却装置的型号应记录于电动汽车电机功率参数测试报告中。

## 4 一般性试验项目

### 4.1 电机定子绕组实际冷状态下直流电阻的测定

#### 4.1.1 绕组温度的测定

将电机在室内放置一段时间,用温度计(或埋置检温计)测量电机绕组、铁心和环境温度,所测温度与冷却介质温度之差应不超过2 K,对大中型电机,温度计应有与外界隔热的措施,且放置温度计的时间应不少于15 min。

测量绕组温度时应根据电机的大小,在不同部位测量绕组端部和绕组槽部的温度(如有困难时可测量铁心齿和铁心轭部表面温度),取平均值作为绕组的实际冷状态下温度。

#### 4.1.2 绕组直流电阻的测定

绕组的直流电阻可用电桥法、微欧计法、电压表电流表法或者其他测量方法测量。

4.1.2.1 当使用自动检测装置、数字式微欧计等仪器测量绕组的直流电阻时,通过被测绕组的试验电流应不超过其额定电流的10%,通电时间不超过1 min。

4.1.2.2 使用电桥测量时,每一电阻应测量3次,每次应在电桥平衡破坏后重新进行测量,每次读数与3次读取数据的平均值之差应在平均值的±0.5%范围内,取其平均值作为电阻的实际测量值。如绕组的直流电阻在1 Ω以下时,应采用有效数不低于4位的双臂电桥测量。

4.1.2.3 电压表电流表法

接线原理如图1。图中 $R_b$ 为可调限流电阻,R为被试电机绕组,V为电压表,A为电流表。图1 a)的接线适用于测量电压表内阻与被测电阻之比大于200时绕组的电阻,图1 b)的接线适用于测量电压表内阻与被测电阻之比小于200时绕组的电阻。

试验时,所加电流不应超过绕组额定电流的10%,通电时间不超过1 min,测量时应同时读取电流及电压值,每一电阻至少应在3种不同电流值下进行测量,每个测量值与平均值相差应在±0.5%范围之内，取其平均值作为电阻的实际测量值。

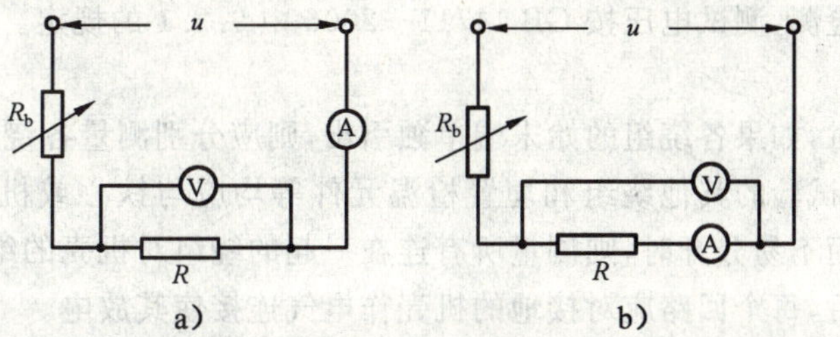


图 1

4.1.2.4　测量时，电机的转子静止不动。绕组的各相各支路的始末端均引出时，应分别测量各相各支路的直流电阻。

如果各相绕组在电机内部连接，那么就应在每个出线端间测量电阻。对于三相电机，各相电阻值按下式计算：

对星形接法的绕组，如图 2 a)

$$R_U = R_{med} - R_{VW} \tag{1}$$

$$R_V = R_{med} - R_{WU} \tag{2}$$

$$R_W = R_{med} - R_{UV} \tag{3}$$

对三角形接法的绕组，如图 2 b)

$$R_U = \frac{R_{VW} \cdot R_{WU}}{R_{med} - R_{UV}} + R_{UV} - R_{med} \tag{4}$$

$$R_V = \frac{R_{WU} \cdot R_{UV}}{R_{med} - R_{VW}} + R_{VW} - R_{med} \tag{5}$$

$$R_W = \frac{R_{UV} \cdot R_{VW}}{R_{med} - R_{WU}} + R_{WU} - R_{med} \tag{6}$$

式中：

$R_{med} = (R_{UV} + R_{VW} + R_{WU})/2$，$R_{UV}$、$R_{VW}$ 和 $R_{WU}$ 分别为出线端 U 与 V、V 与 W 和 W 与 U 之间测得的电阻值，单位为欧姆(Ω)；

$R_U$、$R_V$ 和 $R_W$ 分别为各相的相电阻(Ω)。

图 2

对于其他相数电机需另行推导公式进行计算。

## 4.2　电机绕组对机壳及绕组相互间绝缘电阻的测定

### 4.2.1　测量时电机的状态

测量电机绕组的绝缘电阻时应分别在电机实际冷状态和热状态(或温升试验后)下进行。

检查试验时，如无其他规定，则绕组对机壳及绕组相互间的绝缘电阻仅在冷状态下测量。

测量绝缘电阻时应测量绕组温度，但在实际冷状态下测量时可取周围介质温度作为绕组温度。

### 4.2.2　兆欧表的选用

测量绕组对机壳及绕组相互间的绝缘电阻时应根据被测绕组的额定电压选择兆欧表。在额定电压小于或等于 250 V 时，选用 500 V 兆欧表。额定电压在(251～1 000) V 范围时，选用 1 000 V 兆欧表。

常规测试时,如无其他规定,绕组的绝缘电阻仅在实际状态下测量。

采用匝间试验仪器检测,测试电压按 GB 14711—2006 中 9.2.1 的规定。

4.2.3 **测量方法**

测量绕组绝缘电阻时,如果各绕组的始末端单独引出,则应分别测量各绕组对机壳及绕组相互间的绝缘电阻。这时,不参加试验的其他绕组和埋置检温元件等均应与铁心或机壳作电气连接,机壳应接地。当中性点连在一起而不易分开时,则测量所有连在一起的绕组对机壳的绝缘电阻。

绝缘电阻测量结束后,每个回路应对接地的机壳作电气连接使其放电。

测量水内冷绕组的绝缘电阻时,应使用专用的绝缘电阻测量仪,在绝缘引水管干燥或吹干的情况下,可用普通兆欧表测量。

不能承受兆欧表高压冲击的电器元件(如半导体整流器,半导体管及电容器等)应在测量前将其从电路中拆除或短接。

测量时,在指针达到稳定后再读取数据,并记录绕组的温度。

若测量吸收比,则吸收比 $R_{60}/R_{15}$ 应测得 15 s 和 60 s 时的绝缘电阻值。

若测量极化指数,则极化指数 $R_{10}/R_{1}$ 应测得 1 min 和 10 min 时的绝缘电阻值。

4.3 **最高工作转速**

试验在额定电压下进行,负载转矩的大小和最高转速值应在产品指标或合同中规定。分别在电机和控制器的冷态和热态情况下,调节电机到最高转速,持续时间不少于 3 min。记录此时控制器的输入功率、电机的输出转矩和转速。

4.4 **超速试验**

如无其他规定,超速试验允许在冷态下进行。

超速试验前应仔细检查电机的装配质量,特别是转动部分的装配质量,防止转速升高时有杂物或零件飞出。

超速试验时应采取相应的安全防护措施,对被试电机的控制及对振动、转速和轴承温度等参数的测量应采用远距离测量方法。

超速试验可根据具体情况选用电动机法(提高电源频率)或原动机拖动法。

在升速过程中,当电机达到额定转速时,应观察电机运转情况,确认无异常现象后,再以适当的加速度提高转速,直至规定的转速。

超速值为 1.2 倍最高工作转速,历时 2 min。

超速试验后应仔细检查电机的转动部分是否有损坏或产生有害的变形,紧固件是否松动以及其他不允许的现象出现。

4.5 **耐电压试验**

试验时的环境温度在 18℃～28℃范围内。

4.5.1 **匝间冲击耐电压试验**

匝间冲击耐电压试验按 JB/T 9615.1—2000 和 JB/T 9615.2—2000 规定的方法进行。

4.5.2 **短时升高电压试验**

试验应在电机空载时进行,除下列规定外,试验的外施电压(电动机)或感应电压(发电机)为额定电压的 130%,试验时间为 3 min。提高试验电压至额定电压的 130%时,允许同时提高频率或转速,但应不超过超速试验中所规定的转速。

4.5.3 **工频耐电压试验**

试验电压的频率为工频,电压波形应尽可能接近正弦波形。在整个耐电压试验过程中,要做好必要的安全防护措施,被试电机周围应有专人监护。

4.5.3.1 **试验要求**

除非另有规定,工频耐电压试验应在电机静止状态下进行。

试验前应先测量绕组的绝缘电阻，如电机需要进行超速、偶然过电流、短时过转矩试验及短路机械强度试验时，则工频耐电压试验应在这些试验后进行。型式试验时，工频耐电压试验应在温升试验后立即进行。

当电枢绕组各相或各支路始末端单独引出时，应分别进行试验。

试验时被试绕组两端同时施加电压(对小型电机可在绕组一端施加电压)，此时，不参加试验的其他绕组和埋置检温元件等均应与铁心或机壳作电气连接，机壳应接地。如果三相绕组的中性点不易分开，三相绕组应同时施加电压。

试验变压器应有足够的容量，如被试电机绕组的电容 C 较大时，则试验变压器的额定容量 $S_N$(kVA)应大于式(7)计算值：

$$S_N = 2\pi fCUU_{NT} \times 10^{-3} \qquad \cdots\cdots\cdots\cdots(7)$$

式中：

$f$——电源频率，单位为赫兹(Hz)；

$U$——试验电压值，单位为伏(V)；

$U_{NT}$——试验变压器的高压侧额定电压，单位为伏(V)；

$C$——电机被试绕组的电容，单位为法(F)。

**4.5.3.2 工频耐电压试验方法**

试验接线原理图见图 3(转子耐电压试验接线参见此图)。图中 $T_1$ 为调压变压器，$T_2$ 为高压试验装置，PT 为电压互感器，R 为限流保护电阻，其值一般为每伏(0.2～1) Ω，$R_0$ 为球隙保护电阻(低压电机不接)，其值一般可用每伏 1 Ω，QX 为过电压保护球隙(低压电机不接)，V 为电压表，TM 为被试电机，其中球隙和球径按高压电气设备绝缘试验电压和试验方法的规定选择，球隙的放电电压应调整到试验电压的(1.1～1.15)倍。如果需测量电容电流，可在试验装置高压侧接入电流表和与电流表并联的短路保护开关。如电流表接在低压侧则应注意杂散电流对读数的影响。

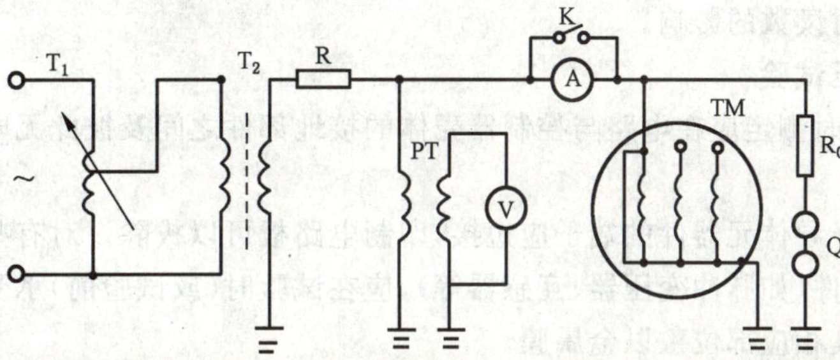


图 3

试验时，施加的电压应从不超过试验电压全值的一半开始，然后以不超过全值的 5%均匀地或分段地增加至全值，电压自半值增加至全值的时间应不少于 10 s。全值试验电压值应符合 GB 755—2000 中表 14 的规定，并持续 1 min。

当对批量生产的 5 kW(或 kVA)及以下电机进行常规试验时，1 min 试验可用约 5 s 的试验代替，试验电压按 GB 755—2000 中表 14 规定的正常值。也可用 1 s 试验来代替，但试验电压应为 GB 755—2000 中表 14 规定的 120%，试验电压用试棒施加。试验完毕，亦应均匀降压，待电压下降到全值的三分之一以下时，方可断开电源，并将被试绕组进行放电。

在试验过程中，如果发现电压表指针摆动很大，电流表指示急剧增加，绝缘冒烟或发生响声等异常现象时，应立即降低电压，断开电源，将被试绕组放电后再对绕组进行检查。

**4.5.4 电枢绕组绝缘直流泄漏电流试验及直流耐压试验**

**4.5.4.1 试验要求**

当电枢三相绕组各相或各支路始末端单独引出时，应分别对地进行泄漏电流试验。在绕组一相或一个支路进行试验前，其他两相绕组或其他支路均应接地，如果三相绕组的中性点连在一起不易分开时，则允许三相绕组一起试验。试验时应记录电枢绕组温度，环境温度和湿度。

直流泄漏电流试验的最高电压即为直流耐压试验值，该值由有关的技术文件规定。

4.5.4.2 试验方法

试验接线如图 6 所示。图中 $T_1$ 为调压器；$T_2$ 为高压试验装置；R 为限流保护电阻，其值为每伏(0.1～1) Ω；D 为高压整流硅堆；V 为高电压测量装置；μA 为微安表；K 为闸刀开关；TM 为被试电机；C 为高压滤波电容。

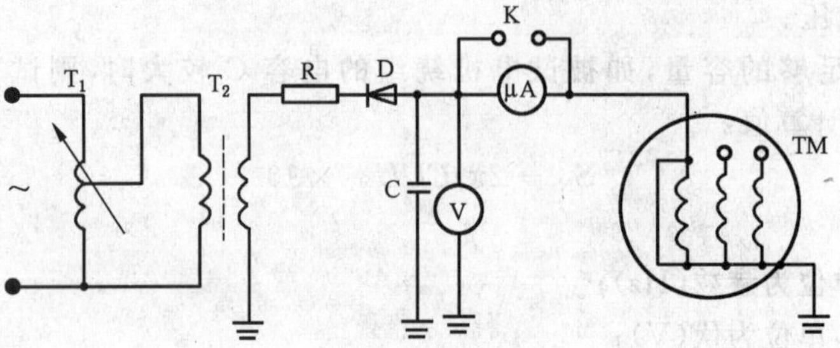


图 4

试验时，应使调压器电压在最低位置，通电后调节调压器，均匀升压。试验过程中电压应逐段上升。例如 $0.5U_N$、$1.0U_N$、$1.5U_N$……至规定值。每升到一个阶段停留 1 min，并记录每阶段电压开始和 1 min 时微安表的电流值(即泄漏电流值)。试验完毕，将调压器退回原位，切断电源，并将绕组放电后接地。待放电完毕后，再对另一绕组进行试验。

在试验过程中，如发现泄漏电流随时间急剧增长或有异常放电现象时，应立即停止试验并断开电源，将绕组放电后接地再进行检查。

根据试验数据，绘制泄漏电流与试验电压的关系曲线。

在高压侧接入电流表与电流表并联的短路保护开关，测量时应保证人身安全。如电流表接在低压侧，则应注意杂散电流对读数的影响。

4.5.5 控制器的耐电压试验

在电机控制器测试时测定应在电路与控制器壳体的接地部件之间及彼此无电连接的导电部件之间进行。

试验时，所有电力半导体元器件的端子应短接，印制电路板可以拔除。对有些因绝缘损坏会导致高电压进入低压电路的部件(如脉冲变压器、互感器等)，应在试验时(或试验前)承受相应的试验电压。对绝缘材料的外壳，应在其相应部位敷以金属膜。

4.6 噪声

按 GB 10069.1—2006 中方法测量。

4.7 振动

参照 GB 10068—2000 方法测量。

4.8 密封状态检查

对于液冷的电机及其控制器，应对液冷冷却器的密封状态进行检查。检查方法为在管路中施加(40±5) kPa的水压，保持 3 min，应无任何渗漏现象。

4.9 控制器过载能力试验

过载能力试验是为了确定控制器在规定的时间间隔内过载时和过载后的工作性能。

过载能力试验可与温升试验(第 6 章)或其他负载试验结合进行。

试验程序：

a) 调整负载电流等于额定电流，在控制器温度达到平衡后增加负载电流到规定的过载值；

b) 按规定的时间间隔，将负载降到额定值；

c) 如为周期性过载，则按规定的时间周期重复 a)、b)步骤；

d) 试验停止，切断电源，进行检查。

检查时，控制器主电路部件的变形应不超出规定的要求；控制器内部电路的监测点的参数应在规定值范围内；保护和信号动作符合规定要求；试验后变流器输出电压值应在规定范围内。

### 4.10 控制器壳体机械强度

分别在控制器的 3 个方向上按 30 cm×30 cm 的面积上加 100 kg 质量物体产生的重力进行试验，检查壳体是否有明显的塑性变形。

### 4.11 电机控制器保护系统测试

按 GB/T 3859.1—1993 的 6.4.13 的要求进行。

### 4.12 接触电流测试

应在温升试验后测量。试验电压为电机及其控制器最高工作电压的 105%，接触电流应在电机及其控制器上易同时触及的可导电部分之间、电机及其控制器上易触及的可导电部分与地之间测量。具体试验方法按 GB 14711—2006 中第 7 章的方法。

### 4.13 接地检查试验

电机的接地检查按 GB 755—2000 中的 10.1 进行。控制器接地检查按 GB/T 13422—1992 中的 5.1.3 要求进行。测量相应的接地电阻。

## 5 环境试验

### 5.1 温度、湿度和热态绝缘电阻

a) 环境条件温度为＋40℃，相对湿度为 95% 的条件下进行试验，试验时间 48 h。在湿热试验后，测量电机和控制器的绝缘电阻值。

b) 将电机及其控制器放入低温箱内，使箱内温度降至－20℃，至少保持 30 min 后，在低温箱内通电后检查电机和控制器能否正常运行 4 h。

c) 热态绝缘电阻按 GB/T 12665—1990 规定的方法进行。

### 5.2 盐雾

盐雾试验应按 GB/T 2423.17—1993 的规定进行。电机及其控制器在试验箱内应处于正常安装状态。试验持续时间为 16 h。试验结束，电机及其控制器在 3.2 规定的条件下恢复(1～2) h 后，检查其通电能否正常工作，但不考核电机及其控制器的外观。

### 5.3 防水、防尘

按照 GB/T 4942.1—2006 及 GB/T 4942.2—1993 中所规定的方法进行试验。

## 6 温升试验

电机及其控制器应按照产品规定的工作制和冷却条件运行。

温升试验方法参照 GB/T 1029—2005 中第 6 章和 GB/T 13422—1992 中 5.1.9 温升试验进行。

## 7 电机转矩特性及效率测试

### 7.1 堵转转矩和堵转电流

堵转试验在电机接近实际冷状态下进行。试验时，应将转子堵住。施加堵转电流 $I_{kn}$(由最大电流设定值决定)，测量堵转转矩 $T_{kn}$改变定子、转子的相对位置，沿转子圆周均匀等分测取 5 点，取测量中堵转转矩的最小值。

### 7.2 转矩-转速曲线

转矩-转速曲线是电动机在给定电压下电动机的输出转矩与电机转轴转速的关系曲线。

#### 7.2.1 试验方法

试验时，被试电机应达到热稳定状态。每条曲线的测取点数不应少于 10 个。每点应测取下列数

据:控制器输入电压和电流、电动机的三相电压、电流、频率及输入功率、电动机的输出转矩和转速、电枢绕组电阻,并记录周围冷却介质温度。如电枢绕组电阻是在切离电源后测得,则应将所测电阻用外推法修正到断电瞬间。通常应读取转速上升和下降的两条曲线,取其平均值作为该电压下的转矩-转速曲线。

采用测功机测量时,测功机的功率在与被试电机同样的转速下应不超过被试电机额定功率的3倍;采用转矩测量仪测量时,转矩测量仪的标称转矩应不超过被试电机额定转矩的3倍。

试验过程中,应防止被试电机过热而影响测量的准确性。必要时,转矩转速曲线可分段测量。

### 7.2.2 试验结果的修正

a) 测功机的风摩耗转矩

测功机的风摩耗转矩 $T_{fw}$ 按式(8)计算:

$$T_{fw}=\frac{9.55(P_1-P_0)}{n_t}-T_d \qquad \cdots\cdots(8)$$

式中:

$P_1$——被试电动机在给定电压下驱动测功机时的输入功率,单位为瓦(W);此时测功机的电枢和励磁回路均应开路;

$T_d$——风摩耗转矩试验时测功机的转矩值,单位为牛米(Nm);

$n_t$——风摩耗转矩试验时被试电动机的转速,单位为转每分钟(r/min);

$P_0$——被试电动机的空载输入功率,单位为瓦(W)。

b) 输出转矩的修正

被试电机修正后的输出转矩 $T_c$(Nm)按式(9)计算:

$$T_c=T_t+T_{fw} \qquad \cdots\cdots(9)$$

式中:

$T_t$——测功机显示的被试电机输出转矩。

### 7.3 效率求取

根据电机型式,电机效率试验参照 GB/T 1029—2005 中5.1.3的方法或 GB 1032—2005 中第9章的方法;控制器效率试验参照 GB/T 13422—1992 中附录 A 的方法。整体效率按照式(10)求取:

$$\eta=\frac{100NT}{9.55EI} \qquad \cdots\cdots(10)$$

式中:

$\eta$——整体效率,%;

$N$——电机转速,单位为转每分(r/min);

$T$——电机输出转矩,单位为牛米(Nm);

$E$——控制器接线端子处的输入电压平均值,单位为伏(V);

$I$——控制器输入电流平均值,单位为安培(A)。

### 7.4 电压波动与峰值功率测定

可以结合转矩转速曲线试验进行。

## 8 再生能量回馈试验

在电机转速达到额定转速时,进行能量反馈(此时电机作为发电机运行)。检查电机及其控制器能否给125%额定电压值的电源馈电。给电源馈电试验可采用3种方法:

a) 直接在整车上试验

测量馈电试验开始前的车速($v_1$)和馈电试验结束时的车速($v_2$),同时测量在馈电过程中电源两端的电压和输入电源的电流和时间。

能量按式(11)计算：

$$W_1 = \frac{1}{2}m(v_1^2 - v_2^2) \qquad (11)$$

式中：

$m$——汽车的质量，单位为千克(kg)。

馈电效率按式(12)计算：

$$\eta_{reg} = \frac{W_2}{W_1} \qquad (12)$$

式中：

$W_2$——馈电试验中输给电源的能量。

b) 用惯性轮装置试验

测量馈电试验开始前惯性轮的角速度 $\omega_1$ 和馈电试验结束时的角速度 $\omega_2$ 同时测量在馈电过程中电源两端的电压和输入电源的电流和时间。

能量按式(13)计算：

$$W_1 = \frac{1}{2}J(\omega_1^2 - \omega_2^2) \qquad (13)$$

式中：

$J$——惯性轮的惯量。

馈电效率按式(14)计算：

$$\eta_{reg} = \frac{W_2}{W_1} \qquad (14)$$

c) 用发电试验

电机由原动机拖动，控制器接125％额定电压值的电源，在不同转速下进行发电试验。

## 9 电磁兼容性测试

### 9.1 辐射干扰试验

按GB 14023—2006中第5章辐射干扰的测量方法进行测试。

### 9.2 电磁抗扰度试验

按GB/T 17619—1998中第4章规定的测量方法和表1规定的抗扰度电平要求测试。

ICS 43.080.10;13.300
T 59

GB

# 中华人民共和国国家标准

GB 18564.1—2006
部分代替 GB 18564—2001

# 道路运输液体危险货物罐式车辆 第1部分:金属常压罐体技术要求

## Road tanker for dangerous liquid goods transportation— Part 1:Technical requirements of atmospheric pressure metal tank



2006-07-19 发布　　2006-11-01 实施

中华人民共和国国家质量监督检验检疫总局
中国国家标准化管理委员会　发布

# 前 言

GB 18564《道路运输液体危险货物罐式车辆》分为2个部分：

—— 第1部分：金属常压罐体技术要求；

—— 第2部分：非金属常压罐体技术要求。

本部分为GB 18564《道路运输液体危险货物罐式车辆》的第1部分。

本部分代替GB 18564—2001《汽车运输液体危险货物常压容器(罐体)通用技术条件》的金属罐体部分。

在GB 18564.2《道路运输液体危险货物罐式车辆　第2部分：非金属常压罐体技术要求》发布实施之前，非金属常压罐体仍执行原GB 18564—2001有关条款要求。

本部分与GB 18564—2001相比较，主要变化如下：

—— 标准名称由“汽车运输液体危险货物常压容器(罐体)通用技术条件”改为“道路运输液体危险货物罐式车辆　第1部分：金属常压罐体技术要求”；

—— 增加了运输剧毒类介质的安全技术要求；

—— 工作压力上限由“0.072 MPa”修改为“小于0.1 MPa”；

—— 增加了术语和定义一章；

—— 增加了设计一章，规定了罐体材料和结构等设计要求；

—— 制造一章中，补充了罐体成型及偏差的要求；

—— 修改了出厂检验的要求；

—— 增加了罐体定期检验一章；

—— 增加了附录A“常见液体危险货物介质及其主要设计参数”、附录C“安全泄放装置的设计计算”和附录D“非圆形截面罐体”；

—— 将原附录A“液体危险货物与罐体材质的相容性”改为附录B“常见液体危险货物介质与罐体材料的相容性”；

—— 取消了原附录B“危险货物常压年检结果登记表”(提示的附录)。

本部分的附录B、附录C为推荐性的，其余均为强制性的。

本部分由全国锅炉压力容器标准化技术委员会(SAC/TC 262)提出。

本部分由全国锅炉压力容器标准化技术委员会(SAC/TC 262)归口。

本部分由全国锅炉压力容器标准化技术委员会移动式压力容器分技术委员会(SAC/TC 262/SC 4)组织起草。

本部分主要起草单位：中集车辆(集团)有限公司、上海化工装备有限公司、中国石油化工集团公司经济技术研究院、扬州中集通华专用车有限公司、南通中集罐式运输设备制造有限公司、荆门宏图特种飞行器制造有限公司、哈尔滨建成北方专用车有限公司、南京航天晨光股份有限公司、中化国际(控股)股份有限公司、上海霍冶希诺巴克运业有限公司。

本部分主要起草人：刘洪庆、周伟明、寿比南、马凯、孙洪利、孙太平、罗永欣、许子平、张杰、王为国、陈朝晖、邹志强、李军、刘超。

本部分于2001年首次发布，2006年第一次修订。

# 道路运输液体危险货物罐式车辆 第1部分:金属常压罐体技术要求

## 1 范围

1.1 本部分规定了道路运输液体危险货物罐式车辆金属常压罐体(以下简称罐体)的设计、制造、试验方法、出厂检验、涂装与标志标识以及定期检验项目的技术要求。

1.2 本部分适用于装运介质为液体危险货物,工作压力小于0.1 MPa,金属材料制造以及与定型汽车底盘或半挂车车架为永久性连接的罐体。

1.3 本部分适用于附录A中的介质。对超出附录A范围以外的介质,当其物理、化学性质与附录A的介质相近时可参照本部分执行。

1.4 本部分不适用于非金属材料罐体、真空绝热结构罐体或有特殊要求的军事装备用罐体。

1.5 对不能采用本部分进行设计的罐体,允许采用以下方法设计,但需经国家主管机构认可的单位进行评定、认可:

——包括有限元法在内的应力分析;

——验证性实验分析(如实验应力分析、验证性液压试验);

——用可比的已投入使用的结构进行对比经验设计。

## 2 规范性引用文件

下列文件中的条款通过GB/T 18564的本部分的引用而成为本部分的条款。凡是注日期的引用文件,其随后所有的修改单(不包括勘误的内容)或修订版均不适用于本部分,然而,鼓励根据本部分达成协议的各方研究是否可使用这些文件的最新版本。凡是不注日期的引用文件,其最新版本适用于本部分。

GB 150 钢制压力容器

GB/T 3730.1—2001 汽车和挂车类型的术语和定义

GB/T 3730.2—1996 道路车辆 质量 词汇和代码(idt ISO 1176:1990)

GB 6944—2005 危险货物分类和品名编号

GB/T 8163—1999 输送流体用无缝钢管(neq ISO 559:1991)

GB 9969.1—1998 工业产品使用说明书 总则

GB 12268—2005 危险货物品名表

GB 13365—2005 机动车排气火花熄灭器

GB 13392—2005 道路运输危险货物车辆标志

GB/T 14976—2002 流体输送用不锈钢无缝钢管

GB 20300—2006 道路运输爆炸品和剧毒化学品车辆安全技术条件

JB 4708 钢制压力容器焊接工艺评定

JB/T 4711 压力容器涂覆与运输包装

JB 4726 压力容器用碳素钢和低合金钢锻件

JB 4727 低温压力容器用低合金钢锻件

JB 4728 压力容器用不锈钢锻件

JB/T 4730.2 承压设备无损检测 第2部分:射线检测

JB/T 4730.3　承压设备无损检测　第3部分:超声检测
JB/T 4730.4　承压设备无损检测　第4部分:磁粉检测
JB/T 4730.5　承压设备无损检测　第5部分:渗透检测
JB/T 4734　铝制焊接容器
JB/T 4735　钢制焊接常压容器
JB/T 4746　钢制压力容器用封头
JB/T 4747　压力容器用钢焊条订货技术条件
QC/T 653—2000　运油车、加油车技术条件
HG 20660—2000　压力容器中化学介质毒性危害和爆炸危险程度分类
HG/T 20678—2000　衬里钢壳设计技术规定

## 3　术语和定义

GB/T 3730.1、GB/T 3730.2、JB/T 4734、JB/T 4735 确立的以及下列术语和定义适用于本部分。

3.1

**压力　pressure**

除注明者外,压力均指表压力。

3.2

**计算压力　calculating pressure**

系指在相应设计温度下,用以确定罐体元件厚度的压力,其中包括液柱静压力和动载荷等。当元件所承受的液柱静压力小于5%设计压力时,则可忽略液柱静压力,单位为MPa。

3.3

**罐体　tank body**

系指由筒体、封头、人孔、接管和装卸口等构成的封闭容器。

3.4

**安全附件　safety attachments**

系指安装于罐体上的安全泄放装置(呼吸阀、安全阀、爆破片装置、安全阀与爆破片串联组合装置和排放系统等)、紧急切断装置、液位测量装置、压力测量装置、温度测量装置及导静电装置等能起安全保护作用的附件的总称。

3.5

**排放系统　venting system**

系指用于紧急泄放因罐体内部介质的聚合、分解等反应所引起的超压而设置的保护装置。

3.6

**道路运输液体危险货物罐式车辆　road tanker for dangerous liquid goods**

系指罐体内装运液体危险货物,且与定型汽车底盘或半挂车车架永久性连接的道路运输罐式车辆。

3.7

**液体　liquid**

系指在50℃时蒸气压不大于0.3 MPa(绝压)或在20℃和0.101 3 MPa(绝压)压力下不完全是气态,在0.101 3 MPa(绝压)压力下熔点或起始熔点不大于20℃的货物。

3.8

**液体危险货物　dangerous liquid goods**

系指具有爆炸、易燃、毒害、感染、腐蚀等危险特性,在运输、储存、生产、经营、使用和处置中,容易造成人身伤亡、财产损毁或环境污染而需要特别防护的液体货物。

3.9

**标准钢 reference steel**

系指标准抗拉强度下限值($R_m$)为 370 MPa,断后伸长率($A$)为 27%的碳素钢。

## 4 总论

### 4.1 总则

4.1.1 除应符合本部分的规定外,罐体的设计、制造、试验方法、出厂检验、涂装与标志标识及定期检验项目等安全技术要求还应符合国家有关法令、法规和规章的规定。

4.1.2 设计、制造单位应按国家的有关条例规定取得相应的资质后,方可进行罐体的设计和制造。

4.1.3 配装符合本部分要求的罐体的罐车应符合 GB 20300 的有关规定。

### 4.2 职责

#### 4.2.1 设计单位

4.2.1.1 设计单位应对设计文件的正确性和完整性负责。

4.2.1.2 罐体的设计文件至少应包括下列内容:

a) 设计计算书(包括罐体强度计算、罐体容积计算、支座局部应力计算等);

b) 设计图样(包括总图、罐体图、管路图等);

c) 设计说明书;

d) 使用说明书。

4.2.1.3 设计总图至少应注明下列内容:

a) 产品名称、型号;

b) 底盘型号、发动机功率、满载总质量、整备质量、轴载质量、最大允许充装质量、罐车外廓尺寸、罐体尺寸、罐体设计总容积及分仓容积等主要技术特性参数;

c) 罐体设计压力、设计温度、充装介质、焊接接头系数、腐蚀裕量和单位容积充装质量等主要设计参数;

d) 罐体安全附件的规格和性能要求;

e) 罐体气密性试验要求;

f) 罐车产品铭牌的位置。

4.2.1.4 罐体图至少应注明下列内容:

a) 产品名称;

b) 设计压力、设计温度、充装介质、焊接接头系数、腐蚀裕量和单位容积充装质量等设计参数;

c) 罐体主体材料牌号、规格及要求;

d) 几何尺寸、设计总容积及分仓容积;

e) 封头和筒体设计厚度;

f) 制造要求;

g) 热处理要求;

h) 无损检测要求;

i) 防腐蚀处理要求;

j) 耐压试验要求。

#### 4.2.2 制造单位

4.2.2.1 制造单位应按经规定程序批准的设计图样进行制造,如需要对原设计进行修改,应取得原设计单位同意修改的书面证明文件,并对改动部位作详细记录。

4.2.2.2 制造单位在制造过程中和完工后,应按本部分和设计图样的规定对罐体(车)进行各项具体检验、检测和试验,出具检验、检测和试验报告,并对报告的正确性和完整性负责。

4.2.2.3 制造单位至少应保存下列文件备查，且保存期一般不得少于7年。

a) 制造工艺图或制造工艺卡；

b) 材料证明文件及材料表；

c) 焊接工艺和热处理工艺记录；

d) 安全附件的检验记录；

e) 标准中规定制造厂选择项目的记录；

f) 射线检测底片、报告和其他无损检测报告；

g) 制造过程中及完工后的检验、检测和试验报告；

h) 设计图和竣工图(至少包括总图、罐体图和管路图等)；

i) 产品使用说明书；

j) 产品质量证明书。

## 5 设计

### 5.1 基本要求

#### 5.1.1 一般要求

5.1.1.1 应选用国家主管部门批准的定型底盘，定型底盘应符合相应国家标准、行业标准的规定，且有必要的技术资料和产品合格证等质量证明文件。

5.1.1.2 罐体材料和外购件应符合有关标准的规定，并有供应商提供的合格证明，装配时应选用经检验合格的零部件。

5.1.1.3 罐体设计时，应根据底盘、罐体和附件等参数，计算整车在空载和满载两种工况下的轴载质量，且不大于底盘或半挂车允许的总质量和轴载质量。

5.1.1.4 装运三氯化磷等剧毒类(毒性程度为极度或高度危害，以下略)介质的罐体，其有效容积等还应符合国家有关法规和规章的规定。

5.1.1.5 附录A以外的液体危险货物，其罐体设计可参照本章执行，但需经国家主管部门认可的机构进行技术评审。

#### 5.1.2 防火和防静电要求

装运易燃、易爆类介质的罐车应满足下列基本要求：

a) 应配备不少于2个与载运介质相适应的灭火器或有效的灭火装置；

b) 发动机排气装置应采用防火型或在出气口加装排气火花熄灭器，且排气管出口应安装到车身前部，排气火花熄灭器应符合GB 13365的规定；

c) 非金属衬里的罐体，应有防静电放电措施；

d) 罐体及其附加设备的防静电要求应符合GB 20300的有关规定。

### 5.2 材料

#### 5.2.1 一般要求

5.2.1.1 罐体用材料应当具有良好的耐腐蚀性能、力学性能、焊接性能及其他工艺性能，并能满足罐体的制造、检验及安全使用等基本要求。

5.2.1.2 罐体用材料应符合相应国家标准或行业标准的规定。

5.2.1.3 装运剧毒类介质的罐体用碳素钢或低合金钢钢板时，应在制造前进行复验，复验应至少包括下列内容：

a) 应按批号抽取2张钢板进行夏比(V型缺口)低温冲击试验，试验温度按设计图样的规定选取，且应不大于−20℃，试件取样方向为横向。低温冲击功指标应符合GB 150的规定。奥氏体不锈钢可免做低温冲击试验；

b) 当钢厂未提供经超声检测合格的钢板质量保证书时，制造厂应逐张进行超声检测，合格等级不低于 JB/T 4730.3 中规定的Ⅱ级要求。

5.2.1.4 与介质接触的罐体材料(包括衬里材料)不应与装运介质发生危险化学反应,从而避免降低材料强度或形成危险化合物。

5.2.1.5 罐体用材料应与罐内装运介质相容,其腐蚀速率应不大于 0.5 mm/年,且满足罐车在使用中所遇到的各种工作和环境条件。

5.2.1.6 对于装运附录 A 中介质的罐体,其材料可参考附录 B 选用。

**5.2.2 钢制材料选用规定**

5.2.2.1 GB 150、JB/T 4735 所列的钢材及其适用范围均适用于本部分。

5.2.2.2 碳素钢或低合金钢应具有良好的塑性,常温下的屈服强度应不大于 460 MPa,抗拉强度上限值应不大于 725 MPa,且屈服强度与抗拉强度下限值之比应不大于 0.85,断后伸长率应不小于 20%。

5.2.2.3 当对罐体材料有特殊要求时,应在设计图样或技术文件中注明。

**5.2.3 铝制材料选用规定**

铝及铝合金材料应符合 JB/T 4734 的规定,其断后伸长率应不小于 12%。

**5.2.4 非金属衬里材料**

非金属衬里材料的应不小于罐体金属材料的弹性。

5.2.5 锻件

锻件应符合 JB 4726、JB 4727 及 JB 4728 的规定,装运剧毒类介质的罐体用锻件应不低于Ⅲ级,装运其他类介质罐体用锻件应不低于Ⅱ级。

**5.2.6 管材**

5.2.6.1 罐体用碳素钢、低合金钢钢管应符合 GB/T 8163 的规定,不锈钢钢管应符合 GB/T 14976 的规定。

5.2.6.2 装运剧毒类介质的罐体应选用按相关标准进行涡流或超声检测的钢管。未进行检测的钢管,制造厂应逐根进行水压试验,试验压力应不小于 1.6 MPa。

**5.2.7 焊接材料**

5.2.7.1 焊接材料应符合 JB/T 4747 或 JB/T 4734 的规定,且应有清晰、牢固的标志。

5.2.7.2 制造单位应建立并严格执行焊接材料的验收、复验、保管、烘干、发放和回收制度。

**5.2.8 保温和保温层外壳材料**

5.2.8.1 罐体用保温材料应具有良好的化学稳定性,应对设备和管路无腐蚀作用,火灾时不应大量逸散有毒气体,并能满足工作温度的要求。

5.2.8.2 保温材料的导热系数应符合设计图样的规定。

5.2.8.3 保温层外壳材料应选用金属或玻璃纤维加强的塑料材料。

**5.3 连接要求**

5.3.1 罐体与底盘的连接应牢固、可靠,除符合相应底盘改装手册的要求外,还应符合下列要求:

a) 设计时应避免上装部分的布置对底盘车架造成集中载荷,并尽可能将其转化为均布载荷,以改善受力状况;

b) 当车架需加长时,加长部分用材料应考虑其可焊性;

c) 应避免在车架应力集中的区域内进行钻孔或焊接;

d) 罐体纵向中心平面与底盘纵向中心平面之间的最大偏移量应不大于 6 mm。

5.3.2 半挂车按罐体受力情况及连接方式可分为半承载式和承载式两种,其连接应满足以下要求:

a) 半承载式半挂车,应对半挂车车架进行强度校核。

b) 承载式半挂车,应按 JB/T 4735 或 JB/T 4734 的规定,对罐体进行整体强度和刚度的校核。

5.4 设计方法

5.4.1 一般规定

5.4.1.1 罐体的设计压力应不小于最高工作压力。

5.4.1.2 确定计算压力时,除应考虑罐体所装运介质的工作压力外,还应考虑罐体在正常的运输和装卸时所产生的静态、动态和热负荷等最大综合载荷。

5.4.1.3 罐体对接焊接接头应采用双面焊或相当于双面焊的全焊透结构,封头与筒体的连接应采用全焊透对接结构。

5.4.1.4 装运剧毒类介质的罐体,其人孔、接管、凸缘等与筒体或封头焊接的焊接接头应采用双面焊或相当于双面焊的全焊透结构。

5.4.1.5 罐体的横截面一般宜采用圆形,其设计应符合本章的规定;对于非圆形截面罐体,其设计应符合附录D的规定;罐体横截面形状的选择应遵循以下原则:

a) 装运剧毒类介质或附录A中试验压力不低于0.4 MPa的罐体应采用圆形截面;

b) 装运其他介质,且试验压力低于0.4 MPa的罐体可采用圆形、椭圆形或带有一定曲率的凸多边形截面。

5.4.2 载荷

5.4.2.1 罐体的设计应考虑下列载荷:

a) 内压、外压或最大压差;

b) 装载量达到最大装运质量时的液柱静压力;

c) 运输时的惯性力;

d) 支座与罐体连接部位或支承部位的作用力;

e) 连接管道和其他部件的作用力;

f) 罐体自重及正常工作条件下或试验条件下装运介质的重力载荷;

g) 附件及管道、平台等的重力载荷;

h) 温度梯度或热膨胀量不同引起的作用力;

i) 冲击力,如由流体冲击引起的作用力等。

5.4.2.2 设计时,罐体在运输工况中所承受的静态力按下列原则确定:

a) 纵向:最大充装质量乘以两倍的重力加速度;

b) 横向:最大充装质量乘以重力加速度

c) 垂直向上:最大充装质量乘以重力加速度;

d) 垂直向下:最大充装质量(包括重力作用的总负荷)乘以两倍的重力加速度。

注:上述载荷施加于罐体的形心,且不造成罐内气相空间压力的升高。

5.4.3 设计压力和计算压力

5.4.3.1 罐体的设计压力取下列工况中的较大值:

a) 设计温度时介质的饱和蒸汽压与封罐压力之和;

b) 充装、卸料时的操作压力。

5.4.3.2 罐体的计算压力应取下列a)、b)、c)的最大值或a)、b)、d)的最大值:

a) 设计温度时介质饱和蒸汽压与封罐压力,以及由于5.4.2.2所列载荷产生的等效压力之和,等效压力应不小于0.035 MPa;

b) 附录A中罐体设计代码已规定的试验压力;

c) 当附录A中罐体设计代码第二部分为G时,表示盛装50℃时饱和蒸汽压不超过0.01 MPa的介质,其计算压力应按下列原则确定:

——采用重力卸料的,应取罐体底部装运介质的两倍静态压力或两倍静态水压力的较大值;

——采用压力充装或压力卸料的,应取充装压力或卸料压力较大值的1.3倍。

d) 附录A中罐体设计代码第二部分已给定最小计算压力的数值时，其计算压力应按下列原则确定：

——对装运50℃时饱和蒸汽压超过0.01 MPa，但不大于0.075 MPa的介质，计算压力应取充装或卸料压力较大值的1.3倍，且取其与0.15 MPa的较大值。

——对装运50℃时饱和蒸气压大于0.075 MPa，但小于0.1 MPa的介质，计算压力应取充装或卸料压力较大值的1.3倍，且取其与0.4 MPa的较大值。

**5.4.4 外压校核**

5.4.4.1 当未装真空阀、呼吸阀或排放系统时，罐体外压稳定性校核压力至少应高出罐体内压力0.04 MPa。

5.4.4.2 当装有真空阀，但未安装呼吸阀或排放系统时，罐体外压稳定性校核压力至少应高出罐内压力0.021 MPa。

5.4.4.3 当装有呼吸阀或排放系统时，可免罐体外压稳定性校核。

**5.4.5 设计温度**

罐体的设计温度应按以下要求确定：

a) 罐体结构为裸式或带遮阳罩的，其设计温度为50℃；

b) 罐体结构有保温层的，设计温度应不小于元件金属可能达到的最高温度，对于0℃以下的金属温度，设计温度应不大于元件金属可能达到的最低温度。

c) 罐体设计温度的确定应考虑环境温度的影响。

**5.4.6 许用应力**

5.4.6.1 当罐体承受内压载荷时，钢材的许用应力应按JB/T 4735选取，铝和铝合金材料的许用应力应按JB/T 4734选取。

5.4.6.2 当罐体承受5.4.2.2所列载荷时，车架与罐体的连接处以及罐体的应力应不大于JB/T 4735或JB/T 4734中规定的相应材料的许用应力值。

**5.4.7 腐蚀裕量**

5.4.7.1 材料的腐蚀裕量应由设计单位确定或由用户提供，且满足下列要求：

a) 有腐蚀或磨损的零件，应根据预期的罐体设计寿命和介质对材料的腐蚀速率确定；

b) 罐体各组件的腐蚀程度不同时，可采用不同的腐蚀裕量；

c) 碳素钢或低合金钢制罐体，其腐蚀裕量一般应不小于1 mm。

5.4.7.2 有下列情形之一者，可不考虑材料的腐蚀裕量：

a) 介质对材料无腐蚀作用；

b) 有耐腐蚀衬里或涂层。

**5.4.8 介质**

5.4.8.1 危险货物分类应符合GB 6944的规定；

5.4.8.2 介质的品名及编号应符合GB 12268的规定；

5.4.8.3 介质的毒性危害和爆炸危险程度的划分应符合HG 20660的规定。

5.4.8.4 常见介质见附录A。

**5.4.9 罐体允许最大充装量**

5.4.9.1 罐体允许最大充装量应按式(1)计算：

$$W = \Phi_v V \quad \cdots\cdots (1)$$

式中：

$W$——罐体允许最大充装量，单位为吨(t)；

$\Phi_v$——单位容积充装量，单位为吨每立方米(t/m³)，按下列原则确定：

a) 轻质燃油类介质按QC/T 653确定；

b) 其他类介质应按罐体设计温度下，其罐内至少留有5%，且不大于10%的气相空间及该温度下的介质密度来确定。

$V$——罐体设计容积，单位为立方米($m^3$)。

5.4.9.2 罐体允许最大充装质量应不大于罐车的额定载质量。

**5.4.10 罐体计算厚度**

罐体计算厚度按式(2)计算：

$$\delta = p_c D_i / (2[\sigma]^t \varphi) \qquad \cdots\cdots(2)$$

式中：

$\delta$——罐体计算厚度，单位为毫米(mm)；

$p_c$——计算压力，单位为兆帕(MPa)；

$D_i$——罐体内直径，单位为毫米(mm)；

$[\sigma]^t$——设计温度下，罐体材料许用应力，单位为兆帕(MPa)；

$\varphi$——焊接接头系数。

**5.4.11 罐体焊接接头系数**

5.4.11.1 钢材的焊接接头系数应按JB/T 4735选取，铝和铝合金材料的焊接接头系数应按JB/T 4734选取。

5.4.11.2 装运剧毒类介质的罐体，钢材的焊接接头系数取1.0，铝和铝合金材料的焊接接头系数取0.95。

**5.4.12 支座及其局部应力校核**

5.4.12.1 罐体与底盘的连接结构和固定装置应牢固可靠，罐体与底盘的支座连接的结构形式可采用V形支座或鞍式支座等。

5.4.12.2 罐体上的支座、底座圈及其他型式的支撑件应有足够的刚度和强度，且能承受不小于纵向2 $mg$、垂直向下2 $mg$、横向1 $mg$、垂直向上1 $mg$惯性力的作用(其中$m$为罐体、附件与装运介质的质量之和)。

5.4.12.3 罐体与支座连接的部位应进行局部应力校核，其许用应力按5.4.6.2的规定。

**5.4.13 罐体最小厚度**

5.4.13.1 在任何情况下，罐体最小厚度应不小于5.4.13.2～5.4.13.3规定，其不包含材料厚度负偏差、腐蚀裕量以及加工制造过程中的工艺减薄量。

5.4.13.2 最小厚度应符合下列要求：

a) 对采用标准钢材料的罐体：当直径不大于1 800 mm时，其最小厚度应不小于5 mm；当直径大于1 800 mm时，其最小厚度应不小于6 mm；

b) 对采用其他钢材的罐体，其最小厚度可由式(3)求出；

c) 对采用铝或铝合金材料的罐体，其最小厚度可按式(4)求出。

$$\delta_1 = \frac{464\delta_0}{\sqrt[3]{(R_{m1}A_1)^2}} \qquad \cdots\cdots(3)$$

$$\delta_1 = \frac{21.4\delta_0}{\sqrt[3]{(R_{m1}A_1)}} \qquad \cdots\cdots(4)$$

式中：

$\delta_1$——所用材料的罐体最小厚度，单位为毫米(mm)；

$\delta_0$——a)或5.4.13.3中a)所列的标准钢的罐体最小厚度，单位为毫米(mm)；

$R_{m1}$——所用材料的标准抗拉强度下限值，单位为兆帕(MPa)；

$A_1$——所用材料的断后伸长率，%。

5.4.13.3 在横向冲击或翻倒情况下，当装有防止罐体破坏的保护装置时，在符合5.4.13.4规定的条件下，最小厚度可适当减小，且按下列规定选取：

a） 对采用标准钢的罐体：当直径不大于 1 800 mm 时，其最小厚度应不小于 3 mm；当直径大于 1800 mm 时，其最小厚度应不小于 4 mm；

b） 对其他金属材料制作的罐体，其最小厚度分别按式(3)或式(4)求出，且不小于表 1 的规定。

**表 1 罐体最小厚度**

单位为毫米

| 罐体的直径 | ≤1 800 | >1 800 |
|---|---|---|
| 奥氏体不锈钢 | ≥2.5 | ≥3 |
| 其他钢材 | ≥3 | ≥4 |
| 铝合金 | ≥4 | ≥5 |
| 99.60%纯铝 | ≥6 | ≥8 |

5.4.13.4 防止罐体破坏的保护装置的安装应符合下列规定：

a） 罐体内装有加强部件，加强部件由隔仓板、防波板、外部或内部加强圈等组成，加强部件的垂直截面，连同罐体的有效加强段，其组合截面模量至少为 $10^4$ $mm^3$，外部加强件的棱角半径不应低于 2.5 mm；

b） 加强部件的布置至少应满足下列条件之一：

——相邻二个加强部件之间的距离不超过 1 750 mm；

——相邻二个隔仓板或防波板之间的罐体几何容积不大于 7.5 $m^3$，隔仓板或防波板的厚度不小于罐体壁厚；防波板的有效面积应至少为罐体横截面积的 70%。

c） 对固体保温层(如聚胺脂)厚度至少为 50 mm 的双壁罐，当保温层外壳采用低碳钢时，厚度应不小于 0.5 mm，采用玻璃纤维加强的塑料材料时，厚度应不小于 2 mm。

5.4.13.5 封头、隔仓板的形状应为碟形，其深度应不小于 100 mm，也可采用波状或其他具有相同强度的结构。

5.4.13.6 封头、隔仓板不应采用无折边结构，其最小厚度不小于罐体最小厚度。

**5.4.14 罐体设计厚度**

罐体设计厚度应取下列情况的较大值：

a） 罐体计算厚度与腐蚀裕量之和；

b） 罐体最小厚度与腐蚀裕量之和。

**5.4.15 防波板设置**

5.4.15.1 罐体均应设置防波板。

5.4.15.2 除用于罐体加强件的防波板应满足 5.4.13.4 b)中的要求外，其余防波板有效面积应大于罐体横截面积的 40%，且上部弓形面积小于罐体横截面积的 20%，相邻防波板之间的罐体几何容积应不大于 7.5 $m^3$。

5.4.15.3 防波板设置应考虑操作或检修人员方便进出。

**5.4.16 人孔设置**

5.4.16.1 罐体至少应设置一个人孔，一般可设在罐体顶部。

5.4.16.2 人孔宜采用公称直径不小于 450 mm 的圆孔或 500 mm×350 mm 的椭圆孔。

5.4.16.3 对多仓罐体，人孔设置还应考虑检修人员方便地进出各仓。

**5.4.17 耐压试验和气密性试验**

5.4.17.1 罐体耐压试验一般采用液压试验。对因结构或介质等原因，以及运行条件不允许残留试验液体的罐体，可按设计图样要求采用气压试验。

5.4.17.2 罐体耐压试验压力按如下规定：

a） 罐体的液压试验压力应按附录 A 中表 A.1 的规定选取；

b) 当表 A.1 中试验压力为 $G$ 时，耐压试验压力按罐体的计算压力选取；

c) 罐体气压试验压力为罐体设计压力的 1.15 倍，且不应低于 0.042 MPa。

5.4.17.3 罐体应进行气密性试验，试验压力为罐体的设计压力，且不低于 0.036 MPa。

**5.4.18 其他要求**

5.4.18.1 罐体上部的部件应设置保护装置，以防止因碰撞、翻车造成损坏，可设置为加强环或保护顶盖、横向或纵向构件等。

5.4.18.2 衬里罐体的设计，除符合本部分外，还应符合 HG/T 20678 的规定。

5.4.18.3 保温层的设置不应妨碍装卸系统及安全阀等附件的正常工作及维修。

**5.5 安全附件和承压元件**

**5.5.1 一般要求**

5.5.1.1 罐体安全附件至少包括安全泄放装置、紧急切断装置、导静电装置、液位计、温度计和压力表等，并应有产品合格证书和产品质量证明书。

5.5.1.2 液位计、温度计和压力表应按介质特性要求设置。

5.5.1.3 罐体承压元件至少包括装卸阀门、快装接头、装卸软管和胶管等，且应有产品合格证书和产品质量证明书。

5.5.1.4 安全附件和承压元件应符合相应国家标准或行业标准的规定。

**5.5.2 安全泄放装置**

5.5.2.1 安全泄放装置应设置在罐体顶部。安全泄放装置至少包括排放系统、安全阀、爆破片装置、安全阀与爆破片串联组合装置等。

5.5.2.2 除设计图样有特殊要求的，一般不应单独使用爆破片。

5.5.2.3 安全泄放装置的材料应与装运介质相容。

5.5.2.4 安全泄放装置在设计上应能防止任何异物的进入，且能承受罐体内的压力、可能出现的危险超压及包括液体流动力在内的动态载荷。

5.5.2.5 安全泄放装置的排放能力应符合下列规定：

a) 安全泄放装置的排放能力应保证在发生火灾和罐内压力出现异常等情况时，能迅速排放；

b) 当罐体完全处于火灾环境中时，各个安全泄放装置的组合排放能力应足以将罐体内的压力(包括积累的压力)限制在不大于罐体的试验压力；

c) 多个安全泄放装置的排放能力可认为是各个安全泄放装置排放能力之和。

5.5.2.6 安全泄放装置排放能力的设计计算，可参考附录 C。

5.5.2.7 安全泄放装置应有清晰、永久的标记，标记内容应至少包括下列内容：

a) 该装置设定的开启压力；

b) 安全阀开启压力的允许误差；

c) 根据爆破片的标定爆破压力确定的标准温度；

d) 该装置额定的排气能力；

e) 制造单位的名称和相关的产品目录编号；

f) 安全泄放装置需标注的其他内容。

5.5.2.8 当按照附录 A 中的罐体设计代码要求需设置安全阀时，安全阀的开启压力、额定排放压力和回座压力应符合下列要求：

a) 开启压力应不小于罐体设计压力的 1.05 倍～1.1 倍；

b) 当装运介质 50℃ 时饱和蒸汽压大于 0.01 MPa，且不超过 0.075 MPa 时，开启压力不小于 0.15 MPa；

c) 当装运介质 50℃ 时饱和蒸汽压大于 0.075 MPa，但不超过 0.1 MPa 时，开启压力不小于 0.3 MPa；

d） 额定排放压力不大于设计压力的1.20倍，且不大于罐体的试验压力；

e） 回座压力不小于开启压力的0.90倍。

5.5.2.9 当装运介质50℃时饱和蒸汽压不大于0.01 MPa时，应设置排放系统。排放系统应配有能防止由于罐体翻倒而引起液体泄漏的保护装置。

5.5.2.10 装运易燃、易爆介质的罐体应设置呼吸阀和紧急泄放装置。紧急泄放装置的开启压力应不小于罐体设计压力的1.05倍～1.1倍，且不小于0.02 MPa。呼吸阀的设置和功能应符合下列要求：

a） 罐体的每一分仓应至少设置一个排放系统及一个呼吸阀，分仓容积大于12 $m^3$ 时，应至少设置2个呼吸阀；

b） 呼吸阀的最小通气直径应不小于19 $mm^2$；

c） 呼吸阀的出气阀应在罐内压力高于外界压力6 kPa～8 kPa时开启，进气阀应在罐内压力低于外界压力2 kPa～3 kPa时开启；

d） 罐车发生翻倒事故时，呼吸阀不应泄漏介质；

e） 易燃、易爆介质用呼吸阀应具有阻火功能。

5.5.2.11 当罐体设置安全阀与爆破片串联组合装置时，应符合下列规定：

a） 安全阀与爆破片串联组合装置应与罐体气相相通，且设置在罐体上方。气体在超压排放时应直接通向大气，排放口方向朝上，以防排放的气体冲击罐体和操作人员；

b） 组合装置的排放能力应不小于罐体的安全泄放量；

c） 爆破片的爆破压力应高于安全阀开启压力，且不应超过安全阀开启压力的10%；

d） 爆破片应与安全阀串联组合，在非泄放状态下与介质接触的应是爆破片；

e） 组合装置中爆破片面积应大于安全阀喉径截面积；

f） 爆破片不应使用脆性材料制作，破裂后不得产生碎片和脱落，用于装运易燃、易爆介质的爆破片在破裂时不应产生火花；

g） 安全阀与爆破片之间的腔体应设置排气阀、压力表或其他合适的指示器等，用以检查爆破片是否渗漏或破裂，并及时排放腔体内蓄积的压力，避免背压影响爆破片的爆破动作压力。

**5.5.3 紧急切断装置**

5.5.3.1 紧急切断装置一般应由紧急切断阀、远程控制系统、以及易熔塞自动切断装置组成，紧急切断装置应动作灵活、性能可靠、便于检修。

5.5.3.2 紧急切断阀的设置应尽可能靠近罐体的根部，不应兼作它用，在非装卸时紧急切断阀应处于闭合状态。

5.5.3.3 紧急切断阀应能防止任何因冲击或意外动作所致的无意识的打开。为防止在外部配件（管道，外侧切断装置）损坏的情况下罐内液体泄漏，内部截止阀应设计成剪式结构。

5.5.3.4 远程控制系统的关闭操作装置应装在人员易于到达的位置。

5.5.3.5 当环境温度达到规定值时，易熔塞自动切断装置应能自动关闭紧急切断阀。

5.5.3.6 紧急切断装置的设置还应符合下列规定：

a） 易熔塞的易熔合金熔融温度应为75℃±5℃；

b） 油压式或气压式紧急切断阀应保证在工作压力下全开，并持续放置48 h不致引起自然闭止；

c） 紧急切断阀自始闭起，应在10 s内闭止；

d） 紧急切断阀制成后应经耐压试验和气密性试验合格；

e） 受介质直接作用的紧急切断装置部件应进行耐压试验和气密性试验，其耐压试验压力应不低于罐体的耐压试验压力，保压时间应不少于10 min；气密性试验压力取罐体的设计压力。

5.5.4 装卸软管

5.5.4.1 软管与介质接触部分应与介质相容。

5.5.4.2 软管与快装接头的连接应牢固、可靠。

5.5.4.3 软管在承受4倍罐体设计压力时不应破裂。

5.5.4.4 软管不应有变形、老化及堵塞等问题。

5.5.4.5 软管在1.5倍装卸系统最高工作压力下,保压5 min不应泄漏。

5.5.5 阀门的特殊要求

5.5.5.1 装运易燃、易爆介质的罐体,应采用不产生火花的铜、铝合金或不锈钢材质阀门。

5.5.5.2 装运剧毒类介质和强腐蚀介质的罐体,应采用公称压力不低于1.6 MPa的钢质阀门或其他专用阀门。

5.6 管路设计

5.6.1 管路设计时,应考虑人员方便进出罐体。

5.6.2 管路的设计应避免热胀冷缩、机械振动等引起的损坏,必要时应考虑设置温度补偿结构和紧固装置。

5.6.3 管路和阀门用材料应与装运的介质相容,阀体不得采用铸铁或非金属材料。

5.6.4 管路布置时,应尽量减少弯道,缩短总长度,且应符合下列规定:

a) 管路联接不得采用螺纹联接;

b) 管路与汽车传动轴、回转部分、可动部分之间的间隙应不小于25 mm;

c) 所有管路和管路配件在承受4倍罐体设计压力时不应破裂。

5.7 泵送系统

5.7.1 泵送系统应符合下列规定:

a) 平均无故障工作时间($T_b$)不低于60 h;

b) 平均连续工作时间($T_c$)不低于4 h;

c) 可靠性应不小于92%。

5.7.2 泵送系统压力管路应能承受1.5倍泵出口的额定工作压力,保压5 min不应渗漏。

5.7.3 泵送系统应形成导静电通路,且不应有开路的孤立导体,车辆与装卸系统和储罐间也应形成导静电通路。

5.7.4 管路最低处应设置残液的放液口。

5.7.5 仪表和操作装置应设在便于观察和操作处。

5.8 装卸口设置及要求

5.8.1 当罐体设计代码第三部分为A时,罐体底部装卸口设置应符合下列要求:

a) 应设置二道相互独立,且串联的关闭装置;

b) 第一道为外部卸料阀;

c) 第二道为卸料口处设置的盲法兰或类似的装置,且应有能防止意外打开的功能。

5.8.2 当罐体设计代码第三部分为B时,罐体底部装卸口设置应符合下列要求:

a) 应设置三道相互独立,且串联的关闭装置;

b) 第一道阀门应为紧急切断装置,且应符合5.5.3.2的规定;

c) 第二道为外部卸料阀;

d) 第三道为在卸料口处设置的盲法兰或类似的装置,且应有能防止意外打开的功能。

5.8.3 罐体设计代码第三部分为C时,除罐体底部允许有清洁孔外,该孔用盲法兰盖密封。其余开孔应不低于罐内最高液位。

5.8.4 罐体设计代码第三部分为D时,罐体上所有开孔均应不低于罐内最高液位。

5.8.5 装卸口应根据介质特性确定。装运剧毒类介质和强腐蚀介质的罐体,其装卸口应设在罐体的顶部。

5.8.6 装卸口应设置阀门箱或防碰撞护栏等保护装置,且应设置有密封盖或密封式集漏器。

5.9 扶梯、罐顶操作平台及护栏

5.9.1 扶梯应便于攀登，连接牢固，可设在罐体两侧或后部。扶梯宽度应不小于 350 mm，步距应不大于 350 mm，且每级梯板能承受 1 960 N 的载荷。

5.9.2 罐体顶部可设操作平台，平台应具有防滑功能，且在 600 mm×300 mm 的面积上能承受 3 kN 的均布载荷。当罐体顶部距地面高度大于 2 m 时，平台周围应设置固定或可折叠的护栏。

## 6 制造

### 6.1 总则

6.1.1 罐体的制造、检验与验收除符合本章规定外，还应符合设计图样的规定。

6.1.2 罐体的焊接人员应持有相应类别的"特种设备作业(焊接)人员证"，无损检测人员应由持有相应方法的"特种设备无损检测人员证"。

### 6.2 冷热加工成形

6.2.1 应根据制造工艺确定加工裕量，罐体成形后的厚度应不小于罐体的设计厚度。

6.2.2 坡口表面质量应满足下列要求：

a) 坡口表面不得有裂纹、分层、夹杂等缺陷；

b) 施焊前，应清除坡口两侧表面 20 mm 范围内(以离坡口边缘的距离计)的氧化物、油污、熔渣及其他有害杂质。

6.2.3 圆形截面的碟形、椭圆形封头的制造应符合 JB/T 4746 的规定；

6.2.4 封头拼接焊缝应按图 1 布置，其焊缝距封头中心线应小于封头内径 $D_i$ 的 1/4，中间板的宽度应不小于 200 mm，拼板的总块数应不多于 3 块。

6.2.5 先拼板后成形的封头，在成形前应将妨碍成形的拼接焊缝打磨至与母材齐平；

6.2.6 封头拼板对口错边量与成形后的形状误差应符合 JB/T 4746 的相应规定。

6.2.7 罐体对接焊接接头的对口错边量 $b$(见图 2)应符合表 2 的规定。

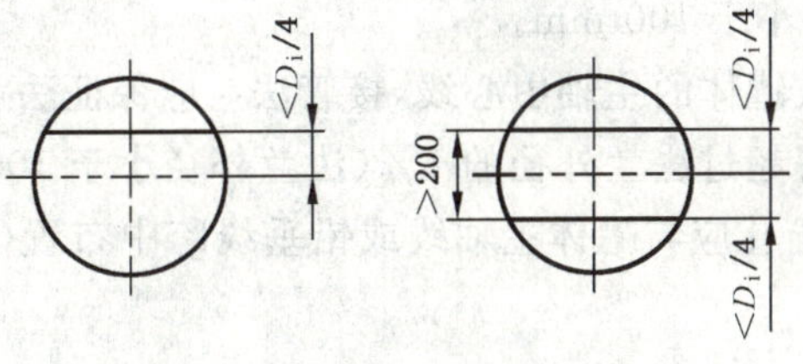


**图 1 封头拼接焊缝布置图**

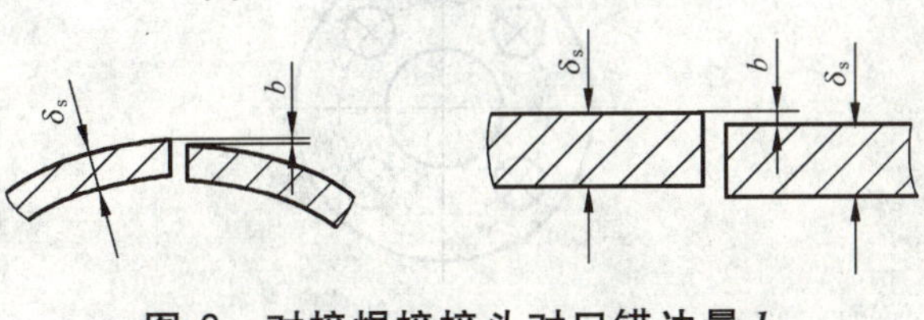


**图 2 对接焊接接头对口错边量 $b$**

**表 2 对接焊接接头对口错边量**

单位为毫米

| 对口处钢材厚度 $\delta_s$ | 对口错边量 $b$ | |
|---|---|---|
| | 纵向焊接接头 | 环向焊接接头 |
| ≤12 | $\leq\delta_s/4$ | $\leq\delta_s/4$ |
| 注：嵌入式接管与圆筒或封头对接连接焊接接头，按环向焊接接头的对口错边量要求。 | | |

6.2.8 在焊接接头环向形成的棱角 $E$，用弦长等于 1/6 内径 $D_i$，且不小于 300 mm 的内样板或外样板检查(见图 3)，当罐体厚度大于 6 mm 时，其 $E$ 值不得大于$(\delta_s/10+2)$ mm，且不大于 5 mm；当罐体厚度

不大于 6 mm 时，其 $E$ 值不得大于 5 mm。在焊接接头轴向形成的棱角 $E$(见图 4)，用长度不小于 300 mm的直尺检查，当罐体厚度大于 6 mm 时，其 $E$ 值不得大于($\delta_s/10+2$) mm，且不大于 5 mm；当罐体厚度不大于 6 mm 时，其 $E$ 值不大于 5 mm。

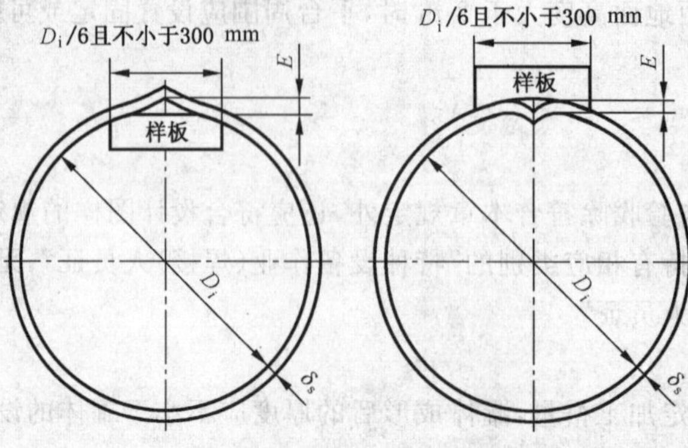


图 3　内样板或外样板检查棱角

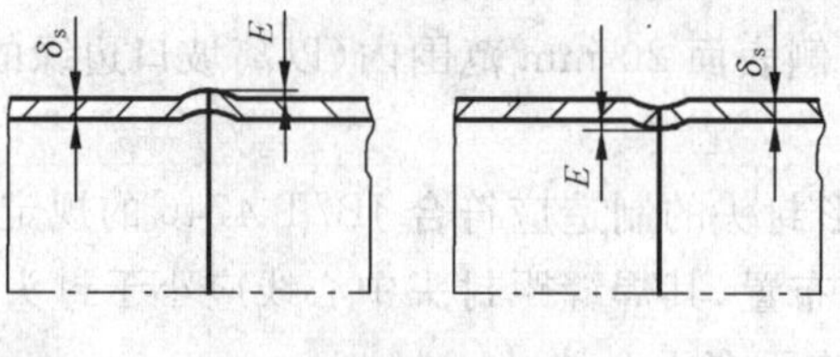


图 4　直尺检查棱角

6.2.9　罐体表面的直线度，在 1 m 范围内应不大于 5 mm，全长范围内应不大于 12 mm。

6.2.10　筒节长度应不小于 300 mm，同一筒节上两纵向焊缝之间的距离应不小于 200 mm。组装时，相邻筒节纵向焊缝中心线间外圆弧长以及封头拼接焊缝中心线与相邻筒节纵向焊缝中心线间外圆弧长应大于钢材厚度 $\delta_s$ 的 3 倍，且不小于 100 mm。

6.2.11　法兰面应垂直于接管或罐体的主轴中心线，接管法兰应保证法兰面的水平或垂直(有特殊要求的应按图样规定)，其偏差均不得超过法兰外径的 1%(法兰外径小于 100 mm 时按 100 mm 计算)且不大于 3 mm；法兰(含凸缘)的螺栓孔应与罐体主轴线或铅垂线跨中布置(见图 5)，特殊要求应在图样上注明。

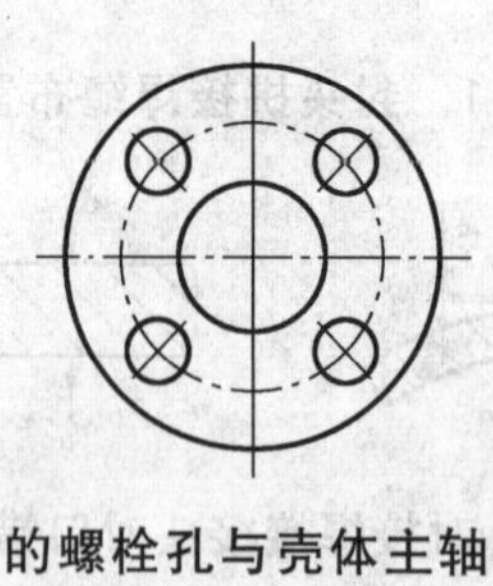

图 5　法兰(含凸缘)的螺栓孔与壳体主轴线或铅垂线跨中布置

6.2.12　罐体内件和罐体焊接的焊缝应尽量避开筒节间对接焊缝及圆筒与封头的对接焊缝。

6.2.13　罐体上凡被补强圈、支承垫板等覆盖的焊缝，均应打磨至与母材齐平。

6.2.14　罐体组装后，应按下列要求检查罐体的圆度：

a)　同一断面上最大与最小内径之差 $e$，应不大于该断面内径 $D_i$ 的 1%且不大于 25 mm(见图 6)；

b)　当被检断面位于开孔中心一倍开孔内径范围时，则该断面最大与最小内径之差 $e$，应不大于该断面内径 $D_i$ 的 1%与开孔内径 2%之和，且不大于 25 mm。

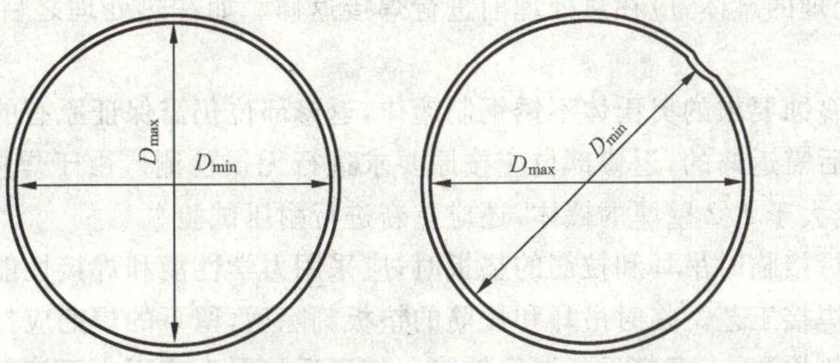


**图 6　筒体同一断面上最大内径与最小内径之差 $e$**

## 6.3　焊接

6.3.1　罐体施焊前，应按 JB 4708 或 JB/T 4734 的规定进行焊接工艺评定。

6.3.2　施焊环境出现下列任一情况且无有效防护措施时，不应施焊：

a)　对于手工焊，风速大于 10 m/s；

b)　对于气体保护焊，钢制罐体风速大于 2 m/s，铝及铝合金制罐体风速大于 1.5 m/s；

c)　相对湿度：钢制罐体大于 90%，铝及铝合金制罐体大于 80%；

d)　铝及铝合金焊件温度低于 5℃；

e)　雨、雪环境。

6.3.3　当钢制焊件温度低于 0℃、铝及铝合金焊件温度低于 5℃时，应在始焊处 100 mm 范围内预热到 15℃左右。

6.3.4　罐体对接焊接接头的余高 $e_1$、$e_2$ 应符合表 3 及图 7 的规定。

**表 3　对接焊接接头焊缝余高**　　　　单位为毫米

| 钢、铝及铝合金材料 | | | |
|---|---|---|---|
| 单面坡口 | | 双面坡口 | |
| $e_1$ | $e_2$ | $e_1$ | $e_2$ |
| 0～15%$\delta_s$ 且≤4 | ≤1.5 | 0～15%$\delta_1$ 且≤3 | 0～15%$\delta_2$ 且≤3 |
| 注：表中百分数计算值小于 1.5 时按 1.5 计。 | | | |

a)　单面坡口　　　　b)　双面坡口

**图 7　对接焊接接头的余高 $e_1$、$e_2$**

6.3.5　角焊接接头的焊脚，在图样无规定时，取焊件中较薄者之厚度。补强圈的焊脚应不小于补强圈厚度的 70%，且不大于补强圈的名义厚度。角焊接接头与母材应呈平滑过渡。

6.3.6　焊接接头表面不得有裂纹、气孔、弧坑、夹渣和飞溅物等缺陷，装运剧毒类介质及高合金钢制罐体的焊接接头不得有咬边缺陷，其余罐体焊接接头咬边的连续长度不得大于 100 mm，焊接接头两侧咬边的总长不得超过该条焊接接头总长的 10%；咬边深度不得大于 0.5 mm。

6.3.7　焊接接头表面缺陷或机械损伤经打磨后，其厚度应不小于母材的厚度。

6.3.8　需返修的焊接接头，其返修工艺应符合 6.3.1 条的规定。焊缝同一部位的返修次数不宜超过两次。如超过两次，返修次数、部位和返修情况应在罐体质量证明书中说明。

6.3.9 需焊后热处理的罐体，应在热处理前进行焊接返修。如在热处理之后进行焊接返修，则返修后应重新进行热处理。

6.3.10 有抗晶间腐蚀要求的奥氏体不锈钢制罐体，返修部位仍需保证原有的抗晶间腐蚀性能。

6.3.11 耐压试验后需返修的，返修部位应按原要求进行无损检测。由于焊接接头或接管泄漏而进行返修的，或返修深度大于 1/2 壁厚的罐体，还应重新进行耐压试验。

6.3.12 在罐体上焊接临时吊耳和拉筋的垫板时，应采用力学性能和焊接性能与罐体相近的材料，并采用相适应的焊材及焊接工艺。临时吊耳和拉筋的垫板割除后，留下的焊疤应打磨光滑，并应按图样规定进行渗透检测或磁粉检测，表面应无裂纹等缺陷。打磨后的厚度应不小于该部位的设计厚度。

6.3.13 罐体上开孔位置宜避开焊接接头。

6.3.14 施焊后，应在焊接接头的规定部位打上焊工钢印，或以焊缝图等方式注明焊接操作者。有特殊要求者，应按设计图样的规定执行。

6.3.15 筒体纵向焊缝不应在罐体横截面中心与最低点连接半径的左右两侧各 20°范围内。

6.3.16 罐体不应强力组装。

### 6.4 热处理

6.4.1 冷成形封头应在成形后进行热处理(除图样另有规定，采用奥氏体不锈钢材料制的封头除外)，当制造单位能确保冷成形后的材料性能符合设计、使用要求时，可不受此限制。

6.4.2 有应力腐蚀的罐体，焊后应进行整体消除应力热处理，且焊后热处理应在耐压试验前进行。

### 6.5 无损检测

6.5.1 罐体焊接接头形状尺寸和外观质量，经检查合格后方可进行无损检测。

6.5.2 罐体对接焊接接头射线检测应按下列要求：

a) 进行局部射线检测的焊接接头，其检测长度不少于每条焊接接头长度的 10%，且应包括所有对接焊接接头的交叉部位；

b) 对于装运剧毒类介质或需气压试验的罐体的焊接接头，应进行 100%射线检测。

6.5.3 除装运剧毒类介质罐体的人孔、接管、凸缘等处的焊接接头，应按 JB/T 4730.4 或 JB/T 4730.5 的规定进行磁粉或渗透检测外，装运其余介质罐体的的人孔、接管、凸缘等处的焊接接头，则应按设计图样的规定进行磁粉或渗透检测。

6.5.4 射线检测发现超标缺陷时，应在该缺陷两端的延伸部位增加检查长度，增加的长度不应小于该焊接接头长度的 10%。若仍有超标缺陷，则对该焊接接头做 100%的射线检测。

6.5.5 磁粉与渗透检测发现超标缺陷时，应进行修磨及必要的补焊，并对该部位采用原检测方法重新进行检测，直至合格。

6.5.6 焊接接头的射线、磁粉和渗透检测应符合 JB/T 4730.2、JB/T 4730.4 和 JB/T 4730.5 的规定，其合格级别应满足下列要求：

a) 进行 100%射线检测的，透照质量应不低于 AB 级，合格级别应不低于 JB/T 4730.2 规定的Ⅱ级；

b) 进行局部射线检测的，透照质量应不低于 AB 级，合格级别应不低于 JB/T 4730.2 规定的Ⅲ级；

c) 进行磁粉、渗透检测的，其合格级别应为 JB/T 4730.4、JB/T 4730.5 规定的Ⅰ级。

## 7 试验方法

### 7.1 一般要求

7.1.1 罐体制造完成后，应按设计图样的要求进行盛水试验、耐压试验或气密性试验。

7.1.2 对罐体的开孔补强圈，在耐压试验前，应通入 0.1 MPa 的压缩空气检查焊接接头质量。

7.1.3 试验液体一般用水。必要时，也可采用不会导致发生危险的其他液体。对奥氏体不锈钢罐体，用水进行试验后应将水渍消除干净，当无法达到这一要求时，试验用水的氯离子含量不大于25 mg/L。

7.2 盛水试验

7.2.1 试验前，应将焊接接头的外表面清理干净，并使之干燥。

7.2.2 罐体盛满水后，应检查焊接接头有无渗漏，观察的时间不得少于1 h。

7.2.3 盛水试验完毕后，应将罐内水排净，并使之干燥。

7.3 耐压试验

7.3.1 需热处理的罐体，耐压试验应在热处理后进行。

7.3.2 对有保温层的罐体，应在保温层安装前进行耐压试验。

7.3.3 耐压试验时，应采用两个量程相同的并经过校验的压力表。压力表的量程以试验压力的2倍为宜，但应不小于试验压力的1.5倍，且不大于试验压力的4倍。

7.3.4 液压试验

7.3.4.1 碳素钢、低合金钢制的罐体进行液压试验时，液体温度应不低于5℃；其他材料制罐体的液压试验液体温度应符合设计图样的规定。

7.3.4.2 罐体充液时，应将罐内气体排尽，并应保持罐体外表面干燥。试验时压力应缓慢上升，达到试验压力后，保压时间不少于30 min，然后降至设计压力，再保压足够的时间进行检查。检查期间的压力应保持不变，不应采用加压的方式维持压力不变，也不应带压紧固螺栓或向受压元件施加外力。

7.3.4.3 液压试验的整个过程，应以无渗漏、无可见的变形、无异常的响声为合格。

7.3.4.4 液压试验合格后，应排尽罐内液体并使之干燥，应保证罐内无积液和杂物。

7.3.4.5 液压试验时，可进行罐体内容积的测定。

7.3.5 气压试验

7.3.5.1 试验所用的气体应为干燥洁净的空气、氮气或其他惰性气体。

7.3.5.2 气压试验时，应有安全措施，该安全措施需经试验单位技术总负责人批准，且试验单位安全部门应进行现场监督。

7.3.5.3 碳素钢和低合金钢制罐体进行气压试验时，气体温度应不低于15℃；其他材料制罐体的气压试验温度应符合设计图样的规定。

7.3.5.4 气压试验时，压力应缓慢上升，逐级增压至规定的试验压力，并保压30 min，然后降至设计压力，再保压足够的时间进行检查。检查期间压力保持不变，不得采用加压的方式维持压力不变，也不得带压紧固螺栓或向受压元件施加外力。

7.3.5.5 气压试验的整个过程，经肥皂液或其他检漏液检查，应以无漏气、无可见的变形、无异常响声为合格。

7.4 气密性试验

7.4.1 罐体经耐压试验合格后，方可进行气密性试验，试验所用的气体应为干燥洁净的空气、氮气或其他惰性气体。

7.4.2 气密性试验应在所有安全附件安装完毕后进行。

7.4.3 对于碳素钢和低合金钢制罐体，试验所用的气体温度应不低于5℃。

7.4.4 气密性试验时，压力应缓慢上升，达到设计压力后，保压10 min，对所有的焊接接头和连接部位进行检查，以无泄漏为合格。

7.5 安全附件试验

7.5.1 对装卸软管应进行气压试验，试验压力为装卸系统最高工作压力的2倍，保压5 min不得泄漏。

7.5.2 其他安全附件应按本部分第5章和相应标准的要求进行安全附件性能试验。

7.6 其他检查

7.6.1 应进行罐体外观质量检查和外廓尺寸测量。

7.6.2 应进行罐体接地电阻测量。

## 8 出厂检验

罐体应逐台检验合格后方可出厂,出厂至少应检验项目按表4的规定。

表4 出厂检验项目

| 序号 | 检验项目 | 技术要求 | 试验方法 |
|---|---|---|---|
| 1 | 外观质量检测 | 9.1 | 7.6.1 |
| 2 | 外形尺寸检测 | 设计图样 | 7.6.1 |
| 3 | 接地电阻检测 | 5.1.2 | 7.6.2 |
| 4 | 耐压试验 | 5.4.17 | 7.3 |
| 5 | 气密性试验 | 5.4.17 | 7.4 |
| 6 | 软管气压试验 | 5.5.4 | 7.5.1 |
| 7 | 安全附件性能试验 | 5.5 | 7.5.2 |
| 8 | 泵送系统功能试验 | 5.7 | 7.5.2 |

## 9 涂装与标志标识

### 9.1 涂装

罐体的涂装及外观质量除符合 JB/T 4711 的规定外,还应满足如下要求:

a) 所有外露碳钢或低合金钢表面均应进行除锈处理。

b) 碳钢或低合金钢罐体的涂漆颜色应为浅色或不与环形橙色反光带混淆的其他颜色。铝及铝合金或不锈钢制罐体的涂漆要求按设计图样的规定。

c) 所涂油漆应色泽鲜明、分界整齐,无皱皮、脱漆、污痕等。

### 9.2 标志

罐体(车)的标志除应符合 GB 13392 的规定外,还应满足如下要求:

a) 罐体应有一条沿通过罐体中心线的水平面与罐体外表面的交线对称均匀粘贴的环形橙色反光带,反光带宽度不小于150 mm;

b) 罐车应标志识别代码(VIN);

c) 罐体(车)标志的其余要求应符合 GB 20300 的规定。

### 9.3 标识

9.3.1 罐体两侧后部色带的上方喷涂装运介质的名称,字高不小于200 mm,字体为仿宋体,字体颜色按如下要求:

a) 易燃、易爆类介质:红色;

b) 有毒、剧毒类介质:黄色;

c) 腐蚀、强腐蚀介质:黑色;

d) 其余介质:蓝色。

9.3.2 罐车产品铭牌应安装在罐体两侧的易见部位。

## 10 贮存

10.1 如长期存放时,罐体(车)应停放在防潮、通风和具有消防设施的专用场地。

10.2 罐体(车)应按照产品使用说明书进行维护与保养。

## 11 出厂文件

11.1 罐体(车)出厂时,制造单位至少应向用户提供下列技术文件和资料:

a) 产品质量证明书；

b) 产品竣工图；

c) 产品使用说明书；

d) 产品合格证；

e) 罐体产品安全性能监督检验证书；

f) 罐体安全附件质量证明书。

11.2 罐体产品质量证明书应至少包含下列内容：

a) 外观及几何尺寸检查报告；

b) 材质证明报告；

c) 无损检测报告；

d) 热处理报告；

e) 耐压试验报告；

f) 气密性试验报告。

11.3 除应符合 GB 9969.1 的规定外，罐体(车)产品使用说明书还应至少包含下列内容：

a) 主要技术性能参数；

b) 罐体结构与管路图，至少应包括安全附件、阀件和仪表的型号和说明；

c) 使用说明书，至少应有操作规程、最大允许充装质量的控制要求；

d) 使用注意事项，至少应包括装卸料和储运过程中的注意事项；

e) 维护和保养要求；

f) 常见故障的排除方法；

g) 备品和备件清单。

## 12 定期检验

12.1 从事罐体定期检验的单位及检验人员应取得主管部门规定的资格，并应对检验的结果负责。

12.2 罐体的定期检验应至少包含下列内容：

a) 罐体质量技术档案资料审查；

b) 检查罐体外表面，有无腐蚀、磨损、凹陷、变形、泄漏及其他可能影响运输安全性的问题；

c) 罐体与底盘或行走机构连接部位的检查；

d) 罐体壁厚测量；

e) 检查管路、阀门、装卸软管、垫圈等，有无腐蚀、泄漏等影响装卸及运输安全的问题；

f) 必要时进行焊接接头的无损检测；

g) 罐体安全附件及承压件的检查；

h) 检查紧急切断装置，不应出现腐蚀变形及其他可能影响正常使用的缺陷；遥控关闭装置应能正常使用；

i) 罐体表面漆色、铭牌和标志检查。

# 附 录 A
## （规范性附录）
## 常见液体危险货物介质及主要设计参数

表 A.1 常见液体危险货物介质及主要设计参数

| GB 12268 编号 | 介质名称和说明 | 浓度 % | 危险程度分类 | 罐体设计代码[c] | 试验压力 MPa |
|---|---|---|---|---|---|
| 1090 | 丙酮 | <100<br>100 | 易燃 | LGBF | G |
| 1114 | 苯 | — | 易燃、中度危害[b] | LGBF | G |
| 1120 | 丁醇 | — | 易燃 | LGBF | G |
| 1123 | 乙酸丁酯 | — | 易燃 | LGBF | G |
| 1131 | 二硫化碳[a] | — | 易燃、中度危害 | L10CH | 0.4 |
| 1160 | 二甲胺水溶液 | — | 易燃、中度危害 | L4BH | 0.4 |
| 1170 | 乙醇或乙醇溶液 | — | 易燃 | LGBF | G |
| 1173 | 乙酸乙酯 | — | 易燃 | LGBF | G |
| 1198 | 甲醛溶液[a] | <40<br>50 | 腐蚀、易燃、高度危害 | L4BN | 0.4 |
| 1203 | 车用汽油或汽油 | — | 易燃 | LGBF | G |
| 1212 | 异丁醇 | — | 易燃 | LGBF | G |
| 1219 | 异丙醇 | — | 易燃 | LGBF | G |
| 1223 | 煤油 | — | 易燃 | LGBF | G |
| 1230 | 甲醇 | <100<br>100 | 易燃、中度危害 | L4BH | 0.4 |
| 1267 | 石油原油(50℃时饱和蒸气压不大于 0.011 MPa) | — | 易燃 | LGBF | G |
| 1267 | 石油原油(50℃时饱和蒸气压大于 0.011 MPa，不大于 0.075 MPa) | — | 易燃 | L1.5BN | 0.15 |
| 1294 | 甲苯 | — | 易燃 | LGBF | G |
| 1307 | 二甲苯 | — | 易燃 | LGBF | G |
| 1541 | 丙酮合氰化氢[a]，稳定的 | — | 极度危害 | L10CH | 0.4 |

表 A.1（续）

| GB 12268 编号 | 介质名称和说明 | 浓度 % | 危险程度分类 | 罐体设计代码[c] | 试验压力 MPa |
|---|---|---|---|---|---|
| 1754 | 氯磺酸(含或不含三氧化流) | 20<br>30<br>90<br>100 | 强腐蚀 | L10BH | 0.4 |
| 1789 | 氢氯酸 | 37 | 腐蚀、中度危害 | L4BN | 0.4 |
| 1791 | 次氯酸盐溶液 | ＜5<br>10 | 腐蚀 | L4BV | 0.4 |
| 1809 | 三氯化磷[a] | 干 | 强腐蚀<br>高度危害 | L10CH | 0.4 |
| 1824 | 氢氧化钠溶液 | ＜30<br>30～40<br>50～60 | 腐蚀 | L4BN | 0.4 |
| 1830 | 硫酸(含酸高于51%) | ＜65<br>65～75<br>75～100 | 腐蚀 | L4BN | 0.4 |
| 1831 | 发烟硫酸 | 100～102<br>＞102 | 强腐蚀、中度危害 | L10BH | 0.4 |
| 1832 | 硫酸废液 | ＜70 | 腐蚀、中度危害 | L4BN | 0.4 |
| 1849 | 水合硫化钠(含水不低于30%) | — | 腐蚀 | L4BN | 0.4 |
| 1906 | 淤渣硫酸 | — | 腐蚀、中度危害 | L4BN | 0.4 |
| 2014 | 过氧化氢水溶液 | 20～60 | 氧化剂、腐蚀 | L4BV | 0.4 |
| 2031 | 硝酸(发红烟的除外) | ＜70 | 强腐蚀、中度危害 | L4BH | 0.4 |
| 2031 | 硝酸(发红烟的除外) | 70～100 | 强腐蚀、中度危害 | L10BH | 0.4 |
| 2055 | 单体苯乙烯，稳定的 | — | 易燃、中度危害 | LGBF | G |
| 2075 | 无水氯醛，稳定的 | — | | L4BH | 0.4 |
| 2581 | 氯化铝溶液 | — | 腐蚀 | L4BN | 0.4 |
| 2672 | 氨水(15℃时水溶液中的相对密度范围为0.88～0.957) | 10～35 | 腐蚀 | L4BN | 0.4 |
| 2789 | 冰醋酸 | ＞80 | 强腐蚀、易燃、中度危害 | L4BN | 0.4 |
| 2790 | 乙酸溶液 | 10～50<br>50～80 | 强腐蚀、易燃、中度危害 | L4BN | 0.4 |

表 A.1（续）

| GB 12268 编号 | 介质名称和说明 | 浓度 % | 危险程度分类 | 罐体设计代码[c] | 试验压力 MPa |
|---|---|---|---|---|---|

注：[a] 该介质采用罐式车辆运输时，罐体需进行氮封处理；

[b] 该介质当用于确定容器的密封性、致密性技术要求时，应列为毒性为高度危害介质；

[c] 罐体设计代码（源自 ADR 规范）分为 4 个部分，说明如下：

示例： L　4　B　N

N——第四部分：安全泄放装置的设置要求。

B——第三部分：装卸口位置及要求。

4——第二部分：计算压力，bar。

L——第一部分：罐内介质形态。

第一部分：罐内介质形态

L——供液态物质使用的罐。

第二部分：计算压力

G 或数值——G 见 5.4.3.2 说明。当为数值时，表示最小计算压力（×0.1 MPa），计算压力按 5.4.3.2 确定。

第三部分：装卸口位置及要求

A、B、C、D——见 5.8 说明。

第四部分：安全泄放装置的设置要求

V——带有排放系统，但不装配阻火器；或非防爆压力罐；

F——带有排放系统，并装有阻火器；或防爆压力罐；

N——不安装排放系统，不需紧密关闭的罐；

H——紧密关闭罐，其计算压力不小于 0.4 MPa，开口密闭含义为如下的任一种情况：

1）　不安装安全阀、爆破片、其他安全装置或真空阀；

2）　不安装安全阀、爆破片或其他安全装置，但安装真空阀；

3）　安装爆破片与安全阀的串连组合装置，但不安装真空阀；

4）　安装爆破片与安全阀的串连组合装置，同时安装真空安全阀。

## 附 录 B
## （资料性附录）
## 常见液体危险货物介质与罐体材料的相容性

### 表 B.1 常见液体危险货物介质与罐体材料的相容性

| GB 12268 编号 | 介质名称和说明 | 浓度 % | 碳素钢和低合金钢 温度 ℃ | | | | 铬 18 镍 9 不锈钢 温度 ℃ | | | | 铬 18 镍 12 钼 不锈钢 温度 ℃ | | | | 铝和铝合金 温度 ℃ | | | |
|---|---|---|---|---|---|---|---|---|---|---|---|---|---|---|---|---|---|---|
| | | | 25 | 50 | 80 | 100 | 25 | 50 | 80 | 100 | 25 | 50 | 80 | 100 | 25 | 50 | 80 | 100 |
| 1090 | 丙酮 | <100 | √ | √ | √ | √ | ︾ | ︾ | ︾ | ︾ | ︾ | ︾ | ︾ | ︾ | √ | √ | √ | √ |
| | | 100 | ︾ | ︾ | ︾ | ︾ | ︾ | ︾ | ︾ | ︾ | ︾ | ︾ | | | | | | |
| 1114 | 苯 | | √ | √ | √ | √ | ︾ | ︾ | ︾ | ︾ | ︾ | ︾ | ︾ | ︾ | √ | √ | √ | √ |
| 1120 | 丁醇 | | ︾ | ︾ | ︾ | ︾ | ︾ | ︾ | ︾ | ︾ | ︾ | ︾ | ︾ | ︾ | ︾ | ︾ | ︾ | ︾ |
| 1123 | 乙酸丁酯 | | ︾ | ︾ | √ | √ | ︾ | ︾ | | | ︾ | ︾ | ︾ | ︾ | ︾ | ︾ | ︾ | ︾ |
| 1131 | 二硫化碳 | | √ | √ | √ | √ | √ | √ | √ | √ | √ | √ | √ | √ | ︾ | ︾ | ︾ | ︾ |
| 1160 | 二甲胺水溶液 | | ︾ | ︾ | | | ︾ | ︾ | ︾ | ︾ | ︾ | ︾ | ︾ | ︾ | √ | | | |
| 1170 | 乙醇或乙醇溶液 | | ︾ | ︾ | ︾ | ︾ | ︾ | √ | √ | √ | ︾ | ︾ | ︾ | ︾ | √ | √ | √ | √ |
| 1173 | 乙酸乙酯 | | ︾ | ︾ | | | ︾ | ︾ | ︾ | ︾ | ︾ | ︾ | ︾ | ︾ | ︾ | ︾ | ︾ | ○ |
| 1198 | 甲醛溶液 | <40 | × | | | | ︾ | ︾ | ︾ | ︾ | ︾ | ︾ | ︾ | ︾ | √ | √ | √ | √ |
| | | 50 | ○ | | | | ︾ | ︾ | √ | √ | ︾ | ︾ | √ | √ | √ | √ | √ | √ |
| 1203 | 车用汽油或汽油 | | √ | √ | √ | | ︾ | ︾ | ︾ | ︾ | ︾ | ︾ | ︾ | ︾ | √ | √ | √ | |
| 1212 | 异丁醇 | | ︾ | ︾ | | | ︾ | ︾ | ︾ | ︾ | ︾ | ︾ | ︾ | ︾ | × | × | × | × |
| 1219 | 异丙醇 | | ︾ | ︾ | ︾ | ︾ | √ | √ | √ | √ | √ | √ | √ | √ | √ | √ | √ | √ |
| 1223 | 煤油 | | √ | √ | √ | | ︾ | ︾ | ︾ | ︾ | ︾ | ︾ | ︾ | ︾ | √ | √ | √ | |
| 1230 | 甲醇 | <100 | √ | √ | | | ︾ | ︾ | ︾ | ︾ | ︾ | ︾ | ︾ | ︾ | ︾ | ︾ | ︾ | ︾ |
| | | 100 | ︾ | ︾ | | | ︾ | ︾ | ︾ | ○ | ︾ | ︾ | ︾ | ︾ | √ | √ | | |
| 1267 | 石油原油(50℃时饱和蒸气压小于 0.01 MPa) | | √ | √ | | | √ | √ | √ | √ | √ | √ | √ | √ | √ | √ | √ | √ |
| 1294 | 甲苯 | | ︾ | ︾ | ︾ | ︾ | ︾ | ︾ | ︾ | ︾ | ︾ | ︾ | ︾ | ︾ | ︾ | ︾ | ︾ | ︾ |
| 1307 | 二甲苯 | | √ | √ | √ | √ | ︾ | ︾ | ︾ | ︾ | ︾ | ︾ | ︾ | ︾ | ︾ | ︾ | ︾ | ︾ |
| 1541 | 丙酮合氰化氢,稳定的 | | √ | √ | √ | | √ | √ | √ | √ | √ | √ | √ | √ | √ | √ | √ | √ |

**表 B.1（续）**

| GB 12268<br>编号 | 介质名称和说明 | 浓度<br>% | 碳素钢和低合金钢<br>温度<br>℃ | | | | 铬 18 镍 9<br>不锈钢<br>温度<br>℃ | | | | 铬 18 镍 12 钼<br>不锈钢<br>温度<br>℃ | | | | 铝和铝合金<br>温度<br>℃ | | | |
|---|---|---|---|---|---|---|---|---|---|---|---|---|---|---|---|---|---|---|
| | | | 25 | 50 | 80 | 100 | 25 | 50 | 80 | 100 | 25 | 50 | 80 | 100 | 25 | 50 | 80 | 100 |
| 1754 | 氯磺酸（含或不含三氧化硫） | 20 | × | | | | ○ | | | | × | | | | × | | | |
| | | 30 | × | | | | × | | | | × | | | | × | | | |
| | | 90 | × | | | | × | | | | √ | | | | × | | | |
| | | 100 | √ | √ | ○ | ○ | √ | √ | | | √ | √ | | | √ | √ | √ | |
| 1789 | 氢氯酸 | | × | | | | × | | | | × | | | | × | | | |
| 1791 | 次氯酸盐溶液 | <5 | × | | | | × | | | | × | | | | × | × | × | × |
| | | 10 | × | | | | × | | | | × | | | | × | × | × | × |
| 1809 | 三氯化磷 | | ︾ | | | | ︾ | ︾ | ︾ | | ︾ | | | | × | | | |
| 1824 | 氢氧化钠溶液 | <30 | ︾ | √ | √ | √ | ︾ | ○ | ○ | × | ︾ | ︾ | √ | √ | × | | | |
| | | 30～40 | ︾ | √ | √ | ○ | ︾ | ○ | ○ | × | ︾ | ︾ | √ | × | × | | | |
| | | 50～60 | √ | √ | × | × | ︾ | ○ | ○ | × | ︾ | ︾ | √ | × | × | | | |
| 1830 | 硫酸（含酸高于 51%） | <65 | × | × | | | × | | | | × | | | | × | | | |
| | | 65～75 | ○ | ○ | × | × | × | × | | | × | | | | × | | | |
| | | 75～100 | √ | ○ | × | × | √ | ○ | × | | √ | × | | | × | | | |
| 1831 | 发烟硫酸 | 100～102 | × | | | | | | | | | | | | | | | |
| | | >102 | √ | √ | √ | √ | × | | | | × | | | | √ | | | |
| 1832 | 硫酸废液 | <70 | × | × | | | × | × | | | × | × | | | × | | | |
| 1849 | 水合硫化钠（含水不低于 30%） | 10 | ○ | × | × | × | √ | √ | √ | | ︾ | ︾ | ︾ | √ | × | | | |
| | | 20 | × | × | × | × | √ | √ | √ | √ | √ | √ | √ | | | | | |
| | | 30～50 | ○ | ○ | ○ | ○ | √ | √ | √ | √ | | | | | | | | |
| 1906 | 淤渣硫酸 | | | | | | | | | | | | | | | | | |
| 2014 | 过氧化氢水溶液 | 20～60 | × | | | | √ | √ | √ | √ | √ | √ | √ | √ | ︾ | ︾ | ︾ | |
| 2031 | 硝酸（发红烟的除外） | <30 | × | × | | | ︾ | ︾ | ︾ | ︾ | ︾ | ︾ | ︾ | ︾ | × | | | |
| | | 40～60 | × | | | | ︾ | ︾ | √ | √ | ︾ | √ | √ | √ | × | | | |
| | | 70 | × | | | | ︾ | √ | √ | ○ | ︾ | √ | √ | | × | | | |
| | | 80～100 | × | | | | ︾ | | | | ︾ | × | | | √ | ○ | × | |
| 2055 | 单体苯乙烯，稳定的 | | ︾ | ︾ | | | ︾ | ︾ | ︾ | ︾ | ︾ | ︾ | ︾ | ︾ | ︾ | | | |
| 2075 | 无水氯醛，稳定的 | | × | | | | × | | | | × | | | | × | | | |
| 2581 | 氯化铝溶液 | <10 | × | | | | × | | | | √ | √ | √ | | × | | | |
| | | >10 | | | | | | | | | ○ | ○ | ○ | × | | | | |

**表 B.1（续）**

| GB 12268 编号 | 介质名称和说明 | 浓度 % | 碳素钢和低合金钢 温度 ℃ | | | | 铬 18 镍 9 不锈钢 温度 ℃ | | | | 铬 18 镍 12 钼 不锈钢 温度 ℃ | | | | 铝和铝合金 温度 ℃ | | | |
|---|---|---|---|---|---|---|---|---|---|---|---|---|---|---|---|---|---|---|
| | | | 25 | 50 | 80 | 100 | 25 | 50 | 80 | 100 | 25 | 50 | 80 | 100 | 25 | 50 | 80 | 100 |
| 2672 | 氨水（15℃时水溶液中的相对密度范围为 0.88～0.957） | ＜30 | ︾ | √ | √ | √ | ︾ | ︾ | ︾ | ︾ | ︾ | ︾ | ︾ | ︾ | ︾ | ︾ | | |
| | | ＜40 | ︾ | | | | ︾ | ︾ | ︾ | ︾ | ︾ | ︾ | ︾ | ︾ | ︾ | ︾ | | |
| 2789 | 冰醋酸 | ＞80 | × | × | | | ︾ | ︾ | √ | ○ | ︾ | ︾ | ︾ | √ | ︾ | ︾ | √ | × |
| 2790 | 乙酸溶液 | 10～50 | × | | | | ︾ | ︾ | ︾ | ○ | ︾ | √ | √ | ○ | ︾ | √ | ○ | × |
| | | 50～80 | × | | | | ︾ | √ | √ | ○ | ︾ | √ | √ | √ | ︾ | √ | ○ | × |

注 1：本表腐蚀性能仅供设计选材时参考，详细的腐蚀数据可查有关的腐蚀性能手册或根据试验数据确定。

注 2：本表符号说明（耐腐蚀情况、腐蚀速率）如下：

︾ —优良，＜0.05 mm/年；

√ —良好，0.05～0.5 mm/年；

○ —可用，但腐蚀较重，0.5～1.5 mm/年；

× —不适用，腐蚀严重，＞1.5 mm/年。

# 附 录 C
（资料性附录）
安全泄放装置的设计计算

## C.1 罐体安全泄放量的计算

C.1.1 无保温层罐体的安全泄放量按式(C.1)计算：

$$W_S = \frac{2.55 \times 10^5 A_r^{0.82}}{q} \quad \cdots\cdots(C.1)$$

C.1.2 有完善保温层罐体的安全泄放量按式(C.2)计算：

$$W_S = \frac{2.61(650 - t)\lambda A_r^{0.82}}{\delta q} \quad \cdots\cdots(C.2)$$

式中：

$W_S$——罐体的安全泄放量，单位为千克每小时(kg/h)；

$q$——在泄放压力下液体的汽化潜热，单位为千焦每千克(kJ/kg)；

$\lambda$——常温下绝热材料的导热系数，单位为千焦每米小时摄氏度[kJ/(m·h·℃)]；

$\delta$——保温层厚度，单位为米(m)；

$t$——泄放压力下介质的饱和温度，单位为摄氏度(℃)；

$A_r$——罐体的受热面积，单位为平方米($m^2$)；

椭圆形封头的卧式罐体 $A_r = 3.14D_o(L + 0.3D_o)$；

$L$——罐体的总长，单位为米(m)；

$D_o$——罐体的外直径，单位为米(m)。

## C.2 安全泄放装置排放能力的计算

罐体的安全泄放装置应按下列规定进行排放能力计算。

C.2.1 安全阀排放能力按式(C.3)、式(C.4)计算

a) 临界条件 $\frac{p_o}{p_d} \leqslant \left(\frac{2}{k+1}\right)^{\frac{k}{k-1}}$ 时：

$$W_S = 7.6 \times 10^{-2} CKp_d A\sqrt{\frac{M}{ZT}} \quad \cdots\cdots(C.3)$$

b) 亚临界条件 $\frac{p_o}{p_d} > \left(\frac{2}{k+1}\right)^{\frac{k}{k-1}}$ 时：

$$W_S = 55.84Kp_d A\sqrt{\frac{k}{k+1}\left[\left(\frac{p_o}{p_d}\right)^{\frac{2}{k}} - \left(\frac{p_o}{p_d}\right)^{\frac{k+1}{k}}\right]}\sqrt{\frac{M}{ZT}} \quad \cdots\cdots(C.4)$$

式中：

$W_S$——安全阀的排放能力，单位为千克每小时(kg/h)；

$K$——安全阀的额定泄放系数，与安全阀结构有关，应根据实验数据确定。无参考数据时，可按下述规定选取：

全启式安全阀 $K = 0.60 \sim 0.70$；

当采用安全阀与爆破片串联组合装置时，安全阀的额定泄放系数 $K$ 应乘以修正系数 0.9；

$A$——安全阀最小排气截面积，单位为平方毫米($mm^2$)；

对于全启式安全阀，即 $h \geqslant \frac{1}{4}d_1$ 时：$A=0.785d_1^2$；

$h$——阀瓣开启高度，单位为毫米(mm)；

$d_1$——安全阀的最小流道直径(阀座喉部直径)，单位为毫米(mm)；

$C$——气体特性系数，可查表 C.1 或按下式求取：

$$C = 520\sqrt{k\left(\frac{2}{k+1}\right)^{\frac{k+1}{k-1}}}$$

$k$——$k$ 气体绝热指数，$k=C_P/C_v$；

$C_P$——标准状态下气体定压比热；

$C_v$——标准状态下气体定容比热；

$M$——气体的摩尔质量，单位为千克每千摩尔(kg/kmol)；

$T$——额定排放压力下，饱和气体绝对温度，单位为开(K)；

$Z$——额定排放压力下，饱和气体的压缩系数，无法确定时取 1；

$p_d$——安全阀的压力排放(绝压)，$p_d=1.1p_s+0.1$，单位为兆帕(MPa)；

$p_o$——安全阀出口侧压力(绝压)，单位为兆帕(MPa)；

$p_s$——安全阀的开启压力，单位为兆帕(MPa)。

C.2.2 爆破片排放面积按式(C.5)、式(C.6)计算

a) 临界条件 $\frac{p_o}{p_b} \leqslant \left(\frac{2}{k+1}\right)^{\frac{k}{k-1}}$ 时：

$$A \geqslant \frac{W_S}{7.6\times10^{-2}CK'p_b\sqrt{\frac{M}{ZT}}} \quad \cdots\cdots\cdots\cdots (C.5)$$

b) 亚临界条件 $\frac{p_o}{p_b} > \left(\frac{2}{k+1}\right)^{\frac{k}{k-1}}$ 时：

$$A \geqslant \frac{W_S}{55.84K'p_b\sqrt{\frac{k}{k-1}\left[\left(\frac{p_o}{p_b}\right)^{\frac{2}{k}}-\left(\frac{p_o}{p_b}\right)^{\frac{k+1}{k}}\right]}\sqrt{\frac{M}{ZT}}} \quad \cdots\cdots\cdots\cdots (C.6)$$

式中：

$A$——爆破片的排放面积，单位为平方毫米(mm²)；

$K'$——爆破片的额定泄放系数，与爆破片装置人口管道形状有关；

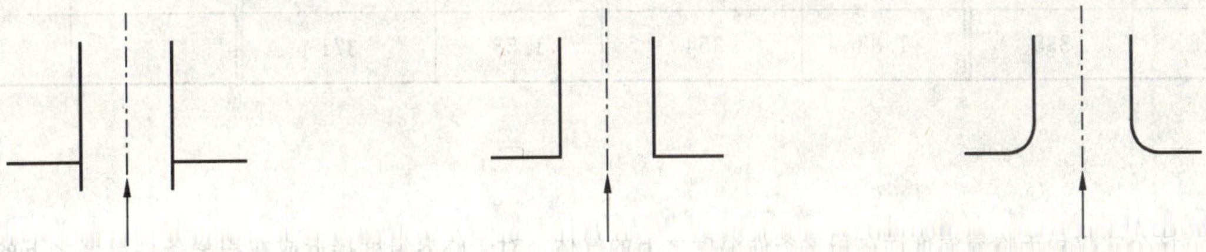

$K'=0.68$ $K'=0.73$ $K'=0.80$

$W_S$——罐体的安全泄放量,单位为千克每小时(kg/h);

$p_b$——爆破片的设计爆破压力(绝压),单位为兆帕(MPa);

$p_o$——泄放侧压力,单位为兆帕(MPa);

C.2.3 各安全装置的总排放能力的验算

选用的多个泄放装置的安全泄放量(在标准条件下,每秒的空气排放量)之和,不应小于式(C.7)计算出的罐体中各泄放装置的总排放能力 $Q$。

$$Q \geqslant 6\ 448\,\frac{FA_r^{0.82}}{qC}\sqrt{\frac{ZT}{M}}^{1)} \quad \cdots\cdots\cdots\cdots(C.7)$$

式中:

$Q$——在标准条件(0.1 MPa,0℃)下,安全泄放装置的总排放能力(以每秒空气的最小排放量表示),单位为立方米每秒($m^3/s$);

$F$——系数,按下述规定选取:

1) 对于无保温层时,$F=1.0$;

2) 对于具有能减小罐体安全泄放量的保温层时,$F=\lambda(650-t)/(13.6\times\delta)$,但在任何情况下均不得小于0.25;

保温层应满足:

a) 在不超过650℃温度下保持有效;

b) 用熔点等于或大于700℃的材料裹覆起来。

**表 C.1 气体特性系数**

| $k$ | $C$ | $k$ | $C$ | $k$ | $C$ | $k$ | $C$ |
|---|---|---|---|---|---|---|---|
| 1.00 | 315 | 1.20 | 337 | 1.40 | 356 | 1.60 | 372 |
| 1.02 | 318 | 1.22 | 339 | 1.42 | 358 | 1.62 | 374 |
| 1.04 | 320 | 1.24 | 341 | 1.44 | 359 | 1.64 | 376 |
| 1.06 | 322 | 1.26 | 343 | 1.46 | 361 | 1.66 | 377 |
| 1.08 | 324 | 1.28 | 345 | 1.48 | 363 | 1.68 | 379 |
| 1.10 | 327 | 1.30 | 347 | 1.50 | 364 | 1.70 | 380 |
| 1.12 | 329 | 1.32 | 349 | 1.52 | 366 | 2.00 | 400 |
| 1.14 | 331 | 1.34 | 351 | 1.54 | 368 | 2.20 | 412 |
| 1.16 | 333 | 1.36 | 352 | 1.56 | 369 | | |
| 1.18 | 335 | 1.38 | 354 | 1.58 | 371 | | |

1) 该公式仅用于临界温度远在积累条件温度之上的气体。对于临界温度接近或在积累条件温度之下的气体,安全泄放装置的排放能力应进一步考虑气体的热动力学特性。

## C.3 安全泄放装置排放能力的选用

装运易燃液体介质的罐体，其安全泄放装置的排放能力可根据罐体的受热外表面积，按表C.2确定。

**表 C.2 安全泄放装置的最小排放能力**

| 罐体受热外表面积 $m^2$ | 流量 $m^3/h$ | 流量 L/s | 罐体受热外表面积 $m^2$ | 流量 $m^3/h$ | 流量 L/s |
|---|---|---|---|---|---|
| 2 | 480 | 133 | 30 | 6 650 | 1 847 |
| 3 | 720 | 200 | 35 | 7 260 | 2 017 |
| 4 | 960 | 267 | 40 | 7 830 | 2 175 |
| 5 | 1 200 | 333 | 45 | 8 370 | 2 325 |
| 6 | 1 440 | 400 | 50 | 8 880 | 2 467 |
| 7 | 1 680 | 467 | 55 | 9 370 | 2 603 |
| 8 | 1 920 | 533 | 60 | 9 840 | 2 733 |
| 9 | 2 160 | 600 | 65 | 10 300 | 2 861 |
| 10 | 2 400 | 667 | 70 | 10 700 | 2 972 |
| 12 | 2 880 | 800 | 75 | 11 200 | 3 111 |
| 14 | 3 360 | 933 | 80 | 11 600 | 3 222 |
| 16 | 3 840 | 1 067 | 85 | 12 000 | 3 333 |
| 18 | 4 320 | 1 200 | 90 | 12 400 | 3 444 |
| 20 | 4 800 | 1 333 | 95 | 12 800 | 3 556 |
| 25 | 6 000 | 1 667 | 100 | 13 200 | 3 667 |

注：1. 本表的最小排放能力为安全阀额定排放压力时的空气流量，确定时应考虑额定排放压力下介质汽化潜热及压缩系数的差异。

2. 罐体受热外表面积是指单个独立仓筒体表面积与前后封头或隔仓板表面积之和，确定排放能力时，罐体受热外表面积应小于本表的选定罐体受热外表面积值。

# 附　录　D
## （规范性附录）
## 非圆形截面罐体

### D.1　总则

本附录适用于受内压和(或)液柱静压力作用的非圆形截面(两侧面的曲率半径不大于 2 000 mm，顶部和底部曲率半径不大于 3 000 mm)的金属常压罐体的设计、制造、检验与验收。

### D.2　罐体设计

#### D.2.1　罐体强度计算

罐体的厚度(不包括材料厚度负偏差和腐蚀裕量)不应小于式(D.1)的计算值。

$$\delta = p_c D_i / (2[\sigma]^t \varphi) \qquad \text{(D.1)}$$

式中：

$\delta$——罐体计算厚度，单位为毫米(mm)；

$p_c$——计算压力，单位为兆帕(MPa)；

$D_i$——罐体当量内直径，单位为毫米(mm)；非圆形罐体横截面折算成等面积的等效圆形截面的直径；

$[\sigma]^t$——设计温度下，罐体材料许用应力，单位为兆帕(MPa)；

$\varphi$——焊接接头系数，按 JB/T 4735 或 JB/T 4734 的规定选取。

#### D.2.2　罐体最小厚度

D.2.2.1　在任何情况下，罐体厚度均不应小于 D.2.2.2～D.2.2.5 中的规定值，罐体最小厚度未包括材料厚度负偏差和腐蚀裕量。

D.2.2.2　当按照 D.2.2.3 采取防止罐体破坏的保护措施时，罐体最小厚度按下列规定选取：

a)　对标准钢罐体：当直径不大于 1 800 mm 时，其最小厚度应不小于 3 mm；当直径大于 1 800 mm 时，其最小厚度应不小于 4 mm；

b)　对其他金属材料制罐体，其最小厚度可由 5.4.13.2 中式(3)、(4)求出。且不小于表 D.1 的规定。

**表 D.1　罐体最小厚度**

单位为毫米

| 罐体当量直径[a] | ≤1 800 | >1 800 |
|---|---|---|
| 奥氏体不锈钢 | ≥2.5 | ≥3 |
| 其他钢材 | ≥3 | ≥4 |
| 铝合金 | ≥4 | ≥5 |
| 99.60%纯铝 | ≥6 | ≥8 |

[a] 非圆形罐体横截面折算成等面积的等效圆形截面的直径。

D.2.2.3　当罐体选用 D.2.2.2 中的最小厚度时，应有下列保护措施：

a)　最大曲率半径小于 2 000 mm，横截面为非圆形的罐体，罐体内需装有加强部件，加强部件由隔仓板、防波板、外部或内部加强圈等组成，加强部件的垂直截面，连同罐体的有效加强段，其组合截面模量至少为 $10^4$ $mm^3$，外部加强件的棱角半径不应低于 2.5 mm；

b)　加强部件的布置至少应满足下列条件之一：

——相邻二个加强部件之间的距离不大于 1 750 mm；

——相邻二个隔仓板或防波板之间的罐体几何容积不大于 7.5 $m^3$，隔仓板或防波板的厚度不小于罐体壁厚；防波板的面积应至少为罐体横截面积的 70%。

**D.2.2.4** 当罐体设有保温层时，应符合 5.4.13.4 的规定。

**D.2.2.5** 对两侧面的曲率半径不大于 2 000 mm，顶部和底部曲率半径不大于 3 000 mm，横截面为非圆形的罐体，当罐体封头、防波板（防波板为加强部件）、隔仓板或加强环间间距不大于 1 750 mm 或相邻隔仓板或防波板之间的罐体几何容积不大于 7.5 $m^3$ 时，罐体最小厚度应符合下列规定：

a) 对采用标准钢罐体的最小厚度应符合表 D.2 规定；

b) 对采用其他金属材料制罐体，其最小厚度可由 5.4.13.2 中式(3)、(4)求出，且不小于表 D.2 的规定。

**表 D.2 罐体最小厚度**

单位为毫米

| 罐体截面积/$m^2$ | ≤2.1 | >2.1 且≤2.7 | >2.7 且≤3.9 | >3.9 |
|---|---|---|---|---|
| 标准钢 | ≥3 | ≥3.5 | ≥4 | ≥5 |
| 奥氏体不锈钢 | ≥2.5 | ≥3 | ≥3.5 | ≥4 |
| 碳素钢或其他钢材 | ≥3 | ≥3.5 | ≥4 | ≥5 |
| 铝合金 | ≥4 | ≥4.5 | ≥5 | ≥5.5 |
| 99.60%纯铝 | ≥6 | ≥8 | ≥10 | ≥12 |

**D.2.3** 罐体设计的其他要求应符合第 5 章的有关规定。

## D.3 制造与验收

**D.3.1** 非圆形截面罐体的圆弧区（长圆形截面罐体的半圆、椭圆形截面罐体的大小圆弧区），其横截面上最大和最小成品内半径之差应不大于设计内半径的 1%，且不大于 15 mm。

**D.3.2** 罐体的直线度不大于罐体长度的 2‰，且不大于 20 mm。

**D.3.3** 罐体其他制造、检验与验收应符合第 6～8 章的有关规定。

ICS 27.010
F 01

# 中华人民共和国国家标准

GB 18613—2006
代替 GB 18613—2002

# 中小型三相异步电动机能效限定值及能效等级

## Minimum allowable values of energy efficiency and the energy efficiency grades for small and medium three-phase asynchronous motors

2006-12-12 发布　　　　2007-07-01 实施

中华人民共和国国家质量监督检验检疫总局
中国国家标准化管理委员会　发布

# 前　言

本标准的4.3、4.4是强制性的，其余是推荐性的。

本标准参考了欧盟 EU-CEMEP 协议、澳大利亚与新西兰 AS/NZS 1359.5 同类标准，功率在1.1 kW～90 kW，极数为2极和4极的电动机，直接采用了欧洲 eff1 和 eff2 的效率标准并根据我国电动机生产和使用的现状，规定了本标准范围内其他规格电动机的效率要求。

本标准代替 GB 18613—2002《中小型三相异步电动机能效限定值及节能评价值》。

本标准与 GB 18613—2002 相比主要变化如下：

——标准名称由《中小型三相异步电动机能效限定值及节能评价值》改为《中小型三相异步电动机能效限定值及能效等级》；

——增加了能效等级和目标能效限定值；

——增加了电动机在75%额定输出功率下的效率要求；

——删除了对杂散损耗的要求；

——删除了节能评价值的测定；

——删除了电动机效率和功率因数的测定；

——删除了负载杂散损耗的测定；

——删除了负载杂散损耗计算格式。

本标准由国家发展和改革委员会环境和资源综合利用司提出。

本标准由全国能源基础与管理标准化技术委员会合理用电分委员会归口。

本标准负责起草单位：中国标准化研究院、上海电器科学研究所（集团有限公司）、国家中小电机质量监督检验中心。

本标准参加起草单位：南阳防爆集团公司、南阳防爆电气研究所、大连伯顿电机有限公司、北京毕捷电机股份有限公司、国际铜业协会（中国）、无锡华达电机有限公司。

本标准主要起草人：赵跃进、秦和、金惟伟、李秀英、任春法、周胜、吴国华、张文华、周守廉、赵凯、任胜伟、张新。

本标准于2002年1月10日首次发布，本次为第一次修订。

# 中小型三相异步电动机能效限定值及能效等级

## 1 范围

本标准规定了中小型三相异步电动机(以下简称:电动机)的能效等级、能效限定值、目标能效限定值、节能评价值和试验方法。

本标准适用于690 V及以下的电压,50 Hz三相交流电源供电,能效2级和3级的额定功率在0.55 kW~315 kW范围内,能效1级的额定功率在3 kW~315 kW范围内,极数为2极、4极和6极,单速封闭自扇冷式、N设计的一般用途电动机或一般用途防爆电动机。

## 2 规范性引用文件

下列文件中的条款通过本标准的引用而成为本标准的条款。凡是注日期的引用文件,其随后所有的修改单(不包括勘误的内容)或修订版均不适用于本标准,然而,鼓励根据本标准达成协议的各方研究是否可使用这些文件的最新版本。凡是不注日期的引用文件,其最新版本适用于本标准。

GB 755—2000 旋转电机 定额和性能(idt IEC 60034-1:1996)

GB/T 1032 三相异步电动机试验方法

## 3 术语和定义

本标准采用下列术语和定义。

### 3.1

**电动机能效限定值 minimum allowable values of energy efficiency for motors**

在标准规定测试条件下,允许电动机效率最低的保证值。

### 3.2

**电动机目标能效限定值 target minimum allowable values of energy efficiency for motors**

在本标准实施一定年限后,允许电动机的最低效率,该值实施后将替代电动机能效限定值。

### 3.3

**电动机节能评价值 evaluating values of energy conservation for motors**

在标准规定测试条件下,满足节能认证要求的电动机效率应达到的最低保证值。

## 4 技术要求

### 4.1 基本要求

电动机的一般性能、安全性能、防爆性能以及噪声和振动要求应分别符合相关标准。

### 4.2 电动机能效等级

电动机能效等级分为3级,其中1级能效最高。各等级电动机在额定输出功率和75%额定输出功率的效率均应不低于表1的规定。

### 4.3 电动机能效限定值

电动机能效限定值在额定输出功率和75%额定输出功率的效率均应不低于表1中3级的规定。

表 1 电动机能效等级

| 额定功率/kW | 效率[a]/% | | | | | | | | |
|---|---|---|---|---|---|---|---|---|---|
| | 1 级 | | | 2 级 | | | 3 级 | | |
| | 2 极 | 4 极 | 6 极 | 2 极 | 4 极 | 6 极 | 2 极 | 4 极 | 6 极 |
| 0.55 | — | — | — | — | 80.7 | 75.4 | | 71.0 | 65.0 |
| 0.75 | — | — | — | 77.5 | 82.3 | 77.7 | 75.0 | 73.0 | 69.0 |
| 1.1 | — | — | — | 82.8 | 83.8 | 79.9 | 76.2 | 76.2 | 72.0 |
| 1.5 | — | — | — | 84.1 | 85.0 | 81.5 | 78.5 | 78.5 | 76.0 |
| 2.2 | — | — | — | 85.6 | 86.4 | 83.4 | 81.0 | 81.0 | 79.0 |
| 3 | — | — | 86.9 | 86.7 | 87.4 | 84.9 | 82.6 | 82.6 | 81.0 |
| 4 | 89.3 | 89.9 | 87.9 | 87.6 | 88.3 | 86.1 | 84.2 | 84.2 | 82.0 |
| 5.5 | 90.1 | 90.7 | 89.1 | 88.6 | 89.2 | 87.4 | 85.7 | 85.7 | 84.0 |
| 7.5 | 90.9 | 91.5 | 90.6 | 89.5 | 90.1 | 89.0 | 87.0 | 87.0 | 86.0 |
| 11 | 91.9 | 92.2 | 91.4 | 90.5 | 91.0 | 90.0 | 88.4 | 88.4 | 87.5 |
| 15 | 92.5 | 92.9 | 92.3 | 91.3 | 91.8 | 91.0 | 89.4 | 89.4 | 89.0 |
| 18.5 | 92.9 | 93.3 | 92.7 | 91.8 | 92.2 | 91.5 | 90.0 | 90.0 | 90.0 |
| 22 | 93.3 | 93.6 | 93.1 | 92.2 | 92.6 | 92.0 | 90.5 | 90.5 | 90.0 |
| 30 | 93.9 | 94.2 | 93.6 | 92.9 | 93.2 | 92.5 | 91.4 | 91.4 | 91.5 |
| 37 | 94.2 | 94.5 | 94.0 | 93.3 | 93.6 | 93.0 | 92.0 | 92.0 | 92.0 |
| 45 | 94.6 | 94.8 | 94.4 | 93.7 | 93.9 | 93.5 | 92.5 | 92.5 | 92.5 |
| 55 | 94.9 | 95.0 | 94.7 | 94.0 | 94.2 | 93.8 | 93.0 | 93.0 | 92.8 |
| 75 | 95.4 | 95.5 | 95.0 | 94.6 | 94.7 | 94.2 | 93.6 | 93.6 | 93.5 |
| 90 | 95.5 | 95.7 | 95.2 | 95.0 | 95.0 | 94.5 | 93.9 | 93.9 | 93.8 |
| 110 | 95.8 | 96.1 | 95.7 | 95.0 | 95.4 | 95.0 | 94.0 | 94.5 | 94.0 |
| 132 | 96.1 | 96.1 | 95.7 | 95.4 | 95.4 | 95.0 | 94.5 | 94.8 | 94.2 |
| 160 | 96.1 | 96.1 | 95.7 | 95.4 | 95.4 | 95.0 | 94.6 | 94.9 | 94.5 |
| 200 | 96.1 | 96.1 | 95.7 | 95.4 | 95.4 | 95.0 | 94.8 | 94.9 | 94.5 |
| 250 | 96.1 | 96.1 | 95.7 | 95.8 | 95.8 | 95.0 | 95.2 | 95.2 | 94.5 |
| 315 | 96.1 | 96.1 | — | 95.8 | 95.8 | — | 95.4 | 95.2 | — |

a 容差应符合 GB 755—2000 第 11 章的规定。

**4.4 电动机目标能效限定值**

**电动机目标能效限定值在额定输出功率和 75% 额定输出功率的效率均应不低于表 1 中 2 级的规定，其值在本标准实施之日 4 年后开始实施，并替代 4.3 中的电动机能效限定值。**

4.5 节能电动机的评价

4.5.1 电动机节能评价值

电动机节能评价值在额定输出功率和 75% 额定输出功率的效率均应不低于表 1 中 2 级的规定。

4.5.2 功率因数

电动机的功率因数应符合相关产品标准规定的数值。

## 5 试验方法

电动机效率应按GB/T 1032中的损耗分析法确定,其中杂散损耗按额定输入功率的0.5%计算。

## 6 能效等级标注

6.1 生产厂家应根据本标准的要求和测试结果,确定产品的能效等级。

6.2 生产厂家应在产品的铭牌上注明该产品的能效等级、所依据的标准号。

ICS 67.060
X 11

GB

# 中华人民共和国国家标准

GB/T 18738—2006
代替 GB/T 18738—2002

# 速溶豆粉和豆奶粉

## Instant soy milk powder and soy milk with dairy product powder

2006-07-18 发布　　2006-12-01 实施

中华人民共和国国家质量监督检验检疫总局
中国国家标准化管理委员会　发布

# 前 言

本标准自实施之日起代替 GB/T 18738—2002《高蛋白速溶豆粉》，GB/T 18738—2002 同时废止。本标准是对 GB/T 18738—2002 的修订，同时纳入了 QB 2075—1995《速溶豆粉(豆奶粉)》的主要内容。

本标准与 GB/T 18738—2002 相比主要变化如下：

——增加了术语和定义；

——增加了产品分类；

——根据增加的产品类型，规定了相应的理化要求；

——修改了脂肪、总糖、溶解度、尿素酶活性的试验方法；

——增加了沉淀指数的试验方法。

本标准由中国轻工业联合会提出。

本标准由全国食品发酵标准化中心归口。

本标准起草单位：中国食品发酵工业研究院、黑龙江省龙江大豆食品股份有限公司、徐州维维食品饮料股份有限公司、广东黑牛食品工业有限公司、广东雅士利集团有限公司、金禾食品工业有限公司、国家大豆深加工研究与推广中心。

本标准主要起草人：陈岩、涂顺明、林治海、孙欣、林秀浩、陈汉材、林腾光、鞠长河。

本标准所代替标准的历次版本发布情况为：

——GB/T 18738—2002。

# 速溶豆粉和豆奶粉

## 1 范围

本标准规定了速溶豆粉和豆奶粉的术语和定义、产品分类、要求、试验方法、检验规则、标签、包装、运输和贮存要求。

本标准适用于以大豆为主要原料，经磨浆、加热灭酶、喷雾干燥而制成的粉状或微粒状食品。

## 2 规范性引用文件

下列文件中的条款通过本标准的引用而成为本标准的条款。凡是注日期的引用文件，其随后所有的修改单(不包括勘误的内容)或修订版均不适用于本标准，然而，鼓励根据本标准达成协议的各方研究是否可使用这些文件的最新版本。凡是不注日期的引用文件，其最新版本适用于本标准。

GB 317 白砂糖

GB 2760 食品添加剂使用卫生标准

GB/T 4789.2 食品卫生微生物学检验 菌落总数测定

GB/T 4789.3 食品卫生微生物学检验 大肠菌群测定

GB/T 4789.4 食品卫生微生物学检验 沙门氏菌检验

GB/T 4789.5 食品卫生微生物学检验 志贺氏菌检验

GB/T 4789.10 食品卫生微生物学检验 金黄色葡萄球菌检验

GB/T 4789.15 食品卫生微生物学检验 霉菌和酵母计数

GB/T 5009.3 食品中水分的测定

GB/T 5009.4 食品中灰分的测定

GB/T 5009.5 食品中蛋白质的测定

GB/T 5009.7—2003 食品中还原糖的测定

GB/T 5009.8—2003 食品中蔗糖的测定

GB/T 5009.11 食品中总砷及无机砷的测定

GB/T 5009.12 食品中铅的测定

GB/T 5009.13 食品中铜的测定

GB/T 5009.46—2003 乳与乳制品卫生标准的分析方法

GB/T 5413.3 婴幼儿配方食品和乳粉 脂肪的测定

GB/T 5413.31 婴幼儿配方食品和乳粉 脲酶的定性检验

GB 7718 预包装食品标签通则

GB/T 8612 豆制食品业用大豆

GB/T 8622—1988 大豆制品中尿素酶活性测定方法(idt ISO 5506:1978)

GB/T 12456 食品中总酸的测定方法(GB/T 12456—1990,neq ISO 750:1981)

GB 14880 食品营养强化剂使用卫生标准

《定量包装商品计量监督管理办法》[国家质量监督检验检疫总局(2005)第75号令]

## 3 术语和定义

下列术语和定义适用于本标准。

3.1

**速溶豆粉　instant soy milk powder**

以大豆为主要原料，经磨浆、加热灭酶、浓缩、喷雾干燥而制成的粉状或微粒状食品。

3.2

**豆奶粉　soy milk with dairy product powder**

以大豆和乳制品为主要原料，经磨浆、加热灭酶、浓缩、喷雾干燥而制成的粉状或微粒状食品。

## 4　产品分类

### 4.1　根据工艺将产品分成两类

4.1.1　Ⅰ类：大豆经磨浆，去渣，加入或不加入白砂糖，添加或不添加鲜乳（或乳粉）及其他辅料，加热灭酶，浓缩，喷雾干燥而制成的产品。

4.1.2　Ⅱ类：大豆经磨浆，加入或不加入白砂糖，添加或不添加鲜乳（或乳粉）及其他辅料，加热灭酶，喷雾干燥而制成的产品。

### 4.2　根据添加的辅料和理化指标将Ⅰ类和Ⅱ类产品分为五种类型

五种类型包括：普通型、高蛋白型、低糖型、低糖高蛋白型和其他型。

## 5　要求

### 5.1　原料要求

5.1.1　大豆应符合 GB/T 8612 的规定。

5.1.2　白砂糖应符合 GB 317 的规定。

5.1.3　其他辅料应符合相应产品标准的规定。

### 5.2　感官要求

各项感官要求见表 1。

表 1

| 项　　目 | 要　　求 |
|---|---|
| 色　泽 | 淡黄色或乳白色，其他型产品应符合添加辅料后该产品应有的色泽。 |
| 外　观 | 粉状或微粒状，无结块。 |
| 气味和滋味 | 具有大豆特有的香味及该品种应有的风味，口味纯正，无异味。 |
| 冲调性 | 润湿下沉快，冲调后易溶解，允许有极少量团块。 |
| 杂　质 | 无正常视力可见外来杂质。 |

### 5.3　净含量偏差要求

应符合《定量包装商品计量监督管理办法》的规定。

### 5.4　Ⅰ类理化要求

应符合表 2 的规定。

表 2

| 项　　目 | | Ⅰ　类 | | | | |
|---|---|---|---|---|---|---|
| | | 普通型 | 高蛋白型 | 低糖型 | 低糖高蛋白质 | 其他型 |
| 水分/(%) | ≤ | 4.0 | 4.0 | 4.0 | 5.0 | 4.0 |
| 蛋白质/(%) | ≥ | 18.0 | 22.0 | 18.0 | 32.0 | 18.0 |
| 脂肪/(%) | ≥ | 8.0 | 6.0 | 8.0 | 12.0 | 8.0 |

表 2(续)

| 项目 | | | Ⅰ类 | | | | |
|---|---|---|---|---|---|---|---|
| | | | 普通型 | 高蛋白型 | 低糖型 | 低糖高蛋白质 | 其他型 |
| 总糖(以蔗糖计)/(%) | | ≤ | 60.0 | 50.0 | 45.0 | 20.0 | 55.0 |
| 灰分/(%) | | ≤ | 3.0 | 3.0 | 5.0 | 6.5 | 5.0 |
| 溶解度/(g/100 g) | | ≥ | 97.0 | 92.0 | 92.0 | 90.0 | 92.0 |
| 总酸(以乳酸计)/(g/kg) | | ≤ | 10.0 | | | | |
| 尿素酶(脲酶)活性 | 定性法 | | 阴性 | | | | |
| | 定量法/(mg/g) | ≤ | 0.02 | | | | |
| 总砷(以 As 计)/(mg/kg) | | ≤ | 0.5 | | | | |
| 铅(Pb)/(mg/kg) | | ≤ | 1.0 | | | | |
| 铜(Cu)/(mg/kg) | | ≤ | 10.0 | | | 20.0 | 10.0 |

## 5.5 Ⅱ类理化要求

应符合表 3 的规定。

表 3

| 项目 | | | Ⅱ类 | | |
|---|---|---|---|---|---|
| | | | 普通型 | 低糖型 | 其他型 |
| 水分/(%) | | ≤ | 4.0 | | |
| 蛋白质/(%) | | ≥ | 15.0 | | |
| 脂肪(%) | | ≥ | 8.0 | | |
| 总糖(以蔗糖计)/(%) | | ≤ | 60.0 | 45.0 | 60.0 |
| 灰分/(%) | | ≤ | 5.0 | 5.0 | 5.0 |
| 溶解度/(g/100 g) | | ≥ | 88.0 | 85.0 | 85.0 |
| 沉淀指数 | | ≤ | 0.2 | | |
| 总酸(以乳酸计)/(g/kg) | | ≤ | 10.0 | | |
| 尿素酶(脲酶)活性 | 定性法 | | 阴性 | | |
| | 定量法/(mg/g) | ≤ | 0.02 | | |
| 总砷(以 As 计)/(mg/kg) | | ≤ | 0.5 | | |
| 铅(Pb)/(mg/kg) | | ≤ | 1.0 | | |
| 铜(Cu)/(mg/kg) | | ≤ | 10.0 | | |

## 5.6 微生物要求

应符合表 4 的规定。

表 4

| 项目 | | 指标 |
|---|---|---|
| 菌落总数/(cfu/g) | ≤ | 30 000 |
| 大肠菌群/(MPN/100 g) | ≤ | 90 |
| 致病菌(沙门氏菌、志贺氏菌、金黄色葡萄球菌) | | 不得检出 |
| 霉菌/(cfu/g) | ≤ | 100 |

5.7 食品添加剂和食品营养强化剂要求

食品添加剂和食品营养强化剂的使用应符合 GB 2760 和 GB 14880 的规定。

## 6 试验方法

### 6.1 感官检验

6.1.1 色泽、外观、杂质

将被测样品倒在白搪瓷盘上，在自然光下用肉眼直接观察。

6.1.2 气味和滋味

嗅其气味，品尝其滋味。

6.1.3 冲调性

取 25 g 被测样品于 500 mL 烧杯中，用 200 mL 70℃以上热水冲调，用玻棒搅拌 1 min 后观察其溶解情况。

### 6.2 净含量偏差

用感量为 1 g 的天平称其质量(去除包装)。

### 6.3 理化检验

6.3.1 水分

按 GB/T 5009.3 规定的方法测定。

6.3.2 蛋白质

按 GB/T 5009.5 规定的方法测定。蛋白质的换算系数为 6.25。

6.3.3 脂肪

按 GB/T 5413.3 的方法测定。

6.3.4 总糖

参照 GB/T 5009.7—2003 和 GB/T 5009.8—2003 规定的方法测定，具体方法如下。

6.3.4.1 原理

试样经除去蛋白质后，其中蔗糖经盐酸水解转化为还原糖，在加热条件下，以次甲基蓝作指示剂，滴定标定过的碱性酒石酸铜溶液，根据试样溶液消耗体积计算总糖含量。

6.3.4.2 试剂

按 GB/T 5009.7—2003 中第 3 章和 GB/T 5009.8—2003 中第 4 章规定的方法配制。

6.3.4.3 分析步骤

称取约 2.50 g～5.00 g 样品，置于 250 mL 容量瓶中，加 50 mL 水，摇匀后慢慢加入 5 mL 乙酸锌溶液和 5 mL 亚铁氰化钾溶液，加水至刻度，混匀，沉淀，静置 30 min，用干燥滤纸过滤，弃去初滤液，滤液备用。吸取 50 mL 滤液置于 250 mL 容量瓶中，加入 5 mL 盐酸(1+1)，在 68℃～70℃水浴中加热 15 min，冷却后加 2 滴甲基红指示液，用氢氧化钠溶液(200 g/L)中和至中性，加水至刻度，混匀，然后按 GB/T 5009.7—2003 中 5.2、5.3 和 5.4 的步骤测定还原糖。

6.3.4.4 结果计算

总糖的质量分数 $Z$ 按式(1)计算：

$$Z = X \times 0.95 \times 5 \qquad (1)$$

式中：

$Z$——样品中总糖的质量分数(以蔗糖计)，%；

$X$——滴定样品中还原糖的质量分数(以葡萄糖计，按 GB/T 5009.7—2003 中第 6 章规定的方法计算)，%；

0.95——还原糖(以葡萄糖计)换算为蔗糖的系数；

5——酸水解后样品的稀释倍数。

6.3.5 灰分

按 GB/T 5009.4 规定的方法测定。

6.3.6 溶解度

按 GB/T 5009.46—2003 中 10.7 规定的方法测定。

6.3.7 沉淀指数

6.3.7.1 仪器、设备

a) 电子恒速搅拌器。

b) 药物天平。

c) 移液管:20 mL。

d) 量筒:250 mL。

e) 烧杯:500 mL。

6.3.7.2 分析步骤

准确称量 20.0 g 样品,另在 500 mL 烧杯中加入 180 mL 60℃蒸馏水,将烧杯置于电子恒速搅拌器下,在慢速搅拌下(150 r/min),徐徐加入已称量的样品,再以快速(500 r/min)搅拌 15 min,然后准确吸取试液 20.0 mL 于 20 mL 刻度试管中,静置 30 min,读取沉淀的毫升数,同时进行两个平行试验。

6.3.7.3 结果计算

沉淀指数按式(2)计算:

$$Y = A/20 \qquad (2)$$

式中:

$Y$——沉淀指数;

$A$——两次测定沉淀毫升数的平均值,单位为毫升(mL)。

6.3.8 总酸

按 GB/T 12456 规定的方法测定。

6.3.9 尿素酶(脲酶)活性

6.3.9.1 定量测定法(仲裁法)

按 GB/T 8622—1988 规定的方法测定。

6.3.9.2 定性测定法(常规检验法)

按 GB/T 5413.31 规定的方法测定。

6.3.10 总砷、铅、铜

分别按 GB/T 5009.11、GB/T 5009.12 和 GB/T 5009.13 规定的方法测定。

6.4 微生物检验

6.4.1 菌落总数

按 GB/T 4789.2 规定的方法检验。

6.4.2 大肠菌群

按 GB/T 4789.3 规定的方法检验。

6.4.3 致病菌(沙门氏菌、志贺氏菌、金黄色葡萄球菌)

沙门氏菌、志贺氏菌、金黄色葡萄球菌分别按 GB/T 4789.4、GB/T 4789.5 和 GB/T 4789.10 规定的方法检验。

6.4.4 霉菌

按 GB/T 4789.15 规定的方法检验。

## 7 检验规则

7.1 批

同班次、同品种、同规格的产品为一批。

7.2 抽样量

从每批产品中按质量的万分之一的比例随机抽取样品，抽样量最低不得少于1.5 kg。

7.3 出厂检验

7.3.1 出厂检验项目包括感官、净含量、水分、蛋白质、尿素酶(脲酶)活性、菌落总数和大肠菌群。

7.3.2 每批产品应经生产厂检验部门按本标准规定的方法检验，并出具产品合格证后方可出厂。

7.4 型式检验

7.4.1 型式检验项目包括本标准中规定的全部项目。

7.4.2 每半年需对产品进行一次型式检验。

7.4.3 发生下列情况之一时亦应进行型式检验：

——更改原料时；

——更改工艺时；

——长期停产后恢复生产时；

——出厂检验与上次型式检验有较大差异时；

——国家质量监督机构提出进行型式检验的要求时。

7.5 判定规则

7.5.1 检验结果全部项目符合本标准规定时，判该批产品为合格品。

7.5.2 微生物指标中有一项检验结果不符合本标准要求时，判该批产品为不合格品。

7.5.3 除微生物指标外，其他项目检验结果不符合本标准要求时，可以在原批次产品中双倍抽样复验一次，判定以复验结果为准，若仍有一项指标不合格，则判该批产品为不合格品。

8 标签、包装、运输和贮存

8.1 标签

8.1.1 预包装产品的标签应符合 GB 7718 的规定，同时还应标示产品类型。

8.1.2 产品名称应按第3章的规定标示。

8.1.3 产品类型应按第4章的规定标示(如：××类××型)。

8.2 包装

各种包装材料和包装容器应清洁、干燥、无毒、无异味、符合相应的食品卫生标准。

8.3 运输

运输工具应清洁、干燥、卫生，并具有防晒、防雨设施。

8.4 贮存

产品应贮存在干燥、通风良好并具有防鼠设施的仓库中。不得与有毒、有害、有异味、易腐蚀、易挥发或潮湿的物品混放。

ICS 67.140.10
X 55

GB

# 中华人民共和国国家标准

GB/T 18745—2006
代替 GB 18745—2002

# 地理标志产品　武夷岩茶

**Product of geographical indication—Wuyi rock-essence tea**

2006-07-18 发布　　　　2006-12-01 实施

中华人民共和国国家质量监督检验检疫总局
中国国家标准化管理委员会　发布

# 前　言

本标准根据国家质量监督检验检疫总局颁布的《地理标志产品保护规定》及GB 17924—1999《原产地域产品通用要求》而制定。

本标准自实施之日起代替并废止GB 18745—2002《武夷岩茶》。

本标准与原标准相比主要变化如下：

——根据国家质量监督检验检疫总局颁布的《地理标志产品保护规定》，修改相关名称；

——取消了武夷岩茶原料产区的划分和茶树品种分类；

——增加了大红袍产品的等级划分；

——按照GB 2762—2005《食品中污染物限量》、GB 2763—2005《食品中农药最大残留限量》和NY 5244《无公害食品　茶叶》修订并细化了卫生指标；

——取消了对保质期的限定；

——标准属性由强制性改为推荐性。

本标准的附录A为规范性附录。

本标准由全国原产地域产品标准化工作组提出并归口。

本标准主要起草单位：福建省标准化协会、武夷山市茶叶学会、武夷山市质量技术监督局、中国标准化协会。

本标准主要起草人：高清火、叶华生、姚月明、王顺明、修明、陈树明、梁东、周银茂、叶勇、张雯。

本标准所代替标准的历次版本发布情况为：

——GB 18745—2002。

# 地理标志产品　武夷岩茶

## 1　范围

本标准规定了武夷岩茶的地理标志产品保护范围、术语和定义、产品分类与标准样品、要求、试验方法、检验规则及标志、标签、包装、运输、贮存。

本标准适用于国家质量监督检验检疫总局根据《地理标志产品保护规定》批准保护的武夷岩茶。

## 2　规范性引用文件

下列文件中的条款通过本标准的引用而成为本标准的条款。凡是注日期的引用文件，其随后所有的修改单(不包括勘误的内容)或修订版均不适用于本标准，然而，鼓励根据本标准达成协议的各方研究是否可使用这些文件的最新版本。凡是不注日期的引用文件，其最新版本适用于本标准。

GB/T 191　包装储运图示标志
GB 2762　食品中污染物限量
GB 2763　食品中农药最大残留限量
GB/T 4789.3　食品卫生微生物学检验　大肠菌群测定
GB/T 5009.12　食品中铅的测定
GB/T 5009.19　食品中六六六、滴滴涕残留量的测定
GB/T 5009.20　食品中有机磷农药残留量的测定
GB/T 5009.94　植物性食品中稀土的测定
GB/T 5009.103　植物性食品中甲胺磷和乙酰甲胺磷农药残留量的测定
GB/T 5009.110　植物性食品中氯氰菊酯、氰戊菊酯和溴氰菊酯残留量的测定
GB/T 5009.146　植物性食品中有机氯和拟除虫菊酯类农药多种残留的测定
GB/T 5009.176　茶叶、水果、食用植物油中三氯杀螨醇残留量的测定
GB 7718　预包装食品标签通则
GB/T 8302　茶　取样
GB/T 8304　茶　水分测定
GB/T 8306　茶　总灰分测定
GB/T 8311　茶　粉末和碎茶含量测定
GB 11767　茶树种苗
NY/T 787　茶叶感官审评通用方法
NY 5244　无公害食品　茶叶
SB/T 10035　茶叶销售包装通用技术条件

## 3　地理标志产品保护范围

武夷岩茶地理标志产品保护范围限于国家质量监督检验检疫总局根据《地理标志产品保护规定》批准的范围。即：福建省武夷山市所辖行政区域范围，见附录A。

## 4　术语和定义

下列术语和定义适用于本标准。

4.1

**武夷岩茶 Wuyi rock-essence tea**

武夷岩茶是指在本标准第3章规定的范围内，独特的武夷山自然生态环境条件下选用适宜的茶树品种进行无性繁育和栽培，并用独特的传统加工工艺制作而成，具有岩韵（岩骨花香）品质特征的乌龙茶。

## 5 产品分类与标准样品

### 5.1 产品分类

武夷岩茶产品分为大红袍、名枞、肉桂、水仙、奇种。

### 5.2 标准样品

武夷岩茶各品种等级设实物标准样。

## 6 要求

### 6.1 自然环境

#### 6.1.1 地理特征

武夷山西北地势高，且群峰耸立，能阻挡北部寒流的侵袭，气候温暖，具有亚热带气候特征。四条溪流和峰峦、丘陵相互交错，形成独特的微域气候，空气湿润、多雾。

#### 6.1.2 气候特点

年日照时数4 425 h左右，年平均日照时数2 000 h左右。年平均温度18℃～18.5℃，无霜期长。年降水量在2 000 mm左右，年平均相对湿度在80%左右。

#### 6.1.3 土壤

武夷山土壤属亚热带常绿阔叶林山地土壤，大部分茶区的土壤为火山砾石、红沙岩及页岩，土壤表层腐植层较厚，有机质含量高，pH4～6。

#### 6.1.4 植被

植被繁茂，常见的植物群落如杉、苦槠、白栎、马尾松、芒箕骨、蕨类。

### 6.2 茶树种苗繁育

茶树种苗应采用无性繁育。

#### 6.2.1 茶树短穗扦插育苗

**6.2.1.1 母树的选择**

应选择品种纯正、生长健壮、无病虫害的优良母树。

**6.2.1.2 母树的培育**

6.2.1.2.1 秋末冬初结合深耕改土，重施有机肥，增施过磷酸钙。

6.2.1.2.2 供夏秋扦插的母树在春茶萌芽前、供冬插或翌年春插的母树在秋茶萌动前轻修剪。

6.2.1.2.3 幼龄茶树和重修剪、台刈更新复壮的茶树，结合树冠培养进行定型修剪。

6.2.1.2.4 定型修剪后施追肥。

6.2.1.2.5 冬季喷施石硫合剂，积极推广使用生物农药。

6.2.1.2.6 铺草覆盖，蓄水防旱。

**6.2.1.3 剪穗扦插**

**6.2.1.3.1 插穗选择**

选择品种纯正、茎枝红棕色半木质化、粗壮、腋芽饱满、无病虫害的枝梢。

**6.2.1.3.2 剪穗**

6.2.1.3.2.1 当新梢出现红棕色、半木质化时进行剪穗。

6.2.1.3.2.2 对不同品种分别剪穗，去除杂种穗。

6.2.1.3.2.3　插穗应带有一片叶、一个腋芽。

6.2.1.3.2.4　剪口要平滑，斜面与叶向相同，上端剪口距叶柄处 3 mm～4 mm，应随剪随插。

6.2.1.3.3　**扦插**

6.2.1.3.3.1　春插在 2 月下旬至 3 月上旬，夏插在 6 月初至 7 月上旬，秋插在 9 月至 10 月，以夏梢秋插为宜。

6.2.1.3.3.2　将苗床充分喷湿，待稍干不粘手时，按划好的行距扦插。

6.2.1.3.3.3　扦插行距、株距合适，叶缘叶尖以不重迭为宜。

6.2.1.3.3.4　直插或将叶片稍翘起斜入土，叶面应顺风向，叶柄、芽应露出土面，叶片不能粘土，插后即遮荫，喷水至培养土湿透。

**6.2.2　出圃规格**

扦插苗木出圃规格按 GB 11767 执行。

**6.3　栽培技术**

**6.3.1　划种植行**

6.3.1.1　梯面宽约 1.5 m 的梯层茶园种一行，距梯埂外沿 80 cm～90 cm 平行划种植行。

6.3.1.2　梯面宽 2.7 m 以上的梯层按行距 1.2 m～1.5 m 划种植行，种植行可与梯层不平行。

**6.3.2　挖种植沟与施基肥**

6.3.2.1　根据划出的种植行挖深、宽各 40 cm 左右的种植沟。

6.3.2.2　重施有机肥，增施磷肥，与土拌匀，施沟底，再覆土。

**6.3.3　定植**

**6.3.3.1　定植时间**

在茶苗休眠期定植，以雨后或阴天最好，若发生干旱忌栽。

**6.3.3.2　品种配置**

早、中、迟芽比例以 1∶3∶2 为宜。

**6.3.3.3　种植密度**

6.3.3.3.1　小乔木型品种株距 30 cm～35 cm，行距 1.3 m～1.5 m，穴种 2 株～3 株。

6.3.3.3.2　灌木型品种株距 30 cm～35 cm，行距 1.2 m～1.5 m，穴种 2 株～3 株。

**6.3.3.4　种植**

6.3.3.4.1　茶苗的根茎部入土深 2 cm～3 cm，品字形种植，茶根要自然伸展。

6.3.3.4.2　栽后覆土压实，盖一层松土，保持有 10 cm 浅沟，再浇水，铺草覆盖。

**6.3.4　茶树修剪**

**6.3.4.1　幼龄茶树定型修剪**

在春茶芽梢萌动前、夏茶后（长势旺盛的茶树）和秋茶后进行定型修剪；其中定植后，树高 35 cm、主径粗 0.5 cm 以上，即进行第一次定型修剪；修剪次数为 3 次～4 次；剪去主干枝，然后平剪。每次剪后要加强耕锄，肥培管理，防治病虫害，严格留养。

**6.3.4.2　茶树轻修剪**

成龄茶树每年进行一次轻修剪。轻修剪采用平剪或略带弧形剪，剪去树冠表面的鸡爪枝、细弱枝、病虫枝和突出枝。

**6.3.4.3　茶树深修剪**

把茶树表层的所有枝条剪去 10 cm～20 cm，刺激切口下部骨干枝潜伏芽头新梢，更新树冠。一般安排在立春前或春茶后 15 d 内完成。

**6.3.4.4　台刈**

对良种茶树树势严重衰老，多枯枝、病虫枝、细弱枝、白化枝、披生地衣、苔鲜、芽叶稀小细弱、夹叶多、产量严重下降的老茶树应在离地面 5 cm～10 cm 进行台刈，将枝干粗的锯除，若根基部有更新枝的应留数枝枝梢。

**6.3.5　铺草覆盖**

夏茶采后，应用杂草(种子成熟前)、作物槁杆等覆盖。

**6.3.6　茶园施肥**

6.3.6.1　施肥时期：在 2 月中下旬施催芽肥；在 6 月下旬到 9 月下旬期间施追肥；在 10 月至 11 月上旬，结合冬季深耕施基肥。

6.3.6.2　肥料种类：基肥主要为有机肥与磷、钾肥，追肥主要为氮肥。

6.3.6.3　施肥量与配比：幼龄茶树以氮肥为主，磷钾肥为辅，采叶茶树增加磷钾肥，适当使用氮肥，提倡使用有机肥，茶园一般氮、磷、钾肥按 3∶2∶1 比例配施。

**6.3.7　病虫害防治**

按照农业防治、生物防治、物理防治和适量适度化学防治相结合的原则，强化采剪、耕作、施肥等农艺技术的综合运用，增强树体抗病虫能力，清除病虫发生源；充分保护和利用天敌，推广应用生物防治技术；做好病虫测报，不得使用国家明令禁止在茶树上使用的农药。严格执行农药安全间隔期。

**6.4　采摘**

**6.4.1　采摘条件**

6.4.1.1　顶叶小开面至中开面，以中开面最适宜。

6.4.1.2　2 叶至 4 叶嫩梢及采摘层上的幼嫩对夹叶。

**6.4.2　开采期**

春茶在谷雨前后开采；夏茶在小满前后开采；秋茶在立秋以后开采。

**6.4.3　采摘方法**

6.4.3.1　每季萌发的新梢，确定合理的留养高度为采摘面高度，并以此为水准从树冠中间往外采。高于额定采摘面以上的新梢芽叶应全部采摘；低于额定采摘面以下的新梢芽应全部留养。

6.4.3.2　投采茶园一般控制树冠高度为 80 cm～120 cm。

6.4.3.3　严格留养采摘面以下的侧枝、低梢及树冠稀疏处的芽梢，待每季采摘后，再轻度摘去留养新梢的顶芽。

**6.5　茶青**

**6.5.1　基本要求**

合格的茶青应肥壮、完整、新鲜、均匀，每梢为两个“定型叶”，且应符合下列要求之一：

a)　小开面(顶叶面积为第二叶的 30%～40%)采四叶；

b)　中开面(顶叶面积为第二叶的 50%～70%)采三叶；

c)　大开面(顶叶面积为第二叶的 80%～90%)采两叶；

d)　一芽四叶(壮树带芽采四叶)及对夹叶。

**6.5.2　茶青质量分级**

茶青质量分为一级、二级、三级，分级指标见表 1。

**表 1　茶青质量分级**

| 等　级 | 质 量 要 求 |
|---|---|
| 一级 | 合格的茶青质量占茶青总质量≥90% |
| 二级 | 合格的茶青质量占茶青总质量≥80% |
| 三级 | 合格的茶青质量占茶青总质量≥70% |

6.5.3 **茶青的运输、贮存**

6.5.3.1 茶青应用清洁卫生、透气良好的篮篓进行盛装，不得压紧，运输时应避免日晒雨淋，不与有毒有味物品混装。

6.5.3.2 茶青采摘后 4 h 内送到茶厂，不能及时送到茶厂的茶青应注意保质保鲜，合理贮存。

6.5.3.3 茶青盛装、运输、贮存中，应轻放、轻翻。

6.6 **制作工艺**

6.6.1 **武夷岩茶初制工序**

茶青→晒青或萎凋→做青→杀青→揉捻→烘干(初烘、摊凉、复烘)→毛茶。

6.6.2 **武夷岩茶精制工序**

毛茶→归堆、定级→筛号茶取料→拣剔、风选→筛号茶拼配→干燥→摊凉→匀堆→自检→定量包装→产品茶。

6.7 **感官品质**

6.7.1 武夷岩茶产品应洁净，不着色，不得混有异种植物，不含非茶叶物质，无异味，无异臭，无霉变。各类产品还应符合相应的感官品质。

6.7.2 大红袍产品感官品质见表 2。

**表 2 大红袍产品感官品质**

| 项目 | | 级别 | | |
|---|---|---|---|---|
| | | 特级 | 一级 | 二级 |
| 外形 | 条索 | 紧结、壮实、稍扭曲 | 紧结、壮实 | 紧结、较壮实 |
| | 色泽 | 带宝色或油润 | 稍带宝色或油润 | 油润、红点明显 |
| | 整碎 | 匀整 | 匀整 | 较匀整 |
| | 净度 | 洁净 | 洁净 | 洁净 |
| 内质 | 香气 | 锐、浓长或幽、清远 | 浓长或幽、清远 | 幽长 |
| | 滋味 | 岩韵明显、醇厚、回味甘爽、杯底有余香 | 岩韵显、醇厚、回甘快、杯底有余香 | 岩韵明、较醇厚、回甘、杯底有余香 |
| | 汤色 | 清澈、艳丽，呈深橙黄色 | 较清澈、艳丽，呈深橙黄色 | 金黄清澈、明亮 |
| | 叶底 | 软亮匀齐、红边或带朱砂色 | 较软亮匀齐、红边或带朱砂色 | 较软亮、较匀齐、红边较显 |

6.7.3 名枞产品感官品质见表 3。

**表 3 名枞产品感官品质**

| 项目 | | 要求 |
|---|---|---|
| 外形 | 条索 | 紧结、壮实 |
| | 色泽 | 较带宝色或油润 |
| | 整碎 | 匀整 |
| 内质 | 香气 | 较锐、浓长或幽、清远 |
| | 滋味 | 岩韵明显、醇厚、回甘快、杯底有余香 |
| | 汤色 | 清澈艳丽，呈深橙黄色 |
| | 叶底 | 叶片软亮匀齐，红边或带朱砂色 |

6.7.4 肉桂产品感官品质见表 4。

**表 4　肉桂产品感官品质**

| 项　目 | | 级　别 | | |
|---|---|---|---|---|
| | | 特级 | 一　级 | 二　级 |
| 外形 | 条索 | 肥壮紧结、沉重 | 较肥壮结实、沉重 | 尚结实，卷曲、稍沉重 |
| | 色泽 | 油润，砂绿明，红点明显 | 油润、砂绿较明，红点较明显 | 乌润，稍带褐红色或褐绿 |
| | 整碎 | 匀整 | 较匀整 | 尚匀整 |
| | 净度 | 洁净 | 较洁净 | 尚洁净 |
| 内质 | 香气 | 浓郁持久，似有乳香或蜜桃香、或桂皮香 | 清高幽长 | 清香 |
| | 滋味 | 醇厚鲜爽、岩韵明显 | 醇厚尚鲜，岩韵明 | 醇和岩韵略显 |
| | 汤色 | 金黄清澈明亮 | 橙黄清澈 | 橙黄略深 |
| | 叶底 | 肥厚软亮、匀齐红边明显 | 软亮匀齐，红边明显 | 红边欠匀 |

6.7.5　水仙产品感官品质见表 5。

**表 5　水仙产品感官品质**

| 项　目 | | 级　别 | | | |
|---|---|---|---|---|---|
| | | 特　级 | 一　级 | 二　级 | 三　级 |
| 外形 | 条索 | 壮结 | 壮结 | 壮实 | 尚壮实 |
| | 色泽 | 油润 | 尚油润 | 稍带褐色 | 褐色 |
| | 整碎 | 匀整 | 匀整 | 较匀整 | 尚匀整 |
| | 净度 | 洁净 | 洁净 | 较洁净 | 尚洁净 |
| 内质 | 香气 | 浓郁鲜锐、特征明显 | 清香特征显 | 尚清纯、特征尚显 | 特征稍显 |
| | 滋味 | 浓爽鲜锐、品种特征显露、岩韵明显 | 醇厚、品种特征显、岩韵明 | 较醇厚、品种特征尚显、岩韵尚明 | 浓厚、具品种特征 |
| | 汤色 | 金黄清澈 | 金黄 | 橙黄稍深 | 深黄泛红 |
| | 叶底 | 肥嫩软亮、红边鲜艳 | 肥厚软亮、红边明显 | 软亮、红边尚显 | 软亮、红边欠匀 |

6.7.6　奇种产品感官品质见表 6。

**表 6　奇种产品感官品质**

| 项　目 | | 级　别 | | | |
|---|---|---|---|---|---|
| | | 特　级 | 一　级 | 二　级 | 三　级 |
| 外形 | 条索 | 紧结重实 | 结实 | 尚结实 | 尚壮实 |
| | 色泽 | 翠润 | 油润 | 尚油润 | 尚润 |
| | 整碎 | 匀整 | 匀整 | 较匀整 | 尚匀整 |
| | 净度 | 洁净 | 洁净 | 较洁净 | 尚洁净 |
| 内质 | 香气 | 清高 | 清纯 | 尚浓 | 平正 |
| | 滋味 | 清醇甘爽、岩韵显 | 尚醇厚、岩韵明 | 尚醇正 | 欠醇 |
| | 汤色 | 金黄清澈 | 较金黄清澈 | 金黄稍深 | 橙黄稍深 |
| | 叶底 | 软亮匀齐、红边鲜艳 | 软亮较匀齐、红边明显 | 尚软亮匀整 | 欠匀稍亮 |

6.8 理化指标

理化指标应符合表 7 规定。

表 7 理化指标

| 项 目 | | 水分 | 总灰分 | 碎茶 | 粉末 |
|---|---|---|---|---|---|
| 指标/(%) | ≤ | 6.5 | 6.5 | 15.0 | 1.3 |

6.9 卫生指标

卫生指标应符合表 8 规定。

表 8 卫生指标

| 项 目 | | 指 标 | 引用标准 | 试验方法 |
|---|---|---|---|---|
| 铅/(mg/kg) | ≤ | 5 | GB 2762 | GB/T 5009.12 |
| 稀土/(mg/kg) | ≤ | 2 | GB 2762 | GB/T 5009.94 |
| 六六六/(mg/kg) | ≤ | 0.2 | GB 2763 | GB/T 5009.19 |
| 滴滴涕/(mg/kg) | ≤ | 0.2 | GB 2763 | GB/T 5009.19 |
| 三氯杀螨醇/(mg/kg) | ≤ | 0.1 | NY 5244 | GB/T 5009.176 |
| 联苯菊酯/(mg/kg) | ≤ | 5 | NY 5244 | GB/T 5009.146 |
| 氯氰菊酯/(mg/kg) | ≤ | 0.5 | NY 5244 | GB/T 5009.110 |
| 溴氰菊酯/(mg/kg) | ≤ | 5 | NY 5244 | GB/T 5009.110 |
| 顺式氰戊菊酯/(mg/kg) | ≤ | 2 | GB 2763 | GB/T 5009.110 |
| 氟氰戊菊酯/(mg/kg) | ≤ | 20 | GB 2763 | GB/T 5009.146 |
| 氯菊酯/(mg/kg) | ≤ | 20 | GB 2763 | GB/T 5009.146 |
| 乙酰甲胺磷/(mg/kg) | ≤ | 0.1 | GB 2763 | GB/T 5009.103 |
| 乐果/(mg/kg) | ≤ | 0.1 | NY 5244 | GB/T 5009.20 |
| 敌敌畏/(mg/kg) | ≤ | 0.1 | NY 5244 | GB/T 5009.20 |
| 杀螟硫磷/(mg/kg) | ≤ | 0.5 | GB 2763 | GB/T 5009.20 |
| 喹硫磷/(mg/kg) | ≤ | 0.2 | NY 5244 | GB/T 5009.20 |
| 大肠菌群/(个/100 g) | ≤ | 300 | NY 5244 | GB/T 4789.3 |
| 注 1：根据《中华人民共和国农药管理条例》，剧毒、高毒和禁用农药不得在茶叶生产中使用。<br>注 2：检验项目可以根据产品质量安全状况和监督抽检工作需要调整。 | | | | |

7 试验方法

7.1 感官品质

按 NY/T 787 规定的方法，并对照武夷岩茶标准样品进行审评。

7.2 理化指标

7.2.1 水分按 GB/T 8304 的规定执行。

7.2.2 灰分按 GB/T 8306 的规定执行。

7.2.3 碎茶、粉末按 GB/T 8311 的规定执行。

7.3 卫生指标

卫生指标按表 8 中规定的试验方法执行。

## 8 检验规则

### 8.1 组批

生产和加工拼配过程中形成的独立数量的产品为一批，同批产品的品质规格应相同。

### 8.2 抽样

按 GB/T 8302 的规定执行。检验在装箱或仓库现场进行，检验数量不少于该批总件数的 2%。

### 8.3 检验分类

检验分常规检验和型式检验。

#### 8.3.1 常规检验

常规检验项目包括感官品质和理化指标。

#### 8.3.2 型式检验

型式检验为每年一次，型式检验的项目包括感官品质、理化指标和卫生指标。有下列情况之一时应进行型式检验：

a) 新产品投产时；

b) 原料、工艺、机具等有较大改变，可能影响产品质量时；

c) 国家质量监督管理机构提出型式检验要求时。

### 8.4 判定规则

检验结果中卫生指标有一项不合格则判定该批产品为不合格产品。理化指标中有一项不符合要求或感官品质经综合评判不符合规定级别的，可从同批产品中加倍随机抽样进行复检，复检后仍不符合标准要求的，则判该批产品为不合格。对检验结果有争议时，应对留存样进行复检，或在同批产品中加倍随机抽样复检。重新抽样应由交接双方会同进行。对有争议项目进行复检，以复检结果为准。

## 9 标志、标签、包装、运输、贮存

### 9.1 标志、标签

9.1.1 获准使用地理标志保护产品专用标志资格的生产者，应按当地政府制定的管理办法在其产品上加贴防伪专用标志。

9.1.2 标志、标签应符合 GB 7718 的规定，应标明：生产者名称和地址、产品名称、品种名称、净含量、质量等级、生产日期、保质期、本标准号。

9.1.3 运输包装箱的图示标志应符合 GB/T 191 的规定。

### 9.2 包装

9.2.1 包装容器应清洁、干燥、无异味、无毒。

9.2.2 接触茶叶的包装材料应符合 SB/T 10035 的规定。

### 9.3 运输

运输时应轻装轻放，防潮，避免剧烈撞击、重压。

### 9.4 贮存

贮存仓库应满足通风、干燥、清洁、阴凉、无阳光直射的要求，严禁与有毒、有异味(气)、潮湿、易生虫、易污染的物品混放。

# 附 录 A
（规范性附录）
## 武夷岩茶地理标志产品保护范围

武夷岩茶地理标志产品保护范围见图 A.1。

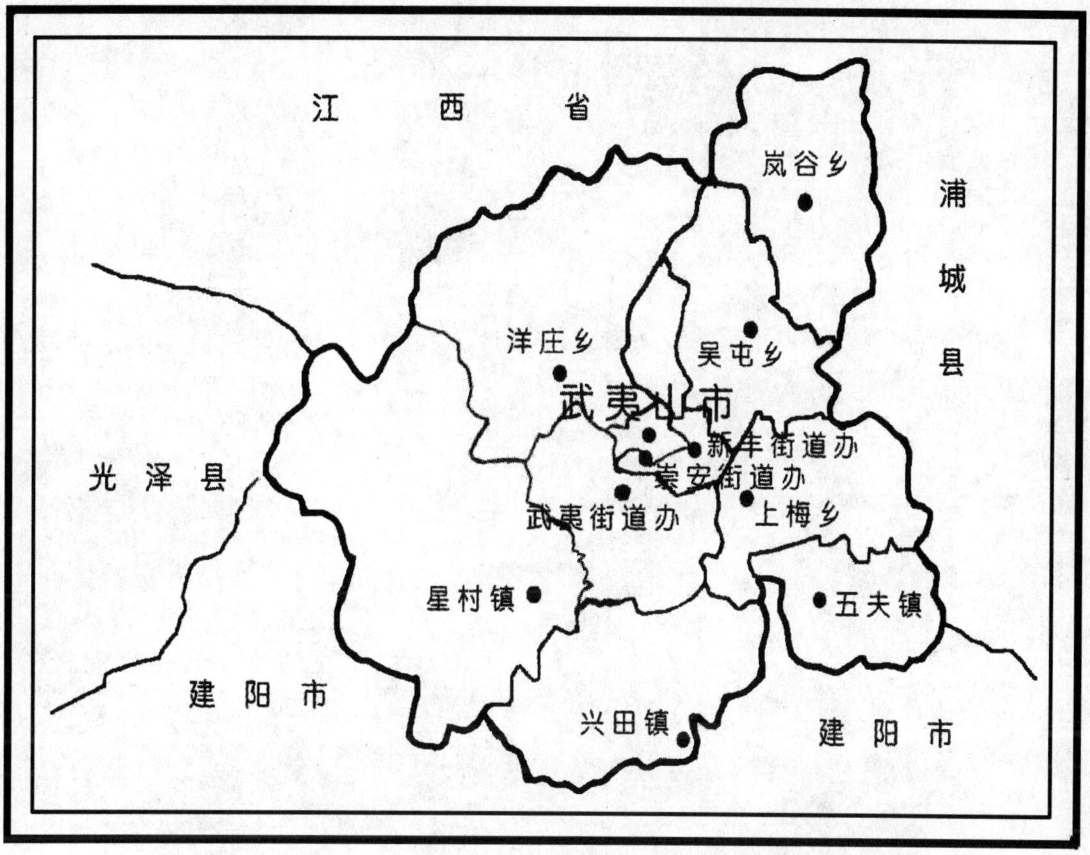


图 A.1 武夷岩茶地理标志产品保护范围图

ICS 29.020
J 07

# 中华人民共和国国家标准

GB/T 18759.2—2006

## 机械电气设备 开放式数控系统 第2部分：体系结构

## Electrical equipment of machines—Open numerical control system—Part 2:System architecture

2006-10-16 发布　　2007-04-01 实施

中华人民共和国国家质量监督检验检疫总局
中国国家标准化管理委员会　发布

# 前　言

《机械电气设备　开放式数控系统》拟包括以下几部分：

——机械电气设备　开放式数控系统　第1部分：总则；

——机械电气设备　开放式数控系统　第2部分：体系结构；

——机械电气设备　开放式数控系统　第3部分：接口设计(暂定名称)；

——机械电气设备　开放式数控系统　第4部分：通讯(暂定名称)；

——机械电气设备　开放式数控系统　第5部分：硬件平台(暂定名称)；

——机械电气设备　开放式数控系统　第6部分：软件平台(暂定名称)；

——机械电气设备　开放式数控系统　第7部分：试验与验收(暂定名称)；

……

本部分为GB/T 18759的第2部分。

本部分的附录A为资料性附录。

本部分由中国机械工业联合会提出。

本部分由全国工业机械电气系统标准化技术委员会(SAC/TC 231)和全国金属切削机床标准化技术委员会(SAC/TC 22)归口。

本部分负责起草单位：北京机床研究所和北京工业大学机电学院。

本部分参加单位：武汉华中数控股份有限公司、北京首科凯奇电气技术有限公司、中国科学院沈阳计算技术研究所有限公司、西南自动化研究所、北京和利时电机技术有限公司、固高科技(深圳)有限公司、广州数控设备有限公司。

本部分主要起草人：黄祖广、陈卫福、李佳特、郑小年、陈虎、于东、诸洪、王健、龚小云、杨堂勇。

# 机械电气设备　开放式数控系统
# 第2部分：体系结构

## 1　范围

GB/T 18759 的本部分规定了开放式数控系统的基本体系结构，定义了体系结构中各个功能组件及其主要功能模块。

本部分只规定开放式数控系统的控制器规范，不对驱动器的类型、性能和由最终用户开发的软件作限制。

本部分不对操作系统和通信系统作具体规定，凡是采用符合事实标准、国际流行、技术成熟的操作系统和通信系统（包括 PC 的通信系统）都被视为符合本部分。

本部分对于控制器的外部接口只规定采用国际标准或事实标准，不作具体限制。

本部分只定义最基础的模块及其功能，在实际使用中可扩充。

GB/T 18759 的本部分适用于机械电气设备用的开放式数控系统。

## 2　规范性引用文件

下列文件中的条款通过 GB/T 18759 的本部分的引用而成为本部分的条款。凡是注日期的引用文件，其随后所有的修改单（不包括勘误的内容）或修订版均不适用于本部分，然而，鼓励根据本部分达成协议的各方研究是否可使用这些文件的最新版本。凡是不注日期的引用文件，其最新版本适用于本部分。

GB 8870—1988　机床数字控制　点位、直线运动和轮廓控制系统的数据格式（idt ISO 6983/1：1982）

IEC 61131-3：2003　工业控制编程语言

RS 274　编程标准数据格式

## 3　术语和定义

本部分采用下列术语和定义：

3.1

**功能区　functional area**

用来解释数值控制系统的传统观念和开放式数控（ONC）系统概念之间的关系。

一个 ONC 控制器的功能可以划分成若干功能区。基本功能区有下列三个：

——HMC　人机交互控制功能区；

——PLC　可编程逻辑功能区；

——NC　数值控制功能区。

3.2

**功能模块　function module**

是功能组件中的基础单元，用来实现功能组件中各功能的模块，它是一个独立的功能块，具有标准的数据接口。

一个功能组件可以选配和连接不同的功能模块实现不同的功能水准。模块可以通过系统配置直接嵌入 ONC 平台，并被通信系统访问。用户在对模块进行开发时，对外接口应符合所属模块的数据接口定义，以便实现“即插即用”，其内部实现被封装，并允许加许可证。

3.3

**功能组件　functional component**

ONC 控制器的独立组成部分，实现一类独立的功能。

功能组件划分一般如图 1 所示：

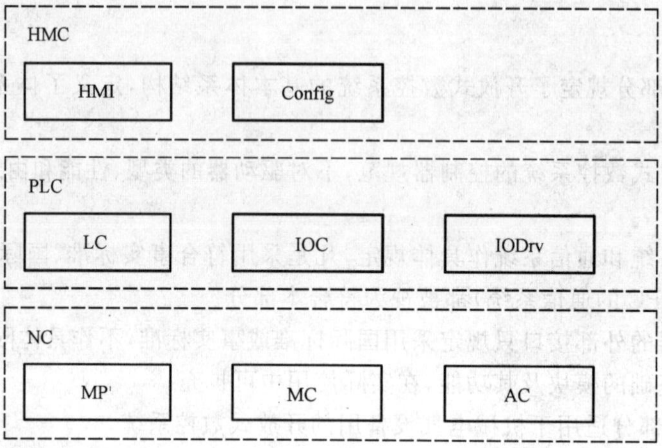


HMI——人机接口；
Config——系统配置；
LC——逻辑控制；
IOC——输入输出控制；
IODrv——输入输出驱动；
MP——运动准备；
MC——运动控制；
AC——轴控制；
（虚线框）——功能区；
（实线框）——功能组件。

**图 1　基本功能区及其中的基本功能组件**

## 4　基本体系结构

从体系结构的观点来看，一个 ONC 系统分成了两个主要部分：应用软件和系统平台。如图 2 所示：

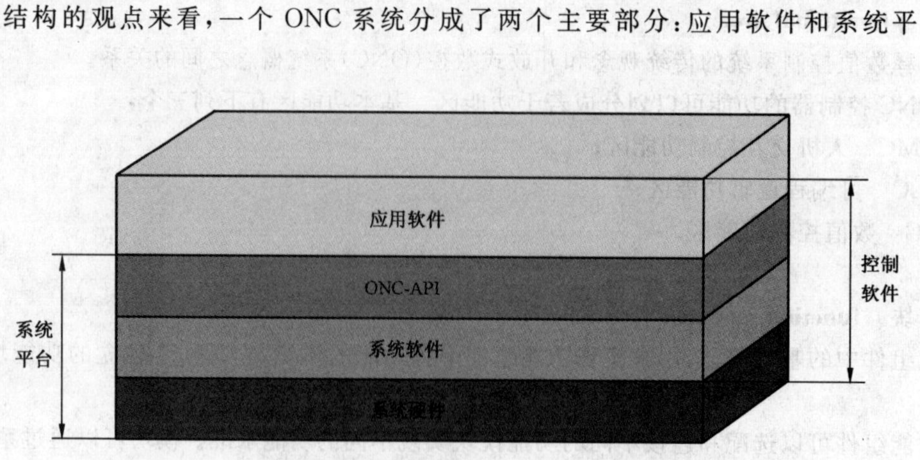


**图 2　ONC 系统的基本体系结构**

应用软件包括了控制系统的特定的功能，这些功能是由一些功能模块通过标准接口连接起来实现的，各功能模块均能运行在服从开放式体系结构要求的不同系统平台上。

系统平台由系统硬件、系统软件和应用编程接口(API)组成。系统硬件包括支持第三方的电子组件(如处理器板、I/O模块等)，而系统软件则包括操作系统、通信系统和其他的设备驱动器等软件。

系统平台必须支持ONC系统的结构特性：互换性、伸缩性、互操作性和可移植性。系统平台应通过API提供服务，保证功能模块在不同环境下的可移植性。功能模块的接口要通过标准的通信系统和API来支持，通信系统要支持功能模块的互操作性和远程通信。性能的可扩展性可通过提高或降低平台的性能来实现。功能的可扩展性可通过增加、去除或更换功能模块来实现。系统的拓扑结构可在系统启动阶段根据配置系统对给定的解释进行动态建立。

## 5 功能组件及其模块

### 5.1 MP 功能组件

该组件的任务是读入用NC语言编写的加工程序，通过对它的解释获得加工轨迹。根据数控设备的要求对加工轨迹进行各种预处理获得实际加工轨迹。该组件应具有的基本功能及相应模块见表1。

**表1 MP 功能组件及其模块**

| 序号 | 功　能　描　述 | 模块名 |
|---|---|---|
| 1 | 读入加工文件 | MP_ReadNCFile |
| 2 | 加工程序解释(含词法检查、语法检查、语义解释) | MP_NCDecode |
| 3 | 刀具补偿及轨迹修正 | MP_ ToolComp |
| 4 | 列表点拟合 | MP_PointToCurve |
| 5 | 刀具干涉检查 | MP_ToolIntf |
| 6 | 通信服务 | MP_CommSrv |

### 5.2 MC 功能组件

该组件的任务是产生对机器运动轴的命令值，即把轨迹插补计算出的离散点位置、连续运动命令及其参数、同步运动命令及其参数、手动命令及其参数转换成伺服驱动器的位置、速度、加速度等命令值，借助于轴组配置，可在一台控制器上同时实现各种类型的运动。

#### 5.2.1 功能及其模块

该组件应具有的基本功能及相应的模块见表2。

**表2 MC 组件功能及其模块**

| 序号 | 功　能　描　述 | 模块名 |
|---|---|---|
| 1 | 选择电子凸轮表 | MC_CamTableSelect |
| 2 | 轨迹插补 | MC_Interpolater |
| 3 | 逆向运动分析 | MC_TRAFO |
| 4 | 正向运动分析 | MC_TRAFOF |
| 5 | 命令轴运动到指定的绝对位置 | MC_MoveAbsolute |
| 6 | 命令轴相对于当前实际位置移动一个指定距离 | MC_MoveRelative |
| 7 | 在离散运动状态下命令轴在原有的命令位置上增加一个指定的相对距离 | MC_MoveAdditive |
| 8 | 命令轴在现有运动上叠加一个指定的相对距离(现有运动不中断) | MC_MoveSuperimposed |
| 9 | 命令轴以指定的速度连续运动 | MC_MoveVelocity |
| 10 | 命令轴执行回零顺序 | MC_Home |
| 11 | 命令运动停止，轴状态转变为“正在停止” | MC_Stop |
| 12 | 命令轴按定义的位置轮廓运动 | MC_PositionProfile |
| 13 | 命令轴按定义的速度轮廓运动 | MC_VelocityProfile |

表 2(续)

| 序号 | 功　能　描　述 | 模块名 |
|---|---|---|
| 14 | 命令轴按定义的加速度轮廓运动 | MC_AccelerationProfile |
| 15 | 进入电子凸轮运动 | MC_CamIn |
| 16 | 退出电子凸轮运动(从控轴立即脱离主控轴) | MC_CamOut |
| 17 | 进入电子齿轮运动(命令从控轴以某个传动比相对于主控轴运动) | MC_GearIn |
| 18 | 退出电子齿轮运动(从控轴立即脱离主控轴) | MC_GearOut |
| 19 | 相位同步(主控轴与从控轴间保持恒定距离,它们有相同的速度和加速度) | MC_Phasing |
| 20 | 运动轨迹记录 | MC_TraceRec |
| 21 | 通信服务 | MC_CommSrv |

## 5.2.2 逻辑状态图

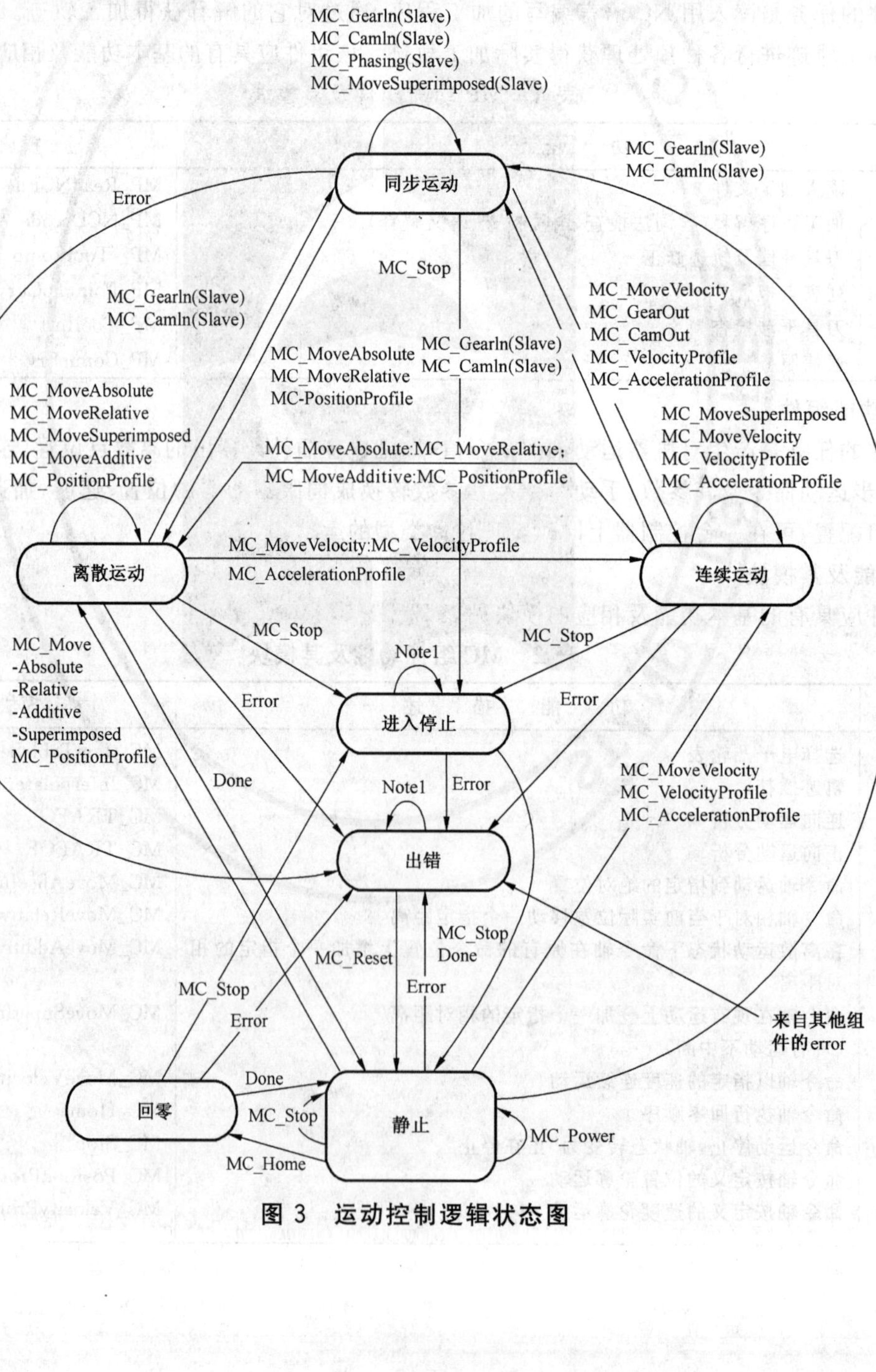


图 3　运动控制逻辑状态图

轴的运动有三种状态(见图 3):

——离散运动(Discrete Motion),轴按点位或插补出的离散点运动;

——连续运动(Continuous Motion),轴按给定的速度、加速度连续运动;

——同步运动(Synchronized Motion),轴按电子凸轮/电子齿轮/相位同步方式运动。

轴总是处于某种规定的运动状态,任何运动命令都是为改变轴运动状态的一种转移,一根轴的运动命令总是顺序执行的。

轴在各种状态下执行运动有三种结果输出:

——完成(Done),完成后执行新的命令;

——出错(Error);

——停止(MC_Stop)。

状态机的逻辑控制根据不同的输出结果处理状态转移。

注 1:图 3 中描述的是单轴状态图,复合的多轴状态可以看作各单轴处于各自特定状态。

例如电子凸轮的主控轴可以处于连续运动状态,而它的从动轴则处于同步运动状态。

## 5.3 AC 功能组件

该组件的任务是管理伺服驱动器的参数,实施对伺服驱动器的控制,管理运动控制现场总线的数字接口(例如 CAN、Profibus、Sercos 等),管理传统轴中的位置控制,准备要显示的轴的各类实际数据及状态。

该组件应具有的基本功能及相应的模块见表 3。

**表 3 AC 功能组件及其模块**

| 序号 | 功能描述 | 模块名 |
|---|---|---|
| 1 | 控制伺服驱动器的打开和关闭 | AC_Power |
| 2 | 总线及伺服驱动器参数的初始化 | AC_Init |
| 3 | 返回轴的当前运动状态 | AC_ReadStatus |
| 4 | 读轴的故障信息 | AC_ReadAxisError |
| 5 | 读轴的实际位置 | AC_ReadActualPosition |
| 6 | 发出轴的命令位置 | AC_WriteCommandPosition |
| 7 | 轴的状态复位 | AC_Reset |
| 8 | 读出供应商规定的参数值 | AC_ReadParameter |
| 9 | 修改供应商规定的参数值 | AC_WriteParameter |
| 10 | 通信服务 | AC_CommSrv |

## 5.4 LC 功能组件

该组件的任务是负责在控制器硬件上运行 PLC 的各项任务。它不仅对输入输出实现逻辑控制,而且可以对 NC 功能区的组件实现逻辑控制。它向各功能区提供通信接口服务,应有能力对不同操作系统和用户外部设备进行适配。

该组件应具有的基本功能及其相应模块见表 4。

**表 4 LC 功能组件及其模块**

| 序号 | 功能描述 | 模块名 |
|---|---|---|
| 1 | 代码管理(加载、卸载、编译和管理 PLC 程序) | LC_RtsCm |
| 2 | 顺序控制(包括启动和结束 PLC 的运行,启动、停止、复位、继续各项控制任务) | LC_RtsCtrl |
| 3 | PLC 任务调度(优先权控制、周期时间控制、事件控制、监视器管理) | LC_RtsTask |
| 4 | 通信服务 | LC_RtsSrv |

## 5.5 IOC 功能组件

该组件的任务是对外围输入输出设备执行逻辑控制。

## 5.6 IODrv 功能组件

该组件的任务是负责外围输入输出设备的驱动。它可以支持各类现场总线(例如 CAN、Profibus、Sercos 等)。

该组件应具有的基本功能及其相应模块见表 5。

**表 5 IODrv 功能组件及其模块**

| 序号 | 功 能 描 述 | 模块名 |
|---|---|---|
| 1 | 数字量输入 | IODrv_ DI |
| 2 | 数字量输出 | IODrv_DO |
| 3 | 模拟量输入 | IODrv_AI |
| 4 | 模拟量输出 | IODrv_AO |
| 5 | IO 初始化 | IODrv_ Init |
| 6 | 通信服务 | IODrv_CommSrv |

## 5.7 HMI 功能组件

该组件的任务是执行各种人机交互功能。

该组件应具有的基本功能及其相应模块见表 6。

**表 6 HMI 功能组件及其模块**

| 序号 | 功 能 描 述 | 模块名 |
|---|---|---|
| 1 | 信息可视化 | HMI_VISU |
| 2 | 人工操作 | HMI_MOP |
| 3 | 加工程序编辑 | HMI_EDIT |
| 4 | 诊断 | HMI_Diag |
| 5 | 用户身份验证 | HMI_Authe |
| 6 | 文件系统管理 | HMI_FileManage |
| 7 | 通信服务 | HMI_CommSrv |

## 5.8 Config 功能组件

该组件的任务是对整个系统进行配置。

该组件应具有的基本功能及其相应模块见表 7。

**表 7 Config 功能组件及其模块**

| 序号 | 功 能 描 述 | 模块名 |
|---|---|---|
| 1 | 模块库管理(对标准模块库、工具库、系统库、NC 模块库、用户模块库等进行管理) | CFG_ModManager |
| 2 | 参数管理 | CFG_ParaManager |
| 3 | IO 硬件及变量地址配置 | CFG_IOConfig |
| 4 | 任务配置(优先权、周期时间、触发事件) | CFG_TaskConfig |
| 5 | 目标平台设置(处理器类型、内存分配、现场总线类型、网络参数、显示器分辨率等) | CFG_TargetSet |
| 6 | 通信服务 | CFG_CommSrv |

配置原则：

——各功能组件按控制对象的要求从模块库中选取所需要的模块,对各模块进行逻辑连接;

——把功能组件归并到若干任务中去,选择各任务的优先权、周期时间、触发事件,完成任务配置;

——对逻辑变量定义地址,完成 IO 配置。

# 附 录 A
（资料性附录）
## ONC 系统平台参考布局

ONC 系统平台参考布局如图 A.1 所示。

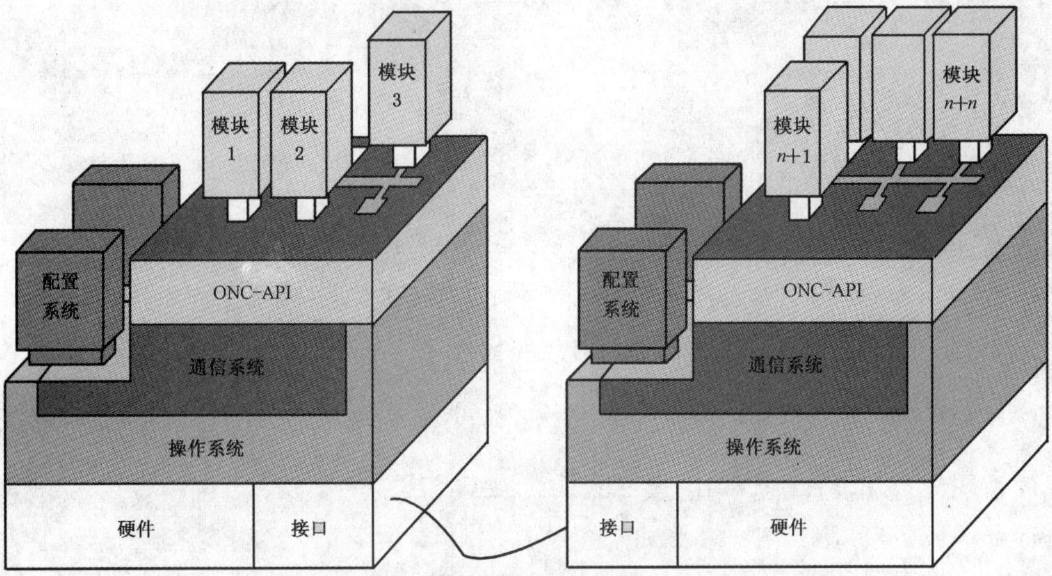


图 A.1 ONC 系统平台布局

一个控制系统的接口可分为内部接口和外部接口，如图 A.2 所示。

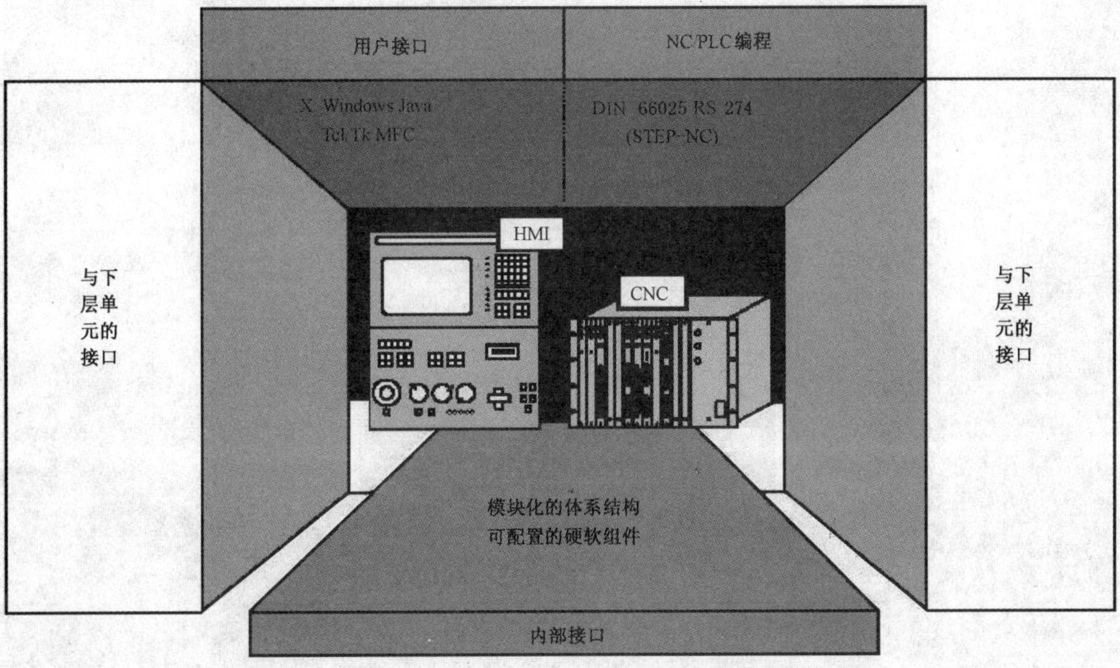


图 A.2 ONC 系统的内部和外部接口

ICS 17.040.20
J 04

# 中华人民共和国国家标准

GB/T 18778.3—2006/ISO 13565-3:1998

# 产品几何技术规范(GPS) 表面结构 轮廓法 具有复合加工特征的表面 第3部分:用概率支承率曲线表征高度特性

**Geometrical Product Specifications(GPS)—
Surface texture—Profile method—
Surface having stratified functional properties—
Part 3: Height characterization using the material probability curve**

(ISO 13565-3:1998,IDT)

2006-07-19 发布 2007-02-01 实施

中华人民共和国国家质量监督检验检疫总局
中国国家标准化管理委员会 发布

# 前　言

GB/T 18778《产品几何技术规范(GPS)　表面结构　轮廓法　具有复合加工特征的表面》分为三个部分：

——第1部分：滤波和一般测量条件；

——第2部分：用线性化的支承率曲线表征高度特性；

——第3部分：用概率支承率曲线表征高度特性。

本部分为GB/T 18778《产品几何技术规范(GPS)　表面结构　轮廓法　具有复合加工特征的表面》标准的第3部分。

本部分等同采用ISO 13565-3:1998《产品几何技术规范(GPS)　表面结构　轮廓法　具有复合加工特征的表面　第3部分：用概率支承率曲线表征高度特性》(英文版)。

本部分等同翻译ISO 13565-3:1998，为便于使用，本部分做了下列编辑性修改：

a)　用小数点“.”代替作为小数点的逗号“,”；

b)　删除国际标准的前言和引言。

此外，在规范性引用文件中用采用国际标准的我国标准代替对应的国际标准。

本部分的附录A是规范性附录，附录B、附录C、附录D、附录E和附录F均为资料性附录。

本标准由全国产品尺寸和几何技术规范标准化技术委员会提出并归口。

本标准起草单位：机械科学研究院中机生产力促进中心、时代集团公司、哈尔滨量具刃具厂、中国计量科学研究院。

本标准主要起草人：王欣玲、王忠滨、高思田、郎岩梅、陈景玉。

# 产品几何技术规范(GPS) 表面结构 轮廓法 具有复合加工特征的表面 第3部分:用概率支承率曲线表征高度特性

## 1 范围

GB/T 18778 的本部分规定了用概率支承率曲线的线性区域确定参数的评定方法,概率支承率曲线是用高斯概率形式表示的支承率曲线。

本部分适用于帮助评定表面摩擦特性(例如:润滑、滑动表面)及控制制造过程。

## 2 规范性引用文件

下列文件中的条款通过 GB/T 18778.3 的本部分的引用而成为本部分的条款。凡是注日期的引用文件,其随后所有的修改单(不包括勘误的内容)或修订版均不适用于本部分,然而,鼓励根据本部分达成协议的各方研究是否可使用这些文件的最新版本。凡是不注日期的引用文件,其最新版本适用于本部分。

GB/T 131—2006 产品几何技术规范(GPS) 技术产品文件中表面结构的表示法(ISO 1302:2002,IDT)

GB/T 3505—2000 产品几何量技术规范(CPS) 表面结构 轮廓法 表面结构的术语、定义及参数(eqv ISO 4287:1997)

GB/T 6062—2002 产品几何量技术规范(GPS) 表面结构 轮廓法 接触(触针)式仪器的标称特性(eqv ISO 3274:1996)

GB/T 18778.1—2002 产品几何量技术规范(GPS) 表面结构 轮廓法 具有复合加工特征的表面 第1部分:滤波和一般测量条件(eqv ISO 13565-1:1996)

GB/T 18778.2—2003 产品几何量技术规范(GPS) 表面结构 轮廓法 具有复合加工特征的表面 第2部分:用线性化的支承率曲线表征高度特性(eqv ISO 13565-2:1996)

## 3 术语及定义

GB/T 6062、GB/T 3505 和 GB/T 18778.2 中确立的术语和定义适用于 GB/T 18778 的本部分。

3.1

**概率支承率曲线 material probability curve ratio**

是支承率曲线的一种表示方法。用高斯概率形式表示的轮廓支承率,以标准偏差为刻度沿水平坐标轴线性绘出。

注:水平坐标轴上的刻度以高斯分布的标准偏差为单位线性绘出。使用这种刻度,高斯分布的支承率曲线成为一条直线。对于由两种高斯分布组成的复合加工表面,概率支承率曲线将显示两个线性的区域(见图1中的1和2)。

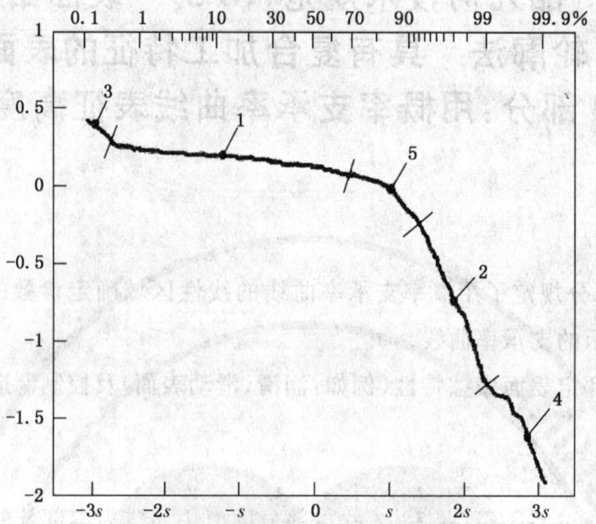


1——塬区；

2——谷区；

3——数据(轮廓)中的刀痼或远离中心的峰；

4——数据(轮廓)中的深刮痕或远离中心的谷；

5——基于两种分布组合在塬区与谷区过渡点引入的不稳定区域(曲率)。

**图 1 概率支承率曲线**

3.2

***Rpq*(*Ppq*)参数 *Rpq*(*Ppq*)parameter**

塬区部分线性回归的斜率(见图 2)。

注：可以把 *Rpq*(*Ppq*)解释为生成轮廓曲线塬成分随机过程的 *Rq*(*Pq*)值(微米)。

3.3

***Rvp*(*Pvq*)参数 *Rvp*(*Pvq*) parameter**

谷区部分线性回归的斜率(见图 2)。

注：可以把 *Rvq*(*Pvq*)解释为生成轮廓曲线谷成分随机过程的 *Rq*(*Pq*)值(微米)。

3.4

***Rmq*(*Pmq*)参数 *Rmq*(*Pmq*) parameter**

塬区与谷区交点处的支承率(见图 2)。

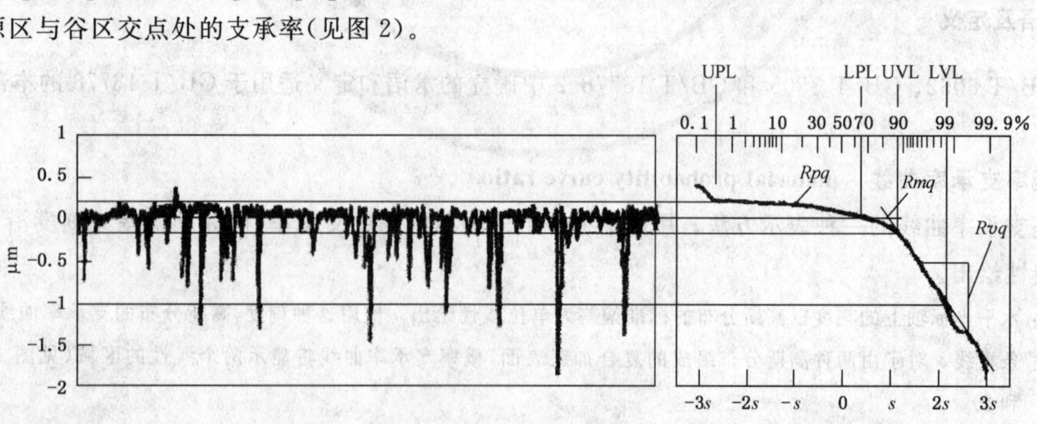


**图 2 粗糙度轮廓和相应的概率支承率曲线及确定 *Rpq*、*Rvq* 和 *Rmq* 参数的区域**

## 4 过程

用于确定参数 $Rpq$、$Rvq$ 和 $Rmq$ 的粗糙度轮廓应按照 GB/T 18778.1 计算。该粗糙度轮廓不同于 GB/T 3505中定义的轮廓。确定参数 $Rpq$、$Rvq$ 和 $Rmq$ 的轮廓应是原始轮廓。

在复合加工表面上测量的表面数据中所存在的三个非线性效应，能够表示在支承率曲线中，如图 1 所示。这些效应将通过对支承率曲线进行拟合而排除，通过仅使用支承率曲线中统计意义上稳定的高斯部分可以排除许多影响。

图 1 中非线性效应来自：

——数据(轮廓)中的刀瘤或远离中心的峰(标号 3)；

——数据(轮廓)中的深刮痕或远离中心的谷(标号 4)；

——基于两种分布组合在塬区与谷区过渡点引入的不稳定区域(曲率)(标号 5)。

在对给定表面进行重复测量时，这些排除能够使参数的测量值更加稳定。图 2 显示了概率支承率曲线、塬区和谷区及定义这两个区域的部分表面轮廓。该轮廓有一个远离中心的峰，图 2 显示出它为何不会影响参数数值，而且还表明了最深沟槽底部的形状在确定参数数值时如何被忽略的，这些深谷在表面上不同位置测量时变化很大。

## 5 测量过程要求

下列规则用来保证轮廓能够正确地表示一个复合加工表面及当计算一个稳定的概率支承率曲线并得到可靠的参数测量值时，测量过程是合理的。这些规则用于满足参数 $Rpq$、$Rvq$ 和 $Rmq$($Ppq$、$Pvq$ 和 $Pmq$)的测量要求：

——测量平晶表面时，仪器应能测出小于 $Rpq$($Ppq$)标称值 30%的 $Rq$ 值。

——概率支承率曲线的垂直分度应能在线性塬区和线性谷区上各具有至少 40 个最小分度。

——概率支承率曲线的数字分辨率应能在线性塬区和线性谷区上的 $A/D$ 差值各大于等于 100。

——$Rvq$ 与 $Rpq$($Pvq$ 与 $Ppq$)的比值至少为 5。

——二次曲线回归导出一个双曲解(见附录 A)。

如果轮廓不满足上述规则，应给出一个适当的警告信息表明失败的原因。

## 6 图样标注

本标准中规定的参数在技术产品文件中应按 GB/T 131 标注。

# 附 录 A
## (规范性附录)
## 确定线性区域界限的过程

A.1～A.3 规定了确定线性塬区上边界 UPL 和谷区下边界 LVL 的过程。A.4～A.6 规定了确定线性塬区下边界 LPL 和谷区上边界 UVL 的过程。A.7 规定了参数计算过程。

### A.1 初始二次曲线拟合

二次曲线通过概率支承率曲线作初始拟合，因此它是由两个垂直随机成分组成的表面的概率支承率曲线的期望形式的最佳逼近。该初始二次曲线拟合为继续在概率支承率曲线上运算提供了基本框架。在整条概率支承率曲线(见图 A.1)上拟合二次曲线：

$$z = Ax^2 + Bxz + Cz^2 + Dx + E$$

式中：

$z$——轮廓高度；

$x$——用标准偏差表达的概率支承率。

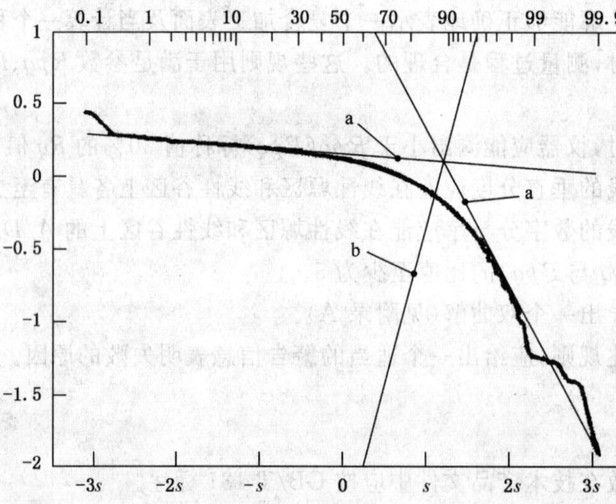


图 A.1 基于整条概率支承率曲线的二次曲线

### A.2 塬区到谷区过渡点的评定

确定二次曲线的渐近线(图 A.1 中"a"线段)。用一条线(图 A.1 中"b"线段)平分该渐近线。b 线段与二次曲线的交点作为塬区与谷区过渡点的初始评定值(见图 A.2 中的 A)。

注：图中平分线的角度可能不正确(见图 A.1)。这是因为图 A.1 中两个轴的刻度不同。可参见 A.4 和附录 D 标准化的概率支承率曲线，那里平分线是一致的。

### A.3 确定 UPL 和 LVL

从过渡点 $C$ 开始对概率支承率曲线的每一点计算二次导数，计算过程向上通过塬区、向下通过谷区。

使用一个 0.05 标准偏差的"窗"(在被计算导数点 $\pm 0.025 \times s$ 范围内)计算每一点的二次导数。见图 A.2 中的 B。

注：窗内的点数将随曲线的形状而变化。

对谷区和塬区分别:

——在点“$c$”的一边找到点数为 25%的点,称这个点为 $i$ ;

——从点“$c$”开始到 $i$ 点计算二次导数的标准偏差 $s_i$;

——下一点($D_{i+1}$)的二次导数值除以标准偏差 $s_i$;

$$T = \frac{D_{i+1}}{s_i}$$

——如果 $T \leqslant 6$,则 $i$ 加 1,重新计算 $s_i$ 和 $T$;

——如果 $T > 6$,数据点 $i$ 就是区域(分别为塬区 UPL 和谷区 LVL)的界限。可参见图 A.2 中的 $c$。

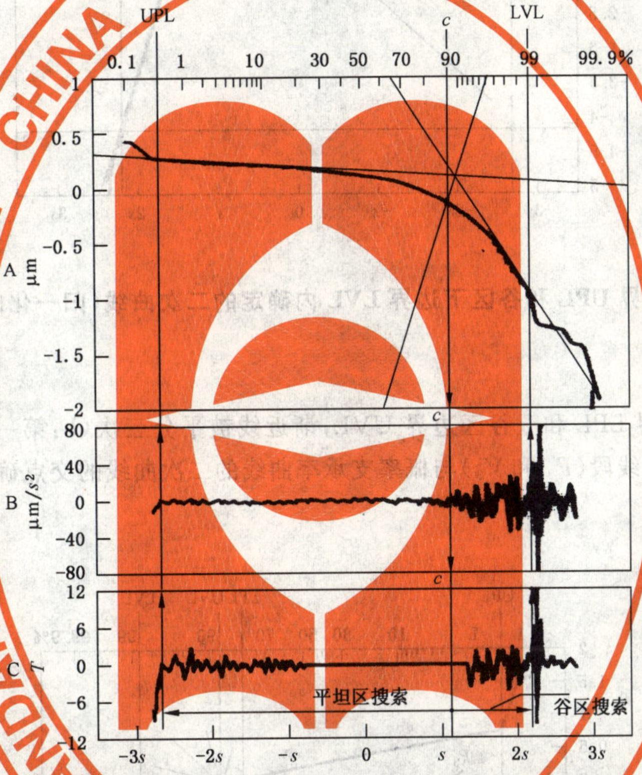


图 A.2 渐近线的平分线是概率支承率曲线的两个区之间的初始过渡点以及相应的二次导数

## A.4 有界区域的归一化

概率支承率曲线的 $z$ 轴的归一化是使有界区域(在 UPL 和 LVL 之间的区域)成为“正方形”(见附录 D)。从而保证二次曲线渐近线的平分线的一致性(见图 A.3)。

## A.5 第二次二次曲线拟合

再次对 UPL 和 LVL 区域内的二次曲线进行回归,构造出渐近线(见图 A.3)。

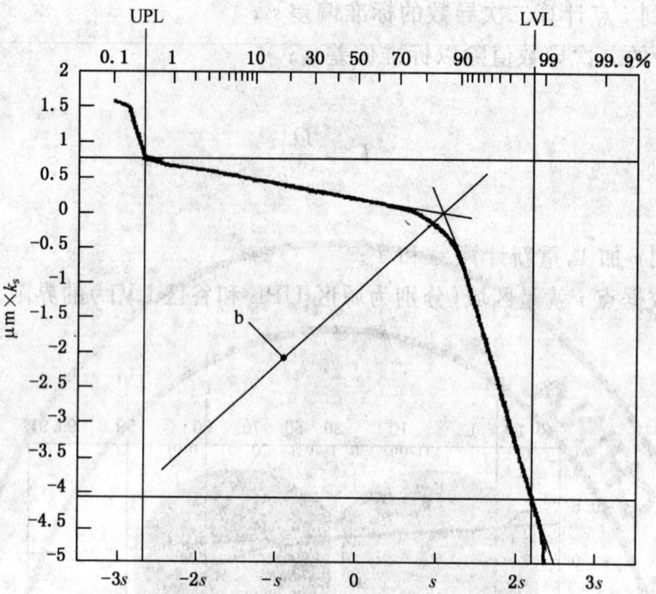


注：对于 $k_s$ 见附录 D。

**图 A.3　在塬区上边界 UPL 和谷区下边界 LVL 内确定的二次曲线(归一化的概率支承率曲线)**

## A.6　确定 LPL 和 UVL

为了确定下塬区边界 LPL 和上谷区边界 UVL，渐近线被平分三次(b：第一次；$P_2$ 和 $V_2$：第二次；$P_3$ 和 $V_3$：第三次)。这些线段($P_3$ 和 $V_3$)与概率支承率曲线的二次曲线的交点确定了 LPL 和 UVL(见图 A.4)。

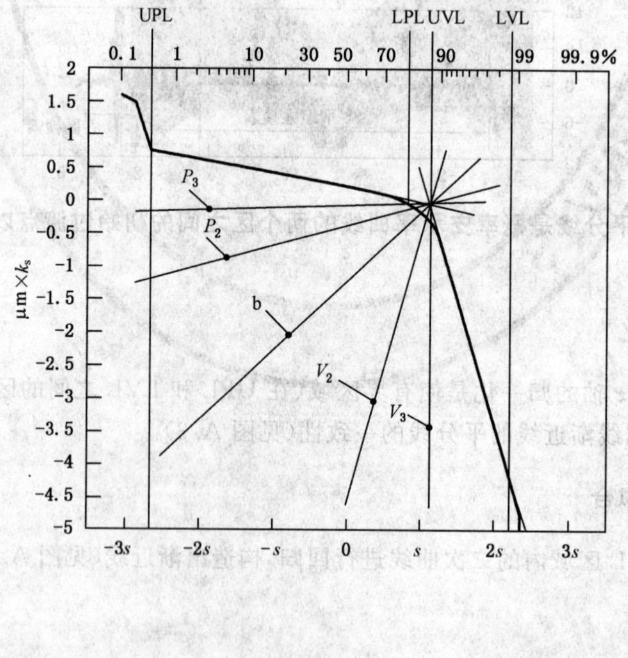


注：对于 $k_s$ 见附录 D。

**图 A.4　确定下塬区边界 LPL 和上谷区边界 UVL(归一化的概率支承率曲线)**

## A.7 参数计算

在每一个区域内对非归一化概率支承率曲线进行线性回归(见图 A.5)。

*Rpq*(*Ppq*)是对塬区进行线性回归($z=A_p s+B_p$)得到的斜率。因此 *Rpq*(*Ppq*)可以解释为轮廓塬部分所产生的随机过程的 *Rq* 值(微米)。

*Rvq*(*Pvq*)是对谷区进行线性回归($z=A_v s+B_v$)得到的斜率。因此 *Rvq*(*Pvq*)可以解释为轮廓谷部分所产生的随机过程的 *Rq* 值(微米)。

*Rmq*(*Pmq*)是塬区与谷区过渡点处的支承率。即:

$$Rmp=\frac{B_v-B_p}{A_p-A_v}$$

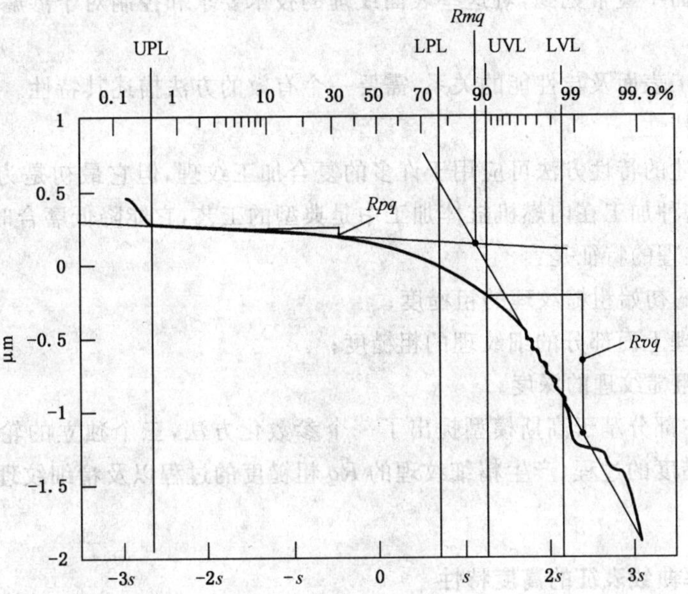


*Rpq*=0.050 μm;

*Rvq*=0.869 μm;

*Rmq*=84.9%;

**图 A.5 用于概率支承率线性化及参数计算的塬区和谷区**

# 附 录 B
## （资料性附录）
## 背 景 信 息

### B.1 概述

关键的摩擦表面的纹理多为复合加工表面。其中最常见的表面是由两种工艺叠加而成。这种纹理类型在润滑的滑动介面中经常见到，对这些表面纹理的技术要求和控制对于渗漏、划痕和磨损等因素具有非常重要的意义。

为了理解复合加工表面及与性能的关系，需要一个有效的方法描述其特性。另外，应能分别描述表面中的各独立成分的特性。

尽管本附录中描述的特性方法可应用于许多的复合加工纹理，但它最初是为描述“珩磨加工”表面特性而发展起来的，这种加工在内燃机缸体加工中是典型的工艺，它能降低磨合时间和提高性能。在这种加工过程中，表面纹理的特征是：

a) 形成表面谷的初始粗糙纹理的粗糙度；

b) 去除粗糙纹理上面部分的细纹理的粗糙度；

c) 细纹理切除粗糙纹理的深度。

GB/T 18778 的本部分基于高斯模型提出了一个参数化方法，三个独立的轮廓成分可分别作为产生粗糙纹理的 $Rq$ 粗糙度的过程、产生精细纹理的 $Rq$ 粗糙度的过程以及精细纹理与切除粗糙纹理的支承率进行测量。

### B.2 使用概率支承率曲线表征的高度特性

复合加工纹理是两个高斯或近高斯纹理组合的结果。因此，第一步是将复合加工过程的各独立特性成分作为高斯波形进行建模（见图 B.1）。

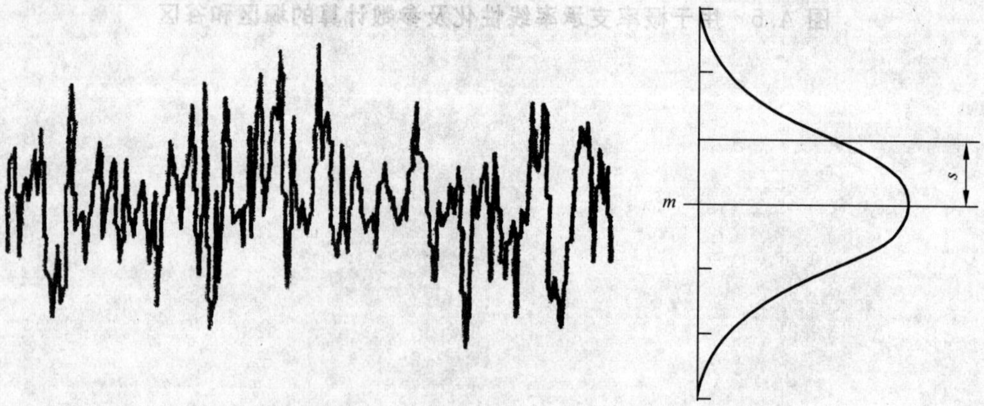


图 B.1 随机轮廓的高斯特性

正态分布（高斯）的数据是用平均值 $m$ 和标准偏差 $s$ 表征。在统计应用中，样本的标准偏差计算如下：

$$s=\sqrt{\frac{\sum(y_i-\bar{y})^2}{n-1}}$$

这与 $Rq$ 参数非常相似。

$$Rq = \sqrt{\frac{\sum (y_i - \bar{y})^2}{n}}$$

因此，对于 $n$ 值较大时：

$$Rq \approx s$$

以上等式的一种图示方法是将数据点的累积分布(在数学上等于支承率曲线)绘制在标准的(高斯)概率坐标纸上。在这种图形方法中，高斯数据的累积分布形成了一条单一的直线。这条线的斜率是数据的标准偏差(即 $Rq$ 粗糙度)，50%(0 标准偏差)的交线就是平均高度。

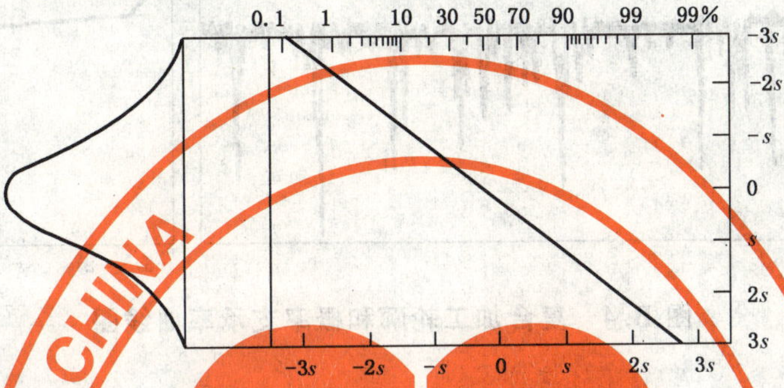


**图 B.2 使用概率坐标纸的分析**

如图 B.2，高斯概率坐标纸具有一个线性的以测量值为单位的 $Y$ 轴和一个线性的以累积标准偏差为单位的 $X$ 轴。尽管是非线性的，但在 $X$ 轴上显示相应的累积百分比通常也是很有用的。

**B.3 应用于复合加工表面轮廓的数据**

对于正态分布的轮廓数据($Rsk \approx 0.0$，$Rku \approx 3.0$)，在概率坐标纸上画出支承率曲线可以用图解法确定 $Rq$。对于单一加工纹理的分析，使用概率坐标纸没有什么作用，然而对于复合加工表面纹理，概率方法的好处变得很明显。

图 B.3 显示了复合加工纹理的成分和对应的支承率曲线的概率图。粗糙的产生谷的加工过程(图 B.3 的 A)在支承率曲线概率图上形成一个斜率相对大的线(意味一个相对大的 $Rq$)。类似，较精细纹理成分产生一个斜率相对小的线(意味一个相对小的 $Rq$)(图 B.3 的 B)。

当这两种纹理组合成图 B.3 中的 C 时，概率分析的能力变得很明显。在这个轮廓中，初始的"粗糙"表面中最深的谷仍然存在，即在支承率曲线概率图中陡线的下面部分。"粗糙"轮廓上面的部分已经被去除并且用精细纹理代替，因此在这个概率图上我们发现陡线的上面部分被相对平的线代替了。

实际上，不可能测量到图 B.3 所示的轮廓 A 和 B；只能测出复合加工纹理(图 B.3 中的 C)。然而，因为这个轮廓包含两过程，所以二者仍可通过概率支承率曲线图描述。

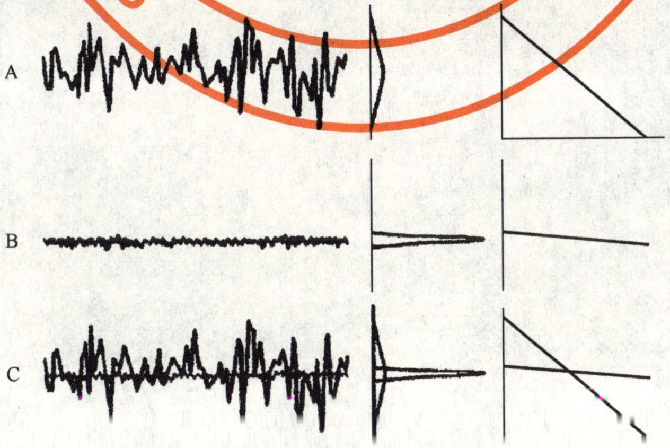


**图 B.3 复合加工表面纹理的概率分析**

从图 B.4 中给出的轮廓和概率图可以确定塬的 $Rq$ 值(特指 $Rpq$)是 0.047 μm,谷的 $Rq$ 值(特指及 $Rvq$)是 0.871 μm。

除了能够区别复合加工纹理的两种粗糙度成分之外,这种概率方法还可以给出粗糙纹理上精细纹理的位置。这可以通过确定塬线和谷线的过渡点处的支承率来获得。在图 B.4 所示的数据中,在塬到谷过渡点(特指 $Rmq$)的支承率是 84.8%。

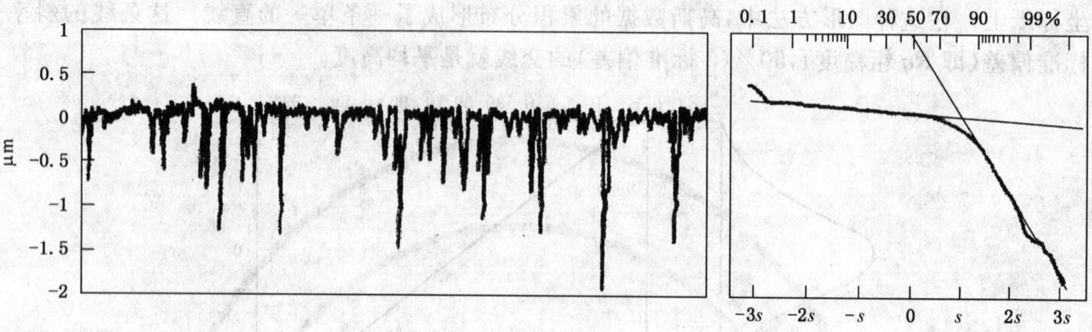


**图 B.4 复合加工轮廓和概率支承率曲线图**

## B.4 过程控制

高斯方法提供了表面纹理变化的直接表征。三个独立的参数与三个独立过程控制是直接相关的。

这三个独立概率参数表示珩磨加工操作中的三种成分。这使得过程变化能够被直接监视。当一个概率参数超出控制界限时,制造工程师可以在加工过程中直接改变相应的部分。此外,线性独立使得各加工过程成分能够用统计方法进行研究和测试,参数之间没有数学意义上的相互制约。

## B.5 结论

累积的高斯概率分布作为一个有效的工具用于复合加工表面纹理的分析。从方法学引出的参数是线性独立的并且与表面的独立成分直接相关。使用这种方法,工程师们能够开始认识轮廓的各个成分而不仅仅是整个轮廓的平均值。通过这样认识,许多进步可能会产生在功能表面纹理的设计中及产生功能表面的工艺过程研究和控制。

# 附 录 C
## （资料性附录）
## 通过二次导数确定 UPL 和 LVL

为了更可靠的确定概率支承率曲线的线性区域，边缘的峰和谷的统计影响应被去除。这些轮廓特征出现在概率支承率曲线的非线性区域，分别地靠近上下端。它们应在做任何分析之前去除以确保结果的可靠性。

确定这些非线性区域的方法是基于确定概率支承率曲线的局部曲率的突变。概率支承率曲线的二次导数就是局部曲率的数学描述。在概率支承率曲线的线性区域二次导数接近于零。然而，在概率支承率曲线的末端，会发生上面提到的非线性，二次导数的绝对值将变大。在一个给定点的求导计算涉及到在包括这个点的区域中进行线性回归。为了 GB/T 18778 本部分的目的，这个区域的宽度固定为 0.05标准偏差（给定点的每边为 0.025 标准偏差）。这个区域中的点的数量将随着曲线形状而变化（见图 C.1）。

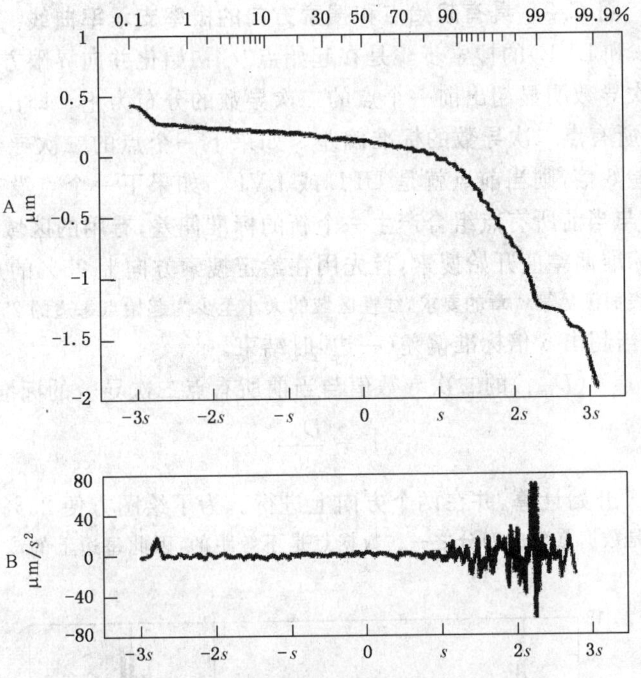


**图 C.1 概率支承率曲线及二次导数**

为确定二次导数曲线图上那些绝对值显著增加的点，通过对整个概率支承率曲线进行二次曲线拟合并平分它的渐近线。平分线与概率支承率曲线的交点就是起始点“*c*”。起始点“*c*”用于初始化向左（塬区）搜索 UPL 和向右（谷区）搜索 LVL（见图 C.2）。

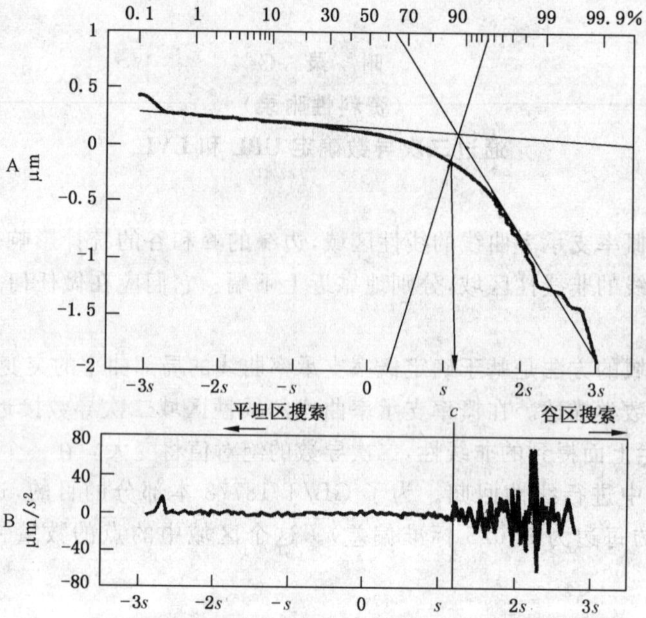


图 C.2 具有起始点和搜索方向的概率支承率曲线

对于每个界限(UPL 和 LVL)的搜索步骤是在起始点"$c$"初始化并向界限方向发展。这个搜索的停止条件是下一个点的二次导数明显超出前一个点的二次导数的分布为止。即比较下一点的二次导数与从起始点"$c$"开始到当前所有点二次导数的标准偏差。如果下一个点的二次导数的绝对值超出当前所有点二次导数的标准偏差 6 倍,则当前点就是 UPL 或 LVL。如果下一个点没有超出当前所有点二次导数的标准偏差 6 倍,它与当前所有点组合产生一个新的标准偏差,有用的区域向外扩展一点。

为了以一个稳定的标准偏差值开始搜索,首先用在给定搜索方向上 25%的点计算标准偏差。

注:经验表明复合加工表面满足第 4 章的要求,线性区域的大小至少为起始点每边的 25%。

从下一点开始搜索,当超出 6 倍标准偏差(一边)时结束。

图 C.3 显示"下一个点"($D_{i+1}$)的二次导数值与当前所有点二次导数的标准偏差 $s_i$ 的比值:

$$T=\frac{D_{i+1}}{s_i}$$

这个比值从起始点"$c$"开始计算,并在两个方向上进行。为了绘图方便 25%区域的值被设置为零。

注:每一边的 25%区域是数据点数的四分之一。数据点是不等距的,因此每边上的该区域不是曲线长度的四分之一。

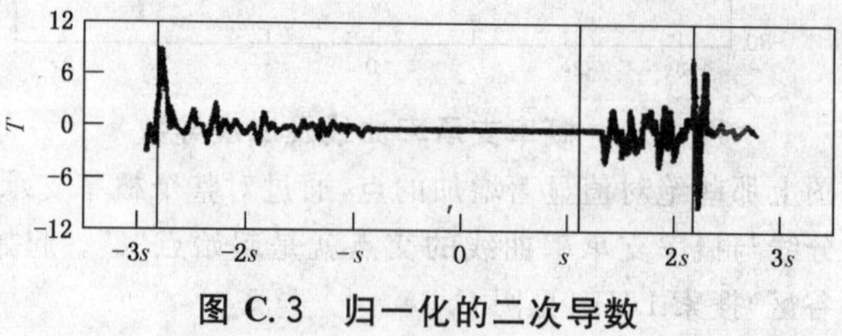


图 C.3 归一化的二次导数

# 附 录 D
## (资料性附录)
## 有界概率支承率曲线的归一化

上塬边界 UPL 和下谷边界 LVL 确定了概率支承率曲线最重要的核心区域。这个有界限的区域(在 UPL 和 LVL 之间的区域)包含塬区和谷区,以及塬区与谷区的过渡区域。为了确定过渡区、塬区和谷区,用二次曲线拟合概率支承率曲线。通过这个二次曲线构造出渐近线,然后进行平分。

这些线段的平分线与每个渐近线的两个参数有关:斜率和截距。在概率支承率曲线中,这些参数是在 $X$ 轴上概率刻度的函数和在 $Y$ 轴上轮廓幅度(以微米表达)的函数。由于不同的垂直放大倍数导致不同的平分线。即使轮廓是相同的,也需要使用一个稳定的步骤以产生独立于垂直刻度的一致的平分线。

LPL 和 UVL 最终是由平分线确定的,为了克服平分线的变化,概率支承率曲线纵坐标需要归一化。归一化是这样进行的,在由 UPL 和 LYL 界定的区域内,包含相同数量的垂直单位和概率刻度的标准偏差。

在图 D.1 中(举例),在 UPL 和 LVL 之间概率支承率曲线包含 4.8 $s$ 的概率刻度和 1.12 微米的垂直高度刻度。

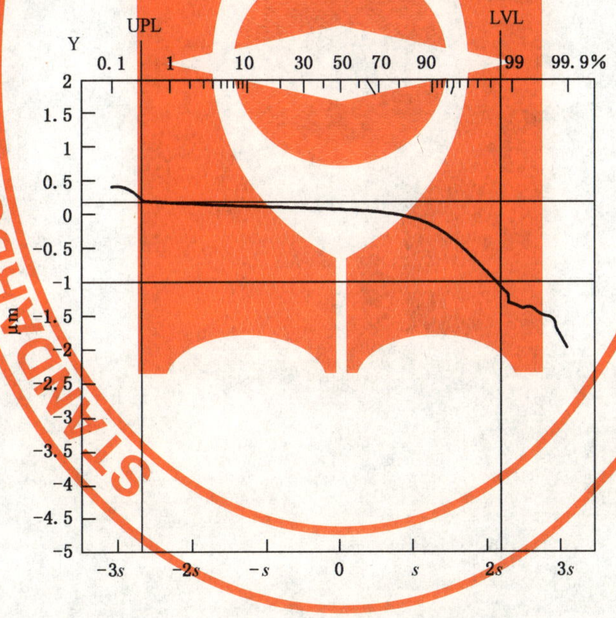


**图 D.1 非归一化的概率支承率曲线**

在图 D.2 中,在垂直方向乘以一个系数($k_s$=4.8/1.12=4.29)使曲线归一化,因此,用概率轴 4.8 $s$ 和在垂直轴 4.8 个高度单位界定这个有效的区域。

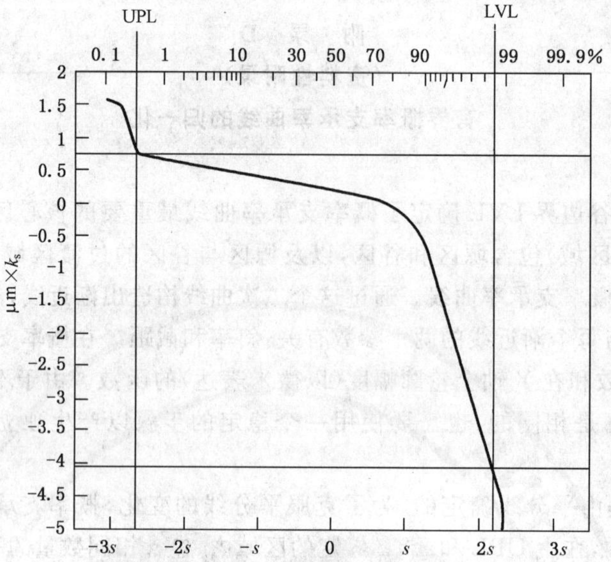


**图 D.2 归一化的概率支承率曲线**

此时，按照 A.5 对数据进行回归得到二次曲线，按照 A.6 进行平分，确定 LPL 和 UVL。如果沿概率轴确定这些点的位置，在根据 A.7 对塬区与谷区进行线性回归之前，概率支承率曲线可以重新换算为垂直高度。

# 附 录 E
# （资料性附录）
# 在 GPS 矩阵模式中的位置

## E.1 本部分及其使用的信息

本部分规定了一种以概率支承率曲线为基础确定一组参数的方法，用于评定在 GB/T 18778.1 中定义的谷被抑制的粗糙度轮廓。这种方法建立在两层表面模型的基础上，分别评定塬区和谷区。

这些参数用于帮助评定高机械应力表面的工作性能。

用来确定这些参数的粗糙度轮廓按照 GB/T 18778.1 计算。

## E.2 在 GPS 矩阵模式中的位置

本标准是一项 GPS 通用标准，它影响 GPS 通用标准链中第 1 个环节，即在总的产品几何技术规范体系中的粗糙度轮廓和原始轮廓部分（见图 E.1）。

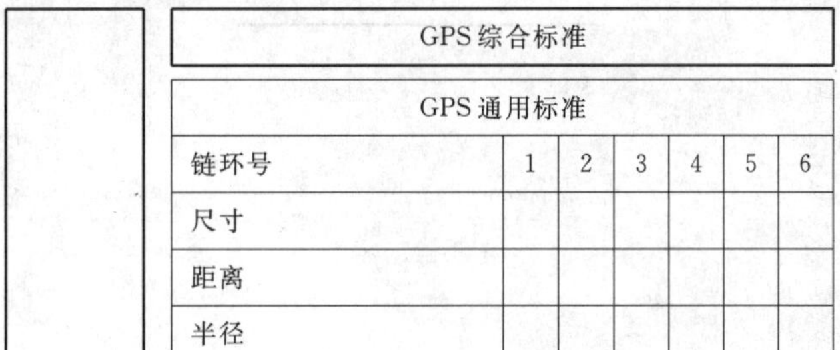


图 E.1

## E.3 相关标准

这些相关国家标准是图 E.1 中指示的标准链的那些标准。

# 附 录 F
（资料性附录）
# 参考资料

［1］ GB/T 10610—1998 产品几何量技术规范(GPS) 表面结构 轮廓法 评定表面结构的规则和方法(eqv ISO 4288:1996)

［2］ GB/T 18777—2002 产品几何量技术规范(GPS) 表面结构 轮廓法 相位修正滤波器的计量特性(eqv ISO 11562:1996)

［3］ GB/T 18618—2002 产品几何量技术规范(GPS) 表面结构 轮廓法 图形参数(eqv ISO 12085:1996)

［4］ GB/Z 20308—2006 产品几何技术规范(GPS) 总体规划(ISO/TR 14638:1995,MOD)

［5］ VIM:1993 国际通用计量学基本术语。BIPM,IEC,IFCC,ISO,IUPAP,OIML,第2版,1993

ICS 29.240.10
K 30

# 中华人民共和国国家标准

GB/T 18802.12—2006/IEC 61643-12:2002

# 低压配电系统的电涌保护器(SPD) 第12部分:选择和使用导则

# Surge protective devices connected to low-voltage power distribution systems—Part 12: Selection and application principles

(IEC 61643-12:2002,IDT)

2006-02-15 发布　　2006-06-01 实施

中华人民共和国国家质量监督检验检疫总局
中国国家标准化管理委员会　发布

# 前　言

《低压配电系统的电涌保护器(SPD)》的结构及名称预计如下：

——低压配电系统的电涌保护器(SPD)　第1部分:性能要求和试验方法；

——低压配电系统的电涌保护器(SPD)　第12部分:选择和使用导则；

——低压电涌保护器　第21部分:电信和信号网络的电涌保护器(SPD)——性能要求和试验方法；

——低压电涌保护器　第22部分:电信和信号网络的电涌保护器(SPD)——选择和使用导则。

本部分为GB/T 18802的第12部分,等同采用IEC 61643-12:2002《低压配电系统的电涌保护器(SPD)　第12部分:选择和使用导则》(英文版),在编制格式上按GB/T 1.1—2000。

通过等同采用IEC国际标准,使我国电涌保护器的标准与国际标准一致,以适应国际间的贸易和技术经济交流的需要。

本部分的附录A～附录L是资料性附录。

本部分由中国电器工业协会提出。

本部分由全国避雷器标准化技术委员会归口。

本部分负责起草单位:西安电瓷研究所、上海电器科学研究所。

本部分参与起草单位:深圳市盾牌防雷技术有限公司、南通信达电器有限公司、佛山市南电开关有限公司、西安神电电器有限公司。

本部分主要起草人:王新霞、蒋容兴、张宏涛 。

# 引　言

## 0.1　总则

电涌保护器(SPD)是在规定条件下,用来保护电气系统和设备免受各种过电压(例如雷电和操作过电压)和冲击电流损坏的一种保护电器。

应依据环境条件及设备和SPD可接受的失效率来选择SPD。

本部分对用户提供有关SPD选择和使用的资料。

本部分参照IEC 61024-1,IEC 61662和IEC 60364,所提供的资料是用来评估在低压系统使用SPD的必要性。这些标准提供SPD选择和配合的资料,同时考虑他们使用的所有环境条件。例如:被保护的设备和系统性能、绝缘水平、过电压、安装方法,SPD的安装位置、SPD的配合、失效模式和设备损坏后果。

本部分也提供进行风险分析的导则。

GB/T 16935.1提供了产品绝缘配合的指导要求。IEC 60364提供安全(火,过电流和电击)和安装需要。

IEC 60364系列标准对SPD安装者提供直接资料。IEC 62066[1)]提供了更多有关电涌保护的科学背景资料。

## 0.2　理解本部分内容的说明

下列章节总结了本部分的结构,并且提供了每一章节和附录所含资料的摘要,主要章节提供了选择和使用SPD要素的基本资料。想对第4章到第7章所提供的资料有更详细了解的读者,可查阅相应的附录。

第1章规定了本部分的范围。

第2章列出了本部分的引用标准。

第3章提供了理解本部分所用的定义。

第4章讲述了与SPD有关的系统和设备的参数,另外还讲述了由雷电产生的电应力,及由网络本身产生的暂时过电压和操作过电压产生的电应力。

第5章列举了选择SPD所使用的电气参数并给出了参数的说明,这些参数涉及的数据在GB 18802.1—2002中给出。

第6章是本部分的核心,该章讲述了来自网络的电应力(如第4章所述)和SPD特性(如第5章所述)之间的关系。它描述了SPD提供的保护性能是如何受到安装模式的影响,给出了选择一个SPD不同步骤,包括一装置中使用多个SPD之间的配合问题(附录F中详细给出了配合的要点)。

第7章是对风险分析的简介(考虑何时使用SPD是有益的)。

第8章论述了信号和电源线之间的配合(待定)。

附录A论述了投标需要的资料并解释了GB 18802.1—2002中采用的试验程序。

附录B提供了SPD两个重要参数之间的关系示例,即ZnO压敏电阻的$U_c$和$U_p$,同时还列举了$U_c$和网络标称电压之间关系的示例。

附录C补充了第4章给出的低压系统中电涌电压的资料。

1) 待出版。

附录D论述了不同接地系统之间的雷电流分配的计算。

附录E论述了由高压系统故障引起的暂时过电压的计算。

附录F为第6章在一个系统中使用多个SPD配合规则的补充资料。

附录G给出了本部分使用的具体示例。

附录H给出了风险分析应用的具体示例,该附录待定。

附录I是第4章中有关系统电应力的补充资料。

附录J是第5章中SPD选择标准的补充资料。

附录K是第6章中关于在各种低压系统中SPD应用的补充资料。

附录L是第7章中关于风险分析中所使用的参数的补充资料。

## 0.3 本部分所用符号一览表

| | | | |
|---|---|---|---|
| dB | 分贝 | $N_g$ | 接地闪络密度 |
| CWG | 复合波发生器 | $N_k$ | 雷暴日水平 |
| $E_{max}$ | 最大能量耐受 | $Q$ | 冲击电流的电荷量 |
| EMC | 电磁兼容性 | RCD | 剩余电流装置 |
| GDT | 气体放电管 | TOV | 暂时过电压 |
| HV | 高压 | SPD | 电涌保护器 |
| $I_c$ | 持续工作电流 | $U_c$ | 最大持续工作电压 |
| $I_f$ | 续流 | $U_{cs}$ | 电力系统最大持续工作电压 |
| $I_{imp}$ | Ⅰ级试验冲击电流 | $U_{dyn}$ | 间隙的动态放电电压 |
| $I_L$ | 额定负载电流 | $U_m$ | 限制电压 |
| $I_{max}$ | Ⅱ级试验最大放电电流 | $U_n$ | 系统的相对地的标称电压 |
| $I_n$ | 标称放电电流 | $U_0$ | 系统的线对中线电压 |
| IP | 外壳防护等级 | $U_{oc}$ | Ⅲ级试验开路电压 |
| $I_{peak}$ | 冲击电流峰值 | $U_p$ | 电压保护水平 |
| $I_{sc}$ | 短路电流 | $U_{ref}$ | 压敏电阻的参考电压 |
| $L$ | 电感 | $U_{res}$ | 残压 |
| LPS | 雷电保护系统 | $U_T$ | 暂时过电压 |
| LPZ | 雷电保护区域 | $U_{TOV}$ | 网络暂时过电压 |
| LV | 低压 | $U_{TOV,HV}$ | 高压系统内部网络的暂时过电压 |
| MOV | 金属氧化物压敏电阻 | $U_{TOV,LV}$ | 低压系统内部网络的暂时过电压 |
| HVA | 高压 A(中压,<50 kV) | $U_w$ | 耐受电压 |
| MV | 中压 | ZnO | 氧化锌 |

# 低压配电系统的电涌保护器(SPD)
# 第12部分:选择和使用导则

## 1 范围

本部分适用于连接到交流50 Hz和60 Hz,电压不超过1000V(r.m.s),或直流电压不超过1500V的SPD的选择、工作、安装位置和配合原理。

注1:对特殊应用,如电力牵引等需提出附加要求;

注2:应注意IEC 60364也适用;

注3:本部分只论述SPD,而不论述含在设备内部构成整体的SPD元件。

## 2 规范性引用文件

下列文件中的条款通过本部分的引用而成为本部分的条款。凡是注日期的引用文件,其随后所有的修改单(不包括勘误的内容)或修订版均不适用于本部分,然而,鼓励根据本部分达成协议的各方研究是否可使用这些文件的最新版本。凡是不注日期的引用文件,其最新版本适用于本部分。

GB 156—2003 标准电压(neq IEC 60038:1983)

GB 4208—1993 外壳防护等级(IP代码)(eqv IEC 60529:1989)

GB 14821.1—1993 建筑物的电气装置 电击防护(eqv IEC 60364-4-41:1992)

GB 16895.4—1997 建筑物电气装置 第5部分:电气设备的选择和安装 第53章:开关设备和控制设备(idt IEC 60364-5-53:1994)

GB 16916.1—2003 家用和类似用途的不带过电流保护的剩余电流动作断路器(RCCB) 第1部分:一般规则(eqv IEC 61008-1:1996)

GB 16917—2003 家用和类似用途的带过电流保护的剩余电流动作断路器(RCBO)(eqv IEC 61009:1996)

GB/T 16935.1—1997 低压系统内设备的绝缘配合 第一部分:原理、要求和试验(idt IEC 60664-1:1992)

GB/T 17626.5—1999 电磁兼容 试验和测量技术 浪涌(冲击)抗扰度试验(idt IEC 61000-4-5:1995)

GB 18802.1—2002 低压配电系统的电涌保护器(SPD) 第1部分:性能要求和试验方法(idt IEC 61643-1:1998)

GB 19271.1—2003 雷电电磁脉冲的防护 第1部分:通则(idt IEC 61312-1:1995)

IEC 60364-4-44 建筑物电气装置 第4部分 安全防护 第44章:防电压干扰和电磁干扰保护

IEC 61024-1 建筑物防雷保护 第1部分:通则

IEC/TS 61312-4 雷电电磁脉冲的防护 第4部分:建筑物内部设备的保护

IEC/TR 61662 雷电损害危险性评估

## 3 定义

下列定义适用于本部分:

注:本部分定义大部分出自GB 18802.1(定义的条款被标明在方括号内)。有必要增加的注释是为了更好地理解SPD的相关应用。

3.1

**电涌保护器 surge protective device**

**SPD**

用于限制瞬态过电压和泄放电涌电流的电器，它至少包含一个非线性的元件。

[GB 18802.1 第 3.1 条]

3.2

**持续工作电流 continuous operating current**

$I_c$

在最大持续工作电压($U_c$)下，流过 SPD 每种保护模式的电流值。

3.3

**最大持续工作电压 maximum continuous operating voltage**

$U_c$

允许持久地施加在 SPD 上的最大交流电压有效值或直流电压。其值等于额定电压。

[GB 18802.1 第 3.11 条]

3.4

**电压保护水平 voltage protection level**

$U_p$

表征 SPD 限制接线端子间电压的性能参数，其值可从优选值的列表中选择。该值应大于限制电压的最高值。

3.5

**限制电压 measured limiting voltage**

施加规定波形和幅值的冲击电压时，在 SPD 接线端子间测得的最大电压峰值。

[GB 18802.1 第 3.16 条]

3.6

**残压 residual voltage**

$U_{res}$

放电电流流过 SPD 时，在其端子间的电压峰值。

[GB 18802.1 第 3.17 条]

3.7

**暂时过电压 temporary over voltage**

$U_T$

保护设备能耐受的最大工频电压有效值或直流过电压值，且在规定时间内超过最大持续工作电压($U_c$)。

注 1：采纳 GB 18802.1 第 3.18 条，并增加下列注释。

注 2：$U_T$ 是制造厂标明的电压值，在该电压下，SPD 在给定时间内具有规定的特性(这表示施加暂时过电压后性能无变化，或者这种故障对人、设备或装置无伤害)。

3.8

**网络暂时过电压 temporary over voltage of the network**

$U_{TOV}$

在网络给定区域，持续时间相对较长的工频过电压。TOV 是由 LV 系统($U_{TOV,LV}$)或 HV 系统($U_{TOV,HV}$)内部故障产生的过电压。

注：暂时过电压，一般持续几秒钟，通常因开关操作或故障(例：突然卸载或单相故障等)引起或由非线性(铁磁共振效应、谐波等)引起。

3.9

**标称放电电流　nominal discharge current**

$I_n$

流过 SPD 具有 8/20 波形的电流峰值，用于Ⅱ级试验的 SPD 分级以及Ⅰ级、Ⅱ级试验的 SPD 的预处理试验。

［GB 18802.1 第 3.8 条］

3.10

**冲击电流　impulse current**

$I_{imp}$

它由电流峰值 $I_{peak}$ 和电荷量 $Q$ 确定。其试验应根据动作负载试验的程序进行。这是用于Ⅰ级试验的 SPD 分类试验。

［GB 18802.1 第 3.9 条］

3.11

**复合波　combination wave**

复合波由冲击发生器产生。开路时施加 1.2/50 冲击电压，短路时施加 8/20 冲击电流。提供给 SPD 的电压、电流幅值及其波形由冲击发生器和受冲击作用的 SPD 的阻抗而定。开路电压峰值和短路电流峰值之比为 2 Ω；该比值定义为虚拟阻抗 $Z_f$。短路电流用符号 $I_{SC}$ 表示。开路电压用符号 $U_{oc}$ 表示。

［GB 18802.1 第 3.24 条］

3.12

**8/20 冲击电流　8/20 current impulse**

视在波前时间为 8 μs，半峰值时间为 20 μs 的冲击电流。

［GB 18802.1 第 3.23 条］

3.13

**1.2/50 冲击电压　1.2/50 voltage impulse**

视在波前时间（从峰值的 10％上升到 90％的时间）为 1.2 μs，半峰值时间为 50 μs 的冲击电压。

［GB 18802.1 第 3.22 条］

3.14

**热崩溃　thermal runaway**

当 SPD 承受的功率损耗超过外壳和连接件的散热能力，引起内部元件温度逐渐升高，最终导致其损坏的过程。

［GB 18802.1 第 3.25 条］

3.15

**热稳定　thermal stability**

在引起 SPD 温度上升的动作负载试验后，在规定的环境温度条件下，给 SPD 施加规定的最大持续工作电压，如果 SPD 的温度能随时间而下降，则认为 SPD 是热稳定的。

［GB 18802.1 第 3.26 条］

3.16

**SPD 的脱离器　SPD disconnector**

当 SPD 损坏时，将 SPD 从系统断开的装置。它能防止系统持续故障，并且对 SPD 失效给出可见指示。

注 1：采纳 GB 18802.1 第 3.29 条，并增加下列注释。

注 2：SPD 脱离器至少有三方面的功能：防热问题（例如压敏电阻的热崩溃问题等），防止内部短路和防止间接接触。

这些作用可由一个或多个脱离器来完成，每个脱离器可与 SPD 组成整体，或连接在其外部。它们被用在 SPD 回路或输电线上。

3.17

**型式试验　type tests**

一种新的 SPD 设计开发完成时所进行的试验，通常用来确定典型性能，并用来证明它符合有关标准。试验完成后一般不需要再重复进行试验，但当设计改变以致影响其性能时，只需重复做相关项目试验。

[GB 18802.1 第 3.31 条]

3.18

**例行试验　routine tests**

按要求对每个 SPD 或其部件和材料进行的试验，以保证产品符合设计规范。

[GB 18802.1 第 3.32 条]

3.19

**验收试验　acceptance tests**

经供需双方协议，对订购的 SPD 或其典型样品所做的试验。

[GB 18802.1 第 3.33 条]

3.20

**外壳防护等级（IP 代码）　degrees of protection provided by enclosure(IP code)**

外壳提供的防止触及危险的部件，防止外界的固体异物进入和/或防止水的进入壳内的防护程度（见 GB 4208）。

[GB 18802.1 第 3.30 条]

3.21

**电压降（用百分数表示）　voltage drop (in percent)**

$$\Delta U = [(U_{输入} - U_{输出})/U_{输入}] \times 100\%$$

式中 $U_{输入}$ 是输入电压，$U_{输出}$ 是同一时刻在连续额定阻性负载条件下测量的输出电压，该参数仅适用于二端口 SPD。

[GB 18802.1 第 3.20 条]

3.22

**插入损耗　insertion loss**

在给定频率下，连接到给定电源系统的 SPD 的插入损耗定义为：电源线上紧靠 SPD 接入点之后，在被试 SPD 接入前后的电压比，结果用分贝表示。

注：其要求和试验待定。

[GB 18802.1 第 3.21 条]

3.23

**二端口 SPD 的负载端电涌耐受能力　load-side surge withstand capability for a two-port SPD**

二端口 SPD 对负载侧输出接线端子产生电涌的耐受能力。

[GB 18802.1 第 3.19 条]

3.24

**耐受短路电流　short-circuit withstand**

SPD 能够承受的最大预期短路电流值。

注 1：采纳 GB 18802.1 第 3.28 条，并增加下列注释。

注 2：本定义指直流和 50/60 Hz 交流。对二端口 SPD 或输入/输出分开的一端口 SPD，两种耐受短路电流可以定义为：一种相当于内部短路电流（内部带电部分旁路），另一种相当于直接在输出端的外部短路电流（负载失效）。在 GB 18802.1 中，耐受短路电流试验仅为内部短路，外部短路试验待定。

3.25

**一端口 SPD　one-port SPD**

SPD 与被保护电路并联。一端口能分开输入端和输出端，在这些端子之间没有特殊的串联阻抗。

注 1：采纳 GB 18802.1 第 3.2 条，并增加下列注释。

注 2：图 1 为一些典型的一端口 SPD 和一端口 SPD 的示意图(图 1c)。一端口 SPD 可并联，如图 1a，或和电源线连接，如图 1b。第一种情况是负载电流不流过 SPD。第二种情况是负载电流流过 SPD 且在负载电流作用下，它的温度会上升，相关的最大允许负载电流或许同一个二端口 SPD 一样。图 3b 和图 3d 为各种类型的一端口 SPD 对复合波发生器施加的 8/20 冲击的响应波形。

3.26

**二端口 SPD　two-port SPD**

有两组输入和输出接线端子的 SPD，在这些端子之间有特殊的串联阻抗。

注 1：采纳 GB 18802.1 第 3.3 条，并增加下列注释。

注 2：输入端限制电压可能比输出端电压高。因此，被保护设备应和输出端相连接。图 2 为典型的二端口 SPD。图 3e 和图 3f 为二端口 SPD 对复合波发生器施加的 8/20 冲击的响应波形。

3.27

**电压开关型 SPD voltage switching type SPD**

没有电涌时具有高阻抗，有电涌时能立即转变成低阻抗的 SPD。电压开关型 SPD 常用的元件有放电间隙，气体放电管(GDT)，晶闸管(可控硅整流器)和三端双向可控硅开关元件。这类 SPD 有时也称作"短路型 SPD"。

注 1：采纳 GB 18802.1 第 3.4 条，并增加下列注释。

注 2：电压开关型元件有不连续的 *U-I* 特性，图 3c 为典型的电压开关型 SPD 对复合波发生器施加的冲击的响应波形。

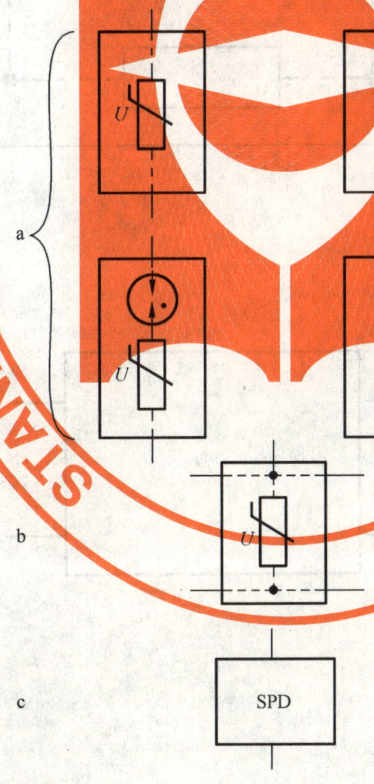


说明：

a　一端口 SPD；

b　输入/输出分开的一端口 SPD；

c　一端口 SPD 的示意图。

**图 1　一端口 SPD 的示例**

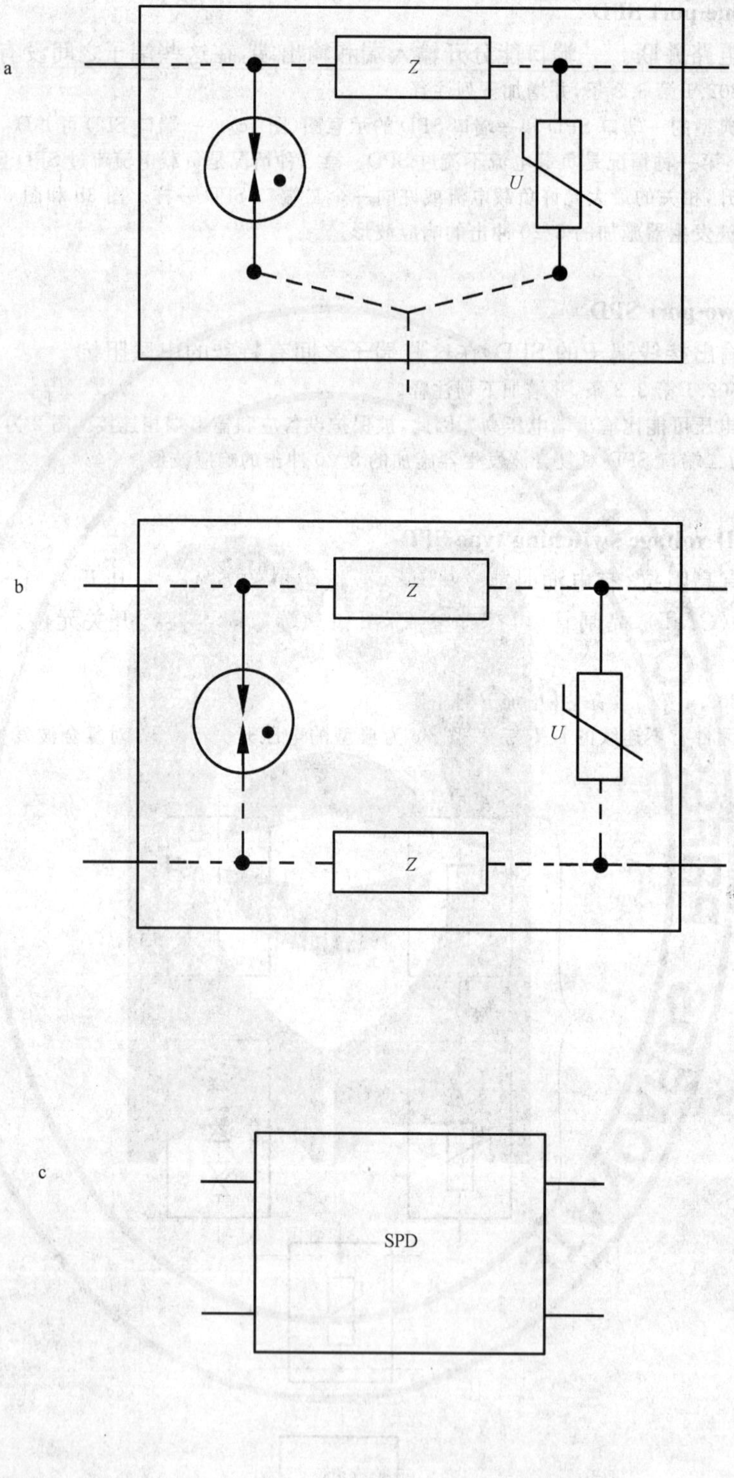


说明：

a　三终端二端口 SPD；

b　四终端二端口 SPD；

c　二端口 SPD 的示意图；

Z　输入端和输出端的串联阻抗。

**图 2　二端口 SPD 的示例**

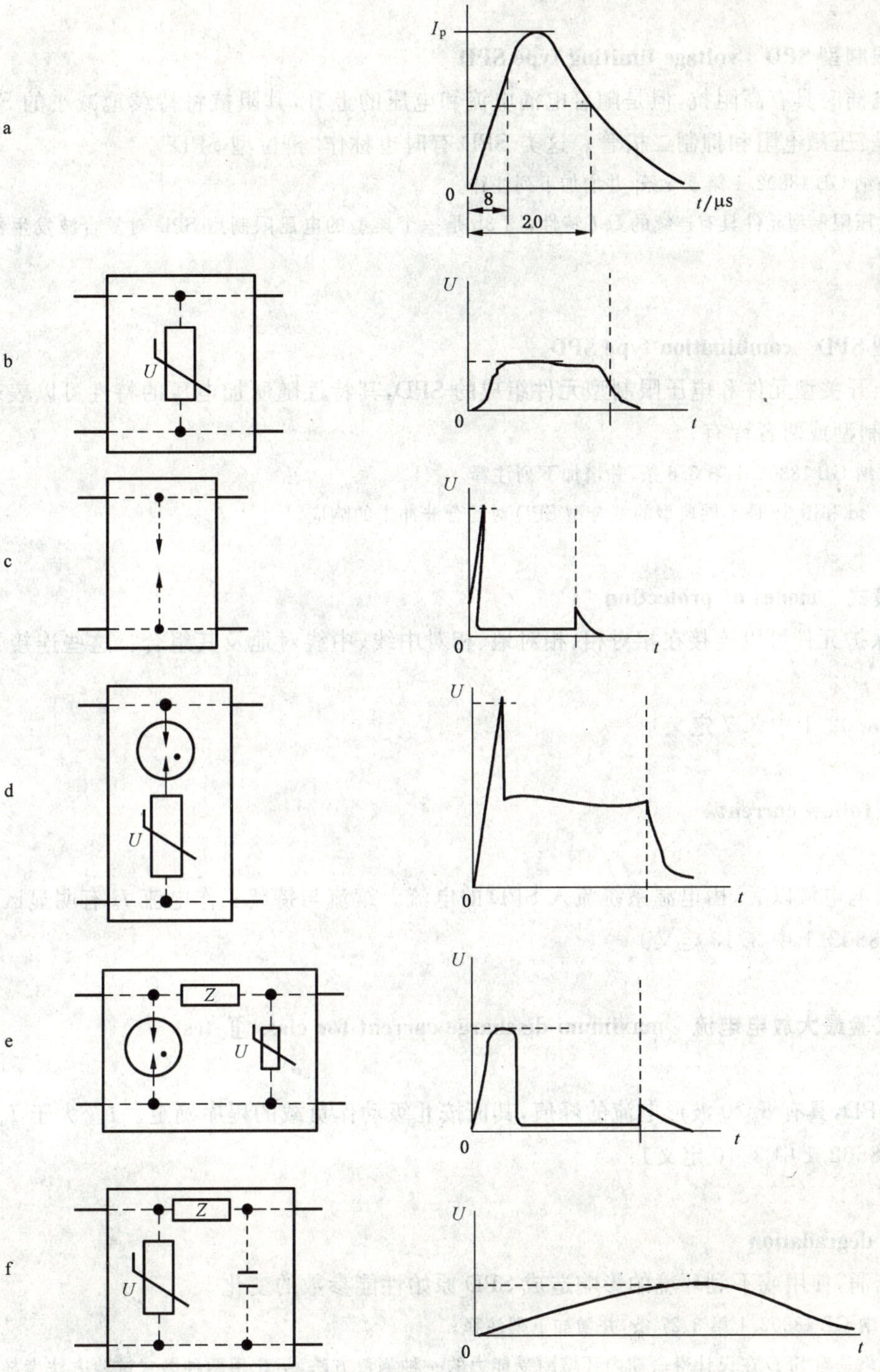


说明：

a 施加的电流波；

b 电压限制型 SPD 的响应；

c 电压开关型 SPD 的响应；

d 复合型一端口 SPD 的响应；

e 复合型二端口 SPD 的响应；

f 带滤波器的二端口电压限制型 SPD 的响应。

注：电压水平仅是示意而不是实际值。

**图 3 一端口和二端口 SPD 对复合波冲击的响应波形**

3.28

**电压限制型 SPD　voltage limiting type SPD**

没有电涌时具有高阻抗，但是随着电涌电流和电压的上升，其阻抗将持续地减小的 SPD，常用的非线性元件是：压敏电阻和抑制二极管。这类 SPD 有时也称作“箝位型 SPD”。

注 1：采纳 GB 18802.1 第 3.5 条，并增加下列注释。

注 2：电压限制型元件具有连续的 *U-I* 特性，图 3b 是一个典型的电压限制型 SPD 对复合波发生器产生的冲击的响应。

3.29

**复合型 SPD　combination type SPD**

由电压开关型元件和电压限制型元件组成的 SPD，其特性随所加电压的特性可以表现为电压开关型、电压限制型或两者皆有。

注 1：采纳 GB 18802.1 第 3.6 条，并增加下列注释。

注 2：图 3d 和图 3e 是不同典型的复合型 SPD 对复合波冲击的响应。

3.30

**保护模式　modes of protection**

SPD 保护元件可以连接在相对相、相对地、相对中线、中线对地及其组合。这些连接方式称作保护模式。

〔GB 18802.1 中 3.7 定义〕

3.31

**续流　follow current**

$I_f$

冲击放电电流以后，由电源系统流入 SPD 的电流。续流与持续工作电流 $I_c$ 有明显区别。

〔GB 18802.1 中 3.13 定义〕

3.32

**Ⅱ级试验最大放电电流　maximum discharge current for class Ⅱ test**

$I_{max}$

流过 SPD，具有 8/20 波形电流的峰值，其值按Ⅱ级动作负载的程序确定。$I_{max}$大于 $I_n$。

〔GB 18802.1 中 3.10 定义〕

3.33

**劣化　degradation**

由于电涌，使用或不利环境的影响造成 SPD 原始性能参数的变化。

注 1：采纳 GB 18802.1 第 3.27 条，并增加下列注释；

注 2：劣化是对 SPD 在设计寿命期内环境耐受能力的一种测量方法，劣化用两种型式试验方法考核，一个是动作负载试验，另一个是老化试验，两个方法也可以结合起来进行。

动作负载试验是对 SPD 施加规定次数规定电流波形的试验，SPD 性能变化的允许范围见 GB 18802.1。

老化试验是在特定温度下，对 SPD 施加一个规定时间的规定幅值的电压，本部分给出了 SPD 性能允许变化范围。（该试验待定）。

根据以下内容确定 SPD 预期使用寿命：

——替代方式；

——使用场合和可行性；

——可接受的失效率；

运行经验。

3.34

**剩余电流装置　residual current device**

**RCD**

在规定的条件下，当剩余电流或不平衡电流达到给定值时能使触头断开的机械开关电器或组合电器。

〔GB 18802.1 中 3.37 定义〕

3.35

**系统标称电压　nominal voltage of the system**

系统或设备标明的电压，某些工作特性与该电压有关（如 230/400 V）。

在系统标称条件下，供电端的电压可能不同于标称电压，由供电系统的偏差来决定。

注 1：本部分允许有±10%的偏差。

相－地系统标称电压称为 $U_n$（见 GB 156）。

注 2：系统相－中线的电压称为 $U_o$。

3.36

**冲击试验分类　impulse test classification**

3.36.1

**Ⅰ级试验　class Ⅰ test**

按 3.9 定义的标称放电电流（$I_n$），3.13 定义的 1.2/50 冲击电压和 3.10 定义的Ⅰ级试验的最大冲击电流 $I_{imp}$ 进行的试验。

3.36.2

**Ⅱ级试验　class Ⅱ test**

按 3.9 定义的标称放电电流（$I_n$），3.13 定义的 1.2/50 冲击电压和 3.32 定义的Ⅱ级试验的最大放电电流 $I_{max}$ 进行的试验。

3.36.3

**Ⅲ级试验　class Ⅲ test**

按 3.11 定义的复合波（1.2/50，8/20）进行的试验。

注：根据 GB 18802.1 中 3.35.3 条改写。

3.37

**额定负载电流　rated load current**

$I_L$

能对 SPD 保护的输出端连接负载提供的最大持续额定交流电流有效值或直流电流。

注 1：采纳 GB 18802.1 第 3.14 条，并增加下列注释；

注 2：仅适合输入/输出分开的 SPD。

3.38

**后备过电流保护　backup overcurrent protection**

位于 SPD 外部的前端，作为电气装置的一部分的过电流装置（如：熔断器或断路器），当 SPD 不能切断工频短路电流时，它可使 SPD 避免过热和损坏。

〔GB 18802.1 中 3.36 定义〕

3.39

**SPD 安装点电力系统最高持续工作电压　maximum continuous operating voltage of the power system at the SPD location**

$U_{cs}$

在 SPD 安装点，SPD 可能受到的最大工频电压有效值或直流电压，仅考虑了电压调节和电压降低或升高，与 $U_0$ 有直接联系。

$U_{cs}$也称为视在最大系统电压(参照图 6)。

注：该电压不考虑谐振、失效、TOV 或瞬态条件。

3.40

**电压开关型 SPD 的放电电压　sparkover voltage of a voltage-switching SPD**

在 SPD 的间隙电极之间，发生击穿放电前的最大电压值。

注 1：采纳 GB 18802.1 第 3.38 条，并增加下列注释。

注 2：电压开关型 SPD 可以基于元件(例：硅基元件)而不是间隙。

3.41

**雷电保护系统　lightning protection system**

**LPS**

用来保护建筑物及其内部设备免受雷击影响的完整系统。

## 4 被保护的系统和设备

当评估一个装置需要使用 SPD 时，应考虑两方面因素：

· 使用 SPD 的低压配电系统的特性，包括预期过电压、电流的型式和水平；

· 被保护的设备特性。

### 4.1 低压配电系统

低压配电系统由系统接地的型式(TN-C，TN-S，TN-C-S，TT，IT)和标称电压(见 3.35)来表示，可能产生各种型式的过电压和过电流，本部分将过电压分为三类：

· 雷电过电压；

· 操作过电压；

· 暂时过电压。

#### 4.1.1 雷电过电压和电流

大多数情况下，雷电冲击强度是选择 SPD 试验等级和相关电流或电压值($I_{imp}$、$I_{max}$ 和 $U_{oc}$ 见 GB 18802.1)的主要因素。

要选择合适的 SPD 必须评估雷电涌的波形和电流(电压)幅值，确定 SPD 的电压保护水平是否足以保护在这种环境中的设备是相当重要的。

注：例如，雷电频繁区域安装的 SPD 要求耐受Ⅰ级或Ⅱ级试验。

一般来说，建筑物外部的电气装置受到的雷电冲击较高(例如，架空线受到直击雷或感应雷的情况)，在建筑物外部，从装置的入口到内部电路，雷电冲击逐渐减小，这是由回路配置和阻抗变化引起的。

雷电防护的必要性取决于：

· 当地落雷密度 $N_g$(建筑物所在地区年平均落雷密度，每年每平方公里的雷闪次数)，现代的雷电定位系统可以提供相当精确的 $N_g$ 数据；

· 电力设备的外露部分，包括内部设备。一般认为地下系统比架空线系统暴露少。

即使由地下电缆供电，也可推荐使用 SPD 进行保护。为了确定是否需要电涌保护器，应考虑以下几方面：

——附近设装置有雷电保护系统；

——电缆的长度不足以提供网络的架空线到装置之间适当的距离(衰减)；

——连接到装置的变压器的 MV(中压)侧的架空线易出现高的雷电过电压；

——在高土壤电阻率地区的地下电缆可能受到直击雷的影响；

——当由电缆供应电力的建筑物的规模和高度增大到一定程度，受到直击雷的危险性将显著增加，进(出)线(电话线、天线系统等)受到的直击雷将影响电力系统和设备；

——存在其他架空设施。

当许多建筑物由同一个电源系统供电时，没有安装 SPD 的建筑物的电力系统可能会产生较高的过电压。

对于外部具有雷电防护系统，内部具有 SPD 保护的建筑物，(在建筑物有直击雷的情况下)，一般应使用直流接地电阻值(例如：建筑物和配电系统、管等的接地)进行计算是充分的，以确定通过 SPD 分配的电流。

更多关于雷电冲击的资料见附录 C 和附录 I。

#### 4.1.2 操作过电压

操作过电压的电流和电压的峰值通常比雷电过电压小，但持续时间较长。在某种情况下，在建筑物的内部深处或者接近操作过电压源的地方，操作过电压高于雷电过电压，需要知道操作过电压的能量，以便选择合适的 SPD。包括故障和熔断器熔断产生的瞬态操作电涌比雷电电涌持续时间长得多。

更多关于操作冲击的资料见附录 C。

#### 4.1.3 暂时过电压 $U_{TOV}$

##### 4.1.3.1 概述

SPD 在其寿命期内会受到比电力系统最大持续工作电压高的暂时过电压 $U_{TOV}$ 的影响。

暂时过电压有两个因素：幅值和时间。过电压持续时间主要取决于电力系统的接地(包括高压电力系统和接有 SPD 的低压系统)。在确定暂时过电压时，应考虑系统的最大持续工作电压($U_{cs}$)。

更多关于暂时过电压的资料见附录 I。

##### 4.1.3.2 标准值

IEC 60364-4-44 给出低压电网中预期的 $U_{TOV}$ 的最大值(这些值的详细计算参考附录 E)。

取决于许多因素，如 SPD 的安装位置，电网型式等因素，$U_{TOV}$ 的值可能较低。

变压器安装点(见表 1，注 2)用户侧设备处最大值(见图 4)在表 1 中给出。

**表 1 IEC 60364-4-44 给出的最大 TOV 值**

<table>
<tr><th>$U_{TOV}$ 发生处</th><th>系　　统</th><th>$U_{TOV,HV}$ 最大值</th></tr>
<tr><td rowspan="2">相 - 地</td><td rowspan="2">TT，IT</td><td>$U_0$+250 V，持续时间>5 s</td></tr>
<tr><td>$U_0$+1 200 V，持续时间≤5 s</td></tr>
<tr><td rowspan="2">中线 - 地</td><td rowspan="2">TT，IT</td><td>250V，持续时间>5 s</td></tr>
<tr><td>1 200 V，持续时间≤5 s</td></tr>
<tr><td colspan="3">以上数值是与高压电网故障有关的极端值，可根据附录 E 按电网类型计算。</td></tr>
<tr><td>$U_{TOV}$ 发生处</td><td>系 统</td><td>$U_{TOV}$ 最大值</td></tr>
<tr><td>相 - 中线</td><td>TT 和 TN</td><td>$\sqrt{3}U_0$</td></tr>
<tr><td colspan="3">以上数值与低压系统的中线断线有关。</td></tr>
<tr><td>相 - 地</td><td>IT 系统<br>(TT 系统见注 1)</td><td>$\sqrt{3}U_0$</td></tr>
<tr><td colspan="3">以上数值与低压系统的相导线意外接地有关。</td></tr>
<tr><td>相 - 中线</td><td>TT、IT 和 TN</td><td>1.45$U_0$，持续时间≤5 s</td></tr>
<tr><td colspan="3">以上数值与相线和中线短路有关。</td></tr>
<tr><td colspan="3">注 1：已证明更高的 TOV 也可在 TT 系统出现，持续时间≤5s，详见附录 E，IEC 60364-4-44 无规定。<br>注 2：在变压器安装点，最大的 TOV 值可能与上表不同(高或低)，详见附录 E<br>注 3：选择 SPD 时不考虑中线断线。</td></tr>
</table>

更进一步的资料详见附录 E

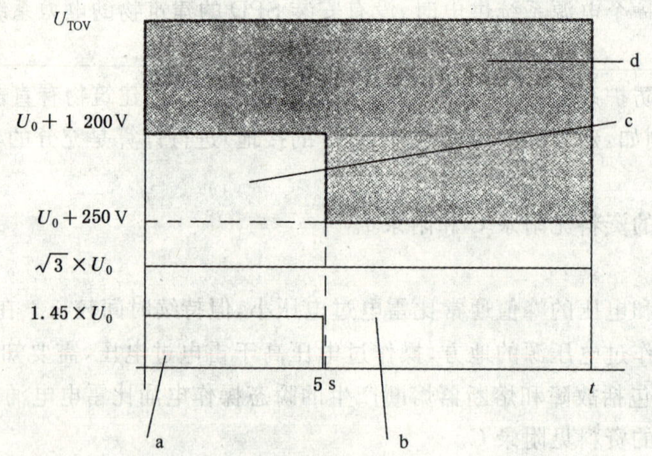


说明：

a　LV 装置故障(短路)时，TT、TN 和 IT 系统中相对中线间的 $U_{TOV,LV}$ 区域；

b　LV 装置故障时(单相导体意外接地)IT 系统(TT 见注 1)相和地之间 $U_{TOV,LV}$ 区域和 LV 装置故障时(中线断线)TT 和 TV 系统相和中线之间 $U_{TOV,LV}$ 区域；

c　HV 系统产生故障时，TT 和 IT 系统中在用户的装置相和地之间最大 $U_{TOV,HV}$ 值区域；

d　未定义区域。

**图 4　IEC 60364-4-44 中 $U_{TOV}$ 最大值**

### 4.2　被保护设备特性

待定。

目前，设备冲击耐受参照 GB/T 16935.1，设备抗冲击时间参照 GB/T 17626.5。

## 5　电涌保护器

### 5.1　SPD 基本功能

本部分考虑的 SPD 安装在被保护设备的外部。

其功能如下：

· 电力系统无电涌时：SPD 对其所应用的系统工作特性无明显影响；

· 电力系统出现电涌时：SPD 呈现低电阻，电涌电流通过 SPD 泄漏，把电压限制到其保护水平，电涌可能引起工频续流通过 SPD；

· 当电力系统出现电涌以后：SPD 在电涌及任何可能出现的工频续流熄灭以后，恢复到高阻抗状态。

规定 SPD 的特性，使其在正常使用条件下能满足以上功能。正常使用条件包括：电力系统电压频率，负载电流，海拔高度(即气压)，空气湿度和环境温度。

### 5.2　补充要求

取决于 SPD 的应用，需补充如下要求：

——保护 SPD 免直接接触(见 GB 14821.1)；

——SPD 失效时安全性。

当电涌大于设计最大能量吸收能力和放电电流时，SPD 可能失效或损坏。在本部分中，SPD 的失效模式分为开路模式和短路模式。

在开路模式下，被保护系统不再被保护，因为失效的 SPD 对系统影响很小，所以不易被发现。为保证下一个电涌到来之前，更换失效的 SPD，就需要有一个指示。

在短路模式下，失效的 SPD 严重影响系统，系统中短路电流通过失效的 SPD，短路电流导通时使能量过度释放可能引起火灾，GB 18802.1 短路电流耐受能力试验适用该问题，如果被保护系统没有合适的装置将失效的 SPD 从系统中脱离，使用具有短路失效模式的 SPD 需配备一个合适的脱离器。

### 5.3 SPD 分类

#### 5.3.1 SPD:分类

电涌保护器依照 GB 18802.1 分类如下：

端口数：一或二；

设计类型：电压开关型，电压限制型，复合型。

Ⅰ、Ⅱ、Ⅲ级试验

使用地点：户内或户外；

易触及性：易触及的，不易触及的；

安装模式：固定的或移动的；

脱离器：位置(外部的，内部的，内外都有，没有)和功能(热，泄漏电流，过电流)；

后备过电流保护：规定或不规定；

SPD 外壳提供的防护等级(IP 代码)；

温度范围。

注：依据定义，户外是指封闭空间以外，这类 SPD 易受外部环境条件影响。户内指封闭空间以内。这类 SPD 易受户内环境条件影响。

以上选择与制造工艺有关，由制造厂规定。

#### 5.3.2 设计的工艺类型

SPD 的主要保护元件分为两类：

——限压型元件：压敏电阻、雪崩二极管或抑制二极管等；

——开关型元件：空气间隙、气体放电管、晶闸管(可控硅整流器)、三端双向可控硅开关等。

基于这些元件，典型 SPD 设计分类如下：(见图 5)

——纯电压限制型元件(图 5a)：限制型 SPD；

——纯电压开关型元件(图 5b)：开关型 SPD；

说明：

a 限压型元件；

b 开关型元件；

c 限压型和开关型元件串联；

d 限压型和开关型元件并联。

图 5 元件及组件示例

——限压型和开关型元件组合(图 5c 和 d):复合型 SPD。

不是所有的 SPD 都是基本元件的简单排列,可以增加指示器、脱离器、熔断器、电感、电容和其他元件。

此外,SPD 可设计为:一端口 SPD(见 3.25)和二端口 SPD(见 3.26)。

## 5.4 SPD 特性

### 5.4.1 GB 18802.1 规定的使用条件

正常使用条件:

——频率在 48 Hz 和 62 Hz 之间的交流电源或直流电源;

——海拔不超过 2 000 m;

——使用和储存温度:正常范围为 −5℃ 至 +40℃,极限范围为 −40℃ 至 +70℃;

——室温下相对湿度在 30% 和 90% 之间。

注 1:用户决定了 SPD 的使用场所(户内、户外等),并确定环境温度条件是在正常范围内或在正常范围外。

注 2:GB 18802.1 也给出了最大持续工作电压的数值。见本部分 6.2.1。

异常使用条件:

对异常使用条件下的 SPD,在设计和使用时需要作特殊考虑,并应引起制造厂重视。

阳光辐射:大多数 SPD 不经受阳光辐射,通常型式试验不考虑阳光辐射,对于暴露于阳光辐射下的 SPD 应考虑并且要进行相应的试验。

注 3:通常,SPD 外壳的防护等级应高于 1P2X,某些场合(例如:户外型 SPD)可能使用其他防护等级。

### 5.4.2 SPD 参数的选择

以下是用户正确选择 SPD 所需要的通用参数:

注:其中一些参数是对某种保护模式规定的。

a) $U_c$ 和 $I_c$:最大持续工作电压和持续工作电流;

b) $U_T$:(暂时过电压)(待定);

c) $I_n$:标称放电电流(仅对Ⅰ级和Ⅱ级试验);

d) Ⅱ级试验的 $I_{max}$,Ⅰ级试验的 $I_{imp}$ 和Ⅲ级试验的 $U_{oc}$;

e) 电压保护水平 $U_p$;

f) 劣化(待定);

g) 失效模式;

h) 短路电流耐受能力;

i) 最大持续负载电流(对二端口 SPD 或输入/输出分开的一端口 SPD);

j) 电压降(对二端口 SPD 或输入/输出分开的一端口 SPD)。

图 6 给出 $U_p$、$U_0$、$U_c$ 和 $U_{cs}$ 之间关系

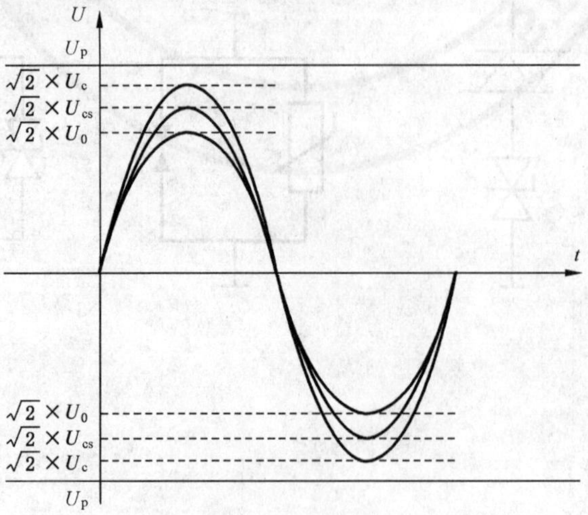


图 6 $U_p$ $U_0$ $U_c$ 和 $U_{cs}$ 之间关系

## 5.5 SPD特性的补充资料

### 5.5.1 与工频电压有关的资料

#### 5.5.1.1 $U_c$ 和 $I_c$:最大持续工作电压和持续工作电流

在正常条件下 $U_c$ 的选择应使 SPD 的特性(寿命,热崩溃等)变化最小。

$I_c$ 是当施加 $U_c$ 时通过 SPD 的电流值。如果有经过接地端(PE)的电流称为剩余电流,在选择 SPD 时,为避免过电流保护器或其他保护器(例如:RCD)误动作(见 GB 16895.4),要考虑剩余电流。

关于系统的配置如何影响过电流保护器或其他保护器工作的详细资料见附录 J。

#### 5.5.1.2 $U_T$:暂时过电压

$U_T$ 用来定义 SPD 在暂时过电压下的特性。

理想情况的定义用一条曲线。实际上用几对工频电压或直流过电压相对于时间(几秒以下)关系的值就足以反映 SPD 在 $U_T$ 方面的特性。不同的标准规定的 TOV 的典型持续时间是 200 ms 和 5 s。

示例曲线见图 J.1。

制造厂应提供 $U_T$ 特性,获得 $U_T$ 曲线的试验标准待定,通常,$U_T$ 可通过试验确定(在施加持续一定时间的电压 $U$ 后,SPD 特性应无明显变化,或对人员、设备和仪器无伤害),或者由计算确定。当该特性不知道时,用户可认为 $U_T=U_c$(这就意味着应使 $U_c$ 的值高于系统中可能产生的所有暂时过电压值)。

注 1:GB 18802.1 仅论述暂时过电压失效模式,即 SPD 不能在足够长时间内耐受暂时过电压。

注 2:很难选择到一个 SPD 同时具备高暂时过电压耐受能力和低电压保护水平。

用户可通过比较 SPD 暂时过电压($U_T$)和系统实际产生的暂时过电压($U_{TOV}$),同时考虑 $U_T$ 和 $U_{TOV}$ 随时间变化特性来选择最适合的 SPD。

### 5.5.2 与电涌电流、电压保护水平和其他特性相关的资料

下面讨论的内容与电压、电流和电涌波形的时间特性有关,根据 SPD 预期承受能力,采用不同的电涌波形进行试验。

在 GB 18802.1 的引言中给出了选择 SPD 合适的试验等级导则,规定如下:

——Ⅰ级试验用于模拟部分传导雷电流冲击的情况。符合Ⅰ级试验方法的 SPD 通常推荐用于高暴露地点,例如:由雷电防护系统保护的建筑物的进线。

——Ⅱ级或Ⅲ级试验方法试验的 SPD 承受较短时间的冲击。这些 SPD 通常被推荐用于较少暴露于直接受冲击的地方。

注:Ⅱ级试验对 SPD 施加外加电流,Ⅲ级试验对 SPD 施加电压,所产生的电流与 SPD 的特性有关。

选择 SPD 时必须考虑其试验等级和规定的冲击幅值。

#### 5.5.2.1 标称放电电流 $I_n$(8/20)(对于进行Ⅰ级、Ⅱ级试验的 SPD)

此电流用来作为一个试验参数,以确定Ⅰ级和Ⅱ级试验的 SPD 的限制电压。此电流也用于Ⅰ级和Ⅱ级动作负载试验的预处理(施加 15 次)

$I_n$ 较 $I_{max}$ 低,并相当于装置中预期相当频繁出现的电流。

$I_n$ 优选值:0.05;0.1;0.25;0.5;1.0;1.5;2.0;2.5;3.0;5.0;10;15 和 20 kA。

#### 5.5.2.2 $I_{imp}$ 和 $I_{max}$(对于进行Ⅰ级和Ⅱ级试验的 SPD)

$I_{imp}$ 和 $I_{max}$ 及其谐波分量分别被用作Ⅰ级和Ⅱ级动作负载试验的试验参数。这些参数与最大放电电流值有关。在系统中安装 SPD 的场所,很少出现预期最大放电电流。$I_{max}$ 用于Ⅱ级试验而 $I_{imp}$ 用于Ⅰ级试验。

根据 GB 18802.1,$I_{imp}$($I_{peak}$,Q)优选值见表 2

表 2 $I_{imp}$ 的优选值

| $I_{peak}$/kA | 1 | 2 | 5 | 10 | 20 |
|---|---|---|---|---|---|
| Q/(A·s) | 0.5 | 1 | 2.5 | 5 | 10 |

注:通常 $I_{imp}$ 与比 $I_n$ 更长的波形有关,一般 $I_n<I_{peak}$。

5.5.2.3　**SPD的电压保护水平**

5.5.2.3.1　**限制电压**

a)　Ⅰ级和Ⅱ级试验

限制电压的测量可由两个试验来确定：

——使用8/20波形测量各种电流值下的残压；

——使用1.2/50波形测量放电电压；

限制电压是下列最高电压值：

——或者对应下列电流范围的残压；

Ⅰ级试验，从$0.1\times I_n$直到$I_{peak}$或$I_n$中较高值；

Ⅱ级试验，从$0.1\times I_n$直到$1.0\times I_n$。

——或者放电电压。

· 具有限压型元件的SPD

图7给出了氧化锌压敏电阻$U_{res}$-$I$的典型曲线，图中说明在$I_{max}$下SPD残压也应考虑。如果该残压比电压保护水平高，特别是比被保护设备的冲击耐受电压还高时，虽然SPD能承受这样的电应力，但设备将不被保护。因此应适当地选择SPD的电压保护水平和冲击电流耐受能力。

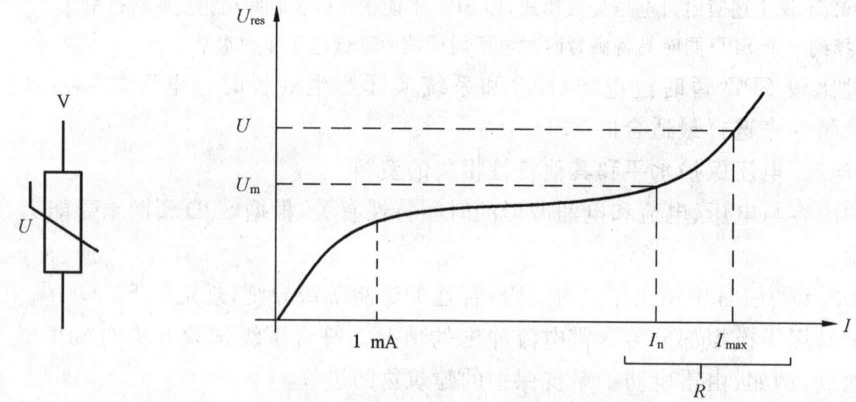


说明：

$U_m$　限制电压＝Ⅱ级试验时SPD在$I_n$下的残压$U_{res}$，当$I=I_{max}>I_n$时，$U>U_m$；

V　ZnO压敏电阻；

$R$　几个kA电流的范围。

**图7　ZnO压敏电阻$U_{res}$-$I$典型曲线**

·具有限压开关型元件的SPD

具有火花间隙的器件(气体放电管等)的冲击放电电压由所施加的瞬态过电压的上升率($dU/dt$)决定。

一般来说，瞬态电压上升率($dU/dt$)增加会导致冲击放电电压增加，在规定的$dU/dt$下，冲击放电电压是一个统计值，因此测量值具有一定的分散性(见图8)。

b)　Ⅲ级试验

按Ⅲ级试验的SPD，采用复合波发生器，试验过程中测量的最大值作为限制电压值。

5.5.2.3.2　**电压保护水平$U_p$**

$U_p$由制造厂提供，按定义该值应等于或大于限制电压的最高值，制造厂选择该值应允许制造偏差。

电压保护水平优选值：0.08；0.09；0.10；0.12；0.15；0.22；0.33；0.4；0.5；0.6；0.7；0.8；0.9；1.0；1.2；1.5；1.8；2.0；2.5；3.0；4.0；5.0；6.0；8.0；10 kV。

附录B给出了典型的系统标称电压与ZnO压敏电阻SPD的电压保护水平的关系。

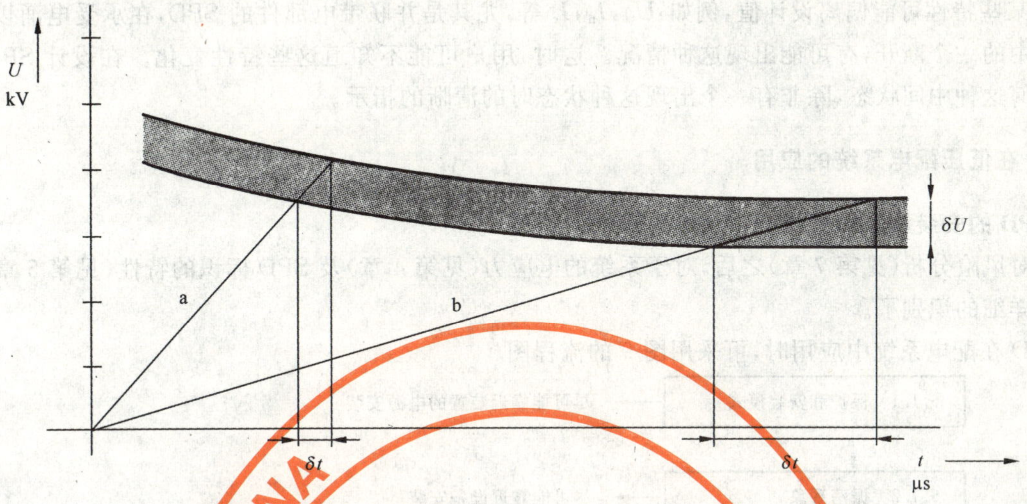


说明：

a　较高上升率 −10 kV/μs；

b　较低上升率 −1 kV/μs；

δt　放电时间分布；

δU　放电电压分布。

**图 8　放电间隙典型曲线**

**5.5.2.4　SPD 失效模式**

失效模式决定了 SPD 与其他设备的兼容性、自身应用的兼容性和与 SPD 连接的其他电器的兼容性。

SPD 失效模式取决于电涌电流和电压的幅值，数量和波形、电力系统的短路能力和失效时 SPD 上施加电压的值。本部分认为 SPD 有两种失效模式：

——短路；

——开路。

有时，SPD 在某一时段处于一个不确定状态，该状态吸收能量，并最终导致(自身或与脱离器或后备过电流保护)开路或短路状态。本部分认为：这个状态是暂时的，不予讨论。

关于系统配置如何影响过电流或其他保护装置动作的详细资料见附录 J。

失效模式的 SPD 特性变化不予考虑，但在 5.5.2.8 中讲述。

**5.5.2.5　短路耐受能力**

SPD 本身或与其脱离器和后备过电流保护一起能够耐受制造厂标明的短路耐受电流，且试验中不能对环境（特别是位于附近的设备）造成破坏，必须确保 SPD 使用场所的预期短路电流不能高于其短路耐受电流，同时必须确保有适当的制造厂推荐的脱离器或后备保护，并能工作。

**5.5.2.6　额定负载电流 $I_L$(二端口 SPD 或输入/输出分开的一端口 SPD)**

必须检查接在二端口 SPD 输出端的负载或与电源接在一起的一端口 SPD 输出端负载与额定负载电流一致。

注：需考虑负载的类型。如一些负载，其涌入的电流可能高达 3 倍的有效值。这样高的电流会使两端口 SPD 内串联的元件发热。

**5.5.2.7　电压降(二端口 SPD 或输入/输出分开的一端口 SPD)**

必须检查安装了二端口 SPD 或输入/输出分开的一端口 SPD 以后，不会导致输出端设备的电压降超过允许的极限值。

**5.5.2.8　SPD 特性变化**

某些 SPD 的结构在受到高于标准试验规定的电应力时，可能处于一个中间状态。在这种情况下，

SPD的某些特性可能偏离设计值，例如：$U_p$，$I_n$，$I_c$ 等，尤其是并联带电部件的SPD，在承受电涌以后，带电部件中的一个断开，有可能出现这种情况。这时，用户可能不知道这些特性变化。在设计SPD时应避免任何这种中间状态，除非有一个出现这种状态时的清晰的指示。

## 6 SPD在低压配电系统的应用

### 6.1 SPD的安装和保护效果

当对风险分析（见第7章）之后，对于系统的电应力（见第4章）及SPD标识的特性（见第5章）就可以进行详细的识别了。

SPD在配电系统中应用时，可采用图9的流程图

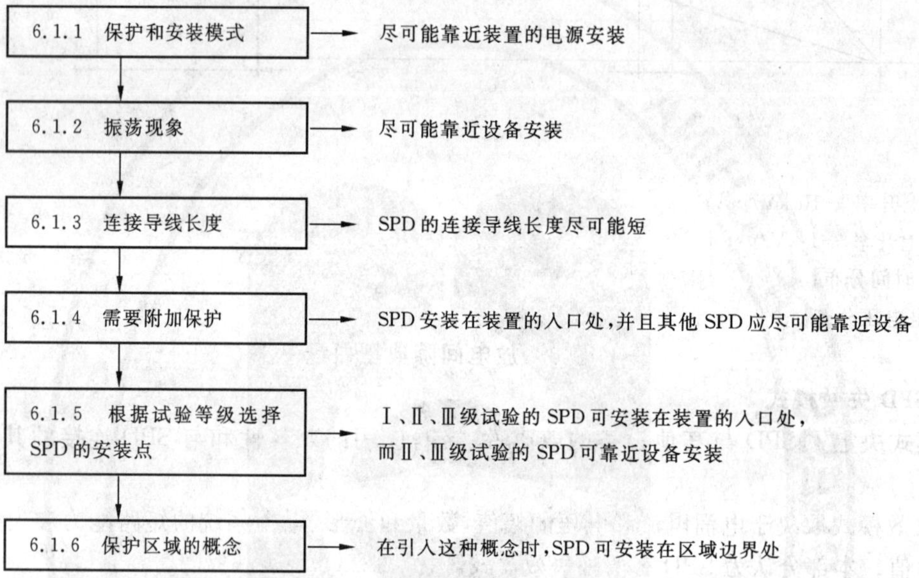


**图9 SPD应用的流程图**

#### 6.1.1 保护和安装的可能模式

当被保护设备有足够的耐受过电压能力，或安装位置靠近配电盘时，一个SPD就可满足需求。在这种情况下，SPD应尽可能靠近配电盘安装，且在该位置有足够的电涌耐受能力。图K.1到K.5分别对安装在不同类型系统中装置电源处的SPD的典型联结方式进行描述。图K.5为在一个TN C-S系统中的特例。

表3给出了各种LV系统要求的各种保护模式

注1：如果一个导线上有多个SPD时，应确保它们之间的配合。

注2：根据被保护设备类型（如设备不接地，则线—地，中线—地不需保护）确定保护模式的数量，设备的耐受取决于各自的保护模式、电力系统结构、接地和侵入电涌的特性。例如，相/中线和PE导线之间或相和中线之间的保护一般是充分的，相和相之间一般不用保护；

注3：安装在供电部门计量表前的SPD装置必须经供电部门同意。

**表3 各种LV系统可能的保护模式**

| SPD存在于 | TT | TN-C | TN-S | IT |
|---|---|---|---|---|
| 线和中线之间 | × | | × | ×[a] |
| 线和PE之间 | × | | × | × |
| 线和PEN之间 | | × | | |
| 中线和PE之间 | × | | × | ×[a] |
| 线线之间 | × | × | × | × |

[a] 为当配置中线时。

推荐把进入被保护的建筑物的电力、信号网络相互靠得很近，并将其互相联结在一个共用的等电位排上。这对由非屏蔽材料（如木头、砖、混凝土等）组成的建筑物来说特别重要。

更进一步的资料，见附录 K。

### 6.1.2 振荡现象对保护距离的影响

当 SPD 被用来保护特定设备或当 SPD 装在主配电盘上而不能为某些设备提供足够的保护时，SPD 应尽可能地靠近被保护设备。如果 SPD 和被保护设备之间的距离太长，设备端产生的振荡电压值一般高至两倍的 $U_p$，在一些情况下，甚至超过这个水平。尽管装有 SPD，振荡仍能引起被保护设备失效（见图 K.8 到 K.10），合适的距离（叫保护距离）取决于 SPD 型式、系统类型、侵入电涌的陡度和波形及连接的负载。实际上，如果设备的阻抗高或设备内部断开，就有可能产生两倍的振荡电压。图 10 给出了在这种条件下，振荡现象产生两倍电压的示例。

通常，当距离小于 10 m 时，振荡可忽略。图 K.9 和 K.10 给出了当距离为 10 m 时，两倍电压的可能性，但这仅是一种可能性，因为负载为纯电容。有时设备有内部保护元件（例如，压敏电阻），甚至更长的距离产生的振荡也能被降低。必须注意后面一种情况，避免 SPD 和设备内部保护元件之间的配合出问题。

更进一步的资料见附录 K。

### 6.1.3 连接导线长度的影响

为了达到最佳的过压保护，SPD 的连接导线应尽可能短。长的连接导线将降低 SPD 的保护水平，因此，可选择一个较低电压保护水平的 SPD 来提供有效的保护。传送至设备的残压为 SPD 的残压和沿导线感应电压降之和，这两个电压并不在同一时刻到达峰值，但应用时，可以简单地相加；图 10 给出在冲击放电电流下，连接导线的电感对各 SPD 连接点测得电压的影响。

一般来说，假定导线的电感是 1 μH/m。当冲击波上升率为 1 kA/μs 时，电感沿导线长度的电压降为 1 kV/m。而且，如果 $dl/dt$ 的陡度更大，电压降值会更高。

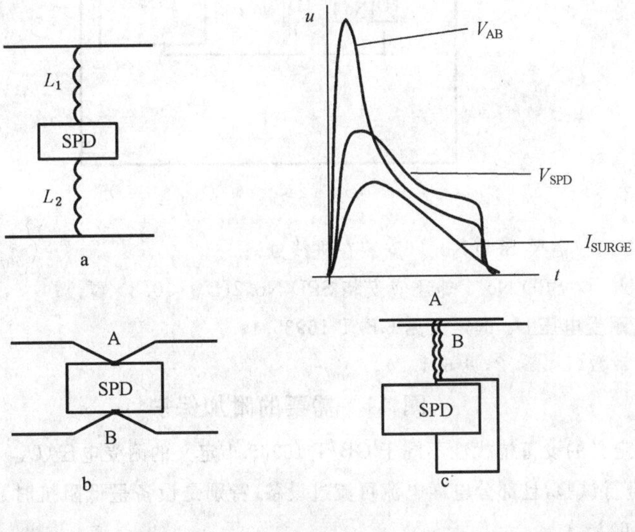


说明：

a　$L_1$，$L_2$　导线 $l_1$，$l_2$ 的相应电感；

　$I_{surge}$　电涌电流 - 时间的曲线；

　$V_{SPD}$　通过电涌时，SPD 端子间的电压；

　$V_{AB}$　点 A 和点 B 之间通过电涌时的电压 $=V_{SPD}+$ 电感 $(L_1+L_2)$ 上的电压降；

　特别是当 $L_1$ 或 $L_2$ 较大时，应避免采用这种形式；

b　推荐首选形式；

c　当 B 方式不适合时，可采用这种方式。

**图 10　SPD 连接导线长度的影响**

图 10b 的电感影响非常小,应尽可能采用。当不可能使用图 10b 时,则可采用图 10c,尽量避免采用图 10a。

注:如果导线相互紧靠而使回流路径导体与入流导体产生磁耦合,其电感将降低(见图 10c)。

更进一步的资料见附录 K。

### 6.1.4 附加保护的必要性

在一些情况下,一个 SPD 就能满足要求,例如,进入建筑物的电涌强度较低时,将 SPD 安装在主入口处效果更好(见 6.1.1)。

在一些特殊情况下,可能需要在尽可能靠近被保护的设备处增加附加的保护器件,例如:

- 存在很敏感的设备(电子设备、计算机);
- 当 SPD 和被保护设备之间的距离太长时(见 6.1.2);
- 由雷电冲击和内部干扰源引起的建筑物内部的电磁场。

有必要考虑系统中需保护的最敏感的设备的电压耐受($U_w$ 见 GB/T 16935.1),最靠近设备安装的 SPD 电压保护水平 $U_{p2}$ 至少比设备耐受电压低 20%。如果入口处 SPD 的保护水平($U_{p1}$)加上 6.1.2 所述由于 SPD 及设备之间的距离效应使设备端的电压低于 $0.8\times U_w$,则在靠近设备处无需附加安装 SPD(见图 11)。

更进一步的资料见 K.1.2 和图 K.9。

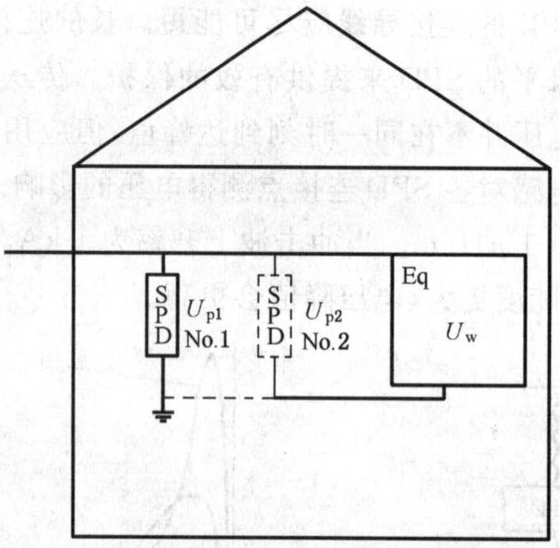


说明:

如果 $U_{p1}\times k<0.8\times U_w$,仅需要 SPD No.1(安装在进线处);

如果 $U_{p1}\times k>0.8\times U_w$,除 SPD No.1 外还应安装 SPD No.2($U_{p2}<0.8\times U_w$);

Eq 是被保护设备,其耐受电压 $U_w$ 的定义见 GB/T 16935.1;

$k$ 是可能产生振荡的系数($1<k<2$,见 6.1.2)。

**图 11 需要的附加保护**

注:GB/T 17626.5 定义的设备抗扰性不同于 GB/T 16935.1 定义的耐受电压($U_w$),其原因是 GB/T 17626.5 使用复合波发生器进行试验,且部分电涌电流可流过设备(特别是设备呈低阻抗时),在这种情况下,要求适当地进行配合(见 6.2.6)。

在建筑物内操作电涌可产生潜在的损坏,在这种情况下需要附加的 SPD。

当两个 SPD 用在同一导体上时,应匹配。

### 6.1.5 根据试验等级选择 SPD 的位置

依照侵入电应力不同,在入口处的 SPD 试验按Ⅰ级、Ⅱ级或Ⅲ级进行。考虑包含于电涌中的电应力因素是正确选择 SPD 的关键。Ⅱ级、Ⅲ级试验的 SPD 也适用于紧靠保护设备安装。

### 6.1.6 保护区域概念

若是为了设计及合理应用电涌保护器,有必要考虑保护区域的梯度,详见 IEC 61000-5-6(待定)和

GB 19271.1。

这一概念假定：由配电系统开关或直击雷和感应雷引起的传导危险参数从未保护环境传至被保护的敏感设备时逐级减小（每一级之间的距离由6.1.2决定）。

关于建筑物中配电系统细分的保护区域以及SPD的安装位置的示例见图K.11

## 6.2 SPD的选择

SPD的选择依据下列图表中的六个步骤，从6.2.1至6.2.6。

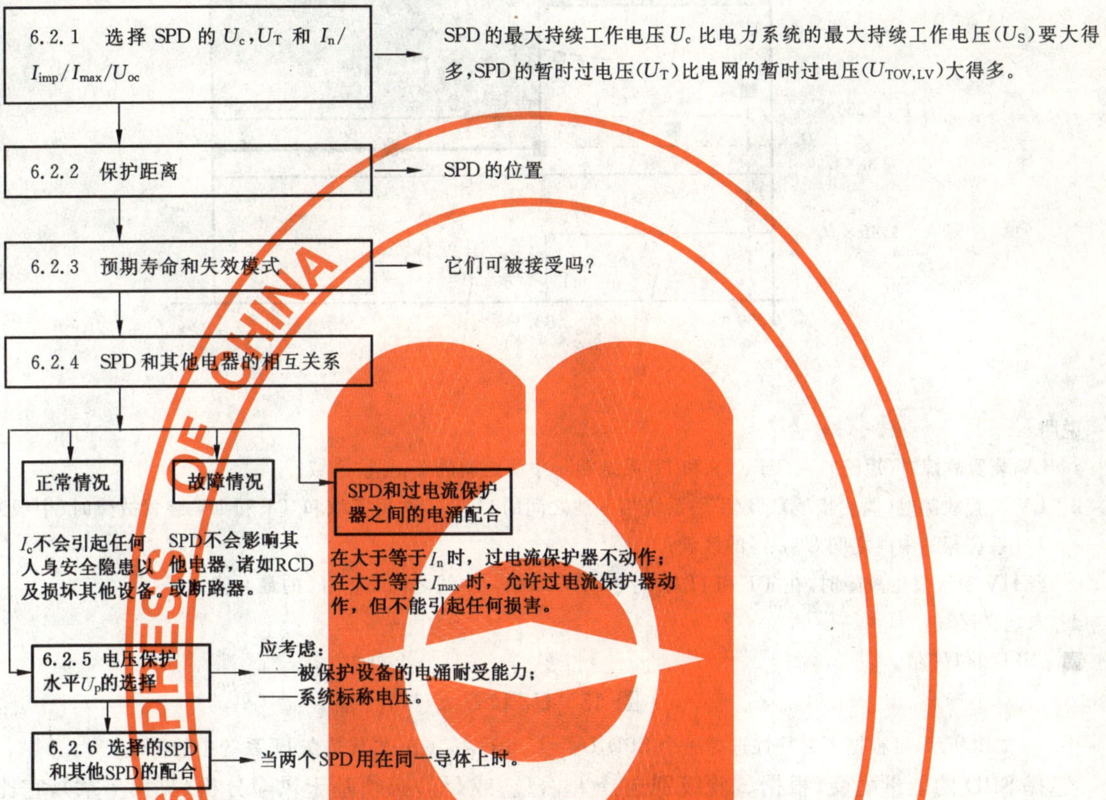


图12 选择SPD的流程图

### 6.2.1 SPD $U_c$、$U_T$和$I_n$/$I_{imp}$/$I_{max}$/$U_{oc}$的选择

$U_c$和$U_T$必须满足下列准则：

除了在下列IT系统中以外，$U_c$应比系统中可能产生的最大持续工作电压$U_{cs}$（$=k\times U_0$）要高（见附录J，建议值见附录B）。

$$U_c > U_{cs}$$

在实际情况下，它提出了下列要求（见GB 16895.4）：

根据图K.2，在TT系统$U_c$至少为$1.5U_0$；

根据图K.3，在TN系统和TT系统中$U_c$至少为$1.1U_0$；

在IT系统中，$U_c$至少要等于线电压$U$。

注1：$U_0$是低压系统的相电压；

注2：在扩展的IT系统中，较高的$U_c$值是有必要的；

注3：GB 16895.4对应的IEC标准正在修订；

如图13所示，当低压系统发生故障时，我们希望$U_T$值比设备上预期产生的暂时过电压（TOV）要高。

$$U_T > U_{TOV,LV}$$

注4：持续时间超过5s的$U_{TOV,LV}$应被认为是最大持续工作电压$U_{cs}$。如在IT系统中，接地短路时会持续很长时间（几个小时），则连接在相和地之间SPD的$U_c$值至少等于最大的系统相-相电压（$U_0\times\sqrt{3}$）。

在 TOV 的值很大的情况下，很难找到一个可以对设备提供电涌保护的 SPD，如果发生的概率很低，可以考虑用一个不能耐受该 TOV 过压的 SPD，在这种情况下，必须使用合适的断开电器。

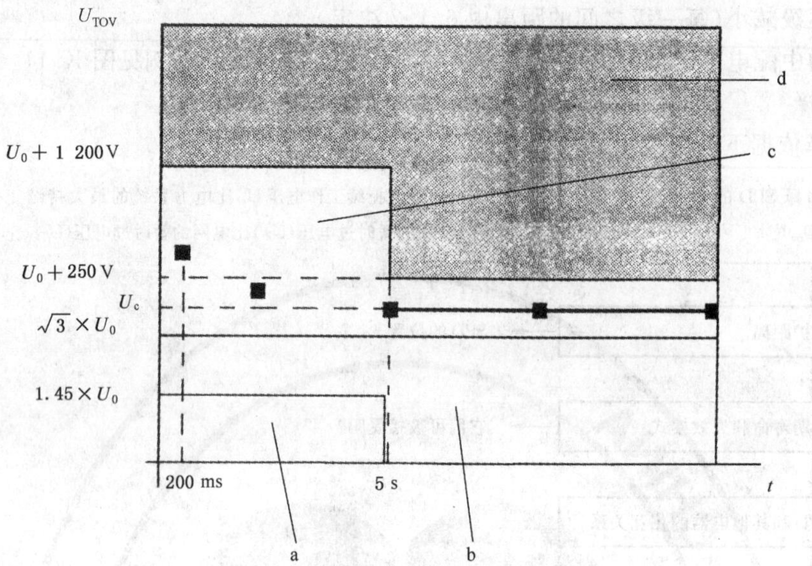


说明：

a LV 装置故障时(短路)，在 TT、TN 和 IT 系统相 - 中线之间的 $U_{TOV,LV}$ 区域；

b LV 装置故障时(偶然接地)，IT(TT)系统相 - 地之间的 $U_{TOV,LV}$ 作用区域和 TT 和 LV 装置故障时(中线断线)，TN 系统相 - 中线之间 $U_{TOV,LV}$ 的区域；

c 当 HV 系统发生故障时，在 TT 和 IT 系统中，用户端相 - 中线之间 $U_{TOV,HV}$ 的最大值；

d 未定义区域。

■ SPD 的 $U_T$ 值。

**图 13 $U_T$ 和 $U_{TOV}$**

注 5：如图所示，可根据下列特性选择一个 SPD，$U_T=U_c\geqslant U_{TOV,LV\,max}$ 尤其是在 IT 系统中的情况。

选择 SPD 的能量耐受(根据试验级别选择 $I_{imp}$，$I_{max}$ 或 $U_{oc}$)必须基于风险分析(见第 7 章)，它比较了电涌发生的概率，被保护设备的价格以及可接受的事故率。当使用多个 SPD 时，完成它们之间的配合分析是很复杂的。

注 6：如果有必要的话，可选用比 5.5.2 所提供的值更高的数值。

### 6.2.2 保护距离

为了决定 SPD 的位置(在入口处，靠近设备，等等)，有必要知道保护距离，也就是 SPD 和 SPD 能提供充分保护的被保护设备之间的可接受距离。

这一距离取决于 SPD 的特性($U_p$，等)，SPD 在建筑物中的安装(导线长度，等)以及系统特性(导体的类型和长度等)，还有设备的特性(过电压耐受能力等)。更进一步的解释见 6.1.2 和 6.1.3，均对所包括的现象作了详述。

注：要设计保护区域，必须注意到 SPD 和被保护设备之间的保护距离(见 6.1.6)。

### 6.2.3 预期寿命和失效模式

#### 6.2.3.1 预期寿命

预期寿命取决于电涌的形式和其产生的频率，一个 SPD 的寿命可能长，也可能短，例如，如果一个最大放电电流 $I_{max}$ 为 20 kA 8/20 的 SPD 安装后几秒钟就遇到一个 30 kA 8/20 的雷电流，这个 SPD 很可能会失效，在这种情况下，SPD 的寿命仅几秒钟。这种极端情况表明，由制造厂给出的预期寿命仅根据本部分试验并不能是一个保证值。

考虑到预期寿命仅是一种可能性，例如，最大放电电流为 10 kA 和 20 kA 8/20 的 SPD 在安装后的几秒钟就遇到有 30 kA 的雷电流，那么 SPD 就会破坏。一般情况下，额定电流为 20 kA 的 SPD 比额定电流为 10 kA 的 SPD 寿命更长。

选择 SPD 的要点归纳如下：

· 在标准试验条件下不能明显老化；

· 应考虑 $U_{TOV}$，预期的电涌，及和其他的 SPD 必要配合；

· 当 SPD 被破坏时不会引起像着火或电击这样的危险。

6.2.3.2 **失效模式**

失效模式本身取决于电涌和过电压的类型。如果想避免供电受干扰或中断，SPD 有必要和任何上一级的备用保护器件相匹配。

6.2.4 **SPD 和其他电器之间的相互关系**

参照 IEC 60364 有关本条款的叙述。

6.2.4.1 **正常条件**

持续工作电流($I_c$)不会引起任何人身安全方面的危害(间接接触等)或干扰其他设备(例如 RCD)。

注 1：$I_c$ 应比 RCD 的 1/3 的额定剩余续流($I_{\triangle n}/3$)小，SPD 和其他设备的积累效应也应考虑。

注 2：如果 SPD 安装在 RCD、熔断器或断路器的负载侧上，那么 SPD 对该电器在故障跳开、误动作及由于电涌产生的冲击损坏方面不能提供任何保护。

6.2.4.2 **非正常条件**

SPD 可安装必要的脱离器，以便不干扰其他保护设备如 RCD、熔断器或断路器。

6.2.4.3 **SPD 和 RCD 或过电流保护器，如熔断器或断路器间的电涌配合**

在网络中使用的过电流保护器和剩余电流保护器(RCD)的耐受能力不作规定，但 S 型 RCD 根据自己的标准(GB 16916.1 和 GB 16917)规定，应耐受 3 kA 8/20 的电流而不断开。

当 SPD 和过电流保护器或 RCD 配合时，在标称放电电流 $I_n$ 下，建议过电流保护器或 RCD 应不动作。

然而，当电流比 $I_n$ 大时，过电流保护器动作是可以的。对于可复位过电流保护器，例如一个断路器，不应被这种电涌损坏。

在这种情况下，由于这种过电流保护器的时间响应特性，即使过电流保护器动作，全部的电涌都将流过 SPD。因此，SPD 必须有足够的能量耐受能力。由于这种现象引起的 RCD 或过电流保护器的动作被认为不是 SPD 的失效，因为这种装置仍被保护。如果用户不接受供电中断，应使用特殊的配置或过电流保护器。

注 1：在能遭受大电流的地方，例如雷电保护系统或架空线，如果 $I_n$ 大于过电流保护器所在的位置的实际耐受能力，过电流保护器件动作电流可比 $I_n$ 低，在这种情况下，SPD 标称放电电流的选择仅取决于电涌性能。

注 2：如果一个电压开关型 SPD 产生放电，电力供应服务的质量可能会降低。通常，续流会引起一个过电流保护器动作，除非电压开关型 SPD 是自熄型。否则需要和上一级的 SPD 过电流保护器配合。

6.2.5 **电压保护水平 $U_p$ 的选择**

在选择 SPD 合适的电压保护水平值时，应考虑被保护设备的电涌耐受和系统的标称电压，$U_p$ 值越低，其保护水平越好，这点受 $U_c$ 和 $U_T$，SPD 的劣化及和其他 SPD 配合的限制。

注：电压限制型 SPD 的电压保护水平与Ⅰ级试验的 $I_{peak}$ 值和Ⅱ级试验的 $I_n$ 值有关，Ⅲ级试验电压保护水平由复合波试验($U_{oc}$)确定。

电压开关型 SPD 或复合型 SPD 的电压保护水平也与放电电压有关。

6.2.6 **选择 SPD 和其他 SPD 之间的配合**

6.2.6.1 **概述**

正如已讨论过的，某些应用场合需要两个(或更多)SPD 以便使被保护设备的电应力降到一个可接受的值(较低的电压保护水平)并且降低该建筑物内部的瞬态电流。

依据两个 SPD 的能量耐受值，为了获得可接受的电应力分配，有必要进行配合。

图 14 给出了示例。

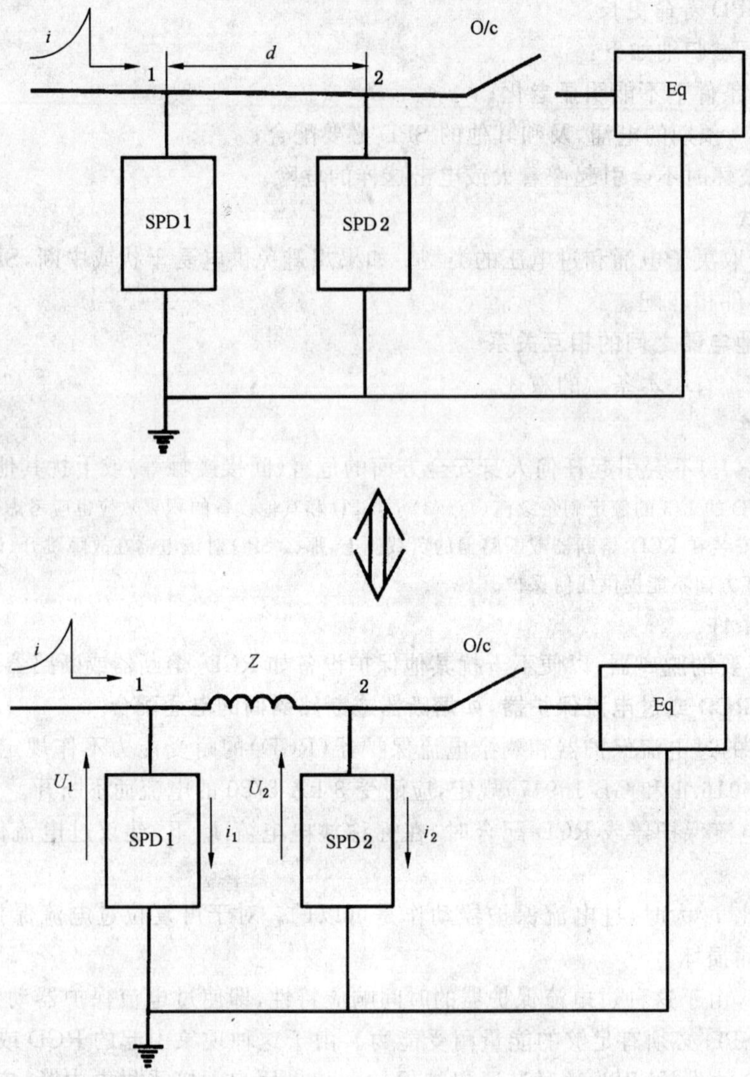


说明：

Eq——正常工作时的被保护设备；

O/c——开路(设备从供电系统断开)；

$i$——侵入的电涌。

**图 14 两个 SPD 的典型应用——电路图**

两个 SPD 之间的阻抗 $Z$(通常是一个电感)是一个物理阻抗(插在导线上的特殊元件,可促进两个 SPD 之间能量的分配)或代表两个 SPD 之间电缆长度的电感(通常我们认为 1 $\mu$H/m),当 Z 代表一个物理阻抗,导线的电感可以忽略,因为和 Z 比较起来,导线的电感值较低。Z 代表两种情况,并用图解的方式表示在图 14 中。

注 1：图 14 表明最严酷的情况是设备被断开,无电流流过设备,总电应力被两个 SPD 承担。如果在 SPD 端子和负载间存在电涌源,应给出相应地考虑。

注 2：本示例中连接导线被忽略。实际上,它们对两个 SPD 之间的电应力的分配可能有影响。

注 3：在导线进出比较紧密的地方,回路比较小,那么其电感比 1 $\mu$H/m 小,可低至 0.5 $\mu$H/m。

注 4：1 $\mu$H/m 已包含了进出线导线的电感。

### 6.2.6.2 配合问题

配合问题可初步归纳为以下问题：当进入电涌电流为 $i$ 时,其中有多少流入 SPD1,有多少流入 SPD2? 另外,两个 SPD 能否耐受这些电应力?

如果两个 SPD 之间的距离相对于电涌持续时间很短，那么电感的影响可忽略，则 SPD2 可能承担过多的电应力。

选择合适的 SPD 应考虑两个 SPD 之间的阻抗，把 $i2$ 的值降低到可接受的水平，以达到良好的配合。当然，这种做法也能将第 2 个 SPD 的残压降低到期望的值。

应避免以下配合：

· SPD2 过于安全的设计；

· 如果 $i2$ 太高，一些 EMC 干扰就会在建筑物内引起麻烦。

无论怎样，只考虑电流的配合是不够的，有必要讨论能量的配合。

为了确保两个 SPD 很好的配合，有必要满足下列要求，即能量判据。

如果电涌电流在 0 和 $I_{max1}$($I_{peak1}$)之间取任意值时，通过 SPD2 耗散的能量小于或等于其最大能量耐受值($E_{max2}$)，能量配合就可实现。

更详细的资料见附录 K。

### 6.2.6.3 应用情况

配合研究或许复杂，如果所有 SPD 由同一制造厂生产，最简单的办法是根据所选的 SPD 之间的距离或阻抗向制造厂提出要求进行合理配合。

否则，有必要进行配合研究并且提供 4 种可能性：

· 用长波和短波两种波形从 0 开始到相当于 $E_{max1}$ 雷电流范围内进行几次试验，要记住每一部件的公差对试验结果都有很大影响(试验待定)；

· 进行模拟时应考虑到实际安装线路的特殊性，注意应具有 SPD 特性的精确数据；

· 当两个 SPD 属于电压限制型时，应对其 $U$-$I$ 曲线进行分析研究；

· 使用另一种叫通过能量(LTE)的方法，在大多数情况下，可给出一个保守的结果。

更多有关这种现象的解释、分析研究和 LTE 方法见附录 F 和附录 K。

## 6.3 辅助器件的特性

### 6.3.1 脱离器

一个单独的脱离器可能具有三个基本的脱离功能(热保护、短路保护和间接接触保护)，或者有必要使用 1 至 3 个脱离器。

它们被安装在 SPD 里面或与 SPD 连接。通过系统的后备保护来考虑某些功能，后备保护安装在 SPD 的指定位置处，脱离器是装在 SPD 回路中还是主要连接线上，取决于与过电流保护器的配合，也取决于是否需要持续保护还是持续供电两者之间的平衡(见 J2)。

可能也需要一些脱离器的其他功能，例如，在很高的暂时过电压的情况下。

脱离器可能是一个熔断器、断路器、RCD 或一个具有这些用途的器件。

### 6.3.2 事件计数器

这种计数器通常能给出检测到的电涌次数，有时也能给出到电涌幅值和波形的信息。事件计数器也可用来判断 SPD 安装位置的严酷程度或判断是否更换。一些复杂的事件计数器给出了一些统计数据。例如，发生的频率，时间和日期及所含的能量等。

注 1：用户应该知道起始水平太低就会存在一个危险，即由这种器件给出的信息可能是错误的；

注 2：目前无 IEC 标准含有这种器件。

### 6.3.3 状态显示器

器件被连接在脱离器上，用来为用户提供 SPD 的有关信息，根据其结构显示 SPD 是在工作还是不再起作用。它可用来提醒用户更换 SPD。一些状态指示器是在线的，一些是远距离的，他们可提供电的、可视的或听得见的报警。

# 7 风险分析

可进行两种类型的风险分析：基本分析是用来确定是否需要使用 SPD；第二种类型的分析用来确

定设备入口处或紧靠设备处 SPD 的能量耐受值(其他 SPD 的能量耐受值可通过 SPD 间的配合的研究确定)(见附录 L)。

是否使用 SPD 的决定取决于范围很大的参数,由用户决定,应考虑的参数列于附录 L。如果确定使用 SPD,就应根据暴露水平确定 SPD 的安装位置和等级。

雷电电涌危险性评估的方法见 IEC 61662 和它的修订件 1。IEC 61662 的修订是为了更好地针对 SPD。在全面分析的条件太复杂的情况下,可选用 IEC 61662 中简化的方法。操作电涌的方法待定。

## 8 有信号和电源端的设备的配合

待定。

# 附 录 A
## （资料性附录）
## 需方和供方给出的典型资料及试验程序的解释

## A.1 需方给出的资料

### A.1.1 系统数据

- $U_0$、$U_{cs}$；
- 频率；
- 暂时过电压 $U_{TOV}$；
- 被保护设备的绝缘水平；

注：用户应知道绝缘耐受水平随过电压的陡度和持续时间而变化。例如：耐受 4 kV 1.2/50 的器件仅能耐受 1 kV 较长波的电压。

- 在 SPD 安装点，系统的短路电流；
- 配电系统的类型(IT，TT，TN，等)。

### A.1.2 使用条件

失效模式条件：

- 电源持续供电优先；
- 保护优先；
- 两者同时。

异常条件：

- 环境条件；
- 系统：在 SPD 安装点 $U_{cs}$ 可能增加(例如：由于电压调整)。

### A.1.3 SPD 应用需考虑

a) 连接：

——相对地；

——中线对地；

——相对中线；

——相对相。

b) 被保护设备的类型：

——变压器；

——电机；

——包括电子器件；

——其他设备；

——电缆(型号和长度)等。

c) SPD 和被保护设备之间导线的最大长度(保护距离)。

注：保护距离应尽可能短。

d) SPD 和所有导线(相，中线，地)之间从 SPD 顶端算起的最大导线长度。

### A.1.4 SPD 的特性：

- 最大持续工作电压 $U_c$；
- 电压保护水平 $U_p$；

- 试验等级：Ⅰ级、Ⅱ级和Ⅲ级；
- SPD失效情况下耐受的短路电流；
- SPD安装环境(户外,户内等)；
- 端口数量；
- 外壳防护等级(IP代码)；
- 标称放电电流 $I_n$(Ⅰ级和Ⅱ级试验)；
- 最大持续负载电流(如果需要)；
- $I_{imp}$,$I_{max}$或 $U_{oc}$(分别为Ⅰ级、Ⅱ级和Ⅲ级试验)
- TOV特性 $U_T$；
- 失效模式。

二端口SPD附加特性：

- 最大持续负载电流(如果需要)$I_L$；
- 电压降百分数。

**A.1.5 附加设备和安装：**

- 安装类型；
- 安装方位；
- 如果需要,可安装SPD脱离器；
- 连接导线的截面。

**A.1.6 任何特殊的非正常条件**

例如:很频繁地工作。

## A.2 供方应给的资料

所有条款来自A.1.4和A.1.5。

另外,依赖于下述技术：

- TOV特性 $U_T$；
- 残压-电流的曲线；
- 可能的安装、钻孔位置,绝缘基座,支撑；
- SPD端子的类型和允许的导线尺寸；
- 尺寸和重量。

## A.3 用于GB 18802.1试验程序的解释

### A.3.1 依据Ⅰ级和Ⅱ级试验来确定SPD的 $U_{res}$

测量残压时要求使用8/20波形发生器,该发生器序列幅值为:$0.1I_n$,$0.2I_n$,$0.5I_n$,$1.0I_n$ 和 $2I_n$,并且有两种极性。最后,至少一种冲击 $I_{max}$或 $I_{peak}$(如果 $I_{max}$或 $I_{peak}$ 比 $I_n$ 要高)被加到SPD的电极上,产生比先前试验更高的残压。

第一序列在一个极性上,第二序列在相反的极性上,以便检查SPD是否有累积效应。

因为是作为比较值来使用,无论是Ⅰ级试验还是Ⅱ级试验,波形总为8/20。常用的选择SPD的方法是比较它的保护特性和被保护设备的冲击耐受电压。对Ⅰ级试验,典型的波形是由 $I_{peak}$ 和Q所定义的 $I_{imp}$,但是它的波形和8/20波形在电流上升率方面不同。因此,8/20波形被用作比较SPD保护性能的一般依据。

在 $0.1\times I_n$ 到 $2\times I_n$ 之间可使用很多值,因为有必要找出任何可能产生的盲点(盲点就是较低的电流值产生一个较高的残压值)。应注意在 $I_n$ 时的残压值是一个常规值,该值也可能不是最高值(例如:如果SPD有盲点),这一点很重要。

铭牌上打印的$U_p$值不足以用来做绝缘配合和SPD之间的配合。残压的曲线或图表应由制造厂在技术文件中提供。

在2×$I_n$和$I_{max}$或$I_{peak}$之间应做足够的测量(至少一次),以便用足够的点给出残压和$I_{max}$或$I_{peak}$的曲线。

注:当2×$I_n$比$I_{max}$或$I_{peak}$高时,可在1.2$I_n$下进行试验。

**A.3.2　用于$U_{res}$评价的冲击波形**

8/20波形用于一端口SPD试验时,允许电流过冲量为5%,这种过冲量对一端口SPD的$U_{res}$无影响。

而对于二端口SPD,通常有一些串联阻抗,例如,去耦电感。另外,在设备电感边上的并联电容产生一个低通滤波器作用。在这种情况下,过冲波将根据过冲幅值有效地改变$U_{res}$。由于这个原因,二端口SPD试验时,允许的过冲量限制在5%以内。

**A.3.3　反向滤波器对$U_{res}$确定的影响**

当一个反向滤波器和二端口器件一起使用时,其相互作用使得$U_{res}$产生偏移,并且可能产生一个误导。

以低通滤波器形式的二端口器件在施加脉冲波尾时将产生峰值$U_{res}$。同样,反向滤波器将起作用并且在脉冲波尾时反向储能。这种组合波和电压的峰值依赖于试验时反向滤波器和器件的参数。

为了确定最坏情况下$U_{res}$的值,试验脉冲应采用交流系统最大值,并且还应是同极性。即使在这种情况下,试验条件下器件内部所有元件均处于$U_{max}$。$U_{res}$值是$U_{max}$和由于施加的脉冲产生增大的电压的总和。这个值由电压为$U_{max}$的二极管的直流电压决定。在二极管和二端口器件之间施加脉冲。取决于二端口器件的设计,有必要提供一个交流电源来起动内部工作或提供一个诊断器件。

注:这项试验不适合含有隔离变压器的SPD。

**A.3.4　按照Ⅰ级和Ⅱ级试验的SPD的动作负载试验**

首先,进行预处理试验的目的是为了确保器件无劣化。

在标称放电电流下,用15次8/20冲击进行预处理试验来代替高压避雷器通常所使用的20次冲击试验。原因是动作负载试验本身比IEC 60099-4所使用的方法更严酷(例如,在电涌的数量和波形方面)。

预处理试验所施加的电压为$U_c$。每次冲击和50/60 Hz同步:从0°角开始,每次冲击增加30°,这样做的原因是一些SPD,例如火花间隙,对这些角度敏感,特别是对工频续流敏感。

15次冲击被分成3组,每组5次。两组间的间隔时间(30 min)应足以使试品冷却。

预处理试验后,为了找出可能的盲点,应在以下电流值追加冲击:0.1$I_{max}$(或$I_{imp}$),0.25$I_{max}$(或$I_{imp}$),0.5$I_{max}$(或$I_{imp}$),0.75$I_{max}$(或$I_{imp}$)和$I_{max}$(或$I_{imp}$)。每次冲击之间有一个热冷却。盲点对应于一个比$I_{max}$(或$I_{imp}$)低的电流值,这个电流值能使在$I_{max}$(或$I_{imp}$)正常工作的SPD失效。典型的示例是在一个ZnO压敏电阻上,并联一个火花间隙,如果间隙不击穿,全部电涌便加在ZnO压敏电阻上,而压敏电阻或许不能耐受和间隙相同的电应力,导致失效。

# 附 录 B
# （资料性附录）
# 在某些系统中 $U_c$ 和标称电压之间的关系示例及 ZnO 压敏电阻 $U_p$ 和 $U_c$ 之间的关系示例

## B.1 $U_c$ 和系统标称电压之间的关系

表 B.1 $U_c$ 和系统标称电压之间的关系

| 依据 GB/T 16935.1 给定的系统标称电压 | | IEC 60364-5-534 给出的 $U_c$ 值示例 | | | |
|---|---|---|---|---|---|
| 三相四线制，中线接地 | 三相三线制或三相四线制，中线不接地 | 在 TN 系统[a] 中，SPD 安装在相和 PE 或 PEN 之间或在 TT 系统[a] 中 SPD 安装在相和中线之间 $U_c$ 最小值 | 在 TT 系统[a] 中 SPD 安装在相和地之间或中线和地之间 $U_c$ 最小值 | 在 IT 系统中 SPD 安装在相和地之间或中线和地之间 $U_c$ 最小值 | 在 TT、TN 或 IT 系统中，SPD 安装在相和相之间 $U_c$ 最小值 |
| TT 和 TN 系统 | IT 系统 | 电压调整率等于 10% 的情况 | $1.5\times U_0$ 的值已被使用的情况 | $\sqrt{3}\times U_0$ 的值已被使用的情况 | 电压调整率等于 10% 的情况 |
| V | V | V | V | V | V |
| 120/208 | | 132 | 180 | | 229 |
| 127/220 | 220 | 140 | 191 | 220 | 242 |
| | 230,240 | | | 240 | 264 |
| | 260,277,347 | | | 347 | 382 |
| 220/380,230/400 | 380,400 | 253 | 345 | 400 | 440 |
| 240/415,260/440 | 415 | 286 | 390 | 415 | 484 |
| 277/480 | 440,480 | 305 | 416 | 480 | 528 |
| [a] 在某些情况下可能需要较高的值（例如，在 TT 系统中，中线断线） | | | | | |

## B.2 ZnO 压敏电阻 $U_p$ 和 $U_c$ 之间的关系

对一个 SPD 特性来说，$U_p/U_c$ 之值是一个重要参数，这个比值取决于所使用的元件。表 B.2 给出了 ZnO 压敏电阻元件的 $U_p/U_c$ 值的典型值，该值与元件的大小和所施加的电流 $I_n$ 有关。

表 B.2 ZnO 压敏电阻 $U_p/U_c$ 之间的关系

| $I_n$(8/20) kA | 直径 mm | $U_p/U_c$ |
|---|---|---|
| 1 | 14 | 3.3 |
| 2.5 | 20 | 3.8 |
| 5 | 32 | 4.1 |
| 10 | 40 | 4.6 |
| 20 | 60 | 4.6 |

更低和更高的比值可通过其他技术获得。制造厂可提供他们特殊产品的比值。

注：其他参数（例如电涌耐受）也随生产技术变化。

# 附　录　C
# （资料性附录）
# 环境 - LV 系统中的电涌电压

注 1：NEMP（核电磁脉冲）未在本部分中考虑，这需特别注意。

注 2：本部分中考虑的电涌电压是指超过两倍峰值工作电压，持续时间从微秒到毫秒范围。低于两倍峰值工作电压的过电压在此不予考虑，电力设备工作时产生的持续时间很长的暂时过电压及失效模式也不考虑。因为普通的电涌保护器不对这类低幅值和持续时间长的电涌起作用，它们需用与本部分讨论的不同的保护方式进行保护。

注 3：下文是即将出版的一种技术报告，它是 IEC 62066 的概括。目前是为了提供一种信息。当该标准出版后，可直接参考标准原文，标准中将增加插图。

三种现象会导致低压系统中产生电涌过电压

· 自然现象，如雷击，通过直接或感应附近物体产生过电压；

· 有意的行为，如在输变电系统或低压系统终端用户进行的负载或电容器操作；

· 无意的行为，如电力系统的故障和恢复，或电力系统与信号/通信系统不同系统之间互相作用产生的过电压。

## C.1　雷电过电压

打雷是不可避免的，会通过几种机理影响低压系统（包括电力系统和信号/通信系统）。最明显的干扰是系统受到直击雷。但其他耦合机理也会引起系统电压升高，在此将讨论引起低压系统过电压的三种耦合机理方式。在讨论过电压时，也考虑与过电压有关的电流情况，由过电压引起的初始电流也是本附录一个重要方面，三种类型如下：

a)　直击于电力系统，发生于 MV/LV 配电变压器的原边侧、LV 配电系统（架空的或隐埋的），并且也侵入到个别建筑物中；

b)　非直接闪络：雷击附近物体，通过电感耦合或公用路径耦合在 LV 配电系统中产生过电压。虽然非直接闪络产生的过电压和电流低于直接闪络所产生的过电压和电流，但其出现的频率更大；

c)　直击到防雷系统或最终用户建筑物的外部（建筑物的钢件及水管、暖气管、升降梯等非电气部分），这会产生两种影响：雷电流通过建筑物外部产生感应耦合，并将产生的电流从建筑物注入到 LV 系统，从而不可避免地在 LV 系统中导体和地或装置等电位排之间要用 SPD。对一个闪络，在最终用户使用电器时出现的过电压将反映耦合路径的性能，例如闪络点和终端用户之间的距离及接地情况、接地电阻、SPD 的数量及配电系统的分支。

### C.1.1　来自 HV 系统传输的雷电涌

待定。

### C.1.2　直击于 LV 配电系统引起的过电压

由于雷电流通道的有效阻抗较高，因此实际上可认为雷电流为一理想的电流源。因此，产生的过电压由雷电流的瞬态有效阻抗的大小决定。

导线遭受雷击，第一时刻的电压取决于导线的特征阻抗（电涌阻抗），电流（$I$）最初分为两部分，且电涌电压（$U$）为：

$$U = Z \times I/2$$

式中：

$U$——电涌电压；

$Z$——线路的电涌阻抗；

$I$——电涌电流。

假设电流为 10 kA,电涌阻抗为 400 Ω 时,很显然,预期的电涌电压为 2000 kV。因此,大多数情况下闪络通常会在导线和地之间发生。发生闪络后,有效阻抗以一定数量下降,其下降程度取决于接地电阻。假设雷电流为 10 kA,阻抗低至 10 Ω 时,导线上电压为 100 kV。

在架空线与电缆联合系统中,由于电缆电涌阻抗比架空线低,从而其产生过电压略有降低,其降低程度依电流持续时间和系统的对地电容量而定。然而该降低不能完全避免低压系统中超过标称绝缘水平的过电压。因此,直击雷也将会损坏这种系统。

**C.1.3 LV 配电系统中的感应过电压**

由于闪络会使电磁场发生改变,电涌被引入到离闪络点相当大范围内的架空线上。可从下面公式粗略估计导线上产生的过电压($U$)

$$U = 30 \times k \times (h/d) \times I$$

式中:

$I$——雷电流;

$h$——导线离地高度;

$k$——系数,取决于雷电流反击的速率;

$d$——发生闪络点到导线距离。

参数 $k$ 的变化很小(1.0 至 1.3)。

对于电流为 30 kA 的中等程度的雷电流,当架空线距地面高度为 5 m,发生闪络到导线距离为1 km 以内时,则电压将超过 5 kV。在这种情况下,当距离为 10 km 时,100 kA 的电流产生的电压为1.8 kV。

**C.1.4 防雷系统遭受雷击时产生的过电压**

待定。

## C.2 操作过电压

操作冲击产生的电压、电流及其持续时间通常比雷电冲击产生的电压、电流及持续时间低。然而,在某些情况下,特别是在建筑物内部或接近操作过电压源处,操作冲击产生的电应力将会高于雷电冲击产生的电应力。必须知道操作冲击产生的能量,以便选择合适的 SPD。包括故障和熔断器瞬态动作在内的操作持续时间比雷电冲击持续时间更长。

通常在一个电气装置内任何开关动作,故障开始,中断等,总会伴随着暂时过电压的产生。在一个系统中发生的突变将会引起高频阻尼振荡(由网络的谐振频率决定),直到系统再次稳定到一个新的稳定状态。

操作过电压的幅值取决于许多参数,如回路类型、操作种类(关、开、重燃)、负载、断路器或熔断器。

操作产生的振荡频率由系统特性和谐振现象决定,在这种情况下,可能引入很高的过电压。通常,操作与系统工频发生谐振的可能性很小,然而,如果系统操作频率接近系统中一个或多个谐振频率,将会发生瞬态谐振。

**C.2.1 综述**

操作电涌的典型波形取决于低压装置的响应。在大多数情况下,会产生鸣震波,其频率通常为每微秒几十万赫兹。上升最大速率为每微秒几千伏。电涌持续时间范围较大。如果由熔断器动作引起的操作过电压被排除,典型的持续时间(到半峰值)从 1 μs 到 50 μs。统计显示,高幅值和持续时间很长(大于 100 μs)的电涌的可能性较低。

**C.2.2 断路器和开关操作**

断路器和开关广泛用于每个电气装置和控制设备中,以便在过载或短路情况下断开电气设备或由开关控制设备动作来对电气设备进行保护和控制。开关操作的频率依其使用的场合而定,在工业上其使用频率较高,在家庭中其使用频率相对较低。

阻性负载的操作电流是在电气设备的额定电流范围内。而对于使用开关模式进行供电的设备,设备的操作电流高于额定电流。因此,如对于一个功率为100 W的电视机,其额定电流为0.4 A,而涌入的电流约为20 A,高达50倍。

无论对于手动开关或电动开关,每次操作过程中都会产生电弧。由于电感和电容相互作用使电压发生改变,从而引起高频振荡。该振荡会使线路之间以及线路与地之间的电压改变,电气设备绝缘总电压由导体部分和其他回路承担。与经由公共配电网进入用户的过电压相比,由用户装置开关操作引起的过电压不经过衰减,其瞬态幅值反而会更高一些。

**C.2.2.1 在用户室内的断路器和开关操作**

与合闸相比,分闸会产生更高幅值的电压。在分闸时,在负载侧比在线路侧有更高的电涌幅值。无论如何,这点对这类设备的设计,尤其是绝缘方面的设计是个主要的问题。如果有与其并联的设备,该设备也将承受电应力。由于线路侧与整个系统及其他设备相联,故与负载侧相比,线路侧的过电压更重要。

**C.2.2.2 在供电系统(LV和HV)中断路器和开关的操作**

在每一个供电系统中,电气设备上都能观察到瞬态过电压。在地下供电系统中,几乎所有的瞬态过电压都是机械操作引起的。

在高压和低压装置中,具有电感性的设备,如变压器、阻抗线圈、接触器线圈和继电器等与电源并联,设备的操作都会引起振荡,产生高达几千伏的过电压。因为有线路的自感,这种情况也存在于纵向电感线圈中,例如:导体线圈和纵向阻抗线圈中,或系统自身的开断中。

在电源侧,操作过电压由开关操作、旋转电机的刷状电弧、电机或变压器负载突然下降、以及功率因数补偿电容器组的操作引起。

在极少数情况下,这种过电压的频率和能量比雷电过电压在低压装置上的频率和能量要高。

低压电源操作引起的瞬态过电压,幅值可能达到数千伏。低压系统操作时,一定条件下,过电压最大值可以被限制,可通过电源系统安装保护电器来限制过电压,预期最大幅值为6 kV的电压,一般不超过低压用户内部装置耐受值。

与操作过电压对应的另一些现象是高压供电系统发生短路和接地故障。接地故障可以在无故障导线上引起线—地过电压,范围在线电压之间。而且,同时也产生瞬态过电压,这种瞬态过电压会从高压电源侧传递到低压电源侧。

**C.2.3 熔断器动作(限流熔断器)**

熔断器广泛被用于配电系统和电力装置,用来保护过流并断开短路回路。例如,如果熔断器动作,配电系统断开一个短路的回路,该动作产生近似于三角波的一个过电压,频率相对较低。过电压发生在系统的线线间,也可能出现在线和保护地线之间,取决于接地的中性导体,或者取决于一个IT系统,或者取决于接地电容。因此,该过电压也作用于裸露导电部件绝缘和其他回路。当然,相对于由动作电流开断引起的过电压,这种过电压很少发生。过电压通过母线传输到同一配电系统的其他用电设备中。

和开关动作引起的其他电涌相比,熔断器动作引起的电涌概率较少。但此时断开短路的回路,可能产生强烈的电涌,影响因素主要有短路电流的上升率、熔断器的额定电流及特性、回路的电感。

由安装在靠近母线排的熔断器断开配电系统馈线的短路是非常重要的,因为由熔断器动作产生的过电压会影响到与同一母线排相连的其他一些用电设备。实际的统计情况表明,在低压公共供电系统中,发生此种故障是非常少见的。然而,当考虑工业配电系统时,这种类型的故障具有一定的代表性,发生此种短路并非少见。

**C.3 由于故障引起的瞬态过电压**

待定。

# 附 录 D
## （资料性附录）
## 部分雷电流计算

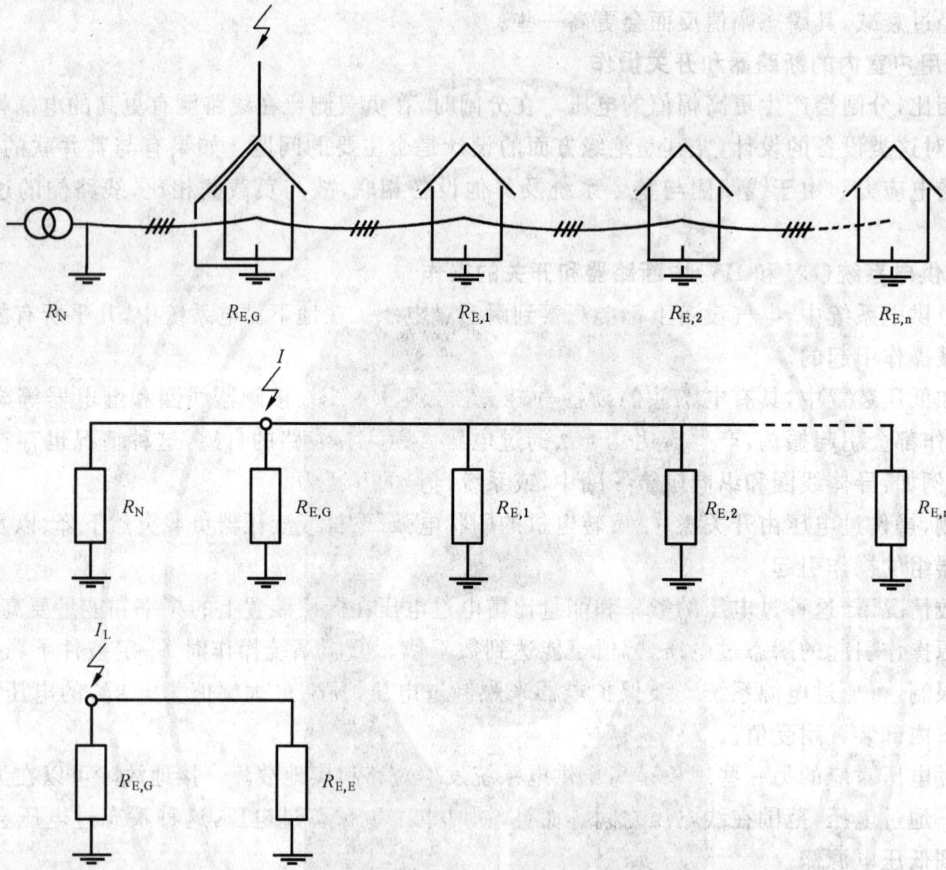


$$R_{E,E}=\frac{1}{\frac{1}{R_N}+\sum_{i=1}^{n}\frac{1}{R_{E,i}}}$$

$$I_M=\frac{I_L}{1+\frac{R_{E,E}}{R_{E,G}}}$$

说明：

$R_N$——中线接地电阻；

$R_{E,G}$——被击建筑物的接地电阻；

$R_{E,i}$——第 $i$ 个建筑物接地电阻；

$R_{E,E}$——除 $R_{E,G}$ 外的总电阻；

$I_L$——建筑物雷电电流；

$I_M$——进入电源系统的雷电流。

注：这种计算，临近建筑物的接地电阻 $R_{E,E}$ 等于或小于建筑物雷击的接地电阻 $R_{E,G}$。

**图 D.1 进入配电系统部分雷电流总和的简易计算**

# 附 录 E
# （资料性附录）
# 由高压系统和地之间故障引起低压系统的 TOV

## E.1 概述

在 HV/LV 变压器高压侧发生故障时（例如，变压器内部失效或一个间隙放电，见随后的注），就会有电流 $I_m$ 流过变压器的接地电阻 $R$。由于接地电阻与低压网络的连接，一个高 $U_{TOV,HV}$ 会出现在低压网络，持续时间等于高压网络故障清除的时间（大约 10 ms 到数小时）。

注：变压器 LV 侧暂时过电压，可能来自于：

——HV 和 LV 之间的绝缘损坏导致 HV 裸露的导电部分的电位达到一个很高的值；

——在 HV/LV 变压器的内部故障会导致 HV 和 LV 直接接触或者高压导线在低压线上产生电压降；

——通过接地连接之间的耦合导致在 LV 中性点产生过电压，从而使 LV 导线和连接地的用户或者附近的通信系统产生过电压。

潜在的暂时过电压情况更详细的讨论见 IEC 60364-4-44，在这种情况下，连接在带电导线和地之间的 SPD 会过载而无法承受这种电应力。下面 TT 系统的示例就说明了这一点，此种情况也发生在 TN 或 IT 系统（见下面其他的示例图 E.2～图 E.10）。

## E.2 TT 系统的示例——可能的暂时过电压的计算

### E.2.1 高压系统由接地故障引起的低压装置可能出现的电应力

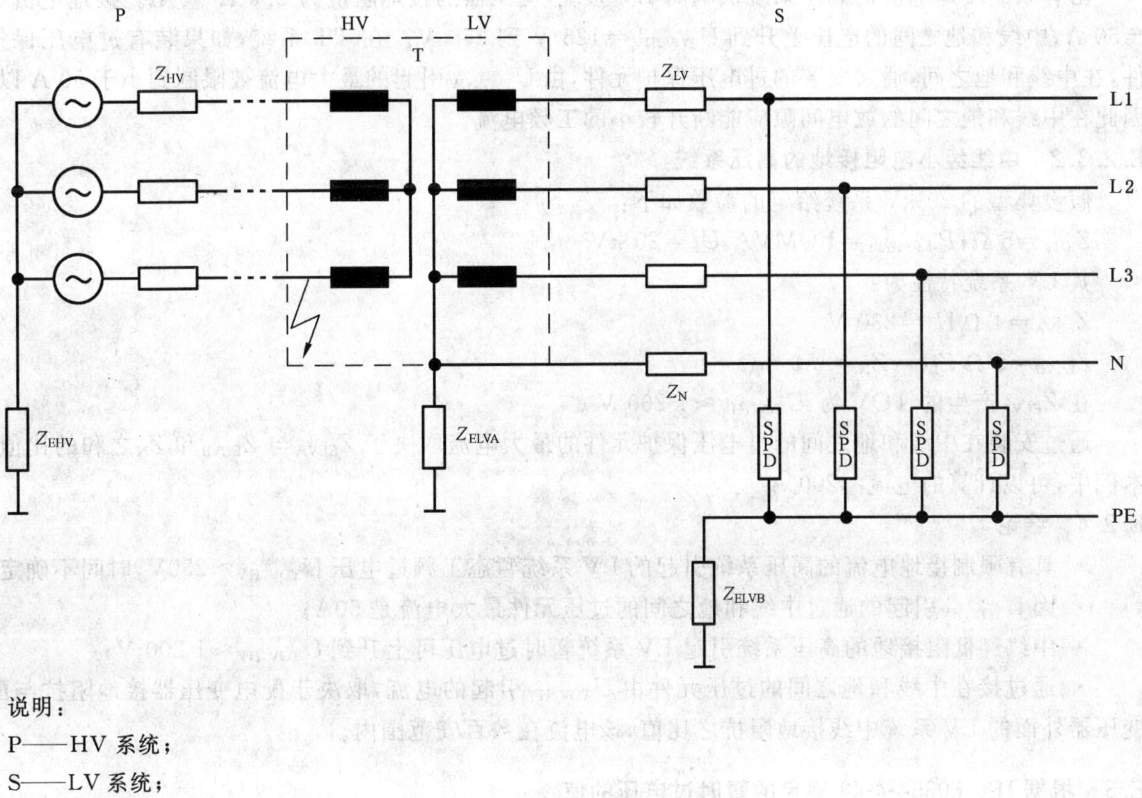


说明：

P——HV 系统；

S——LV 系统；

T——变压器。

图 E.1 由高压系统接地故障引起的暂时工频过电压

阻抗的定义：

$Z_{EHV}$——高压系统的接地网阻抗(取决于高压系统星形点的处理)；

$Z_{ELV}$——低压系统的接地网阻抗(为 $Z_{ELVA}$ 与 $Z_{ELVB}$ 之和)；

$Z_{LV}$，$Z_N$——线路阻抗和中线阻抗。

如果变压器低压侧的星形点接地(如图 E.1)，HV 系统的接地故障就会影响 LV 系统的电压。而且，即使两个变压器星形点的公共接地线不存在，接地故障(变压器的一个气隙被击穿或者是内部故障)也会引起 LV 星形点电压上升。高压系统的接地电流流经阻抗 $Z_{ELVA}$ 引起变压器星形点电压上升。因此，$Z_{ELVA}$ 和接地电流值决定 LV 系统的暂时工频过电压。

**E.2.2 高压系统的特性**

**E.2.2.1 带有限制接地电流的高压系统**

由于 HV 系统采用了消弧线圈接地，接地电流被限制到 $I_{earth}=50$ A～60 A，以保证电弧自己熄灭。

阻抗 $Z_{EHV}=100$ Ω～500 Ω，因此，高压系统接地阻抗残压和接地电流仅由 $Z_{EHV}$ 决定，与短路功率、接地阻抗 $Z_{LVA}$ 和 $Z_{LVB}$ 无关。

**E.2.2.2 中线低阻接地的高压系统**

对于完全地下系统，接地电流的限制已不再有接地电流自熄的机会(在电缆中绝缘故障损坏绝缘)。因此，高压系统会随中线低阻接地，其动作次数增多。通常，接地电阻应将接地短路电流限制到 $I_{earth}\approx$ 2 A。

对于额定电压为 $U_n=20$ kV 的 HV 系统，此时适合这种要求的接地电阻为 $Z_{EHV}\approx5$ Ω，小电站的变压器常常无昂贵的过电流保护，因此，熔断器用于断开短路电流，断开时间取决于熔断器的额定电流，大约为 100 ms。

**E.2.3 由高压系统故障引起的低压系统的 TOV**

**E.2.3.1 有限制接地电流的高压系统**

由有限制接地电流的高压系统供电的 LV 系统，变压器的接地阻抗为 2.5 Ω～5 Ω。接地电流 $I_{earth}=50$ A，中线和地之间的电压上升到 $U_{TOV,HV}=125$ V 到 250 V。在 TT 系统，如果装有过电压保护元件，在中线和地之间，通过安装的过电压保护元件，由 $U_{TOV,HV}$ 引起的最大电流被限制到小于 50 A 以下。因此在中线和地之间的放电间隙应能断开较小的工频电流。

**E.2.3.2 中线经小电阻接地的高压系统**

假设典型的 20 kV 系统给定的参数如下：

$Z_{EHV}=5$ Ω；$P_{short\ ciruit}=100$MVA，$U_n=20$ kV

其 LV 系统特性为：

$Z_{ELVA}=1$ Ω $U_n=230$ V

$Z_{ELVB}=5$ Ω $Z_{LV}=Z_N=150$ mΩ

在 $Z_{ELVA}$ 产生的 TOV 为：$U_{TOV,HV}\approx1\,200$ V

通过安装在中线和地之间的过电压保护元件的最大电流取决于 $Z_{ELVA}$ 与 $Z_{ELVB}$ 和 $Z_N$ 之和的比值，在本例中，可以计算的电流≈200 A

**E.2.4 结论**

- 具有限制接地电流的高压系统引起的 LV 系统暂态工频过电压 $U_{TOV,HV}\approx250$V，时间不确定；
- 因 $U_{TOV,HV}$ 引起的通过中线和地之间的过压元件最大电流是 50A；
- 中线经低阻接地的高压系统引起 LV 系统暂时过电压可上升到 $U_{TOV,HV}\approx1\,200$ V；
- 通过接在中线和地之间的过压元件由 $U_{TOV,HV}$ 引起的电流，取决于配电变压器接地阻抗与配电变压器外面的 LV 系统中线接地阻抗之比值，该电流在数百安范围内。

## E.3 根据 IEC 60364-4-44 确定的暂时过电压的值

在特殊应用时，用户需要知道关于暂时过电压的系统参数，以便评估设备保护和 SPD 潜在失效之间的最佳平衡。GB 18802.1 论述了这一点，并且可选择的暂时过电压试验被推荐在 SPD 上进行，以便检查如果 SPD 损坏，不会导致一个危险的情况。

$U_{TOV,HV}$的值取决于故障电流 $I_m$ 和变压器的接地电阻 $R_0$ 在多点接地系统，该电阻为从故障点观察到的接地网络的电阻。其最大值由 IEC 60364-4-44 定义为：

$U_0$+250 V r·m·s· 持续时间超过 5 s

这种情况涉及到 HV 系统较长的断开时间，例如，高压系统中电感接地。

$U_0$+1200 V r·m·s· 持续时间到 5 s

这种情况涉及到 HV 系统较短的断开时间，例如高压系统固定接地。

下列符号适用于本附录(直接来自于 IEC 60364-4-44)：

$I_m$：在高压系统中，流过配电变压器裸露导体接地电极的接地故障电流；

$R$：配电变压器裸露导体接地电极的电阻；

$U_0$：低压系统的线—中线电压；

$U_f$：LV 系统裸露导体部件和地之间的故障电压；

$U_1$：配电变压器 LV 设备的电压；

$U_2$：用户系统 LV 设备的电压。

图 E.11 和条款 E.3 的计算来自于 IEC 60364-4-44。图示说明的典型情况被用于美国。

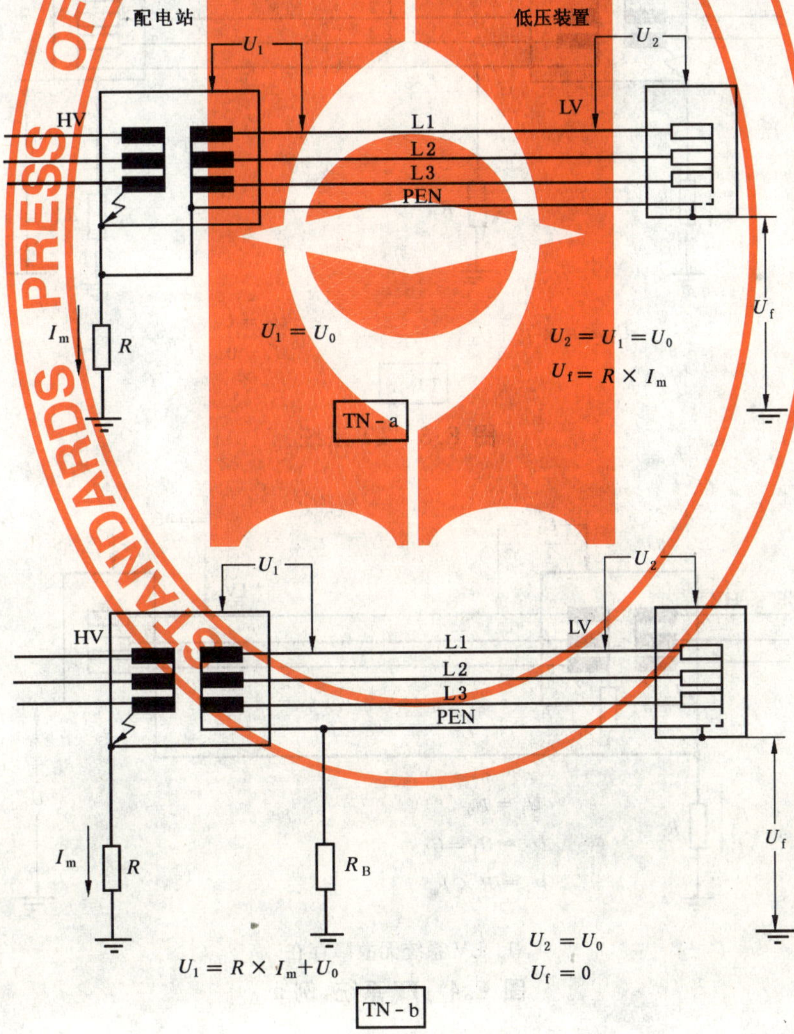


图 E.2 TN 系统

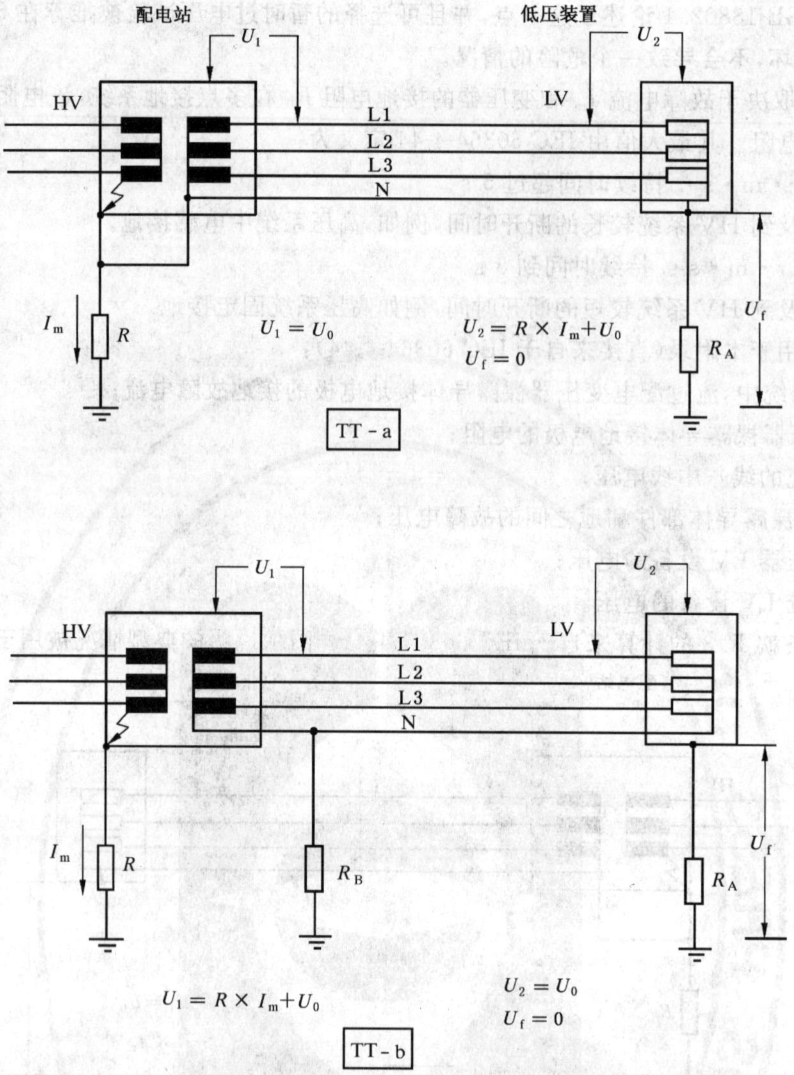


**图 E.3 TT 系统**

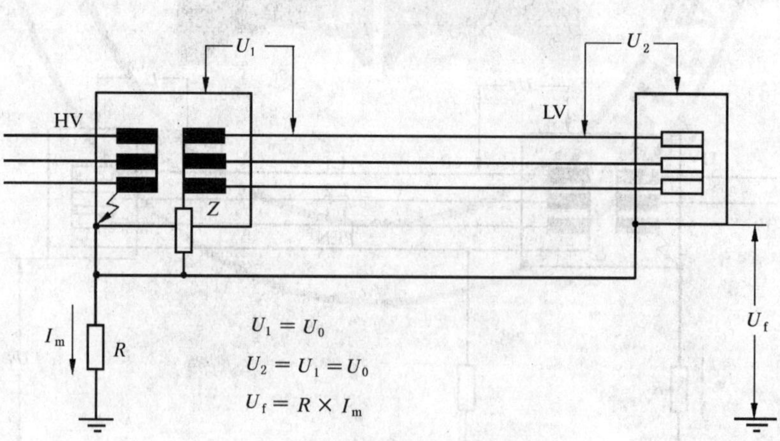


1. LV 系统无故障存在

**图 E.4 IT 系统,例 a**

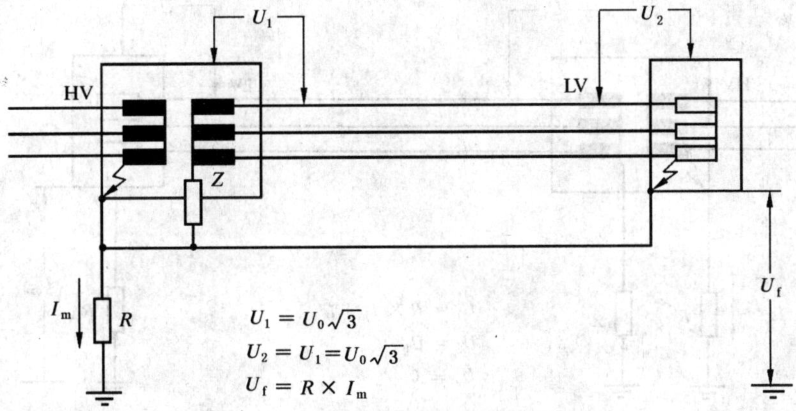


2. LV 系统存在主要故障

**图 E.4（续）**

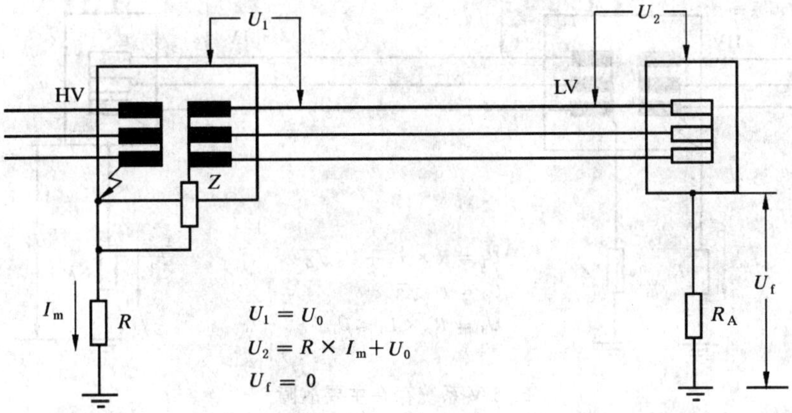


1. LV 系统无故障存在

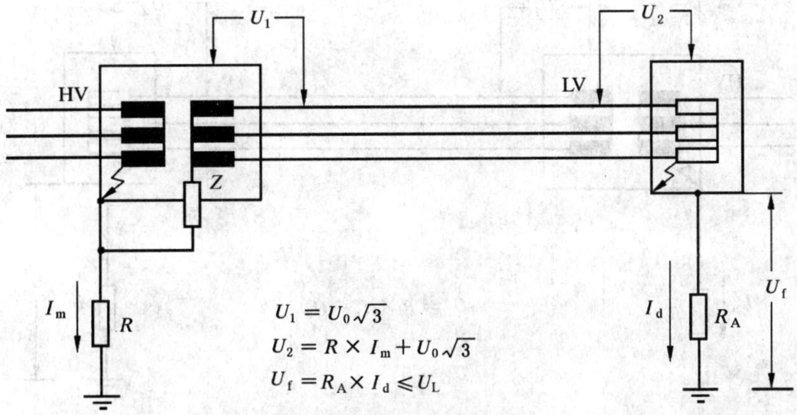


2. LV 系统存在主要故障

**图 E.5 IT 系统，例 b**

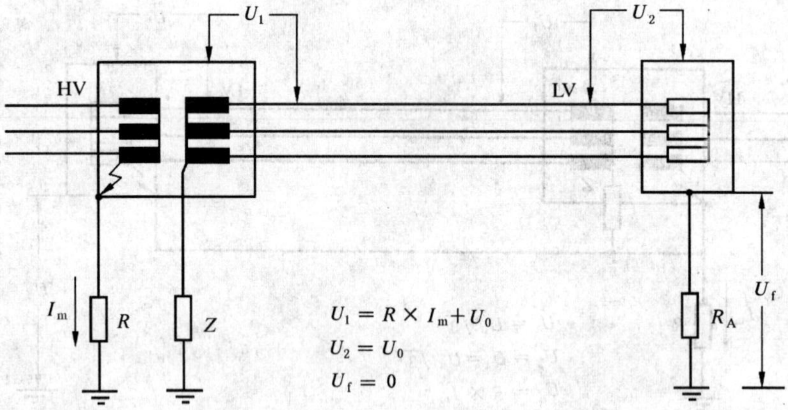


1. LV 系统无故障存在

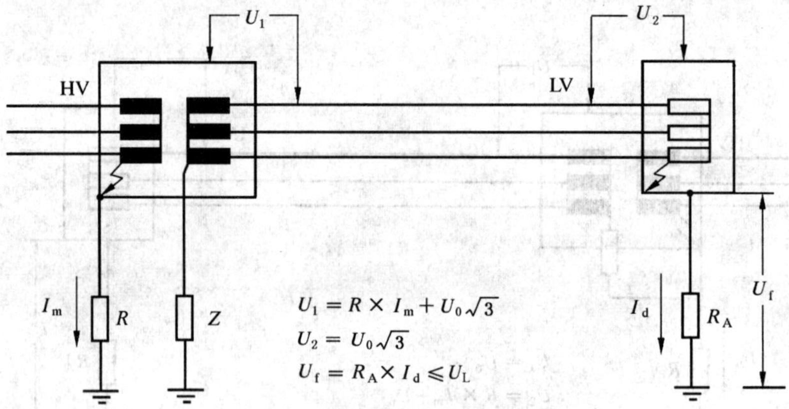


2. LV 系统存在主要故障

**图 E.6 IT 系统，例 c1**

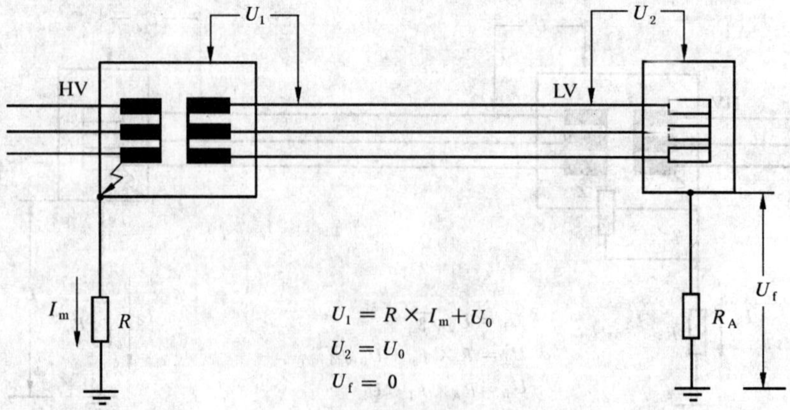


1. LV 系统无故障存在

**图 E.7 IT 系统，例 c2**

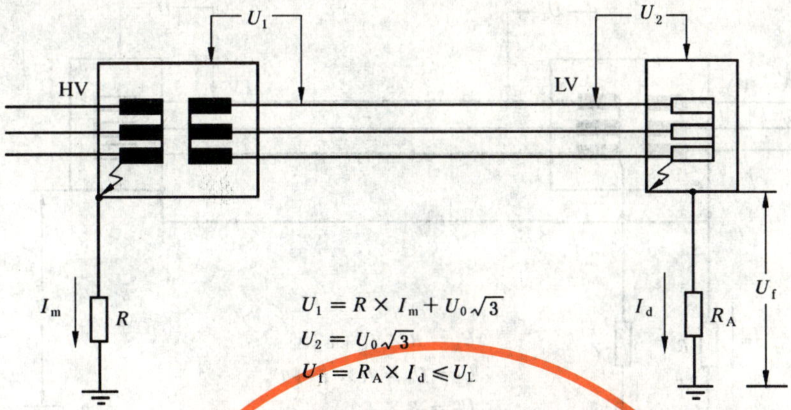


2. LV系统存在主要故障

**图 E.7（续）**

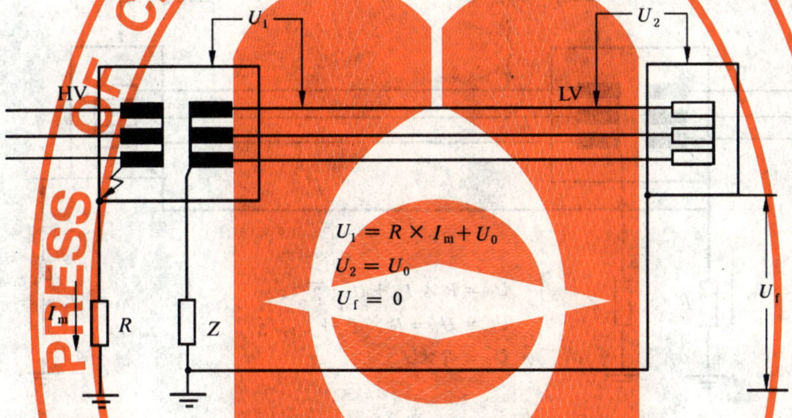


1. LV系统无故障存在

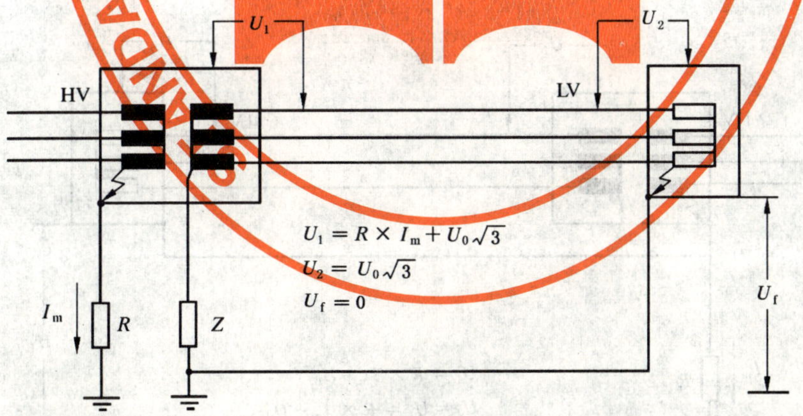


2. LV系统存在主要故障

**图 E.8　IT系统，例 d**

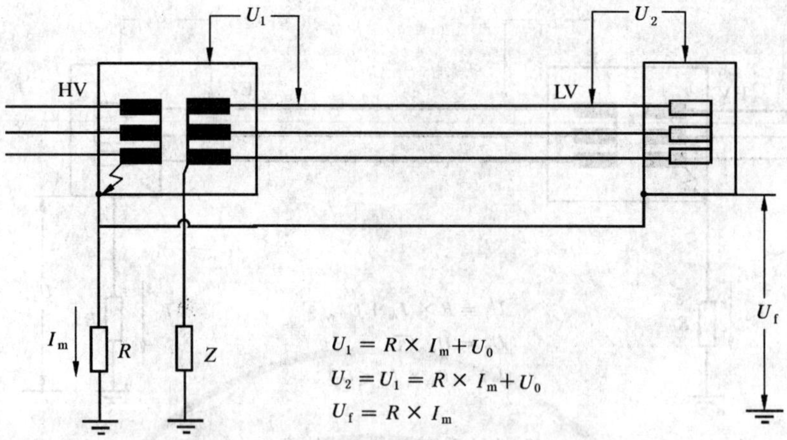


1. LV 系统无故障存在

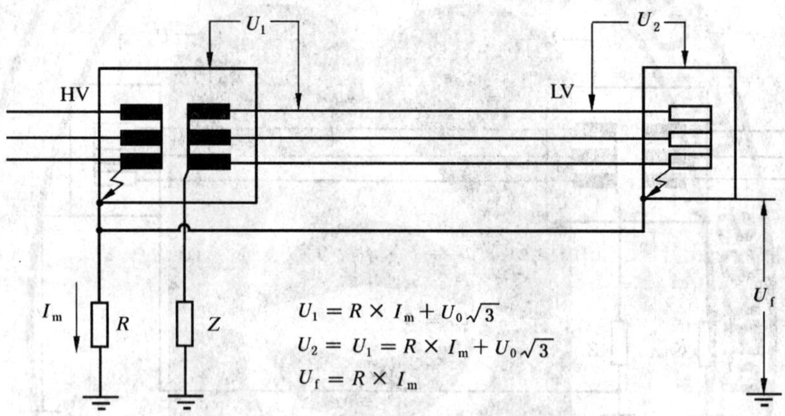


2. LV 系统存在主要故障

**图 E.9　IT 系统，例 e1**

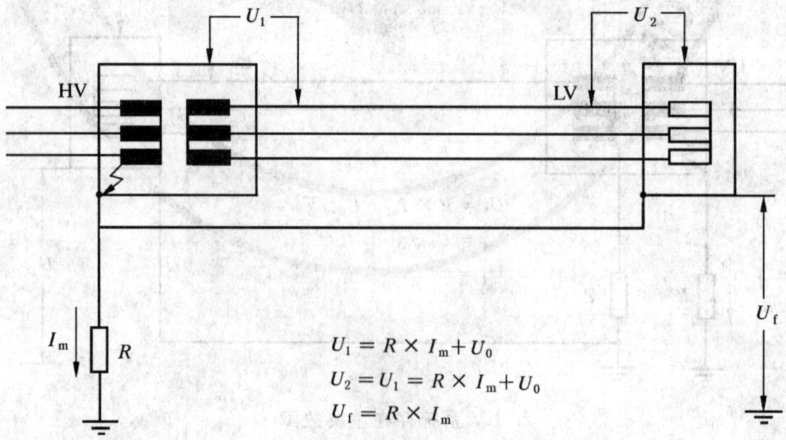


1. LV 系统无故障存在

**图 E.10　IT 系统，例 e2**

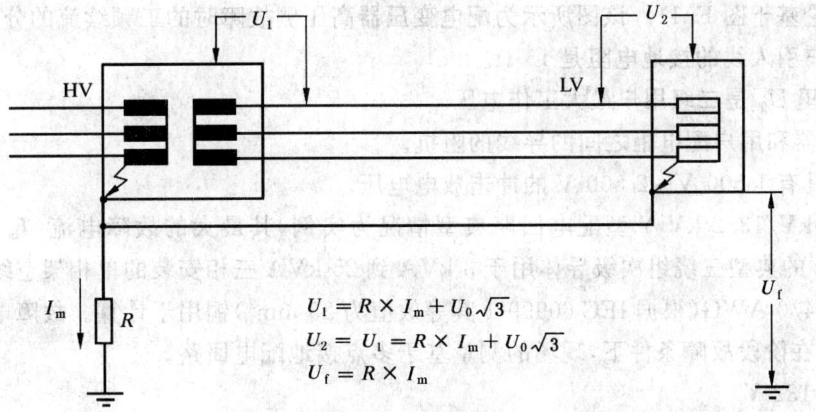


2. LV 系统存在主要故障

**图 E.10（续）**

## E.4 US TN C-S 系统暂时过电压的值

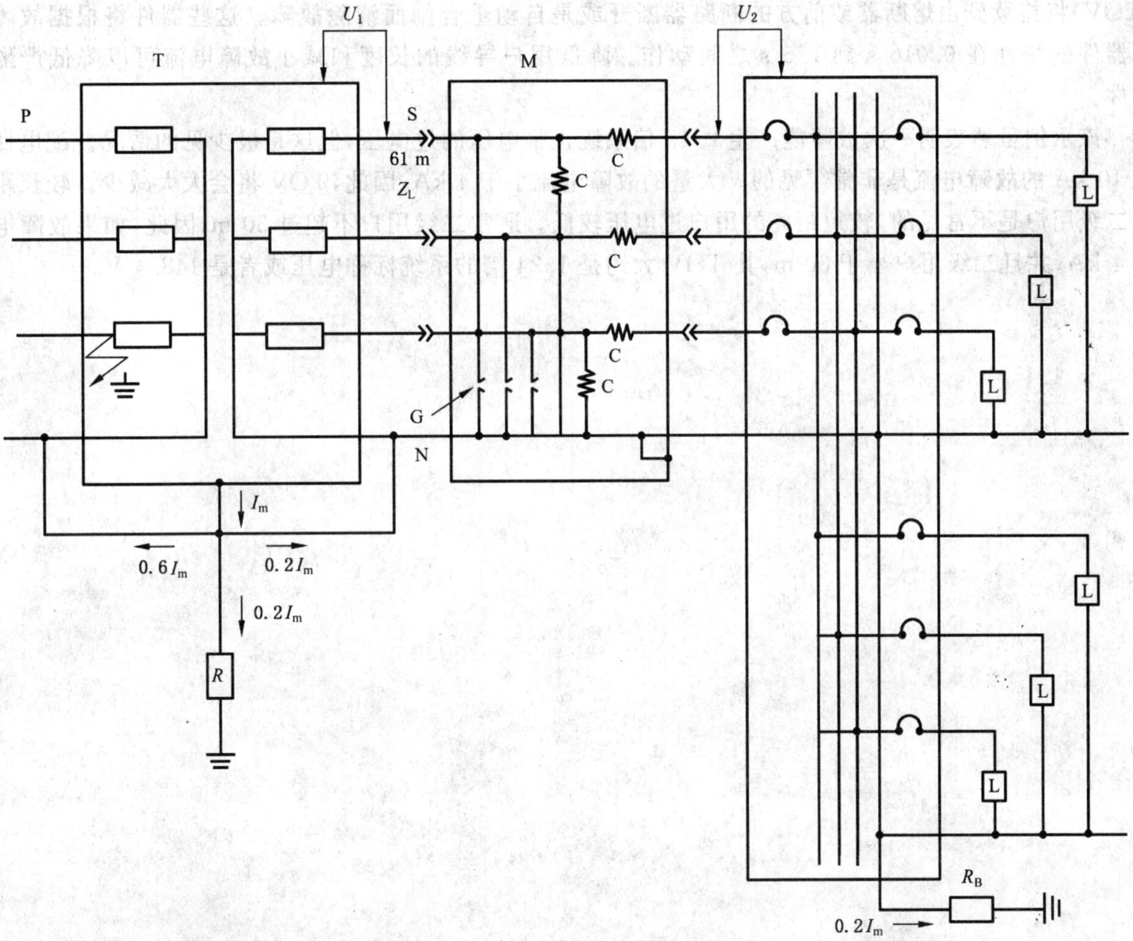


说明：

P——HV；

S——LV；

T——变压器；

M——计量器；

C——线圈；

G——放电间隙；

L——负载。

**图 E.11 US TN-C-S 系统**

下面的讨论基于图 E.11。该图所示为配电变压器高压侧故障时的工频续流的分配。在本例中,假定变压器与用户引入线的接地电阻是 15 Ω。

$U_1 = U_0$ 这里 $U_0$ 是二级用户最大工作电压。

$Z_L$ 是变压器和用户配电柜之间的导线的阻抗。

计量间隙具有 1 500 V~2 500 V 的冲击放电电压。

以北美 23 kV/13.2 kV Y 型配电回路典型情况为实例,其最大的故障电流($I_m$)为 10 kA。阻抗($Z_L$)为 0.041Ω 的典型三绕组次级导体用于 3 kVA 到 25 kVA 三相安装的单相架空线配电变压器。距离大约 60m 的 4/0 AWG(根据 IEC 60999-1 其等效值为 25 $mm^2$)铜用于计算。故障电流分配的假设是基于计算,并且在阶段故障条件下,现场的测量基于多点接地配电回路。

例如:$U_0 = 132$ V

$U_1 = U_0 = 132$ V

$U_2 = U_0 + 0.2 \times I_m \times Z_L = 132 + 0.2 \times 10\,000 \times 0.04 = 214$ V

虽然这表明过电压是系统正常电压的 1.78 倍(1.78p.u.),如果假定 $R >> R_B$,则表明,在上述同样故障条件下,所得到的值 $U_2 = 294$ V 或者是系统正常电压的 2.45 倍(2.45 p.u.),其暂时过电压(TOV)将持续到由熔断器或前方的断路器断开或是自动重合闸而清除故障。这些器件将根据故障隔离器件的特性在 0.016 s 到 1.5 s 之间动作。降低用户导线的长度和减小故障电流可以降低严酷的条件。

该示例虽然表明一次故障能产生 2.45 倍系统正常电压的过电压,但这是极少见的情况。配电回路有 10 kA 的故障电流是非常罕见的。大量的故障电流小于 4 kA,因此,TOV 将会大大减少。较长距离的二级用户是不常见的,较短距离的用户过电压较低。通常二级用户不超过 30 m,因此,如果故障电流是 4 kA,并且二级用户小于 30 m,其 TOV 大约是 1.24 倍的系统标称电压或者是 148.4 V。

# 附 录 F
（资料性附录）
配合规则和原则

## F.1 概述

如6.2.6所述，SPD间的配合是为了达到能量判据，取决于第二个SPD的最大能量耐受。然而，该能量有时取决于波形及试验，如GB 18802.1所述。一般仅用一种波形试验（例如II级试验波形为8/20）。因此最好且也很容易直接从制造厂得到 $E_{max}$ 值（大多数情况下印刷在其技术文件中）。

为了使SPD能量耐受满意，必须定义两个数值：

——$E_{max\,S}$ 为短持续电流波形，例如，8/20（II级试验）；

——$E_{max\,L}$ 为长持续电流波形，例如，I级试验的波形。

在某些情况下 $E_{max\,S}$ 和 $E_{max\,L}$ 可能相等。

SPD有二个特征电流，即短波（用于II级试验）$I_{max}$ 和长波（用于I级试验）$I_{imp}$，相应的能量耐受为 $E_{max\,S}$ 和 $E_{max\,L}$。根据I级和II级试验，可以对一个简单的SPD进行试验。

有必要用相应电涌波形的最大能量耐受 $E_{max}$ 对SPD1和SPD2进行配合。这就意味着有必要处理两种情况：

· 长波的配合；

· 短波的配合。

通常，用短波形配合比较容易完成。

注：对于开关型SPD，有必要考虑长波前时间。该项工作在IEC TC81中待定。

## F.2 分析研究：用于SPD的两个ZnO压敏电阻的配合简例

### F.2.1 概述

下面的考虑仅适用于一端口限压型SPD的I级和II级试验，其 $U_{res}(I)$ 的曲线已知。该曲线用8/20波测量，并由制造厂在SPD技术文件中给出。Ⅲ级和二端口SPD需特殊考虑（待定）。

下面的示例有助于理解配合的过程。首先，SPD1和SPD2是由ZnO压敏电阻组成，才可能进行分析研究。应注意，这种分析研究仅基于电流分配。为了确保满足能量判据，通常有必要进行计算，也不难实现。

· 如果两个压敏电阻片直径相同（并有相同的标称放电电流 $I_n$ 和相同的能量耐受；相同的 $I_{max}$ 和 $I_{imp}$），但有不同的电压保护水平 $U_{p1}$ 和 $U_{p2}$（不同的厚度），则有下面的计算公式：

$I_{n1}=I_{n2}$

$I_{max1}=I_{max2}$

$I_{imp1}=I_{imp2}$

那么 $U_{res}(I)$ 可能的曲线如图F.1所示。

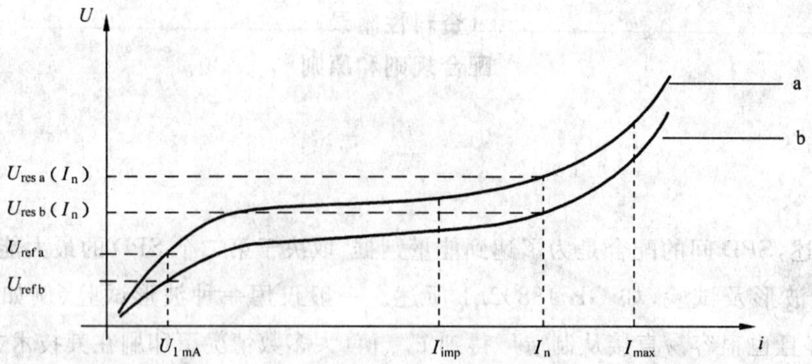


**图 F.1 具有相同的标称放电电流的两个 ZnO 压敏电阻**

如果 $U_{p1}>U_{p2}$，此时曲线 a)对应于 SPD1，曲线 b)对应于 SPD2。

如果 $l$ 大于数米(典型的在 5m～10m)，通常用短波进行配合。

而长波去耦合效应降低，因此，SPD2 应耐受总的侵入电涌，SPD2 能耐受与相同设计的 SPD1 相同的电应力。

如果 $U_{p1}<U_{p2}$：此时，曲线 a)对应于 SPD2，曲线 b)对应于 SPD1，大部分电流将流过 SPD1。这时，通过第二个 SPD 的电流小于电涌电流。

在上述两种情况下，两个 SPD 具有相同的负载电流，满足能量判椐。

讨论第一种情况是为了解释具有相同的能量耐受能力的两个 SPD 配合机理。

· 如果两个压敏电阻有不同的标称放电电流：

对应于此的实际应用情况是：$I_{n1}>I_{n2}$ 和 $E_{max1}>E_{max2}$。此外，SPD1 和 SPD2 具有诸如 $U_{res1}(I_{n1})<U_{res2}(I_{n2})$的特性。因此，$U_{res}(I)$曲线如图 F.2 所示，图中未表明阻抗，很难分析研究。此时，图 F.2 可以看作为短波配合，大部分电流将流过第一个 SPD。但确定长波配合较为困难。用长波和比两条曲线交叉点(见图 F.2)低的侵入电流值进行配合，很难完成。如 $U_{res2}$ 曲线所示，大部电流都通过 SPD2，因为在这个电流水平下，$U_{res2}$ 的曲线比 $U_{res1}$ 的低。有必要在两个 SPD 之间加入一个电感。

因此，有必要比较 $U_{res}(i)$-$I$ 曲线，$I$ 从 $0.1\times I_{n2}$ 到 $I_{max1}$，而不是比较制造厂给出的 $U_{res1}(I_{n1})$和 $U_{res2}(I_{n2})$(分别与 $U_{p1}$ 和 $U_{p2}$ 对应)，以检查它们是否彼此相交。交点(如果有)的电流值 $I_{cr}$应尽可能低。

此时，能量判据实现的概率很高，较低的 $I_{cr}$ 成功的概率更大。如果有任何疑问，通过第二个 SPD 的能量计算是必要的，应考虑 SPD 之间的阻抗和长波。这种能量计算不易进行分析。

如果因为信息不充分而无法得到这些曲线，或者需要简单而快速的结果，则有必要在同一水平比较曲线 $U_{res1}$ 和 $U_{res2}$。此时，较易且较佳的配合条件是 $U_{res1}(I_{n1})<U_{res2}(I_{n2})$。当然，保守曲线(如图 F.2 所示)适合这种情况，用这种压敏电阻或许不需要裕度。此外，该压敏电阻会有耐受来自于网络暂时过电压的问题。

如果第二个 SPD 电流较低，则不能满足长持续冲击的能量判椐，有必要计算通过第二个 SPD 的能量。而且，检验被保护设备仍被保护也是必要的(因为压敏电阻的非线性，SPD2 中低电流可能引起高电压)。

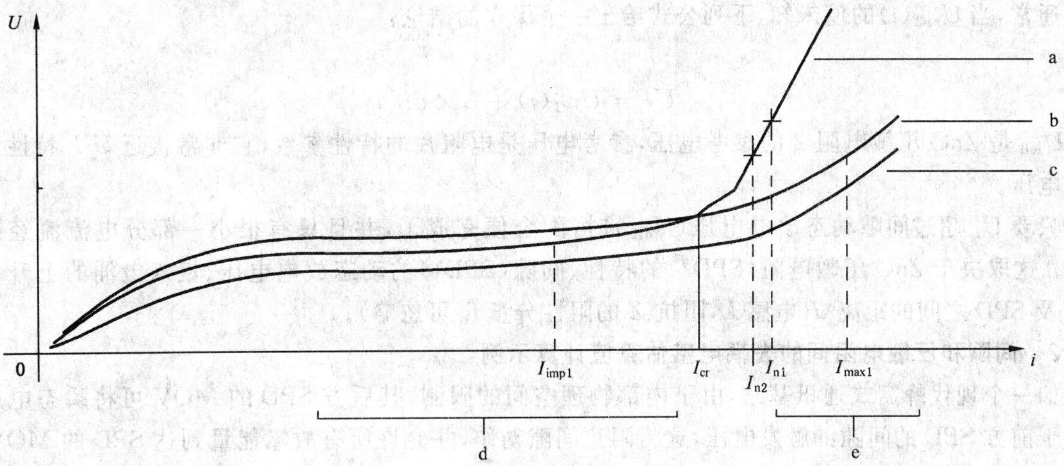


说明：

a——SPD2 对应曲线；

b——SPD1 对应曲线(与 SPD2 曲线相交)；

c——SPD1 对应保守曲线(与 SPD2 曲线不相交)；

d——长波电涌电流范围；

e——短波电涌电流范围。

**图 F.2 具有不同标称放电电流的两个 ZnO 压敏电阻**

**F.2.2 结论**

任何情况下，需要配合的两个 ZnO 压敏电阻，应按下列五个步骤进行：

a) 确认在没有任何 SPD 时可能出现的过电压，应区分长波和短波过电压；

b) 选择 SPD1 以耐受这种过电压，如果从步骤 a)得不到信息，用一个有足够尺寸裕度的 SPD(见风险分析)，并从厂方得到 $I_{max1}$ 和 $I_{imp1}$ 的值，然后把这些值与 a)中所给数据综合考虑；

c) 然后根据保护特性期望值选择 SPD2；

d) 比较曲线 $U_{res}(I)$ 中 $I$ 的值，从 $0.1\times I_{n2}$ 到 $I_{max1}$ 的部分，决定交叉点 $I_{cr}$，如果 $I_{cr}$ 足够小，(一般取 $0.1\times I_{n2}$)，就不必计算第二个 SPD 中的能量。无论 SPD 之间的距离如何，能量判椐都可实现。如有任何疑问，考虑 SPD 之间的阻抗，计算通过第二个 SPD 中的能量并检验能量判椐，如果这样的曲线不可用，则用下列简化方法选择 SPD2；

若 SPD2 有相同的标称放电电流：$U_{res1}(I_n)<U_{res2}(I_n)$；

若 SPD2 有较小的标称放电电流：$U_{res1}(I_{n2})<U_{res2}(I_{n2})$；

计算 SPD2 中的能量，以验证能量判椐且检查获得的保护。

e) 重复到步骤 c)，给出一个满意的结果。

注 1：小电流下的电压值(通常称参考电压)不适合配合。

注 2：在任何情况下(有或无 ZnO 压敏电阻)，考虑 EMC(电磁兼容)要求流过 SPD2 的电流应尽可能小。

注 3：曲线 $U_{res}(I)$是最大值，有必要考虑由于制造公差带来的曲线变化范围。

注 4：前面的研究可以被概括到两个以上的 SPD。

**F.3 分析研究：带空气间隙的 SPD 和带氧化锌电阻的 SPD 间的配合**

**F.3.1 概述**

另一个常用情况是用间隙代替 SPD1，ZnO 压敏电阻代替 SPD2，见图 F.3。在 SPD2 有过电压之前，火花放电就发生，这种情况下配合就完成了。

在火花放电前，有：

$$U_1=U_{res2}(i)+L\times di/dt$$

通常，当$U_{res2}(i)$的值未知，下列公式给出一个保守的结论：

$$U_1 = U_{ref2}(i) + L \times di/dt$$

$U_{ref2}$是ZnO压敏电阻2的参考电压，参考电压是电阻片的特性参数，它非常接近$U$-$I$特性曲线的拐点电压。

只要$U_1$超过间隙动态放电电压($U_{dyn}$)时，配合便完成了，并且只有很小一部分电流流经第二个SPD。这取决于ZnO压敏电阻(SPD2)的特性、间隙(SPD1)的动态放电电压、侵入电涌的上升率和幅值、$i$及SPD之间的距离$d$(电感$L$，阻抗$Z$的阻性分量$R$可忽略)。

**F.3.2　间隙和压敏电阻间的去耦电感估算值计算示例**

如一个现代蜂窝式通讯基站，由于内部物理空间的限制，其后方SPD的MOV可将瞬态电压降到远低于前方SPD的间隙的触发电压，这将阻止间隙动作，并允许所有故障能量到达SPD的MOV。在较大的空间里，SPD之间的电缆距离要长一些，这样可提供足够大的电感而使间隙放电。

总是存在这样的可能性，瞬态故障通过并联回路扩散，使得电压降低到不足以使间隙放电的程度。既然这样，后方的SPD应具有足够的额定能力，独自吸收所有能量。

当有很高的能量时，间隙不动作将使过高的能量到达后方的SPD，并将使之破坏。两者之间的配合可通过两者之间足够的串联去耦电感来保证间隙在超过后方SPD所承受能量范围之上的所有过电压能量下动作来实现。

要求确保配合的电感值可简单计算。首先，要知道间隙的参数，火花间隙典型的放电电压低于4 kV，时间在200 ns以内。

其次，后方的SPD参数应知道，一个交流275V的典型部件，起始放电电压约为430 V，在8/20的II级试验时，$I_n$为5 kA。

无论如何，必须知道，对于Ⅰ级试验，间隙额定值试验采用10/350，或等效长尾波。后方SPD的峰值电流必须减小至这级脉冲所能承受的额外能量，降低因数假设为4∶1，因此，峰值电流额定值将从5 kA降至1.25 kA，10 μs上升时间将产生125 A/μs的d$i$/d$t$。

要求的电感值以确保间隙的可靠动作的，其计算公式如下：

$$U = L \times di/dt + I \times R$$

式中：

$U$——火花间隙放电电压；

d$i$/d$t$——脉冲的上升率；

$I \times R$——后方SPD的电压降，(注意$R$是非线性值)。

由上式可得出：

$$L = \frac{U - I \times R}{di/dt}$$

假定间隙在200 ns内放电，通过后方的SPD的电流为：

$$I = 0.2/10 \times 1250\ \text{A} = 25\ \text{A}$$

电压$I \times R$在600 V时

$$L = \frac{4000 - 600}{125 \times 10^{-6}}$$

或 $$L = 27.2\ \mu H$$

电感值为一个单一的集总值,假定 27.2 m 长的电力电缆电感值为 1 μH/m,或者是一个电缆的长度和小电感线圈的组合。

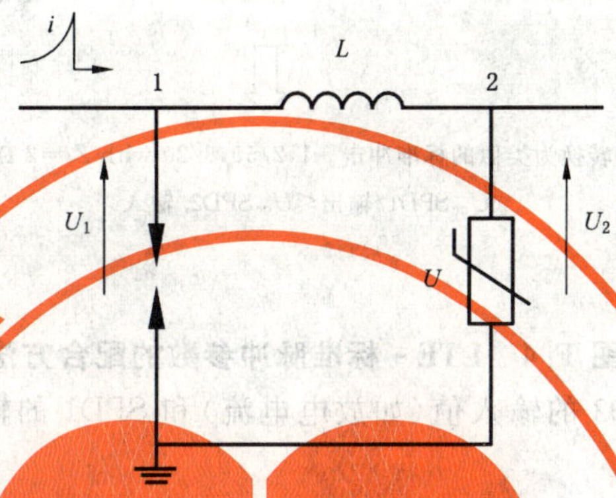


说明:

L——电感。

**图 F.3 带间隙的 SPD 和带 ZnO 压敏电阻的 SPD 的配合示例**

通过这个示例,可以获得设计这种配合的一般条件。

### F.3.3 结论

若选择带间隙的 SPD1,则 SPD2 必须满足以下要求。

——与 I 级试验波形有关的侵入电涌:

$$U_{dyn} < U_{ref2} + L \times I_{peak2}/10;$$

——与 II 级试验波有关的侵入电涌:

$$U_{dyn} < U_{ref2} + L \times I_{max2}/8。$$

这些规律给出一个保守的结果。当一个较小值的 $L$ 不可避免时,需用一个计算机模拟来检查配合是否实现。

注:其他情况可给出更严格的结果。尤其是用正待考虑的长波,IEC TC81 目前正在研究更长的波前时间:100 μs。

## F.4 分析研究:两个 SPD 的一般配合

通过对两个压敏电阻或间隙——氧化锌电阻的研究,表明了配合问题的复杂性。考虑到 $u$-$i$ 曲线鲜为人知,而实际中存在较大误差,分析研究时仅用简单的示例。当通过第二个 SPD 的能量必须考虑时,很容易进行模拟。这种分析方法的关键在于让用户更好地理解这一现象。

无论 SPD 技术发展如何,上述所给总的判椐尤其是 6.2.6 中所述能量判椐仍可利用。

为达到一个可接受的配合,通常要求制造厂或用户进行模拟或试验,或使用下述简化的方法。

一个不知特性的 SPD 是有可能安装在设备中的。因为设备在其寿命内可变化,理应进行关注,以确保 SPD 在缺少配合时不会过载。

## F.5 能量通过方法

### F.5.1 概述

如 IEC 61312-4 所述,标准冲击参数的配合是选择和配合 SPD 的过程,这种方法的主要优点是可把 SPD 看成是一个黑箱(见图 F.4)。这里,对于在输入端口给定的电涌,不但开路电压,而且输出电流(例如:进入短路)均可确定("允许能量通过"原则)。输出特性转化成等值"2 Ω - 复合波"电应力(开路电压 1.2/50,短路电流 8/20),这种方法的优点是:对 SPD 的内部设计不必具备专门的知识。

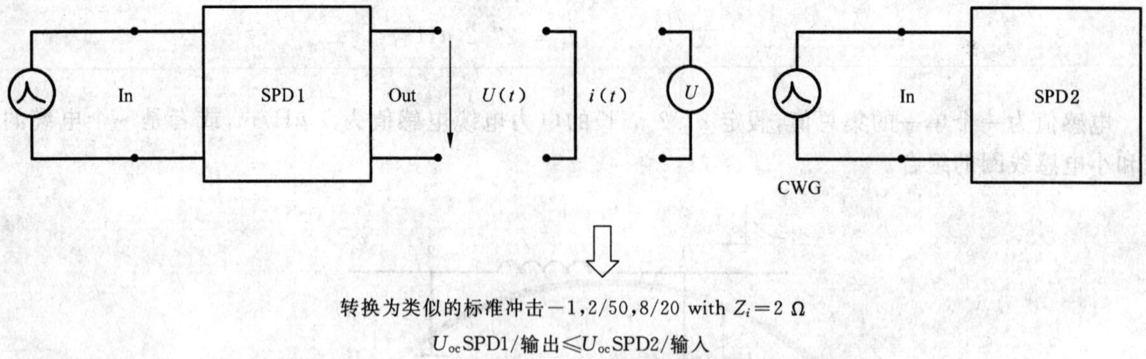


说明:

$U$——负载电压。

**图 F.4 LTE-标准脉冲参数的配合方法**

配合方法的目的是将 SPD2 的输入值(如放电电流)和 SPD1 的输出值(如保护电压水平)进行比较。

随着逐级保护,必须考虑相等的输入混合脉冲,即通过后方 SPD(没有损坏)放电的冲击等于或高于前方 SPD 的等值输出混合脉冲。

对可靠的配合,等值混合脉冲由最坏情况决定($I_{max}$,$U_{max}$,通过能量)。

设计去耦合元件的最严格的情况由短路回路给出,对于配合的目的而言,是很难的。比较实际的作法是包括一个"负载侧电压"(下面称"反向电压")。

一个火花间隙后方的 SPD 通常包括一个 ZnO 压敏电阻,这样一个 SPD 的残压在任何情况下都比一个系统标称电压的峰值还要高(例如,在一个交流系统中标称电压为 240 V,其峰值电压为$\sqrt{2}\times240=340$ V,低于安装的 SPD 的参考电压),系统标称电压的峰值与 SPD 的最小残压相对应,因此峰值电压可看成最小的可被计算电压。用短路电流代替一个假设的反向电压,会导致一个超大尺寸的去耦合元件。

注 1:这种方法提供了较好的结果,当 SPD1 的特性与 SPD2 的特性差别很大,以至于在 SPD2 上的电涌状态是类似的加电流状态。例如在一个火花间隙和 MOV 配合时,这个状态就实现了。

注 2:约束条件如下:

——为了确保得到一个保守的结果,去耦合元件必须作为第二个 SPD 的一部分包括在这个方法中;

——为了确保得到一个保守的结果,当次级 SPD 包括一个开关元件时,反向电压为 0;

——由于该方法无法真实确切地模拟开关元件,当第二个 SPD 包括一个开关元件时,有可能结果偏低;在这种情况下,应谨慎使用这种方法;

——当电涌侵入到装置的入口时,必须看成是有一个波形相等的(10/350 或 8/20)电流波和电压波,电涌电流的幅值通常已知,电涌电压幅值的大小取决于电力系统的电涌阻抗;

——研究必须考虑 SPD 特性曲线的公差。

**F.5.2 方法**

下面讨论的方法给出了两个 SPD 之间去耦合元件(阻抗)的保守值,这意味着,如果这样的阻抗装在两个 SPD 之间,配合将比计算预期的要好。

方法:基础的方法是把每个 SPD 的输出表示为一个等值的复合波发生器,由空载电压 $U_{oc}$ 1.2/50 和一个短路电流 $I_{sc}$ 8/20 决定,发生器的阻抗为 2 Ω($U_{oc}=2\times I_{sc}$)

根据Ⅲ级试验的 SPD 试验,已由这样一个 CWG 测试。根据Ⅱ级试验的 SPD 的试验,有必要认为 $I_{sc}=I_{max}$。

就直击雷而言,上一级的 SPD 可根据Ⅰ级试验测试,或根据Ⅱ级试验测试。

每个 SPD 的输出电压,通常会有一个波形,该波形与 1.2/50 及 8/20 的波形没有直接关系。有必要规范实际波形以便转变为 1.2/50 和 8/20 波形。

可通过下列值的计算来进行：

$u$ 的峰值$=\hat{u}$，$\int u\mathrm{d}t$ 和$\int u^2\mathrm{d}t$

$i$ 的峰值$=\hat{i}$，$\int i\mathrm{d}t$ 和$\int i^2\mathrm{d}t$

注：公式和表格中的单位应该一致。

这些值用于表 F.1

**表 F.1**

| | | | |
|---|---|---|---|
| 电 压 | $\hat{u}$ | $\int u\mathrm{d}t$ | $\sqrt{\int u^2\mathrm{d}t}$ |
| 电 流 | $\hat{i}$ | $\int i\mathrm{d}t$ | $\sqrt{\int i^2\mathrm{d}t}$ |

同样的表格，对幅值为 1 V(表 F.2)的 CWG 是：

**表 F.2**

| | | | |
|---|---|---|---|
| 电 压 | 1 | $70\times10^{-6}$ | $6\times10^{-3}$ |
| 电 流 | 0.5 | $12\times10^{-6}$ | $2\times10^{-3}$ |

因此，用表 F.1 中每个单元除以表 F.2 中相应的值，得到一个新表 F.3：

**表 F.3**

| | | | |
|---|---|---|---|
| 电 压 | $\hat{u}$ | $\int u\mathrm{d}t/(70\times10^{-6})$ | $\sqrt{\int u^2\mathrm{d}t}(6\times10^{-3})$ |
| 电 流 | $\hat{i}\times2$ | $\int i\mathrm{d}t(12\times10^{-6})$ | $\sqrt{\int i^2\mathrm{d}t}(2\times10^{-3})$ |

表 F.3 中最大值给出了 $U_{oc}$(CWG) 值，与 CWG 的 $U_{oc}$ 相等的值相当于 SPD 的输出。

用一个不带负载电压 $U_{oc\ test}$ 的 CWG，根据 III 级的试验(或在 II 级试验时相当于 CWG)，一旦后方的 SPD 通过试验时，可以立刻说配合是满意的，且可以充分检测 $U_{oc\ test}>U_{oc\ CWG}$。

当输入参数给定时，SPD 的输出值可用模拟软件来测试，这样就不必每次进行计算，这些值可由制造厂来提供。对每一个产品，对一个给定的负载，制造厂可算出等价 CWG 脉冲的输出，($I_{imp}$ 对Ⅰ级试验或 $I_{max}$ 对Ⅱ级试验或 $U_{oc\ max}$ 对Ⅲ级试验)，应注意 SPD 特性曲线和任何盲点的双公差(有时，SPD 输出端的最重要的负载不是由 $I_{imp}$、$I_{max}$ 和 $U_{oc\ max}$ 的最大值决定，而是由较低点的值决定)。

# 附 录 G
# （资料性附录）
# 应 用 示 例

注：本附录为 SPD 在家庭、工业上的应用以及无线塔上的应用提供了假设的系统。本附录在受限制的情况下，为演示本部分包含的应用准则，试图提供有关 SPD 选择的资料，而不是表明存在于所有设备或系统中的唯一条件。

## G.1 家庭的应用

MV 电网的特性：架空线 10 km。

LV 电网(230/400 V)的特性：架空线 1 000 m，地下电缆 200 m。

$N_g$：2 次/ $km^2$/年(见 4.1.1)。

保护地点：平原。

电力装置的建筑物：由一个 S 型 RCD 在入口处保护(耐受 3 kA 8/20，见 6.2.4.3)，装置入口处短路电流为 3 kA，在房子入口处(地面)有一个主配电盘和在第一层有辅助控制板。

接地电阻：50 Ω。

LV 网的接地系统：TT 系统；一相和中线配置。

保护电器的特性：洗衣机、电脑、入口处的警报器、录相机和电视机等。

根据风险分析(见第 7 章)，很可能对使用 SPD 有兴趣($N_g$ 的较高值，变压器 MV 和 LV 侧的架空线，电力电器等)。

由于是架空线，中等强度的雷电流预期为⇨入口处每根导线标称放电电流($I_n$)≥5 kA 8/20。

入口处，警报器需要保护(敏感元件)⇨$U_p$≤1.5 kV。这可由一台一端口 SPD 完成，它由 II 级试验来测试，$\dot{U}_p$＝1.5 kV。

入口处，短路电流 3 kA(r.m.s)，⇨SPD 的短路耐受电流≥3 kA r.m.s，(见 5.5.2.4)。对此，制造厂家建议使用一个熔断器或者一个有短路断开特性的 RCD 断路器(后备保护)。如果入口处用的是一个 S 型 RCD，当侵入的电涌超过 3 kA 8/20 时，就不能保证入口处保护的连续性。

由于有 RCD 存在，如果间接接触没有附加保护的话，就需要一个热熔型脱离器安装在 SPD 内。

由于是一个 TT 系统，为避免相与中线之间产生太高的过电压，建议一个 SPD 有三种保护模式(相对中线，中线对地及相对地，见 6.1.1)。

其他需要保护的电器仅需要在相与中线之间保护，因为相和中线不接地，除非出于安全目的把洗衣机接地，在这种情况下，相与地和中线与地之间的保护可能是必需的。

注：若电视天线接地，则需额外增加保护。

在入口处 SPD 和其他电器之间的距离，尤其在第一层，是很长的(分别为 10 m 和 20 m)，其他的 SPD 必须紧靠被保护电器(6.1.2)。一个必须靠近洗衣机安装，一个靠近影碟机和电视机，另一个接在第一层的电控板上，也可直接与电脑插头相连，(计算机与配电盘之间的距离很小)。

其他的 SPD 可认为有较低的电涌电流，当 $I_n$＝2 kA 时，Ⅱ级试验已经足够，$U_p$＝0.8 kV 应在制造厂的资料中体现。

20m 的距离足够使装在入口处和第一层之间的 SPD 产生耦合，但 10 m 的距离对入口处 SPD 和其他地面上的 SPD 不足以产生充分耦合，因为 $U_p$＝0.8 kV，很低。最好选择另一个 $U_p$＝1.5 kV 的 SPD，如一个地面上的 SPD。

对这些 SPD，安装处短路电流较低，制造厂已安装了必要的脱离器(热敏式和短路式)。见图 G.1。

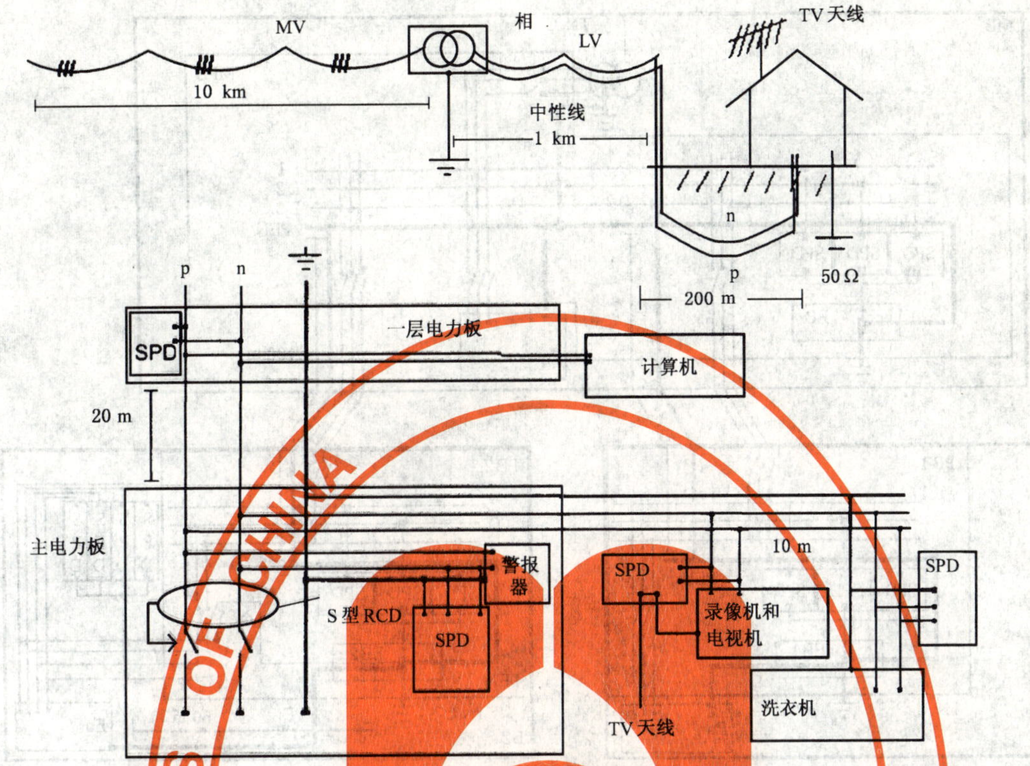


图 G.1 家庭的安装

## G.2 工业应用

待定，见图 G.2 和图 G.3

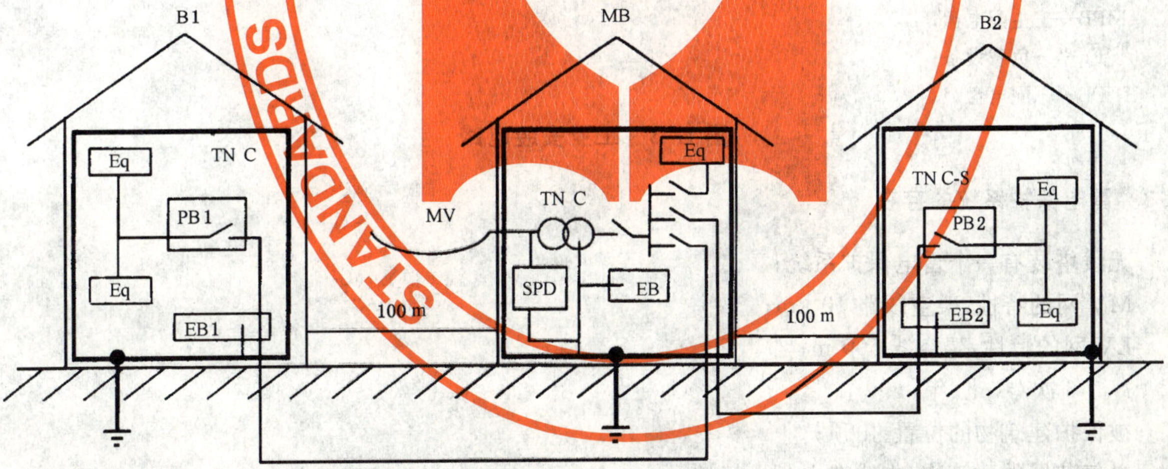


说明：

B1,B2——建筑物 1,2；

MB——主体建筑；

EB——等电位接线板；

PB——配电盘；

Eq——负载设备。

图 G.2 工业上的安装

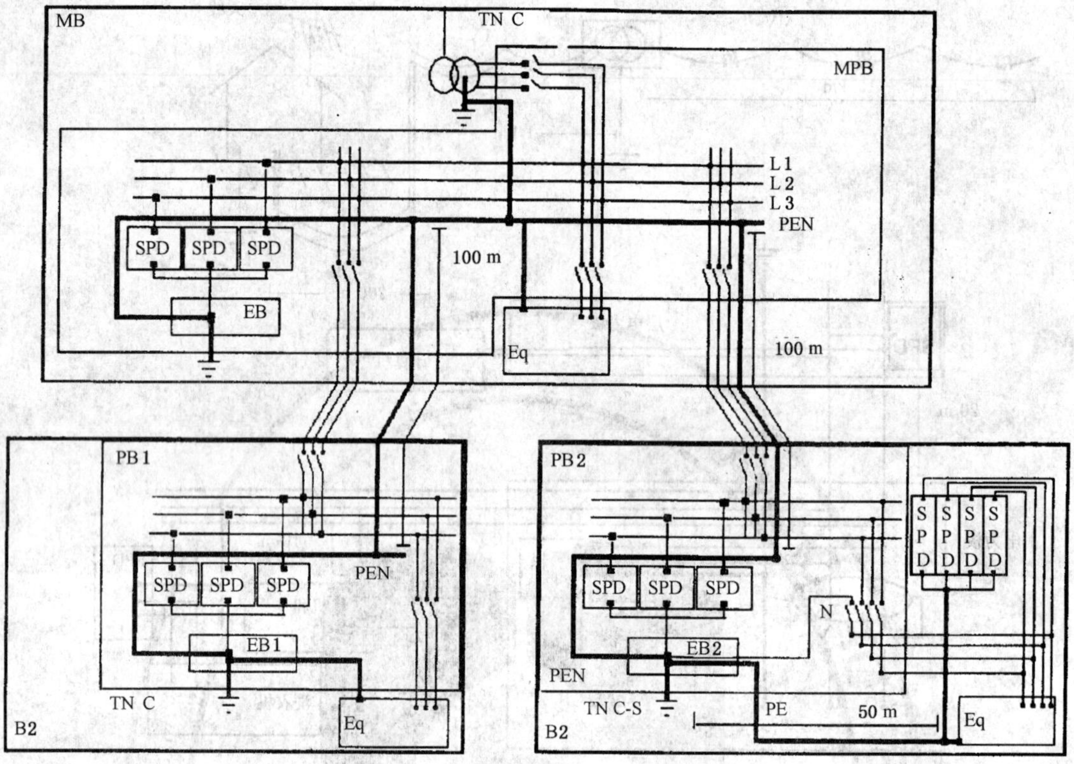


说明：

B1,B2——建筑物1,2；

MB——主体建筑；

EB——等电位接线板；

MPB——主配电盘；

Eq——负载设备；

PB——配电盘。

**图 G.3　工业安装电路**

## G.3　雷电保护系统的存在

无线塔装有一个雷电保护系统；

MV 网的特性：架空线路 10 km；

LV 网的特性：架空线 500 m；

$N_g$：6 次/ km²/年；

被保护建筑物的位置：山顶；

电气装置的建筑物：中线在山脚下接地；

设备接地在当地保护接地；

被保护建筑物的接地电阻：10 Ω；

MV/LV 变压器接地电阻：10 Ω；

LV 网接地系统：TT 系统；一相和中线配置；

被保护设施的特性：电子设备。

根据装置的临界特性(风险分析见第 7 章)，安装第Ⅰ级试验的 SPD 是必要的。SPD 被安装在相对地，中线对地和相对中线之间，SPD 的最小通流容量为 20 kA(依据Ⅰ级防护)，因为塔顶它们将面临直击雷(见附录 D),具有同样通流容量的另一个 SPD 也安装于架空线的对边以保护变压器,在设备端的 SPD 保护水平为 1.5 kV,而变压器端的 SPD 保护水平可以是同样的,也可以提高一些(达 4 kV),因为变压器不需要较低的雷电保护水平。

也可以在变压器 MV 侧安装 SPD,这已在 IEC 60099-5 强调过。

见图 G.4。

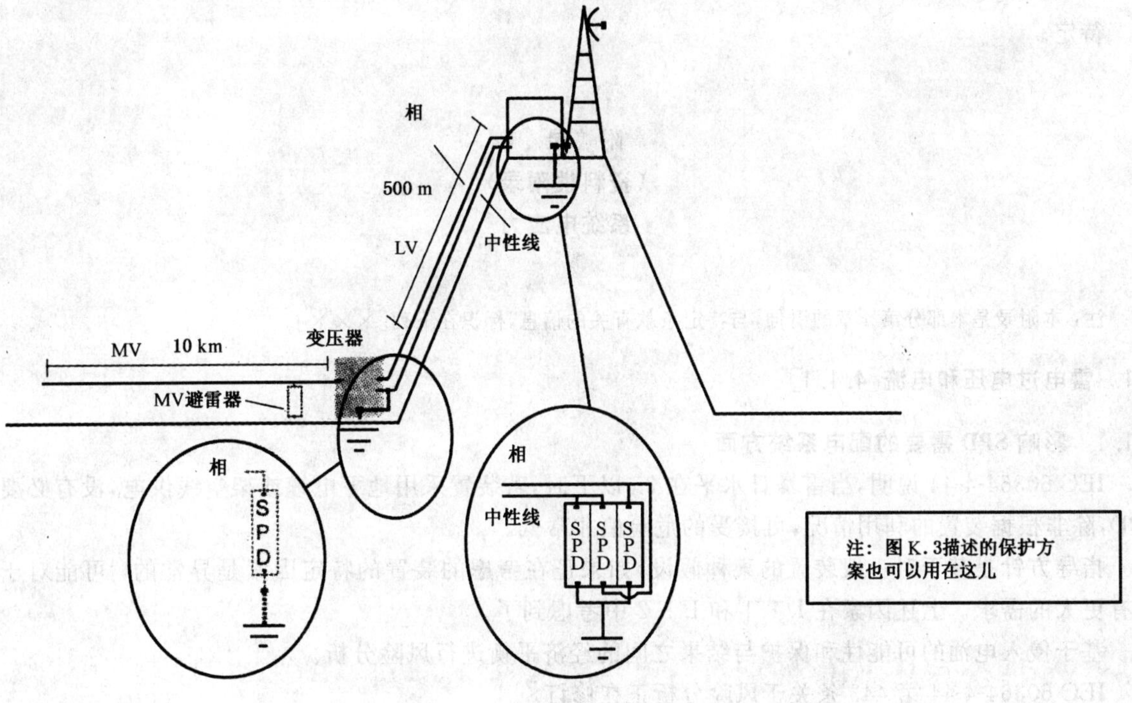


**图 G.4 有雷电保护系统的安装**

# 附 录 H
## (资料性附录)
## 风险分析的应用示例

待定。

# 附 录 I
## (资料性附录)
## 系统电应力

注：本附录是本部分第4章的引伸，与特定条款有关的信息，标识在下列[×××]。

## I.1 雷电过电压和电流[4.1.1]

### I.1.1 影响SPD需要的配电系统方面

IEC 60364-4-44说明，当雷暴日水平在25以下时，若装置采用地下电缆或架空线供电，没有必要用SPD，除非根据装置的利用情况，可接受的危险值非常低。

指导方针是基于对一般装置的某种假设，如果正在考虑的装置的特定因素是异常的，可能对于保护有更大的需求。上述因素在I.1.1和I.1.2中考虑到了。

基于侵入电涌的可能性和保护与结果之间的经济平衡进行风险分析。

IEC 60364-4-44第443条关于风险分析正在修订。

#### I.1.1.1 雷击活动

决定雷击于装置时危险程度的最重要的数据是当地落雷密度 $N_g$。当 $N_g$ 未知时，从雷暴日水平(从雷区分布图中得出每年雷暴日的 $N_k$ 数)可得到粗略的估计，可用特定公式 $N_g=0.04\times N_k^{1.25}$ 来计算。

$N_g$ 提供了关于雷电活动的精确估计的高度地方化的信息，从而使特定的地点和进入电器任何通道的危险得到精确估计，同时它也考虑了由于年份和电涌的大小而引起的变化，这些因素不包括决定 $N_k$ 的因素，因此，$N_k=25$ 就不能用于决定所需的SPD。

#### I.1.1.2 装置的暴露

当采用地下电缆供电时，电缆对保护装置并非总是足够的，尤其是在直击雷或其附近，这在IEC 60364-4-44中并没有考虑。这就是由地下电缆供电不能用作单独决定SPD的需求的原因。

### I.1.2 建筑物内部电涌电流的分配

图I.1给出了雷直击于建筑物的情况下电涌电流分配的典型示例。更详细的情况，见附录D。

注1：雷电冲击电流包括两个关键参数，第一个是快速上升时间，用于决定由于电感效应引起的电压值。第二个是长持续时间，本质上与冲击能量有关。高频效应没有在后一阶段体现，可用欧姆律电阻来计算电流分布；

单独估计(例如，通过计算)是不可能的，假设50%的总雷电流通过给定建筑物的雷电保护系统的接地端入地，剩余50%电流($I_s$)通过建筑物分散在系统中，如外部的导电部分，电源和通信线等。在每个设备中流动的电流值($I_i$)可用 $I_i=I_i/n$ 来估计，$n$ 为设备个数；

对单个导体中流过电流的估计为 $I_v$，在没有屏蔽的电缆中，电缆电流 $I_i$ 根据导体数 $m$ 来分配。$I_v=I_i/m$

在电缆有屏蔽层的情况下，两个终端必须直接接地或经过SPD接地，在这种情况下，电缆中大部分的雷电流流入屏蔽层(通常50%)，小部分雷电流进入内部导体，在所有情况下SPD应尽可能安装在屏蔽层的连接点附近。

注 2：SPD 的 $I_{peak}$ 或 $I_{max}$ 的优选值相当于 $I_v$；

注 3：架空线的直击雷可用一个相似的方法来考虑；

注 4：括号中的值是在没有金属管时使用的。

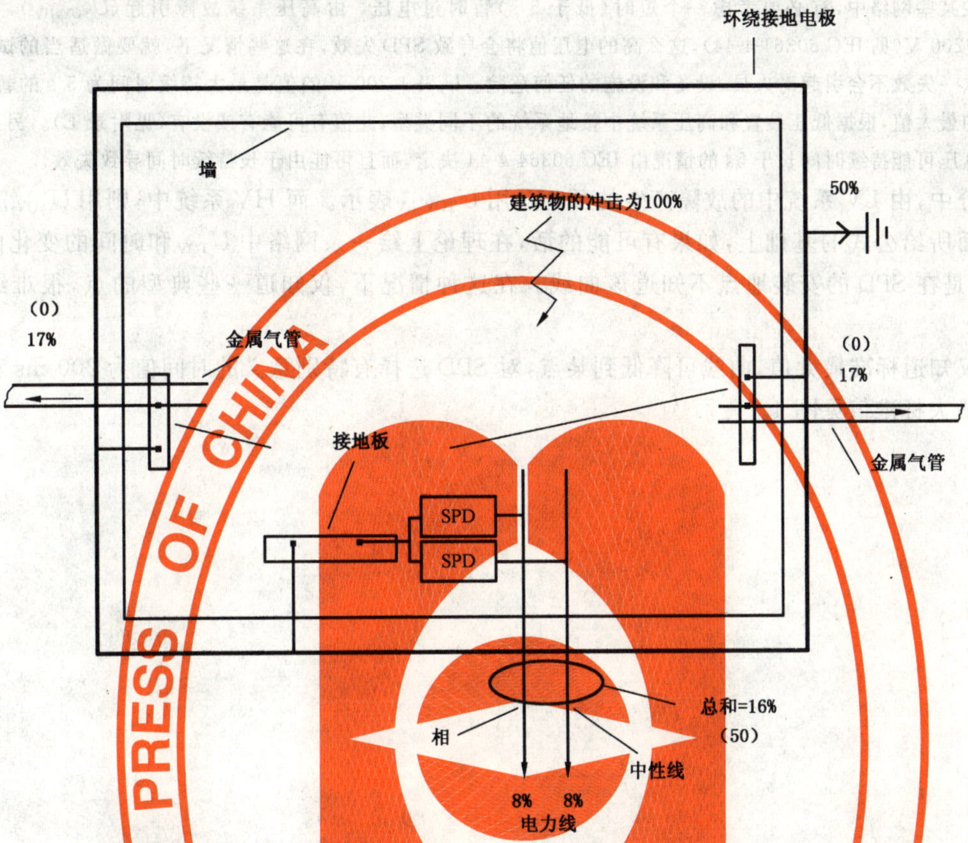


注：当不纯在金属管时采用括号中值。

**图 I.1　进入外部设施(TT 系统)的雷电流分配示例**

当选择 SPD 在电力线上使用时，必须注意到通常是没有供气管，而且至少建筑物外露部分水管通常也是非金属的，在这种情况下，电力线则必须承受大部分雷电流。

该图给出了在典型情况下，即：50%的总电流通过建筑物接地流入地下，而另外 50%通过外部设施分流。

## I.2　操作过电压[4.1.2]

由操作电涌引起的过电压的更多资料可参照 C.2。

## I.3　暂时过电压 $U_{TOV}$[4.1.3]

在 LV 系统由于故障引起的暂时过电压可通过两个因素定义：

- $k_1$ 是最大电压和系统标称电压之比，通常在 1.05～1.1，这包含了电压水平的正常调节。

$$U_{cs}=k_1\times U_0$$

- $k_2$ 是系统最大过电压和电力系统的 $U_{cs}$ 之比。当一个三相低压系统故障时，非故障相电压可升至额定值的 1.25 倍到理论上的 $\sqrt{3}$ 倍；

注 1：在单相，三线(分相)系统，$k_2$ 可高至 2。

总的暂时过电压可表示为：

$$U_{TOV.LV}=k_1\times k_2\times U_0=k_2\times U_{cs}$$

注 2：暂时过电压通常由事故引起，比如低压配电系统的故障，电容器动作和电动机停机、起动，这些过电压是短时的。由三相供电系统故障引起的暂时过电压持续时间从 0.05 s 到 5 s，单相电动机停机，若中线连接不好，将会引起很大的过电压。典型情况是它将达到 5s，因此，暂时过电压持续时间根据本部分来选择，从 0.05 s 到 5 s。

注 3：在某些网络中，有必要考虑一个短时（低于 5 s）暂时过电压，由高压系统故障引起（$U_{TOV,HV}$），它为 $U_0$＋1 200 V（见 IEC 60364-4-44），这么高的电压值将会导致 SPD 失效，在这些情况下，就要做适当的试验以确保这一失效不会引起对人员、设备和设施的任何危险。$U_0$＋1 200 V 的值是最大持续时间为 5 s 的暂时过电压的最大值，根据低压装置和高压系统中接地系统的不同类型，此值有可能有或没有（见附录 E）。另外，暂时过电压可能持续时间长于 5s 的情况由 IEC 60364-4-44 决定，而且可能由于长持续时间导致失效。

本部分中，由 LV 系统中的故障产生的 TOV，用 $U_{TOV,LV}$ 表示。而 HV 系统中，则用 $U_{TOV,HV}$ 表示。

在上面所给公式的基础上，如果有可能的话，在理论上绘一条网络中 $U_{TOV}$ 和时间的变化曲线。实际上，尤其是在 SPD 的安装地点不知道该曲线。在这种情况下，仅知道一些典型的点，很难绘制上述曲线。

通常仅知道标准最大值，曲线可降低到某点，对 SPD 选择有特别意义的时间值为 200 ms 和 5 s。

$U_{TOV}$ 最大标准值见图 4。

# 附　录　J
（资料性附录）
## SPD 选取标准

注：本附录是本部分第 5 章的引伸，与特定条款有关的信息，标识在下列[×××]。

## J.1　$U_T$ 暂时过电压特性[5.5.1.2]

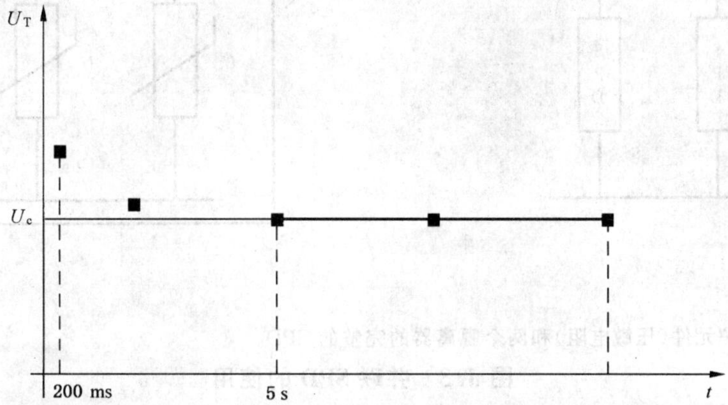


注：暂时过电压可能有几秒的持续时间，当暂时过电压持续时间超过 5s 时被认为是 SPD 的永久条件，对时间超过 5s 的曲线对应值相当于 $U_c$ 的恒定值。

**图 J.1　SPD 的 $U_T$ 典型曲线**

## J.2　SPD 失效模式[5.5.2.4]

如 5.5.2.4 所讨论的那样，当 SPD 进入失效模式时，失效模式对装置的影响必须考虑。

若一个 SPD 的失效模式是开路(由 SPD 本身的一个非线性元件提供，或与 SPD 串联的内部或外部脱离器或电力系统的分流器内部提供)，这样就保证了在 SPD 失效时供电的连续性，然而在系统后备保护动作之前，必须特别注意 SPD 的断开能力，必须仔细研究 SPD 脱离器及后备保护之间的配合。

对二端口 SPD 或与干线相连的一端口 SPD，一个内部脱离器可提供连续电力，或并不依赖 SPD 的位置，如图 J.2 中分别所示的情况 a)和 b)。

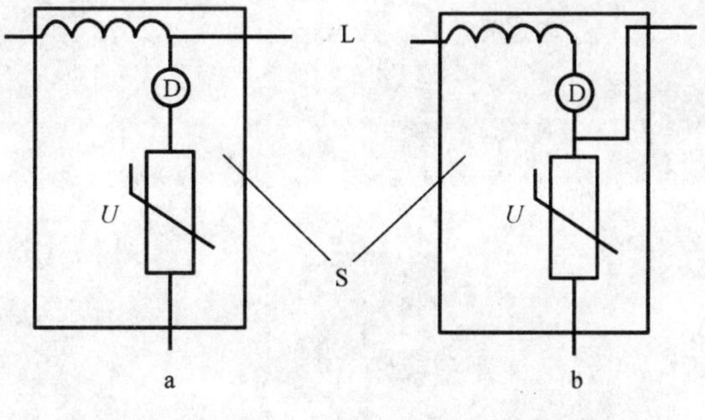


说明：

D——脱离器；

S——SPD；

L——线。

**图 J.2　二端口 SPD 中的内部脱离器**

在情况 a 下的主要特点是脱离器动作后，设备仍在工作。无论如何，设备就不再被保护了。若一个故障指示器(终端和/或当地)不再给一个断开信号,用户就不知道设备不再被保护,这样将有更多的侵入电涌损坏设备。

在情况 b 下的主要特点是脱离器动作后设备和电源断开,但和电涌的主源也断开了。

为了减少缺乏保护或与电源断开的危险,将 SPD 设备和脱离器并联使用,如图 J.3 所示。

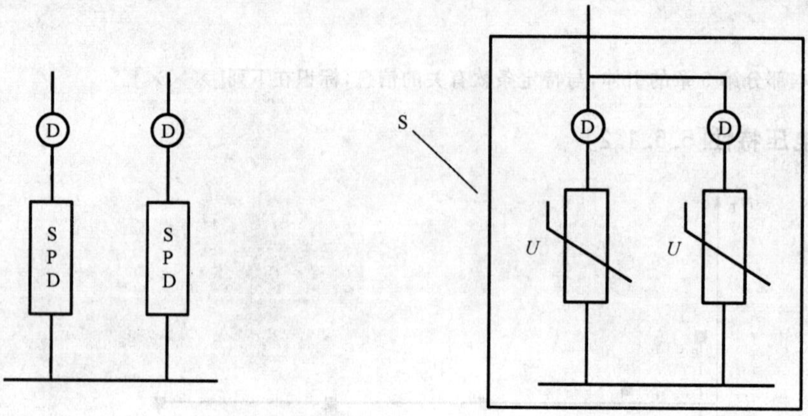


说明:

D——脱离器;

S——包括两个保护元件(压敏电阻)和两个脱离器的完整的 SPD。

**图 J.3 并联 SPD 的使用**

若 SPD 的失效模式是短路(不是由 SPD 自己提供就是由附加电器提供),引起后备保护跳闸,其状况与上述情况 b 类似。

除非制造厂表明了一个特定的失效模式,可假定 SPD 均需承受上述所有失效模式。为了得到失效模式的单一模式(短路或开路条件),可用一个附加电器(如用一个过流脱离器,见图 J.3)。

在 SPD 失效时,它的暂时状态是无法确定的,为了得到 SPD 失效后的确定状态(开路或短路),需要采用附加电器(如热熔式脱离器)。

注:GB 14821.1 描述了安全应用准则。

# 附 录 K
# （资料性附录）
# SPD的应用

注：本附录是本部分第6章的引伸，与特定条款有关的信息，标识在下列[×××]。

## K.1 SPD的安装和保护效果[6.1]

### K.1.1 保护和安装的可能模式[6.1.1]

图K.1到图K.5给出了交流接地的选项（见图5a和图5b）

注1：最常用的是使用两个选择来保持较低的保护水平和在安装时的最小应力。SPD应保持共同接地点与PE连接线尽可能的短。

合理的安装应遵循以下5个步骤。

注2：下面的步骤适用于连接在线或中线与地之间的SPD，其他的SPD可能需要另外的规则。

a) 确定放电电流路径；

b) 标识设备端子上能产生附加电压降的导线（图K.6a和图K.6b）；

注3：在图K.6，$U_{res}$是SPD根据等级Ⅰ和Ⅱ试验得到的残压或限制电压；

c) 合理安排每一设备导线的路径，从而避免不必要的电感回路，见图K.6c图K.6d和图K.7；

注4：如果不可能有一个单独的接地点，像图K.6d就必须装两个SPD。

d) 设备和SPD之间应等电位联接；

e) 应依据配合的需求选择SPD。

应采取措施降低装置未保护部分和保护部分的耦合电感，通过分离施感源和干扰电路、限制回路面积和选择一定回路角度都可以减少互感（见图K.7），当电流传输线是回路面积的一部分，使其靠近电缆能够降低感应电压（见图K.7a）。

通常，较好的方法是将保护线从非保护线中单独分离出来，采取措施避免电源和通信电缆之间的瞬态交叉干扰。（见图K.7b）

图K.7是关于EMC方面的SPD安装。

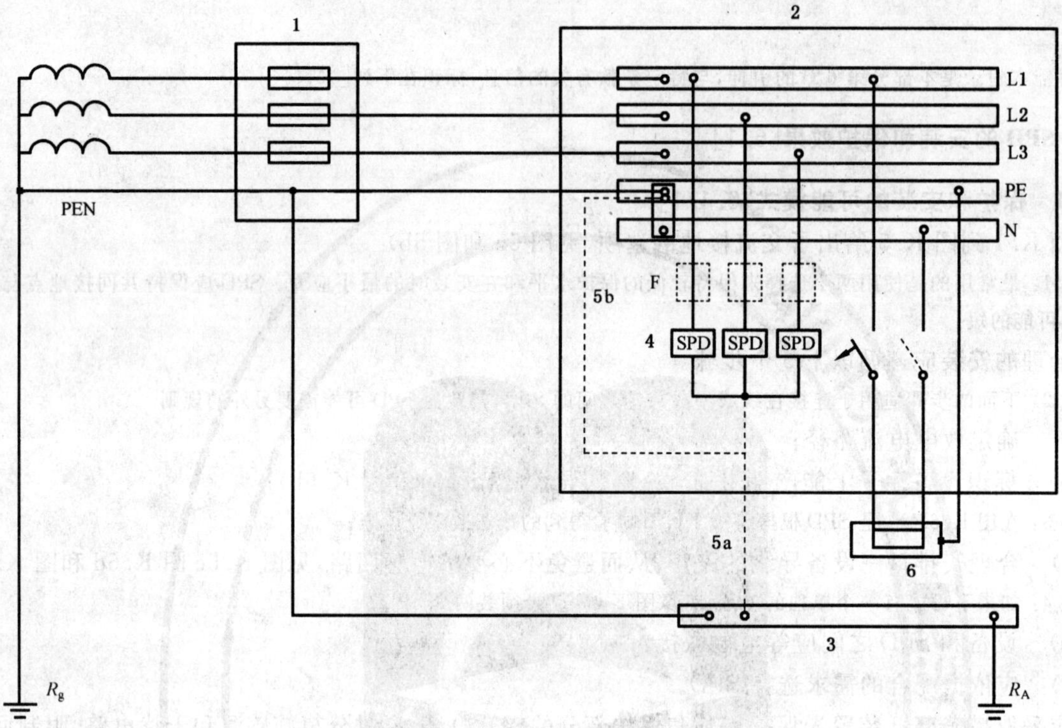


说明：

1——装置的电源；

2——配电盘；

3——总接地端子或棒；

4——电涌保护器；

5——SPD的接地，5a或5b；

6——被保护设备；

F——SPD制造厂要求装设的保护器(例如：熔断器、断路器、RCD)；

$R_A$——装置的地电极(接地电阻)；

$R_g$——供电系统的地电极(接地电阻)。

**图 K.1 SPD在TN系统中的安装**

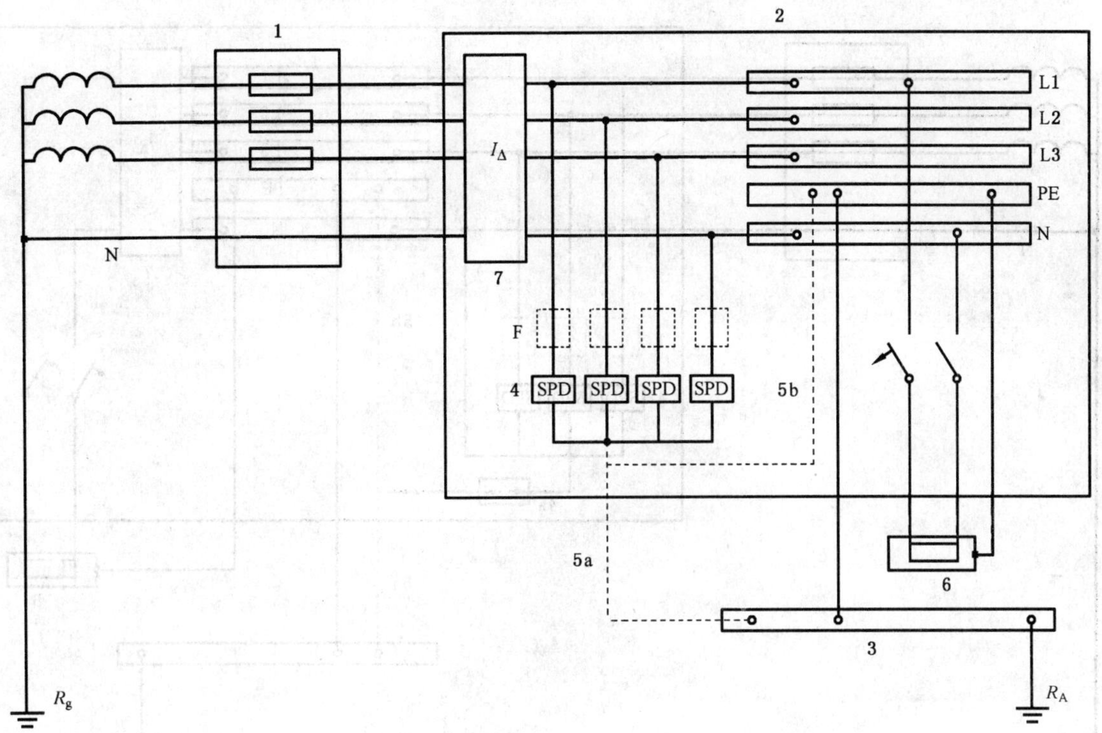


说明：

1——装置的电源；

2——配电盘；

3——总接地端子或棒；

4——电涌保护器；

5——SPD 的接地，5a 或 5b；

6——被保护设备；

7——剩余电流装置(RCD)；

F——SPD 制造厂要求装设的保护器(例如：熔断器、断路器、RCD)；

$R_A$——装置的地电极(接地电阻)；

$R_g$——供电系统的地电极(接地电阻)。

**图 K.2　SPD 在 TT 系统中的安装**

**(SPD 装在 RCD 的后方)**

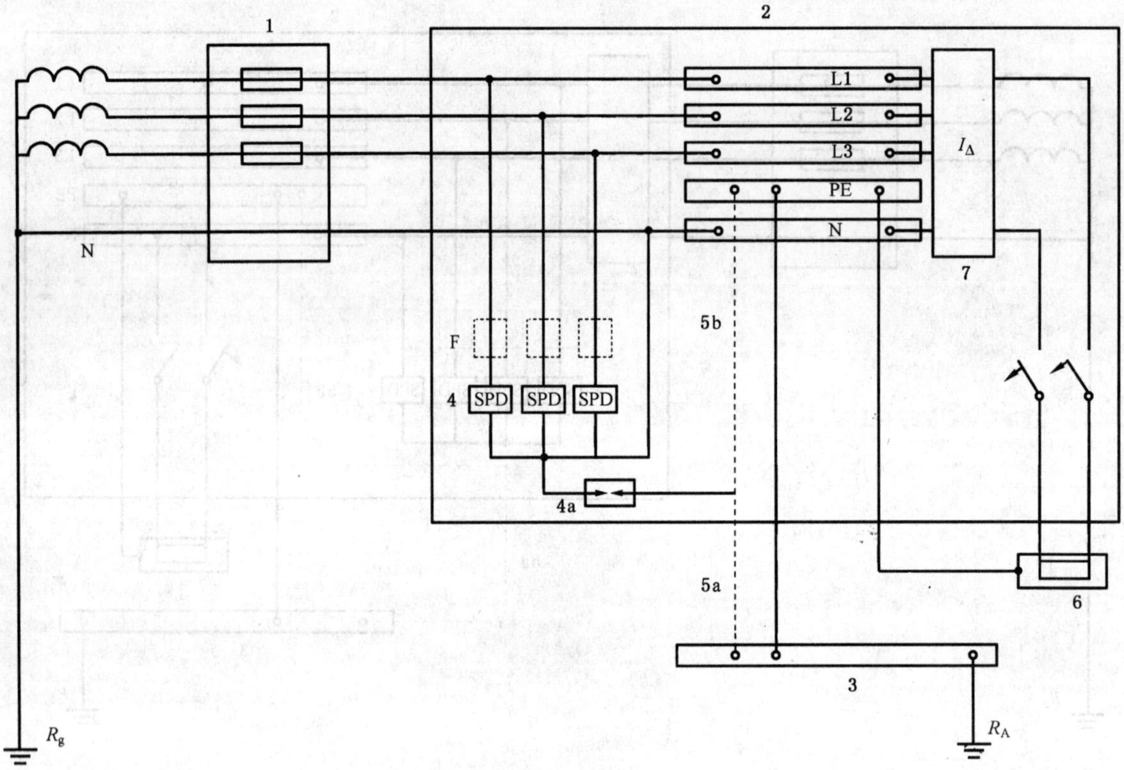


说明：

1——装置的电源；

2——配电盘；

3——总接地端子或棒；

4——电涌保护器；

4a——依照 GB 16895.4 所述的 SPD 或火花间隙；

5——SPD 的接地，5a 或 5b；

6——被保护设备；

7——剩余电流装置(RCD)；

F——SPD 制造厂要求装设的保护器(例如：熔断器、断路器、RCD)；

$R_A$——装置的地电极(接地电阻)；

$R_g$——供电系统的地电极(接地电阻)。

**图 K.3 SPD 在 TT 系统中的安装**

**(SPD 装在 RCD 的前方)**

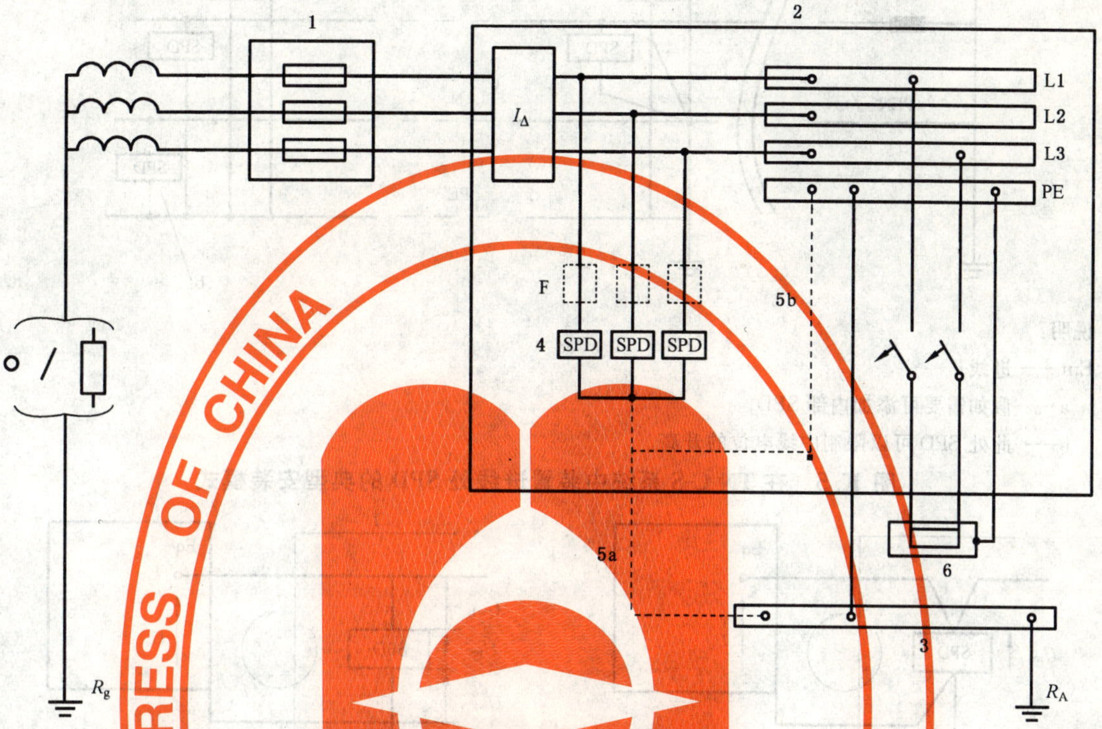


说明：

1——装置的电源；

2——配电盘；

3——总接地端子或棒；

4——电涌保护器；

5——SPD 的接地，5a 或 5b；

6——被保护设备；

7——剩余电流保护装置(RCD)；

F——SPD 制造厂要求装设的保护器(例如：熔断器、断路器、RCD)；

$R_A$——装置的地电极；

$R_g$——供电系统的地电极；

O/——开路或。

**图 K.4　SPD 在没有中线 IT 系统中的安装**

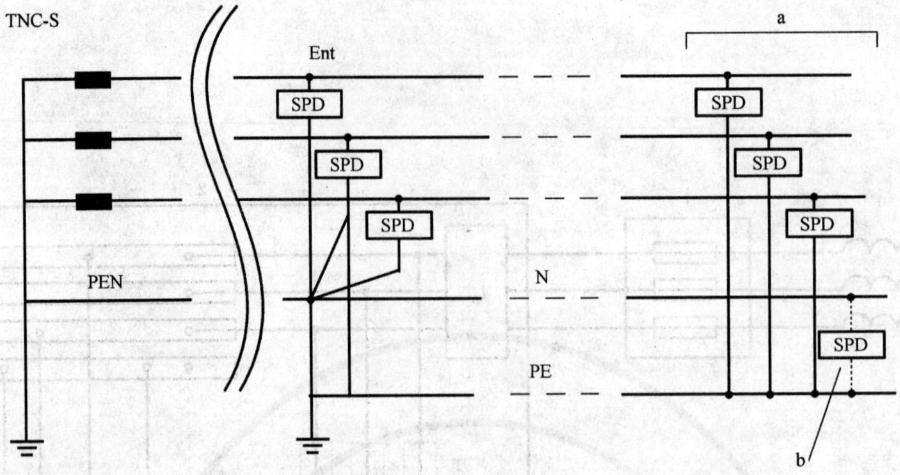


说明：

Ent——进线；

a——假如需要可添加内部 SPD；

b——此处 SPD 可以限制中线电位的升高。

**图 K.5 在 TN C-S 系统中装置进线处 SPD 的典型安装模式**

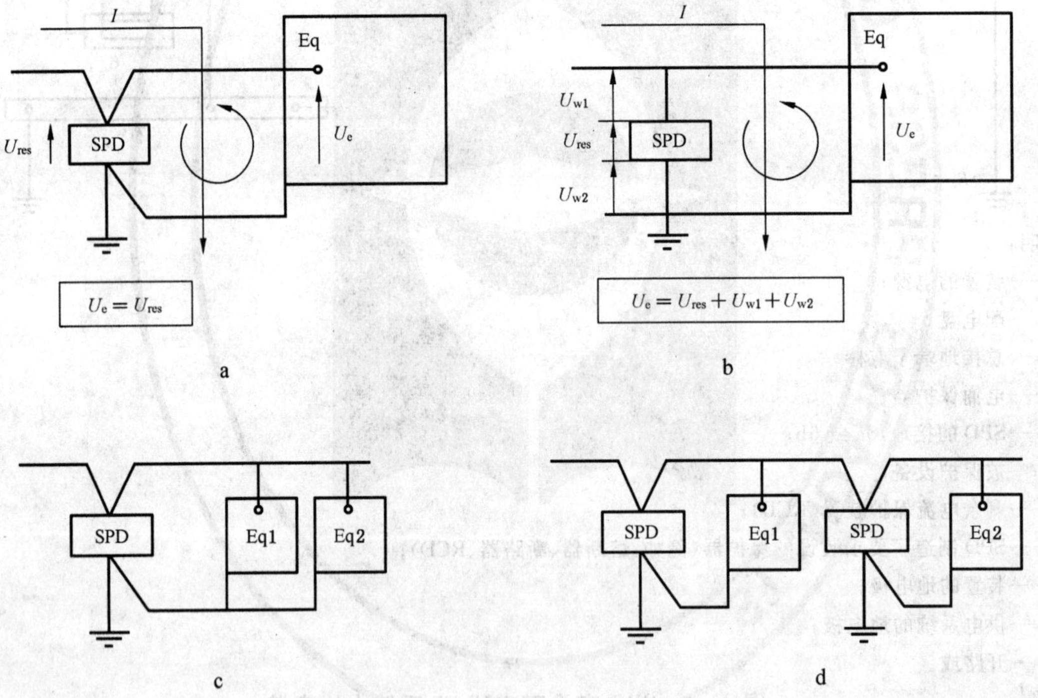


说明：

Eq——设备；

a,c,d——接线图是可接受的；

假如 $U_{w1}$ 和 $U_{w2}$ 电压足够低，b 的接线图也是可以接受的。

注：当电流 I 流过 SPD，由于电流进入导线和电极形成的回路产生磁场，它将会产生感应电压加到 SPD 上，这个合成电压将会出现在设备端子上。

**图 K.6 安装一端口 SPD 的通用方法**

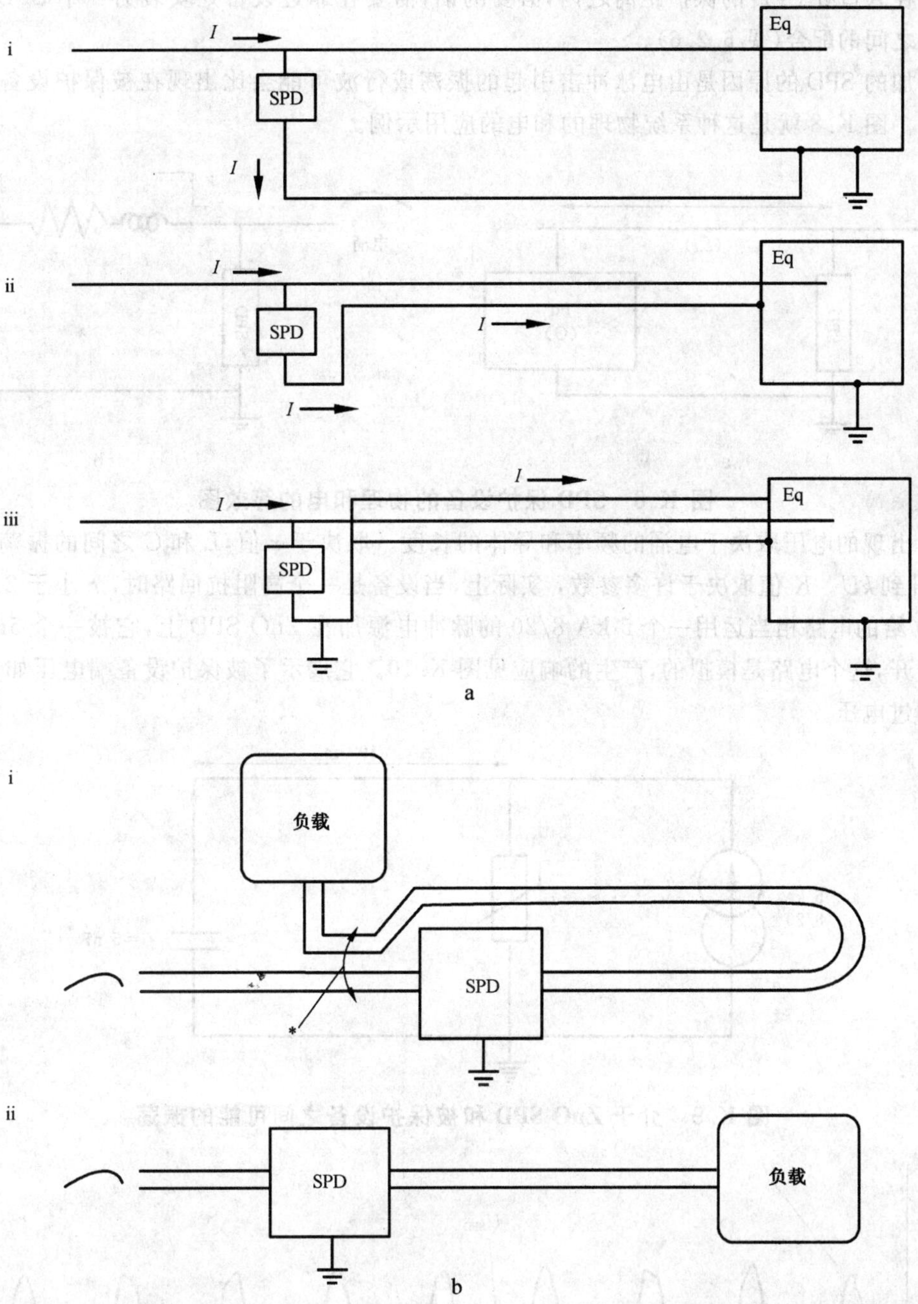


说明：

a 电磁耦合：

i 不好的方法——巨大的回路面积会由 $dI/dt$ 引起 $d\phi/dt$ 增高；

ii 较好的方法——小的回路面积，$d\phi/dt$ 较低；

iii 最好的方法——电缆的屏蔽使屏蔽内部 $d\phi/dt\approx 0$；

b 感应耦合：

i 不好的安装模式——感应将发生在＊处；

ii 好的安装模式——SPD将电缆前、后端被很好隔离开。

**图 K.7 关于 EMC 方面 SPD 可接受的和不可接受的安装示例**

### K.1.2 振荡现象对保护距离的影响[6.1.2]

通常，使用一个靠近保护设备的SPD是不够的。由于EMC原因，SPD最好安装在装置入口处（它可以较好的转移电流，以避免由于电涌电流引起的电磁干扰），以保护装置（避免导体间闪络等），如果设备不在安装在入口处 SPD 的保护距离之内，必要的话，需要在靠近设备处安装另一个 SPD。同时有必要研究两者之间的配合(见 6.2.6)。

需要附加的 SPD 的原因是由电泳冲击引起的振荡或行波可能会比出现在被保护设备处的预期电压要高得多。图 K.8 就是这种系统物理的和电的应用示例。

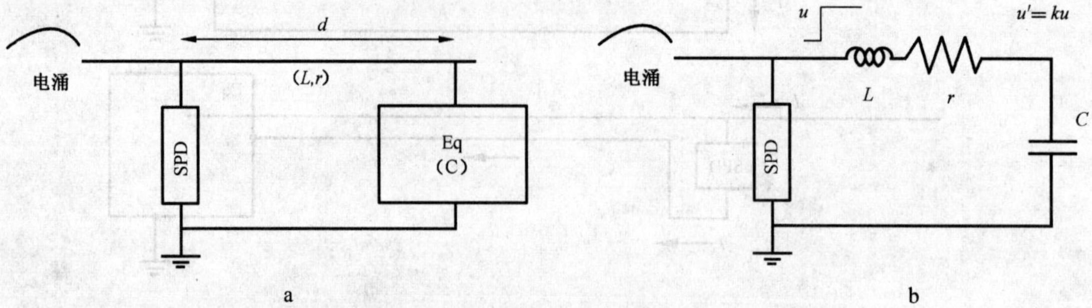


图 K.8　SPD 保护设备的物理和电的等效图

设备上出现的电压取决于电涌的频率和导体的长度。取决于 $r$ 值，$L$ 和 $C$ 之间的振荡将设备端电压从 $U'$ 提升到 $kU$。$K$ 值取决于许多参数，实际上，当设备是一个高阻抗回路时，$k$ 小于 2。

图 K.9 给的电路相当运用一个 5 kA 8/20 的脉冲电源加在 ZnO SPD 上，它被一个 5nF 负载电容从设备上分开，这个电路是模拟的，产生的响应见图 K.10。它展示了被保护设备端电压如何在 SPD 上产生两倍的过电压。

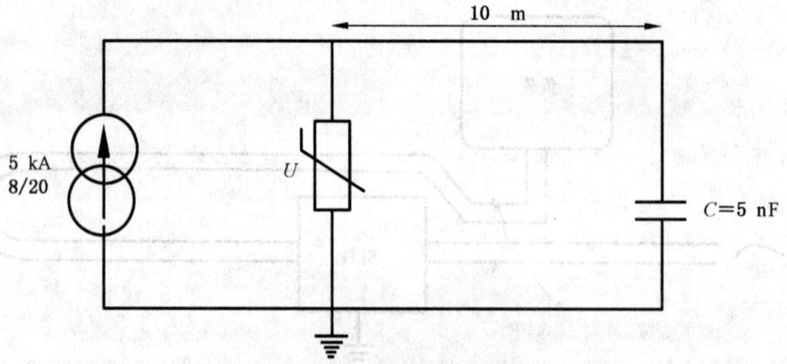


图 K.9　介于 ZnO SPD 和被保护设备之间可能的振荡

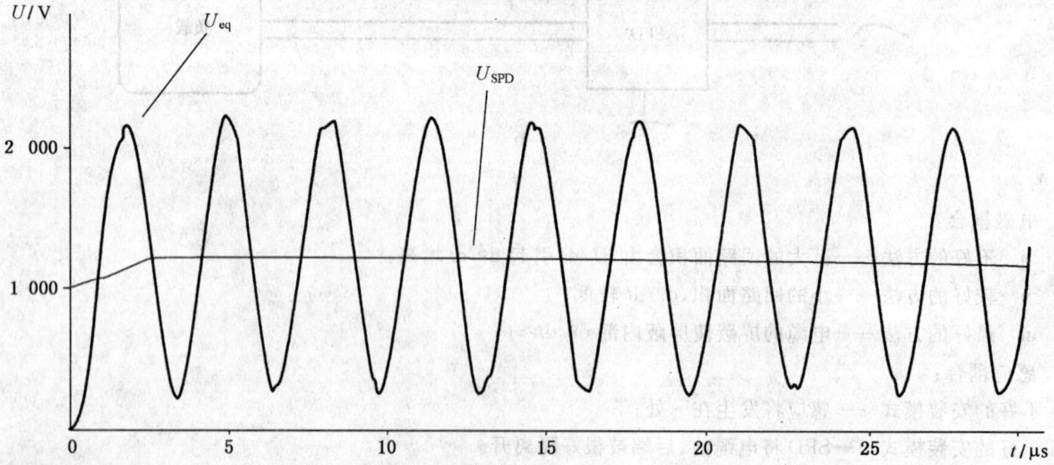


说明：

$U_{spd}$——SPD 上的电压；

$U_{eq}$——设备端子上的电压。

图 K.10　两倍电压的示例

**K.1.3 保护区域概念[6.1.6]**

图 K.11 根据 GB 19271.1 直击雷防护要求，展示一个保护区内建筑电力分配系统和防雷保护电器的详细分布。

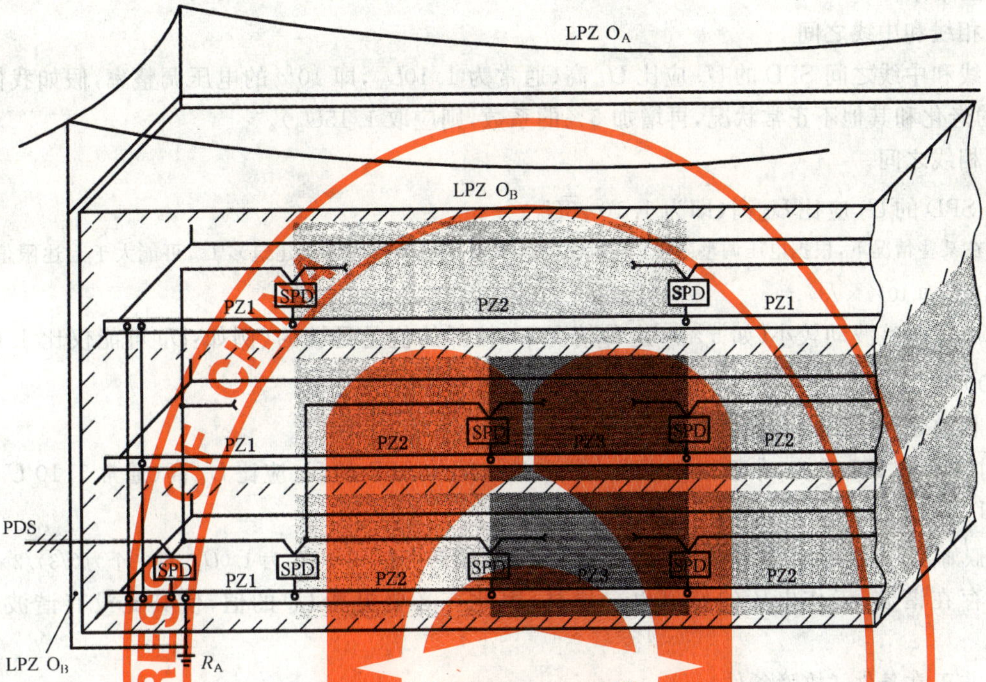


说明：

LPZ——雷电保护区；

PZ——保护区；

PDS——电力配电系统；

SPD——电涌保护器。

**图 K.11 建筑物内部保护区的细分**

保护区定义如下：

· 雷电保护区 $O_A$(GB 19271.1)

遭受直击雷的区域，因此可能会承担全部雷电流。未衰减的电磁场出现在此区域；

· 雷电保护区 $O_B$(GB 19271.1)

不会遭受直击雷的区域，但会出现未衰减的电磁场。传导出现的未衰减的雷电流和操作电涌电流；

· 保护区 1

遭受到部分直击雷的区域，传导的雷电流和/或操作电流跟保护区 $O_A$ 或 $O_B$ 相比是较小的；

· 保护区 2

跟保护区 1 相比其残余雷电流和/或操作电流有所减小；

· 保护区 3

振荡引起的电涌，耦合电磁场和内部操作电涌相对保护区 2 有所减小。

在保护区边界安装 SPD 将使传导危险参数降低，SPD 之间的配合按 6.2.6 进行，这些电器的性能参数应和装置安装点的传导危险参数相配合(见 6.2.1 和 6.1.5)。

注：假如根据 GB 19271.1 I级试验的 SPD 应当安装在保护区 1 边缘的 LPZ $O_B$ 区。

根据 6.1.4 每安装一个 SPD，则一个新的保护区被创建。

## K.2 SPD的选择

### K.2.1 $U_c$ 的选择[6.2.1]

对大多数SPD来说，当暂时过电压持续时间超过5 s时，应当被视为永久性电压。因此，$U_c$ 的选择应根据正常条件和超过5 s的故障条件(暂时过电压)来确定。

a) 正常条件

1) 相线和中线之间

在相线和中线之间SPD的 $U_c$ 应比 $U_{cs}$ 高(通常为 $1.10U_0$，即10%的电压调整率，假如我们考虑由于SPD的老化和其他不正常状况，再增加5%的系数，则应取 $1.15U_0$)。

2) 相线之间

相间SPD的 $U_c$ 应比 $U_{cs}$ 高(即为 $1.10\sqrt{3}U_0$)

注1：在某些情况下，根据电压调整限度(例如一个以米为计量单位的巨大建筑)，$U_{cs}$ 可能大于上述限值(分别为10%和 $10\%\times\sqrt{3}$)；

有时电压调整波动较小(如5%)，这种情况下，较低的值是足够的(例如：$U_c$ 可能仅比 $1.05\ U_0$ 高(个别 $1.05\times\sqrt{3}\times U_0$))。

3) 相地之间或中线与地之间

- 对TT和TN系统，介于相和地或中线和地之间的SPD的 $U_c$ 应比 $U_{cs}$ 高(通常 $1.10\ U_0$)；
- IT系统不正常条件如下：

注2：假如电压来自一个二次带中间抽头的变压器，则 $U_c$ 有两个值，一个 $U_c$ 为 $1.0U_{cs}$，另一个为 $(\sqrt{3})/2\times U_{es}$。

由于存在谐波，工作电压的峰值也会增高，因此有必要提高 $U_c$ 的值，使其比没有谐波时 $U_c$ 的值高。

b) 非正常条件(故障条件)

有时在选择接在相和地之间SPD的 $U_c$ 时，有必要考虑到具体的故障条件，这样做可以避免当系统故障时，损坏过多的SPD。IT系统必须要注意到这种故障条件。

TT和TN系统在接地故障条件下，相和地间的电压可能会超过 $U_{cs}$，这是由于高压系统或低压系统的故障条件下，电压最大幅值取决于接地。与此相关的资料见4.1.3.2。那么 $U_c$ 的选择根据故障条件下给定的实际电压值。它不可能用一个足够高的 $U_c$ 去保证系统故障时不损坏SPD，因为这样的话，保护水平将会很差。一个合适的 $U_c$ 值通常独立于系统布局，比 $1.5U_0$ 高。

对于IT系统的接地故障，相和地之间的电压为 $\sqrt{3}\times U_0$，这种故障在低压系统中由于持续时间较长可能被当做一个永久状况考虑。

此种状况，建议 $U_c$ 高于相-相电压。

SPD的 $U_c$ 和电力系统标称电压之间的关系示例见附录B。

### K.2.2 配合问题[6.2.6.2]

为了较好的解释这个问题，图K.12是一个典型的电感分隔两个ZnO压敏电阻配合的示例。SPD2具有较低的 $U_p$ 和 $I_n$ 值。由于电感的影响，前面大部分电涌电流都流过了SPD1，SPD2的电流将根据电感和SPD2的特性随时间常数而逐渐增加。这样，越来越多的总电流将随着时间的推移流过SPD2。

图K.12表示的是全电流，通过SPD1和SPD2的电流和通过SPD1和SPD2的电压。

- 在这个应用中最大能量耐受 $E_{max}$ 是指SPD能够耐受而不劣化的最大能量，它能通过试验结果获得(I级试验 $I_{imp}$ 或II级试验 $I_{max}$ 的动作负载试验中的能量测量)或根据制造厂资料如 $I_{max}$(II级试验)或 $I_{peak}$(I级试验)，$U_{res}(I_{max})$ 或 $U_{res}(I_{peak})$ 计算得出；

两个SPD之间的距离为 $d$，其相对应的阻抗Z可以当作一个去耦元件。

- 对于限压型SPD，去耦合阻抗通常仅影响短波，对长波几乎没有影响。通过使用集总阻抗或电

阻(集总电阻或自身电阻),可获得附加的去耦;

· 如果前面SPD是开关型,必须考虑下列两种特性;

——可能会有一个盲点,该处电流低于$I_{imp}$,间隙端子间电压很低,以至于间隙不放电,因此它就不能保护第二个SPD。在电涌波前间隙放电是很重要的;

——对长波前时间,去耦合元件所起作用不如在8/20或10/350下有效,目前TC81正在研究长波前时间情况。

通常有必要处理两种电涌的配合问题:

· 长波电涌的配合(例如对I级试验);

· 短波电涌的配合(例如对II级试验)。

注:应当强调,两个配合的SPD最大能量耐受至少等于两个SPD中较低的能量耐受值。当一个新SPD(SPD2)连接到一个已有SPD(SPD1)的系统时,必须保障两者正确配合。

**K.2.3 应用情况**[6.2.6.3]

在一个装置中,整体配合总是比上述简单示例更复杂,事实上:

· 导线长度或象脱离器这样的附加器件的存在可给系统叠加一个电感。多个SPD之间电流的分配也需要研究⇨需要实际安装网络;

· 因SPD中元件性能的差异可导致在任何特定电流下残压的实际值不确定。另外,通常从制造厂中获得的值是保护水平$U_p$,使用时应考虑一个裕度,即:实际电压可比标称值低约25%;

· 对长波和短波,SPD的能量耐受$E_{max}$是不同的。通常,这个值仅由试验级别给出(Ⅰ级⇨长波,Ⅱ级⇨短波)。有时,能量耐受不给,需要计算。

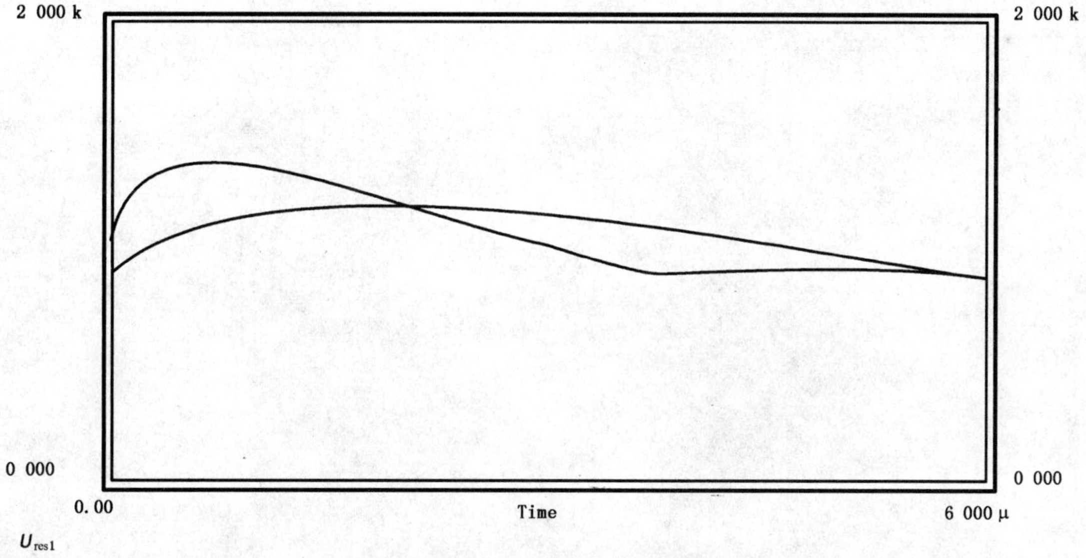


**图K.12 两个ZnO压敏电阻的配合**

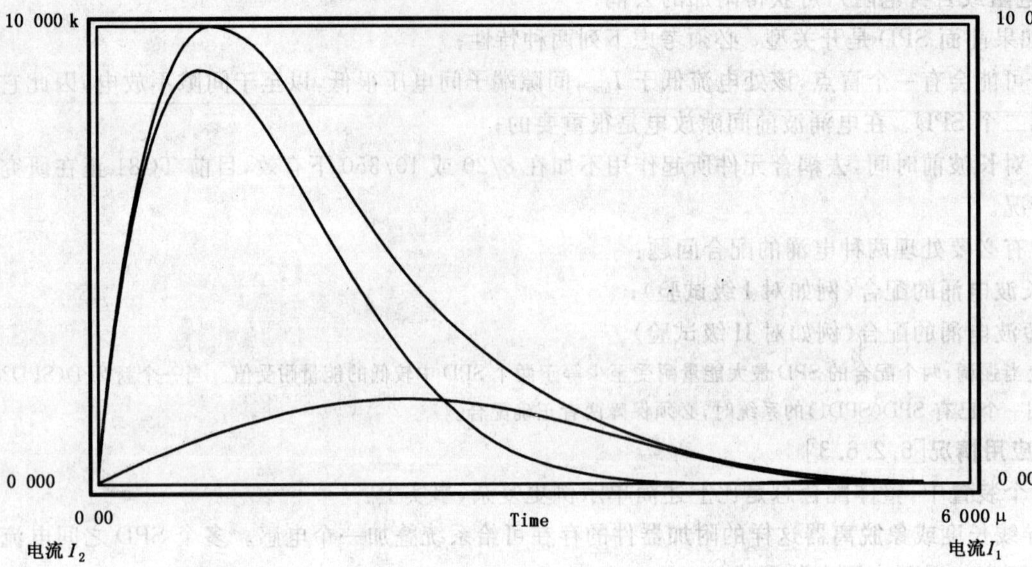


图 K.12（续）

# 附 录 L
# (资料性附录)
# 风 险 分 析

如果保护的成本(如下E组所定义)小于电涌引起未保护设备(如下A组到D组)损坏的成本,建议使用SPD。

## L.1 A组——环境

A1 雷击方式和密度 $N_g$(每年地面着雷密度,数值为雷击次数/ $km^2$/年,见4.1.1和1.1)

- 直击建筑物雷电保护系统(LPS)或电源和通信线路;
- 电阻或电感的耦合。

风险分析需要考虑所有类型的直击和绕击雷引起的感应能量,包括进入雷电保护系统、电力线,金属电话线、数据电缆、射频电缆、波导管和进入非电力导体如水管。假若无金属导体穿过保护区,光纤电缆通常不受影响。

A2 电源——开关方式及频率

接近或在同一回路上的作为电源开断的电子设备,如发动机控制器,同样会因瞬态载荷可能会损坏或劣化,另外,由于电源使用的操作,系统故障或负载处的内部干扰也会产生瞬态过电压。

A3 暴露和与周围建筑的LPS的耦合

损坏会通过雷电流瞬态偶合施加到周围建筑或设施的LPS,包括地电位升高伴随着电流的消耗。通常,能量分配通过电缆线路,并不受用户控制,能量的消耗是与当地网络接地电阻的大小有关。

A4 设施或建筑物的位置

- 地形;
- 相邻建筑和树的屏蔽作用。

在小丘或高山上面或旁边的设施比在山谷或较低位置相同的设施更容易遭受直击雷,类似地,装在高通讯塔上的装置同样有引雷危险,较小和较低位置的设施更容易得到相邻较高的物体的保护,然而这种保护不能阻止能量通过电缆进入设施。

## L.2 B组——设备和设施

B1 设备冲击耐受种类和抗扰水平

制造厂可以对电的和电子设备设计不同的冲击电压耐受水平。越低的保护水平,危险就越大。除非制造厂另有建议,否则最好的办法是假定设备没有任何专门的抗扰措施。正确的保护设计是希望最大能量转移到在电缆入口处和最少的能量向前传送到设备。

B2 接地系统

- 接地电阻和阻抗;
- 布局和邻近;
- 联接到另一个接地系统;

最重要的是通过电流或SPD接地棒组成的等电位接地系统。

分开的接地系统应慎重考虑。

B3 电力系统布局

- 架空的;
- 地下的;

· 两者都有。

虽然埋设 LV 电缆比架空线有较少雷击危险，但雷直击地下电缆附近时也能引起较大的过电压，高阻值的土壤中尤为明显。设计者应考虑埋设电缆的长度，无论是电缆离雷击位置有一定架空距离，还是离 MV 电力公用网络有一定的架空距离。对于 LV 和 MV 电力线，总长度和重量是一个相关的参数，较长较高的线遭受雷击的危险更大，并会将雷电能量传入设施或建筑物。

## L.3 C组——经济和服务中断

C1 服务劣化或服务损耗

破坏和损坏使业务难以进行。服务劣化可能有一个定性要素，即对直接的财政损失是额外的。例如：大范围使用自动化和计算机化是解决人工操作的一个办法，但实际上是不可能的。

C2 工作损耗

这包括设备、计算机、通讯和信息技术系统无效服务的实时费用及营业税收和/或商业生产力有关的损失。临界系统例如紧急装置，某个中央信息系统可以有与工作损耗有关的非常高的直接或间接的费用。

商业企业系统停工时，会损失收入，在期望时间内修复和恢复操作将依靠职员的能力，备用品，程序和信息。

C3 设备或设施的修理和替换

物理损坏的花费包括设备替换和直接、间接的重新安装费。设备部件的逐渐劣化可能会由于低幅值持续脉冲引起设备表面随机故障。在失效时不可能立即伴随或有直接的雷电冲击或者操作事件。用于例行的或预防的保养维修费用的增加归结为这种累积作用。

C4 紧急措施

当出现设备损坏或人身伤害时应采用紧急措施，例如消防车、救护车或警察等等，公司、个人或社会团体会遭受损失。火警系统和紧急通信系统的损坏必定降低这种装置的效率。通常，要求紧急措施的保护处在一个高水平。

## L.4 D组——安全

使用 SPD 时应当考虑如绝缘损坏存在的人身安全问题。

设计者和安装者都应该以人的安全为本，每个国家都应意识到职业健康和安全制度的重要性。

## L.5 E组——保护的成本

· 装置的设计；
· 材料和电器；
· SPD 的安装。

保护的成本包括 SPD、工程设计、管理和电力装置。

IEC 61662 推荐了评估雷击电涌危害的方法。评估操作电涌危害的方法待定。

# 参考文献

注：相应条款[×××]的参考文献如下：

IEC/TR 6100-5-6, *Electromagnetic compatibility (EMC)—Part 5-6: Installation and mitigation guidelines-Mitigation of external EM influences*, under consideration.

**直击建筑物的电涌电流分配[附录 I, I.1.2]**

A. ROUSSEAU, P. AURIOL, A. RAKOTOMALALA, Lightning distribution through earthing systems, Hobart Lightning Protection Workshop, 1992.

H. ALTMAIER, D. PELZ, K. SCHEIBE, Computer simulation of surge voltage protection in low voltage systems, ICLP, 1992.

**暂时过电压[4.1.3]**

M. CLEMENT, J. MICHAUD, Overvoltages on the low voltage distribution networks, CIRED, 1993.

**SPD 和 RCD 或过电流保护器，如熔断器或断路器间的电涌配合[6.2.4.3]**

J. SCHONAU, F. NOACK, R. BROCKE, Co-ordination of fuses and overvoltages protection devices in low voltage mains. Fifth lnternational Conference on Electrical Fuses and their Applications, 1995.

**SPD 的配合[6.2.6]**

P. HASSE, P. ZAHLMANN, J. WIESINGER, W. ZISCHANK, Principle for an advanced coordination of surge protective devices in low voltage systems, ICLP 1994.

A. ROUSSEAU, T. PERCHE, Coordination of surge arresters in the low voltage field, INTELEC, 1995.

F. MARTZLOFF, J. S. LAI, Coordinating cascaded surge protective devices: high-low versus low-high, IEEE IAS, 1991.

J. HUSE et al., Coordination of surge protective devices in power supply systems: need for a secondary protection, ICLP, 1992.

**风险分析[7]**

A. ROUSSEAU, Choice of low voltage surge arresters based on risk analysis, Power Quality, 1995.

General advice on protection of electronic equipment within or on structures against lightning, BS6651 lnformative Appendix C, British Standards lnstitution, 1992.

**资料[附录 A]**

IEC 60099-4, Surge arresters—Part 4: Metal-oxide surge arresters without gaps for a. c. systems, 1998.

**环境[附录 C]**

IEEE Recommended practice on surge voltages in low-voltage a. c. power circuits C 62-41, 1991.

**应用原理[附录 G]**

IEC 60099-5, Surge arresters—Part 5: Selection and application recommendations, 1995.

ICS 77.040.01
H 24

# 中华人民共和国国家标准

GB/T 18876.2—2006

# 应用自动图像分析测定钢和其他金属中金相组织、夹杂物含量和级别的标准试验方法
# 第2部分：钢中夹杂物级别的图像分析与体视学测定

**Standard practice for determining the metallographical constituent and inclusion content of steels and other metals by automatic image analysis—Part 2: Determining the inclusion ratings of steels by automatic image analysis and stereology**

2006-11-01 发布　　　　2007-02-01 实施

中华人民共和国国家质量监督检验检疫总局
中国国家标准化管理委员会　发布

# 前　言

GB/T 18876《应用自动图像分析测定钢和其他金属中金相组织、夹杂物含量和级别的标准试验方法》分为如下三部分：

——第 1 部分：钢和其他金属中夹杂物或第二相组织含量的图像分析与体视学测定；

——第 2 部分：钢中夹杂物级别的图像分析与体视学测定；

——第 3 部分：钢中碳化物级别的图像分析与体视学测定。

本部分为 GB/T 18876 的第 2 部分。

本部分修改采用 ASTM E1122-96(2002)《应用自动图像分析测定 JK 夹杂物级别的标准试验方法》。

由于我国工业的特殊需要，本部分在采用 ASTM E1122-96(2002)时进行了如下修改：

a) 名称改为“应用自动图像分析测定钢和其他金属中金相组织、夹杂物含量和级别的标准试验方法　第 2 部分：钢中夹杂物级别的图像分析与体视学测定”；

b) 在第 1 章“范围”内删除 1.3 条，增加了 GB/T 10561—2005/ISO 4967:1998、GB/T 18254—2002 两个标准，并在第 5 章“试验方法概述”、第 13 章“夹杂物分类和级别计算”和第 14 章“试验报告”中作了相应的修改；

c) 引用文件用相应的国家标准代替；

d) 增加了“引言”、第 4 章“符号”；

e) 第 13 章“夹杂物分类和级别计算”中，将原文“按表 3 公式计算的级别值应向下靠至最接近的级别”修改为“推荐计算级别按 0.25 级差靠至最接近的级别。”并在记录整级和半级级别值的基础上，增加了连续级别值的记录方法，即也可以用小数值或连续级别值形式记录夹杂物含量；

f) 第 15 章“精度与偏差”增加了对试样制备及操作的规定，并删除 ASTM E1122-96(2002) 标准第 15 章“关键词”；

g) 将 ASTM E1122-96(2002)标准的表 1～表 3 作为附录 B，并增加了附录 A、附录 C 和参考文献。

为了便于比较，这些技术性差异用垂直单线标识在它们所涉及的条款的页边空白处。

本部分的附录 A 和附录 B 为规范性附录，附录 C 为资料性附录。

本部分由中国钢铁工业协会提出。

本部分由全国钢标准化技术委员会归口。

本部分负责起草单位：湖北新冶钢有限公司、北京科技大学、冶金工业信息标准研究院、北京纳克分析仪器有限公司、黄石理工学院。

本部分参加起草单位：武汉钢铁集团公司、东北特殊钢集团公司。

本部分主要起草人：赵咏秋、刘国权、栾燕、邵鹏星、杨柏华、刘胜国。

本部分参加起草人：文武、何安敏、李德胜、高永、刘继雄。

# 引　言

GB/T 18876 的本部分描述了钢中内生夹杂物级别的自动图像定量测量方法，适用于按我国标准 GB/T 10561—2005/ISO 4967:1998、GB/T 18254—2002 及美国材料与试验协会标准 ASTM E45—97(2002)对钢中非金属夹杂物级别自动评定。本部分也适用于按瑞典 JK 图进行评级的各钢种中夹杂物的自动评定。

# 应用自动图像分析测定钢和其他金属中金相组织、夹杂物含量和级别的标准试验方法 第2部分:钢中夹杂物级别的图像分析与体视学测定

## 1 范围

GB/T 18876 的本部分规定了依据 GB/T 10561—2005/ISO 4967:1998 应用自动图像分析对非金属夹杂物的级别进行测定的各种步骤。同时以附录 A 和附录 B 的形式给出按 GB/T 18254—2002 或 ASTM E45—97(2002)标准测定非金属夹杂物级别所需的参数及公式。

1.1 本部分仅作为推荐的试验方法,不对任何钢或其他金属的验收合格级别进行规定。

1.2 本部分并未说明与应用有关的安全事项。用户有责任建立正确的安全与健康条例,并在应用本部分前确定条例规定的适用性。

## 2 规范性引用文件

下列文件中的条款通过 GB/T 18876 的本部分的引用而成为本部分的条款。凡是注日期的引用文件,其随后所有的修改单(不包括勘误的内容)或修订版均不适用于本部分,然而,鼓励根据本部分达成协议的各方研究是否可使用这些文件的最新版本。凡是不注日期的引用文件,其最新版本适用于本部分。

GB/T 10561—2005 钢中非金属夹杂物含量的测定 标准评级图显微检验法(ISO 4967:1998,IDT)

GB/T 13298 金属显微组织检验方法

GB/T 18254—2002 高碳铬轴承钢

GB/T 18876.1 应用自动图像分析测定钢和其他金属中金相组织、夹杂物含量和级别的标准试验方法 第1部分:钢和其他金属中夹杂物或第二相组织含量的图像分析与体视学测定

ASTM E45—97(2002) 钢中非金属夹杂物含量测定方法

## 3 术语和定义

GB/T 18876.1 确立的以及下列术语和定义适用于 GB/T 18876 的本部分。

3.1

**长宽比 aspect ratio**

显微特征物的长宽比。

3.2

**不连续串(条)状夹杂物 discontinuous stringer**

3 颗以上、间隔 40 μm 以内的夹杂物群,且在与热加工轴线平行的平面上呈线状分布。

3.3

**连续串(条)状夹杂物 stringer**

单颗夹杂物沿变形方向极度拉长,或 3 颗或多颗夹杂物群,间隔在 40 μm 以内,且在与变形方向平

行的平面上呈线状分布。

## 4 符号

下列符号适用于GB/T 18876的本部分：

$i_A$——一个视场里的A类夹杂物级别；

$i_B$——一个视场里的B类夹杂物级别；

$i_C$——一个视场里的C类夹杂物级别；

$i_D$——一个视场里的D类夹杂物级别；

$i_{DS}$——一个视场里的DS类夹杂物级别；

$L$——一个视场里某一类型夹杂物的总长度；

$n$——一个视场里的D类夹杂物计数；

$d$——DS类夹杂物的最大直径；

$\bar{i}_{moy}$——被测夹杂物的平均级别；

$N$——能测到夹杂物的视场数，或$N$个试样；

$i_{tot}$——一个试样中某一类型夹杂物的级别总量。

## 5 试验方法概述

5.1 将制备好的金相试样抛光面放在高质量的金相显微镜下对其夹杂物进行观察，用合适的图像采集系统摄取明场图像后传送到图像分析仪显示屏。对于200 $mm^2$ 面积进行图像分析检测时，可以选用所需要的任何放大倍率和视场面积，将夹杂物按类型和宽度分类，然后，基于0.5 $mm^2$ 的视场面积来确定级别。也就是说，应用图像分析方法，一个检测视场的面积可以小于或大于0.5 $mm^2$，但级别的确定必须以200 $mm^2$ 总面积上的0.5 $mm^2$ 面积为基础。如果采用GB/T 10561—2005/ISO 4967：1998中的B法，则对每个0.5 $mm^2$ 的实际测试面积(显微测试框为边长71 mm的正方形)放大100倍进行测试、分类和评级后，再移到下一个相邻视场，以此类推直至覆盖200 $mm^2$ 的总面积。

5.2 夹杂物类型(A、B、C、D和DS)根据灰度差和几何形状进行分类。这些夹杂物是内生夹杂物，是钢脱氧和凝固过程中沉淀的产物。所有氧化物的光反射能力都比硫化物低，所以可以通过灰度来鉴别硫化物(A类)和氧化物(B、C、D、DS类)，再根据几何形状来鉴别不同类型的氧化物：

B类——不连续串(条)状夹杂物；

C类——连续串(条)状夹杂物；

D类——无串(条)、球状夹杂物颗粒；

DS类——无串(条)、直径大于13 μm的超尺寸的球状夹杂物颗粒。

5.3 每类夹杂物(粗系和细系)的级别按表1规定的夹杂物级别的最小值来计算：A类按每视场夹杂物总长度计算，B、C类按每视场夹杂物总串(条)长度计算，D类按每视场夹杂物个数计算，DS类按每视场单个夹杂物的直径计算。如果一级别处于两个级别(从0级到5级)之间，应记录较低的半级。对于夹杂物含量极低的钢，可由供需双方协商，级别可向下记录最接近级别的1/4或1/10值。但是根据对D类夹杂物个数的定义(1颗夹杂物对应的级别是0.5级，0颗夹杂物对应的级别是0级)，D类夹杂物在0与0.5级之间没有分度值。

注1：GB/T 18254—2002和ASTM E45—97(2002)规定的夹杂物级别的最小值见附录A的表A.1和附录B的表B.1。

5.4 每类夹杂物按表2规定的夹杂物宽度分为粗系或细系。

注2：GB/T 18254—2002和ASTM E45—97(2002)规定的夹杂物宽度见附录A的表A.2和附录B的表B.2。

5.5 分析过程中应将每个测量视场出现的各类夹杂物的级别值存储在计算机中。

5.6 夹杂物的评级是在每个相邻视场，总面积为200 $mm^2$ 的抛光表面上进行的。覆盖这个面积所需要的视场数取决于每个视场的最大面积（见 5.1）。视场用 $X$-$Y$ 载物台系统来选定，载物台行走路线可以是相邻的、方形的或矩形的网格图形。测量视场的总数目也可由供需协商确定。

5.7　将数据进行分析后打印结果，列出每类夹杂物及每个宽度夹杂物各种级别出现的视场数（相当于 GB/T 10561—2005/ISO 4967:1998 中的 B 法）。

**表 1　GB/T 10561—2005/ISO 4967:1998 中夹杂物级别的最小值**

| 评级图级别 $i$ | 夹杂物类别 | | | | |
|---|---|---|---|---|---|
| | A<br>总长度/μm | B<br>总长度/μm | C<br>总长度/μm | D<br>数量/个 | DS<br>直径/μm |
| 0.5 | 37 | 17 | 18 | 1 | 13 |
| 1 | 127 | 77 | 76 | 4 | 19 |
| 1.5 | 261 | 184 | 176 | 9 | 27 |
| 2 | 436 | 343 | 320 | 16 | 38 |
| 2.5 | 649 | 555 | 510 | 25 | 53 |
| 3 | 898<br>(<1 181) | 822<br>(<1 147) | 746<br>(<1 029) | 36<br>(<49) | 76<br>(<107) |

**表 2　GB/T 10561—2005/ISO 4967:1998 中夹杂物宽度**

单位为微米

| 夹杂物类型 | 细系 | | 粗系 | |
|---|---|---|---|---|
| | 最小宽度 | 最大宽度 | 最小宽度 | 最大宽度 |
| A | 2 | 4 | >4 | 12 |
| B | 2 | 9 | >9 | 15 |
| C | 2 | 5 | >5 | 12 |
| D | 3 | 8 | >8 | 13 |

注 1：D 类夹杂物规定为最大直径。

注 2：串（条）状夹杂物规定为最大宽度。



5.8　如果需要最严重视场级别值而不需要统计定量级别值，则最严重视场级别值可以从定量测定级别值打印结果上确定，或者在分析过程中仅将每类夹杂物及每个宽度夹杂物的最高级别进行储存（相当于 GB/T 10561—2005/ISO 4967:1998 中的 A 法）。

5.9　本部分不适应评定碳化物、氮化物、碳氮化物、硼化物，故本部分不包括这类测定的操作指南。但是，根据供需双方协商也可以参照本部分进行评定。

5.10　根据供需双方协商，可以修改夹杂物定量评级的步骤。这些有关夹杂物类型、级别计算及表述方法的修改将影响质量指标形式。本部分未定义这方面的内容。

## 6　意义和用途

6.1　本部分规定了依据 GB/T 10561—2005/ISO 4967:1998 标准评定钢中非金属夹杂物级别的自动图像分析程序以及测定值的表述指南。如果采用 GB/T 18254—2002 或 ASTM E45—97(2002)标准评定钢中非金属夹杂物级别，也可参照本部分执行。

6.2　本部分主要用于评定用硅或铝脱氧、硅铝脱氧钢中非金属夹杂物含量，或用于评定无硅或无铝添加剂的真空处理钢中非金属夹杂物含量。本部分也可为稀土添加剂处理的钢和钙系化合物处理的钢中非金属夹杂物的测定提供指南,但在试验报告中应当描述依据夹杂物类型(A,B,C,D和DS)所评定的夹杂物的性质。

6.3 本部分提供了一个按每类夹杂物及每个宽度系列夹杂物级别(从0～5个级)以半级递增的定量评定方法(如GB/T 10561—2005/ISO 4967:1998的B法)。根据供需双方协商,本方法也可只记录特定的夹杂物类型和宽度,或只记录在某一级别水平之上的夹杂物,或两者都包括。根据科研需要,本方法也可以小数或连续级别值形式记录夹杂物含量。本部分不规定夹杂物含量的合格级别,具体合格级别应在产品标准或供需双方的协议中规定。

6.4 定量评定方法也可用于确定每类夹杂物及每个宽度系列夹杂物的最严重级别,或记录最严重级别的视场数。这种情况下的试验报告必须通过供需双方协商确定。

6.5 如果需要更多信息,除按GB/T 10561—2005/ISO 4967:1998评级外,还可以单独进行其他基础(如GB/T 18876.1中应用的)体视学测定,并添加到试验报告中去。例如,硫化物和氧化物的体积分数、每平方毫米硫化物或氧化物的计数、夹杂物间距等,但本部分未规定这些参数的测定。

6.6 定量评定的结果是根据产品质量控制或需方要求而提供每一炉钢中内生非金属夹杂物的类型和数量。本部分不涉及有关质量控制方面的内容。

6.7 本部分对夹杂物的分类是以光反射能力、几何形状、宽度、长度、数量和直径为基础的,不涉及夹杂物成分。可以采用其他分析方法依据JK夹杂物分类来分别定量确定夹杂物成分。

## 7 装置

7.1 一台高质量的正置式或倒置式金相显微镜,并配备合适的低倍明场物镜和手动或自动载物台,用于夹杂物成像。

7.2 要求带有高灵敏度图像采集装置的自动图像分析仪,在较低的倍率下可以将硫化物和氧化物进行分离。

7.2.1 图像分析仪应能够区分串(条)状氧化物和单颗球状氧化物,再根据不同的形态(B类或C类)区分串(条)状氧化物,并测量各类串(条)夹杂物每个视场的长度。将从B或C类串(条)状夹杂物分离出来的所有氧化物都归为D类或DS类氧化物。各种类型的夹杂物(A,B,C,D, DS)分离之后,图像分析仪还应能够测量单颗夹杂物或串(条)状夹杂物的宽度,将每类夹杂物分为细系或粗系。

7.2.2 图像分析仪应配备足够存贮能力的计算机,并具有级别评定功能,能在计算级别之后存储被测量的视场数目、夹杂物类型和宽度。

7.3 特殊考虑事项:必须控制试验设备所处的环境。计算机设备必须控制环境温度和湿度。空气必须相对清洁。分析过程中试样表面存留灰尘会影响评定结果。

## 8 取样

8.1 取样方法按GB/T 10561—2005/ISO 4967:1998标准的规定执行。根据供需双方协议,也可选择按GB/T 18254—2002或ASTM E45—97(2002)标准的规定进行取样。

## 9 试样准备

9.1 试样的位置和方向按GB/T 10561—2005/ISO 4967:1998的规定执行。根据供需双方协议,也可选择按GB/T 18254—2002或ASTM E45—97(2002)标准的规定执行。任何情况下,试样的抛光面都要平行于热加工轴线。研究表明,如果抛光面与热加工轴线的夹角大于6°,就会使夹杂物长度测量值受到很大影响[1)]。试样不能在改变了夹杂物真实方向的剪切区切取。

9.2 试样抛光面一般按200 $mm^2$ 切取,至少需要保证160 $mm^2$ 的测试面积。建议将试样面积相对取大一些,以便在远离试样边缘的规定面积内进行测量。

---

1) Allman,T. R., and Coleman, D. S.,"The Effect of Sectioning Errors on Microscopic Determinations of Non-Metallic Inclusions in Steels," Metals and Materials,Vol 7, pp. 280-283.

## 10 试样制备

10.1 试样制备按 GB/T 13298 和 GB/T 10561—2005/ISO 4967:1998 的规定执行。为了达到适合图像分析仪要求的表面质量,应小心控制试样的制备过程。推荐使用自动磨料抛光机。

10.2 淬火试样比退火试样更容易保留夹杂物。如果退火试样的夹杂物保留不完全,则应在进行标准热处理时使用较低的回火温度。经热处理的试样必须磨去氧化皮,纵向平面必须重新修磨到低于所有脱碳层以下。此项建议仅适用于可热处理的钢。

10.3 如果试样可在不用试样夹的情况下正确抛光,可不使用试样夹。

10.4 试样抛光方法按 GB/T 13298 规定执行。

## 11 校准与标准化

11.1 载物台的测微尺和量尺应经国家认可的计量中心(或计量标准实验室)校准。通常按制造厂建议的程序用载物台的测微尺和量尺测定系统的放大倍率并对其进行校准。例如,将量尺与测微尺在监视器上的放大像重叠,用量尺测量测微尺上两个定点之间的表观(放大)距离。放大距离除以真实距离就确定了屏幕的放大倍率。通过监视器上已知的一个水平的或垂直的像素点数量来确定像素点的尺寸,将监视器上显示的已知长度的标尺或标记除以像素的数目来确定不同放大倍率下的像素尺寸。可以在水平和垂直两个方向确定像素尺寸。并非所有测量系统都使用方型像素。非方型像素的校正方法请查阅相关指南手册。

11.2 按照制造厂的建议调节显微镜光源,并正确设定图像采集系统的照度水平。对于带有 256 灰度等级的系统,亮度调节一般要使抛光基体达到 254,而黑区为 0。

11.3 对于带有 256 灰度等级的现代图像分析仪,亮度要按 11.2 进行设定。通常采用测定每类夹杂物的反射直方图来辅助确定氧化物和硫化物的正确临界设定值。氧化物颜色较深,灰度通常在 130 以下,而硫化物颜色较浅,其灰度通常在 130～195 之间。这些数据并不是绝对的,它们会随不同钢种和不同图像仪而稍有变化。区分氧化物和硫化物的门槛值设定之后,使用闪变方法在数个视场的活图像和检测的图像之间将逻辑开关前后切换,以确保设定值的正确性,即确保通过类型和尺寸正确检测氧化物或硫化物。

## 12 步骤

12.1 将试样放在显微镜载物台上并使试样抛光面与光轴垂直。使用倒置式显微镜时,简单地将试样抛光面朝下放在载物台平面上,用台夹将试样夹紧。使用正置式显微镜时,将试样置于载物玻璃上,用压平器辅用粘结剂或橡皮泥将试样压平。某些正置式显微镜配有自动水平载物台安装试样。如果必须使用橡皮泥压平试样,则放在试样抛光面与压平器之间的隔纸纤维可能会附着在试样抛光面产生人为缺陷影响测量。应将试样抛光面附着的纸纤维吹掉。也可以选择另一种方法来避免这个问题,即将一个椭圆型的铝环或不锈钢环磨平后,放在试样与压块之间。如果试样被镶嵌,则将环压在镶嵌材料上。如果试样没有镶嵌,则必须使试样表面积大于 200 $mm^2$,压平时让环压在试样的边缘,以避免接触检测表面。在载物台上将试样定位,使夹杂物平行于载物台移动的 $X$ 方向,即监视器屏幕的水平方向。如果程序适当,也可将夹杂物平行于载物台 $Y$ 方向放置,即纵向在监视器屏幕上呈竖直方向。

12.2 校正调节显微镜光源,将图像采集系统的光密度调节到需要的水平。

12.3 如果图像分析仪具备编程能力,只要夹杂物级别的评定是以 0.5 $mm^2$ 为基础的,则除了可以在 100 X 放大倍率和 0.5 $mm^2$ 视场面积下按类型进行区分和检测夹杂物外,还可以在其他任何放大倍率和任何视场面积下按类型进行区分和检测夹杂物(见 5.1)。如果图像仪功能不具备编程能力,即如果每个视场的夹杂物必须逐个按类型区分和检测,级别的确定也必须以逐个视场为基础,则所选择的放大倍率应使视场面积尽可能接近 0.5 $mm^2$(显微测试框为边长 71 mm 的正方形)。0.5 $mm^2$ 视场面积的偏差应小于±0.05 $mm^2$。选择放大倍率所产生的像素差应不大于 2 μm,最好在 1 μm 左右。

12.4　按照11.3所述设定灰度门槛值，以便分别测定硫化物和氧化物。

12.5　检测硫化物时，在相同视场的氧化物的边缘会出现虚假成像(光晕效应)，这个问题可通过应用自动轮廓描绘功能或对二值图像应用适当的算法来纠正。最合适方法要依据所应用的图像分析系统而定。

12.6　设置自动载物台控制使试样沿方形或矩形路线移动，视场呈连续排列，检测评定的总面积要达到200 $mm^2$。根据供需双方协商可以改变测量面积的大小。

12.7　按第13章规定的计算机程序，通过类型和宽度识别夹杂物图像，以长度、数量或直径为基础计算级别，储存结果，控制载物台移动(如果使用自动载物台的话)，生成试验报告。

12.8　该程序结合其他步骤，可以处理在抛光或清理过程中产生了某些人工产物，或安装试样时带来灰尘等等的视场。根据测量系统和人工产物的特点，可以开发一种算法识别这种人工产物，而且可以将它们从二值图像中清除出去。如果这一步不能实现，则应将这个视场废除，即不储存这个视场的测量结果。在这种情况下，如果可能的话，应补充分析其他的视场来代替废除掉的视场。如果在同一测量过程中无法替代被废除掉的视场，则可以在下一测量过程中测量一个补充的视场(不要测量已测过的视场)。良好的准备工作可以减少出现带有人工产物的视场的频率。不允许将小于200 $mm^2$ 测量面积(例如有废除的视场)的试验结果经数学推算或转换成200 $mm^2$ 测量面积的结果。

12.9　计算机程序还可以包括其他步骤用来完成基础体视学测量(见GB/T 18876.1)，以补充分析结果。本部分不涉及这些测量值。

## 13　夹杂物分类和级别计算

13.1　GB/T 10561—2005/ISO 4967:1998标准根据夹杂物形态，将夹杂物分成A、B、C、D和DS五大类，再根据其宽度分为粗系和细系。A类和C类夹杂物的形态十分相似，但是，通常将A类夹杂物归为硫化物，而将C类夹杂物归为变形的氧化物，例如锰硅酸盐。A类夹杂物呈浅灰色，而C类夹杂物呈黑色。

13.1.1　根据不同的灰度差，将A类夹杂物从其他类夹杂物中分离出来。再根据形态差异区分B、C、D或DS类夹杂物。B类和C类夹杂物呈串(条)状分布。B类串(条)状夹杂物由一定数量的(至少3颗)与变形轴平行的圆形或棱角形氧化物颗粒组成，长宽比小于3(5)；C类串(条)状夹杂物是由少量极度拉长的、表面平滑、且与变形轴平行的氧化物组成，长宽比不小于3(5)。距夹杂物中心线±10(15) μm以内的颗粒均应视为B类串(条)状夹杂物的一部分。B、C类夹杂物颗粒间距在40 μm以内的应视为一个串(条)。长宽比小于3(5)且又不能被鉴别为B类或C类的其他氧化物都被归为D类。D类夹杂物的长宽比应小于3(5)且不属于某串(条)状夹杂物的一部分。除最大长宽比之外，对D类夹杂物无任何形状要求。超尺寸(直径不小于13 μm)单颗球状夹杂物按DS类夹杂物评定。

锻制试样中A、B、C类夹杂物的排列与纵向的偏离夹角一般不超过±20°。通过对检测的夹杂物设置此范围内的方向限值，则可鉴别出超过此方向限值的某些人为缺陷(例如：抛光过程中未能清除掉的深度划痕)，并将其从二值图像中予以剔除。

注1：括号内的数值均为按GB/T 18254—2002或ASTM E45—97(2002)标准评定夹杂物时的数值。

注2：以上述限制措施为基础的应用于计算机程序中的鉴别和测量方法有赖于计算机系统及其具备的能力。因此可根据具体条件采用不同的方法，但应对所选择的方法进行评估确认。

13.1.2　对各种夹杂物按类型进行分类以后，再按宽度或直径分细系或粗系(见表2)。测定每类夹杂物的最大宽度或平均宽度(A、B、C类)或最大直径(D、DS类)。宽度小于2 μm或直径小于3 μm(D类)的夹杂物不予评定，即它们的长度不计入后续的级别计算之中。如果A类或B类、C类串(条)状夹杂物的宽度发生变化并且整条的宽度都小于2 μm，则尽可能的进行检测并基于所测长度计算级别。对于变形量非常大的锻制试样，当大多数的夹杂物宽度小于2 μm时，可根据供需双方协议，将细系的宽度下限设定为较低的值，例如0.5 μm或降到更低。这些较细的夹杂物需使用实际视场面积小于0.50 $mm^2$的高放大倍率进行检测。因此，如12.3所述，还应结合场数据获得有效测定值。

13.1.3 A类夹杂物宽度在2 μm～4 μm之间按细系评定，4 μm以上～12 μm之间的按粗系评定，宽度大于12 μm的按超尺寸单独评定。

13.1.4 B类夹杂物宽度在2 μm～9 μm之间按细系评定，9 μm以上～15 μm之间按粗系评定，宽度大于15 μm按超尺寸评定。对B类夹杂物串（条）状中单个夹杂物按细系、粗系或超尺寸分类，并按类型分别计算总长度，如果某一类型夹杂物的总长度大于或等于该夹杂物总长度的50%，则统一视为该类型进行评定（超尺寸必须单独报告）。

13.1.5 C类夹杂物宽度在2 μm～5 μm之间按细系评定，5 μm以上～12 μm之间按粗系评定，宽度大于12 μm按超尺寸评定。对于C类串（条）状夹杂物，评定方法同按13.1.4所述。超尺寸的C类夹杂物必须单独报告。

13.1.6 D类夹杂物最大直径在3 μm～8 μm之间按细系评定，8 μm以上～13 μm之间按粗系评定，大于13 μm按超尺寸或DS类评定。超尺寸D类或DS类夹杂物必须单独报告。

注3：可以采用多种方法测定夹杂物的最大宽度或平均宽度，但应对所选择的方法进行评估，以便确定其使用效果是否符合要求。按GB/T 18254—2002或ASTM E45—97(2002)标准评定夹杂物时见附录A表A.1和表A.2或附录B表B.1和表B.2。

13.1.7 位于拉长的A类硫化物末梢的氧化物按D类进行评估，除非其排列十分紧密且能满足B类串（条）状夹杂物的评定要求（数量在3颗或3颗以上）。

13.1.8 对采用稀土元素或含钙脱氧的钢，其钢中的内生夹杂物也可通过形态和宽度分类，并应在试验报告中注明其化学特征。例如：根据表1（表A.1或表B.1）给出的每一视场总长度的最小值和表2（表A.2或表B.2）的宽度限值，对用稀土或钙元素改良的、长宽比不小于3(5)的硫化物，按A类夹杂物评定；但对长宽比不大于3(5)且不是一串（条）状夹杂物组成部分的硫化物，则按D类夹杂物评定。上述两种情况都应注明其化学特征的综合描述以免混淆。如形态像D类的硫化物，用$D_{sulf}$表示。

13.1.9 非传统类型夹杂物或复相夹杂物，如硫氧化物，也可依据其形态评定：它们是串（条）状的，还是拉长的且长宽比不小于3(5)，或单颗的、不属于任一串（条）状夹杂物的一部分且长宽比小于3(5)，再按宽度分类。单个球状颗粒按最大直径（可协商为等效圆直径或平均直径）评为D类夹杂物。非传统型夹杂物按占优势的（面积大于50%）硫化物或氧化物进行评定。例如：如果在一个球状硫氧化物中氧化物面积偏大，则以Dos表示。串（条）状复相夹杂物按单个颗粒的长宽比来评定，如果长宽比小于3(5)，则评定为B类夹杂物；如果长宽比大于3(5)，则评定为A类或C类（A类和C类夹杂物通过灰度区分）。对于长宽比不小于3(5)的非传统型夹杂物，如果其中硫化物面积占50%以上，则按A类夹杂物评定；如果氧化物面积占50%以上，则按C类夹杂物评定。非传统型夹杂物应在试验报告中注明，并描述其成分及特征，例如，"由钙锰硫化物薄膜包裹的球状铝酸钙"，或"部分为不规则铝酸钙或全部嵌入硫化锰串（条）状中"。必要时，可借助电子探针等方法进行夹杂物定性。

注4：括号内的数值均为按GB/T 18254—2002或ASTM E45—97(2002)标准评定夹杂物时的数值。

13.2 按类型和宽度分类以后，以A类夹杂物每个视场总长度、B类或C类串（条）状夹杂物每个视场总长度、D类夹杂物每个视场总数目和DS类夹杂物的直径为基础，评定0.5 $mm^2$试验面积上的夹杂物级别。级别值可按每0.5 $mm^2$面积上的长度或数量报告，也可按每单位面积上的长度或单位面积（$m^2$）上的数量报告，但测量必须是在连续的0.5 $mm^2$试验面积上进行。级别值按表1给出的极限值进行计算。注意这些值均为每个级别的长度或数量的最小值。表3列出了应用这种关系计算各类夹杂物（细系或粗系）级别值的回归公式。通常，按表3公式计算的级别值应靠至最接近的级别，因考虑到回归公式的误差，推荐计算级别按0.25级差靠至最接近的级别（对于夹杂物含量极低的钢种，可使用更细的级差来提高对钢的鉴别力，见5.4）。如果用户要求提供连续级别值，则直接记录计算级别值。

注5：按GB/T 18254—2002或ASTM E45—97(2002)标准评定夹杂物时的计算公式和关系图见附录A的A.3和A.4或附录B的B.2。

13.2.1 宽度超过表2规定的粗系最大宽度的夹杂物按超尺寸评定。而超尺寸A类硫化物的长度、超尺寸B类、C类的串(条)长度、超尺寸D类夹杂物的数量或DS类夹杂物均应在试验报告中列表单独报告出它们的宽度或直径。超尺寸的D类夹杂物可按表3列出的DS类夹杂物公式计算级别值。

13.2.2 如果一个单独的A类硫化物夹杂的长度或一条单独的B类或C类串(条)状夹杂物的长度大于0.5 $mm^2$ 标准视场尺寸(显微测试框为边长71 mm的正方形),在图像分析仪能够跨越连续视场跟踪夹杂物或串(条)状夹杂物的情况下,则应对其进行测量,并应在试验报告中报告超尺寸夹杂物或串(条)状夹杂物总长度,即报告其类型、宽度(细系、粗系)和长度。每个视场内夹杂物或串(条)状夹杂物的超尺寸部分,除宽度超标的夹杂物以外,都应计入视场的夹杂物级别评定。

13.3 图1是以表1的数据为基础绘出坐标图计算A类夹杂物的级别(表1是按GB/T 10561—2005/ISO 4967:1998中的A法和D法评定的最小值),表明了每个0.5 $mm^2$ 视场内硫化物总长度最小值与级别之间的数学关系。这种数学关系是应用与表1的数据相匹配的最小二乘法产生的,表3应用这种数学关系来计算细系或粗系A类夹杂物的对数值,级别值由反对数获得,将级别值靠至最接近的级别(或按用户要求直接记录连续级别值)。

13.4 采用与A类夹杂物相同的方法计算B类和C类夹杂物的级别。图2和图3分别显示了以表1数据为基础的B类和C类夹杂物的坐标图。B类和C类夹杂物级别是以每个视场总串(条)长度为基础计算的。按表3给出的方程的最小二乘法计算B类和C类夹杂物对数值,级别值由反对数获得,将级别值靠至最接近的级别(或按用户要求直接记录连续级别值)。

**表3 按GB/T 10561—2005/ISO 4967:1998评级的级别计算公式**

| 夹杂物类型 | 单 位 | 回 归 公 式 |
|---|---|---|
| A | 长度 $L/\mu m$ | $\lg(i_A)=[0.560\,5\lg(L)]-1.179$ |
| B | 长度 $L/\mu m$ | $\lg(i_B)=[0.462\,6\lg(L)]-0.871$ |
| C | 长度 $L/\mu m$ | $\lg(i_C)=[0.480\,7\lg(L)]-0.904$ |
| D | 数量 $n$/个 | $\lg(i_D)=[0.5\lg(n)]-0.301$ |
| DS | 直径 $d/\mu m$ | $i_{DS}=[3.311\lg(d)]-3.22$ |

13.5 D类和DS类夹杂物级别的计算方法与A类、B类和C类夹杂物相同,仅有的差别是以氧化物的数量(D类)或直径(DS类)而不是以长度为依据。图4和图5显示了以表1数据为基础的坐标图。按表3列出的方程的最小二乘计算D类和DS类夹杂物的对数值,级别值由反对数获得,将级别值靠至最接近的级别(或按用户要求直接记录连续级别值)。

注6:按GB/T 18254—2002或ASTM E45—97(2002)评定夹杂物时的计算公式和关系图见附录A的A.3和A.4或附录B的表B.3。

13.6 在计算机中建立分布数阵以便将各种级别的视场数量进行列表,这些级别是在对五类(A、B、C、D、DS)夹杂物依据细系、粗系限值进行分类,并与0级~5级的11个按半级递增的级别进行评定后获得的。对每个视场进行评定并计算级别后,增加适当的分布单元来存储结果。

13.6.1 将每个视场中各类各系夹杂物的连续级别值存入计算机,并将后面一个视场的数值与前面一个视场的数值相加,获得连续级别值总量 $i_{tot}$。

13.6.2 根据产品标准或供需双方协议的要求,将每个视场中每类夹杂物(细、粗或超尺寸)按定量尺寸进行不连续分级,不连续分级时将测量的连续级别值自动靠向最接近的半级或整数级别,将各级别出现的次数进行累加,再将累加值分别存入计算机。

13.6.3 根据产品标准或供需双方协议的要求,将不同视场所测每类夹杂物(细、粗或超尺寸)按级别进行排序,将最恶劣视场级别数值存入计算机。

13.7 如果供需双方协议指定了应分析的夹杂物类型、宽度或级别限值,则13.6可修改为仅分析、测量和存储相关的数据。

13.8 采用随机选择、相邻排列的视场有可能不产生真实的最恶劣视场级别(GB/T 10561—2005/

ISO 4967:1998 中方法 A)。有效的最恶劣视场级别要求使用先进的图像分析技术,例如:使用一个能在200 $mm^2$试验面积里任意移动的 0.5 $mm^2$ 限制框,通过级别数据最大化的算法来控制限制框的移动。

13.9 对夹杂物进行定量描述时,应将空白视场(即包含了那些特殊类型和宽度尺寸的不可视夹杂物)与不可评定视场(即夹杂物宽度不大于 2 μm,或夹杂物长度或串(条)长度小于 0.5 级的最小值)区别开来。

13.10 将所测的 $N$ 个视场的每类夹杂物(细系或粗系)的级别值总量 $i_{tot}$ 分别除以 $N$,就获得了一个试样各类夹杂物(细系或粗系)平均级别 $\bar{i}_{moy}$。如果一炉钢同批中取 $N$ 个试样,则将 $N$ 个试样中每类夹杂物(细系或粗系)级别分别进行累加,再除以 $N$ 获得该炉钢各类夹杂物(粗系和细系)的总平均级别 $\bar{\bar{i}}_{moy}$。例如,将一炉钢同批中 6 个试样的每类夹杂物(细系或粗系)级别进行累加,将累加值除以 6(即试样数),就获得本炉批钢 6 试样的总平均级别。

## 14 试验报告

14.1 试验报告应包括如下各项内容:

a) 本部分号;

b) 图像仪型号;

c) 钢的牌号和炉号、试样号;

d) 产品类型和尺寸;

e) 试样的工艺说明(轧制、锻制、连铸和热处理等);

f) 取样方法及检验面位置;

g) 选用的技术标准或协议及结果表示方法;

h) 放大倍率(如果大于 100 倍时);

i) 视场面积(如果不是 0.5 $mm^2$ 时);

j) 观察的视场数或总检验面积;

k) 各项检验结果(夹杂物或串(条)状夹杂物的尺寸超过标准评级图者应予注明);

l) 对非传统类型夹杂物所采用的下标的说明;

m) 试验报告编号和日期;

n) 送样单位、送样人、试验员姓名。

14.2 试验报告应报告每种夹杂物的类型(A、B、C、D 和 DS)和宽度(细系和粗系)所对应的视场数(按整数级或半级递增)。对夹杂物含量非常低的钢种,其级别值可以计算为 1/4 或 1/10 级差。也可据需要报告连续级别值。注意,由于 D 类夹杂物在一个视场只有一颗夹杂物时评为 0.5 级,所以在 0 级～0.5 级之间不能再细化 D 类级别值。

14.3 根据供需双方协议,可以对报告项目或内容进行修改。例如,仅报告某种类型夹杂物宽度或级别值;也可仅报告最恶劣视场级别值或最恶劣视场级别的视场数量。

14.4 根据供需双方协议,可计算一种指标来描述夹杂物的含量,或提供级别分布直方图。

14.5 根据供需双方协议,可以提供一批钢多个试样中每类夹杂物的平均级别,或提供一炉钢 6 个试样中每类夹杂物最恶劣视场的平均级别。附录 C 中表 C.1 和表 C.2 给出了这类评定结果的实例。

14.6 对长度或宽度超标,或两者同时超标的夹杂物或串(条)状夹杂物都应单独报告,即报告夹杂物的类型、测量的宽度和长度(对 A、B 和 C 类夹杂物而言)。

14.7 如果需要,也可将 0 级别的视场视为空白视场(呈现特殊类型和宽度的不可视夹杂物)或不可评定视场(呈现夹杂物但级别在 0.5 级以下,或宽度小于 2 μm,或直径小于 3 μm)。

14.8 如果需要,可提供关于夹杂物成分的信息(A 类～DS 类),对于添加稀土元素或经钙处理的钢种,或经非传统脱氧处理的钢,其夹杂物的化学成分通常必须与评定的级别一起报告。如果操作人员不能通过光学显微镜方法鉴别夹杂物,则应该采用微量测试技术测定成分。

14.9 分析过程中产生的体视学补充数据可按需要写进报告。此类试验数据的标准化问题见GB/T 18876.1。

## 15 精度与偏差

15.1 截取试样时操作不当,使抛光面偏离纵向轴线,会使测量值产生偏差,尤其对单位面积计数、平均面积和平均长度影响较大。抛光面与纵轴向的偏差应不大于6°。

15.2 不当的抛光技术在抛光表面上留下的人为缺陷,如较大的划痕、拖洞、夹杂物变形和脱落、水溶性夹杂物溶解等,都会导致夹杂物测量值发生偏差。

15.3 抛光面上的灰尘、纸屑、油迹、水迹,或图像系统里的灰尘会导致特征物级别偏高。要注意试样和图像系统的清洁。

15.4 外来夹杂物正好处在抛光面上,也会当作氧化物而被检测,并使内生氧化物的测量值产生偏差。要注意另行记录。

15.5 在凝固或在热加工过程中产生的疏松、显微裂纹或孔隙等,往往会当作氧化物、D类夹杂物而被检测,导致夹杂物级别偏高,操作中要转换高倍率物镜进行鉴别。

15.6 对同一试样立即进行重新检测时,如果从同一位置开始,并测量相同的视场,则能够获得非常理想的重复性。最恶劣视场的评定通常是相同的,但是也会偶然在9个可能评定的级别(从A～DS,粗系和细系)里出现半级的偏差。这时每种类型和宽度夹杂物的每一级别的视场数的偏差通常不大于5%。

15.7 影响图像检测的振动会导致结果偏差,应予以消除。

15.8 载物台控制不当,使物镜测量了试样夹或跑到试样之外测量了空白视场会导致结果偏差。要注意试样的正确安装。如果采用手动载物台而不是自动载物台时,可能因人为选择视场而产生偏差。

15.9 如果在相同实验室将一个已评级的试样平行于原平面重新抛光和重新评级,其结果具有理想的重复性。各种类型和宽度的夹杂物的最恶劣视场评定的偏差通常不大于半级,但是,由于夹杂物含量的内在变率,偶然也可能出现较大的偏差。

15.10 实验室之间的试验存在误差。如果每个实验室都按照标准GB/T 13298严格控制试样的制备操作,则其偏差会降至最小。

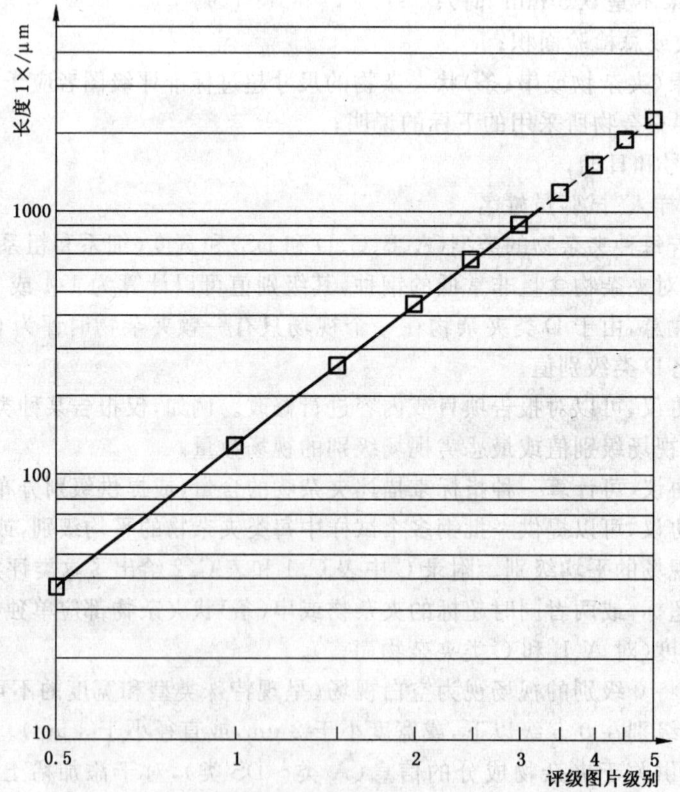


图1 A类夹杂物(细系和粗系)视场总长度与级别之间的关系

[GB/T 10561—2005/ISO 4967:1998 附录D]

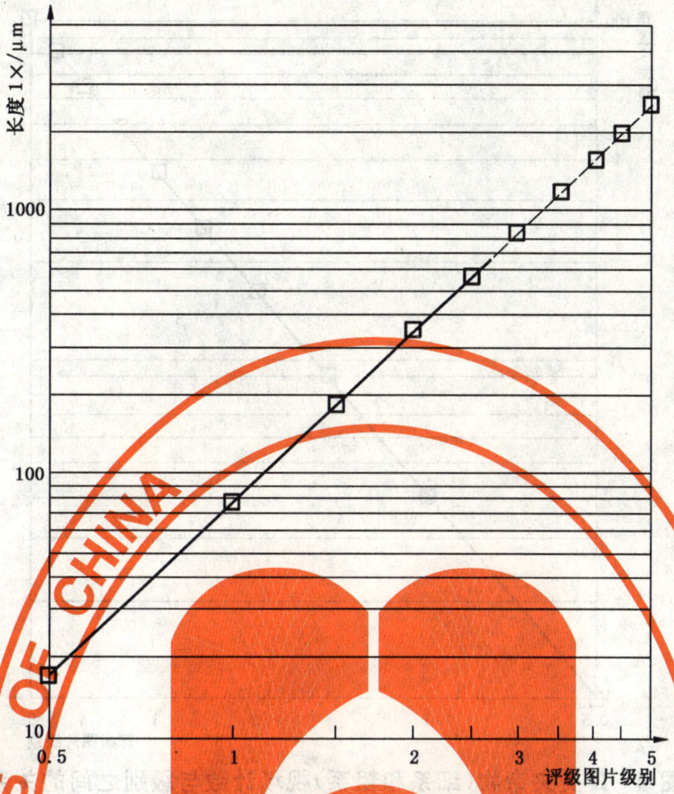


图 2 B 类夹杂物(细系和粗系)视场总长度与级别之间的关系

[GB/T 10561—2005/ISO 4967:1998 附录 D]

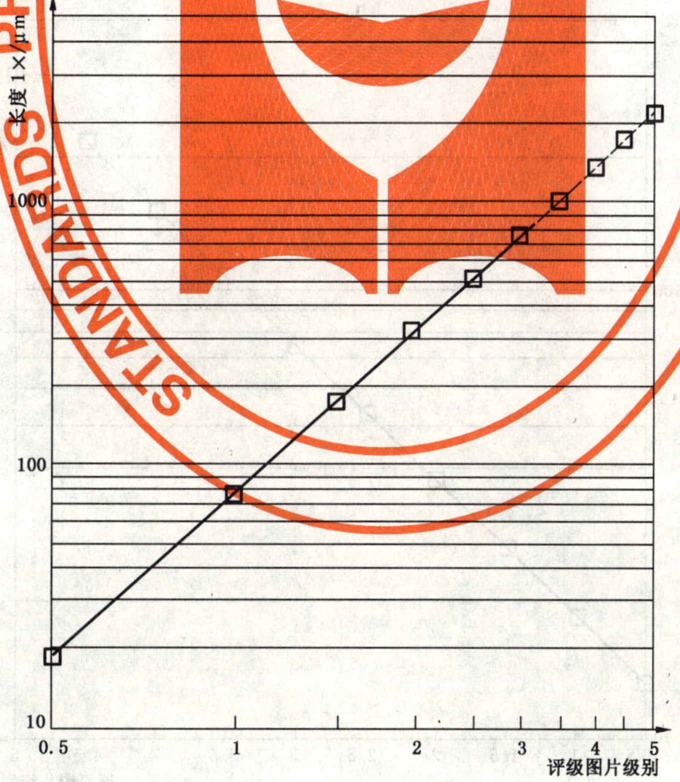


图 3 C 类串(条)状夹杂物(细系和粗系)视场总长度与级别之间的关系

[GB/T 10561—2005/ISO 4967:1998 附录 D]

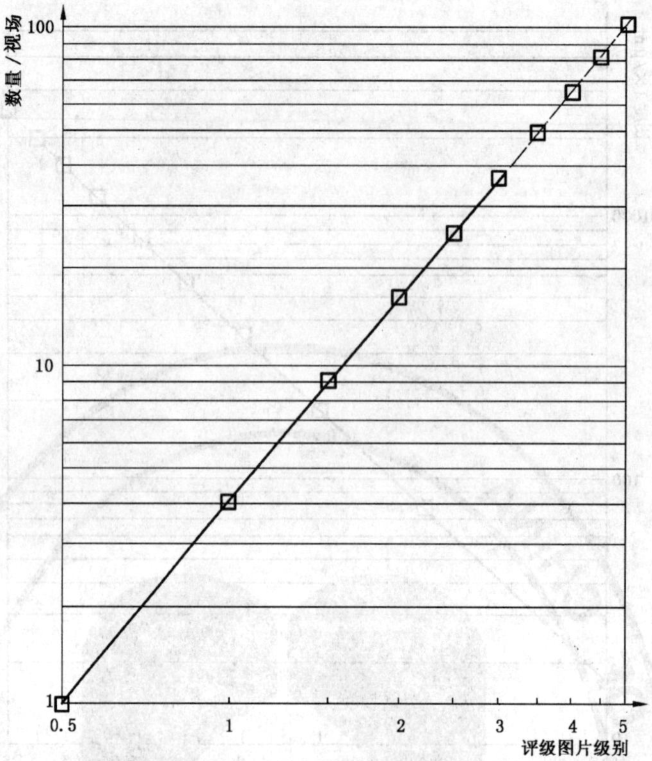


图4　D类夹杂物(细系和粗系)视场计数与级别之间的关系
[GB/T 10561—2005/ISO 4967:1998 附录D]

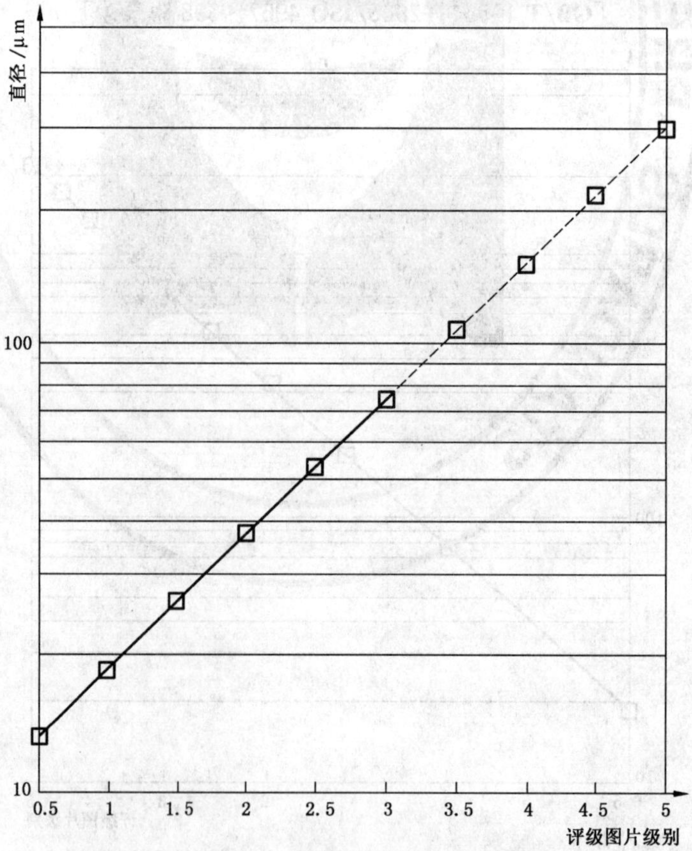


图5　DS类夹杂物(单颗粒球状类)最大直径与级别之间的关系
[GB/T 10561—2005/ISO 4967:1998 附录D]

# 附　录　A
（规范性附录）
## 应用自动图像分析评定 GB/T 18254—2002《高碳铬轴承钢》中夹杂物级别的相关图表

**A.1**　GB/T 18254—2002 中夹杂物级别的最小值见表 A.1。

**表 A.1　评定夹杂物级别的最小值**

| 评级图级别 | A | B | C | D |
|---|---|---|---|---|
| | 总长度/μm | 总长度/μm | 总长度/μm | 数量/个 |
| 0.5 | 38 | 38 | 38 | 1 |
| 1 | 127 | 76 | 76 | 3 |
| 1.5 | 254 | 178 | 178 | 9 |
| 2 | 432 | 305 | 305 | 14 |
| 2.5 | 65 | 508 | 508 | 20 |
| 注：放大倍数为 1×。 | | | | |

**A.2**　夹杂物的宽度见表 A.2。

**表 A.2　GB/T 18254—2002 中夹杂物宽度**　　单位为微米

| 夹杂物类型 | 细　系 | | 粗　系 | | 超尺寸 |
|---|---|---|---|---|---|
| | 最小宽度 | 最大宽度 | 最小宽度 | 最大宽度 | 最小宽度 |
| A | ⩾2 | 4 | ＞4 | 6 | ＞6 |
| B | ⩾2 | 9 | ＞9 | 15 | ＞15 |
| C | ⩾2 | 5 | ＞5 | 9 | ＞9 |
| D | ⩾2 | 8 | ＞8 | 12 | ＞12 |
| 注 1：D 类夹杂物规定为最大直径。<br>注 2：串(条)状夹杂物规定为平均宽度。 | | | | | |

**A.3**　由夹杂物的测量值计算夹杂物级别的计算公式见表 A.3。

**表 A.3　由夹杂物的测量值计算夹杂物级别的计算公式**[1)]

| 夹杂物类型 | 单位 | 回归公式 |
|---|---|---|
| A | 长度 $L$/μm | $i_A = 0.06277\ L^{0.57132}$ |
| B | 长度 $L$/μm | $i_B = 0.75266\ \ln L - 2.27849$ |
| C | 长度 $L$/μm | $i_C = 0.75266\ \ln L - 2.27849$ |
| D | 数量 $n$/个 | $i_D = 0.08917\ n + 0.72454$ |
| D 类夹杂物的计算公式只适用于 1 级以上(⩾3 颗)，3 颗以下只评 0.5 或 0 级。 | | |
| 注：放大倍数为 1×。 | | |

**A.4**　评级图与夹杂物的测量值的关系图见图 A.1～图 A.4。

1)　赵咏秋. 高碳铬轴承钢中夹杂物和碳化物自动定量评级. 中国体视学与图像分析，1996，Vol. 1，No. 1，p. 31-34。

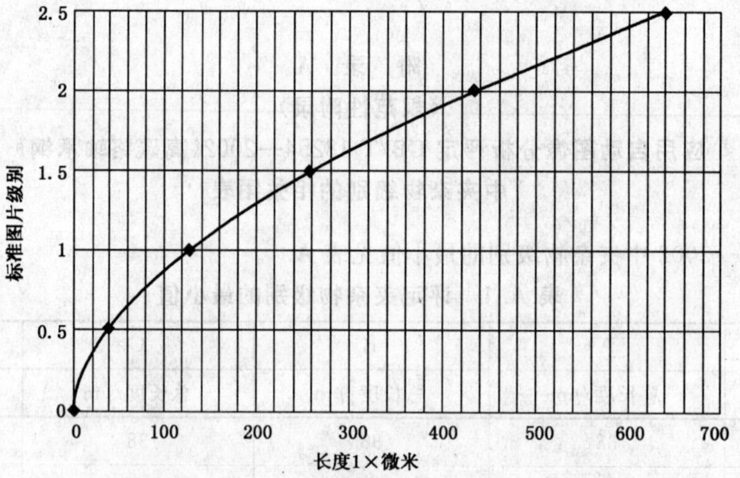


图 A.1　A类夹杂物(细系和粗系)视场总长度和级别之间的关系

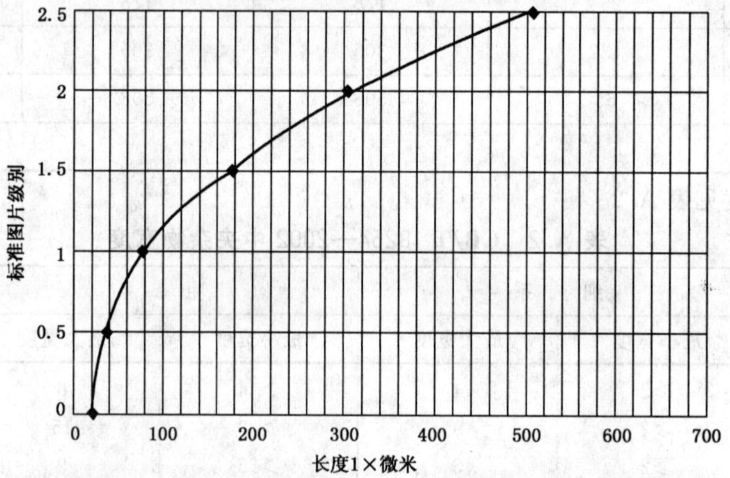


图 A.2　B类串(条)状夹杂物(细系和粗系)视场总长度与级别之间的关系

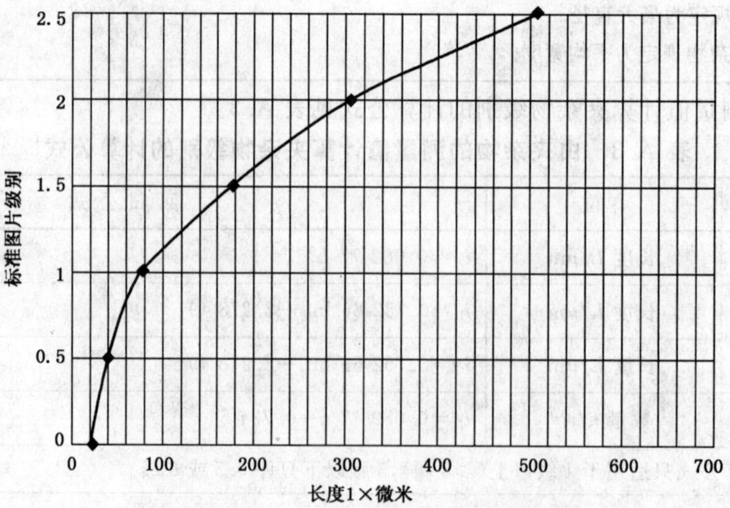


图 A.3　C类串(条)状夹杂物(细系和粗系)视场总长度与级别之间的关系

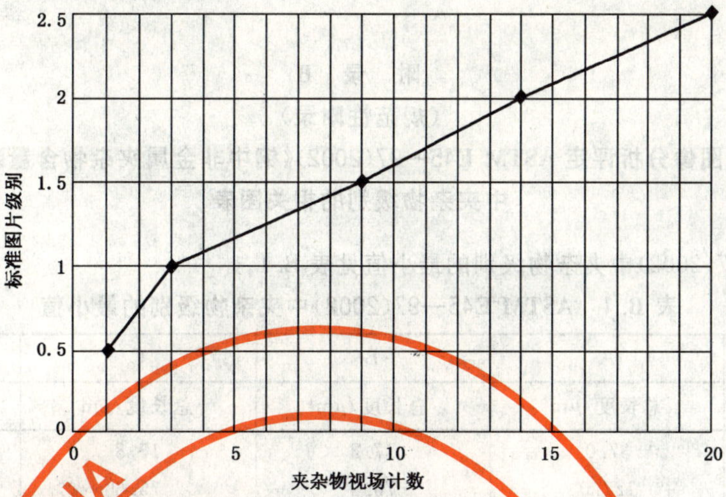


**图 A.4 D 类夹杂物视场计数与级别之间的关系**

# 附 录 B
（规范性附录）
## 应用自动图像分析评定 ASTM E45—97(2002)《钢中非金属夹杂物含量测定方法》中夹杂物级别的相关图表

**B.1** ASTM E45-97(2002)中夹杂物级别的最小值见表 B.1。

**表 B.1 ASTM E45—97(2002)中夹杂物级别的最小值** 单位为微米

| 评级图级别 | A | B | C | D |
|---|---|---|---|---|
| | 总长度/μm | 总长度/μm | 总长度/μm | 数量/个 |
| 0.5 | 37.0 | 17.2 | 17.8 | 1 |
| 1.0 | 127.0 | 76.8 | 75.6 | 4 |
| 1.5 | 261.0 | 184.2 | 176.0 | 9 |
| 2.0 | 436.1 | 342.7 | 320.5 | 16 |
| 2.5 | 649.0 | 554.7 | 510.3 | 25 |
| 3.0 | 898.0 | 822.2 | 746.1 | 36 |
| 3.5 | 1 181.0 | 1 147.0 | 1 029.0 | 49 |
| 4.0 | 1 498.0 | 1 530.0 | 1 359.0 | 64 |
| 4.5 | 1 898.0 | 1 973.0 | 1 737.0 | 81 |
| 5.0 | 2 230.0 | 2 476.0 | 2 163.0 | 100 |

注 1：放大倍数为 1×。

注 2：D类夹杂物为数量。

**B.2** ASTM E45—97(2002)中 A 法和 D 法规定的夹杂物的宽度见表 B.2。

**表 B.2 ASTM E45-97(2002)中规定的夹杂物宽度** 单位为微米

| 夹杂物类型 | 细系 | | 粗系 | | 超尺寸 |
|---|---|---|---|---|---|
| | 最小宽度 | 最大宽度 | 最小宽度 | 最大宽度 | 最小宽度 |
| A | ⩾2 | 4 | >4 | 12 | >12 |
| B | ⩾2 | 9 | >9 | 15 | >15 |
| C | ⩾2 | 5 | >5 | 12 | >12 |
| D | ⩾3 | 8 | >8 | 13 | >13 |

注 1：D类夹杂物规定为最大直径。

注 2：串(条)状夹杂物规定为平均宽度。

**B.3** 由夹杂物的测量值计算夹杂物级别的计算公式见表 B.3。

**表 B.3 由夹杂物的测量值计算夹杂物级别的计算公式**

| 夹杂物类型 | 单位 | 回归公式 |
|---|---|---|
| A | 长度 $L$/μm | $\log(i_A)=[0.561\ 739\ \mathrm{Log}(L)]-1.181\ 77$ |
| B | 长度 $L$/μm | $\log(i_B)=[0.463\ 336\ \mathrm{Log}(L)]-0.873\ 5$ |
| C | 长度 $L$/μm | $\log(i_C)=[0.479\ 731\ \mathrm{Log}(L)]-0.901\ 05$ |
| D | 数量 $n$/个 | $\log(i_D)=[0.5\ \mathrm{Log}(n)]-0.301\ 02$ |

注 1：放大倍数为 1×。

注 2：评级图与夹杂物的测量值的关系图见图 1～图 4。

# 附 录 C
## （资料性附录）
## 评定结果典型示例

**C.1** 表示一批钢多个试样中每类夹杂物（细系和粗系）的平均级别的示例见表 C.1[ASTM E45—97(2002)表 4]。

**表 C.1 夹杂物平均级别示例**

| 夹杂物类型 | | | 各号试样的级别视场数 | | | | | | 6 个试样平均 | |
|---|---|---|---|---|---|---|---|---|---|---|
| | | | 1 | 2 | 3 | 4 | 5 | 6 | 细系 | 粗系 |
| 硫化物 | A0.5 | 细系 | 65 | 60 | 50 | 65 | 37 | 56 | 55.5 | 9.8 |
| | | 粗系 | 9 | 8 | 12 | 6 | 16 | 8 | | |
| | A1.0 | 细系 | 19 | 15 | 31 | 8 | 12 | 10 | 15.8 | 2.5 |
| | | 粗系 | 4 | 3 | 4 | 1 | 2 | 1 | | |
| | A1.5 | 细系 | 1 | 3 | 2 | 0 | 1 | 0 | 1.2 | 0 |
| | | 粗系 | 0 | 0 | 0 | 0 | 0 | 0 | | |
| | A2.0 | 细系 | 1 | 0 | 0 | 0 | 0 | 0 | 0.2 | 0 |
| | | 粗系 | 0 | 0 | 0 | 0 | 0 | 0 | | |
| | A2.5 | 细系 | 0 | 0 | 0 | 0 | 0 | 0 | 0 | 0 |
| | | 粗系 | 0 | 0 | 0 | 0 | 0 | 0 | | |
| 氧化物 | B0.5 | 细系 | 13 | 8 | 7 | 6 | 11 | 10 | 9.2 | 0.3 |
| | | 粗系 | 0 | 0 | 0 | 1 | 1 | 0 | | |
| | B1.0 | 细系 | 13 | 14 | 10 | 6 | 12 | 12 | 11.2 | 0.5 |
| | | 粗系 | 0 | 0 | 0 | 0 | 2 | 1 | | |
| | B1.5 | 细系 | 1 | 6 | 6 | 3 | 3 | 2 | 3.5 | 0 |
| | | 粗系 | 0 | 0 | 0 | 0 | 0 | 0 | | |
| | B2.0 | 细系 | 0 | 2 | 1 | 0 | 1 | 1 | 0.8 | 0 |
| | | 粗系 | 0 | 0 | 0 | 0 | 0 | 0 | | |
| | B2.5 | 细系 | 0 | 1 | 0 | 0 | 1 | 0 | 0.3 | 0.2 |
| | | 粗系 | 0 | 1 | 0 | 0 | 0 | 0 | | |
| 硅酸盐 | C0.5 | 细系 | 0 | 0 | 0 | 0 | 1 | 0 | 0.2 | 0 |
| | | 粗系 | 0 | 0 | 0 | 0 | 0 | 0 | | |
| | C1.0 | 细系 | 0 | 0 | 0 | 0 | 0 | 0 | 0 | 0 |
| | | 粗系 | 0 | 0 | 0 | 0 | 0 | 0 | | |
| | C1.5 | 细系 | 0 | 0 | 0 | 0 | 0 | 0 | 0 | 0 |
| | | 粗系 | 0 | 0 | 0 | 0 | 0 | 0 | | |
| | C2.0 | 细系 | 0 | 0 | 0 | 0 | 0 | 0 | 0 | 0 |
| | | 粗系 | 0 | 0 | 0 | 0 | 0 | 0 | | |
| | C2.5 | 细系 | 0 | 0 | 0 | 0 | 0 | 0 | 0 | 0.2 |
| | | 粗系 | 0 | 0 | 0 | 0 | 0 | 1 | | |

表 C.1（续）

| 夹杂物类型 | | | 各号试样的级别视场数 | | | | | | 6个试样平均 | |
|---|---|---|---|---|---|---|---|---|---|---|
| | | | 1 | 2 | 3 | 4 | 5 | 6 | 细系 | 粗系 |
| 球状氧化物 | D0.5 | 细系 | 35 | 33 | 28 | 32 | 47 | 29 | 34.0 | 7.0 |
| | | 粗系 | 9 | 4 | 5 | 6 | 9 | 9 | | |
| | D1.0 | 细系 | 13 | 10 | 20 | 9 | 12 | 41 | 17.5 | 1.8 |
| | | 粗系 | 0 | 2 | 2 | 1 | 2 | 4 | | |
| | D1.5 | 细系 | 0 | 0 | 4 | 0 | 0 | 6 | 1.7 | 0 |
| | | 粗系 | 0 | 0 | 0 | 0 | 0 | 0 | | |
| | D2.0 | 细系 | 0 | 0 | 0 | 0 | 0 | 0 | 0 | 0 |
| | | 粗系 | 0 | 0 | 0 | 0 | 0 | 0 | | |
| | D2.5 | 细系 | 0 | 0 | 0 | 0 | 0 | 0 | 0 | 0 |
| | | 粗系 | 0 | 0 | 0 | 0 | 0 | 0 | | |
| | 最大 *D* 直径 | | 0.030 5 mm | | 0.025 4 mm | | 0.025 4 mm | | | |

**C.2** 表示一批钢6个试样中每类夹杂物最恶劣视场的平均级别的示例见表 C.2[ASTM E45—97(2002)表3]。

表 C.2 夹杂物最恶劣视场级别示例

| 试样 | A | | B | | C | | D | |
|---|---|---|---|---|---|---|---|---|
| | 细 | 粗 | 细 | 粗 | 细 | 粗 | 细 | 粗 |
| 1 | 2 | 1 | 2 | 1 | 1 | 0 | 2 | 1 |
| 2 | 3 | 1 | 2 | 1 | 0 | 1 | 2 | 2 |
| 3 | 2 | 1 | 2 | 1 | 0 | 0 | 2 | 2 |
| 4 | 2 | 1 | 2 | 1 | 1 | 0 | 2 | 1 |
| 5 | 2 | 1 | 2 | 1 | 0 | 1 | 2 | 1 |
| 6 | 3 | 1 | 2 | 1 | 0 | 0 | 2 | 1 |
| 平均 | 2.3 | 1.0 | 2.0 | 1.0 | 0.3 | 0.3 | 2.0 | 1.3 |

**C.3** 对一个所给定的观察视场，按夹杂物类型表示不同级别的视场总数或者记录某类夹杂物在各个视场显示的级别数的示例见 GB/T 10561—2005/ISO 4967:1998 附录 C。

ICS 13.060.25
P 41

# 中华人民共和国国家标准

GB/T 18916.8—2006

## 取水定额 第8部分:合成氨

## Norm of water intake—Part 8: Ammonia synthesis

2006-08-22 发布　　　　2007-05-01 实施

中华人民共和国国家质量监督检验检疫总局
中国国家标准化管理委员会　发布

# 前　言

GB/T 18916《取水定额》，目前已制定的部分有：

——第1部分：火力发电；

——第2部分：钢铁联合企业；

——第3部分：石油炼制；

——第4部分：棉印染产品；

——第5部分：造纸产品；

——第6部分：啤酒制造；

——第7部分：酒精制造；

——第8部分：合成氨；

——第9部分：味精制造；

——第10部分：医药产品。

本部分为GB/T 18916的第8部分。

本部分按照GB/T 18820—2002《工业企业产品取水定额编制通则》所规定的原则制定。

本部分的附录A为资料性附录。

本部分由国家发展和改革委员会环境和资源综合利用司提出。

本部分由全国能源基础与管理标准化技术委员会(SAC/TC 20)归口。

本部分负责起草单位：中国石油化工股份有限公司北京化工研究院、中国石油天然气集团公司、中国海洋石油总公司。

本部分主要起草人：刘正、程学文、王强、魏文普。

# 取水定额　第8部分:合成氨

## 1　范围

本部分给出了合成氨生产取水定额的术语和定义、计算方法及吨合成氨取水量定额。

本部分适用于以天然气、渣油或煤为原料的单套装置年生产能力为30万t氨及以上的合成氨生产过程中取水量的管理。

## 2　规范性引用文件

下列文件中的条款通过GB/T 18916的本部分的引用而成为本部分的条款。凡是注日期的引用文件,其随后所有的修改单(不包括勘误的内容)或修订版均不适用于本部分,然而,鼓励根据本部分达成协议的各方研究是否可使用这些文件的最新版本。凡是不注日期的引用文件,其最新版本适用于本部分。

GB/T 12452　企业水平衡与测试通则

GB/T 18820　工业企业产品取水定额编制通则

GB/T 18916.3—2002　取水定额　第3部分:石油炼制

## 3　术语和定义

GB/T 18820确立的以及下列术语和定义适用于本部分。

3.1

**合成氨取水量　quantity of water intake for ammonia synthesis**

生产合成氨全过程的取水量。

注:取水量包括取自地表水(以净水厂供水计量为准)、地下水、城镇供水工程以及外购的水或水的产品(如蒸汽、化学水等),不包括海水和苦咸水,并扣除向外供出的水或水的产品(如蒸汽、化学水等)。

3.2

**吨合成氨取水量　quantity of water intake for perton ammonia synthesis**

生产每吨合成氨的取水量。

## 4　计算方法

### 4.1　一般规定

4.1.1　统计取水量的范围包括:合成氨主要生产、辅助生产(脱盐水站、循环水场、锅炉房、空压机站、污水站、机修仪表车间、化验室等)及附属生产(厂区内的办公、食堂、浴室、绿化等)。合成氨生产取水量统计范围见图示(附录A)。

4.1.2　外购水量或外供水量的计算,参见GB/T 18916.3—2002的附录A和附录B。

4.1.3　当有自备电站时,合成氨装置供给自备电站的水或水的产品,属于外供水量;自备电站供给合成氨生产的水或水的产品,属于外购水量。

4.1.4　企业的水平衡测试应符合GB/T 12452的要求。

### 4.2　吨合成氨取水量

吨合成氨取水量按式(1)计算:

$$V_{ui} = \frac{V_i}{Q} \qquad \cdots\cdots(1)$$

式中：

$V_{ui}$——吨合成氨取水量，单位为立方米每吨($m^3/t$)；

$V_i$——在一定计量时间内，合成氨生产过程中取水量总和，单位为立方米($m^3$)；

$Q$——在一定计量时间内，合成氨产品产量，单位为吨(t)。

## 5 取水定额

吨合成氨取水量定额见表1。

表 1 吨合成氨取水量定额指标

单位为立方米每吨

| 主要生产原料 | 定额指标 |
|---|---|
| 天然气 | ≤13 |
| 渣油 | ≤14 |
| 煤 | ≤27 |
| 注：当生产原料从渣油改造为天然气时，执行以渣油为生产原料的定额指标。 | |

# 附　录　A
## （资料性附录）
## 合成氨取水量统计范围图

合成氨取水量统计范围图见图 A.1。

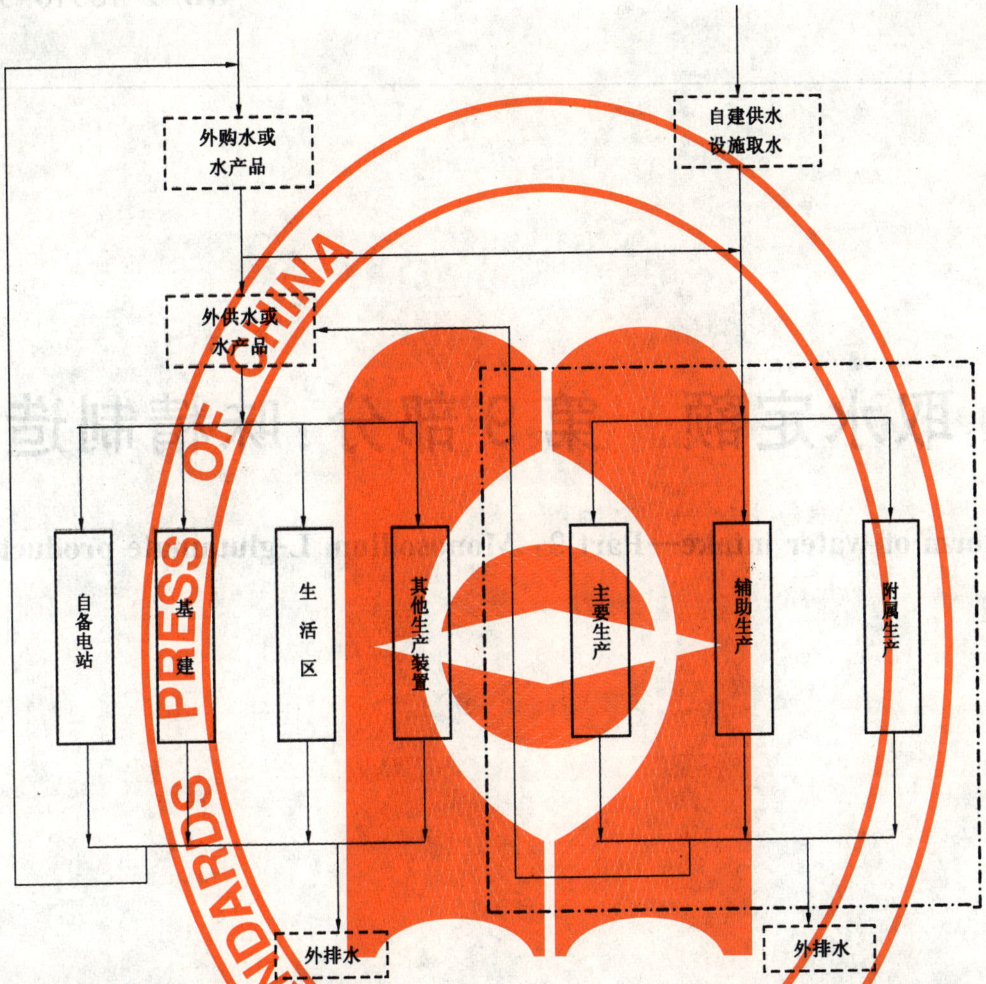


注：点画线内为合成氨生产取水量统计范围。

图 A.1　合成氨取水量统计范围图

ICS 13.060.25
P 41

# 中华人民共和国国家标准

GB/T 18916.9—2006

# 取水定额 第9部分:味精制造

## Norm of water intake—Part 9: Monosodium L-glutamate production

2006-08-22 发布 2007-05-01 实施

中华人民共和国国家质量监督检验检疫总局
中国国家标准化管理委员会 发布

# 前　言

GB/T 18916《取水定额》，目前已制定的部分有：

——第 1 部分：火力发电；

——第 2 部分：钢铁联合企业；

——第 3 部分：石油炼制；

——第 4 部分：棉印染产品；

——第 5 部分：造纸产品；

——第 6 部分：啤酒制造；

——第 7 部分：酒精制造；

——第 8 部分：合成氨；

——第 9 部分：味精制造；

——第 10 部分：医药产品。

本部分为 GB/T 18916 的第 9 部分。

本部分按照 GB/T 18820—2002《工业企业产品取水定额编制通则》所规定的原则制定。

本部分由国家发展和改革委员会环境和资源综合利用司提出。

本部分由全国能源基础与管理标准化技术委员会(SAC/TC 20)归口。

本部分负责起草单位：中国食品发酵工业研究院、中国发酵工业协会氨基酸技术委员会、全国食品发酵标准化中心、沈阳红梅企业集团有限责任公司、浙江蜜蜂集团、河北梅花味精有限公司。

本部分主要起草人：王异静、熊正河、石维忱、王家勤、田栖静、王宏龄、龚旭明、李若兰、秦人伟。

# 取水定额 第9部分:味精制造

## 1 范围

本部分给出了味精制造取水定额的术语和定义、取水量计算方法和单位产品取水量定额。

本部分适用于味精制造生产过程中取水量的管理。

## 2 规范性引用文件

下列文件中的条款通过GB/T 18916的本部分的引用而成为本部分的条款。凡是注日期的引用文件,其随后所有的修改单(不包括勘误的内容)或修订版均不适用于本部分,然而,鼓励根据本部分达成协议的各方研究是否可使用这些文件的最新版本。凡是不注日期的引用文件,其最新版本适用于本部分。

GB/T 12452 企业水平衡与测试通则

## 3 术语和定义

下列术语和定义适用于本部分。

3.1

**味精(谷氨酸钠)制造 Monosodium L-glutamate production**

以碳水化合物(淀粉、大米、糖蜜等糖质)为原料,经微生物(谷氨酸棒杆菌等)发酵,提取,中和,结晶,制成具有特殊鲜味的白色结晶或粉末的生产过程。

3.2

**取水量 quantity of water intake**

企业在生产过程中从各种水源中提取的水量。

各种水源包括取自地表水、地下水、城镇供水工程以及从市场购得的其他水或水的产品(如蒸汽、热水、地热水等)。不包括企业自取的海水和苦咸水等。

3.3

**吨味精取水量 quantity of water intake for per ton Monosodium L-glutamate**

企业生产每吨味精产品需要从各种水源提取的水量。

3.4

**吨味精用水量 quantity of water usage for per ton Monosodium L-glutamate**

企业生产每吨味精产品需要的用水量,其总用水量为取水量与重复利用水量之和。

注:味精生产用水量,包括主要生产、辅助生产和附属生产用水。

3.5

**重复利用率 recycle rate**

在一定的计量时间内,生产过程中使用的重复利用水量与总用水量的比值。

## 4 计算方法

### 4.1 一般规定

4.1.1 味精制造取水量的供给范围包括:主要生产[即以碳水化合物为原料,经微生物发酵,提取,中和,结晶,制成谷氨酸钠(质量分数为99%味精)的生产全过程]、辅助生产(包括机修、锅炉、空压站、污水处理站、检化验、综合利用、运输等)和附属生产(包括办公、绿化、厂内食堂和浴室、卫生间等)三个生产过程的取水量。

4.1.2 各种水量的计算

取水量、外购水量、外供水量以企业一级计量表的水量计算。

直接或经处理后回收再利用的水量以进入其他用水系统一级计量表的水量计算。

4.1.3 重复利用水量是指企业内部，循环利用的水量和直接或经处理后回收再利用的水量。

## 4.2 吨味精取水量

吨味精取水量按式(1)计算：

$$V_{ui}=\frac{V_i}{Q} \qquad \cdots\cdots(1)$$

式中：

$V_{ui}$——吨味精取水量，单位为立方米每吨($m^3/t$)；

$V_i$——在一定计量时间内，生产过程中取水量总和，单位为立方米($m^3$)；

$Q$——在一定计量时间内，味精产品产量，单位为吨(t)。

## 4.3 吨味精用水量

吨味精用水量按式(2)计算：

$$V_{ut}=\frac{V_i+V_r}{Q} \qquad \cdots\cdots(2)$$

式中：

$V_{ut}$——吨味精用水量，单位为立方米每吨($m^3/t$)；

$V_r$——在一定计量时间内，生产过程中的重复利用水量总和，单位为立方米($m^3$)。

## 4.4 重复利用率

重复利用率按式(3)计算：

$$R=\frac{V_r}{V_i+V_r}\times 100 \qquad \cdots\cdots(3)$$

# 5 取水定额

取水量定额指标见表1。

**表1 取水量定额指标**

| 标准分级 | A级 | B级 |
|---|---|---|
| 吨味精取水量/($m^3/t$) | ≤80 | ≤150 |

# 6 定额使用说明

6.1 取水定额指标为最高允许值，在实际运用中根据不同地区情况取水量应小于或等于定额指标值。

6.2 2004年1月1日起新、扩、改建成投产的企业或生产线，其取水定额执行A级标准；2003年12月31日前建成投产的企业或生产线，其取水定额执行B级标准。

6.3 本定额未考虑工艺过程中采用直流冷却水的取水指标。

6.4 味精企业按本定额进行管理时，企业水平衡与测试依据GB/T 12452。

6.5 吨味精用水量和重复利用率可作为企业内部管理的指标。

ICS 13.060.25
P 41

# 中华人民共和国国家标准

GB/T 18916.10—2006

# 取水定额　第10部分：医药产品

Norm of water intake—Part 10: Pharmaceutical products

2006-08-22 发布　　　　2007-05-01 实施

中华人民共和国国家质量监督检验检疫总局
中国国家标准化管理委员会　发布

# 前　言

GB/T 18916《取水定额》，目前已制定的有：

——第 1 部分：火力发电；

——第 2 部分：钢铁联合企业；

——第 3 部分：石油炼制；

——第 4 部分：棉印染产品；

——第 5 部分：造纸产品；

——第 6 部分：啤酒制造；

——第 7 部分：酒精制造；

——第 8 部分：合成氨；

——第 9 部分：味精制造；

——第 10 部分：医药产品。

本部分为 GB/T 18916 的第 10 部分。

本部分按照 GB/T 18820—2002《工业企业产品取水定额编制通则》所规定的原则制定。

本部分的附录 A 为资料性附录。

本部分由国家发展和改革委员会环境和资源综合利用司提出。

本部分由全国能源基础与管理标准化技术委员会(SAC/TC20)归口。

本部分负责起草单位：哈尔滨市节能监察中心、哈药集团有限公司。

本部分主要起草人：李大平、孟繁荣、陶树青、王晖、田晓锋、杨久平。

# 引　言

随着我国医药工业的快速发展，医药工业对水的需求量也日益增长。但是，由于我国医药工业用水效率低、需求高、污染重现象突出，严重影响了医药工业的可持续发展。因此，加强医药工业节水，改变用水管理落后局面是一项十分重要而又极为迫切的任务。制定医药产品取水定额国家标准，可促进水资源可持续利用，有利于加强医药工业节水的管理工作。

我国医药产品种类众多，工艺复杂，每种产品或剂型在生产过程中的取水量差异很大。维生素C（化学原料药）和青霉素工业盐（化学制药中间体）是我国医药制造工业的规模优势产品，是目前我国产量及出口量最大的两种产品。这两种产品具有独立的生产系统，工艺比较成熟，取水量较大，而且绝大多数的生产企业在主要的生产环节，都配备了用水计量器具。因此，目前仅对维生素C（化学原料药）和青霉素工业盐（化学制药中间体）两种产品制定取水定额国家标准。

# 取水定额　第10部分：医药产品

## 1　范围

本部分给出了医药产品中的维生素C(化学原料药)、青霉素工业盐(化学制药中间体)取水定额的术语和定义、计算方法及单位产品取水量定额指标。

本部分适用于医药产品中的维生素C(化学原料药)、青霉素工业盐(化学制药中间体)生产过程中取水量的管理。

## 2　规范性引用文件

下列文件中的条款通过GB/T 18916的本部分的引用而成为本部分的条款。凡是注日期的引用文件，其随后所有的修改单(不包括勘误的内容)或修订版均不适用于本部分，然而，鼓励根据本部分达成协议的各方研究是否可使用这些文件的最新版本。凡是不注日期的引用文件，其最新版本适用于本部分。

GB/T 12452　企业水平衡与测试通则

## 3　术语和定义

下列术语和定义适用于本部分。

3.1

**医药产品　pharmaceutical products**

用于预防、治疗、诊断人的疾病，有目的地调节人的生理机能并规定有适应症、用法和用量的物质。

3.2

**化学原料药　pharmaceutical raw materials**

用来生产药品的单一物质或混合物，当它被用在药品中就变成该药的一种活性成分，目的是提供药理学活性或其他的直接作用。

3.3

**化学制药中间体　active pharmaceutical intermediates**

用来制备化学原料药的非起始和最终产物的中间物质。

3.4

**医药产品取水量　quantity of water intake for pharmaceutical products**

企业用于医药产品生产过程中从各种水源提取的水量。

3.5

**单位产品取水量　quantity of water intake for unit product**

企业生产单位产品需要从各种水源提取的水量。

## 4　计算方法

### 4.1　一般规定

4.1.1　维生素C(化学原料药)取水量的取水范围

从各种水源取得的水，包括取自地表水、地下水、城镇供水及企业从市场购得的其他水的产品(蒸汽、热水等)，不包括企业自取的海水、苦咸水。

4.1.2 青霉素工业盐(化学制药中间体)取水量的取水范围

从各种水源取得的水，包括取自地表水、地下水、城镇供水及企业从市场购得的其他水的产品(蒸汽、热水等)，不包括企业自取的海水、苦咸水、用于直流冷却水的地表水(河流、湖泊等)。

4.1.3 维生素C(化学原料药)取水量的供给范围

用于主要生产(包括发酵、提取、转化、精制等工艺生产全过程取水量及间接冷却水取水量)、辅助生产(包括空压站、锅炉房、机修、电修、检化验、运输等)和附属生产(包括厂部、科室、绿化、厂内食堂、厂内和车间浴室、保健站、厕所等)3个生产过程的取水量。

4.1.4 青霉素工业盐(化学制药中间体)取水量的供给范围

用于主要生产(包括发酵、过滤、提取、结晶、干燥等工艺生产全过程取水量及间接冷却水取水量)、辅助生产(包括空压站、锅炉房、机修、电修、检化验、运输等)和附属生产(包括厂部、科室、绿化、厂内食堂、厂内和车间浴室、保健站、厕所等)3个生产过程的取水量。

4.1.5 取水量、外购水量、外供水量以企业一级计量表的水量计算。

## 4.2 单位产品取水量

单位产品取水量按式(1)计算：

$$V_{ui} = V_i / Q \qquad (1)$$

式中：

$V_{ui}$——单位产品取水量，单位为立方米每吨($m^3/t$)；

$V_i$——在一定计量时间内产品制造取水量，单位为立方米($m^3$)；

$Q$——在一定计量时间内产品产量，单位为吨(t)。

# 5 取水量定额

医药产品取水量定额指标见表1。

**表1 取水量定额指标**

| 产 品 名 称 | 维生素C(化学原料药) | 青霉素工业盐(化学制药中间体) |
|---|---|---|
| 单位产品取水量/($m^3/t$) | ≤235 | ≤480 |

# 6 定额使用说明

6.1 取水定额是企业制定生产计划和发展规划的主要依据，也是评价企业节约用水水平的指标。

6.2 定额中取水量指标为最高允许值，在实际运用中取水量应小于或等于定额指标值。

6.3 企业取水定额管理中，企业水平衡测试应符合GB/T 12452的要求。

# 附 录 A
（资料性附录）
## 维生素 C（化学原料药）、青霉素工业盐（化学制药中间体）
## 产品取水定额统计范围图

维生素 C（化学原料药）、青霉素工业盐（化学制药中间体）产品取水定额统计范围图见图 A.1。

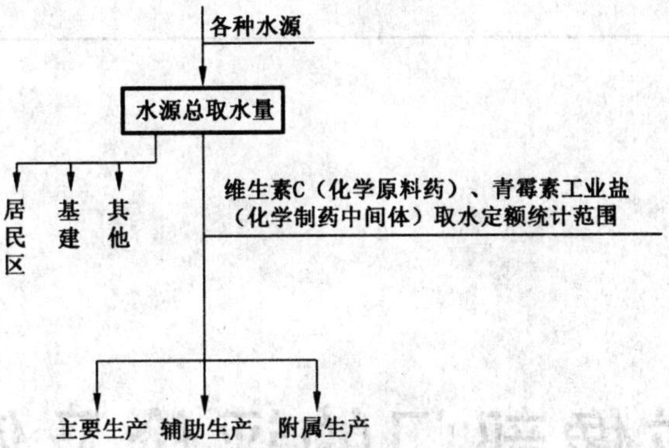


图 A.1 取水定额统计范围图

ICS 11.040.50
C 43

# 中华人民共和国国家标准

GB/T 19042.5—2006/IEC 61223-3-5:2004

# 医用成像部门的评价及例行试验 第3-5部分:X射线计算机体层摄影设备成像性能验收试验

**Evaluation and routine testing in medical imaging departments—Part 3-5: Acceptance tests—Imaging performances of computed tomography X-ray equipment**

(IEC 61223-3-5:2004,IDT)

2006-10-17 发布 2007-07-01 实施

中华人民共和国国家质量监督检验检疫总局
中国国家标准化管理委员会 发布

# 前　言

本部分等同采用国际电工委员会 IEC 61223-3-5:2004《医用成像部门的评价及例行试验——第 3-5 部分:X 射线计算机体层摄影设备成像性能验收试验》,编写规则也与之相同。

在标准转化过程中纠正了原文中的一个编辑性错误,即 3.7 中的最后一句"……air a value of 1000"根据文中定义和 CT 基本知识我们转化为"空气的 CT 值为－1 000"。

本部分包括 IEC 61223-3-5 勘误表 1 的内容。

对 IEC 61223-3-5,本部分还做了下列编辑性修改:

a) 删除了国际标准前言;

b) 用小数点"."代替作为小数点的逗号","。

本部分是 GB/T 19042 标准的第 5 部分,验收试验其余部分如下:

——GB/T 19042.1—2003　医用成像部门的评价及例行试验　第 3-1 部分:X 射线摄影和透视系统用 X 射线设备成像性能验收试验(IEC 61223-3-1:1999, IDT);

——GB/T 19042.2—2005　医用成像部门的评价及例行试验　第 3-2 部分:乳腺摄影 X 射线设备成像性能验收试验(IEC 61223-3-2:1996, IDT);

——GB/T 19042.3—2005　医用成像部门的评价及例行试验　第 3-3 部分:数字减影血管造影 X 射线设备成像性能验收试验(IEC 61223-3-3:1996, IDT);

——GB/T 19042.4—2005　医用成像部门的评价及例行试验　第 3-4 部分:牙科 X 射线设备成像性能验收试验(IEC 61223-3-4:2000, IDT)。

本部分的附录 A 为规范性附录,附录 B、附录 C、附录 D、附录 E、附录 F、附录 G 均为资料性附录。

本部分由国家食品药品监督管理局提出。

本部分由全国医用 X 线设备及用具标准化分技术委员会归口。

本部分起草单位:上海西门子医疗器械有限公司、东软飞利浦医疗设备系统有限公司、辽宁省医疗器械产品质量监督检验所、航卫通用电气医疗系统有限公司。

本部分主要起草人:卢智、梅伟铭、李焕德、牟莉。

# 引　言

本部分为GB/T 19042的一个组成部分，给出了关于医用诊断**X射线设备**验收试验和稳定性试验的方法。

在新的**设备**安装完毕，或者对已有**设备**进行重大改动之后，为了容易地对那些影响图像质量、**患者**剂量和定位的适用的安全和性能标准、法规以及合同条款进行验证，实施**验收试验**。

为了与另外两个涉及**CT扫描装置**的IEC标准保持一致，本部分的测量方法和术语尽可能取自于：

——CT安全标准GB 9706.18，和

——CT稳定性试验标准GB/T 17006[3][1)]。

本部分中的某些条款或声明需要补充信息。在附录中描述了这些补充信息。某章或条左边线处的星号表明具有这样的补充信息。

1) 方括号中的数字为参考文献顺序。

# 医用成像部门的评价及例行试验 第3-5部分:X射线计算机体层摄影设备 成像性能验收试验

## 1 范围和目的

GB/T 19042本部分验收试验适用于影响到图像质量,患者剂量和定位的**CT扫描装置**的相关部件。

本部分

——定义了有关描述**CT扫描装置**图像质量,**患者**剂量和定位的主要参数;需要试验的参数列表参见4.4;

——定义这些主要参数的试验方法;

——评估这些参数是否符合**随机文件**规定的误差范围。

这些方法主要是依赖非介入性的测量,使用适当的试验设备,在安装期间或在安装完成之后。经签署的包含安装程序步骤的说明可用作**验收试验**报告的部分内容。

GB/T 19042本部分目的是协助执行在**CT扫描装置**上的**验收试验**。目的是要验证按规范进行安装后,图像质量、**患者**剂量和定位是否受到影响。

本部分并不考虑:

——机械和电气安全的方面;

——机械,电气和软件性能的方面,除非它们是进行**验收试验**所必需的,并且直接影响到成像质量,**患者**剂量和定位。

## 2 规范性引用文件

下列文件中的条款通过GB/T 19042本部分的引用而成为本部分的条款。凡是注日期的引用文件,其随后所有的修改单(不包括勘误的内容)或修订版均不适用于本部分,然而,鼓励根据本部分达成协议的各方研究是否可使用这些文件的最新版本。凡是不注日期的引用文件,其最新版本适用于本部分。

GB 9706.1—1995 医用电气设备 第一部分:安全通用要求(idt IEC 60601-1:1988)[2]

GB 9706.18—2006 医用电气设备 第2-44部分:X射线计算机体层摄影设备安全专用要求(idt IEC 60601-2-44:2002)[3]

IEC 60788 医用放射学术语

## 3 术语和定义

针对本部分,下列各项术语和定义适用。

注1:在本部分中,小一号黑体印刷的术语表示在通用标准或IEC 60788中对其有过定义。

注2:请注意,陈述的概念未在上述出版物中作过定义时,相应的术语用宋体字印刷。

注3:本部分用到的有定义的术语在附录A给出。

注4:在以下补充定义中给出某些术语的相关使用条件。

2) 将要出版的新一版的IEC 60601-1的名称改为:医用电气设备 第一部分:基本安全和必要性能通用要求。

3) 现已存在的2.1(2002)合并版,包括2.0(2001)版和增补版(2002)(已转化为GB 9706.18—2006)。

3.1

**验收试验　acceptance test**

在新的设备安装完毕，或者对已有设备进行重大改动之后，为验证符合合同规范所进行的试验。

3.2

**稳定性试验　constancy test**

为了确保**设备**的性能满足确立的准则要求，或者能尽早发现**设备**的部件特性的改变而进行的一系列试验。

3.3

**CT 运行条件　CT conditions of operation**

所有主导**CT 扫描装置**运行的可选参数，包括例如**标称体层切片厚度**、**CT 螺距系数**、滤过、峰值**X 射线管电压**以及**X 射线管电流**和**加载时间**或**电流时间积**。

3.4

**CT 扫描装置　CT scanner**

**X 射线计算机体层摄影设备　X-ray equipment for computed tomography (CT)**

对不同角度的 X 射线辐射传输数据进行计算机重建，生成人体的横截面图像，从而用于医学诊断的 X 射线系统。该普通型装置可能包括信号分析和显示**设备**、**患者支架**、支持部件和**附件**。

注：二次图像处理不包括在本部分范围内。

3.5

**CT 剂量指数 100　computed tomography dose index100 ($CTDI_{100}$)**

单次轴向扫描产生的沿着**体层平面垂直线**的**剂量分布**除以**体层切片**数目 N 与**标称体层切片厚度** T 的乘积从－50 mm 到＋50 mm 的积分。

$$CTDI_{100} = \int_{-50\ \mathrm{mm}}^{+50\ \mathrm{mm}} \frac{D(z)}{N \cdot T} \mathrm{d}z$$

式中：

$D(z)$——沿着**体层平面垂直线** $z$ 的**剂量分布**，这个剂量是作为空气吸收剂量给出的；

$N$——X 射线源在单次轴向扫描中产生的**体层切片**数；

$T$——**标称体层切片厚度**。

注 1：这里引用的术语 $CTDI_{100}$ 是一个比美国食品药物管理局(FDA) 21 CRF 1020.33[4] 中规定的从 $-7T$ 到 $+7T$ 的积分 CTDI 更具有代表性的剂量值。

注 2：剂量按空气吸收剂量给出。这一规定是为了避免发生目前的混淆而要求的，因为有一些 **CT 扫描装置**的**制造商**是根据空气中的吸收剂量来表示剂量计算值，而另有一些制造商是根据聚甲基丙烯酸酯(PMMA)的吸收剂量来表示剂量计算值。

虽然 CT 剂量指数 100 ($CTDI_{100}$)是指空气中的吸收剂量，但在实践中在 PMMA 剂量**体模**里面评估空气中的吸收剂量与用电离室在**体模**中测定空气的比释动能有很好的近似。

注 3：本定义假定**剂量分布**以 $z=0$ 为中心。

注 4：典型的单次轴向扫描是 X 射线源旋转 360°。

3.6

**加权 $CTDI_{100}$　weighted $CTDI_{100}$**

加权 $CTDI_{100}$ ($CTDI_w$)定义为：

$$CTDI_w = \frac{1}{3} CTDI_{100(中心)} + \frac{2}{3} CTDI_{100(周边)}$$

4) 美国联邦法规　第 21 篇　第 1 章：食品药品管理局(FDA)，1020 节——电离辐射产品性能标准：1020.33：计算机体层摄影设备。

式中：

$CTDI_{100(中心)}$——在被试验物体的中心处测得的 $CTDI_{100}$ 值；

$CTDI_{100(周边)}$——在被试验物体的外围测得的平均 $CTDI_{100}$ 值。

3.7

**CT 值　computed tomography number**

用来反映**计算机体层摄影**图像中每个元素区域代表的 X 射线**衰减**的平均数值。

注：CT 值通常用 HU 单位表示。测得的线性衰减系数的值被转换成国际通用的 HU 标定的 CT 值，表示为：

$$物质\ CT\ 值 = \frac{\mu_{物质} - \mu_{水}}{\mu_{水}} \times 1\,000$$

式中：

$\mu$——线性衰减系数。

根据 CT 值的定义，因此水的 CT 值为 0，空气的 CT 值为 −1 000。

3.8

**剂量分布　dose profile**

以位置函数表示的沿线剂量。

3.9

**半峰值全宽　full width at half maximum（FWHM）**

在曲线上具有曲线最大值一半的值处，平行于横坐标的两点之间的间隔。

3.10

**图像显示装置　image display device**

能够接收来自成像系统的输入信号并显示出图像的装置。

3.11

**低对比度分辨率　low contrast resolution**

一个有规定形状和大小的物体可以从均匀的背景中分辨出来的最低对比度细节。

3.12

**平均 CT 值　mean CT number**

在某一个确定的**感兴趣区域**内所有像素的 **CT 值**的平均值。

3.13

**噪声　noise**

均匀物质的图像中某一确定区域内 **CT 值**偏离平均值的程度。

噪声大小用**感兴趣区域**内均匀物质的 **CT 值**的标准偏差表示。

3.14

**标称体层切片厚度　nominal tomographic section thickness**

在 **CT 扫描装置**的**控制台**上选择和指示的**体层切片**厚度。

注：在螺旋扫描中重建图像的厚度取决于螺旋重建算法和螺距，因此这个厚度可能不等于**标称体层切片厚度**。重建图像的厚度可以在螺旋扫描之前有指示或被选择。

3.15

**感兴趣区域　region of interest（ROI）**

某一时刻在图像上划出的特别感兴趣的图像的局部部分。

3.16

**灵敏度分布　sensitivity profile**

以**体层平面**垂直线的位置函数表示的**计算机体层摄影**系统的相对响应值。

3.17

**空间分辨率　spatial resolution**

当物体和背景衰减值的差远大于**噪声**时，**计算机体层摄影设备**在显示图像中能分辨出不同物体的能力。

注 1：通常物体和背景之间的衰减系数的差别造成相应CT值有数百HU单位的差别被视为足够大。

注 2：高对比度分辨率是空间分辨率的另一种称谓。

3.18

**体层平面 tomographic plane**

垂直于旋转轴的几何平面。（见图1）

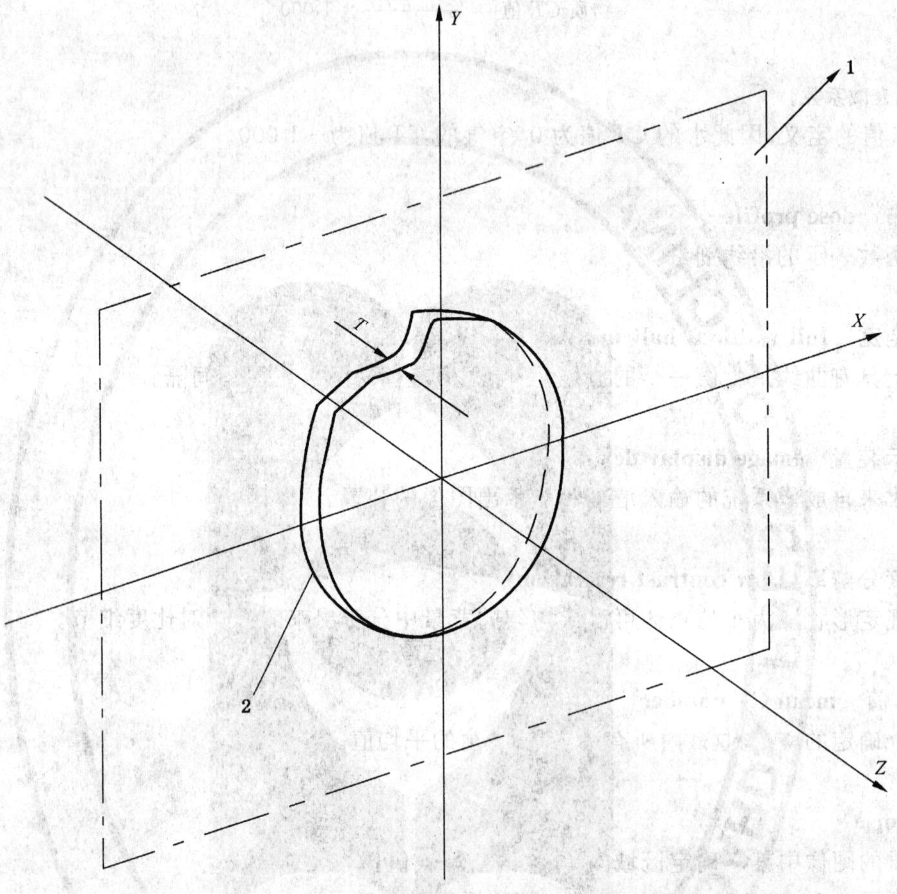


1——体层平面；

2——体模。

**图1 直角坐标系**

3.19

**体层切片 tomographic section**

在单次轴向扫描中采集到**X射线辐射**传输数据覆盖过的体积。

注：在沿轴有多排探测器的**CT扫描装置**中，它是指单排采集通道（被选中的器件组）采集到数据覆盖过的体积，并不是指受辐照的总体积。

3.20

**体层切片厚度 tomographic section thickness**

在**体层切片**等中心处所获得的**灵敏度分布**的**最大半峰值全宽**。

3.21

**均匀性 uniformity**

整个扫描野均匀物质图像的**CT值**的一致性。

3.22

**CT 螺距系数　CT pitch factor**

在螺旋扫描中 X 射线源每旋转一周患者支架在 $z$ 方向的行程 $\Delta d$ 除以标称体层切片厚度 $T$ 和体层切片数 $N$ 的乘积所得到的比值：

$$CT\ 螺距系数 = \frac{\Delta d}{N \cdot T}$$

式中：

$\Delta d$——X 射线源每旋转一周患者支架在 $Z$ 方向的行程；

$T$——标称体层切片厚度；

$N$——X 射线源在单次轴向扫描中产生的体层切片数。

3.23

**体积 CT 剂量指数　volume $CTDI_w$($CTDI_{vol}$)**

对选择的 CT 运行条件，在扫描覆盖的总体积上的平均剂量。

$CTDI_{vol}$定义如下：

a）对于轴向扫描

$$CTDI_{vol} = \frac{N \cdot T}{\Delta d} \cdot CTDI_w$$

式中：

$N$——在 X 射线源的单次轴向扫描中产生的体层切片数；

$T$——标称体层切片厚度；

$\Delta d$——在相邻扫描之间患者支架在 $z$ 方向运行的距离；

$CTDI_w$——加权 $CTDI$。

b）对于螺旋扫描

$$CTDI_{vol} = \frac{CTDI_w}{CT\ 螺距系数}$$

式中：

$CTDI_w$——加权 $CTDI$。

3.24

**$CTDI_{自由空气}$　$CTDI_{FREE\ AIR}$**

在没有体模和患者支架情况下在等中心处测量的 $CTDI_{100}$。

## 4　验收试验概述

### 4.1　在试验程序中需要考虑的一般情况

验收试验的目的是要证实在随机文件中说明的设备规定的特性是否在规定的允许误差范围内。

在任何的验收试验实行之前，应列出需验证的进行试验的设备和随机文件的详细项目。每个项目应用它的型式标记（类型编号）和序列号来识别，而且整个详细项目应与采购合同比较。

图像显示装置的性能会影响所测量的数字成像系统的性能。在任何图像的验收试验的视觉评估之前应首先试验这一类部件的性能。图像显示装置应按随机文件的要求安装，并且，如果适用，使用制造商的电子试验图像来验证它规定的性能。

非介入性测量为验收试验首选。一旦介入性试验是试验项目的一部分时，应核实在试验结束后设备已经恢复到试验前的状态。

### 4.2　试验文件和数据

随机文件应包括：

——符合 GB 9706 适用部分的说明；

——设备或设备部件的定购清单和实际发运清单(GB 9706.1);
——制造商所声明的或者随机文件所规定的技术规范,包括验收试验所用的CT运行条件;
——来自制造商或在安装期间的试验结果,包括所有对质量重要的项目;
——使用说明书,包括设备的操作指南;
——可使用的CT扫描装置的CT运行条件的详细说明;
——维护范围和频次的指南;
——当适用时先前的试验报告。

## 4.3 设备、仪器的标识和试验条件

所有被试验和用来试验的设备都应被明确标识。所有的试验条件,包括试验器件的位置应进行记录。

CT扫描装置的可更换部件如:
——附加滤板;
——患者支架或其他在辐射束中的衰减材料。

连同试验使用的设备项目如:
——试验器件;
——辐射仪。

应被记录,以便验收试验可以在同先前试验相同的条件下重复进行。

所有有关的数据如被试验的CT扫描装置的标识,所用的试验设备的标识,几何布局,操作特性,校正因子和附属设备的试验结果应与试验结果一起记录。记录应标明包括试验的地点日期和试验者的名字。

下列各项情况应连同使用的试验器件一起被规定并记录:
——所有用于试验的CT运行条件;
——被成像的试验器件的区域;
——辐照时试验器件的位置。

## 4.4 试验的范围

下列各项试验包含于验收试验:
——随机文件的检查,和
——根据使用说明书CT扫描装置的视觉检查和功能试验。

下列各项包含于验收试验,使用典型头部和体部的CT运行条件:
——患者支架定位(见5.1);
——患者定位准确度(见5.2);
——体层切片厚度(见5.3);
——剂量(见5.4);
——噪声,均匀性和平均CT值(见5.5);
——空间分辨率(见5.6)。

可以执行其他的试验,如:螺旋体层切片厚度(附录B),低对比度分辨率(附录C),机架倾斜(附录D),剂量分布(附录E),但是这些试验不作为验收试验的必需部分。

如果测量的噪声和平均CT值符合规范,那么低对比度分辨率的性能也被认为符合规范。如果认为有必要测量低对比度分辨率,制造商应提供详细的评估方法。可用于测量低对比度分辨率的其他的方法列在附录C。

## 4.5 包括体模和试验器件的试验设备

作为验收试验的试验设备应是经过校准的。测量器具的不确定度应该要满足测量的要求。

## 5 CT 扫描装置的试验方法

### 5.1 患者支架的定位

#### 5.1.1 概述

患者支架的定位准确度包括纵向定位和回差的评估。

患者支架的纵向定位准确度测量是通过把患者支架往某一个方向移动一个设定的距离并且确定它实际移动的距离。

把患者支架往某一个方向移动然后再移回到原来的起始位置的准确度即为回差的评估。

#### 5.1.2 试验设备

将一把直尺固定到患者支架上一个邻近移动部件的固定部件。

注：若准确度经过确认，基于胶片或者图像的方法可以选用。

#### 5.1.3 试验程序

试验进行时在患者支架上应放置等效于一个人体重但不超过 135 kg 的负载。

在患者支架移动部件上以方便的方式固定一个标志，另一个标志固定在与它邻近的直尺上。

将患者支架移动一个设定的距离并且测量移动距离 $L_{for}$（两个标志之间的距离）。

将患者支架移回到设定的初始位置并且测量两个标志之间的距离 $C_{for}$。

然后向相反的方向重复上述移动并且测量对应于上述测量的两个标志之间的距离记为 $L_{back}$ 和 $C_{back}$。

上述试验程序应在正常 CT 运行条件重复进行，患者支架在扫描模式下驱动，以约 10 mm 增量累计总距离 30 cm 向前和向后两个方向移动。

#### 5.1.4 数据评估

##### 5.1.4.1 患者支架纵向的定位

将测量的纵向移动的距离 $L_{for}$ 和 $L_{back}$ 与固定的设定距离相比较。

##### 5.1.4.2 患者支架的回差

测量的距离 $C_{for}$ 和 $C_{back}$ 作为回差数值。

##### 5.1.4.3 CT 运行条件下患者支架的步进移动

纵向的定位和回差的评估应重复。

#### 5.1.5 判定准则

##### 5.1.5.1 患者支架纵向的定位

$L_{for}$ 和 $L_{back}$ 与固定的指定距离的偏差应不超过 ±1 mm。

##### 5.1.5.2 患者支架的回差

$C_{for}$ 和 $C_{back}$ 应不超过 ±1 mm。

##### 5.1.5.3 CT 运行条件下患者支架的步进移动

应使用 5.1.5.1 和 5.1.5.2 判定准则。

### 5.2 患者定位准确度

#### 5.2.1 轴向的患者定位准确度

##### 5.2.1.1 概述

患者轴向定位灯和扫描平面的相互关系由定位和扫描一个细薄的吸收体来试验。

##### 5.2.1.2 试验设备

试验器件应由一个细薄的吸收体所组成，例如约 1 mm 直径的金属丝。

##### 5.2.1.3 试验程序

5.2.1.3.1 指示扫描平面的内部患者定位灯的试验程序（如果适用）。

试验器件应安放在与体层平面平行的内部光野中心。应在光野中心采集大约覆盖 ±3 mm 范围的窄序列体层，应用不大于1 mm的进床步进来获得最薄的体层切片厚度。

注1：其他可选的，可以将X射线胶片放置在等中心及患者定位光野中。应用2 mm或小于2 mm的体层切片厚度进行断层扫描。

注2：如果CT扫描装置提供其他自动的患者定位准确度的评估方法，经过确认后可以使用。

5.2.1.3.2 外部患者定位灯的试验程序(如果适用)

试验器件应安放在与体层平面平行的外部光野中心。CT扫描装置应可以自动地将试验器件移进扫描平面内。应在光野中心采集大约覆盖±3 mm范围的窄序列体层，应用不大于1 mm的进床步进来获得最薄的体层切片厚度。

注1：其他可选的，可以将X射线胶片放置在等中心及患者定位光野中。CT扫描装置应该可以自动将胶片移动进入扫描平面。应用2 mm或小于2 mm的体层切片厚度进行断层扫描。

注2：如果CT扫描装置提供其他自动的患者定位准确度的评估方法，经过确认后可以使用。

5.2.1.3.3 使用扫描的X射线投影照片(预览图像)试验体层平面自动定位的程序

试验器件应被放置在CT扫描装置的患者支架上并与X轴平行。在AP方向扫描一个X射线投影照片(预览图像)。在预览图像中体层切片的位置应精确定义在试验器件上。CT扫描装置应可以自动地将试验器件移进扫描平面内。应在试验器件位置上采集大约覆盖±3 mm范围的窄序列体层，应用不大于1 mm的进床步进来获得最薄的体层切片厚度。

注：如果CT扫描装置提供其他自动的患者定位准确度的评估方法，经过确认后可以使用。

5.2.1.4 数据评估

对每一项试验，选用试验物体最高CT值的图像。

5.2.1.5 判定准则

就每个试验而言，选择的图像应在光野或预览图像中试验物体位置的±2 mm范围。

5.2.2 矢状位和冠状位的定位灯准确度(如果适用)

5.2.2.1 概述

矢状(左/右)和冠状(上/下)患者定位灯与图像等中心的关系用放置在等中心的一个细小的吸收体来试验。

5.2.2.2 试验设备

试验器件应由一个细小的吸收体所组成，如，可以利用矢状和冠状患者定位灯来定位在等中心的一支铅笔。

5.2.2.3 试验程序

应通过将试验器件定位在体层平面上矢状和冠状定位光野的交叉处，将试验器件放置在CT扫描装置中心。应运用约10 cm的重建视野和适当的曝光参数来获取一幅体层图像。

5.2.2.4 数据评估

察看试验器件的图像，并且根据图像的中心定出试验器件的位置。图像中心可以通过叠加一个坐标格栅或标示出$X$和$Y$坐标轴的值为0、0的位置来确定。

5.2.2.5 判定准则

应使用随机文件规范里声明的数值和允许的误差。

5.3 体层切片厚度

5.3.1 轴向扫描体层切片厚度

5.3.1.1 概述

体层切片厚度应由测量与扫描平面的倾斜交叉的一块或多块适当斜坡材料的图像宽度来评估。该宽度定义为半峰值全宽。

5.3.1.2 轴向扫描试验设备

试验器件包含一条或最好是两条已知的相对扫描平面倾角的斜坡，斜坡的线性衰减系数应不小于铝并且适合用于测量所有的可用的体层切片厚度。

注1：斜坡是与扫描平面成一倾角的细长条材料或金属丝。

注2：斜坡的倾角和厚度不宜影响测量。

注3：由离散的珠子、圆盘或金属线组成的斜坡也可使用。

#### 5.3.1.3 轴向扫描试验程序

调整试验器件以便它的轴与CT扫描装置的旋转轴一致。

在试验器件放置好之后，应依照制造商规范的一系列CT运行条件进行扫描。

所有的准直器设置都应进行试验。对于多排CT扫描装置，宜获取每个准直器设置可得到的所有体层切片。评估应至少对两个外侧的体层切片和一个具有代表性的内部体层切片进行。

#### 5.3.1.4 数据评估

扫描图像的评估如下：

背景材料的CT值通过调整窗宽到可能的最窄设定并且调整窗位到背景消失刚好一半时获得。

记录背景CT值。

应对每条斜坡执行下列各项步骤：

——按为建立背景的CT值所描述的方法建立每条斜坡的最大CT值；

——将每条斜坡的最大CT值加上背景CT值然后将结果除以二从而获得每条斜坡最大CT值的半值，记录这些数值；

——设定最窄窗宽，调整窗位到每条斜坡最大CT值的半值，然后测量每条斜坡的宽度作为半峰值全宽(FWHM)(作为测量的体层切片厚度)；

——如果试验器件包含超过一条斜坡，平均所有结果获得平均的FWHM值；

——将FWHM值乘上斜坡到扫描平面倾斜角的正切值(即斜率)。这一个结果为轴向扫描的体层切片厚度。

注1：如果CT扫描装置提供基于上述方法的自动的体层切片厚度的评估方法，可以使用。

注2：像素大小和重建算法不宜对测量有任何影响。视野一定适当选择以便在图像中的斜坡检测不受影响。重建运算法则一定适当选择以便平滑效应被减到最少。这对1 mm或小于1 mm的标称体层切片厚度是尤其重要的。

注3：如果使用的是一条斜坡，推荐在斜坡测量几条线值并使用其平均值。

注4：如果CT扫描装置操作软件提供沿着一条线将像素值图示和评估的工具，该切片厚度曲线用来测定斜坡图像的半峰值全宽度，根据斜坡倾斜角进行校正后表示为序列体层切片厚度。

#### 5.3.1.5 判定准则

应使用随机文件规范里声明的数值和允许的误差。如果随机文件缺少这些规范，参照第B.1章。

### 5.3.2 螺旋扫描的体层切片厚度

螺旋扫描的体层切片厚度试验不是强制性的。如果想要测量螺旋扫描的体层切片厚度，参见附录G。

## 5.4 剂量

### 5.4.1 概述

剂量测量应使用GB 9706.18描述的方法。

### 5.4.2 试验设备

应使用在GB 9706.18中定义的试验器件。

### 5.4.3 试验程序

验收试验中应执行下列各项剂量测量：

——典型的头部和体部轴向运行条件的$CTDI_w$；

——各种标称射束准直情况下的$CTDI_{自由空气}$(其他所有独立CT运行条件应维持为典型的体部状态，见表1)；

——各种电压设置情况下的$CTDI_{自由空气}$(其他所有独立CT运行条件应维持为典型的体部状态，见表1)；

——典型的头部运行条件下的$CTDI_{自由空气}$。

注1:$CTDI_{自由空气}$比在试验器件中测量的($CTDI_w$)更灵敏的试验。它可用于将来的稳定性试验。这一个测量对射束整形滤板的偏心效应不敏感。

注2:标称的射束准直宽度等于$N \times T$,这里$N$是单次轴向扫描生产的体层切片数,而$T$是标称体层切片厚度。

注3:对于给定的$N \times T$乘积只要求一个测量。

注4:螺旋扫描的剂量值可使用$CTDI_{vol}$的定义从轴向扫描的剂量测量($CTDI_w$)来获得。用来决定螺旋扫描剂量的$CTDI_w$应是在使用相同射束准直宽度的轴向扫描的CT运行条件中获得的。

**表1 剂量试验模式**

| 电压的变化 | 标称准直宽度的变化(N和T的乘积) | | | | |
|---|---|---|---|---|---|
| | 准直宽度1 | 准直宽度2 | 准直宽度3 | 准直宽度4(典型的) | 准直宽度5 |
| 电压1 | | | | 是 | |
| 电压2(典型的) | 是 | 是 | 是 | 是 | 是 |
| 电压3 | | | | 是 | |

### 5.4.4 数据评估

剂量应由上述要求的$CTDI_w$和$CTDI_{自由空气}$的计算决定,而且结果应与随机文件给出的规范比较。

$CTDI_{vol}$应由上述定义的典型的头部和典型的体部运行条件下的$CTDI_w$计算出来。结果应与在操作者控制台上显示的$CTDI_{vol}$值比较。

### 5.4.5 判定准则

应使用随机文件规范里声明的数值和允许的误差。如果随机文件缺少这些规范,参照第B.2章。

## 5.5 噪声、平均CT值和均匀性

### 5.5.1 概述

噪声和平均CT值由测定感兴趣区域CT值的标准偏差和平均值来评估,感兴趣区域位于所显示的均匀的试验器件的图像中心。

均匀性应根据均匀试验器件的图像中不同的位置感兴趣区域的平均CT值来评估。

### 5.5.2 试验设备

应使用规定大小和装有均匀物质的圆柱形的试验器件。

试验器件应足够长以确保测量不受试验器件里其他物体的直接辐射或者散射的影响。

对于头部扫描,应使用外径16 cm到20 cm,总衰减等效于至少16 cm水的试验器件来模拟患者头部。

对于体部扫描,应使用外径30 cm到35 cm,总衰减等效于至少30 cm水的试验器件来模拟患者体部。

除非在随机文件中另作说明,应使用上述的试验器件规范。

注:噪声结果会因实际使用试验器件的大小和材料而改变。

### 5.5.3 试验程序

使用支架将试验器件置于扫描机架的等中心,使试验器件的位置适于测量。试验器件的位置应作标记、给予描述并加以记录,以便试验能在将来的稳定性试验中重现。

应根据使用说明书中的CT运行条件扫描试验器件,见4.2。应记录所有有关扫描参数(如电压、电流、X射线准直宽度,重建卷积核)。应试验两个CT运行条件,一个代表典型的轴向头部扫描,另一个代表典型的轴向体部扫描。

### 5.5.4 数据评估

噪声,平均CT值和均匀性应对多排CT扫描装置中球管旋转一圈同时采集的每幅图像进行评估。

在试验器件的图像中心选择一个感兴趣区域,测定并记录感兴趣区域像素的平均值和标准偏差。

测定并且记录试验器件上依次排列的四个位置感兴趣区域的平均CT值,这四个感兴趣区域的外部的边缘与试验器件的内壁的距离是规定的。推荐的距离是1 cm。这些位置应是特定选择的以便它们能容易在将来的试验中重复。(举例来说:对应 3,6,9 和 12 点钟位置)。

**感兴趣区域**的选择应是依照下列各项标准:

——对于 **CT 值**的测量,**感兴趣区域**的直径应约为**试验器件**图像的直径的 10%;

——对于**噪声**的测量,**感兴趣区域**的直径应约为**试验器件**图像的直径的 40%;

——中心**感兴趣区域**和靠近试验器件边缘的**感兴趣区域**应不重叠。

在中心**感兴趣区域**测定的 **CT 值**的标准偏差作为**噪声**应和**随机文件**给出的规范比较。

在中心**感兴趣区域**测定的**平均 CT 值**应和**随机文件**给出的规范比较。

**均匀性**的评估应通过计算中心**感兴趣区域**的**平均 CT 值**和每一个边缘**感兴趣区域**的**平均 CT 值**的差值的绝对值进行。这四个值中的每一个值都应和**随机文件**给出的规范比较。

### 5.5.5 判定准则

应使用**随机文件**规范里声明的数值和允许的误差。如果**随机文件**缺少这些规范参考第 B.3 章。

## 5.6 空间分辨率

### 5.6.1 概述

**空间分辨率**最好由从点扩散函数经过傅里叶变换获得的**调制传递函数**曲线来描述。替代的方法参阅附录 F。

### 5.6.2 试验设备

**试验器件**应使用一条适当尺寸的高对比金属丝,装置在一个衰减最小的材料的保护管之内以此保证高信噪比。

注 1:金属丝的直径应不能影响 MTF(调制传递函数),也不能导致 **CT 扫描装置**的 **CT 值**超出上下范围。典型的金属丝的直径为 0.2 mm 或更小。

注 2:其他的试验器件经过与金属丝比较确认之后可以使用。

### 5.6.3 试验程序

要试验 **CT 扫描装置**的**空间分辨率**,应使用**随机文件**所描述的 **CT 运行条件**进行扫描。应选择典型的头部和体部的 **CT 运行条件**,以及可获得最高**空间分辨率**的扫描模式。

**试验器件**放置在机架中并使金属丝与系统的 $Z$ 轴平行和偏离中心 30 mm±10 mm。

**试验器件**的位置应作记号,描述而且记录,以作为将来重复试验和**稳定性试验**的基准。

在**试验器件**放置好之后应将它扫描。

宜应用足够小的重建视野以便测量不受像素大小的限制。

### 5.6.4 数据评估

二维傅里叶变换以 MTF 提供空间分辨率信息。**制造商**应提供一个评估方法。附录 F 提供可以用来测量 MTF 的其他参考方法。

### 5.6.5 判定准则

应使用**随机文件**规范里声明的数值和允许的误差。如果**随机文件**缺少这些规范参考第 B.4 章。

# 附 录 A
（规范性附录）
## 术语——定义的术语索引

# 附 录 B
# （资料性附录）
# 推荐的试验结果判定准则

## B.1 体层切片厚度

测量的体层切片厚度与随机文件中规定的标称值的偏差不应超过下列数值：

——对大于 2 mm 的厚度：±1.0 mm；

——对 1 mm 到 2 mm 的厚度：±50%；

——对小于 1 mm 的厚度：±0.5 mm。

## B.2 剂量

所有的剂量值应在随机文件给出的规定的值的±20%的范围内。计算的头部和体部 $CTDI_{vol}$应在操作者控制台显示值的±20%的范围内。

## B.3 噪声、CT 值和均匀性

噪声的测量值与随机文件中规定的值的偏差不应该超过±15%。

测量的中心感兴趣区域的平均 CT 值与 CT 扫描装置制造商为试验器件特定材料规定的标称值的偏差应不超过±4HU。

注：对于水模，根据定义规范值应为零。

均匀性应不大于 4HU。

## B.4 空间分辨率

MTF 曲线上 50%和 10%处的测量值应在规定的标称值±0.5 lp/cm，或者在规定的标称值的±10%范围内，取大的一个。

# 附 录 C
# （资料性附录）
# 低对比度分辨率的目测方法

由于历史的原因，在建立CT扫描装置的低对比度分辨率时目测被当作首选的方法。该方法中，使用平均CT值与均匀背景有低对比度（约2HU到10HU）的小物体（约2 mm到10 mm，典型为圆柱），由一定数量的观测人员进行视觉评估。为了决定检测的分辨能力，物体应是从背景中明显可见。为了决定低对比度分辨率，几个等空间距离的物体应能各自分开。该观测任务（无论是从均一物体中察觉物体还是相邻物体的分辨）自然受主观影响，因而结果依赖于观测者的视觉敏锐度、周围光线条件和观测者判定可见和不可见的标准。

对于CT扫描装置特定的性能参数，制造商通常详细说明低对比分辨为在给定体模和给定（或低于）规定的剂量可观测到的“给定”对比的“最小”的孔。例如像这样的规范：在直径为20 cm等价于水的体模并且表面剂量为30 mGy的情况下可分辨差别为0.5%的4 mm物体。为了验证某一特定系统是否符合制造商的规范，应使用同样的体模、扫描条件（特别是放射剂量）、观测条件和判定可见的准则。

试验器件制造时要精确保证相对于背景材料的已知对比是困难的，而且在图像中实测的对比也会随用来获取图像的扫描装置变化。另一值得关注的是在目测方法中不同的观测者在评价图像时会有明显的不同观点，因为观测者对“可见”的理解通常会有不同的要求。因此，应结合多个观测者的评价结果。

由于体模的差异和观测者要求的不同，以及难以获取具有一定置信度的客观统计数据，使得使用目测方法客观的测量低对比度分辨率非常困难。因此，该方法在验收试验中不推荐使用。关于低对比性能的客观试验，在[4]、[5]有建议使用的统计方法。

# 附 录 D
# (资料性附录)
# 机架倾斜的准确度

## D.1 概述

关于机架或患者支架的物理倾斜是否符合计算机设定的参考位置应进行检验。

## D.2 测量设备

必需的测量设备有:

——封装的胶片,如治疗定位或检验胶片;

——直尺;

——量角器;

——足够大的丙烯酸试验器件以便能够支持胶片封袋可在患者支架上竖直放置;和

——胶带,用于将胶片封袋固定到丙烯酸试验器件和患者支架。

## D.3 测量程序

用胶带将胶片封袋固定到丙烯酸试验器件,然后将胶片和丙烯酸试验器件竖直放置在患者支架上,胶片平行于矢状定位灯。用可用的最小扫描宽度和适当的加载因素照射胶片三次,这三次轴向扫描分别是当机架在最大前倾角度、最大后倾角度和零度时(0°)。

## D.4 数据分析

应测量两个对向的夹角,即机架在最大前倾角度时的图像与零度时的图像的夹角和最大后倾角度时的图像与零度时的图像的夹角。

## D.5 判定准则

应使用随机文件规范里声明的数值和允许的误差。

如果缺少这些文件,在胶片上测量的角度应符合 CT 扫描装置上显示的相应角度。该测量方法的典型允许误差为± 2°。

注:可选择的倾斜角度可用随机文件规定的数值水平仪测量。

# 附 录 E
（资料性附录）
# 剂 量 分 布

## E.1 概述

剂量分布宽度由测量剂量在 $Z$ 轴方向上分布的半峰值全宽来决定。

## E.2 测量设备

测量设备包括X射线胶片、洗片机和将已冲洗胶片数字化的方法。

注：其他方法如TLD也可接受。

## E.3 测量程序

剂量分布测量所用的一系列扫描参数应在随机文件中给出。胶片应按照CT扫描装置可用的所有准直宽度进行照射，应使用适当的曝光参数以保证胶片不会曝光过量。胶片处理应正确无误。

## E.4 数据分析

剂量分布通过对已冲洗的胶片数字化并通过特征曲线矫正后得到。剂量分布的半峰值全宽被认为是剂量分布宽度。

注：如果缺少适当的数字化仪，半峰值全宽可根据视觉判断测量两边半影的中心的距离。

## E.5 判定准则

应使用随机文件规范里声明的数值和允许的误差。

# 附 录 F
## （资料性附录）
## 空间分辨率的可选试验方法

## F.1 概述

空间分辨率，也叫高对比分辨率，最好是由通过将点扩散函数进行傅里叶变化得到的调制传递函数来描叙。但还有其他两种测量空间分辨率的方法可以考虑：

——视觉分辨在适当的试验器件图像中可分辨出的重复图案中的最小的分离元素（如孔、短棒或者线条）的间隔。

——调制周期图案的定量测量。

表 F.1 为不同试验程序各自的相对优缺点小结。

**表 F.1 空间分辨率的试验程序比较**

| 试验 | 优点 | 缺点 |
|---|---|---|
| 视觉分辨 | 简单快速<br>单一数据描述分辨率（也可看作是缺点） | 主观<br>依赖于观测者和观测环境<br>中等重现性 |
| 周期（棒状）图案的调制幅度测量 | 简单<br>客观<br>不依赖于环境<br>高重现性 | 单一数据描述质量（也可看作是优点） |
| 调制传递函数 | 提供所有空间频率的详细信息 | 需要专门软件<br>需要特别仔细的定位 |

## F.2 可选的试验器件

“棒状图案”试验器件可作为视觉分辨最小的分离元素或者定量测量调制传递函数的可选器件。

试验器件应包含元素的周期性图案，每一图案应由大约五根短棒和间隔组成，其空间频率应覆盖包括 CT 扫描装置容易分辨到不能分辨的范围。该图案宜覆盖从 3 lp/cm 到 10 lp/cm 的范围。

短棒和间隔的长度宜不小于周期图案周期的五倍。组成短棒和间隔的材料的平均 CT 值的差别应大于 100HU。

试验器件应包含两个由与图案短棒和间隔材料相同、尺寸大约 1 cm 或者更大的参考区，并且紧靠棒状图案放置。

## F.3 使用可选的试验器件“棒状图样”的测量程序

将试验器件放进机架以便使其位于扫描野中心。

带周期图案的试验器件应放置使得周期图案与水平轴（$X$ 轴）成 45°夹角并且垂直于系统纵轴（$Z$ 轴）。

试验器件放置好后，应对其扫描。

感兴趣区应放置和覆盖每一个周期图案。感兴趣区的大小宜可调整使只有周期图案被包含在其中。感兴趣区的位置和大小宜适当放置以便不包含周期图案的边缘附近的边缘伪影。

应测定和报告每一个周期图案的平均值和标准偏差。也应测量和报告参考区的平均值。

如果使用目测方法，使用适当的窗口设定找到能分辨的短棒的最高频率。

## F.4 使用可选的试验器件“棒状图样”的数据分析

**调制传递函数**(MTF)可采用 Droege 和 Morin [6]给出的方法测量，该方法基于测量已知频率的输入方波的输出幅度。因为**调制传递函数**定义为输出调制和输入调制的比值，周期图案的 MTF 可测量如下：

$$MTF = \frac{M_o}{M_i} = \frac{\pi}{\sqrt{2}} \times \frac{\sqrt{M_{测试物}{}^2 - N_{背景}{}^2}}{|CT_{材料} - CT_{水}|}$$

式中：

$M_{测试物}$——周期性测试物的调制，由图像中周期性测试物的像素的标准偏差计算；

$N_{背景}$——背景的平均**噪声**(对应于水和短棒测试物的材料)，和

$CT_{材料}$ 和 $CT_{水}$——测量得到的短棒测试物的材料和水的 CT 值，测量应使用和计算**噪声**一样的**感兴趣区**并应包含至少 100 像素。

MTF 曲线图可通过测量所有可分辨的周期性测试物调制点并对应周期性测试物的空间频率作图得到。

**空间分辨率**的极限对应于短棒测试物中短棒和间隔变得模糊时的最高频率(这时短棒和间隔不再能分清)。这大约对应于 MTF 曲线上 5%的点。

关于 MTF 的参考文件，参见参考文献[6]～[9]。

# 附　录 G
（资料性附录）
螺旋扫描的体层切片厚度

## G.1　概述

体层切片厚度通过扫描一薄片或小珠体模来评价。厚度定义为 Z 方向灵敏度分布的半峰值全宽的函数。[10],[11],[12]。

## G.2　试验设备

试验器件中部安放一薄片或小珠，其材料的衰减系数不小于铝，以便保证高的信噪比。

注：该薄片或小珠宜窄小，在 Z 轴向最大大约 0.05 mm 到 0.1 mm。

## G.3　试验程序

调整试验器件使薄片或小珠在计算机体层摄影设备的旋转轴上。

试验器件放置好后，根据 4.2 的一系列 CT 运行条件进行扫描。

## G.4　数据分析

按如下分析扫描的图像：

——以 Z 方向小的进床重建图像（进床应是体层切片厚度的 10％或更小）。

——用适当的感兴趣区测量系列图像上薄片或小珠材料的平均 CT 值。

——记录这些平均 CT 值作为 Z 位置的函数（灵敏度分布）。

计算灵敏度分布的半峰值全宽。

# 参 考 文 献


## 引用文献

[1] GB/T 17006.1—2000 医用成像部门的评价及例行试验 第1部分:总则 (idt IEC 61223-1:1993).

[2] GB/T 17006.6—2003 医用成像部门的评价及例行试验 第2-4部分:硬拷贝照相机稳定性试验(IEC 61223-2-4:1994,IDT).

[3] GB/T 17006—1997 医用成像部门的评价及例行试验 第2-6部分:X射线计算机体层摄影设备稳定性试验(idt IEC 61223-2-6:1994).

[4] ICRU Report 54. (1995) "Medical Imaging—The Assessment of Image Quality" (7910 Woodmont Ave.,Bethesda,Maryland USA 20814).

[5] ASTM E 1695- 95, (1995) American Society for Testing and Materials ASTM International (100 Barr Harbor Drive, PO Box C700, West Conshohocken, Pennsylvania, USA 19428-2959).

[6] Droege,R. T. and R. L. Morin(1982). "A practical method to measure the MTF of CT scanners. "Med Phys 9:758-760.

[7] Joseph, P. M. and C. D. Stockham (1982). "The influence of modulation transfer function shape on computed tomographic image quality." Radiology 145: 179-185.

[8] Judy, P. F. (1976). "The line spread function and modulation transfer function of a computed tomographic scanner." Medical Physics,July,1976. Vol. 3,Issue 4,P233-236.

[9] Nickoloff, E. L. and R. Riley (1985). "A simplified approach for modulation transfer function determinations in computed tomography." Med Phys 12: 437-442.

[10] Polacin, A., W. A. Kalender, et al. (1992). "Evaluation of section sensitivity profile s and image noise in spiral CT." Radiology 185: 29-35.

[11] Polacin, A. and W. A. Kalender (1994). "Measurement of slice sensitivity profile s in spiral CT." Med. Phys. 21(1): 133-140.

[12] Davros, W. J., B. R. Herts, et al. (1995). "Determination of spiral CT slice sensitivity profile s using a point response phantom." J Comput Assist Tomogr 19(5): 838-843.

## 更多的重要文献

[13] YY /T 0063—2000 医用诊断X射线管组件 焦点特性 (eqv IEC 60336: 1993).

[14] YY/T 0062—2004 X射线管组件固有滤过的测定(idt IEC 60522: 1999).

[15] GB 9706.11—1997 医用电气设备 第二部分:医用诊断X射线源组件和X射线管组件安全专用要求 (idt IEC 60601-2-28: 1993).

[16] GB 9706.14—1997 医用电气设备 第二部分:X射线设备附属设备安全专用要求 (idt IEC 60601-2-32: 1994).

[17] IEC 60878 医用电气设备的图形符号.

[18] YY/T 0481—2004 医用诊断X射线设备测定特性用辐射条件 (idt IEC 61267: 1994).

[19] ISO 2092:1981 轻金属及其合金——根据化学元素符号命名牌号的规则.

[20] ISO 5725-1:1994 测量方法和结果的准确度(正确度和精密度) 第1部分:一般原理和定义.

［21］ ISO 5725-2:1994 测量方法和结果的准确度(正确度和精密度)——第2部分:标准测量方法 确定可重复性和可再现性的基本方法.

［22］ ISO 5725-3:1994 测量方法和结果的准确度(正确度和精密度)——第3部分:标准测量方法 精密度的中间级测量.

［23］ ISO 5725-4:1994 测量方法和结果的准确度(正确度和精密度)——第4部分:标准测量方法 正确度测定基本方法.

［24］ ISO 5725-6:1994 测量方法和结果的准确度(正确度和精密度)——第6部分:准确度值的实际应用.

［25］ Evaluation Report MDA (UK) 01050 Four Slice CT scanner, Comparison report V. 3. 04.

［26］ Evaluation Report MDA (UK) /00/11 CT scanner s, Comparison of imaging performance. Issue 12 (2000) .

［27］ Information leaflet No. 1: CT scanner acceptance testing. Version 1. 02. ImPACT. 2001. www. impactscan. org.

［28］ McCollough, C. H. & Zink, F. E. Performance evaluation of CT systems in Categorical course in diagnostic radiology physics: CT and US cross-sectional imaging. Radiological Society of North America, Oak Brook, IL. 2000.

---

ICS 07.060
A 47

GB

# 中华人民共和国国家标准

GB/T 19201—2006
代替 GB/T 19201—2003

# 热带气旋等级

## Grade of tropical cyclones

2006-05-09 发布　　2006-06-15 实施

中华人民共和国国家质量监督检验检疫总局
中国国家标准化管理委员会　发布

# 前言

本标准代替 GB/T 19201—2003《热带气旋等级》。修订时参考了蒲福风力等级表。

本标准与 GB/T 19201—2003 相比增加了强台风、超强台风 2 个等级。

本标准的附录 A 是资料性附录。

本标准由中国气象局提出。

本标准由中国气象局政策法规司归口。

本标准由中国气象局国家气象中心负责起草。

本标准主要起草人：钱传海、高拴柱、许映龙、卢山、张守峰、刘震坤、顾华、张玲、姚学祥、薛建军。

本标准于 2003 年 6 月首次发布。

# 热带气旋等级

## 1 范围

本标准规定了我国预报责任区内热带气旋的等级及其划分原则。

本标准适用于我国预报责任区内热带气旋的业务和科学研究。有关热带气旋的业务规定可参照本标准执行。

## 2 术语和定义

下列术语和定义适用于本标准。

2.1

**热带气旋 tropical cyclone**

生成于热带或副热带洋面上,具有有组织的对流和确定的气旋性环流的非锋面性涡旋的统称,包括热带低压、热带风暴、强热带风暴、台风、强台风和超强台风。

2.2

**风力等级 wind scale**

根据风对地面(或海面)物体影响程度而定出的等级,用来估计风速的大小。

注:常用的风力等级系英国人蒲福(Beaufort)于1805年拟定,故又称"蒲福风力等级(Beaufort scale)",自0～12共分13个等级。自1946年以来,风力等级又做了扩充,增加到18个等级(0～17级)。蒲福风力等级表见附录A。

2.3

**海平面气压 sea-level pressure**

由本站气压推算到平均海平面高度上的气压值。

2.4

**平均风速 mean wind speed**

在给定的某一时段内的风速的平均值。

注:平均风速是风速的一种统计量。在观测规范中,以正点前2 min至正点内的平均风速作为该正点的风速。

2.5

**热带气旋强度 tropical cyclone intensity**

热带气旋底层(近地面或近海面,下同)中心附近的最大平均风速或最低海平面气压。

2.6

**预报责任区 responsible forecasting area**

各级气象台站按服务责任或行政区划规定而制作、发布热带气旋预报和警报的区域。

注:我国预报责任区指105°E～180°E、赤道以北的区域。

2.7

**最大风力 maximum wind**

在给定的某一时段内或某一期间内热带气旋底层中心附近所出现的平均风速的最大值。

注:最大风力通常以风级表示。

## 3 缩略语

下列缩略语适用于本标准。

STS　强热带风暴(severe tropical storm)。

STY　强台风(severe typhoon)。

SuperTY　超强台风(super typhoon)。

TC　热带气旋(tropical cyclone)。

TD　热带低压(tropical depression)。

TS　热带风暴(tropical storm)。

TY　台风(typhoon)。

## 4　热带气旋的等级

### 4.1　热带气旋等级划分的原则

热带气旋等级的划分以其底层中心附近最大平均风速为标准。

### 4.2　热带气旋等级划分

热带气旋分为热带低压、热带风暴、强热带风暴、台风、强台风和超强台风6个等级。

详见表1。

**表1　热带气旋等级划分表**

| 热带气旋等级 | 底层中心附近最大平均风速/(m/s) | 底层中心附近最大风力/级 |
|---|---|---|
| 热带低压(TD) | 10.8～17.1 | 6～7 |
| 热带风暴(TS) | 17.2～24.4 | 8～9 |
| 强热带风暴(STS) | 24.5～32.6 | 10～11 |
| 台风(TY) | 32.7～41.4 | 12～13 |
| 强台风(STY) | 41.5～50.9 | 14～15 |
| 超强台风(SuperTY) | ≥51.0 | 16或以上 |

# 附 录 A
## （资料性附录）
## 蒲福风力等级表

**表 A.1**

| 风力级数 | 名称 | 海面状况 海浪 一般/m | 海面状况 海浪 最高/m | 海岸船只征象 | 陆地地面征象 | 相当于空旷平地上标准高度10 m处的风速 n mile/h | m/s | km/h |
|---|---|---|---|---|---|---|---|---|
| 0 | 静稳 | — | — | 静 | 静，烟直上 | 小于1 | 0～0.2 | 小于1 |
| 1 | 软风 | 0.1 | 0.1 | 平常渔船略觉摇动 | 烟能表示风向，但风向标不能动 | 1～3 | 0.3～1.5 | 1～5 |
| 2 | 轻风 | 0.2 | 0.3 | 渔船张帆时，每小时可随风移行2～3 km | 人面感觉有风，树叶微响，风向标能转动 | 4～6 | 1.6～3.3 | 6～11 |
| 3 | 微风 | 0.6 | 1.0 | 渔船渐觉颠簸，每小时可随风移行5～6 km | 树叶及微枝摇动不息，旌旗展开 | 7～10 | 3.4～5.4 | 12～19 |
| 4 | 和风 | 1.0 | 1.5 | 渔船满帆时，可使船身倾向一侧 | 能吹起地面灰尘和纸张，树的小枝摇动 | 11～16 | 5.5～7.9 | 20～28 |
| 5 | 清劲风 | 2.0 | 2.5 | 渔船缩帆（即收去帆之一部） | 有叶的小树摇摆，内陆的水面有小波 | 17～21 | 8.0～10.7 | 29～38 |
| 6 | 强风 | 3.0 | 4.0 | 渔船加倍缩帆，捕鱼须注意风险 | 大树枝摇动，电线呼呼有声，举伞困难 | 22～27 | 10.8～13.8 | 39～49 |
| 7 | 疾风 | 4.0 | 5.5 | 渔船停泊港中，在海者下锚 | 全树摇动，迎风步行感觉不便 | 28～33 | 13.9～17.1 | 50～61 |
| 8 | 大风 | 5.5 | 7.5 | 进港的渔船皆停留不出 | 微枝折毁，人行向前感觉阻力甚大 | 34～40 | 17.2～20.7 | 62～74 |
| 9 | 烈风 | 7.0 | 10.0 | 汽船航行困难 | 建筑物有小损（烟囱顶部及平屋摇动） | 41～47 | 20.8～24.4 | 75～88 |
| 10 | 狂风 | 9.0 | 12.5 | 汽船航行颇危险 | 陆上少见，见时可使树木拔起或使建筑物损坏严重 | 48～55 | 24.5～28.4 | 89～102 |
| 11 | 暴风 | 11.5 | 16.0 | 汽船遇之极危险 | 陆上很少见，有则必有广泛损坏 | 56～63 | 28.5～32.6 | 103～117 |
| 12 | 飓风 | 14.0 | — | 海浪滔天 | 陆上绝少见，摧毁力极大 | 64～71 | 32.7～36.9 | 118～133 |
| 13 | — | — | — | — | — | 72～80 | 37.0～41.4 | 134～149 |
| 14 | — | — | — | — | — | 81～89 | 41.5～46.1 | 150～166 |
| 15 | — | — | — | — | — | 90～99 | 46.2～50.9 | 167～183 |
| 16 | — | — | — |  |  | 100 100 | 51.0 50.0 | 104 201 |
| 17 | — | — | — | — | — | 109～118 | 56.1～61.2 | 202～220 |

## 参 考 文 献

[1] 裘国庆,方维模,等译.全球热带气旋预报指南.北京:气象出版社,1995
[2] 台风业务和服务规定.中国气象局.北京:气象出版社,2001
[3] 大气科学辞典编委会.大气科学辞典.北京:气象出版社,1994
[4] 朱炳海,王鹏飞,黄家鑫.气象学词典.上海:上海辞书出版社,1985
[5] 王志烈,费亮.台风预报手册.北京:气象出版社,1987

ICS 29.180
K 41

# 中华人民共和国国家标准

GB 19212.2—2006

# 电力变压器、电源装置和类似产品的安全
# 第2部分：一般用途分离变压器的特殊要求

Safety of power transformers, power supply units and similar—
Part 2: Particular requirements for separating transformers for general use

(IEC 61558-2-1:1997, MOD)

2006-08-25 发布 2007-03-01 实施

中华人民共和国国家质量监督检验检疫总局
中国国家标准化管理委员会 发布

# 前言

**GB 19212 的本部分的全部技术内容为强制性。**

GB 19212《电力变压器、电源装置和类似产品的安全》目前拟分为 24 个部分:

第 1 部分:通用要求和试验

第 2 部分:一般用途分离变压器的特殊要求

第 3 部分:控制变压器的特殊要求

第 4 部分:燃气和燃油燃烧器点火变压器的特殊要求

第 5 部分:一般用途隔离变压器的特殊要求

第 6 部分:剃须刀用变压器和剃须刀用电源装置的特殊要求

第 7 部分:一般用途安全隔离变压器的特殊要求

第 8 部分:玩具用变压器的特殊要求

第 9 部分:电铃和电钟变压器的特殊要求

第 10 部分:Ⅲ类手提钨丝灯用变压器的特殊要求

第 11 部分:工作电压 1 000 V 以上高绝缘等级变压器的特殊要求

第 12 部分:漏磁场变压器的特殊要求

第 13 部分:恒压变压器的特殊要求

第 14 部分:自耦变压器的特殊要求

第 15 部分:调压器的特殊要求

第 16 部分:医疗场所供电用隔离变压器的特殊要求

第 17 部分:电源装置和类似产品的特殊要求

第 18 部分:开关型电源用变压器的特殊要求

第 19 部分:医疗设备用变压器的特殊要求

第 20 部分:干扰衰减变压器的特殊要求

第 21 部分:小型电抗器的特殊要求

第 22 部分:具有特殊介质(液体介质 SF6)的变压器的特殊要求

第 23 部分:灯具用具有最高额定温度的变压器的特殊要求

第 24 部分:建筑工地用变压器的特殊要求

本部分为 GB 19212 的第 2 部分。

本部分修改采用国际标准 IEC 61558-2-1:1997(第 1 版)《电力变压器、电源装置和类似产品的安全 第 2-1 部分:一般用途分离变压器的特殊要求》(英文版)。

本部分与 IEC 61558-2-1:1997(第 1 版)的技术性差异是由于本部分所引用的 GB 19212.1—2003《电力变压器、电源装置和类似产品的安全 第 1 部分:通用要求和试验》(IEC 61558-1:1998,MOD)与 IEC 61558-1:1998 存在的技术性差异而引起的,详见 GB 19212.1—2003 的前言。

本部分与 GB 19212.1—2003 配合使用。

本部分是补充和修改 GB 19212.1—2003 的相应章、条,以便将 GB 19212.1—2003 转化为本部分。本部分针对 GB 19212.1—2003 的相应章、条新增加的条款从 101 开始编号。

本部分由中华人民共和国信息产业部提出。

本部分由全国变压器标准化技术委员会归口。

本部分由中国电子技术标准化研究所(CESI)负责起草。

本部分主要起草人:朱继海、王莹。

# 电力变压器、电源装置和类似产品的安全 第2部分:一般用途分离变压器的特殊要求

## 1 范围

GB 19212.1—2003 的该章用下列内容代替:

GB 19212 的本部分适用于驻立式或移动式、单相或多相、空气冷却、配套用或非配套用的分离变压器,其额定电源电压不超过交流 1 000 V,额定频率不超过 500 Hz,额定输出不得超过:

—— 对单相变压器,1 kVA;

—— 对多相变压器,5 kVA。

本部分也适用于额定值不超过 40 kVA 的分离变压器,但是这类变压器应当作为特殊变压器来考虑,并需在采购方与供货方之间达成协议。

空载输出电压或额定输出电压不得超过交流 1 000 V 或无纹波直流 1 415 V。

本部分适用于安装规程和电器规范不要求电路之间为双重绝缘或加强绝缘的变压器。

注 1:通常,这些变压器预定要与设备配套使用,以便针对设备的功能要求提供与电源电压不同的电压。安全绝缘可以通过设备的其他特征,例如壳体来提供(或实现)。输出电路的零部件可以与输入电路或保护地相连。

本标准在相关技术委员会规定的范围内也适用于与专项设备配套用的变压器。

本标准适用于干式变压器。其绕组可以是密封的或非密封的。

注 2:对充有液体介质或粉末材料(例如砂子)的变压器,其附加要求正在考虑中。

注 3:在以特殊环境为主的场所中,按 IEC 60364-5-51 的规定,可能需要特殊要求。

## 2 规范性引用文件

GB 19212.1—2003 的该章适用。

## 3 定义

GB 19212.1—2003 的该章适用。

## 4 一般要求

GB 19212.1—2003 的该章适用。

## 5 试验的一般说明

GB 19212.1—2003 的该章适用。

## 6 额定值

除下列条款外,GB 19212.1—2003 的该章适用:

该章增加下列条款:

6.101 额定输出电压不得超过交流 1 000 V 或无纹波直流 1 415 V。

额定输出电压的优选值为:72 V、120 V、220 V、230 V、380 V、400 V、440 V 和 660 V。

6.102 对单相变压器,额定输出不得超过 1 kVA,对多相变压器,不得超过 5 kVA,对特殊单相或多相分离变压器,不得超过 40 kVA。

额定输出的优选值为：

—— 对单相变压器，25 VA、40 VA、63 VA、100 VA、160 VA、250 VA、400 VA、630 VA 和 1 000 VA；

—— 对多相变压器，630 VA、1 000 VA、1 600 VA、2 500 VA 和 4 000 VA。

通过目视检查标志来检验是否符合 6.101 和 6.102 的要求。

6.103 额定频率不应超过 500 Hz。

6.104 额定电源电压不应超过交流 1 000 V。

## 7 分类

GB 19212.1—2003 的该章适用。

## 8 标志和其他信息

除下列条款外，GB 19212.1—2003 的该章适用：

8.11 该条增加下列内容：

| | |
|---|---|
|  或  | 无危害式分离变压器 |
|  或  | 非耐短路分离变压器 |
|  或  | 耐短路分离变压器（固有耐短路的或非固有耐短路的） |

## 9 触及危险带电零部件的防护

GB 19212.1—2003 的该章适用。

## 10 输入电压设定值的改变

GB 19212.1—2003 的该章适用。

## 11 负载输出电压和输出电流

GB 19212.1—2003 的该章适用。

## 12 空载输出电压

除下列条款外，GB 19212.1—2003 的该章适用：

该章增加下列条款：

12.101 空载时的输出电压和额定输出时的输出电压相差不应过大。

当变压器在环境温度下接上额定频率的额定电源电压，通过测量空载输出电压来检验是否合格。

所测得的电压值与在第 11 章的试验时测得的电压值相差，以后者电压的百分数来表示，不得超过表 101 所列数值。

注：该比值按下列定义：

$$\frac{U_{空载}-U_{负载}}{U_{负载}}\times 100\%$$

表 101 输出电压偏差

| 变压器规格 | 空载时的输出电压与额定输出时的输出电压之比<br>% |
|---|---|
| 固有耐短路变压器： | |
| ≤63 VA | 100 |
| >63 VA～≤630 VA | 50 |
| >630 VA | 20 |
| 其他变压器： | |
| ≤10 VA | 100 |
| >10 VA～≤25 VA | 50 |
| >25 VA～≤63 VA | 20 |
| >63 VA～≤250 VA | 15 |
| >250 VA～≤630 VA | 10 |
| >630 VA | 5 |

12.102 在任何情况下，空载输出电压不得超过交流 1 000 V 或无纹波直流 1 415 V，甚至在对预定不作串联连接的独立输出绕组进行串联连接时也应如此。

## 13 短路电压

GB 19212.1—2003 的该章适用。

## 14 发热

GB 19212.1—2003 的该章适用。

## 15 短路和过载保护

GB 19212.1—2003 的该章适用。

## 16 机械强度

GB 19212.1—2003 的该章适用。

## 17 灰尘、固体异物和潮湿有害进入的防护

GB 19212.1—2003 的该章适用。

## 18 绝缘电阻和介电强度

除下列条款外，GB 19212.1—2003 的该章适用：

18.2 表 7：输入与输出电路之间双重绝缘和加强绝缘的数值不适用。

18.3 表 8：2）不适用。

## 19 结构

除下列条款外，GB 19212.1—2003 的该章适用：

19.1 该条增加下列内容：

输入与输出电路之间的绝缘至少由基本绝缘组成。

## 20 元器件

GB 19212.1—2003 的该章适用。

## 21 内部布线

GB 19212.1—2003 的该章适用。

## 22 电源连接和其他外部软电缆或软线

GB 19212.1—2003 的该章适用。

## 23 外部导线接线端子

GB 19212.1—2003 的该章适用。

## 24 保护接地装置

GB 19212.1—2003 的该章适用。

## 25 螺钉和连接

GB 19212.1—2003 的该章适用。

## 26 爬电距离、电气间隙和穿过绝缘的距离

除下列内容外，GB 19212.1—2003 的该章适用：

表 13、表 C.1 和表 D.1 中的 2)不适用。

## 27 耐热、耐异常热、耐燃和耐漏电起痕

GB 19212.1—2003 的该章适用。

## 28 防锈

GB 19212.1—2003 的该章适用。

# 附　录

除下列附录外，GB 19212.1—2003 的附录适用：

## 附　录　C
## 材料组别Ⅱ

除下列内容外，GB 19212.1—2003 的该附录适用：

表 C.1 中的 2)不适用。

## 附　录　D
## 材料组别Ⅰ

除下列内容外，GB 19212.1—2003 的该附录适用：

表 D.1 中的 2)不适用。

ICS 29.180
K 41

# 中华人民共和国国家标准

GB 19212.3—2006

# 电力变压器、电源装置和类似产品的安全
# 第3部分：控制变压器的特殊要求

**Safety of power transformers，power supply units and similar—**
**Part 3：Particular requirements for control transformers**

（IEC 61558-2-2：1997，MOD）

2006-08-25 发布　　　　2007-03-01 实施

中华人民共和国国家质量监督检验检疫总局
中国国家标准化管理委员会　发布

# 前　言

**GB 19212 的本部分的全部技术内容为强制性。**

GB 19212《电力变压器、电源装置和类似产品的安全》目前拟分为 24 个部分：

第 1 部分：通用要求和试验

第 2 部分：一般用途分离变压器的特殊要求

第 3 部分：控制变压器的特殊要求

第 4 部分：燃气和燃油燃烧器点火变压器的特殊要求

第 5 部分：一般用途隔离变压器的特殊要求

第 6 部分：剃须刀用变压器和剃须刀用电源装置的特殊要求

第 7 部分：一般用途安全隔离变压器的特殊要求

第 8 部分：玩具用变压器的特殊要求

第 9 部分：电铃和电钟变压器的特殊要求

第 10 部分：Ⅲ类手提钨丝灯用变压器的特殊要求

第 11 部分：工作电压 1 000 V 以上高绝缘等级变压器的特殊要求

第 12 部分：漏磁场变压器的特殊要求

第 13 部分：恒压变压器的特殊要求

第 14 部分：自耦变压器的特殊要求

第 15 部分：调压器的特殊要求

第 16 部分：医疗场所供电用隔离变压器的特殊要求

第 17 部分：电源装置和类似产品的特殊要求

第 18 部分：开关型电源用变压器的特殊要求

第 19 部分：医疗设备用变压器的特殊要求

第 20 部分：干扰衰减变压器的特殊要求

第 21 部分：小型电抗器的特殊要求

第 22 部分：具有特殊介质(液体介质 SF6)的变压器的特殊要求

第 23 部分：灯具用具有最高额定温度的变压器的特殊要求

第 24 部分：建筑工地用变压器的特殊要求

本部分为 GB 19212 的第 3 部分。

本部分修改采用国际标准 IEC 61558-2-2：1997(第 1 版)《电力变压器、电源装置和类似产品的安全　第 2-2 部分：控制变压器的特殊要求》(英文版)。

本部分与 IEC 61558-2-2：1997(第 1 版)的技术性差异是由于本部分所引用的 GB 19212.1—2003《电力变压器、电源装置和类似产品的安全　第 1 部分：通用要求和试验》(IEC 61558-1：1998，MOD)与 IEC 61558-1：1998 存在的技术性差异而引起的，详见 GB 19212.1—2003 的前言。

本部分与 GB 19212.1—2003 配合使用。

本部分是补充和修改 GB19212.1—2003 的相应章、条，以便将 GB 19212.1—2003 转化为本部分。本部分针对 GB 19212.1—2003 的相应章、条新增加的条款从 101 开始编号。

本部分由中华人民共和国信息产业部提出。

本部分由全国变压器标准化技术委员会归口。

本部分由中国电子技术标准化研究所(CESI)、中国电子科技集团公司第三研究所负责起草。

本部分主要起草人：张雅芳、王彬、杨宇涛。

# 电力变压器、电源装置和类似产品的安全
# 第3部分:控制变压器的特殊要求

## 1 范围

GB 19212.1—2003 的该章用下列内容代替：

GB 19212 的本部分适用于驻立式或移动式，单相或多相、空气冷却、配套用或其他应用的控制变压器，其额定电源电压不超过交流 1 000 V 或无纹波直流 1 415 V，额定频率不超过 500 Hz，额定输出没有限制。

本部分适用于在安装规程或设备规范中不要求电路之间为双重绝缘或加强绝缘的情况下使用的变压器。

本部分适用于干式变压器。其绕组可以是密封的或非密封的。

注 1：通常，这些变压器预定要与设备配套使用，以便针对设备的功能要求提供不同于电源电压的电压。安全绝缘可以通过设备的其他特征，例如壳体来提供(或实现)。输出电路的零部件可以与输入电路或保护地相连。

注 2：对充有液体介质或粉末材料(例如砂子)的变压器，其附加要求正在考虑中。

注 3：在特殊环境条件为主的场所中，按 IEC 60364-5-51 的规定，可能需要特殊要求。

## 2 规范性引用文件

GB 19212.1—2003 的该章适用。

## 3 定义

除下列条目外，GB 19212.1—2003 的该章适用：

该章增加下列条目：

3.1.101

**控制变压器 control transformer**

预定要给控制电路(例如：实施控制、给出信号、执行连锁等)供电的分离变压器。

3.5.101

**额定热输出 rated thermal output**

当控制变压器由额定电源电压和额定频率的电源供电，并在功率因数等于 1 的条件下负载时，在连续工作条件下提供的最大输出。

3.5.102

**允许瞬时输出 admissible instantaneous output**

当控制变压器由额定电源电压和额定频率的电源供电，并在功率因数等于 0.5 的条件下，在短时间内提供的最大输出。

## 4 一般要求

GB 19212.1—2003 的该章适用。

## 5 试验的一般说明

GB 19212.1—2003 的该章适用。

## 6 额定值

除下列条款外，GB 19212.1—2003 的该章适用：

该章增加下列条款：

6.101 在任何情况下，空载输出电压或额定输出电压不得超过交流 1 000 V 或无纹波直流 1 415 V，甚至在对预定不作串联连接的各独立输出绕组进行串联连接时也应如此，除非说明书中规定，这些绕组不得串联连接。

6.102 额定热输出的优选值为：25 VA、40 VA、63 VA、100 VA、160 VA、250 VA、400 VA、630 VA、1 000 VA。

通过目视检查标志来检验是否符合 6.101 和 6.102 的要求。

6.103 额定频率不得超过 500 Hz。

6.104 额定电源电压不得超过交流 1 000 V。

## 7 分类

GB 19212.1—2003 的该章适用。

## 8 标志和其他信息

除下列条款外，GB 19212.1—2003 的该章适用：

8.1 该条中的 c)用下列内容代替：

c) 控制变压器应当标有额定热输出和允许瞬时输出，以伏安为单位，用斜线分开（例如 100 VA/300 VA）；

8.1 该条中的 d)不适用。

8.11 该条增加下列内容：

| | |
|---|---|
| 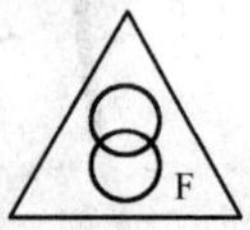 | 无危害式控制变压器 |
|  | 非耐短路控制变压器 |
| 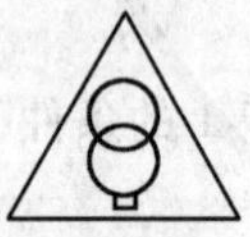 | 耐短路控制变压器（固有耐短路的或非固有耐短路的） |

该章增加下列条款：

8.101 如果控制变压器具有允许调节其电源电压的输入分接头，则这些分接头应当标有与该分接头相对应的输入电压值。

注：如果控制变压器具有允许调节其电源电压的输入分接头，则分接头要优先选用 5% 为一级。

## 9 触及危险带电零部件的防护

GB 19212.1—2003 的该章适用。

## 10 输入电压设定值的改变

GB 19212.1—2003 的该章适用。

## 11 负载输出电压和输出电流

除下列条款外，GB 19212.1—2003 的该章适用：

11.1 该条用下列内容替代：

当变压器接上额定频率的额定电源电压，并接上能给出额定热输出的电阻器进行负载时，输出电压与额定值相差不得超出±5％。

在达到稳定状态时，通过测量输出电压来检验是否合格。

变压器在接上等于允许瞬时输出、功率因数为 0.5 的额定负载后，立即测量其输出电压，所测得输出电压不应小于额定值的 95％。

注：对允许瞬时输出时的输出电压值的测量，应在施加过载后的 50 ms 内进行，使变压器受到热量增加的影响最小。

对于具有一个以上额定电源电压的变压器，本条要求适用于每一个额定电源电压。

## 12 空载输出电压

除下列条款外，GB 19212.1—2003 的该章适用：

该章增加下列条款：

12.101 空载时的输出电压与额定热输出时的输出电压相差不得超过额定热输出时输出电压的 10％。

12.102 在任何情况下，空载输出电压不得超过交流 1 000 V 或无纹波直流 1 415 V，甚至在对预定不作串联连接的各独立输出绕组进行串联连接时也应当如此，除非说明书中规定这些绕组不得进行串联连接。

## 13 短路电压

GB 19212.1—2003 的该章适用。

## 14 发热

除下列条款外，GB 19212.1—2003 的该章适用：

14.2 该条第八段用下列内容代替：

变压器接上额定电源电压，并接上能给出额定热输出的电阻器负载，然后将电源电压提高 7％。在电压调高后，电路无须再作进一步调节。

## 15 短路和过载保护

GB 19212.1—2003 的该章适用。

## 16 机械强度

GB 19212.1—2003 的该章适用。

## 17 灰尘、固体异物和潮湿有害进入的防护

GB 19212.1—2003 的该章适用。

## 18 绝缘电阻和介电强度

除下列条款外，GB 19212.1—2003 的该章适用：

18.3 该条在表 8 前增加下列内容：

对控制变压器，基本绝缘的试验电压值（表 8 中的 1）和 3））要乘以系数 1.4。

注：由于控制变压器要承受因其感性负载而引起的冲击电压，所以提高了基本绝缘的要求。

## 19 结构

除下列条款外，GB 19212.1—2003 的该章适用：

19.1 该条款增加下列内容：

输入电路和输出电路之间的绝缘，至少应包括基本绝缘。

## 20 元器件

GB 19212.1—2003 的该章适用。

## 21 内部布线

GB 19212.1—2003 的该章适用。

## 22 电源连接和其他外部软电缆或软线

GB 19212.1—2003 的该章适用。

## 23 外部导线接线端子

GB 19212.1—2003 的该章适用。

## 24 保护接地装置

GB 19212.1—2003 的该章适用。

## 25 螺钉和连接

GB 19212.1—2003 的该章适用。

## 26 爬电距离、电气间隙和穿过绝缘的距离

除下列条款外，GB 19212.1—2003 的该章适用：

26.1 该条第一段用下列内容代替：

爬电距离、电气间隙和穿过绝缘的距离不得小于表 13 规定的数值，对基本绝缘的数值（表 13 中的 1)、3)和 5)）要乘以系数 1.4。

注：由于控制变压器要承受因其感性负载而引起的冲击电压，所以提高了基本绝缘的要求。

## 27 耐热，耐异常热，耐燃和耐漏电起痕

GB 19212.1—2003 的该章适用。

## 28 防锈

GB 19212.1—2003 的该章适用。

# 附　录

除下列附录外，GB 19212.1—2003 的附录适用：

## 附　录　C
## 材料组别Ⅱ

除下列内容外，GB 19212.1—2003 的该附录适用：

对基本绝缘的数值（表 C.1 中的 1）、3）和 5））要乘以系数 1.4。

## 附　录　D
## 材料组别Ⅰ

除下列内容外，GB 19212.1—2003 的该附录适用：

对基本绝缘的数值（表 D.1 中的 1）、3）和 5））要乘以系数 1.4。

ICS 29.180
K 41

# 中华人民共和国国家标准

GB 19212.5—2006

# 电力变压器、电源装置和类似产品的安全 第5部分：一般用途隔离变压器的特殊要求

**Safety of power transformers, power supply units and similar—Part 5: Particular requirements for isolating transformers for general use**

(IEC 61558-2-4:1997, MOD)

2006-08-25 发布

2007-03-01 实施

中华人民共和国国家质量监督检验检疫总局
中国国家标准化管理委员会 发布

# 前　言

**GB 19212 的本部分的全部技术内容为强制性。**

GB 19212《电力变压器、电源装置和类似产品的安全》目前拟分为 24 个部分：

第 1 部分：通用要求和试验

第 2 部分：一般用途分离变压器的特殊要求

第 3 部分：控制变压器的特殊要求

第 4 部分：燃气和燃油燃烧器点火变压器的特殊要求

第 5 部分：一般用途隔离变压器的特殊要求

第 6 部分：剃须刀用变压器和剃须刀用电源装置的特殊要求

第 7 部分：一般用途安全隔离变压器的特殊要求

第 8 部分：玩具用变压器的特殊要求

第 9 部分：电铃和电钟变压器的特殊要求

第 10 部分：Ⅲ类手提钨丝灯用变压器的特殊要求

第 11 部分：工作电压 1 000 V 以上高绝缘等级变压器的特殊要求

第 12 部分：漏磁场变压器的特殊要求

第 13 部分：恒压变压器的特殊要求

第 14 部分：自耦变压器的特殊要求

第 15 部分：调压器的特殊要求

第 16 部分：医疗场所供电用隔离变压器的特殊要求

第 17 部分：电源装置和类似产品的特殊要求

第 18 部分：开关型电源用变压器的特殊要求

第 19 部分：医疗设备用变压器的特殊要求

第 20 部分：干扰衰减变压器的特殊要求

第 21 部分：小型电抗器的特殊要求

第 22 部分：具有特殊介质(液体介质 SF6)的变压器的特殊要求

第 23 部分：灯具用具有最高额定温度的变压器的特殊要求

第 24 部分：建筑工地用变压器的特殊要求

本部分为 GB 19212 的第 5 部分。

本部分修改采用国际标准 IEC 61558-2-4：1997(第 1 版)《电力变压器、电源装置和类似产品的安全　第 2-4 部分：一般用途隔离变压器的特殊要求》(英文版)。

本部分与 IEC 61558-2-4：1997(第 1 版)的技术性差异是由于本部分所引用的 GB 19212.1—2003《电力变压器、电源装置和类似产品的安全　第 1 部分：通用要求和试验》(IEC 61558-1：1998，MOD)与 IEC 61558-1：1998 存在的技术性差异而引起的，详见 GB 19212.1—2003 的前言。

本部分与 GB 19212.1—2003 配合使用。

本部分是补充和修改 GB 19212.1—2003 的相应章、条，以便将 GB 19212.1—2003 转化为本部分。本部分针对 GB 19212.1—2003 的相应章、条新增加的条款从 101 开始编号。

本部分由中华人民共和国信息产业部提出。

本部分由全国变压器标准化技术委员会归口。

本部分由中国电子技术标准化研究所(CESI)负责起草。

木部分主要起草人：张跃亭。

# 电力变压器、电源装置和类似产品的安全 第5部分:一般用途隔离变压器的特殊要求

## 1 范围

GB 19212.1—2003 的该章用下列内容代替:

GB 19212 的本部分适用于驻立式或移动式、单相或多相、空气冷却、配套用或其他应用的隔离变压器,其额定电源电压不超过交流 1 000 V,额定频率不超过 500 Hz,额定输出不超过:

—— 对单相变压器,25 kVA;

—— 对多相变压器,40 kVA。

本部分也适用于额定输出不限的隔离变压器,但是这类变压器应作为特殊变压器来考虑,并需在采购方与供货方之间达成协议。

空载输出电压或额定输出电压不超过交流 500 V 或无纹波直流 708 V。

注 1:在符合国家的布线规程或特殊用途的情况下,空载输出电压或额定输出电压可以高达交流 1 000 V 或无纹波直流 1 415 V。

注 2:本部分适用于当安装规程要求电路的某些零部件或设备(例如便携式工具、草坪割草机等)的供电电路隔离时使用的那些隔离变压器。

空载输出电压和(或)额定输出电压应当超过交流 50 V 和(或)无纹波直流 120 V。

本部分在相关技术委员会规定的范围内也适用于与专项设备配套用的变压器。

本部分适用于干式变压器。绕组可以是密封或非密封的。

注 3:充有液体介质或粉末材料(例如砂子)的变压器,其附加要求正在考虑中。

注 4:在特殊环境条件为主的场所中,按 IEC 60364-5-51 的规定,可能需要附加要求。

## 2 规范性引用文件

GB 19212.1—2003 的该章适用。

## 3 定义

GB 19212.1—2003 的该章适用。

## 4 一般要求

GB 19212.1—2003 的该章适用。

## 5 试验的一般说明

GB 19212.1—2003 的该章适用。

## 6 额定值

除下列条款外,GB 19212.1—2003 的该章适用。

该章增加下列条款:

6.101 对移动式单相变压器,其额定输出电压不得超过交流 250 V,对其他变压器,不得超过交流 500 V 或无纹波直流 708 V。

注:在符合国家的布线规程或特殊用途的情况下,额定输出电压可以高达交流 1 000 V 或无纹波直流 1 415 V。

额定输出电压的优选值为：

——对移动式单相变压器，120 V、220 V 和 230 V；

——对其他变压器，72 V、120 V、220 V、230 V、380 V、400 V 和 440 V。

6.102 对单相变压器，其额定输出不得超过 25 kVA，对多相变压器，不得超过 40 kVA。

额定输出的优选值为：

——对单相变压器，25 VA、40 VA、63 VA、100 VA、160 VA、250 VA、400 VA、630 VA、1 000 VA、1 600 VA、2 500 VA、4 000 VA、6 300 VA、10 kVA、16 kVA 和 25 kVA；

——对多相变压器，630 VA、1 000 VA、1 600 VA、2 500 VA、4 000 VA、6 300 VA、10 kVA、16 kVA、25 kVA 和 40 kVA。

通过目视检查标记来检验是否符合 6.101 和 6.102 的要求。

6.103 额定频率不得超过 500 Hz。

6.104 额定电源电压不得超过交流 1 000 V。

## 7 分类

GB 19212.1—2003 的该章适用。

## 8 标志和其他信息

除下列条款外，GB 19212.1—2003 的该章适用：

8.11 该条增加下列内容：

| | |
|---|---|
| 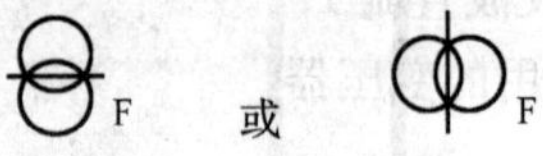 或 | 无危害式隔离变压器 |
|  或 | 非耐短路隔离变压器 |
|  或 | 耐短路隔离变压器(固有耐短路的或非固有耐短路的) |

## 9 触及危险带电零部件的防护

除下列条款外，GB 19212.1—2003 的该章适用：

9.2 在该条第二个破折号后增加下列新内容：

——与带电零部件接触的零部件是可触及的。这些带电零部件通常连接到因其使用上的特点是可触及的输出电路上，只要在空载输出电压超过交流峰值 35 V 或无纹波直流 60 V 时，仅有一个极是可触及的即可。

## 10 输入电压设定值的改变

除下列内容外，GB 19212.1—2003 的该章适用：

在该章的前两段中，“变压器”一词用“驻立式变压器”一词来代替。

在该章的最后增加下列注释：

注：就本要求而言，为适应在不大于某一电压范围的中值 10% 的范围内的电压，装有调节输入连接的调节装置的移动式变压器不认为是具有多于一个电源电压的变压器。

## 11 负载输出电压和输出电流

GB 19212.1—2003 的该章适用。

## 12 空载输出电压

除下列条款外，GB 19212.1—2003 的该章适用：

该章增加下列条款：

**12.101** 在任何情况下，空载输出电压不得超过交流 500 V 或无纹波直流 708 V，甚至在对预定不作串联连接的独立输出绕组进行串联连接时也应当如此。

**12.102** 空载时的输出电压与额定输出时的输出电压相差不得过大。

当变压器在环境温度下接上额定频率的额定电压，通过测量空载输出电压来检验是否符合 12.101 和 12.102 的要求。

空载输出电压与在第 11 章试验时测得负载输出电压相差，以后者电压的百分比来表示，不得超出表 101 所列数值。

注：该比值按下列定义：

$$\frac{U_{空载}-U_{负载}}{U_{负载}}\times 100\%$$

**表 101 输出电压偏差**

| 变压器规格 | 空载时的输出电压与额定输出时的输出电压之比<br>% |
|---|---|
| ≤63 VA | 20 |
| >63 VA～≤250 VA | 15 |
| >250 VA～≤630 VA | 10 |
| >630 VA | 5 |

## 13 短路电压

GB 19212.1—2003 的该章适用。

## 14 发热

GB 19212.1—2003 的该章适用。

## 15 短路和过载保护

GB 19212.1—2003 的该章适用。

## 16 机械强度

GB 19212.1—2003 的该章适用。

## 17 灰尘、固体异物和潮湿有害进入的防护

GB 19212.1—2003 的该章适用。

## 18 绝缘电阻和介电强度

除下列条款外，GB 19212.1—2003 的该章适用：

18.2 表 7:输入与输出电路之间基本绝缘的数值不适用。

18.3 表 8:1)不适用。

## 19 结构

除下列条款外,GB 19212.1—2003 的该章适用:

19.1 该条用下列内容代替:

输入与输出电路之间在电气上应当相互隔离,在结构上应当使这些电路之间不可能存在直接的或通过其他金属零部件间接的任何连接。

通过目视检查,同时考虑第 18 章、第 19 章和第 26 章的规定来检验是否合格。

19.1.1 除符合 19.1.3 的要求者外,输入与输出绕组之间的绝缘应当由双重绝缘或加强绝缘组成。

此外还要符合下列要求:

—— 对Ⅰ类变压器,输入绕组与壳体之间的绝缘应当由基本绝缘组成,输出绕组与壳体之间的绝缘应当由附加绝缘组成;

—— 对Ⅱ类变压器,输入绕组与壳体之间的绝缘以及输出绕组与壳体之间的绝缘应当由双重绝缘或加强绝缘组成。

19.1.2 对Ⅰ类变压器,如果不与壳体连接的中间金属零部件(例如铁心)位于输入与输出绕组之间,则输入与输出绕组之间通过中间金属零部件的绝缘应当由双重绝缘或加强绝缘组成。对Ⅱ类变压器,输入绕组与壳体之间以及输出绕组与壳体之间通过中间金属零部件的绝缘应当由双重绝缘或加强绝缘组成。

中间金属零部件与输入或输出绕组之间的绝缘均应当至少由基本绝缘组成。

注:用双重绝缘或加强绝缘与输入或输出绕组之一隔离的中间金属零部件被认为与其他绕组相连。

19.1.3 对Ⅰ类变压器,如果符合下列条件,则输入与输出绕组之间的绝缘可以由基本绝缘加保护屏蔽层来替代双重绝缘或加强绝缘:

—— 输入绕组与保护屏蔽层之间的绝缘应当符合基本绝缘的要求(按输入电压额定值来规定);

—— 保护屏蔽层与输出绕组之间的绝缘应当符合基本绝缘的要求(按输出电压额定值来规定);

—— 除另有规定者外,保护屏蔽层应当由金属箔或导线缠绕屏蔽层组成,其宽度至少延伸到与该屏蔽层相邻的绕组之一的整个宽度,导线缠绕屏蔽层应当是匝间无间隔的密绕层;

—— 屏蔽层的引出线至少应当具有与过载装置额定电流相适应的截面积,以确保如果发生绝缘击穿,过载装置能在引出线烧毁之前先行断开电路;

—— 引出线应焊接在保护屏蔽层上或以等效可靠的方法进行固定。

注:就本条而言,"绕组"一词不包括内部电路。

绕组结构的例子在 GB 19212.1—2003 的附录 M 中给出。

该章增加下列条款:

19.101 除相关设备标准对配套用变压器允许者外,输出绕组与壳体或与保护接地电路(如果有)之间不得连接。

19.102 变压器不得装有将输入与输出电路电气连接的电容器。

通过目视检查来检验是否合格。

19.103 连接外部导线的输入和输出端子的位置应当保证,在导线接入点测量时,从这些端子的输入到输出夹紧件之间的距离不小于 25 mm。如果该距离是用隔板来实现的,则该隔板应当用绝缘材料制成,而且应当永久固定在变压器上。

通过目视检查,以及在忽略中间金属零部件的情况下,通过测量来检验是否合格。

19.104 额定输出不超过 630 VA 的移动式变压器应当是Ⅱ类变压器。

19.105 对用任何型式的插头(一体的或非一体的)与电源连接的变压器,用基本绝缘加保护屏蔽层的替代做法是不允许的。

## 20 元器件

GB 19212.1—2003 的该章适用。

## 21 内部布线

GB 19212.1—2003 的该章适用。

## 22 电源连接和其他外部软电缆或软线

GB 19212.1—2003 的该章适用。

## 23 外部导线接线端子

GB 19212.1—2003 的该章适用。

## 24 保护接地装置

GB 19212.1—2003 的该章适用。

## 25 螺钉和连接

GB 19212.1—2003 的该章适用。

## 26 爬电距离、电气间隙和穿过绝缘的距离

除下列内容外，GB 19212.1—2003 的该章适用：

表 13、表 C.1 和表 D.1 中的 1)不适用。

## 27 耐热、耐异常热、耐燃和耐漏电起痕

GB 19212.1—2003 的该章适用。

## 28 防锈

GB 19212.1—2003 的该章适用。

# 附　　录

除下列附录外，GB 19212.1—2003 的附录适用：

## 附　录　C
## 材料组别Ⅱ

除下列内容外，GB 19212.1—2003 的该附录适用：
表 C.1 中的 1)不适用。

## 附　录　D
## 材料组别Ⅰ

除下列内容外，GB 19212.1—2003 的该附录适用：
表 D.1 中的 1)不适用。

ICS 29.180
K 41

# 中华人民共和国国家标准

GB 19212.6—2006

# 电力变压器、电源装置和类似产品的安全 第6部分：剃须刀用变压器和剃须刀用电源装置的特殊要求

**Safety of power transformers, power supply units and similar—Part 6: Particular requirements for shaver transformers and shaver supply units**

(IEC 61558-2-5:1997, MOD)

2006-08-25 发布　　2007-03-01 实施

中华人民共和国国家质量监督检验检疫总局
中国国家标准化管理委员会　发布

# 前　言

**GB 19212 的本部分的全部技术内容为强制性。**

GB 19212《电力变压器、电源装置和类似产品的安全》目前拟分为 24 个部分：

第 1 部分：通用要求和试验

第 2 部分：一般用途分离变压器的特殊要求

第 3 部分：控制变压器的特殊要求

第 4 部分：燃气和燃油燃烧器点火变压器的特殊要求

第 5 部分：一般用途隔离变压器的特殊要求

第 6 部分：剃须刀用变压器和剃须刀用电源装置的特殊要求

第 7 部分：一般用途安全隔离变压器的特殊要求

第 8 部分：玩具用变压器的特殊要求

第 9 部分：电铃和电钟变压器的特殊要求

第 10 部分：Ⅲ类手提钨丝灯用变压器的特殊要求

第 11 部分：工作电压 1 000 V 以上高绝缘等级变压器的特殊要求

第 12 部分：漏磁场变压器的特殊要求

第 13 部分：恒压变压器的特殊要求

第 14 部分：自耦变压器的特殊要求

第 15 部分：调压器的特殊要求

第 16 部分：医疗场所供电用隔离变压器的特殊要求

第 17 部分：电源装置和类似产品的特殊要求

第 18 部分：开关型电源用变压器的特殊要求

第 19 部分：医疗设备用变压器的特殊要求

第 20 部分：干扰衰减变压器的特殊要求

第 21 部分：小型电抗器的特殊要求

第 22 部分：具有特殊介质（液体介质 $SF_6$）的变压器的特殊要求

第 23 部分：灯具用具有最高额定温度的变压器的特殊要求

第 24 部分：建筑工地用变压器的特殊要求

本部分为 GB 19212 的第 6 部分。

本部分修改采用国际标准 IEC 61558-2-5 1997（第 1 版）《电力变压器、电源装置和类似产品的安全　第 2-5 部分：剃须刀用变压器和剃须刀用电源装置的特殊要求》（英文版）。

本部分与 IEC 61558-2-5：1997（第 1 版）的技术性差异是由于本部分所引用的 GB 19212.1—2003《电力变压器、电源装置和类似产品的安全　第 1 部分：通用要求和试验》（IEC 61558-1：1998，MOD）与 IEC 61558-1：1998 存在技术性差异而引起，详见 GB 19212.1—2003 的前言。另外，本部分与 IEC 61558-2-5 还有如下技术差异：

——我国插头插座尺寸应当符合 GB 1002—1996 的规定，因此 IEC 61558-2-5 中 20.3 条内容不适用于本部分；

——我国插头型式应当符合 GB 1002—1996 的规定，因此对 IEC 61558-2-5 中 20.3 条内容作了相应修改。

本部分与 GB 19212.1—2003 配合使用。

本部分是补充和修改 GB 19212.1—2003 的相应章、条，以便将 GB 19212.1—2003 转化为本部分。本部分针对 GB 19212.1—2003 的相应章、条新增加的条款从 101 开始编号。

本部分由中华人民共和国信息产业部提出。

本部分由全国变压器标准化技术委员会归口。

本部分由中国电子技术标准化研究所(CESI)、上海市电子仪表标准计量测试所负责起草。

本部分主要起草人:俞毅敏、杨宇涛。

# 电力变压器、电源装置和类似产品的安全 第6部分:剃须刀用变压器和剃须刀用电源装置的特殊要求

## 1 范围

GB 19212.1—2003 的该章用下列内容来代替:

GB 19212 的本部分适用于装有一个或多个输出插座和单相、空气冷却隔离变压器的剃须刀用电源装置,其额定电源电压不超过交流 250 V,额定输出不小于 20 VA 和不大于 50 VA,额定输出电压不超过交流 250 V,额定频率不超过 500 Hz。

本部分也适用于安装在剃须刀用电源装置内的剃须刀用变压器。

注 1:剃须刀用电源装置可以是嵌装在或表面安装在照明设施和其他设备上,或者装入照明设施和其他设备内。

注 2:剃须刀用电源装置可用来给剃须刀、牙刷和类似的小功率装置供电。

## 2 规范性引用文件

除下列引用文件外,GB 19212.1—2003 的该章适用。

该章增加下列引用文件:

GB/T 2423.46—1997 电工电子产品环境试验 第 2 部分:试验方法 试验 Ef:撞击 摆锤(idt IEC 60068-2-62:1991)

GB 17466—1998 家用和类似用途固定式电气装置 电气附件外壳的通用要求(eqv IEC 60670:1989)

## 3 定义

除下列条目外,GB 19212.1—2003 的该章适用。

该章增加下列条目:

3.1.101

**剃须刀用变压器 shaver transformer**

作为固定设施并具有受限制输出,设计成一次只能给一个剃须刀或类似装置供电的一种变压器。

3.1.102

**剃须刀用电源装置 shaver supply unit**

装有剃须刀用变压器和一次只能使用一个插头的一个或几个插座的一种电气附件。

## 4 基本要求

GB 19212.1—2003 的该章适用。

## 5 试验的一般说明

GB 19212.1—2003 的该章适用。

## 6 额定值

除下列条款外,GB 19212.1—2003 的该章适用:

该章增加下列条款：

6.101 额定输出电压不得超过交流 250 V。

优选值的范围为 220 V～240 V，此外还有 110 V～130 V。

6.102 额定输出不得小于 20 VA 和不得大于 50 VA。

6.103 额定电源电压不得超过交流 250 V。

通过目视检查标志来检验是否符合 6.101 到 6.103 的要求。

6.104 额定频率不得超过 500 Hz。

## 7 分类

除下列条款外，GB 19212.1—2003 的该章适用：

7.2 该条进行下列修改：

按短路保护或非正常使用保护分类：

——固有耐短路变压器；

——非固有耐短路变压器。

## 8 标志和其他信息

除下列条款外，GB 19212.1—2003 的该章适用：

8.1 该条中的 n)用下列内容修改：

n) 对剃须刀用变压器：如果防护等级高于 IP00，用防护等级 IP 的标志；

对剃须刀用电源装置：如果防护等级高于 IP21，用防护等级 IP 的标志。

8.1 该条增加下列内容：

剃须刀用电源装置和剃须刀用变压器应标上符合本部分 8.11 的符号来代替隔离变压器的符号。

8.2 该条不适用。

8.7 该条增加下列内容：

对装有单极开关的剃须刀用电源装置，装开关的一极应当接到相线上。

8.11 该条增加下列内容：

对剃须刀用电源装置和剃须刀用变压器应当使用下列符号：

(GB/T 5465.2—5225)

8.13 该条增加下列内容：

对剃须刀用电源装置，其额定输出电压的标志，以及剃须刀用电源装置和剃须刀用变压器的符号应当标在外壳的正面，以便当剃须刀用电源装置按正常使用安装好时能明显可见。对预定要提供不同输出电压的剃须刀用电源装置，所选择的输出电压设定值应当能被明显识别。

对剃须刀用变压器，只有当变压器单独供应时才应当标志剃须刀用电源装置和剃须刀用变压器的符号。

## 9 触及危险带电部件的防护

GB 19212.1—2003 的该章适用。

## 10 输入电压设定值的改变

GB 19212.1—2003 的该章适用。

## 11 负载输出电压和输出电流

GB 19212.1—2003 的该章适用。

## 12 空载输出电压

除下列条款外,GB 19212.1—2003 的该章适用:

该章增加下列条款:

12.101 空载输出电压不应超过 275 V。

12.102 按本章测得的空载输出电压与在第 11 章的试验时测得的负载输出电压相差,以后者电压值的百分比表示,不得超过 20%。

注:该比值按下列定义:

$$\frac{U_{空载}-U_{负载}}{U_{负载}}\times 100\%$$

剃须刀用变压器或剃须刀用电源装置在环境温度下接上额定频率的额定电源电压,通过测量空载输出电压来检验是否符合 12.101 和 12.102 的要求。

## 13 短路电压

GB 19212.1—2003 的该章不适用。

## 14 发热

除下列条款外,GB 19212.1—2003 的该章适用:

该条增加下列内容:

14.2 对嵌入式安装的剃须刀用电源装置要安装在制造厂商规定的相应的嵌入式安装盒内,这种盒子要安装在如 GB 19212.1—2003 图 1 所示的支撑件上。

## 15 短路和过载保护

GB 19212.1—2003 的该章适用。

## 16 机械强度

除下列条款外,GB 19212.1—2003 的该章适用:

16.1 该条用下列内容来代替:

对剃须刀用电源装置,通过 16.101 的试验来检验是否合格。

该条增加下列条款:

16.101 剃须刀用电源装置要按下列规定,用摆锤来进行撞击试验。

16.101.1 按 GB/T 2423.46—1997 的规定对样品施加撞击。

对非嵌入式安装的剃须刀用电源装置,样品要按 GB/T 2423.46—1997 中 4.2 的规定进行安装。

对嵌入式安装的剃须刀用电源装置,样品要按 GB/T 2423.46—1997 中图 3 所示进行安装。

对用螺钉固定的嵌入式设备,要用螺钉将其固定在凹入枕块的凸耳上;对于用卡子固定的嵌入式设备,要用卡子将其直接固定在枕块上。

样品要按正常使用进行安装,以便使撞击点处于通过摆轴轴线的垂直平面上。

在施加撞击之前，底座、盖子及类似部件的固定螺钉要用等于25.1表11规定力矩的三分之二的力矩来拧紧。

要使撞击元件从等于表101所规定的高度跌落。

表101 跌落高度

| 跌落高度<br>cm | 近似能量<br>J | 相关部位 |
|---|---|---|
| 10±0.1 | 0.2 | 嵌入式安装的剃须刀电源装置的盖板和凹入深度至少为凹入部分最大尺寸的四分之一的那些部分 |
| 15±0.1 | 0.3 | 外壳 |
| 25±0.1 | 0.5 | 其他部分 |

16.101.2 样品要承受10次撞击，该10次撞击要均匀分布在样品上。

5次撞击要按下列规定施加：

——对嵌入式安装的剃须刀用电源装置，在中心处施加1次撞击，然后将样品水平移动，在位于枕块凹槽范围的每一端各施加1次撞击，在上述撞击点之间的近似中点处施加另外2次撞击；

——对于其他剃须刀用电源装置，在中心处施加1次撞击，然后使样品绕垂直轴尽可能转动后，但转动通过的角度不超过60°，在样品的每一侧各施加1次撞击，在上述撞击点之间的近似中点处施加另外两次撞击。

然后使样品围绕垂直于胶合板的轴转动90°后，以同样方式施加其余的撞击。

如果有电缆进口，则样品的安装应使得两条撞击线尽可能与电缆进口等距离。

16.101.3 试验后，样品不得出现本标准意义范围内的损伤。特别是带电零部件不得变成可触及。

注1：饰面的损坏、不会使爬电距离和电气间隙减小到小于第26章规定值的小凹痕，以及不会对电击防护或防潮造成不利影响的小缺口可忽略不计。

注2：对用正常视力或无放大作用的矫正视力不能看到的裂纹，以及对纤维增强模压件和类似制件的表面裂纹可忽略不计。

## 17 灰尘、固体异物和潮湿有害进入的防护

GB 19212.1—2003的该章适用。

## 18 绝缘电阻和介电强度

除下列条款外，GB 19212.1—2003的该章适用：

18.2 表7：输入与输出电路之间基本绝缘的数值不适用。

18.3 表8：1)不适用。

## 19 结构

除下列条款外，GB 19212.1—2003的该章适用：

19.1 该条用下列内容代替：

输入与输出电路应当在电气上相互隔离，而且其结构应当保证使这些电路之间不可能存在任何直接地、或通过其他导电零部件间接的连接，但故意采取的措施除外。

通过目视检查，并考虑第18章、第19章和第26章的规定来检验是否合格。

19.1.1 输入与输出绕组之间的绝缘应当由双重绝缘或加强绝缘组成。

另外还要符合下列要求：

——对Ⅰ类剃须刀用变压器和剃须刀用电源装置，输入绕组与壳体之间的绝缘应当由基本绝缘组

成，输出绕组与壳体之间的绝缘应当由附加绝缘组成；

——对Ⅱ类剃须刀用变压器和剃须刀用电源装置，输入绕组与壳体之间的绝缘以及输出绕组与壳体之间的绝缘应当由双重绝缘或加强绝缘组成。

19.1.2 对Ⅰ类剃须刀用变压器和剃须刀用电源装置，如果不与壳体连接的中间金属零部件（例如铁心）位于输入与输出绕组之间，则输入与输出绕组之间通过中间金属零部件的绝缘应当由双重绝缘或加强绝缘组成。对Ⅱ类剃须刀用变压器和剃须刀用电源装置，输入绕组与壳体之间以及输出绕组与壳体之间通过中间金属零部件的绝缘应当由双重绝缘或加强绝缘组成。

中间金属零部件与输入或输出绕组之间的绝缘均应当至少由基本绝缘组成。

注：用双重绝缘或加强绝缘与输入或输出绕组之一隔离的中间金属零部件被认为是与其他绕组相连的。

19.1.3 每个绕组应当采用直线排绕各层。

注：这一要求不排除相邻各层会有交叉混合线匝。

该章增加下列条款：

19.101 嵌入式安装的剃须刀用变压器或剃须刀用电源装置的安装盒应当符合 GB 17466—1998 的要求。

通过目视检查来检验是否合格。

19.102 输出绕组不得与壳体或保护电路相连接。

通过目视检查以及通过第 18 章的试验来检验是否合格。

19.103 剃须刀用电源装置在其输出电路应当装有输出插座。应当不可能同时插入一个以上的插头。应当不可能插入 20.3 所列的插头而导致跨接两个输出插座。

通过目视检查以及通过手动试验来检验是否合格。

19.104 剃须刀用变压器和剃须刀用电源装置应当是固有耐短路的或非固有耐短路的，而且不得装有熔断器。

通过目视检查来检验是否合格。

19.105 剃须刀用电源装置应当具有至少为 IPX1 的防护等级。

通过目视检查，以及通过 17.1 的试验来检验是否合格。

## 20 元器件

除下列条款外，GB 19212.1—2003 的该章适用：

20.2 该条款增加下列内容：

剃须刀电源装置可以装有为提供不同额定输出电压的转换开关，和（或）在输入电路装有单极开关；这些开关可以是微隙结构的开关。

通过目视检查来检验是否合格。

20.3 该条进行下列修改：

剃须刀电源装置输出电路的输出插座不得带有保护接地插套，另外：

——应当符合 GB 1002—1996 中图 1 和符合 GB 2099.1—1996 的要求，并考虑下列对 GB 2099.1—1996 的各章所作的例外规定：

8 该章不适用。

9 我国插头型式应当符合 GB 1002—1996 的规定。

10.1 （第二段）该段不适用。

12 该章不适用。

13 该章不适用。

19 该章不适用。

20 该章不适用。

21 进行该试验时无需通过电流。

——应当能插入符合 GB 1002 中图 1 型式的插头。

20.7 该条用下列内容来代替：

剃须刀用变压器或剃须刀用电源装置可以装有自复位装置。

## 21 内部布线

GB 19212.1—2003 的该章适用。

## 22 电源连接和其他外部软电缆或软线

除下列条款外，GB 19212.1—2003 的该章适用：

22.2 该条增加下列内容：

剃须刀用电源装置应当配有安装盒，或设计成要与安装盒一起使用。它们的设计应当保证在安装盒安装就位后，但在电源装置装入安装盒之前，使供电电缆终端能准备进行连接。

剃须刀用电源装置的设计和结构应当做到能容易地将电源导线引入接线端子，而且在安装盒内具有足够的空间，使得在电源装置安装完之后，电源导线的绝缘层不可能接触到不同极性的带电零部件，或接触到活动的零部件，例如旋转开关的转轴。

## 23 外部导线接线端子

GB 19212.1—2003 的该章适用。

## 24 保护接地装置

GB 19212.1—2003 的该章适用。

## 25 螺钉和连接

GB 19212.1—2003 的该章适用。

## 26 爬电距离、电气间隙和穿过绝缘的距离

除下列条款外，GB 19212.1—2003 的该章适用：

表 13 中的 1)不适用。

## 27 耐热、耐异常热、耐燃和耐漏电起痕

GB 19212.1—2003 的该章适用。

## 28 防锈

GB 19212.1—2003 的该章适用。

# 附　录

除下列附录外，GB 19212.1—2003 的附录适用：

## 附　录　C
## 材料组别Ⅱ

除下列内容外，GB 19212.1—2003 的该附录适用：
表 C.1 中的 1)不适用。

## 附　录　D
## 材料组别Ⅰ

除下列内容外，GB 19212.1—2003 的该附录适用：
表 D.1 中的 1)不适用。

ICS 29.180
K 41

GB

# 中华人民共和国国家标准

GB 19212.7—2006

# 电力变压器、电源装置和类似产品的安全 第7部分：一般用途安全隔离变压器的特殊要求

**Safety of power transformers, power supply units and similar—Part 7: Particular requirements for safety isolating transformers for general use**

(IEC 61558-2-6:1997, MOD)

2006-08-25 发布　　　　2007-03-01 实施

中华人民共和国国家质量监督检验检疫总局
中国国家标准化管理委员会　发布

# 前　言

**GB 19212 的本部分的全部技术内容为强制性。**

GB 19212《电力变压器、电源装置和类似产品的安全》目前拟分为 24 个部分：

第 1 部分：通用要求和试验

第 2 部分：一般用途分离变压器的特殊要求

第 3 部分：控制变压器的特殊要求

第 4 部分：燃气和燃油燃烧器点火变压器的特殊要求

第 5 部分：一般用途隔离变压器的特殊要求

第 6 部分：剃须刀用变压器和剃须刀用电源装置的特殊要求

第 7 部分：一般用途安全隔离变压器的特殊要求

第 8 部分：玩具用变压器的特殊要求

第 9 部分：电铃和电钟变压器的特殊要求

第 10 部分：Ⅲ类手提钨丝灯用变压器的特殊要求

第 11 部分：工作电压 1 000 V 以上高绝缘等级变压器的特殊要求

第 12 部分：漏磁场变压器的特殊要求

第 13 部分：恒压变压器的特殊要求

第 14 部分：自耦变压器的特殊要求

第 15 部分：调压器的特殊要求

第 16 部分：医疗场所供电用隔离变压器的特殊要求

第 17 部分：电源装置和类似产品的特殊要求

第 18 部分：开关型电源用变压器的特殊要求

第 19 部分：医疗设备用变压器的特殊要求

第 20 部分：干扰衰减变压器的特殊要求

第 21 部分：小型电抗器的特殊要求

第 22 部分：具有特殊介质（液体介质 $SF_6$）的变压器的特殊要求

第 23 部分：灯具用具有最高额定温度的变压器的特殊要求

第 24 部分：建筑工地用变压器的特殊要求

本部分为 GB 19212 的第 7 部分。

本部分修改采用国际标准 IEC 61558-2-6：1997（第 1 版）《电力变压器、电源装置和类似产品的安全　第 2-6 部分：一般用途安全隔离变压器的特殊要求》（英文版）。

本部分与 IEC 61558-2-6：1997（第 1 版）的技术性差异是由于本部分所引用的 GB 19212.1—2003《电力变压器、电源装置和类似产品的安全　第 1 部分：通用要求和试验》（IEC 61558-1：1998，MOD）与 IEC 61558-1：1998 存在的技术性差异而引起的，详见 GB 19212.1—2003 的前言。

本部分与 GB 19212.1—2003 配合使用。

本部分是补充和修改 GB 19212.1—2003 的相应章、条，以便将 GB 19212.1—2003 转化为本部分。本部分针对 GB 19212.1—2003 的相应章、条新增加的条款从 101 开始编号。

本部分由中华人民共和国信息产业部提出。

本部分由全国变压器标准化技术委员会归口。

本部分由中国电子技术标准化研究所（CESI）、信息产业部电子工业第五研究所负责起草。

本部分主要起草人：杜浙、刘群兴、杨宇涛。

# 电力变压器、电源装置和类似产品的安全 第7部分：一般用途安全隔离变压器的特殊要求

## 1 范围

GB 19212.1—2003 的该章用下列内容代替：

GB 19212 的本部分适用于驻立式或移动式、单相或多相、空气冷却、配套用或其他应用的安全隔离变压器，其额定电源电压不超过交流 1 000 V、额定频率不超过 500 Hz，额定输出不超过：

——对单相变压器，10 kVA；

——对多相变压器，16 kVA。

本部分也适用于不限额定输出的安全隔离变压器，但是这类变压器应当作为特殊变压器来考虑，并需在采购方与供货方之间达成协议。

在导体之间或任何导体与地之间，空载输出电压和额定输出电压不超过：

交流 50 V 方均根值和(或)无纹波直流 120 V。

本部分适用于干式变压器。其绕组可以是密封的或非密封的。

## 2 规范性引用文件

GB 19212.1—2003 的该章适用。

## 3 定义

GB 19212.1—2003 的该章适用。

## 4 一般要求

GB 19212.1—2003 的该章适用。

## 5 试验的一般说明

GB 19212.1—2003 的该章适用。

## 6 额定值

除下列条款外，GB 19212.1—2003 的该章适用。

该章增加下列条款：

6.101 额定输出电压不得超过交流 50 V 和(或)无纹波直流 120 V。

对交流，额定输出电压的优选值为：6 V、12 V、24 V、36 V、42 V 和 48 V。

6.102 除特殊安全隔离变压器外，对单相变压器，其额定输出不得超过 10 kVA，对多相变压器，其额定输出不得超过 16 kVA。

额定输出的优选值为：

——对单相变压器，25 VA、40 VA、63 VA、100 VA、160 VA、250 VA、400 VA、630 VA、1 000 VA、1 600 VA、2 500 VA、4 000 VA、6 300 VA 和 10 000 VA；

——对多相变压器，630 VA、1 000 VA、1 600 VA、2 500 VA、4 000 VA、6 300 VA、10 000 VA 和 16 000 VA。

6.103　额定频率不得超过 500 Hz。

6.104　额定电源电压不得超过交流 1 000 V。

## 7　分类

GB 19212.1—2003 的该章适用。

## 8　标志和其他信息

除下列条款外，GB 19212.1—2003 的该章适用。

8.11　该条增加下列内容：

| | |
|---|---|
|  F | 无危害式安全隔离变压器 |
|  | 非耐短路安全隔离变压器 |
|  | 耐短路安全隔离变压器(固有耐短路的或非固有耐短路的) |

该章增加下列条款：

8.101　对预定要用电缆或软线以及插头与电源连接的变压器，应当随同变压器一起提供说明书或类似说明，使使用者注意到输出电路应当按国家布线规则进行安装和保护。

## 9　触及危险带电零部件的防护

除下列条款外，GB 19212.1—2003 的该章适用。

9.2　在该条第一段前增加下列内容：

空载输出电压不超过交流峰值 35 V 和无纹波直流 60 V 的带电零部件可以是可触及的。

在第二个破折号后增加下列新内容：

——与带电零部件接触的零部件是可触及的。这些带电零部件通常连接到因其使用上的特点是可触及的输出电路上，只要在空载输出电压超过交流峰值 35 V 或无纹波直流 60 V 时，仅有一个极成为可触及的即可。

## 10　输入电压设定值的改变

除下列条款外，GB 19212.1—2003 的该章适用。

该章增加下列条款：

10.101　移动式变压器应当只有一个额定电源电压，除非一旦标在标志上的较高电压意外地连接到较低电压绕组上时，变压器的输出电压也不会产生超过本部分范围中规定的允许限值。

注：就本要求而言，对装有某种调节装置的移动式变压器，该调节装置能将输入连接端调节到不大于相应电压范围中间值 10% 的合适的电压，则该变压器不认为是具有多于一个电源电压的变压器。

## 11　负载输出电压和输出电流

GB 19212.1—2003 的该章适用。

## 12　空载输出电压

除下列条款外，GB 19212.1—2003 的该章适用。

该章增加下列条款：

12.101 在任何情况下，空载输出电压不得超过交流 50 V 和无纹波直流 120 V，甚至在对预定不作串联连接的各独立输出绕组进行串联连接时也应当如此。

12.102 空载时的输出电压和额定输出时的输出电压相差不得过大。

当变压器在环境温度下接上额定频率的额定电源电压，通过测量空载输出电压来检验是否符合 12.101 和 12.102 的要求。

所测得的空载输出电压值与在第 11 章的试验时测得的负载输出电压相差，以后者电压的百分比表示，不得超过表 101 所列数值。

注：该比值定义如下：

$$\frac{U_{空载}-U_{负载}}{U_{负载}}\times 100\%$$

**表 101 输出电压偏差**

| 变压器规格 | 空载时的输出电压与额定输出时的输出电压之比<br>% |
|---|---|
| 固有耐短路变压器： | |
| ≤63 VA | 100 |
| >63 VA～≤630 VA | 50 |
| >630 VA | 20 |
| 其他变压器： | |
| ≤10 VA | 100 |
| >10 VA～≤25 VA | 50 |
| >25 VA～≤63 VA | 20 |
| >63 VA～≤250 VA | 15 |
| >250 VA～≤630 VA | 10 |
| >630 VA | 5 |

## 13 短路电压

GB 19212.1—2003 的该章适用。

## 14 发热

GB 19212.1—2003 的该章适用。

## 15 短路和过载保护

GB 19212.1—2003 的该章适用。

## 16 机械强度

GB 19212.1—2003 的该章适用。

## 17 灰尘、固体异物和潮湿有害进入的防护

GB 19212.1—2003 的该章适用。

## 18 绝缘电阻和介电强度

GB 19212.1—2003 的该章适用。

## 19 结构

除下列条款外，GB 19212.1—2003 的该章适用。

该章用下列条款代替：

19.1 输入与输出电路在电气上应当是相互隔离的，而且在结构上应当保证使这些电路之间不可能存在任何直接的或通过其他金属零部件间接的连接。

通过目视检查，并考虑第 18 章、第 19 章和第 26 章的规定来检验是否合格。

19.1.1 除符合 19.1.3 的要求者外，输入与输出绕组之间的绝缘应当由双重绝缘或加强绝缘组成。

另外还应当采用下列要求：

——对Ⅰ类变压器，输入绕组与壳体之间的绝缘应当由基本绝缘组成，输出绕组与壳体之间的绝缘应当由附加绝缘组成；

——对Ⅱ类变压器，输入绕组与壳体之间以及输出绕组与壳体之间的绝缘应当由双重绝缘或加强绝缘组成。

19.1.2 对Ⅰ类变压器，如果不与壳体连接的中间金属零部件(例如铁心)位于输入绕组与输出绕组之间，则输入绕组与输出绕组之间通过中间金属零部件之间的绝缘应当由双重绝缘或加强绝缘组成。对Ⅱ类变压器，输入绕组与壳体之间以及输出绕组与壳体之间通过中间金属零部件的绝缘应当由双重绝缘或加强绝缘组成。中间金属零部件与输入绕组或输出绕组之间的绝缘均应当至少由基本绝缘组成。

注：用双重绝缘或加强绝缘与输入绕组或输出绕组之一隔离的中间金属零部件被认为是与其他绕组相连的。

19.1.3 对Ⅰ类变压器，如果符合下列条件，则输入与输出绕组之间的绝缘可以由基本绝缘加保护屏蔽层来代替双重绝缘或加强绝缘：

——输入绕组与保护屏蔽层之间的绝缘应当符合基本绝缘的要求(按输入电压来规定)；

——保护屏蔽层与输出绕组之间的绝缘应当符合基本绝缘的要求(按输出电压额定值来规定)；

——除另有规定者外，保护屏蔽层应当由金属箔或导线缠绕屏蔽层组成，其宽度至少伸展到与该屏蔽层相邻的绕组之一的整个宽度，缠绕屏蔽层应当是匝间无间隔的密绕层；

——保护屏的引线的截面积至少应当具有与过载装置额定电流相适应的截面积，以确保一但绝缘发生击穿时，在引出线烧毁之前，过载保护装置将先行断开；

——引出线应当焊接在保护屏上或以等效可靠的方式进行固定。

注：就本条而言，“绕组”一词不包括内部电路。

绕组结构的例子在 GB 19212.1—2003 的附录 M 中给出。

19.1.4 对预定要利用插头与电网电源相连的变压器，用基本绝缘加保护屏蔽层的替代做法是不允许的。

该章增加下列条款：

19.101 额定输出不超过 630 VA 的移动式变压器应当是Ⅱ类变压器。

19.102 输出绕组与壳体或与保护接地电路(如果有)之间不应当有连接。但是，如果相关设备标准允许时，则对配套用变压器允许有这种连接。

19.103 变压器不应当装有将输入和输出电路电气连接的电容器。

通过目视检查来检验是否合格。

19.104 连接外部导线的输入和输出端子的位置应当保证，在导线接入点测量时，从这些端子的输入到输出夹紧件之间的距离不小于 25 mm。如果该距离是用隔板来实现的，则该隔板应当用绝缘材料制成，而且应当永久固定在变压器上。

通过目视检查，以及在忽略中间金属零部件的情况下，通过测量来检验是否合格。

## 20 元器件

除下列条款外，GB 19212.1—2003 的该章适用：

**20.3** 该条增加下列内容：

输出端的插头和输出插座应当符合 IEC 60884-2-4 和 IEC 60906-3 的要求。

## 21 内部布线

GB 19212.1—2003 的该章适用。

## 22 电源连接和其他外部软电缆或软线

GB 19212.1—2003 的该章适用。

## 23 外部导线接线端子

GB 19212.1—2003 的该章适用。

## 24 保护接地装置

GB 19212.1—2003 的该章适用。

## 25 螺钉和连接

GB 19212.1—2003 的该章适用。

## 26 爬电距离、电气间隙和穿过绝缘的距离

除下列内容外，GB 19212.1—2003 的该章适用：

表 13、表 C.1 和表 D.1 中的 1)不适用。

## 27 耐热、耐异常热、耐燃和耐漏电起痕

GB 19212.1—2003 的该章适用。

## 28 防锈

GB 19212.1—2003 的该章适用。

## 附　录

除下列附录外,GB 19212.1—2003 的附录适用。

## 附　录 C
## 材料组别Ⅱ

除下列内容外,GB 19212.1—2003 的该附录适用:
表 C.1 中的 1)不适用。

## 附　录 D
## 材料组别Ⅰ

除下列内容外,GB 19212.1—2003 的该附录适用:
表 D.1 中的 1)不适用。

ICS 29.180
K 41

# 中华人民共和国国家标准

GB 19212.8—2006

# 电力变压器、电源装置和类似产品的安全 第8部分:玩具用变压器的特殊要求

Safety of power transformers, power supply units and similar—
Part 8: Particular requirements for transformers for toys

(IEC 61558-2-7:1997, MOD)

2006-08-25 发布　　2007-03-01 实施

中华人民共和国国家质量监督检验检疫总局
中国国家标准化管理委员会 发布

# 前言

**GB 19212 的本部分的全部技术内容为强制性。**

GB 19212《电力变压器、电源装置和类似产品的安全》目前拟分为 24 个部分：

第 1 部分：通用要求和试验

第 2 部分：一般用途分离变压器的特殊要求

第 3 部分：控制变压器的特殊要求

第 4 部分：燃气和燃油燃烧器点火变压器的特殊要求

第 5 部分：一般用途隔离变压器的特殊要求

第 6 部分：剃须刀用变压器和剃须刀用电源装置的特殊要求

第 7 部分：一般用途安全隔离变压器的特殊要求

第 8 部分：玩具用变压器的特殊要求

第 9 部分：电铃和电钟变压器的特殊要求

第 10 部分：Ⅲ类手提钨丝灯用变压器的特殊要求

第 11 部分：工作电压 1 000 V 以上高绝缘等级变压器的特殊要求

第 12 部分：漏磁场变压器的特殊要求

第 13 部分：恒压变压器的特殊要求

第 14 部分：自耦变压器的特殊要求

第 15 部分：调压器的特殊要求

第 16 部分：医疗场所供电用隔离变压器的特殊要求

第 17 部分：电源装置和类似产品的特殊要求

第 18 部分：开关型电源用变压器的特殊要求

第 19 部分：医疗设备用变压器的特殊要求

第 20 部分：干扰衰减变压器的特殊要求

第 21 部分：小型电抗器的特殊要求

第 22 部分：具有特殊介质(液体介质 $SF_6$)的变压器的特殊要求

第 23 部分：灯具用具有最高额定温度的变压器的特殊要求

第 24 部分：建筑工地用变压器的特殊要求

本部分为 GB 19212 的第 8 部分。

本部分修改采用国际标准 IEC 61558-2-7:1997(第 1 版)《电力变压器、电源装置和类似产品的安全　第 2-7 部分：玩具用变压器的特殊要求》(英文版)。

本部分与 IEC 61558-2-7:1997(第 1 版)的技术性差异是由于本部分所引用的 GB 19212.1—2003《电力变压器、电源装置和类似产品的安全　第 1 部分：通用要求和试验》(IEC 61558-1:1998,MOD)与 IEC 61558-1:1998 存在技术性差异而引起的，详见 GB 19212.1—2003 的前言。

本部分与 GB 19212.1—2003 配合使用。

本部分是补充和修改 GB 19212.1—2003 的相应章、条，以便将 GB 19212.1—2003 转化为本部分。本部分针对 GB 19212.1—2003 的相应章、条新增加的条款从 101 开始编号。

本部分由中华人民共和国信息产业部提出。

本部分由全国变压器标准化技术委员会归口。

本部分由中国电子技术标准化研究所(CESI)负责起草。

本部分主要起草人：张力立。

# 电力变压器、电源装置和类似产品的安全
# 第8部分:玩具用变压器的特殊要求

## 1 范围

GB 19212.1—2003 的该章用下列内容代替:

本部分适用于玩具用变压器,其额定电源电压不超过交流 250 V,额定频率为 50 Hz/60 Hz,额定输出电压不超过交流 24 V 或无纹波直流 33 V,额定输出不超过 200 VA,额定输出电流不超过 10 A。

本部分一般不考虑儿童对变压器的玩弄。

## 2 规范性引用文件

GB 19212.1—2003 的该章适用。

## 3 定义

除下列条目外,GB 19212.1—2003 的该章适用:

该章增加下列条目:

3.101

**玩具用变压器　transformer for toys**

设计成给玩具供电的、而且其额定输出电压不超过交流 24 V 或无纹波直流 33 V 的安全隔离变压器。

## 4 一般要求

GB 19212.1—2003 的该章适用。

## 5 试验的一般说明

除下列条款外,GB 19212.1—2003 的该章适用:

5.12　该条不适用。

## 6 额定值

除下列条款外,GB 19212.1—2003 的该章适用:

该章增加下列条款:

6.101　额定输出电压不得超过交流 24 V 或无纹波直流 33 V。额定输出电压的优选值为 1.5 V、3 V、4.5 V、6 V、9 V、12 V 和 24 V。

6.102　玩具用变压器应当只有一个不超过 250 V 的额定电源电压。

6.103　额定输出不得超过 200 VA。

6.104　额定输出电流不得超过 10 A。

## 7 分类

除下列条款外,GB 19212.1—2003 的该章适用:

7.1　该条用下列内容代替:

按电击防护分类：

玩具用变压器应当为Ⅱ类结构。

7.2 该条用下列内容代替：

按短路保护或非正常使用保护分类：

——固有耐短路变压器；

——非固有耐短路变压器；

——无危害式变压器。

7.4 该条用下列内容代替：

按移动性分类：

——移动式变压器；

——驻立式变压器。

7.5 该条用下列内容代替：

按工作时间分类：

玩具用变压器应当设计成连续工作。

## 8 标志和其他信息

除下列条款外，GB 19212.1—2003 的该章适用：

8.1 该条中的 n)用下列内容修改：

n) 适用于室外使用的变压器应当标有相应的 IP 等级。

8.11 该条增加下列内容：

玩具用变压器应当使用下列符号(GB/T 5465.2—5219)。

## 9 触及危险带电零部件的防护

除下列条款外，GB 19212.1—2003 的该章适用：

9.2 该条按下列内容修改：

用图 101 的小试验指代替图 2 的标准试验指。

9.2 该条增加下列内容：

输入电路的带电零部件或仅用基本绝缘与带电零部件隔离的金属零部件应当是不可触及的，甚至对借助工具能打开的盖子在打开后也应当如此。

## 10 输入电压设定值的改变

除下列内容外，GB 19212.1—2003 的该章适用：

该章用下列内容代替：

玩具用变压器应当只有一个额定电压或一个电源电压范围。

通过目视检查来检验是否合格。

## 11 负载输出电压和输出电流

除下列条款外，GB 19212.1—2003 的该章适用：

11.1 该条用下列内容修改：

当变压器接上额定频率的额定电压，并接上在额定输出电压下和额定功率因数下(对交流)能给出额定输出的阻抗负载时，输出电压与额定值相差，对交流不得大于10%，或者对直流不得大于15%。

本要求适用于所有输出绕组及其分接头。

## 12 空载输出电压

除下列条款外，GB 19212.1—2003 的该章适用：

该章增加下列条款：

12.101 在任何情况下，空载输出电压不得超过交流 33 V 或无纹波直流 46 V，甚至在对所有独立绕组进行串联连接时也应当如此。

12.102 空载时的输出电压与额定输出(在第 11 章试验时测得)时的输出电压相差，以后者电压的百分比来表示，不得超过 100%。

## 13 短路电压

GB 19212.1—2003 的该章不适用。

## 14 发热

GB 19212.1—2003 的该章适用。

## 15 短路和过载保护

除下列条款外，GB 19212.1—2003 的该章适用：

15.1 该条增加下列内容：

玩具用变压器应当是耐短路的或无危害的结构。耐短路变压器应当能承受在正常使用时可能出现的过载。这类变压器不得装有熔断器。

如果短路输出电流超过 20 A，则应当装有非自复位过载释放器。

非自复位过载释放器，如果有，应当装在输出电路上。

表 3 按下列内容修改：

如果外部外壳(用图 101 的小试验指可触及的)是：

——金属　　50℃

——其他材料　60℃

该章增加下列条款：

15.3.101 短路电流超过 20 A 的玩具用变压器，在冷态条件下接上额定电源电压，各输出电路在其他绕组开路时短路。

如果变压器有多个输出电路，必要时，这些输出电路应当依次短路。

过载释放器应当在 1 s 内动作。

15.5.2 该条按下列内容修改：

对玩具用无危害式变压器，用图 101 的小试验指可触及的变压器外壳上任何部分的温度不得超过下列限值，如果是：

——金属　　50℃

——其他材料　60℃

## 16 机械强度

除下列条款外，GB 19212.1—2003 的该章适用：

16.1 该条第二段用下列内容代替：

对驻立式变压器通过16.2的试验，以及对移动式变压器，按适用的情况，通过16.2、16.3、16.4和16.101的试验来检验是否合格。

该章增加下列条款：

16.101　另外，玩具用变压器应当承受下列试验：

变压器对着钢型材跌落，钢型材安装在坚实的砖墙、石墙、混凝土墙或类似的墙体上，如图102所示。

钢型材为具有尺寸40 mm×40 mm×5 mm的直角形截取部分，直角倒圆半径为5 mm。钢型材贴墙安装，或者如有必要，钢型材贴装在钢垫板上，钢垫板再贴墙安装。

变压器用其软电缆或软线悬吊起来，使变压器静止时正对钢型材的直角，悬吊支点处于钢型材上方1 m处。将变压器沿垂直于墙体的平面提起离开钢型材，直至提升到40 cm的高度为止。

使变压器对着钢型材跌落。对矩形的变压器，应当使变压器的四个面的每一个面和四条棱的每一条棱撞击一次，对其他形状的变压器，则尽可能在类似位置进行相同次数的撞击。

如果变压器的形状使得在没有钢垫板时，变压器不撞击钢型材，则仅在这种情况下需要钢垫板。

另外，使变压器从40 cm的高度上自由跌落到放置在平坦的混凝土底座上、厚度至少为5 mm的钢板上。

变压器与按正常使用安装好的电缆一起跌落10次。变压器每次采取不同的方向跌落。

试验后，变压器应当无本部分意义范围内的损伤。特别是带电零部件不得变成可触及。

## 17　灰尘、固体异物和潮湿有害进入的防护

GB 19212.1—2003的该章适用。

## 18　绝缘电阻和介电强度

GB 19212.1—2003的该章适用。

## 19　结构

除下列条款外，GB 19212.1—2003的该章适用：

19.1　该条用下列内容代替：

玩具用变压器应当为Ⅱ类变压器。

输入与输出电路在电气上应当相互隔离，在结构上应当使这些电路之间不可能存在任何直接的或通过其他金属零部件间接的连接。

通过目视检查，同时考虑第18章、第19章和第26章的规定来检验是否合格。

19.1.1　输入与输出绕组之间的绝缘应当由双重绝缘或加强绝缘组成。

另外，输入绕组与壳体之间以及输出绕组与壳体之间的绝缘应当由双重绝缘或加强绝缘组成。

19.1.2　如果不与壳体连接的中间金属零部件(例如铁心)位于输入与输出绕组之间，则输入与输出绕组之间通过中间金属零部件的绝缘应当由双重绝缘或加强绝缘组成，而且输入绕组与壳体之间以及输出绕组与壳体之间通过中间金属零部件的绝缘也应当由双重绝缘或加强绝缘组成。

中间金属零部件与输入或输出绕组之间的绝缘均应当至少由基本绝缘组成。

注：用双重绝缘或加强绝缘与这些绕组之一隔离的中间金属零部件被认为与其他绕组相连。

19.16　该条增加下列内容：

玩具用变压器除了输出端子外应当符合IP4X或更高防护等级的要求。

用第17章的试验来检验是否合格。

该章增加下列条款：

19.101　输出电路中带有交流端子的变压器，在设计上应当使两个或两个以上的变压器的输出电路连

接在一起时，以及这些变压器之一连接电网电源而其他变压器不连接电网电源时，后者变压器的裸露插销之间的电压不得超过交流 33 V。

通过测量插头的插销之间的电压来检验是否合格。

如果插头的裸露插销之间的电压不得超过交流 33 V 的要求不能满足，则应当直接在变压器上或在随同变压器一起提供的说明书上，使用要将变压器销往该国家的官方语言来提供警告语。

注：例如给出下列警告语：“警告！有危险电压的存在，如果此变压器和其他变压器一样连接到同一个玩具上，切勿触摸已拔出的插头上的插销。”

19.102　连接外部导线的输入和输出端子的位置应当保证，在导线接入点测量时，从这些端子输入到输出夹紧装置之间的距离不小于 25 mm。如果该距离利用隔板来获得，则隔板应当由绝缘材料制成并永久固定在变压器上。

## 20　元器件

除下列条款外，GB 19212.1—2003 的该章适用：

20.2　该条增加下列内容：

玩具用变压器在电源软电缆或软线上不得装有开关。

20.3　该条增加下列内容：

能插入变压器输出电路上的输出插座的插头与符合 GB 17465 的器具耦合器的连接器之间应当不可能永久接触，即使是一个插销也应如此。

输出端的插头和插座应当符合 IEC 60884-2-4 和 IEC 60906-3 的要求。

通过目视检查来检验是否合格。

20.5.1　该条用下列内容修改：

对非自复位热分断器和非自复位过载释放器，动作循环次数从 300 次增加到 1 000 次。

该条增加下列内容：

20.101　非自复位热分断器和非自复位过载释放器应当是自动断路的，而且应当是无需打开盖子就可以使其复位的。

变压器接上额定电源电压，通过短路输出端子，直到保护装置动作为止来检验是否合格。如果具有一组以上的输出端子，则应当对每一组输出端子依次进行试验。

应当不可能通过操作复位装置来使热分断器或过载释放器保持在“通”位。

然后去除短路，如有必要，在冷却后，应当无需打开任何盖子就能将保护装置置于“通”位。

20.102　控制装置，如果有，应当装在输出电路上，而且应当能可靠工作。

通过目视检查以及通过下列试验来检验是否合格：

变压器接上额定电源电压，以功率因数为 1 的额定电流负载，对控制装置以每分钟约改变 30 次的均匀速率操作 5 000 次，每一次操作从操作范围的一端改变到另一端。试验期间，除了处于任何“断”位外，电流不得中断。

试验后，绕组的温度不得超过 14.2 的规定值，而且空载电流不得由于输出电路的绕组匝间短路而发生变化。

20.103　控制装置的操作装置，如果有，不得固定在变压器上，但轨道用变压器除外。

## 21　内部布线

GB 19212.1—2003 的该章适用。

## 22　电源连接和其他外部软电缆或软线

除下列条款外，GB 19212.1—2003 的该章适用：

22.3 该条用下列内容修改：

在玩具用变压器的电源端不允许使用器具耦合器。

22.4 该条用下列内容修改：

符合防护等级 IP4X 要求的玩具用变压器，其电源软线不得轻于普通强度橡套软线（GB 5013.1—1997 中的标志代号 245IEC53）或普通聚氯乙烯护套软线（GB 5023.1—1997 的标志代号 227IEC53）。

具有防护等级 IP67 的变压器，其电源软线应当不轻于普通氯丁橡套软线（GB 5013.1—1997 中的标志 245IEC57）。

22.5 该条用下列内容修改：

除了电缆或软线，对质量大于 500 g 的变压器，其电源电缆或软线的截面积至少应当为 1 $mm^2$。

22.6 该条用下列内容代替：

玩具用变压器的电源端不允许使用器具耦合器。

22.9 该条用下列内容修改：

电源软线可以采用 Y 型和 Z 型连接与变压器一起装配好。不允许使用 X 型连接。

## 23 外部导线接线端子

GB 19212.1—2003 的该章适用。

## 24 保护接地装置

GB 19212.1—2003 的该章适用。

## 25 螺钉和连接

GB 19212.1—2003 的该章适用。

## 26 爬电距离、电气间隙和穿过绝缘的距离

除下列条款外，GB 19212.1—2003 的该章适用：

表 13、表 C.1 和表 D.1 中的 1）不适用。

## 27 耐热、耐异常热、耐燃和耐漏电起痕

GB 19212.1—2003 的该章适用。

## 28 防锈

GB 19212.1—2003 的该章适用。

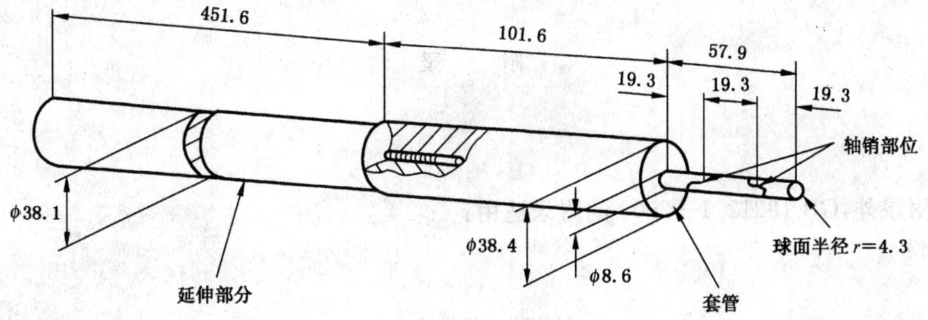


材料:金属;

尺寸单位:mm;

尺寸公差:±0.125 mm;

两个铰接处应能在同一平面和同一方向上转动 90°,公差为 0°,+10°。

**图 101 小试验指**

单位为毫米

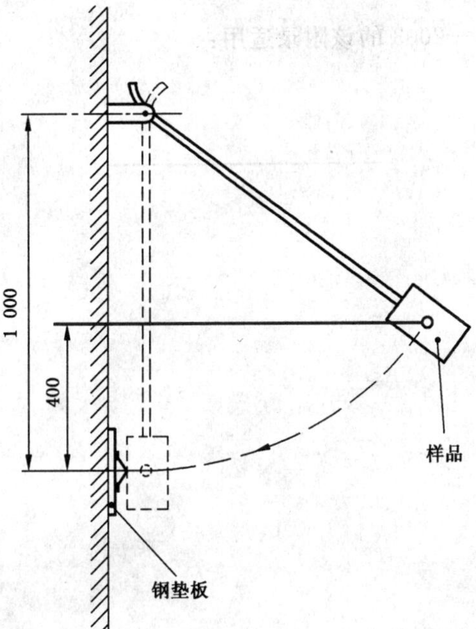


**图 102 玩具用变压器撞击试验装置**(见 16.101)

# 附　录

除下列附录外，GB 19212.1—2003 的附录适用：

## 附　录　C
## 材料组别Ⅱ

除下列内容外，GB 19212.1—2003 的该附录适用：
表 C.1 中的 1)不适用。

## 附　录　D
## 材料组别Ⅰ

除下列内容外，GB 19212.1—2003 的该附录适用：
表 D.1 中的 1)不适用。

ICS 29.180
K 41

# 中华人民共和国国家标准

GB 19212.18—2006

# 电力变压器、电源装置和类似产品的安全 第18部分：开关型电源用变压器的特殊要求

**Safety of power transformers, power supply units and similar—Part 18: Particular requirements for transformers for switch mode power supplies**

(IEC 61558-2-17:1997, MOD)

2006-08-25 发布 2007-03-01 实施

中华人民共和国国家质量监督检验检疫总局
中国国家标准化管理委员会 发布

# 前　言

**GB 19212 的本部分的全部技术内容为强制性。**

GB 19212《电力变压器、电源装置和类似产品的安全》目前拟分为 24 个部分：

第 1 部分：通用要求和试验

第 2 部分：一般用途分离变压器的特殊要求

第 3 部分：控制变压器的特殊要求

第 4 部分：燃气和燃油燃烧器点火变压器的特殊要求

第 5 部分：一般用途隔离变压器的特殊要求

第 6 部分：剃须刀用变压器和剃须刀用电源装置的特殊要求

第 7 部分：一般用途安全隔离变压器的特殊要求

第 8 部分：玩具用变压器的特殊要求

第 9 部分：电铃和电钟变压器的特殊要求

第 10 部分：Ⅲ类手提钨丝灯用变压器的特殊要求

第 11 部分：工作电压 1 000 V 以上高绝缘等级变压器的特殊要求

第 12 部分：漏磁场变压器的特殊要求

第 13 部分：恒压变压器的特殊要求

第 14 部分：自耦变压器的特殊要求

第 15 部分：调压器的特殊要求

第 16 部分：医疗场所供电用隔离变压器的特殊要求

第 17 部分：电源装置和类似产品的特殊要求

第 18 部分：开关型电源用变压器的特殊要求

第 19 部分：医疗设备用变压器的特殊要求

第 20 部分：干扰衰减变压器的特殊要求

第 21 部分：小型电抗器的特殊要求

第 22 部分：具有特殊介质（液体介质 $SF_6$）的变压器的特殊要求

第 23 部分：灯具用具有最高额定温度的变压器的特殊要求

第 24 部分：建筑工地用变压器的特殊要求

本部分为 GB 19212 的第 18 部分。

本部分修改采用国际标准 IEC 61558-2-17：1997（第 1 版）《电力变压器、电源装置和类似产品的安全　第 2-17 部分：开关型电源用变压器的特殊要求》（英文版）。

本部分与 IEC 61558-2-17：1997（第 1 版）的技术性差异是由于本部分所引用的 GB 19212.1—2003《电力变压器、电源装置和类似产品的安全　第 1 部分：通用要求和试验》（IEC 61558-1：1998，MOD）与 IEC 61558-1：1998 存在的技术性差异而引起的，详见 GB 19212.1—2003 的前言。

本部分与 GB 19212.1—2003 配合使用。

本部分是补充和修改 GB 19212.1—2003 的相应章、条，以便将 GB 19212.1—2003 转化为本部分。本部分针对 GB 19212.1—2003 的相应章、条新增加的条款从 101 开始编号。

本部分由中华人民共和国信息产业部提出。

本部分由全国变压器标准化技术委员会归口。

本部分由中国电子技术标准化研究所（CESI）、信息产业部电子工业第五研究所负责起草。

本部分主要起草人：孙建龙、刘群兴、杨宇涛。

# 电力变压器、电源装置和类似产品的安全 第18部分:开关型电源用变压器的特殊要求

## 1 范围

GB 19212.1—2003 的该章用下列内容来代替:

GB 19212—2003 的本部分适用于开关型电源用、单相或三相、空气冷却的下列配套用电力变压器:

——分离变压器;

——隔离变压器;

——安全隔离变压器。

其额定电源电压不超过交流 1 000 V,额定频率 500 Hz 至 1 MHz,额定输出不超过:

——对单相变压器,10 kVA;

——对多相变压器,16 kVA。

注 1:对更高的频率,本标准可作为指导性文件来使用。

空载输出电压或额定输出电压不超过:

——对分离变压器:交流 1 000 V 或无纹波直流 1 415 V;

——对隔离变压器:交流 500 V 或无纹波直流 708 V。

注 2:对隔离变压器,按国家布线规程的规定或为特殊用途进行设计,其额定输出电压可以高达交流 1 000 V 或无纹波直流 1 415 V。

——对安全隔离变压器:交流 50 V 方均根值和(或)无纹波直流 120 V。

本标准适用于干式变压器。绕组可以是密封的或非密封的。

注 3:对充有液体介质或粉末材料(例如砂子)的变压器,其附加要求正在考虑中。

注 4:在以特殊环境条件为主的场所中,按 IEC 60364-5-51 的规定,可能需要特殊要求。

注 5:对更高的空载输出电压,需要附加要求,但本部分可以作为指导性文件来使用。

## 2 规范性引用文件

GB 19212.1—2003 的该章适用。

## 3 定义

GB 19212.1—2003 的该章增加下列条目:

**3.1.101**

**开关型电源 switch mode power supply**

装有其额定频率不同于输入电路频率的变压器的一种电源。

## 4 一般要求

GB 19212.1—2003 的该章适用。

## 5 试验的一般说明

除下列条款外,GB 19212.1—2003 的该章适用:

5.2 该条增加下列内容:

如果在专门制备的样品上进行 14.101 和第 15 章的试验,则需要一个附加样品。

5.12 该条用下列内容代替：

开关型电力变压器应当符合 GB 19212 相关部分的特殊要求，而且变压器用于电器或设备所承受的条件与变压器标志的条件应当一致。但是，如果变压器用于有相关器具或设备标准的电器或设备时，则变压器可以按其预定配用的器具或设备中出现的条件来进行试验。

因此，按其预定配用的器具或设备中出现的条件进行试验的开关型电力变压器必须符合下列的章、条或其中各部分的要求，所有其他章、条或其中各部分被认为要由相关的产品标准来规定：

1、2、3、4、5.1、5.2、5.3、5.4、5.5、5.6、5.7、5.12、7.1、7.2、7.5、8.2、8.11、14.101、18.1、18.2、18.3、19.1、19.12、20.9、26.1、26.2、26.3、26.101、26.102、26.103、附录 A、C、D、G、K、L、M、N、P。

注：需要注意的是，如果电器或设备的标准未包括变压器的短路或过载保护试验，则可能需要进行第 15 章的相关试验。

## 6 额定值

除下列条款外，GB 19212.1—2003 的该章适用：

该章增加下列条款：

6.101 空载输出电压不得超过：

——对分离变压器，交流 1 000 V 或无纹波直流 1 415 V，额定输出电压的优选值为：
72 V、120 V、220 V、230 V、380 V、400 V、440 V 和 660 V；

——对隔离变压器，交流 500 V 或无纹波直流 708 V，额定输出电压的优选值为：
72 V、120 V、220 V、230 V、380 V、400 V 和 440 V；

——对安全隔离变压器，交流 50 V 和(或)无纹波直流 120 V，额定输出电压的优选值为：
6 V、12 V、24 V、36 V、42 V 和 48 V。

6.102 对单相变压器，额定输出不得超过 10 kVA，对多相变压器不得超过 16 kVA。

额定输出的优选值为：

对单相变压器，10 VA、16 VA、25 VA、40 VA、63 VA、100 VA、160 VA、250 VA、400 VA、630 VA、1 000 VA、1 600 VA、2 500 VA、4 000 VA、6 300 VA 和 10 000 VA。

对多相变压器，100 VA、160 VA、250 VA、400 VA、630 VA、1 000 VA、1 600 VA、2 500 VA、4 000 VA、6 300 VA、10 000 VA 和 16 000 VA。

6.103 额定频率范围从 500 Hz 至 1 MHz。

6.104 额定电源电压不得超过交流 1 000 V。

## 7 分类

GB 19212.1—2003 的该章适用。

## 8 标志和其他信息

除下列内容外，GB 19212.1—2003 的该章适用：

8.11 该条增加下列内容：

| | |
|---|---|
| 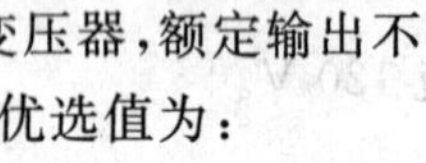 | 无危害式分离变压器 |
| 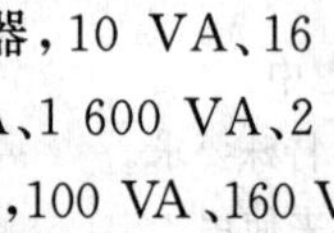 | 非耐短路分离变压器 |

| | |
|---|---|
|  | 耐短路分离变压器(固有或非固有耐短路) |
| 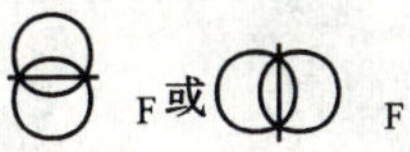 | 无危害式隔离变压器 |
|  | 非耐短路隔离变压器 |
| 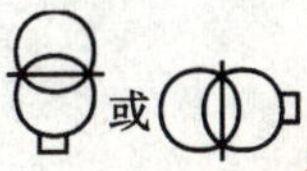 | 耐短路隔离变压器(固有或非固有耐短路) |
|  | 无危害式安全隔离变压器 |
|  | 非耐短路安全隔离变压器 |
|  | 耐短路安全隔离变压器(固有耐短路的或非固有耐短路的) |

## 9 触及危险带电零部件的防护

除下列内容外,GB 19212.1—2003 的该章适用。

9.2 在第一段之前增加下列内容:

——对安全隔离变压器:

在所有情况下,当空载输出电压不超过交流峰值 35 V 或无纹波直流 60 V 时,允许输出电路的带电零部件是可触及的。

在第二破折号之后增加下列新内容:

——对隔离变压器和安全隔离变压器:

与带电零部件接触的零部件是可触及的。这些带电零部件通常连接到因使用上的特点是可触及的输出电路上,只要在空载输出电压超过交流峰值 35 V 或无纹波直流 60 V 时,仅有一个极成为可触及的即可。

## 10 输入电压设定值的改变

GB 19212.1—2003 的该章适用。

## 11 负载输出电压和输出电流

GB 19212.1—2003 的该章适用。

## 12 空载输出电压

除下列条款外,GB 19212.1—2003 的该章适用。

该章增加下列条款:

12.101 在任何情况下，空载输出电压也不得超过下列规定值，甚至在对预定不作串联连接的各独立输出绕组作串联连接时也应如此：

——对分离变压器，交流 1 000 V 或无纹波直流 1 415 V；

——对隔离变压器，交流 500 V 或无纹波直流 708 V；

——对安全隔离变压器，交流 50 V 和(或)无纹波直流 120 V。

## 13 短路电压

GB 19212.1—2003 的该章适用。

## 14 发热

除下列条款外，GB 19212.1—2003 的该章不适用。

该章增加下列条款：

14.101 一般地说，对开关频率不高于 40 kHz 的变压器，可以使用本章的试验方法和表 1 的温度值。

注：对频率高于 40 kHz 的变压器，其试验方法和温度值正在考虑中。

对开关频率不高于 40 kHz 的变压器，应当使用附加的热电偶或等效的温度测量方法，以便测量绕组之间绝缘材料的温度。特别是应当测量输入和输出绕组之间绝缘材料的温度，以便确保由于高开关频率和含有甚至更高谐波频率的电压波形引起的附加损耗不会使温度超过该等级材料的最高温度。

这种方法可以通过制备带有热电偶或等效元件的特殊样品来实现，热电偶放置在与制造厂商商定的最热的部位，以便对该样品正常工作的影响减到最小。

注：需要注意使热电偶的磁特性不影响温度的读数。

通过计算或测量来检验是否合格。

## 15 短路和过载保护

除 5.12 的注所包括的情况和下列内容外，GB 19212.1—2003 的该章不适用。

15.1 该条增加下列内容：

第 14 章的试验所用的样品还应当用于本条的试验。

## 16 机械强度

GB 19212.1—2003 的该章适用。

## 17 灰尘、固体异物和潮湿有害进入的防护

GB 19212.1—2003 的该章适用。

## 18 绝缘电阻和介电强度

除下列条款外，GB 19212.1—2003 的该章适用。

18.4 该条不适用。

## 19 结构

除下列条款外，GB 19212.1—2003 的该章适用。

19.1 该条用下列内容代替：

适用于隔离变压器和安全隔离变压器。

隔离变压器和安全隔离变压器的输入和输出电路在电气上应当是相互隔离的，在结构上应当使这些电路之间不存在直接的或通过其他金属零部件间接连接的可能。

通过目视检查，同时考虑到第18、19及26章的规定来检验是否合格。

19.1.1 除符合19.1.3的要求者外，输入与输出绕组之间的绝缘应当由双重绝缘或加强绝缘组成。

另外还应当符合下列要求：

——对Ⅰ类变压器，输入绕组与壳体之间的绝缘应由基本绝缘组成，输出绕组与壳体之间的绝缘应当由附加绝缘组成；

——对Ⅱ类变压器，输入绕组与壳体之间以及输出绕组与壳体之间的绝缘应当由双重绝缘或加强绝缘组成。

19.1.2 对于Ⅰ类变压器，如果不与壳体连接的中间金属零部件(例如铁心)位于输入与输出绕组之间，则在输入与输出绕组之间通过中间零部件的绝缘应当由双重绝缘或加强绝缘组成。对于Ⅱ类变压器，输入绕组与壳体之间以及输出绕组与壳体之间通过中间零部件的绝缘应当由双重绝缘或加强绝缘组成。

对中间金属零部件与输入或与输出绕组之间的绝缘，均应当至少由基本绝缘组成。

注：用双重绝缘或加强绝缘与其中一个绕组隔离的中间零部件被认为是与另一绕组相连。

19.1.3 对Ⅰ类变压器，如果符合下列条件，则输入与输出绕组之间可以由基本绝缘加保护屏蔽层来代替双重绝缘或加强绝缘：

——输入绕组与保护屏蔽层之间的绝缘应当符合基本绝缘的要求(按输入电压来规定)；

——保护屏蔽层与输出绕组之间的绝缘应当符合基本绝缘的要求(按输出电压来规定)；

——除另有规定者外，保护屏蔽层应当由金属箔或导线缠绕屏蔽层组成，其宽度至少延伸到与该屏蔽层相邻的绕组之一的整个宽度，导线缠绕屏蔽层应当是匝间无间隔的密绕层；

——屏蔽层的引出线至少应当具有与过载装置额定电流相适应的截面积，以确保如果发生绝缘击穿，过载装置能在引出线烧毁之前先行断开电路；

——引出线应当焊接在保护屏蔽层上或以等效可靠的方法进行固定。

注：就本条而言，“绕组”一词不包括内部电路。

绕组结构的例子在GB 19212.1—2003的附录M中给出。

该章增加下列条款：

19.101 对配套用变压器，除相关设备标准允许者外，输出绕组与壳体或与保护接地电路(如果有的话)之间不得有连接。

19.102 对隔离变压器和安全隔离变压器，连接外部导线的输入和输出端子的位置应当保证在导线接入点测量时，从这些端子的输入到输出夹紧件的距离不小于25 mm。如果该距离是利用隔板来实现的，则该隔板应当用绝缘材料制成，而且应当永久固定在变压器上。

## 20 元器件

GB 19212.1—2003的该章适用。

## 21 内部布线

GB 19212.1—2003的该章适用。

## 22 电源连接和其他外部软电缆或软线

GB 19212.1—2003的该章不适用。

## 23 外部导线接线端子

GB 19212.1—2003的该章适用。

## 24 保护接地装置

GB 19212.1—2003 的该章适用。

## 25 螺钉和连接

GB 19212.1—2003 的该章适用。

## 26 爬电距离、电气间隙和穿过绝缘的距离

除下列条款外，GB 19212.1—2003 的该章适用。

该章增加下列条款：

26.101 表 13、表 C.1 和表 D.1 列出的爬电距离、电气间隙和穿过绝缘的距离一般适用于频率不超过 40 kHz。

注：频率 40 kHz 将要重新考虑增加值。

26.102 对频率大于 40 kHz，这些数值正在考虑中。暂时将表 13、表 C.1 和表 D.1 的数值乘以 1.1 的系数就可以使用。

表 13、表 C.1 和表 D.1 的 2)不适用于分离变压器；

表 13、表 C.1 和表 D.1 的 1)不适用于隔离变压器和安全隔离变压器。

26.103 当变压器在正常工作温度下不承受可能会导致绝缘材料变形或劣变的任何机械应力，以及如果变压器满足 14.3 的试验要求，则在进行 26.3 的试验时，对穿过绝缘的距离可以使用下列数值：

——对工作电压不超过 50 V(峰值 71 V 或直流 71 V)，无厚度要求；

——对附加绝缘，最小厚度应当为 0.4 mm；

——对工作电压不超过 600 V 的加强绝缘，最小厚度应当为 0.4 mm。

注：在承受机械应力的情况下，为了符合第 4 章和第 5 章的要求，可能需要增加绝缘厚度。

如果符合下列情况，则上述要求不适用于薄层形式的绝缘，因而不考虑其厚度：

——变压器用于有防护外壳的设备内，而且在人员操作时，不会受到触摸或擦伤；

——对附加绝缘，至少使用两层材料，其中任意一层能通过附加绝缘的介电强度试验；

——对加强绝缘，至少使用三层材料，其中任意两层能通过加强绝缘的介电强度试验。

## 27 耐热、耐异常热、耐燃和耐漏电起痕

GB 19212.1—2003 的该章适用。

## 28 防锈

GB 19212.1—2003 的该章适用。

# 附　录

除下列附录外，GB 19212.1—2003 的附录适用：

## 附　录　C

## 材料组别Ⅱ

除下列内容外，GB 19212.1—2003 的该附录适用：

表 C.1 中的 1)不适用于隔离变压器和安全隔离变压器。

表 C.1 中的 2)不适用于分离变压器。

## 附　录　D

## 材料组别Ⅰ

除下列内容外，GB 19212.1—2003 的该附录适用：

表 D.1 中的 1)不适用于隔离变压器和安全隔离变压器。

表 D.1 中的 2)不适用于分离变压器。

ICS 35.040
L 67

# 中华人民共和国国家标准

GB/T 19256.2—2006

# 基于XML的电子商务
# 第2部分:协同规程轮廓与协议规范

**Electronic business eXtensible Markup Language(ebXML)—**
**Part 2:Collaboration-Protocol Profile and agreement specification(ebCPP)**

(ISO/TS 15000-1:2004,MOD)

2006-09-18 发布　　　　2007-03-01 实施

中华人民共和国国家质量监督检验检疫总局
中国国家标准化管理委员会　发布

# 前　言

GB/T 19256《基于 XML 的电子商务》目前分为下列 9 个部分：

——第 1 部分：技术体系结构；

——第 2 部分：协同规程轮廓与协议规范；

——第 3 部分：消息服务规范；

——第 4 部分：注册系统信息模型规范；

——第 5 部分：注册服务规范；

——第 6 部分：业务过程规范模式；

——第 7 部分：业务过程构件设计规则；

——第 8 部分：报文设计规则；

——第 9 部分：核心构件与业务信息实体规范。

将来还可能增加新的部分。

本部分为 GB/T 19256 的第 2 部分。

本部分修改采用 ISO/TS 15000-1:2004《基于 XML 的电子商务　第 1 部分：协同规程轮廓与协议规范(ebCPP)》。

本部分与 ISO/TS 15000-1:2004 的主要差异如下：

——按照国家标准的编写格式要求对原文的一些章条做了适当的调整，如将原文的附录 G 中的术语和定义调整到第 3 章“术语和定义”；

——删除了原文中的第 1 章至第 4 章；

——引言对应于原文的第 5 章的部分内容；

——第 4 章至第 7 章对应于原文的第 6 章至第 9 章；

——第 8 章对应于原文的第 11 章；

——附录 A 至附录 F 对应于原文的附录 A 至附录 F；

——参考文献对应于原文的第 10 章；

——对文中一些错误的地方进行了改正。

本部分的附录 A、附录 B、附录 C、附录 E 为资料性附录。

本部分的附录 D、附录 F 为规范性附录。

本部分由中国标准化研究院提出。

本部分由全国电子业务标准化技术委员会归口。

本部分起草单位：中国标准化研究院，中科院软件所，交通部公路科学研究所，商务部中国国际电子商务中心。

本部分主要起草人：胡涵景、任冠华、魏宏、刘碧松、孙文峰、刘颖、章建方、陈煌、顾芳、刘立伟、黄德玉。

# ISO 前言

国际标准化组织(ISO)是一个世界性的各国标准机构(ISO 成员团体)的联盟。国际标准的制定工作一般通过 ISO 技术委员会完成。每个成员团体如果对某个技术委员会建立的某个项目感兴趣,则有权向该技术委员会表述意见。任何与 ISO 有联络关系的官方和非官方国际组织都可以直接参与该项工作。ISO 与 IEC(国际电工委员会)在电工技术标准的所有领域密切合作。

国际标准是根据 ISO/IEC 标准化工作导则第 3 部分规定的规则进行起草的。

技术委员会的主要任务是起草国际标准。由技术委员会正式通过的国际标准草案须经各成员团体投票表决。一项国际标准草案至少需要 75%的成员团体投票赞成,才能作为正式的国际标准发布。

在某些情况下,尤其是当市场有迫切需求时,技术委员会也可以决定发布其他类型的国际标准:

——ISO 公共适用规范(ISO/PAS):它代表 ISO 标准工作组中的技术专家间达成的协议,且该工作组的上一级委员会中有 50%以上的成员投票赞成对其进行发布。

——ISO 技术规范(ISO/TS):它代表技术委员会成员间达成的协议,且该委员会成员中有 2/3 以上的成员投票赞成对其进行发布。

ISO/PAS 或 ISO/TS 发布 3 年之后要进行复审,以确定其是否在下一个 3 年内继续有效,或通过修订将其转化成国际标准,或将其废止。如果被确认为继续有效,那么在随后的另一个 3 年之后,仍需对其再进行一次复审,但这时的复审结论只能在将其转化成国际标准或者废止两者中做出选择。

需要注意的是,本部分的某些内容可能会涉及一系列专利权。ISO 不负责标出这些专利权。

ISO/TS 15000-1 由 OASIS 下设的 ebXML 协同规程轮廓与协议技术委员会起草(原文件名为 OASIS/ ebXML 协同规程轮廓与协议规范 2.0 版),由 ISO/TC 154(行政、商业和工业中的过程、数据元和文档格式)采纳。ISO/TS 15000-1 与 OASIS/ebXML 协同规程轮廓与协议规范 2.0 版在内容上完全相同。

ISO/TS 15000 系列标准在《基于 XML 的电子商务》的总标题下由下列部分组成:

——第 1 部分:协同规程轮廓与协议规范(ebCPP);

——第 2 部分:消息服务规范(ebMS);

——第 3 部分:注册系统信息模型规范(ebRIM);

——第 4 部分:注册服务规范(ebRS)。

# 引　言

## 0.1　内容概要

正如在 GB/T 19256.6 中所定义的，业务伙伴是与其业务伙伴进行业务交易的一个实体。参与方进行电子信息交换的能力可以由“协同规程轮廓(CPP)”来描述。两个参与方间的信息交换协议可以由“协同规程协议(CPA)”来描述。可以通过求出两个伙伴的 CPP 的交集来生成一个 CPA。CPP 和 CPA 中详细描述了传输、消息传输、安全限制以及对一个业务过程规范(即过程规范)文档的绑定。该业务过程规范文档包含了当进行具体电子业务协同时两个参与方间交互的定义。

本部分对 CPP 和 CPA 进行了详细定义。

## 0.2　读者

本部分假设读者对 XML 有一定的了解，并熟悉电子商务的概念。本部分的一类读者为 ebXML 服务的实现者，以及专门从事电子商务中间件和应用软件的设计者和开发者。另一类读者为企业中负责生成 CPP 或 CPA 的人员。

# 基于XML的电子商务
# 第2部分:协同规程轮廓与协议规范

## 1 范围

本部分规定了用于电子商务领域的协同规程轮廓与协同规程协议。

本部分适用于ebXML服务的实现者、专门从事电子商务中间件和应用软件的设计者和开发者以及企业中负责生成CPP或CPA的人员使用。

## 2 规范性引用文件

下列文件中的条款通过GB/T 19256的本部分的引用而成为本部分的条款。凡是注日期的引用文件,其随后所有的修改单(不包括勘误的内容)或修订版均不适用于本部分,然而,鼓励根据本部分达成协议的各方研究是否可使用这些文件的最新版本。凡是不注日期的引用文件,其最新版本适用于本部分。

GB/T 19256.3 基于XML的电子商务 第3部分:消息服务规范(GB/T 19256.3—2006,ISO/TS 15000-2:2004,MOD)

GB/T 19256.5 基于XML的电子商务 第5部分:注册服务规范(GB/T 19256.5—2006,ISO/TS 15000-4:2004,MOD)

GB/T 19256.6 基于XML的电子商务 第6部分:业务过程规范模式(GB/T 19256.6—2006,UN/CEFACT:ebXML business process specification schema,MOD)

## 3 术语和定义

下列术语和定义适用于本部分。

3.1

**协议 agreement**

一种约定,它预先规定了贸易伙伴从事贸易活动应遵守的条件(运输条款、支付条款、合作规程等)。此处的协议不是指具体的经济承诺。

3.2

**应用程序 application**

MSH(消息服务处理器)层之上的软件,它通过处理文档交换中的一个或多个报文来实现一项服务。

3.3

**授权 authorization**

对访问系统资源的系统实体所授予的一种权利或许可。

3.4

**业务活动 business activity**

用于代表某一业务伙伴的业务过程的状态。例如,请求方处在发送请求的状态、处在等待响应的状态或处在接收的状态。

3.5

**业务协同 business collaboration**

两个或多个参与方为实现某一个既定目标而进行的一项活动。

3.6

**业务文档　business document**

作为业务活动的一部分进行交换的信息构件的集合。

3.7

**业务伙伴　business partner**

与其他业务伙伴从事业务交易的实体。

3.8

**业务过程　business process**

在业务实践中用来完成一项或多项活动的过程。

3.9

**业务过程规范模式　business process specification schema**

定义必要的元素的集合，规定运行时的要素和配置参数，以驱动合作中的业务伙伴所用的系统。业务过程规范模式的目的是在电子商务过程模型和电子商务软件构件规范之间建立一座桥梁。

3.10

**业务交易　business transaction**

业务的一个逻辑单元，由两个或多个参与方执行，并产生一个可量化的成功或失败的状态。团体、伙伴以及过程在业务交易之前和业务交易之后都是可定义的和独立的状态。换句话说，如果参与方仍在等待其业务伙伴的响应或反应，则业务交易就还没有完成。

3.11

**客户端　client**

向服务器发起连接的软件。

3.12

**合作　collaboration**

两个或多个参与方按照预定义的规则在一起开展工作。

3.13

**协同规程　collaboration protocol**

为了开展合作过程所定义的协议，包括：

a)　参与方之间交换文档的顺序、依赖关系以及语义，以便执行合作过程；

b)　当在这些参与方之间发送文档时所使用的消息传输能力。

应注意，一个合作过程在其实现过程中可能包括多个协同规程。

3.14

**协同规程协议　collaboration protocol agreement；CPA**

两个或多个参与方之间商定的、用来标识或描述他们商定要使用的具体的协同规程信息。CPA 指出了当执行一个合作过程时所涉及的参与方应做什么。一个 CPA 可由一个文档表示。

3.15

**协同规程轮廓　collaboration protocol profile；CPP**

描述一个参与方支持的一个或多个合作过程及相关协同规程的信息。CPP 指出了一个参与方在执行合作过程中能够做什么。一个 CPP 可由一个文档表示。从逻辑上说，CPP 是单个文档；而实际上，CPP 是表示各种能力特征的链接文档集合。CPP 不是一个协议。它表示参与方的能力。

3.16

**合作过程　collaborative process**

两个参与方在一起工作所开展的一个共享过程。合作过程可以由 ebXML 合作模型定义。

3.17

**一致性 conformance**

规定所有需求的产品、过程或服务的实现;实现一个或多个特定标准或技术规范的要求。

3.18

**数字签名 digital signature**

附加在以电子形式传输的消息上的、能唯一标识发送方的数字代码。

3.19

**文档 document**

能够以数字形式表示的任何数据。

3.20

**文档交换 document exchange**

两个参与方间的文档交换。

3.21

**加密 encryption**

将数据(即“明文”)转换成隐藏了原始含义的形式(即“密文”)的加密过程,以防止被知道或使用。如果该转换过程可逆,则对应的逆向过程称为“解密”。解密就是把已加密的数据恢复成其原始状态的转换过程。

3.22

**可扩展置标语言 extensible marup language;XML**

由W3C定义的标准化格式,用来实现不同应用系统之间以及web上的不同数据源之间的信息(数据)交换。

3.23

**实现 implementation**

实现就是一个规范的实现。它可能是软件产品、系统或程序。

3.24

**消息 message**

从一个参与方到另一个参与方的文档移动。

3.25

**消息头 message header**

ebXML消息传输服务所需信息的规范化组成和结构,以便能成功生成和处理符合ebXML的消息。

3.26

**消息传输能力 messaging capabilities**

支持参与方间文档交换的能力集合。如通信协议及其参数、安全定义以及结束和接收消息的通用特性。

3.27

**消息传输服务 messaging service**

能够使贸易伙伴间进行互操作的、安全可靠的消息交换的框架。

3.28

**包 package**

把元素打包成组的一种通用机制。包能够进行嵌套。

3.29

**参与方　party**

生成、发送、接收或传递文档的实体，如：公司、部门、组织或个人。

3.30

**参与方发现过程　party discovery process**

一个参与方发现其他参与方的 CPP 信息的合作过程。

3.31

**负载　payload**

非 ebXML 信封部分的数据/信息。

3.32

**负载容器　payload container**

用于封装 ebXML 消息的真实负载的可选容器。如果存在一个负载，则负载容器必须由 MIME 头部分(ebXML 负载信封)和内容部分(负载本身)组成。

3.33

**负载信封　payload envelope**

与 MIME 部分相关的特定 MIME 头。

3.34

**接收方　receiver**

一个消息的接收者。

3.35

**注册系统　registry**

能够对相关的存储库中的项及其有关的元数据进行登记，以便指向这些项的位置和所有其元数据的指针能够在查询时被检索出来的一种机制。

3.36

**请求方　requester**

业务交易的发起方。

3.37

**响应方　responder**

与业务交易的发起方相对应的一方。

3.38

**角色　role**

在某一特定语境中的某一参与实体的指定的具体行为的表现。角色可能是静态的(如一个相关的终端)或动态的(如一个合作角色)。

3.39

**安全策略　security policy**

规定或管理一个系统或组织如何提供安全服务来保护敏感和关键的系统资源的一系列规则和惯例。

3.40

**发送方　sender**

一个消息的发起方。

3.41

**服务器　server**

接受一个由客户端发起的连接的软件。

3.42

**唯一标识符　unique identifier**

利用标准机制和过程给 ebXML 注册项(包括核心构件、聚合业务信息实体和业务过程)分配一个字母数字代码的抽象概念。

3.43

**通用唯一标识符　universally unique identifier;UUID**

在所有 UUID 范围内,从空间和时间性上都具备唯一性的一个标识符。UUID 可以有多种用途,比如它标记相当短生命周期的对象,也可以可靠地标识网络环境下持久存在的对象。

## 4　设计目标

本部分的总体目标是:即使从不同的销售商采购应用软件和运行支持软件,仍能保证两个参与方之间的互操作性。CPP 定义了一个参与方的消息交换能力以及它所支持的业务协同。CPA 定义了两个参与方在执行所选定的业务协同时进行交互的方法。两个参与方都应使用相同的 CPA 来配置他们的运行系统。这就保证了不管他们是否是从同一个销售商那里获得的运行系统,都可以使其用于交换消息的配置是相互兼容的。配置过程可以利用能够阅读 CPA 并执行配置过程的合适工具来自动完成。

除了支持两个参与方间直接互动之外,本部分还可以通过一个诸如门户或代理的中间件来支持两个参与方间的互动。

本部分的目标之一是使所涉及的参与方的 CPP 相交组成一个 CPA。所生成的 CPA 应只包括两个参与方间通用或兼容的元素。变量(如错误重试次数)应由两个参与方协商而定。CPP 和 CPA 模式的设计简化了组合与协商过程。然而,组合与协商过程不在本部分范围之内。有关内容见附录 E。

本部分的另一个目标是促进传统的基于 EDI 的应用和其他应用向基于 ebXML 的平台的迁移。特别需要明确的是,CPP 和 CPA 是基于 X12 838 贸易伙伴轮廓[X12]的应用程序进一步自动化的迁移工具,以建立业务关系并根据它们进行业务交易。

## 5　系统概述

### 5.1　功能

两个参与方间的信息交换要求一个参与方了解另一个参与方所支持的业务协同、在业务协同中的角色以及其如何发送和接收消息的技术细节。在某些情况下,两个参与方有必要就这些细节达成协议。

在业务协同语境中,每个参与方交换信息的方式可以由 CPP 来描述。参与方间的协议可以表示为 CPA。

一个参与方可以用一个 CPP 来描述,也可以用多个 CPP 来描述。例如,多个 CPP 描述了参与方所支持的不同业务协同,以及在世界不同地区的运作,或者描述组织内部不同的部门。

为了使希望进行业务交易的参与方找到合适的业务伙伴,可以将 CPP 储存在由符合 GB/T 19256.5的注册系统提供的存储库中。利用作为存储库规定部分的发现过程,参与方可以使用存储库的工具找到业务伙伴。

定义两个参与方间交互能力的文档是一个符合 GB/T 19256.6 的过程规范文档。该过程规范文档被 CPP 和 CPA 引用,并可被存储在存储库(如注册系统)中,见 6.4.4 中的注。

图 1 给出了注册系统中 CPP 和两个过程规范文档 A1 与 A2 之间的关系。图中左侧为 CPP(A),它包括某个企业中的两个部门作为不同参与方的有关信息。右侧为两个过程规范文档。在 CPP 中每个 PartyInfo(参与方信息)元素引用了一个过程规范文档。该图说明了参与方能够进行的业务协同。

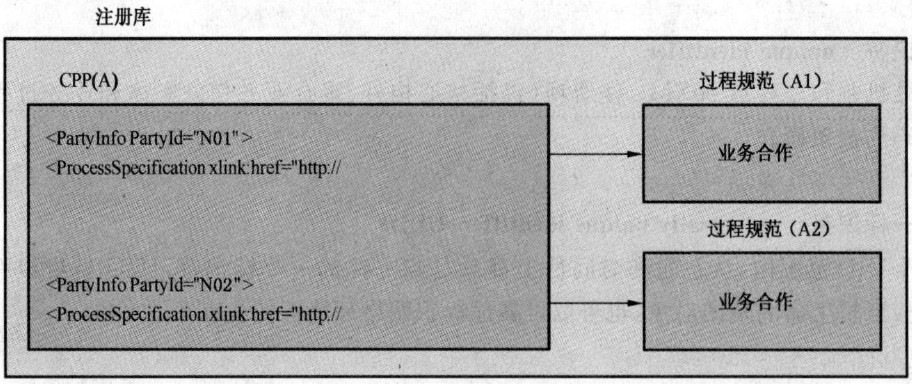


**图1 ebXML注册系统中CPP和业务过程规范文档的结构**

本部分定义了建立CPP和CPA的置标语言词汇。CPP和CPA是XML文档。本部分附录包括两个CPP样本、一个由CPP形成的CPA样本、一个由CPP和CPA引用的过程规范样本以及描述CPP和CPA结构的XML模式。

CPP描述了单个参与方的能力。CPA描述了两个参与方商定执行一个特定业务协同的能力。CPA定义了参与方间以电子形式交换业务文档的“信息技术的条款和条件”。CPA的信息内容类似于电子数据交换(EDI)贸易伙伴协议(TPAs)中有时包括的信息技术规范。然而，CPA不是纸质文件。它们是为建立和执行业务信息交换而由参与方的计算机进行处理的电子文档。业务协议的“法律”条款和条件不在本部分范围内，因此也不包括在CPP和CPA中。

一个企业可以扮演多个参与方。例如，它既可以是办公设备采购中心，也可以是生产资料采购机构。该企业可以通过建立一个CPP，就将其扮演的不同参与方的所有部门包括在内。每个部门都由独立的PartyInfo元素来表示。

本部分与参与方通过交换符合GB/T 19256.3的消息来开展业务的软件相关。特别是，它与通过发送和接收消息开展符合GB/T 19256.6的业务交易的客户端和服务器软件程序相关。这些消息以负载的形式传输业务文档和/或业务信号。根据CPA的规定：

a) 客户端发起与服务器的联系。

b) 请求方发起一项与响应方进行的业务交易。

c) 发送方向接收方发送一个消息。

因此，客户端和服务器与软件相对应，请求方和响应方与业务相对应，发送方和接收方与消息传输相对应。不同类型的对应方之间的关系不是固定的。例如，在采购合作中，买方客户端可以与卖方服务器连接，并发送一个含有订单的消息进行采购请求。如果CPA规定的是同步业务响应，则卖方服务器可以通过同一连接向买方客户端发送一个含有接受通知的消息来进行响应。反之，如果CPA规定的是异步业务响应，则卖方客户端可以通过其他连接向买方服务器发送一个含有接受通知的消息来进行响应。

通常，CPA中的参与方兼有客户端和服务器的特征。客户端请求服务，而服务器为请求服务的参与方提供服务。在一些应用程序中，一个参与方只能请求服务，另一个参与方只能提供服务。这些应用程序与传统的客户端服务器应用程序很相似。在另一些应用程序中，每个参与方都可以请求另一方的服务。在此情况下，两个参与方间的关系可以描述成对等的关系，而不是客户端与服务器的关系。

### 5.2 两个CPP形成一个CPA

本条描述了一个参与方如何找到可进行业务交易的另一参与方以及双方的CPP如何形成一个CPA的过程。通常，本条是一个可能过程的综述，而不作为正式的规范考虑。要了解更多的信息请参见附录E。

图2描述了CPP是如何形成的。参与方A把要放置在存储库中的用于发现过程的信息用表格列出，然后建立一个含有这些信息的CPP，再连同参与方附加信息一起送入注册系统或类似的存储库中。

该附加信息可以包括对参与方所从事业务的描述。一旦参与方A的信息放在存储库中,其他参与方可以通过使用该存储库的发现服务找到参与方A。

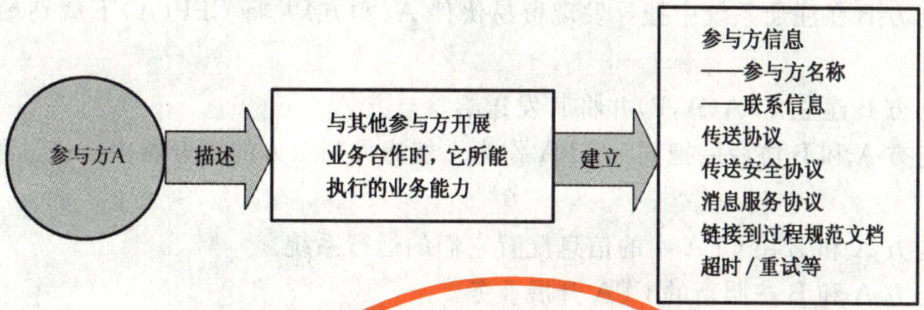


图2 协同规程轮廓(CPP)概览

在图3中,参与方A和参与方B通过找出它们的CPP中信息的交集来共同生成一个CPA。所生成的CPA定义了在执行其业务协同时两个参与方的行为。

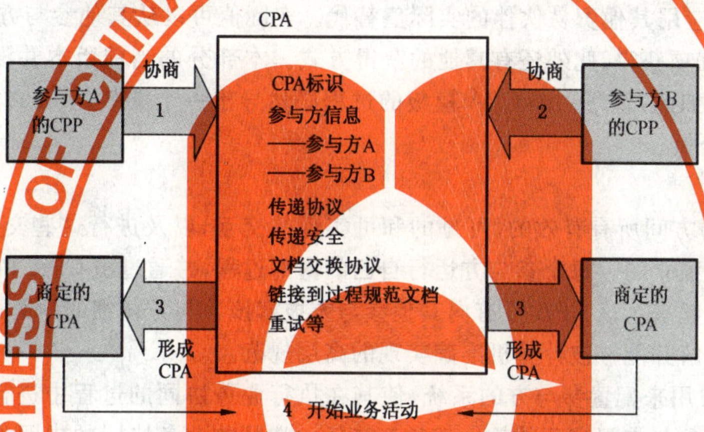


图3 协同规程协议(CPA)概览

图4阐述了带有ebXML注册系统的CPP/CPA工作的整个过程。该过程的最终结果是两个参与方用商定的CPA配置他们的系统,并准备开展业务。

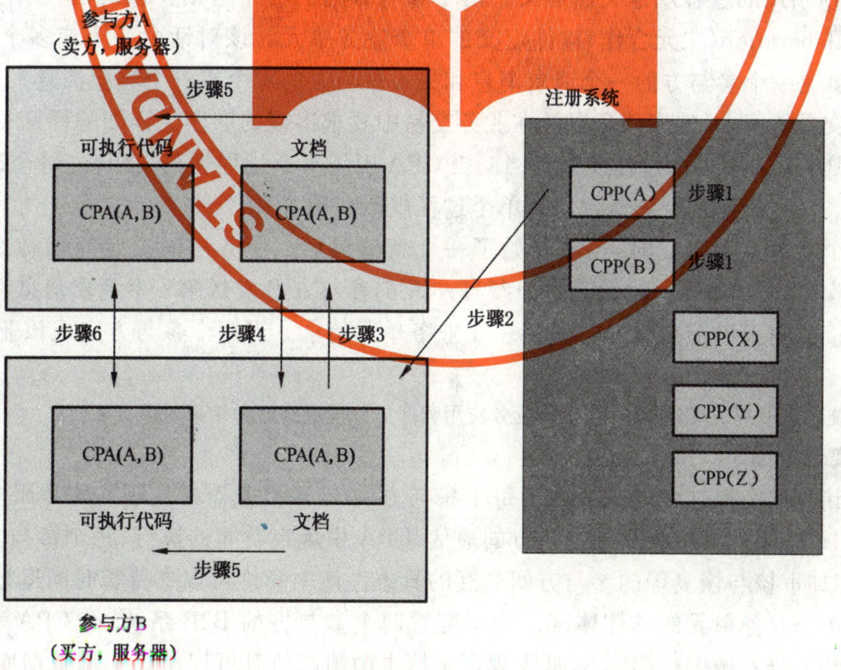


图4 带有ebXML注册系统的CPP/CPA工作体系结构概述

以下列出了步骤：

步骤1：参与方到ebXML注册系统注册其CPP(s)。

步骤2：参与方B在注册系统中搜寻发现贸易伙伴A(卖方)并将CPP(A)下载到参与方B的服务器中。

步骤3：参与方B建立CPA(A,B)并将其发送给参与方A。

步骤4：参与方A和B协商后把同一CPA作为文档拷贝到双方的服务器中。该过程可以手工或自动完成。

步骤5：参与方A和B用CPA中的信息配置它们的运行系统。

步骤6：参与方A和B按照新的CPA开展业务。

### 5.3 由CPA模板形成CPA

另外，也可以使用CPA模板来形成CPA。CPA模板就是参与方对所期望的、实现一个或多个业务过程的贸易伙伴的“填空”建议。例如，这样的模板可以包括标识其他参与方的占位符。为了由CPA模板形成CPA，占位符应用其他贸易伙伴的实际值替代。实际值可以从其他参与方的CPP中获得，或从HTML表格中的数据项获得，此外还有其他的获得方式。本部分的当前版本并没有描述在CPA中如何表达占位符。尽管如此，填写一个CPA模板的过程必然导出一个有效的CPA。附录E给出了有关CPA模板的进一步分析。

### 5.4 CPA工作机制

CPA描述了参与方间所有有效的、可见的和可实现的交互，以及进行这些交互的方式。每个参与方运行的内部过程是独立的。每个参与方运行自己的内部过程，并通过由CPA和过程规范文档描述的业务协同把它们联系起来。该CPA没有向其他参与方披露该参与方详细的内部过程。该CPA的目的是提供容易被人们理解并能够被计算机准确实现的高层规范。

CPA中的信息被用来配置参与方的系统，使其在执行业务协同的过程中进行消息交换。典型地，执行消息交换和支持参与方间交互的软件就是支持任一选择的业务协同的中间件，该中间件的一个模块可以是符合GB/T 19256.3的ebXML MSH。本部分使用术语“运行系统”或“运行软件”来表示该中间件。

CPA及其所引用的过程规范文档定义了两个参与方间的一个对话。该对话代表了由过程规范文档的BinaryCollaboration(二元合作)构件定义的单个业务单元。该对话由一个或多个业务交易组成。每个业务交易就是一个参与方的一个请求消息和另一参与方的零个或一个响应消息。过程规范文档定义了每个业务交易的请求、响应消息以及在业务交易中要求出现的顺序。详细解释见GB/T 19256.6。

实际上，CPA可引用多个过程规范文档。当CPA引用多个过程规范文档时，每个过程规范文档定义不同的对话类型。任何一个对话仅涉及单个过程规范文档。

当开始一个新的业务单元时，也就开始了一个新的对话。业务协同决定对话什么时候结束。从CPA的角度看，对于参与方A，对话起始于参与方A向参与方B发送第一个请求消息。对于参与方B，对话起始于其接收到来自于参与方A的第一个业务单元请求。当两个参与方完成该业务单元时，一个对话结束。

注：运行系统应提供一个接口，通过该接口业务应用程序能够请求开始和结束对话。

### 5.5 CPA的实现范围

从概念上讲，CPA和过程规范文档由每个参与方的B2B服务器来实现。B2B服务器包括运行软件，即中间件。该中间件支持与其他参与方的通信、CPA中规定功能的执行、每个参与方后端过程的接口，以及用于诸如审核与恢复等的参与方间交互的日志。该中间件可以支持长时间运行的对话，该对话就是参与方间单个业务单元的具体体现。为了配置两个参与方的B2B系统，将CPA和过程规范文档中的信息安装到运行系统中。CPA和过程规范文档中的静态信息可记录在本地数据库中，其他信息可以用于生成或定制必要的代码，以支持CPA。

注：提供一个阅读 CPP/CPA 语义和 XML 语法的图形化的 CPP/CPA 部署工具是可能的。重要的是，本部分使每个参与方的站点自动生成执行 CPA 所需的代码、实现其规则以及连接后端过程成为可能。

## 5.6 定义与范围

本部分规定和解释了 CPP 和 CPA XML 文档的内容。其范围仅限于定义。如何由两个 CPP 形成一个 CPA，与 CPP 和 CPA 运行支持有关的任何方面都不在本部分范围之内。在说明 CPP 和 CPA 定义的注中还包括资料性建议和关于运行支持的建议，详见第 8 章。

注：本部分仅规定了 CPP 和 CPA XML 的内容，它可以与生成 CPP 和 CPA 文档的规范相一致，CPP 和 CPA 文档与在此定义的 XML 模式文档相一致。然而，本部分的价值更重要的是在于其授权的运行系统，该运行系统根据 CPA 中的信息指南支持两个参与方间的电子商务。

# 6 CPP 定义

CPP 定义了一个参与方与其他参与方进行电子商务的能力。这些能力既包括参与方的技术能力（例如，所支持的通信和消息传输协议），也包括参与方的业务能力，即它支持哪些业务协同。

本章从单个 XML 元素方面对 CPP 进行了详细的定义，并通过一些 XML 代码段来进行说明。

附录 D 规定了 XML 模式，附录 A 给出了 CPP 文档范例。

CPP 的 ProcessSpecification（过程规范）、DeliveryChannel（传递信道）、DocExchange（文档交换）以及 Transport（传输）等元素描述了业务单元（对话）的处理过程。这些元素形成了一个类似于分层通信模型的分层结构。

过程规范层——它定义了参与方间业务协议的核心：即 CPA 中的各参与方可以彼此请求的服务（业务交易），以及决定请求顺序的转移规则。该层由 CPP 和 CPA 所引用的单个过程规范文档来定义。

传递信道——一个传递文档描述一个参与方的消息接收和发送的特征。它由一个文档交换定义和一个传输定义组成。在一个 CPP 中可以定义若干个传递通道。

文档交换层——它规定了利用消息交换功能如何处理业务文档。该层的特性包括加密、数字签名以及可靠消息传输等。文档交换层所选特性是对传输层所选特性的补充。例如，如果希望实现消息安全，而所选传输协议没有提供消息加密时，则必须在文档交换层上规定消息加密。两个参与方之间交换消息的协议由 GB/T 19256.3 或其他类似的消息传输服务来定义。

传输层——它规定了通过网络发送消息所用的传输协议，并定义了端点地址以及各种其他传输协议的特性。在传输层所选特性是对文档交换层所选特性的补充。

应注意，以上 CPP 所包括的功能层与业务文档负载的内容无关。

## 6.1 CPP 实例文档的全球唯一标识符

当 CPP 注册到一个 ebXML 注册系统或其他注册系统时，该注册系统为其分配一个全球唯一标识符（GUID），该标识符是其元数据的一部分。GUID 可用来区分同一参与方的不同 CPP。

注：注册系统不能把 GUID 插入到 CPP 中。通常，注册系统不能对提交的文档进行修改。而且，CPP 可能带有数字签名，修改 CPP 将使该签名失效。

## 6.2 CPP 结构

下面是总的 CPP 结构，除非另外注释，否则 CPP 元素必须按此处给出的顺序排列。后续的章条更详细地描述了每个元素。

```
<tp:CollaborationProtocolProfile
  xmlns:tp="http://www.oasis-open.org/committees/ebxml-cppa/schema/cpp-cpa-2_0.xsd"
  xmlns:xsi="http://www.w3.org/2001/XMLSchema-instance"
  xsi:schemaLocation="http://www.oasis-open.org/committees/ebxml-cppa/schema/cpp-cpa-
2_0.xsd
      http://www.oasis-open.org/committees/ebxml-cppa/schema/cpp-cpa-2_0.xsd"
```

```
    xmlns:ds="http://www.w3.org/2000/09/xmldsig#"
    xmlns:xlink="http://www.w3.org/1999/xlink"
    tp:cppid="uri:companyA-cpp"
    tp:version="2_0b">
    <tp:PartyInfo> <! -- one or more -->
      …
    </tp:PartyInfo>
    <tp:SimplePart id="…"> <! -- one or more -->
      …
    </tp:SimplePart>
    <tp:Packaging id="…"> <! -- one or more -->
      …
    </tp:Packaging>
    <tp:Signature> <! -- zero or one -->
      …
    </tp:Signature>
    <tp:Comment>text</tp:Comment> <! -- zero or more -->
  </tp:CollaborationProtocolProfile>
```

## 6.3 CollaborationProtocolProfile 元素

CollaborationProtocolProfile(协同规程轮廓)元素是 CPP XML 文档的根元素。下面给出了基本文档所必需的 XML 命名空间[XMLNS]的声明：

a) CPP/CPA 命名空间：

xmlns:tp=http://www.oasis-open.org/committees/ebxml-cppa/schema/cpp-cpa-2-0.xsd。

b) XML 数字签名命名空间：

xmlns:ds="http://www.w3.org/2000/09/xmldsig#"。

c) XLink 命名空间：

xmlns:xlink=http://www.w3.org/1999/xlink。

另外，CollaborationProtocolProfile 元素还包括给出文档唯一标识符的必备型属性 cppid(CPP 标识符)，以及标识模式版本的必备型属性 version(版本)，其目的是标识 CPP 所符合的模式版本。version 属性的值应是一个诸如“2_0a”或“2_0b”的字符串。

注：如何给 cppid 分配一个唯一值应在实施系统中确定。

CollaborationProtocolProfile 元素由以下子元素组成：

a) 一个或多个必备型元素 PartyInfo(参与方信息)，该元素标识 CPP 所描述的机构(或机构中的部门)。

b) 一个或多个必备型元素 SimplePart(单一部分)，该元素描述消息的构成成分。

c) 一个或多个必备型元素 Packaging(打包)，该元素描述如何对消息头和负载构件打包以进行传输。

d) 零个或一个 Signature(签名)元素，该元素包括 CPP 文档的数字签名。

e) 零个或多个 Comment(说明)元素。

CPP 文档可以使用数字签名，以提供一种确保文档不被修改(即确保完整性)以及鉴别文档作者的方法。CPP 的数字签名应符合 W3C/IETF 联合发布的 XML 数字签名规范[XMLDSIG]。

## 6.4 PartyInfo 元素

PartyInfo 元素标识该 CPP 中所描述的机构，并且包括所有该参与方的详细信息。如果该机构将其表述为具有不同特性的分部门，则可在 CPP 中使用多个 PartyInfo 元素。PartyInfo 的每个子元素将在后面进行说明。PartyInfo 元素的总体结构如下：

```
<tp:PartyInfo
  tp:partyName="…"
  tp:defaultMshChannelId="…"
  tp:defaultMshPackageId="…">
  <tp:PartyId tp:type="…"> <! -- one or more -->
   …
  </tp:PartyId>
  <tp:PartyRef xlink:href="…"/>
  <tp:CollaborationRole> <! -- one or more -->
   …
  </tp:CollaborationRole>
  <tp:Certificate> <! -- one or more -->
   …
  </tp:Certificate>
  <tp:SecurityDetails> <! -- one or more -->
   …
  </tp:SecurityDetails>
  <tp:DeliveryChannel> <! -- one or more -->
   …
  </tp:DeliveryChannel>
  <tp:Transport> <! -- one or more -->
   …
  </tp:Transport>
  <tp:DocExchange> <! -- one or more -->
   …
  </tp:DocExchange>
  <tp:OverrideMshActionBinding> <! -- zero or more -->
   …
  </tp:OverrideMshActionBinding>
</tp:PartyInfo>
```

PartyInfo 元素包括必备型属性 partyName(参与方名称)，该属性给出人工可读的机构名称。与 PartyID(参与方标识)不同，partyName 可以不是唯一的，然而每个 partyName 属性的值应有完整的含义，以便可以直接确定 PartyInfo 元素中所描述的机构或其分支机构。

下例给出了两个参与方名称。

```
<tp:PartyInfo tp:partyName="Example, Inc. ">…</tp:PartyInfo>
<tp:PartyInfo tp:partyName="Example, Inc. US Western Division">
…
</tp:PartyInfo>
```

PartyInfo 元素还包括必备型属性 defaultMshChannelId(缺省 MSH 通道标识)和 defaultMshPackageId(缺省 MSH 包标识)。defaultMshChannelId 属性标识缺省的 DeliveryChannel，该通道被用于发送独立的、符合 GB/T 19256.3 的 MSH 层的消息(即确认、错误、状态请求、Ping、Pong)，这些消息以异

步方式发送。当使用同步响应方式时，缺省情况下，MSH 层的消息同步返回。可以使用 OverrideMshActionBinding（替代 MSH 行为绑定）元素替代该缺省情况。defaultMshPackageId 属性标识缺省情况下用于发送独立的、符合 GB/T 19256.3 的 MSH 层的消息的打包。

PartyInfo 元素由以下子元素组成：

a） 一个或多个必备型元素 PartyId，为机构提供逻辑标识符。

b） 一个或多个必备型元素 PartyRef（参与方参考），指向该参与方的更多信息。

c） 一个或多个必备型元素 CollaborationRole（合作角色），标识参与方在过程规范中扮演的角色。

d） 一个或多个必备型元素 Certificate（证书），标识参与方实现安全功能时所使用的证书。

e） 一个或多个必备型元素 SecurityDetails（安全细目），标识信任连接点并规定该参与方实现安全功能时所使用的安全策略。

f） 一个或多个必备型 DeliveryChannel，定义参与方用来发送/接收消息的特征。它包括传输协议（如 HTTP）和消息传输协议（如 ebXML 消息服务）。

g） 一个或多个必备型元素 Transport，定义参与方所支持的传输协议的特征，该协议用于发送/接收消息。

h） 一个或多个必备型元素 DocExchange，定义参与方支持的消息交换的特征，如签名和加密协议。

i） 零个或多个 OverrideMshActionBinding 元素，规定异步传输 MSH 层的消息的传递通道。

### 6.4.1 PartyId 元素

必备型元素 PartyId（参与方标识）规定逻辑上标识参与方的标识符。同一 PartyInfo 元素中可以存在多个 PartyId 元素，以便为参与方提供多个逻辑标识符。如果参与方对逻辑标识符有优选方案，则应按照优选的顺序以最优选的标识符开头列出 PartyId 元素。

在包括多个 PartyInfo 元素的 CPP 中，不同的 PartyInfo 元素可以包含定义不同逻辑标识符的 PartyId 元素。这就允许大机构根据不同的目的选用不同的标识符。

PartyId 元素值是给出唯一标识符的任意字符串。该标识符可以是 CPA 中的两个参与方都理解的任意标识符。典型地，该标识符应在众所周知的目录（如 DUNS，邓白氏）中列出或在 ISO 6523 中所规定的任何命名系统中列出。

PartyId 元素包含一个隐含属性 type（类型），该属性值为 anyURI[XMLSCHEMA-2]。

如果给出 type 属性，则其为 PartyId 元素的内容提供范围或命名空间。如果没有给出 type 属性，则 PartyId 元素的内容必须是一个符合[RFC2396]的 URI。

推荐 type 属性值为一个定义 PartyId 元素值的命名空间的 URN。典型地，URN 应注册在一个众所周知的机构标识符目录中。

下例给出了两个 URI。

<tp:PartyId tp:type="urn:oasis:names:tc:ebxml-cppa:partyid-type:duns">123456789</tp:PartyId>

<tp:PartyId>urn:icann:example.com</tp:PartyId>

第 1 个例子是参与方的 DUNS 码。其值为该机构的 DUNS 编码。

第 2 个例子给出了一个自定义的 URN。它可以是参与方为直接标识其自身，已向 IANA（互联网分配号码机构）(http://www.iana.org)注册的 URN。

下面的文档描述了命名机构以及如何通过 type 属性的 URI 值来对其进行标识：

http://www.oasis-open.org/committees/ebxml-cppa/documents/PartyID-Types.shtml

### 6.4.2 PartyRef 元素

PartyRef（参与方参考）元素提供一个参与方其他信息的 URI 链接。典型地，该链接是一个可以从中获取信息的 URL。这些信息可以存放在参与方的网站中，或存放在诸如 ebXML 注册系统、UDDI 库

(www.uddi.org),或轻量级目录访问协议(LDAP)[RFC2251]目录之类的可公开访问的存储库中。在URI中获取的信息包括联系信息(如名称、地址、电话号码),或语境信息(如地理位置和行业部门),可能还有参与方支持的有关业务协同的其他信息。这些信息可以用ebXML核心构件表示。如何在URI中定义信息内容和格式不属于本部分范围内。

PartyRef元素是一个[XLINK]的简单链接。它具有以下属性:

a) 一个定值型属性 xlink:type;

b) 一个必备型属性 xlink:href;

c) 一个隐含型属性 type;

d) 一个隐含型属性 schemaLocation。

PartyRef元素参考的文档内容在任何时候都有可能发生变化。因此,它不应长时间地缓存。然而,当仅需要该文档的内容时,应不引用 xlink:href 的值。

#### 6.4.2.1 xlink:type 属性

定值型属性 xlink:type 只有一个"simple"值。这表明该元素是一个[XLINK]的简单链接。

#### 6.4.2.2 xlink:href 属性

必备型属性 xlink:href 的值应为符合[RFC2396]且标识参与方外部信息的位置的URI。

#### 6.4.2.3 type 属性

隐含型属性 type 的值标识参与方外部信息的文档类型。它是定义了与参与方信息相关的命名空间的URI。如果省略 type 属性,则参与方外部信息必须是HTML类型的网页。

#### 6.4.2.4 SchemaLocation 属性

隐含型属性 SchemaLocation(模式位置)的值为描述外部信息结构的模式提供了一个URI。

下面是一个PartyRef元素的例子:

```
<tp:PartyRef xlink:type="simple"
    xlink:href="http://example2.com/ourInfo.xml"
    tp:type="urn:oasis:names:tc:ebxml-cppa:contact-info"
    tp:schemaLocation="http://example2.com/ourInfo.xsd"/>
```

### 6.4.3 CollaborationRole 元素

CollaborationRole(合作角色)元素把参与方与业务协同中的特定角色关联起来。通常,根据诸如"Buyer(买方)"和"Seller(卖方)"的角色来定义过程规范。CPP和CPA文档都定义特定参与方与其在过程规范中扮演的角色之间的联系。在CPP中,CollaborationRole元素标识了CPP引用的每个过程规范文档中参与方能够扮演的角色。下面是一个基于RosettaNet™ PIP3A4的CollaborationRole元素的例子:

```
<tp:CollaborationRole >
  <tp:ProcessSpecification
     tp:version="2.0a"
     tp:name="PIP3A4RequestPurchaseOrder"
     xlink:type="simple"
     xlink:href="http://www.rosettanet.org/processes/3A4.xml"/>
  <tp:Role
     tp:name="Buyer"
     xlink:type="simple"
     xlink:href="http://www.rosettanet.org/processes/3A4.xml#BuyerId"/>
     <tp:ApplicationCertificateRef tp:certId="CompanyA_AppCert"/>
     <tp:ServiceBinding>
```

```
<tp:Service tp:type="anyURI">urn::icann:rosettanet.org:bpid:3A4 $ 2.0</tp:Serv-
ice>
<tp:CanSend>
  <tp:ThisPartyActionBinding
      tp:id="companyA_ABID1"
      tp:action="Purchase Order Request Action"
      tp:packageId="CompanyA_RequestPackage">
      <tp:BusinessTransactionCharacteristics
          tp:isNonRepudiationRequired="true"
          tp:isNonRepudiationReceiptRequired="true"
          tp:isConfidential="transient"
          tp:isAuthenticated="persistent"
          tp:isTamperProof="persistent"
          tp:isAuthorizationRequired="true"
          tp:timeToAcknowledgeReceipt="PT2H"
          tp:timeToPerform="P1D"/>
      <tp:ActionContext
          tp:binaryCollaboration="Request Purchase Order"
          tp:businessTransactionActivity="Request Purchase Order"
          tp:requestOrResponseAction="Purchase Order Request Action"/>
          <tp:ChannelId>asyncChannelA1</tp:ChannelId>
  </tp:ThisPartyActionBinding>
</tp:CanSend>
<tp:CanSend>
  <tp:ThisPartyActionBinding
      tp:id="companyA_ABID2"
      tp:action="ReceiptAcknowledgment"
      tp:packageId="CompanyA_ReceiptAcknowledgmentPackage">
      <tp:BusinessTransactionCharacteristics
          tp:isNonRepudiationRequired="true"
          tp:isNonRepudiationReceiptRequired="true"
          tp:isConfidential="transient"
          tp:isAuthenticated="persistent"
          tp:isTamperProof="persistent"
          tp:isAuthorizationRequired="true"
          tp:timeToAcknowledgeReceipt="PT2H"
          tp:timeToPerform="P1D"/>
      <tp:ChannelId>asyncChannelA1</tp:ChannelId>
  </tp:ThisPartyActionBinding>
</tp:CanSend>
<tp:CanReceive>
  <tp:ThisPartyActionBinding
      tp:id="companyA_ABID3"
```

```
          tp:action="Purchase Order Confirmation Action"
          tp:packageId="CompanyA_ResponsePackage">
          <tp:BusinessTransactionCharacteristics
              tp:isNonRepudiationRequired="true"
              tp:isNonRepudiationReceiptRequired="true"
              tp:isConfidential="transient"
              tp:isAuthenticated="persistent"
              tp:isTamperProof="persistent"
              tp:isAuthorizationRequired="true"
              tp:timeToAcknowledgeReceipt="PT2H"
              tp:timeToPerform="P1D"/>
          <tp:ActionContext
              tp:binaryCollaboration="Request Purchase Order"
              tp:businessTransactionActivity="Request Purchase Order"
              tp:requestOrResponseAction="Purchase Order Confirmation Action"/>
          <tp:ChannelId>asyncChannelA1</tp:ChannelId>
      </tp:ThisPartyActionBinding>
  </tp:CanReceive>
  <tp:CanReceive>
      <tp:ThisPartyActionBinding
          tp:id="companyA_ABID4"
          tp:action="ReceiptAcknowledgment"
          tp:packageId="CompanyA_ReceiptAcknowledgmentPackage">
          <tp:BusinessTransactionCharacteristics
              tp:isNonRepudiationRequired="true"
              tp:isNonRepudiationReceiptRequired="true"
              tp:isConfidential="transient"
              tp:isAuthenticated="persistent"
              tp:isTamperProof="persistent"
              tp:isAuthorizationRequired="true"
              tp:timeToAcknowledgeReceipt="PT2H"
              tp:timeToPerform="P1D"/>
          <tp:ChannelId>asyncChannelA1</tp:ChannelId>
      </tp:ThisPartyActionBinding>
  </tp:CanReceive>
  <tp:CanReceive>
      <tp:ThisPartyActionBinding
          tp:id="companyA_ABID5"
          tp:action="Exception"
          tp:packageId="CompanyA_ExceptionPackage">
          <tp:BusinessTransactionCharacteristics
              tp:isNonRepudiationRequired="true"
              tp:isNonRepudiationReceiptRequired="true"
```

```
            tp:isConfidential="transient"
            tp:isAuthenticated="persistent"
            tp:isTamperProof="persistent"
            tp:isAuthorizationRequired="true"
            tp:timeToAcknowledgeReceipt="PT2H"
            tp:timeToPerform="P1D"/>
        <tp:ChannelId>asyncChannelA1</tp:ChannelId>
      </tp:ThisPartyActionBinding>
    </tp:CanReceive>
  </tp:ServiceBinding>
</tp:CollaborationRole>
```

为了指出参与方能在一个给定的业务协同或多个业务协同中扮演多个角色，PartyInfo 元素应包括多个 CollaborationRole 元素。每个 CollaborationRole 元素应包括 ProcessSpecification 元素和 Role 元素的适当组合。

CollaborationRole 元素应由下列子元素组成：一个必备型元素 ProcessSpecification、一个必备型元素 Role、零个或一个 ApplicationCertificateRef（应用证书参考）元素、零个或一个 ApplicationSecurityDetailsRef（应用安全细目参考）元素以及一个 ServiceBinding（服务绑定）元素。ProcessSpecification 元素标识了定义该角色的过程规范文档。Role 元素标识了参与方能够支持的角色。ApplicationCertificateRef 元素标识了用于应用层签名和加密的证书。ApplicationSecurityDetailsRef 元素标识了适用于任何由其他参与方提供的应用层证书的信任连接点和安全策略。ServiceBinding 元素应由零个或多个 CanSend（可发送）和零个或多个 CanReceive（可接收）元素组成。CanSend 元素和 CanReceive 元素标识了 Role 发送和接收业务活动消息的 DeliveryChannel 元素。它们也可用来规定业务信号消息的 DeliveryChannel。

每个参与方应有一个缺省传递通道，来传递独立的 MSH 层信号，如（可靠消息传输的）Acknowledgment（确认）、Error（错误）、StatusRequest（状态请求）、StatusResponse（状态响应）等。

### 6.4.4 ProcessSpecification 元素

ProcessSpecification 元素给出了定义两个参与方间交互过程的规范文档的链接。建议按照 GB/T 19256.6 来描述业务协同。过程规范文档可保存在 ebXML 存储库中。

注：参与方可使用 ebXML 业务过程规范模式之外的可选技术来描述业务协同。当使用其他业务协同描述技术时，CPA 的参与方必须商定如何解释业务协同，以及如何解释引用了业务协同中信息的 CPA 的元素。在 CPA 中受影响的元素是 Role 元素、CanSend 元素和 CanReceive 元素、ActionContext（活动语境）元素以及某些 BusinessTransactionCharateristics（业务交易特征）元素的属性。

ProcessSpecification 元素语法如下：

```
<tp:ProcessSpecification
    tp:version="2.0a"
    tp:name="PIP3A4RequestPurchaseOrder"
    xlink:type="simple"
    xlink:href="http://www.rosettanet.org/processes/3A4.xml"
    uuid="urn:icann:rosettanet.org:bpid:3A4$2.0">
    <ds:Reference ds:URI="http://www.rosettanet.org/processes/3A4.xml">
     <ds:Transforms>
     <ds:Transform ds:Algorithm="http://www.w3.org/TR/2001/REC-xml-c14n-
20010315"/>
```

```
    </ds:Transforms>
    <ds:DigestMethod
    ds:Algorithm="http://www.w3.org/2000/09/xmldsig#sha1"/>
    <ds:DigestValue>j6lwx3rvEPO0vKtMup4NbeVu8nk=</ds:DigestValue>
  </ds:Reference>
</tp:ProcessSpecification>
```

ProcessSpecification 元素有零个或多个子 ds:Reference 元素以及下列属性：

a) 一个必备型属性 name；

b) 一个必备型属性 version；

c) 一个定值型属性 xlink:type；

d) 一个必备型属性 xlink:href；

e) 一个隐含型属性 uuid。

ProcessSpecification 元素包括按照[XMLDSIG]表示的零个或多个 ds:Reference 元素。第一个 ds:Reference 元素(如果存在)与下面的 xlink:type 属性和 xlink:href 属性有关。每个 ProcessSpecification 元素应包括一个 xlink:href 属性和带有一个"simple"值的 xlink:type 属性。在 CPP(CPA)文档被签名的情况下，给出的第一个 ds:Reference 元素必须包括 ds:URI 属性，该属性的值与包含在 ProcessSpecification 元素中的 xlink:href 属性的值相同。ds:Reference 元素规定了摘要方法和摘要值，以验证所引用的过程规范文档不被修改。如果所引用的 ProcessSpecification 又引用其他 ProcessSpecification，则需要其他的 ds:Reference 元素。为了确保被直接或间接引用的 ProcessSpecification 不被修改，ds:Reference 元素与所有的 ProcessSpecification 必须一一对应。

#### 6.4.4.1 name 属性

ProcessSpecification 元素必须包括一个必备型属性 name(名称)：标识所执行的业务过程规范的字符串。如果用 GB/T 19256.6 定义过程规范文档，则该属性必须设为业务过程规范实例中所对应的 ProcessSpecification 元素的 name。

#### 6.4.4.2 version 属性

ProcessSpecification 元素包括一个必备型属性 version(版本)，以指出 xlink:href 属性标识(也被 ds:Reference 元素标识，如果有的话)的 ProcessSpecification 文档的版本。

#### 6.4.4.3 xlink:type 属性

xlink:type 属性有一个固定值"simple"。它把该元素标识为一个简单链接[XLINK]。

#### 6.4.4.4 xlink:href 属性

必备型属性 xlink:href 的值应为标识过程规范文档且符合[RFC2396]的一个 URI。

#### 6.4.4.5 uuid 属性

隐含型属性 uuid 唯一标识了 ProcessSpecification。如果通过 GB/T 19256.6 定义了过程规范文档，则该属性必须设为业务过程规范实例中对应的 ProcessSpecification 元素的 uuid。

#### 6.4.4.6 ds:Reference 元素

ds:Reference 元素标识的过程规范文档与 ProcessSpecification 元素的 xlink:href 属性标识的过程规范文档相同，还通过使用下面所描述的摘要方法和摘要值验证自 CPP 生成以来过程规范文档是否被修改过。

注：参与方在任何时候都可以测试 CPP 或 CPA 的有效性。下面的有效性测试应予以关注：

a) 在形成 CPA 时，对 CPP 和所引用的过程规范文档的有效性测试，防止它们在生成后被修改。

b) 在将 CPA 安装到参与方系统时，对 CPA 和所引用的过程规范文档的有效性测试。

c) 在 CPA 安装到参与方系统后的间隔期间，对 CPA 的有效性测试。该 CPA 和所引用的过程规范文档可以使用安装工具处理成适合于特殊中间件的一种形式。因此，对 CPA 和所引用的过程规范文档的变更都不影响正在运行的操作。这些变化也许直到有必要重新安装 CPA 和所引用的过程规范文档后才可以被检测到。

ds:Reference 元素以及它的子元素的语法和语义的定义见[XMLDSIG]。另外，为了标识过程规范文档，第一个 ds:Reference 元素必须包括一个 ds:URI 属性，该属性的值与包含在 ProcessSpecification 元素中的 xlink:href 属性的值相同。

根据[XMLDSIG]，ds:Reference 元素包含一个 ds:Transforms 的子元素，该元素按顺序列出一个或多个 ds:Transform 子元素以规定转换的顺序。然而本部分目前只允许规范化 XML[XMLC14N]转换，而禁止其他转换。因此，下列要求适用于 ProcessSpecification 元素中的 ds:Reference 元素：

a) ds:Reference 元素必须有一个 ds:Transforms 子元素。

b) ds:Transforms 元素必须有且仅有一个 ds:Transform 子元素。

c) ds:Transform 元素必须通过其必备型属性 ds: Algorithm 的如下固定值来规定规范的 XML [XMLC14N]转换：

http://www.w3.org/TR/2001/ReC-xml-c14n-20010315

应注意的是，实施规范化 XML 是[XMLDSIG]所要求的。

为了能够验证所标识和转换的过程规范文档没有被修改，ds:DigestMethod 元素规定了应用于过程规范文档的摘要算法，而且 ds:DigestValue 元素规定了预期值。当且仅当摘要算法应用于过程规范文档的结果与预期值一致时，才可认为该过程规范文档没有被修改。

ProcessSpecification 元素中的 ds:Reference 元素隐含了 CPP 的有效性：

a) 如果 ProcessSpecification 元素中的 ds:Reference 元素没有通过[XMLDSIG]定义的验证，则认为 CPP 是无效的。

b) 如果 ProcessSpecification 元素中的 ds:Reference 元素不能被更新，则认为 CPP 是无效的。

ds:Reference 元素隐含的其他有效性在 7.9 的 Signature 元素中进行了规定。

注 1：[XMLDSIG]声明了尽管"签名应用程序采用的标识(URI)和转换可由签名者在 Reference 元素中提供，或者也可通过其他诸如本地缓存的方法来获得"，但建议 ebXML CPP/CPA 的实现在签名或验证时不使用这样的缓存。

注 2：[XMLDSIG]提供了对 XML 文档与外部引用文档一起进行签名的方法。这样一旦 CPP 或 CPA 文档被签名，这种方法同时也能够确保所引用的过程规范文档不被修改。本部分目前并不强制对 CPP 或 CPA 文档进行签名。

注 3：如果 CPA 的参与方希望定制一个现有的过程规范文档，则他们可以拷贝现有文档，也可以对其进行修改，并且可以让他们的 CPA 引用已修改的文档。考虑到清晰度、简洁性或历史记录的原因，参与方倾向于引用原有的未经修改的过程规范文档，同时引用一个双方商定的修改后的过程规范文档。因此，ProcessSpecification 元素中的 ds:Reference 元素的 ds:Transforms 子元素在 CPP 中的用法可以在将来扩展，以允许[XMLDSIG]规定的其他转换。如：对原始文档的修改可以表达为 XSLT 转换。在进行任何转换之前，有必要验证转换后的文档是否符合 GB/T 19256.6。

### 6.4.5 Role 元素

必备型元素 Role(角色)通过 CollaborationRole 元素中的同级 ServiceBinding 元素标识参与方所支持的过程规范中的某个角色。

Role 元素有以下属性：

a) 一个必备型属性 name；

b) 一个定值型属性 xlink:type；

c) 一个必备型属性 xlink:href。

#### 6.4.5.1 name 属性

必备型属性 name 是一个赋予 Role 名称的字符串。其值来自于 GB/T 19256.6 所描述的一个 BinaryCollaboration 的 Role 元素的名称属性。

见 6.4.4 的注。

6.4.5.2 **xlink:type 属性**

xlink:type 属性有一个固定值“simple”。它把该元素标识为一个[XLINK]简单链接。

6.4.5.3 **xlink:href 属性**

必备型属性 xlink:href 应有符合[RFC2396]的一个值 URI。它标识了过程规范文档中的元素或属性的位置,该文档定义了业务协同中的角色。例如:

Xlink:href="http://www.rosettanet.org/processes/3A4xml#Buyer"。

这里“Buyer”是定义角色名称的过程规范文档中元素 ID 属性的值。

6.4.6 **ApplicationCerticateRef 元素**

如果 ApplicationCerticateRef 元素存在,则标识一个由业务过程/应用层使用的证书。ebXML 消息传输系统并不使用该证书。但它之所以包含在 CPP 中,目的是为了在协商 CPA 过程中能够考虑到。ApplicationCerticateRef 元素可以出现零次或多次。

注 1:应用证书的用法由合作双方的应用软件通过检查证书内部的密钥用法扩展来决定。

注 2:CPP/CPA 中包括本元素是为了支持与传统系统的互操作性,这些系统已经执行了诸如数字签名或加密的加密功能。实现者应明白,只有需要与传统系统互操作时,才有必要使用 ApplicationCerticateRef 元素。

ApplicationCerticateRef 元素有一个必备型属性 certId。

6.4.6.1 **certId 属性**

必备型属性 certId(证书标识)是一个把 CollaborationRole 元素与证书相关联的[XML]IDREF。其值必须与 PartyInfo 元素之下的一个 Certicate 元素的 certId 属性的值相同。

6.4.7 **ApplicationSecurityDetailsRef 元素**

如果 ApplicationSecurityDetailsRef (应用安全细目参考)元素存在,则标识参与方应用于其他参与方提供的应用层证书的信任连接点和安全策略。ebXML 消息传输系统不使用这些信任连接点和安全策略,但它们包括在 CPP 中以在 CPA 协商过程中被考虑。

ApplicationSecurityDetailsRef 元素有一个必备型属性 SecurityId。

6.4.7.1 **SecurityId 属性**

必备型属性 SecurityId(安全标识)是一个与 CollaborationRole 与 SecurityDetails(安全细目)元素相关联的[XML]IDREF。该 SecurityDetails 元素规定了一套信任连接点和安全策略。其值必须与 PartyInfo 元素之下的 SecurityDetails 元素的 SecurityId 属性的值相同。

6.4.8 **ServiceBinding 元素**

ServiceBinding(服务绑定)元素标识了传输所有业务消息的 DeliveryChannel 元素,这些业务消息指的是所标识的过程规范文档中参与方发送或接收的消息。它必须至少包括一个 CanReceive 或 CanSend 子元素。

ServiceBinding 元素应有一个子 Service 元素,零个或多个 CanSend 子元素,以及零个或多个 CanReceive 子元素。

6.4.9 **Service 元素**

Service(服务)元素的值是一个字符串,该字符串应与 ebXML 消息头中的 Service 元素值相同,或者与另外的消息服务的消息头中类似元素的值相同。Service 元素有一个隐含型属性 Type。

如果通过 GB/T 19256.6 定义过程规范文档,则 Service 元素的值必须是在业务过程规范模式实例文档中 ProcessSpecification 元素的 uuid(URI)属性。

注:Service 元素为 ebXML 消息头提供路由信息。CollaborationRole 元素及其子元素标识了与 CPP 和 CPA 相关的 ProcessSpecification 文档中的信息。Service 元素可以与 CanSend 元素和 CanReceive 元素(以及它们的文档)一起使用,以向正确的应用程序入口点提供接收消息的路由。

6.4.9.1 **type 属性**

如果 type(类型)属性存在,则表明发送和接收消息的参与方知道如何通过其他方式解释 Service

元素的值。两个参与方可以使用type属性值来作出解释。

如果type属性不存在,则Service元素值必须是一个URI[RFC2396]。如果使用GB/T 19256.6来定义ProcessSpecification文档,则type属性必须是一个URI[RFC2396]。

### 6.4.10 CanSend元素

CanSend(可发送)元素标识参与方有发送能力的动作消息。它有三个子元素:ThisPartyActionBinding(本方行动绑定)、OtherPartyActionBinding(其他方行动绑定)和CanReceive。ThisPartyActionBinding元素对于CPP和CPA都是必备型。该元素表明PartyInfo元素描述的DeliveryChannel和Packaging元素用于发送动作调用消息。OtherPartyActionBinding元素仅在CPA中使用。在CPA中的同一个CanSend元素之下,两个参与方使用/将要使用的DeliveryChannel和Packaging元素必须是兼容的。CanReceive元素可能出现零次或多次。如果出现,则表明应出现一次或多次同步响应动作。附录中CPP和CPA的实例对此进行说明。

注:虽然模式允许在CanSend元素之下进行任意嵌套,但是目前在实际中还没有出现超过两层以上的嵌套。两层嵌套情况是:一个请求要求返回一个同步响应,该响应又要求返回一个同步的确认。

### 6.4.11 CanReceive元素

CanReceive(可接收)元素标识参与方有接收能力的动作消息。它有三个子元素:ThisPartyActionBinding、OtherPartyActionBinding和CanSend。ThisPartyActionBinding元素对于CPP和CPA是必备型。该元素标识了DeliveryChannel元素和所期望的Packaging元素,PartyInfo元素描述的参与方使用DeliveryChannel元素接收动作消息。OtherPartyActionBinding元素仅在CPA中使用。在CPA中的同一个CanReceive元素之下,两个参与方使用/将要使用的DeliveryChannel和Packaging元素必须是兼容的。CanSend元素可能出现零次或多次。如果出现,则表明应出现一次或多次同步响应动作。附录中CPP和CPA的实例对此进行说明。

注:虽然模式允许在CanReceive元素之下进行任意嵌套,但是目前在实际中还没有出现超过两层以上的嵌套。两层嵌套情况是:一个请求要求返回一个同步响应,该响应又要求返回一个同步的确认。

### 6.4.12 ThisPartyActionBinding元素

ThisPartyActionBinding(本方行动绑定)元素为选定动作的消息规定了一个或多个DeliveryChannel元素以及Packaging元素。这些消息由与父ServiceBinding元素相关联的、过程规范中的参与方进行发送或接收。

ThisPartyActionBinding元素有一个必备型子BusinessTransactionCharacteristics元素、零个或一个子ActionContext元素以及一个或多个ChannelID子元素。

ThisPartyActionBinding元素有下列属性:

a) 一个必备型属性action;

b) 一个必备型属性packageId;

c) 一个隐含型属性xlink:href;

d) 一个定值型属性xlink:type。

在特定的ServiceBinding元素之下,可以有多个CanSend或CanReceive子元素,这些子元素带有相同action属性,以允许不同的软件入口和传输选择。在这种情况下,ThisPartyActionBinding元素的ChannelID子元素所引用的DeliveryChannel应指向接收MSH的不同EndPoint(端点),以唯一识别交换特定消息的DeliveryChannel。

注:在实现BinaryCollaboration过程中,实现系统可为每个消息提供动态分配传递通道的能力。在当前条件下,选定的传递通道应从CanSend元素所标识的通道中选出,这些CanSend元素引用了发送消息的BinaryCollaboration。对于接收方,MSH可以使用不同的EndPoint,以标识消息交换使用的DeliveryChannel。

在CanSend或CanReceive元素中,当ThisPartyActionBinding元素和OtherPartyActionBinding元素同时存在时(即在一个CPA中),它们必须有相同的action值或相同的ActionContext元素。另

外,DeliveryChannel 元素和所引用 Packaging 元素必须兼容。

6.4.12.1 **action 属性**

必备型属性 action(动作)的值是一个标识了业务文档交换的字符串,该业务文档交换与 ChannelId 子元素标识的 DeliveryChannel 相关联。action 属性值应作为 ebXML 消息头中的 Action 元素值,或作为可代替消息服务的消息头的类似元素值。action 属性的目的是在与业务过程/应用程序相关的层次结构命名和 ebXML 消息头中的 Action 元素之间提供一个映射。可使用 ActionContext 元素来实现该映射。见 6.4.4 中的注。

当单独发送业务信号时(即同步响应方式下不与响应文档绑定在一起),业务信号的 action 属性值应为 ReceiptAcknowledgement、AccptanceAcknowledgement 或 Exception。另外,业务信号还应规定一个与源消息所用服务相同的服务。

注:通常,为了表示使用嵌套的 BinaryCollaboration 的二元合作中的特定请求业务活动或响应业务活动,两个参与方选择的行动名称可以不同。因此,当两个 CPP 形成一个 CPA 时,有必要使用相关的 ActionContext 的信息,来确定来自两个 CPP 的两个不同的动作名称实际上是否表示相同的 ActionContext。当业务交易在不同的语境中没有被重复使用时,建议请求业务活动和响应业务活动的名称用作动作名称。

6.4.12.2 **packageId 属性**

必备型属性 packageId(包标识)是一个标识 Packaging 元素的[XML]IDREF,该 Packaging 元素与由 action 属性标识的消息相关联。

6.4.12.3 **xlink:href 属性**

如果隐含型属性 xlink:href 存在,则应给出一个完整的[XPOINTER]URI 的表达式,该表达式专门标识 ProcessSpecification 元素所标识的、符合 GB/T 19256.6 的过程规范文档中的 RequestingBusinessActivity(请求业务活动)或 RespondingBusinessActivity(响应业务活动)元素。

6.4.12.4 **xlink:type 属性**

隐含型属性 xlink:type 有一个固定的"simple"值。该值把该元素标识为一个[XLINK]简单链接。

6.4.13 **OtherPartyActionBinding 元素**

OtherPartyActionBinding(其他参与方行动绑定)元素只在 CPA 中使用,其类型为 IDREF,它标识了合作伙伴的 PartyInfo 元素中相匹配的 ThisPartyActionBinding 元素。它间接标识了其他参与方用于发送或接收该动作消息的 DeliveryChannel 和预期的 Packaging。如 ThisPartyActionBinding 元素和 OtherPartyActionBinding 元素所指,在 CPA 中的同一个 CanSend 或 CanReceive 元素之下,由两个参与方使用/将要使用的 DeliveryChannel 和 Packaging 元素必须是兼容的。

6.4.14 **BusinessTransactionCharacteristics 元素**

由于 BusinessTransactionCharacteristics(业务交易特性)元素源自 ProcessSpecification,而 ProcessSpecification 的消息是通过传递通道进行传输的,因此该元素描述了传递通道的安全特性和其他属性。BusinessTransactionCharacteristics 元素的属性可被优先使用,而不需考虑过程规范文档中相对应的属性值。

见 6.4.4 关于可选择的业务协同描述。

CPP 与 CPA 编写工具以及 CPA 部署工具应检查 DeliveryChannel 的定义,以保证发送方和接收方(传输和文档交换)的内部一致性和两个参与方之间的兼容性。典型地,当一个属性有一个特定值时,对应的 Transport 元素和 DocExchange 元素中会出现子元素,以便进一步描述隐含的实现参数。

BusinessTransactionCharacteristics 元素有以下属性:

a) 一个隐含型属性 isNonRepudiationRequired;
b) 一个隐含型属性 isNonRepudiationReceiptRequired;
c) 一个隐含型属性 isConfidential;
d) 一个隐含型属性 isAuthenticated;

e) 一个隐含型属性 isAuthenticationRequired；

f) 一个隐含型属性 isTamperProof；

g) 一个隐含型属性 isIntelligibleCheckRequired；

h) 一个隐含型属性 timeToAcknowledgeReceipt；

i) 一个隐含型属性 timeToAcknowledgeAcceptance；

j) 一个隐含型属性 timeToPerform；

k) 一个隐含型属性 retryCount。

可以使用这些属性替换过程规范层规定的参数。如果这些属性中哪个没有被规定，则应从过程规范文档中获取对应的缺省值。

### 6.4.14.1 **isNonRepudiationRequired** 属性

isNonRepudiationRequired(是否要求抗抵赖)属性是布尔型，可以取“true”和“false”值。如果值为“true”，则传递通道必须规定使用发送该消息的参与方的证书来对该消息进行数字签名，并且由双方存档。DocExchange/ebXMLReceiverBinding 元素中的 ReceiverNonRepudiation 元素(见 6.4.54)和 DocExchange/ebXMLSenderBinding 元素中的 SenderNonRepudiation 元素(见 6.4.43)都进一步描述了与实现源抗抵赖性有关的各种参数，如哈希算法、签名算法、签名证书和信任连接点等。

### 6.4.14.2 **isNonRepudiationReceiptRequired** 属性

isNonRepudiationReceiptRequired(是否要求接收抗抵赖)属性是布尔型，可以取“true”和“false”值。如果值为“true”，则传递通道必须规定消息要通过经数字签名的接收确认信号来确认，该信号用接收消息的参与方的证书来签名，并包含被确认消息的负载摘要。DocExchange/ebXMLReceiverBinding 元素中的 ReceiverNonRepudiation 元素(见 6.4.54)和 DocExchange/ebXMLSenderBinding 元素中的 SenderNonRepudiation 元素(见 6.4.43)都进一步描述了与实现接收抗抵赖性有关的各种参数。

### 6.4.14.3 **isConfidential** 属性

isConfidential(是否保密)属性的值可能为“none”(否)、“transient”(暂时)、“persistent”(持久)以及“transient-and-persistent”(暂时-持久)。这些值必须按照 GB/T 19256.6 的定义进行解释。通常，暂时保密性可使用 SSL 这样的安全传输协议来实现；持久保密性可以使用像 S/MIME 这样的数字封装机制来实现。Transport 元素中的 TransportSender 元素(见 6.4.25)和 TransportReceiver 元素(见 6.4.33)进一步给出了安全传输信息。DocExchange/ebXMLReceiverBinding 元素中的 ReceiverDigitalEnvelope 元素(见 6.4.56)和 DocExchange/ebXMLSenderBinding 元素中的 SenderDigitalEnvelop 元素(见 6.4.48)进一步给出了持久加密性信息。

### 6.4.14.4 **isAuthenticated** 属性

isAuthenticated(是否鉴别)属性的值可为“none”、“transient”、“persistent”以及“persistent-and-transient”。如果该属性的值不为“none”时，则接收方必须能够验证发送方的身份。通常，暂时鉴别可以通过使用 SSL 这样的安全传输协议来实现(有或没有使用基本的或摘要鉴别)；持久鉴别可使用数字签名机制来实现。在 Transport 元素之下的 TransportSender 元素(见 6.4.25)和 TransportReceiver 元素(见 6.4.33)进一步给出了安全传输信息。在 DocExchange/ebXMLReceiverBinding 元素中的 ReceiverNonRepudiation 元素(见 6.4.54)以及在 DocExchange/ebXMLSenderBinding 元素之下的 SenderNonRepudiation 元素(见 6.4.43)进一步给出了持久鉴别的信息。

### 6.4.14.5 **isAuthenticationRequired** 属性

isAuthenticationRequired(是否要求鉴别)属性是一个具有可能的值为“true”和“false”的布尔型。如果该值为“true”，则它指出了传输信道必须规定消息的发送方在传输给应用程序之前必须进行认证。

### 6.4.14.6 **isTamperProof** 属性

isTamperProof(是否防篡改)属性的值可为“none”、“transient”、“persistent”以及“persistent-and-transient”。如果该属性的值不是“none”而是其他的值时，则接收方必须能够检查所收到的消息是否已被破坏或篡改。通常,可以通过使用一个 SSL 这样的传输协议来实现暂时篡改检查;而持久篡改检查则可以通过使用数字签名机制来实现。在 Transport 元素之下的 TransportSender 元素(见 6.4.25)和 TransportReceiver 元素(见 6.4.33)都进一步给出了安全传输信息。在 DocExchange 元素/ebXMLSenderBinding 元素之下的 SenderNonRepudiation 元素(见 6.4.43)以及在 DocExchange 元素/ebXMLReceiverBinding 元素之下的 ReceiverNonRepudiation 元素(见 6.4.54)都进一步给出了数字签名信息。

#### 6.4.14.7 isIntelligibleCheckRequired 属性

isIntelligibleCheckRequired(是否要求有效检查)属性是一个具有可能值为"true"和"false"的布尔型。如果值为"true",则接收方必须在返回接收确认信号之前验证业务文档是否有效(即通过模式验证)。

#### 6.4.14.8 timeToAcknowledgeReceipt 属性

timeToAcknowledgeReceipt(确认接收时间)属性是期限[XMLSCHEMA-2]类型。它规定了接收方必须确认接收业务文档的时间期限。

如果规定该属性,则必须使用接收确认信号。

#### 6.4.14.9 timeToAcknowledgeAcceptance 属性

timeToAcknowledgeAcceptance(确认接受时间)属性是期限[XMLSCHEMA-2]类型。它规定了接收方对业务文档的非实质性接受进行确认(如:在它已通过业务规则验证之后)的时间期限。如果规定该属性,则必须使用接受确认信号。

#### 6.4.14.10 timeToPerform 属性

timeToPerform(执行时间)属性是期限[XMLSCHEMA-2]类型。它规定了从启用 RequestingBusinessActivity 开始的一段时间期限,交易的发起方必须在该时间期限内收到响应。该响应即 RespondingBusinessActivity 相关的业务文档。

注:目前本部分没有对 BPSS 中 BinaryCollaboration 相关的 timeToPerform 属性进行建模。因此,该属性不能被替换。换句话说,必须使用在 BPSS 层所规定的值。

当使用同步响应方式时(见 6.4.23.1),timeToPerform 的值表明了连接超时。

#### 6.4.14.11 retryCount 属性

retryCount(重试次数)属性是整型类型。它规定业务交易在执行期间出现某些错误条件时(如等待接收确认信号超时)进行重试的最大次数。在业务交易中使用 ebXML 可靠消息传输来传输消息时,不能使用该重试。在这种情况中,由 ReliableMessaging 元素中的 Retry、RetryInterval 元素来确定重试。

### 6.4.15 ChannelId 元素

ChannelId(通道标识)元素标识了发送或接收对应的动作消息的一个或多个 DeliveryChannel 元素。多个 ChannelId 元素可用于把具有不同特性的 DeliveryChannel 元素和相同的 CanSend 元素或 CanReceive 元素相关联。例如,既能用 HTTP 又能用 SMTP 发送相同动作的参与方可以为相应通道规定不同 ChannelId 属性值。如果使用多个 ChannelId 元素,则必须使用不同的 EndPoint 元素,以便接收 MSH 能够唯一确定用于消息交换的 DeliveryChannel 元素。

### 6.4.16 ActionContext 元素

如果 ActionContext(动作语境)元素存在,则给出了一个从 ThisPartyActionBinding 元素中的 action 属性到对应的具体业务过程实现的命名策略的映射。如果 ProcessSpecification 文档由 GB/T 19256.6 定义,则必须给出 ActionContext 元素。

实现任何业务过程/应用程序都可以组合使用 action 属性和 ActionContext 元素中的信息,来确定消息路由。如果使用另外的业务协同描述模式,可以使用 ThisPartyActionBinding 父元素的 Action 属性和/或 ActionContext 元素中的 Wildcard 元素[XMLSCHEMA-1],来确定 MSH 层上的路由。

ActionContext 元素有以下子元素：

a） 零个或一个 CollaborationActivity 元素；

b） 零个或多个 Wildcard 元素[XML SCHEMA-1]。

ActionContext 元素有以下属性：

a） 一个必备型属性 binaryCollaboration；

b） 一个必备型属性 businessTransactionActivity；

c） 一个必备型属性 requestOrResponseAction。

6.4.16.1 **binaryCollaboration 属性**

必备型属性 binaryCollaboration(二元合作)是一个标识 BinaryCollaboration 的字符串。如果根据 GB/T 19256.6 来定义 ProcessSpecification 文档，则 binaryCollaboration 属性值必须与 GB/T 19256.6 中所定义的 BinaryCollaboration 元素的 name 属性的值相匹配。

6.4.16.2 **businessTransactionActivity 属性**

必备型属性 businessTransactionActivity(业务交易活动)是一个标识了业务交易的字符串，该业务交易用于定义父 ThisPartyActionBinding 元素。如果根据 GB/T 19256.6 来定义 ProcessSpecification 文档，则 businessTransactionActivity 属性值必须与 BusinessTransactionActivity 元素的 name 属性值相匹配，BusinessTransactionActivity 元素的父元素是被 binaryCollaboration 属性引用的 BinaryCollaboration。

6.4.16.3 **requestOrResponseAction 属性**

必备型属性 requestOrResponseAction(请求或响应活动)是一个标识请求或响应业务活动的字符串。对于一个为消息交换的请求方定义的 ThisPartyActionBinding 元素来说，如果 ProcessSpecification 文档由 GB/T 19256.6 定义，requestOrResponseAction 属性的值必须与 RequestingBusinessActivity 元素的 name 属性值相匹配，而 RequestingBusinessActivity 元素与 BusinessTransactionActivity 属性中规定的业务交易相对应。同样，对于消息交换的响应方来说，按照 GB/T 19256.6 的定义，requestOrResponseAction 属性的值必须与 RespondingBusinessActivity 元素的 name 属性值相匹配，而 RespondingBusinessActivity 元素与 BusinessTransactionActivity 属性中规定的业务交易相对应。

6.4.17 **CollaborationActivity 元素**

CollaborationActivity(合作活动)元素通过将 GB/T 19256.6 中所定义的嵌套的 BinaryCollaboration 映射到 action 属性来支持 ActionContext 元素。当由 binaryCollaboration 属性所引用的 BinaryCollaboration 具有业务过程所定义的 CollaborationActivity 时，必须给出 CollaborationActivity 元素。

下面是 CollaborationActivity 元素的一个例子：

```
<tp:CollaborationActivity
    tp:name="Credit Check"/>
```

CollaborationActivity 元素有零个或一个子 CollaborationActivity 元素，以进一步指出 BinaryCollaboration 的嵌套。

CollaborationActivity 元素还有一个必备型属性 name。

6.4.17.1 **name 属性**

必备型属性 name 是一个标识 BinaryCollaboration 所包含的 CollaborationActivity 的字符串。如果根据 GB/T 19256.6 来定义 ProcessSpecification 文档，则 name 属性值必须与 GB/T 19256.6 所定义的 BinaryCollaboration 中的 CollaborationActivity 的 name 属性值相匹配。

6.4.18 **Certificate 元素**

Certificate 元素定义了 CPP 所使用的证书信息。CPP 中可以有一个或多个 Certificate 元素以便实现不同的安全功能提供。下面是一个 Certificate 元素的例子：

```
<tp:Certificate tp:certId="CompanyA_SigningCert">
```

<ds:KeyInfo>. . . </ds:KeyInfo>

</tp:Certificate>

Certificate 元素有单个必备型属性 certId。Certificate 元素有一个子元素 ds:KeyInfo。

ds:KeyInfo 元素可以包括一个完整的证书链，而且叶证书是包含各种非对称加密所使用密钥的 Certificate 元素(叶证书应是一个已经签发且没有签发其他证书的证书)。如果叶证书由一个中间证书签发机构签发，则本元素应包括追溯到根证书签发机构的完整链，这是因为它有助于通过一系列信任连接点来测试证书的有效性。

#### 6.4.18.1 **certId 属性**

必备型属性 certId 是由 CPP 中的 CertificatedRef 元素所引用的[XML]ID。这里给出了 CertificatedRef 元素如何引用上节的 Certificate 元素的一个例子：

<tp:SigningCertificateRef tp:certId="CompanyA_SigningCert"/>

#### 6.4.18.2 **ds:KeyInfo 元素**

ds:KeyInfo(密钥信息)元素定义了证书信息。该元素及其子元素的内容见[XMLDSIG]。

注：生成 CPP 和 CPA 的软件必须能够识别 ds:KeyInfo 元素，且能插入定义该证书所需的子元素结构。

### 6.4.19 **SecurityDetails 元素**

SecurityDetails 元素定义了 CPP 使用的一套 TrustAnchors 和相关的 SecurityPolicy。CPP 中可以存在一个或多个 SecurityDetails 元素以实现不同的安全功能。下面是 SecurityDetails 元素的一个例子：

```
<tp:SecurityDetails tp:securityId="CompanyA_MessageSecurity">
  <tp:TrustAnchors tp:trustId="MessageTrustAnchors">
    <tp:AnchorCertificateRef tp:certId="TrustedRootCertA3"/>
      <tp:AnchorCertificateRef tp:certId="TrustedRootCertA5"/>
    </tp:TrustAnchors>
  <tp:SecurityPolicy> …</tp:SecurityPolicy>
</tp:SecurityDetails>
```

SecurityDetails 元素有零个或一个 TrustAnchors 元素，该 TrustAnchors 元素标识了一套由参与方所信任的证书。SecurityDetails 元素还有零个或一个 SecurityPolicy 元素。

SecurityDetails 元素在检查其他参与方证书的有效性时可以确定所使用的根证书。它还规定了有关公钥基础设施的应用策略。

SecurityDetails 元素有一个必备型属性 securityId。

#### 6.4.19.1 **securityId 属性**

必备型属性 securityId 是由 CPP 中另一个元素所引用的[XML]ID。这里给出了 SigningSecurityDetailsRef 元素如何引用上节的 SecurityDetails 元素的一个例子：

<tp:SigningSecurityDetailsRef tp:securityId="CompanyA_MessageSecurity"/>

### 6.4.20 **TrustAnchors 元素**

TrustAnchors(信任连接点)元素包含一个或多个 AnchorCertificateRef 元素，每一个 AnchorCertificateRef 元素都引用了一个 PartyInfo 元素中的 Certificate 元素，Certificate 元素代表了该参与方所信任的证书。这些信任证书用于证书路径验证过程中。如果一个证书没有"链接"到参与方的信任连接点，则该证书应视为无效。

TrustAnchors 元素最终将解析为多个[XMLDSIG]KeyInfo 元素。这些元素可以包含若干证书(一个链)，也可以引用那些使用 RetrievalMethod 元素的证书。当存在一个"链"时，相对于一个"根"CA 的证书，TrustAnchors 就是一个"叶"证书。根证书签发机构是一个自我签发、自我数字签名的证书，它通过使用签发者信息和密钥用法属性来确定叶证书。因为有效性核查通常链接到"根"CA，所以应包含一个完整的链。请注意在链接中包含根CA并不意味着根CA是一个信任连接点。这是因为PKI策略中,并不是所有中间CA都是可信任的。如果将一个根CA作为信任连接点,则它所有的中间CA和所签发的证书都是有效的。但一般并不希望如此。

### 6.4.21 SecurityPolicy元素

SecurityPolicy(安全策略)元素是用作预留功能的一个占位符,以便使参与方规定其公钥基础设施特定构件方面的策略和符合性。例如,可以规定召回检查程序,或者与名称、用法或路径长度相关的约束条件。

### 6.4.22 DeliveryChannel元素

传递通道是Transport元素和描述参与方消息传输特征的DocExchange元素的组合。CPP应包括一个或多个DeliveryChannel元素、一个或多个Transport元素以及一个或多个DocExchange元素。每个传递通道应引用DocExchange元素和Transport元素的任意组合。同一个DocExchange元素或Transport元素可以被多个传递通道引用。两个传递通道可使用同一个传输协议和同一个文档交换协议,其区别仅在于像通信地址或安全定义这样的细节上。图5说明了三个传递通道。

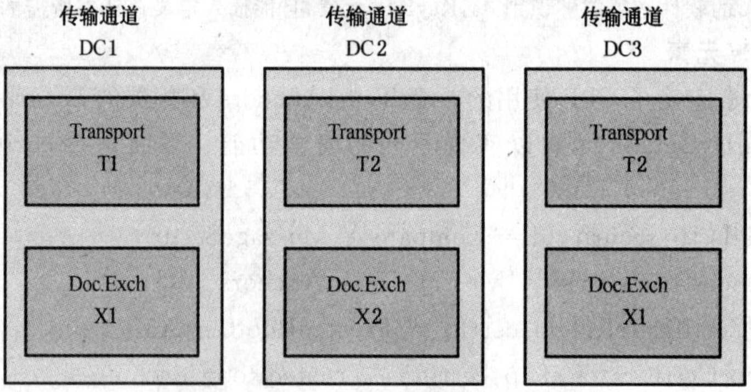


图5　三个传递通道

传递通道的ID属性值为DC1、DC2、DC3。每个传递通道包括一个传输定义和一个文档交换定义。每个传输定义和每个文档交换定义还有一个ID属性,其值如图5所示。注意,传递通道DC3表明一个传递通道可以引用其他传递通道所使用的传输定义和文档交换定义,从而形成一个新组合。此时,传递通道DC3是传输定义T2(还被传递通道DC2引用)和文档交换定义X1(还被传递通道DC1引用)的组合。

下面是传递通道的语法:

```
<tp:DeliveryChannel
  tp:channelId="channel1"
  tp:transportId="transport1"
  tp:docExchangeId="docExchange1"
  <tp:MessagingCharacteristics
    tp:syncReplyMode="none"
    tp:ackRequested="always"
    tp:ackSignatureRequested="always"
    tp:duplicateElimination="always"
    tp:actor="urn:oasis:names:tc:ebxml-msg:actor:nextMSH"/>
</tp:DeliveryChannel>
```

每个DeliveryChannel元素标识了一个Transport元素和一个DocExchange元素,这两个元素共同构成一个传递通道定义。

DeliveryChannel元素有下列属性:

a) 一个必备型属性 channelId；

b) 一个必备型属性 transportId；

c) 一个必备型属性 docExchangeId。

DeliveryChannel 元素有一个必备型子元素 MessagingCharacteristics(消息传输特性)。

#### 6.4.22.1 channelId 属性

channelId(通道标识)属性是一个唯一标识了 DeliveryChannel 元素的[XML]ID 属性,该 DeliveryChannel 元素供 CPP 或 CPA 其他部分通过 IDREF 属性引用。

#### 6.4.22.2 transportId 属性

transportId(传输标识)属性是一个[XML]IDREF,它标识了定义传递通道的传输特征的 Transport 元素。它必须有一个与 CPP 文档中 Transport 元素的 transportId 属性值相等的值。

#### 6.4.22.3 docExchangeId 属性

docExchangeId(文件交换标识)属性是一个[XML]IDREF,它标识了定义传递通道文档交换特征的 DocExchange 元素。它必须有一个与 CPP 文档中 DocExchange 元素的 docExchangeId 属性值相等的值。

### 6.4.23 MessagingCharacteristics 元素

MessagingCharacteristics(消息传输特征)元素描述了给定的传递通道上与所传输消息相关的属性。对于通过传递通道来发送的所有消息,合作参与方可以将这些属性值固定,也可商定每发一次消息属性值就变化一次。

CPP 与 CPA 编写工具以及 CPA 部署工具应检查传递通道定义(传输和文档交换)与这些属性的一致性。

MessagingCharacteristics 元素有下列属性：

a) 一个隐含型属性 syncReplyMode；

b) 一个隐含型属性 ackRequested；

c) 一个隐含型属性 ackSignatureRequested；

d) 一个隐含型属性 duplicateElimination；

e) 一个隐含型属性 actor。

#### 6.4.23.1 syncReplyMode 属性

syncReplyMode(同步应答方式)属性是由下列可能值组成的枚举：

a) "mshSignalsOnly"(仅 MSH 信号)；

b) "signalsOnly"(仅信号)；

c) "responseOnly"(仅响应)；

d) "signalsAndResponse"(信号与响应)；

e) "none"(非)。

当 syncReplyMode 属性存在时,它表明了发送应用程序在同步响应中期望返回什么内容(当 syncReplyMode 属性值不为"none"时,传递通道必须与诸如 HTTP 的同步通信协议绑定在一起)。

"mshSignalsOnly"表明所返回的响应(在 HTTP 情况下对 HTTP200 的响应)应仅包括像确认(用于可靠消息传输)和错误消息之类的独立 MSH 层的消息。所有其他应用层的响应将异步返回(使用服务和活动决定的 DeliveryChannel 元素)。

"signalsOnly"表明所返回的响应(在 HTTP 情况下对 HTTP200 的响应)应仅包括符合 GB/T 19256.6 的过程规范文档中所定义的一个或多个业务信号,以及附带的 MSH 层信号,但它不是一个业务响应消息。如果过程规范要求业务响应消息,则必须异步返回业务响应消息。如果业务过程不要求接受确认信号,则在异步返回的 ebXML 消息中的 Action 元素必须被设置为"ReceiptAcknowledgment"。否则,在异步返回的 ebXML 消息中的 Action 元素(包括接收确认信号和接受确认信号)必须被设置为“AcceptanceAcknowledgment”。

“responseOnly”表明只有业务响应消息及附带的 MSH 层信号将被同步返回，而忽略过程规范中所指出的业务信号。为了保持一致，对应于 BusinessTransactionCharacteristics 元素中的 timeToAcknowledgeReceipt 和 timeToAcknowledgeAcceptance 属性应设置为零，以指出这些信号将根本不被使用。ebXML 消息中同步返回的 Action 元素通过与业务过程中适当的 RespondingBusinessActivity 所对应的、CPA 中活动的名称来确定。

“signalsAndResponse”表明应用程序应返回业务响应消息与一个或多个业务信号，以及附带的 MSH 层信号。在此情况下，绑定在同一个 ebXML 消息中的每个信号和响应必须作为一个独立的 MIME 部分存在(即放置在一个独立的负载容器中)。为了保持一致，在对应 BusinessTransactionCharacteristics 元素中的 timeToAcknowledgeReceipt 和 timeToPerform 属性应具有同一值。如果规定了 timeToAcknowledgeAcceptance 属性，则它也应有同上面两个计时属性一样的值。ebXML 消息中同步返回的 Action 元素通过与业务过程中适当的 RespondingBusinessActivity 对应的、CPA 中的活动名称来确定。

如果过程规范要求业务响应消息的接收确认信号(由初始的请求发起方返回给响应方)，则该信号必须在同一个同步连接中传输。

注：对于 HTTP1.1 的客户端和服务器，两个 HTTP 请求和应答必须通过同一个连接来发送和接收。默认在单个同步请求应答交换之后关闭 HTTP 连接的实现不支持“signalsAndResponse”同步应答方式。

“none”表明既没有业务响应消息也没有任何业务信号同步返回。假如 syncReplyMode 属性不存在时，“none”是一个隐含的缺省值。在此情况下，所有 MSH 层和业务层的消息将以独立的异步消息形式返回。

当 syncReplyMode 属性值不为“none”时，ebXML 消息服务的 SOAP 头中应包含 SyncReply 元素。如果传递通道标识了一个没有同步能力的传输协议(如 SMTP)，则 MessagingCharacteristics 元素不应有非“none”值的 syncReplyMode 属性。

当 syncReplyMode 属性值不为“none”时，同步传递通道用于交换开展业务交易所必需的全部消息。如果过程规范要求响应消息接收的抗抵赖，则发起方应返回一个针对接收方响应消息的签名接收确认信号。

### 6.4.23.2 **ackRequested 属性**

隐含型属性 ackRequested(请求确认)具有下列枚举值：

a) “always”(总是)；

b) “never”(从不)；

c) “perMessage”(每个消息)。

该属性的缺省值为“per Message”，它表明 SOAP 头中的 AckRequested 元素是否存在随“每个消息”的情况而定。如果该属性设为“always”，则在传递通道上发送的每个消息在其 SOAP 头中必须由一个 AckRequested 元素。如果该属性设为“never”，则在传递通道上发送的每个消息在其 SOAP 头中不能有 AckRequested 元素。

如果 ackRequested 属性值不为“never”，则相应的 DocExchange 元素中必须存在 ReliableMessaging 元素，以提供必要的可靠消息传输参数。

### 6.4.23.3 **ackSignatureRequested 属性**

隐含型属性 ackSignatureRequested(请求确认签名)具有下列枚举值：

a) “always”；

b) “never”；

c) “perMessage”。

该属性决定如何设置 SOAP 头中 ackRequested 元素的 Signed 属性。该属性为缺省值“perMessage”，表明 SOAP 头中 ackRequested 元素的 Signed 属性随“每个消息”设为“true”或“false”。如果该属性设为“always”，则传递通道上发送的每个消息在其 SOAP 头中的 ackRequested 元素中必须具有设为“true”的 signed 属性。如果该属性设置为“never”，则传递通道上发送的每个消息在其 SOAP 头中的 ackRequested 元素必须具有设为“false”的 signed 属性。如果 ackRequested 属性设为“never”，则 ackSignatureRequested 属性无效。

注：通过可靠传输消息的签名确认，可以实现较弱的接收抗抵赖性。由于在返回确认前不对负载进行模式检查，因此其接收抗抵赖性要弱于接收确认信号的接收抗抵赖性。ackSignatureRequested 属性与 BusinessTransactionCharacteristics 元素的 isNonRepudiationReceiptRequired 属性值无关。因此，即使源过程规范要求接收抗抵赖性，CPP 和/或 CPA 仍可忽略该要求，且将 isNonRepudiationReceiptRequired 设为“false”，将 ackSignatureRequested 设为“always”，从而实现较弱的接收抗抵赖性。

#### 6.4.23.4 duplicateElimination 属性

隐含型属性 duplicateElimination（删除重复）具有下列枚举值：

a) “always”；

b) “never”；

c) “perMessage”。

该属性决定 SOAP 头中 MessageHeader（消息头）元素的 DuplicateElimination 元素是否存在。其缺省值为“perMessage”，表明 SOAP 头中可以存在也可不存在 DuplicateElimination 元素。如果该属性设为“always”，则传递通道上发送的每个消息在其 SOAP 头中必须具有一个 DuplicateElimination 元素。如果该属性设为“never”，则传递通道上发送的每个消息在其 SOAP 头中没有 DuplicateElimination 元素。如果 duplicateElimination 属性不设为“never”，则必须给出对应于 DocExchange 元素之下的 PersistDuration（持续时间）元素，以给出必要的持久储存参数。

#### 6.4.23.5 actor 属性

隐含型属性 actor（执行者）具有下列枚举值：

a) “urn:oasis:names:tc:ebxml-msg:actor:nextMSH”；

b) “urn:oasis:names:tc:ebxml-msg:actor:toPartyMSH”。

该属性值是一个 URI。如果 SOAP 头中存在 AckRequested 元素（见 GB/T 19256.3）的 actor 属性，则两个 actor 属性值相同，而 AckRequested 元素是否存在取决于 CPA 中的 MessagingCharacteristics 元素的 ackRequested 属性。如果 ackRequested 属性设置为“never”，则 actor 属性无效。

### 6.4.24 Transport 元素

Transport（传输）元素定义了参与方的网络通信能力。在 CPP 中必须存在一个或多个 Transport 元素，每个 Transport 元素分别或同时描述了参与方的发送消息机制和接收消息机制。下例给出了典型的 Transport 元素的结构：

```
<tp:Transport tp:transportId="transportA1">
  <tp:TransportSender> <! -- 0 or 1 time -->
    <tp:TransportProtocol tp:version="1.1">HTTP</tp:Protocol>
    <tp:TransportClientSecurity>
      <tp:TransportSecurityProtocol tp:version="3.0">
        SSL
      </tp:TransportSecurityProtocol>
      <tp:ClientCertificateRef tp:certId="CompanyA_ClientCert"/>
      <tp:ServerSecurityDetailsRef
        tp:securityId="CompanyA_TransportSecurity"/>
    </tp:TransportClientSecurity>
```

```
</tp:TransportSender>
<tp:TransportReceiver><!-- 0 or 1 time -->
    <tp:TransportProtocol tp:version="1.1">HTTP</tp:Protocol>
    <tp:Endpoint
        tp:uri="https://www.CompanyA.com/servlets/ebxmlhandler"
        tp:type="allPurpose"/>
    <tp:TransportServerSecurity>
        <tp:TransportSecurityProtocol tp:version="3.0">
            SSL
        </tp:TransportSecurityProtocol>
        <tp:ServerCertificateRef tp:certId="CompanyA_ServerCert"/>
        <tp:ClientSecurityDetailsRef
            tp:securityId="CompanyA_TransportSecurity"/>
    </tp:TransportServerSecurity>
</tp:TransportReceiver>
</tp:Transport>
```

Transport 元素由零个或一个 TransportSender 元素以及零个或一个 TransportReceiver 元素组成。

同时包括 TransportSender 元素和 TransportReceiver 元素的 Transport 元素具有发送和接收消息的双向功能。如果参与方选择同步方式进行通信(应答在发送消息的同一个 TCP 连接上返回，见 6.4.23.1)，则其 CPP 必须提供一个包含 ActionBinding 的 ServiceBinding，该 ActionBinding 与使用了双向 Transport 的 DeliverChannel 进行绑定。

包含 TransportSender 元素或者 TransportReceiver 元素之一的 Transport 元素是单向的。使用单向 Transport 元素只能发送或接收消息(不能两者)。

为了充分表达参与方进出的通信能力，CPP 可包含足够的 Transport 元素。例如，如果参与方可通过 HTTP 和 SMTP 发送和接收消息，则其 CPP 应包括两个 Transport 元素：一个用于表达 HTTP 特征，另一个用于表达 SMTP 特征。

Transport 元素有一个必备型属性 transportId。

### 6.4.24.1 transportId 属性

必备型属性 transportId 是一个[XML]ID，该[XML]ID 能够被 CPP 中其他元素引用。下面是一个引用上节描述的 Transport 元素的 DeliveryChannel 的例子：

```
<tp:DeliveryChannel tp:channelId="channelA1"
    tp:transportId="transportA1"
    tp:docExchangeId="docExchangeA1">
    <tp:MessagingCharacteristics…/>
</tp:DeliveryChannel>
```

### 6.4.25 TransportSender 元素

TransportSender(传输发送方)元素包含与 DeliverChannel 元素的发送方有关的特征。该元素包括必备型元素 TransportProtocol、可选型元素 AccessAuthentication 和 TransportClientSecurity。

TransportProtocol 元素规定了用于发送消息的传输协议。如果 AccessAuthentication 元素存在，则它规定了由客户端支持的访问鉴别的类型。如果 TransportClientSecurity 元素存在，则它定义了参与方对客户端一方传输层安全的要求。

TransportSender 元素没有属性。

### 6.4.26 TransportProtocol 元素

TransportProtocol(传输协议)元素标识了参与方能够用来发送或接收业务数据的传输协议。隐含型属性 version 标识了该协议的特定版本。

注：本部分的目的之一是通过使用这里所定义的元素来支持能够携带 MIME 内容的传输。

### 6.4.27 AccessAuthentication 元素

如果 AccessAuthentication(授权访问)元素存在,则它表明了一种鉴别机制,传输服务器使用该机制检查客户端请求,客户端使用该机制鉴别服务器。例如,[RFC2617]规定了 HTTP 的两种访问鉴别方式:"基本的"和"摘要的"。支持这两者的客户端应有如下所示的两个 AccessAuthentication 元素。当支持多种方式时,它们在 CPP 中的顺序表明其优先顺序。

```
<tp:TransportSender>
    <tp:TransportProtocol tp:version="1.1">HTTP</tp:TransportProtocol>
    <tp:AccessAuthentication>digest</tp:AccessAuthentication>
    <tp:AccessAuthentication>basic</tp:AccessAuthentication>
    <tp:TransportClientSecurity>
    …
    </tp:TransportClientSecurity>
</tp:TransportSender>
```

注 1：对于 CPA 中的每个 TransportSender 或 TransportReceiver 元素,应仅包含商定的 AccessAuthentication 元素。

注 2：对于基本类型的鉴别,用户标识和口令值的配置不在本部分规定范围之内。

### 6.4.28 TransportClientSecurity 元素

TransportClientSecurity(传输客户端安全)元素提供了本参与方传输客户端的信息,以使另一参与方的传输服务器能与其建立安全连接。该元素包括一个必备型元素 TransportSecurityProtocol、零个或一个 ClientCertificatRef 元素、零个或一个 ServerSecurityDetailsRef 元素以及零个或多个 EncryptionAlgorithm 元素。

在异步消息传输方式中,发送方应总是扮演一个相对于接收方服务器的客户端。在同步消息传输方式中,MSH 层的应答(可能是业务信号和/或业务响应)利用传输最初业务消息的同一连接返回。在此情况下,发送方是服务器,接收方是客户端,且连接已经存在,所以应忽略发送方的 TransportClientSecurity 元素和接收方的 TransportServerSecurity 元素。

### 6.4.29 TransportSecurityProtocol 元素

TransportSecurityProtocol(传输安全协议)元素标识了父 Transport 支持的传输层的安全协议。隐含型属性 version 标识了具体的协议版本。

加密的协议是使用公钥加密的 TLS1.0 版规范[RFC2246]。在附录 E 中,TLS1.0 版规范[RFC2246]向下兼容 SSL[SSL]。

### 6.4.30 ClientCertificateRef 元素

ClientCertificateRef(客户端证书参考)元素标识了客户端传输安全模块使用的证书。必备型属性 certId 是一个 IDREF,它标识了 PartyInfo 元素中 Certificate 元素的 ID 属性所指的证书。例如,支持 TLS 的 HTTP 客户端使用该证书向接收方的安全 HTTP 服务器提供对其自身的鉴别。

如果 ClientCertificateRef 元素存在,则表明必须在客户端和服务器(即 HTTP 连接的发起方和响应方)间进行双向鉴别。

ClientCertificateRef 元素有一个必备型属性 certId。

### 6.4.31 ServerSecurityDetailsRef 元素

ServerSecurityDetailsRef(服务器安全细节参考)元素标识了本参与方应用到其他参与方服务器鉴别证书上的信任连接点和安全策略。

ServerSecurityDetailsRef 元素有一个必备型属性 securityId。

6.4.32 **EncryptionAlgorithm 元素**

TransportClientSecurity 元素或 TransportServerSecurity 元素中可以包含零个或多个 Encryption-Algorithm(加密算法)元素。如果该元素在 CPP 中出现多次,则是为了声明其支持加密算法的能力或优先选择;通常,CPA 应包括已商定的语境。当 CPA 出现零个或多个元素时,参与方共同允许 TransportSecurityProtocol 元素的自动协商能力,以决定实际使用的算法。

这些元素的排序反映算法的优先权。包含该元素主要是为了允许使用 minimumStrength 属性;该属性的较大值表明 TransportSecurityProtocol 元素所期望的或已商定的高加密强度。

该元素的完整描述见 6.4.50。

对于 SSL 和 TLS,通常规定密码系列值为 EncryptionAlgorithm 元素的文本值。这些值包括但不限于:

a) SSL_RSA_FIPS_WITH_3DES_EDE_CBC_SHA;

b) TLS_RSA_WITH_3DES_EDE_CBC_SHA;

c) SSL_RSA_WITH_3DES_EDE_CBC_SHA;

d) SSL_RSA_WITH_RC4_128_MD5;

e) SSL_RSA_WITH_RC4_128_SHA;

f) SSL_DH_DSS_WITH_3DES_EDE_CBC_SHA;

g) SSL_DHE_RSA_WITH_3DES_EDE_CBC_SHA。

这些值的枚举和说明详见原规范。

6.4.33 **TransportReceiver 元素**

TransportReceiver(传输接收方)元素包含了与 DeliveryChannel 的接收方有关的特性。其必备型元素 TransportProtocol 规定了用于接收消息的传输协议。一个或多个必备型元素 Endpoint 规定了接收消息的逻辑地址。如果 AccessAuthentication 元素存在,则表明服务器所支持的访问鉴别的类型。零个或一个 TransportServerSecurity 元素定义了参与方对服务器一方传输层安全的要求。

TransportReceiver 元素没有属性。

6.4.34 **Endpoint 元素**

每个 TransportReceiver 元素应有一个或多个 Endpoint(端点)元素。每个 Endpoint 元素规定了一个逻辑地址并且指明在该地址能接收何种消息。

每个 Endpoint 元素有下列属性:

a) 一个必备型属性 uri;

b) 一个隐含型属性 type。

6.4.34.1 **uri 属性**

必备型属性 uri 规定了一项资源的 URI 地址。uri 属性值应符合[RFC2396]中定义的 URI 语法。

6.4.34.2 **type 属性**

type 属性标识了该端点的用途。type 属性值是一个枚举类型,包括"login"(登录)、"request"(请求)、"response"(响应)、"error"(错误)以及"allPurpose"(所有用途)。每个值最多出现一次。如果省略了 type 属性,则其默认值为"allPurpose"。"login"端点是两个参与方间初始消息的地址。"request"和"response"端点分别用于请求和响应消息。为了能够接收错误消息,每个 Transport 元素应至少包括一个类型为"error"、"response"或"allPurpose"的端点。

在 TransportReceiver 元素中的 Endpoint 元素的类型不能重叠。因此,如果"allPurpose"类型的 Endpoint 元素与任何类型的其他 Endpoint 元素同时存在,则是错误的。

6.4.35 **TransportReceiverSecurity 元素**

TransportReceiverSecurity(传输接收方安全)元素提供了本参与方传输服务器的信息,以使另一参与方的传输客户端能与其建立安全连接。它包括一个必备型元素 TransportSecurityProtocol、一个必备型元素 SeverCertificatRef、零个或一个 ClientSecurityDetailsRef 元素以及零个或多个 EncryptionAlgorithm 元素。EncryptionAlgorithm 元素见 6.4.32。

注：使用同步响应时 TransportServerSecurity 元素见 6.4.27 的注。

6.4.36 **ServerCertificateRef 元素**

如果 ServerCertificateRef(服务器证书参考)元素存在，则标识了服务器的传输安全模块使用的证书。其必备型属性 certId 是一个 IDREF，它标识了 PartyInfo 元素中 Certificate 元素的 ID 属性所指的证书。例如，支持 TLS 的 HTTP 服务器使用该证书向发送方的 TLS 客户端提供对其自身的鉴别。

如果传输安全协议使用证书，则存在 ServerCertificateRef 元素，否则将其省略(如用口令进行鉴别)。

ServerCertificateRef 元素有一个必备型属性 certId。

6.4.37 **ClientSecurityDetailsRef 元素**

如果 ClientSecurityDetailsRef(客户端安全细目参考)元素存在，则标识了本参与方应用到其他参与方服务器鉴别证书的信任连接点和安全策略。

ClientSecurityDetailsRef 元素有一个必备型属性 securityId。

6.4.38 **传输协议**

下面几节将描述每个所支持传输协议的详细内容。

6.4.38.1 **HTTP**

HTTP 是超文本传输协议[HTTP]。HTTP 端点是一个符合[RFC2396]的 URI。根据不同应用，HTTP 可以有一个或多个端点，其使用方法应根据不同应用来决定。

下面是一个 HTTP 端点的例子：

```
<tp:Endpoint tp:uri="http://example.com/servlet/ebXMLhandler"
    tp:type = "request"/>
```

对于一个特定的请求或异步响应，“request”和“response”端点可被 CPA 中所交换的业务文档中应用程序指定的 URI 动态地替换。

对于一个同步的响应，“response”端点如果出现，则可被忽略。同步响应总是在现有的连接上返回，即：返回到标识为连接起始端的 URI。

6.4.38.2 **SMTP**

SMTP 是简单邮件传输协议[SMTP]。由于它与本部分一起使用，因此必须支持多用途互联网邮件扩展协议[MIME]。对于 SMTP，通信地址是符合[RFC822]定义的、目的地参与方的邮件地址。以下是一个 SMTP 端点的示例：

```
<tp:Endpoint tp:uri="mailto:ebXMLhandler@example.com"
    tp:type = "request"/>
```

注 1：当接收 MTA(邮件转发代理)不支持二进制转发时，SMTP MTA 能够对二进制数据进行编码。通常，当一个消息在一系列 MTAs 之间转发时，SMTP 转发可能包括对“内容转发编码”进行编码和再编码。在某些情况下，即使没有发生恶意行动或传输错误，这些变化仍可使某些签名失效。

注 2：SMTP 本身(不包括鉴别或加密)会受到未知参与方否认服务或篡改的影响。建议选择 SMTP 作为其传输层的参与方，在文档交换层或传输层(如[S/MIME])中选择合适的加密和鉴别方法。

注 3：SMTP 是一个无法保证特殊服务质量的异步协议。对邮件消息接收的传输层确认(即 SMTP 确认)构成了 SMTP 服务器的声明。该服务器知道如何发送邮件消息，并且在将来会执行。然而，该消息可能从没有发送给接收方。进一步地说，发送方只能收到来自于最近节点的传输层确认。如果该消息通过中间节点，则 SMTP 不提供端到端的确认。因此，SMTP 的接收确认不能保证消息将被传输到应用程序，并且 SMTP 确认接收失败也不能证明没有发送过消息。建议把 GB/T 19256.3 中的可靠消息传输协议与 SMTP 一起使用。

### 6.4.38.3 FTP

FTP是文档传输协议[RFC959]。

每个参与方都使用FTP PUT发送消息。FTP端点规定了用户标识和输入目录路径(从PUT到该参与方)。下面是FTP端点的一个例子:

```
<tp:Endpoint uri="ftp://userid@server.foo.com"
    tp:type = "request"/>
```

由于FTP需要与所有的实现系统兼容,因此用于ebXML的FTP应使用FTP的命令和参数的最小集合(按照[RFC959]的5.1的规定及[RFC1123]的4.1.2.13的规定)。该方式应仅是数据流,并且类型必须是ASCII Non-print(AN)、Image(I)(二进制)或Local 8(L8)(介于8位机器与36位字机器之间的二进制——对8位机器来说,Local 8与Image相同)。

数据流方式在遇到文档末端时关闭数据连接。如果有多个第三方对话,则服务器的FTP在每个传输命令之前必须把控制设为"PASV",以获得唯一的端口对。

注1:[RFC959]规定,在每个传输命令发布之前,用户-FTP应发送一个port(端口)命令来分配一个非缺省数据端口,以便在单个FTP由于从TCP联接关闭后到套接对能够被重用的长时间延迟的时候允许多种传输。

注2:在圆括号不存在的情况中,回答PASV命令的227格式不是标准的,并且FTP用户可以假设存在[RFC959]中说明的圆括号。如果用户-FTP程序不能读出关于主机的第一个数字和端口数字的应答,则结果可能导致用户-FTP指向错误的主机。在响应中,h1、h2、h3、h4是服务器主机的IP地址,而p1、p2是一个PASV分配的非缺省数据传输端口。

注3:对于防火墙透明性,[RFC1579]建议用户发送一个PASV命令,允许服务器对某个随机端口进行被动地TCP开放,并把该端口号通知客户端。然后,客户端能主动开放来建立连接。

注4:当数据流方式关闭了文档末端的数据连接时,如果没有接收到来自于发送机上的226或250控制码,则接收FTP可以设想为连接异常断开。

注5:[RFC1579]还进行了是否值得加强FTP协议的观察,以便让客户端在启动时发送新命令APSV(都是被动的),该APSV允许实现了该选择的服务器总是进行被动的开放。为了响应不被PORT或PASV命令超越的所有文件传输请求,应签发一个新的应答代码151;该消息包括用于传输的端口号。一个PORT命令能够发送给先前接收APSV的服务器;这将使下一步传输操作忽略缺省行为,因此允许第三方传输。

### 6.4.39 DocExchange 元素

DocExchange元素给出了参与方间必须要协商一致的文档交换方面的信息。该信息包括消息传输服务特性(如GB/T 19256.3)。

下面是CPP的DocExchange元素的结构。后续各节更详细地描述了每个子元素。

```
<tp:DocExchange tp:docExchangeId="docExchangeB1">
    <tp:ebXMLSenderBinding tp:version="2.0">          <! -- 0 or 1 -->
        <tp:ReliableMessaging>                        <! -- 0 or 1 -->
        ...
        </tp:ReliableMessaging>
        <tp:PersistDuration>                          <! -- 0 or 1 -->
        ...
        </tp:PersistDuration>
        <tp:SenderNonRepudiation>                     <! -- 0 or 1 -->
        ...
        </tp:SenderNonRepudiation>
        <tp:SenderDigitalEnvelope>                    <! -- 0 or 1 -->
        ...
        </tp:SenderDigitalEnvelope>
```

```
        <tp:NamespaceSupported>                                   <! -- 0 or more -->
            ...
        </tp:NamespaceSupported>
    </tp:ebXMLSenderBinding>
    <tp:ebXMLReceiverBinding tp:version="2.0">                    <! -- 0 or 1 -->
        <tp:ReliableMessaging>                                    <! -- 0 or 1 -->
            ...
        </tp:ReliableMessaging>
        <tp:PersistDuration>                                      <! -- 0 or 1 -->
            ...
        </tp:PersistDuration>
        <tp:ReceiverNonRepudiation>                               <! -- 0 or 1 -->
            ...
        </tp:ReceiverNonRepudiation>
        <tp:ReceiverDigitalEnvelope>                              <! -- 0 or 1 -->
            ...
        </tp:ReceiverDigitalEnvelope>
        <tp:NamespaceSupported>                                   <! -- 0 or more -->
            ...
        </tp:NamespaceSupported>
    </tp:ebXMLReceiverBinding>
</tp:DocExchange>
```

DocExchange 元素由零个或一个 ebXMLSenderBinding 子元素和零个或一个 ebXMLReceiverBinding 子元素组成。它必须至少有一个子元素。CPP 和 CPA 编写工具以及 CPA 部署工具应核实子元素的存在。

注：文档交换部分通过增加 xxxSenderBinding 元素和 xxxReceiverBinding 元素以及描述其他服务的子元素，扩展到 ebXML 消息服务之外的其他消息传输服务，这里 xxx 代表其他绑定的名称。如，XMLPSenderBinding/XMLPReceiverBinding，它们支持未来的 XML 协议规范。

6.4.39.1 **docExchangeId 属性**

DocExchange 元素只有一个必备型属性 docExchangeId（文档交换标识），该属性是提供了唯一标识符的[XML]ID，供 CPP 文档其他内容引用。

6.4.40 **ebXMLSenderBinding 元素**

ebXMLSenderBinding（ebXML 发送方绑定）元素描述了用 ebXML 消息服务[ebMS]发送消息方面的特性。ebXMLSenderBinding 元素由下列子元素所组成：

a) 零个或一个 ReliableMessaging 元素，该元素规定可靠消息传输的特性。
b) 零个或一个 PersistDuration 元素，该元素规定为了消除重复必须持久储存特定消息的时间长度。
c) 零个或一个 SenderNonRepudiation 元素，该元素规定发送方在消息签名方面的需求和证书。
d) 零个或一个 SenderDigitalEnvelope 元素，该元素规定发送方在使用数字封装[DIGENV]方法进行加密方面的需求。
e) 零个或多个 NamespaceSupported 元素，该元素标识消息传输服务实现所支持的命名空间目录。

ebXMLSenderBinding 元素有一个必备型属性 version。

注：即使省略 ebXMLSenderBinding 中的所有子元素，CPA 仍然有效。

6.4.40.1 **version 属性**

必备型属性 version 标识了所使用的 GB/T 19256.3 的版本。

6.4.41 **ReliableMessaging 元素**

ReliableMessaging(可靠消息传输)元素规定了可靠 ebXML 消息交换的特性。如果省略 ReliableMessaging 元素，则缺省值为“BestEffort”(尽最大努力)。下面是该元素的结构：

```
<tp:ReliableMessaging>
    <tp:Retries>5</tp:Retries>
    <tp:RetryInterval>PT2H</tp:RetryInterval>
    <tp:MessageOrderSemantics>Guaranteed</tp:MessageOrderSemantics>
</tp:ReliableMessaging>
```

ReliableMessaging 元素的语义见 GB/T 19256.3 中可靠消息传输组合章节。

ReliableMessaging 元素由下列子元素组成：

a) 零个或一个 Retries 元素；

b) 零个或一个 RetryInterval 元素；

c) 一个必备型元素 MessageOrderSemantics。

6.4.41.1 **Retries 和 RetryInterval 元素**

Retries(重试)和 RetryInterval(重试间隔)元素规定了所允许的重试次数和间隔，间隔指发送完一个可靠传输消息到等待确认超时后再次重试之间的时间长度，它可以表示为 XML 模式[XMLSCHEMA-2]的期间(Duration)类型。RetryInterval 元素的目的是通过将重试推迟到引起错误的暂时条件被纠正后，以提高重试成功的可能性。RetryInterval 元素适用于从发送源消息到第一次重试之间的时间，以及所有相邻重试之间的时间。

Retries 和 RetryInterval 元素必须同时被包括或同时被省略。如果它们被省略，则对应值(重试次数和重试间隔)由参与方自己商定。

6.4.41.2 **MessageOrderSemantics 元素**

MessageOrderSemantics(消息语义顺序)元素具有下列枚举值：

a) “Guaranteed”(保证)；

b) “NotGuaranteed”(不保证)。

在 ebXML 消息的 SOAP 头中存在的 MessageOrderSemantics 元素决定了是否需要保存参与方发出的消息顺序，以便接收消息的参与方按消息发送的顺序进行接收。如果 MessageOrderSemantics 元素设为“Guaranteed”，则 ebXML 消息必须在 SOAP 头中包括一个 MessageOrder 元素。如果 MessageOrderSemantics 元素设为“NotGuaranteed”，则 ebXML 消息在 SOAP 头中不能包括 MessageOrder 元素。已保证的消息顺序隐含使用了删除重复。因此，如果 MessageOrderSemantics 元素设为“Guaranteed”，则 PersistDuration 元素也必须存在。

6.4.42 **PersistDuration 元素**

PersistDuration(持续时间)元素值是一个符合 XML 模式[XMLSCHEMA-2]期间类型的最小时间长度，该时间长度是 ebXML 消息服务实现系统将接收到的可靠发送消息保存到持久储存器中的时间，以便删除重复。该时间长度还适用于被持久保留的响应消息，以便对重复消息进行自动应答，而无须应用程序重复处理。PersistDuration 元素的规则见 6.4.23.4 和 6.4.41.2。

6.4.43 **SenderNonRepudiation 元素**

SenderNonRepudiation(发送方抗抵赖性)元素表达了消息发送方的抗抵赖性需求和证书。抗抵赖性既证明了谁发送消息，也能防止以后对该消息内容的抵赖。抗抵赖性是通过对消息使用 XML 数字签名[XMLDSIG]来实现。该元素结构如下：

```
<tp:SenderNonRepudiation>
    <tp:NonRepudiationProtocol>
        http://www.w3.org/2000/09/xmldsig#
    </tp:NonRepudiationProtocol>
    <tp:HashFunction>
        http://www.w3.org/2000/09/xmldsig#sha1
    </tp:HashFunction>
    <tp:SignatureAlgorithm>
        http://www.w3.org/2000/09/xmldsig#dsa-sha1
    </tp:SignatureAlgorithm>
    <tp:SigningCertificateRef tp:certId="CompanyA_SigningCert"/>
</tp:SenderNonRepudiation>
```

如果省略 SenderNonRepudiation 元素，则消息没有被数字签名。

SenderNonRepudiation 元素由下列子元素组成：

a) 一个必备型元素 NonRepudiationProtocol；

b) 一个必备型元素 HashFunction(如 SHA1，MD5)；

c) 一个必备型元素 SignatureAlgorithm；

d) 一个必备型元素 SigningCertificateRef。

#### 6.4.44 NonRepudiationProtocol 元素

必备型元素 NonRepudiationProtocol(抗抵赖性协议)标识对消息进行数字签名的技术。它有一个隐含型属性 version，其值是标识了所规定技术版本的字符串。

#### 6.4.45 HashFunction 元素

必备型元素 HashFunction(哈希函数)标识了计算签名消息摘要的算法。

#### 6.4.46 SignatureAlgorithm 元素

必备型元素 SignatureAlgorithm(签名算法)标识了计算数字签名值的算法。其值包括：RSA-MD5、RSA-SHA1、DSA-MD5、DSA-SHA1、SHA1withRSA、MD5withRSA 等。

注：实现应适用于值的大小写情况，以及连字符和连接词的不同用法。

SignatureAlgorithm 元素有三个属性：

a) 一个隐含型属性 oid；

b) 一个隐含型属性 w3c；

c) 一个隐含型属性 enumeratedType。

##### 6.4.46.1 oid 属性

oid 属性为签名算法提供对象标识符。OID 的正式定义见 ITU-T 推荐书 X.208(ASN.1)第 28 章；X.208(http://www.itu.int/POD/)的附录 B、附录 C、附录 D 中给出了“树顶”的分配。通常使用的签名算法的值(按照 IETF 规定的点式整数格式)包括：

a) 1.2.840.113549.1.1.4——带 RSA 加密的 MD5；

b) 1.2.840.113549.1.1.5——带 RSA 加密的 SHA-1。

##### 6.4.46.2 w3c 属性

w3c 属性为签名算法提供对象标识符。这些值的定义见[XMLDSIG]或[XMLENC]规范。应使用的签名算法的值包括：

a) http://www.w3.org/2000/09/xmldsig#dsa-sha1；

b) http://www.w3.org/2000/09/xmldsig#rsa-sha1。

6.4.46.3 **enumeratedType 属性**

enumeratedType(枚举类型)属性规定了 SignatureAlgorithm 元素文本值的不同解释方法。该属性用于标识将来的签名算法的标识方案和格式。

6.4.47 **SigningCertificateRef 元素**

必备型元素 SigningCertificateRef(签名证书参考)标识了发送方对消息签名的证书。其必备型属性 certId 是一个 IDREF,它参考了 PartyInfo 中具有相同的 ID 属性值的 Certificate 元素。

6.4.48 **SenderDigitalEnvelope 元素**

SenderDigitalEnvelope(发送方数字封装)元素给出了使用[DIGENV]数字封装方法对消息进行加密的发送方需求。数字封装是一个使用对称加密算法(共享的秘密密钥)对消息进行加密,然后用接收方的公钥对秘密密钥加密后发送给消息的接收方的过程。该元素结构是:

```
<tp:SenderDigitalEnvelope>
    <tp:DigitalEnvelopeProtocol tp:version="2.0">
        S/MIME
    </tp:DigitalEnvelopeProtocol>
    <tp:EncryptionAlgorithm>DES-CBC</tp:EncryptionAlgorithm>
    <tp:EncryptionSecurityDetailsRef
        tp:securityId="CompanyA_MessageSecurity"/>
</tp:SenderDigitalEnvelope>
```

SenderDigitalEnvelope 元素包含:

a) 一个必备型元素 DigitalEnvelopeProtocol;

b) 一个必备型元素 EncryptionAlgorithm;

c) 零个或一个 EncryptionSecurityDetailsRef 元素。

6.4.49 **DigitalEnvelopeProtocol 元素**

必备型元素 DigitalEnvelopeProtocol(数字封装协议)标识了所使用的消息加密协议。其必备型属性 version 标识了该协议的版本。

6.4.50 **EncryptionAlgorithm 元素**

必备型元素 EncryptionAlgorithm(加密算法)标识了所使用的加密算法(见 6.4.32)。

EncryptionAlgorithm 元素有下列四个属性:

a) 一个隐含型属性 minimumStrength;

b) 一个隐含型属性 oid;

c) 一个隐含型属性 w3c;

d) 一个隐含型属性 enumeratedType。

6.4.50.1 **minimumStrength 属性**

minimumStrength(最小强度)属性描述了加密算法必须提供的有效强度以及随机位数。当密钥中使用了校验位时,该属性值的位数要小于密钥的长度。例如,64 比特的 DES 密钥的 8 位校验位不能包括在内,minimumStrength 需要的值应与 DES 所能提供的强度相同,即设为 56。

6.4.50.2 **oid 属性**

oid 属性为加密算法提供对象标识符。OID 的正式定义见 ITU-T 推荐书 X.208(ASN.1)第 28 章;在 X.208(http://www.itu.int/POD/)的附录 B、附录 C 和附录 D 中给出了"树顶"的分配。通常使用的加密算法的值(按照 IETF 规定的点式正式格式)包括:

a) 1.2.840.113549.3.2 (RC2-CBC),1.2.840.113549.3.4 (RC4 加密算法);

b) 1.2.840.113549.3.7 (DES-EDE3-CBC ),1.2.840.113549.3.9 (RC5 CBC Pad);

c) 1.2.840.113549.3.10 (DES CDMF),1.2.840,1.3.14.3.2.7 (DES-CBC)。

#### 6.4.50.3 w3c 属性

w3c 属性为加密算法提供对象标识符。这些值的定义见[XMLENC]规范。应使用的值包括：

a) http://www.w3.org/2001/04/xmlenc#3des-cbc;

b) http://www.w3.org/2001/04/xmlenc#aes128-cbc;

c) http://www.w3.org/2001/04/xmlenc#aes256-cbc。

#### 6.4.50.4 enumeratedType 属性

enumeratedType 属性规定了 EncryptionAlgorithm 元素文本值的不同解释方式。该属性用于标识将来的算法的标识模式和格式。

### 6.4.51 EncryptionSecurityDetailsRef 元素

EncryptionSecurityDetailsRef(加密安全细目参考)元素标识了发送方应用于其他接收方提供的加密证书的信任连接点和安全策略。其必备型属性 securityId 是一个 IDREF,它引用了 PartyInfo 中具有匹配的 ID 属性值的 SecurityDetails 元素。

### 6.4.52 NamespaceSupported 元素

NamespaceSupported(所支持的命名空间)元素可以出现零次或多次。每次出现的 Namespace-Supported 标识了消息传输服务实现所支持的一个命名空间。它有一个必备型属性 location(地点)和一个隐含型属性 version。location 属性为获取命名空间的模式提供了一个 URI。当 version 属性存在时,它为命名空间提供版本值。可以使用 NamespaceSupported 元素列出在文档交换期间可能用到的命名空间,其主要目的在于扩展、版本改变以及其他不可预见的或刚刚投入使用的改进。

例如,对安全声明置标语言[SAML]的支持定义如下:

```
<tp:NamespaceSupported
    tp:location="http://www.oasis-open.org/committees/security/docs/draft-sstc-schema-as-
sertion-27.xsd" tp:version="1.0">
                  http://www.cnxml.org/committees/security/docs/draft-sstc-schema-assertion-
27.xsd</tp:NamespaceSupported>
```

另外,NamespaceSupported 元素还可以用来标识与消息体部分(见 6.5)有关的命名空间,特别是当 ProcessSpecification 中没有隐含指出这些命名空间时,或指出了负载体部分的命名空间扩展时。

### 6.4.53 ebXMLReceiverBinding 元素

ebXMLReceiverBinding(ebXML 接收方绑定)元素描述了与用 ebXML 消息服务接收消息有关的特性。ebXMLReceiverBinding 元素由下列子元素组成:

a) 零个或一个 ReliableMessaging 元素;

b) 零个或一个 ReceiverNonRepudiation 元素,该元素规定了接收方对消息签名的需求;

c) 零个或一个 ReceiverDigitalEnvelope 元素,该元素规定了接收方用数字封装[DIGENV]方法加密的需求和证书;

d) 零个或多个 NamespaceSupported 元素(见 6.4.52)。

ebXMLReceiverBinding 元素有一个必备型属性 version。

注:即使忽略了 ebXMLReceiverBinding 元素下的所有子元素,CPA 仍可以是有效的。

### 6.4.54 ReceiverNonRepudiation 元素

ReceiverNonRepudiation(接收方抗抵赖性)元素表达了消息接收方的抗抵赖性需求。抗抵赖性证明了谁发送一个消息以及防止对后续消息内容的抵赖。抗抵赖性基于使用 XML 数字签名[XMLD-SIG]签名消息。该元素的结构如下:

```
<tp:ReceiverNonRepudiation>
  <tp:NonRepudiationProtocol>
    http://www.w3.org/2000/09/xmldsig#
```

```
    </tp:NonRepudiationProtocol>
    <tp:HashFunction>
      http://www.w3.org/2000/09/xmldsig#sha1
    </tp:HashFunction>
    <tp:SignatureAlgorithm>
      http://www.w3.org/2000/09/xmldsig#dsa-sha1
    </tp:SignatureAlgorithm>
  <tp:SigningSecurityDetailsRef tp:securityId="CompanyA_MessageSecurity"/>
  </tp:ReceiverNonRepudiation>
```

如果 ReceiverNonRepudiation 元素被删除，则消息未经过数字签名。

ReceiverNonRepudiation 元素由下列子元素组成：

a) 一个必备型元素 NonRepudiationProtocol(见 6.4.44)；

b) 一个必备型元素 HashFunction(例如 SHA1，MD5)(见 6.4.45)；

c) 一个必备型元素 SignatureAlgorithm(见 6.4.46)；

d) 零个或一个 SigningSecurityDetailsRef 元素。

### 6.4.55 SigningSecurityDetailsRef 元素

SigningSecurityDetailsRef 元素标识发送方适用于其他接收方签发的证书的信任连接点和安全策略。其必备型属性 securityId 为一个 IDREF，它引用了 PartyInfo 中具有匹配的 ID 属性值的 SecurityDetails 元素。

### 6.4.56 ReceiverDigitalEnvelope 元素

ReceiverDigitalEnvelope(接收方数字封装)元素给出了使用[DIGENV]数字封装方法对消息进行加密的接收方需求。数字封装是一个使用对称加密算法(共享的秘密密钥)对消息进行加密，然后用接收方的公钥对秘密密钥加密后发送给消息的接收方的过程。该元素结构是：

```
<tp:ReceiverDigitalEnvelope>
  <tp:DigitalEnvelopeProtocol tp:version="2.0">
    S/MIME
  </tp:DigitalEnvelopeProtocol>
  <tp:EncryptionAlgorithm>DES-CBC</tp:EncryptionAlgorithm>
  <tp:EncryptionCertificateRef
    tp:certId="CompanyA_EncryptionCert"/>
</tp:ReceiverDigitalEnvelope>
```

ReceiverDigitalEnvelope 元素包含：

a) 一个必备型元素 DigitalEnvelopeProtocol(见 6.4.49)；

b) 一个必备型元素 EncryptionAlgorithm(见 6.4.50)；

c) 一个必备型元素 EncryptionCertificateRef。

### 6.4.57 EncryptionCertificateRef 元素

必备型元素 EncryptionCertificateRef 标识了发送方用来加密消息的证书。其必备型属性 certId 是一个 IDREF，它参考了 PartyInfo 中具有相同的 ID 属性值的 Certificate 元素。

### 6.4.58 OverrideMshActionBinding 元素

OverrideMshActionBinding(替代 MSH 动作绑定)元素可以出现零次或多次。它有两个必备型属性。action 属性标识了不使用缺省的 DeliveryChannel 进行传输的 MSH 层的动作，而 channelId 属性规定了替代的 DeliveryChannel。

## 6.5 SimplePart 元素

SimplePart(简单部分)元素给出了多个可重复的组成部分，这些部分由 MIME content-type(＜内容-类型＞)值标识。SimplePart 元素有两个必备型属性：id 和 mimetype。id 属性的类型为 ID，如果出现复合打包，则当规定这些部分如何复合打包时，给出后面用来引用该消息部分的一个值。mimetype 属性能够为所规定的简单消息部分给出 content-type 真实值。该属性值还可以使用一个星号通配符“*”，以指出任意一个顶级类型、子级类型或是完整类型“*/*”。在类型中带有通配符的 SimplePart 能用来指出多个开放的打包处理能力。

SimplePart 元素有一个隐含型属性 mimparameters，其用法见 6.6.2。SimplePart 元素还有一个隐含型属性 xlink:role。该属性标识了描述 MIME 部分的某些资源及其目的，其值在 GB/T 19256.3 中的用法见附录 F。如果 xlink:role 属性存在，则它应有一个符合[XLINK]的有效 URI 值。

下面是 SimplePart 元素的几个例子：

<tp:SimplePart tp:id="I001" tp:mimetype="text/xml"/>

<tp:SimplePart tp:id="I002" tp:mimetype="application/xml"/>

<tp:SimplePart tp:id="I002" tp:mimetype="*/xml"/>

SimplePart 元素可以有零个或多个 NamespaceSupported 元素。每一个 NamespaceSupported 元素都标识了打包在父简单体部分内的 XML 命名空间。

Packaging 元素使得没有必要列出所有在 SimplePart 中使用的命名空间。例如，当为 SOAP 信封定义 SimplePart(作为 ebXML 消息的一部分)时，就没有必要列出所有的命名空间。如果任何异常扩展、新版本或异常的安全扩展出现时，则在打包中应明确声明这些异常情况。然而，即使给定的消息传输协议规定了这些命名空间，列举出 SimplePart 中使用的所有命名空间也并非是错误的。按照惯例，当 SimplePart 元素给出所有命名空间时，第一个 NamespaceSupported 元素标识了该 SimplePart 的模式，而随后的 NamespaceSupported 标识了该模式引出的命名空间。其他 NamespaceSupported 依此类推。

注：是否明确标识引出的命名空间可自由决定。因此，附录 A 和附录 B 中 CPP 和 CPA 的例子明确标识了 ebXML 消息传输服务的命名空间，但是省略了由 ebXML 消息传输服务模式引用的 SOAP 信封和 XML 数字签名命名空间。

同一个 SimplePart 元素可被多个 Packaging 元素引用。

## 6.6 Packaging 元素

Packaging(打包)元素下的结构给出了关于如何打包消息头和负载构件以在传输层上进行传输的特定信息，包括所使用的文档层安全打包以及应用安全特征的方法等关键信息。典型地，Packaging 元素下的结构指出了相关部分组成消息的具体方法。MIME 处理能力通常就是该结构中所描述的能力或协议。Packaging 元素给出了参与方间所交换数据的 MIME 内容类型、XML 命名空间、安全参数以及 MIME 结构等信息。

下面是 Packaging 元素的一个例子，该例子引用了 6.5 中给出的 SimplePart 元素的例子：

```
<! -- Simple ebXML S/MIME Packaging for application-based payload encryption -->
<tp:Packaging>
  <tp:ProcessingCapabilities tp:generate="true" tp:parse="true"/>
  <tp:CompositeList>
   <tp:Encapsulation
     <! -- I002 is the payload being encrypted -->
       tp:id="I003"
       tp:mimetype="application/pkcs7-mime"
       tp:mimeparameters="smime-type=&quot;enveloped-data&quot">
```

```
<Constituent tp:idref="I002"/>
</tp:Encapsulation>
<tp:Composite tp:id="I004"
<! - I001 is the SOAP envelope. The ebXML message is made up of the SOAP envelope and the encrypted payload. -->
tp:mimetype="multipart/related"
tp: mimeparameters = " type = &quot; text/xml&quot; version = &quot; 1.0&quot;">
<tp:Constituent tp:idref="I001"/>
<tp:Constituent tp:idref="I003"/>
</tp:Composite>
</tp:CompositeList>
</tp:Packaging>
```

Packaging 元素有一个类型为 ID 的必备型属性 id。该属性被 ThisPartyActionBinding 元素中 IDREF 类型的 packageId 属性所引用。

Packaging 元素的子元素是 ProcessingCapabilities 和 CompositeList 元素。这两个元素作为 Packaging 元素的子元素可以出现一次或多次。

### 6.6.1 **ProcessingCapabilities 元素**

ProcessingCapabilities(处理能力)元素有两个必备型属性 parse(解析)和 generate(生成),其值为"true"或"false"的布尔型值。通常,这两个属性值都为"true",以指明其他子元素中规定的打包结构在软件的消息服务层既能被生成又能被处理。parse 和 generate 属性中至少有一个必须为"true"。

### 6.6.2 **CompositeList 元素**

Packaging 元素的最后一个子元素是 CompositeList(复合列表),它包含了把简单部分组合成组(MIME 多部分)或封装在安全 MIME content-type 中的具体方法。当没有使用安全封装和复合多部分时,Packaging 中应省略 CompositeList 元素。当 CompositeList 元素存在时,其内容模型是 Composite(复合)和/或 Encapsulation(封装)元素的可重复序列。Composite 和 Encapsulation 元素可根据需要混合存在。该序列中元素的顺序是非常重要的,这是因为在 MIME 打包的递归特性的条件下,除了在 SimplePart 结构中特定的消息部分之外,复合或封装还可以包含前面提到的复合(或在少数情况下出现的封装)。所以,"顶层"打包会在序列的最后进行说明。

Composite 元素有下列属性:

a) 一个必备型属性 mimetype;

b) 一个必备型属性 id;

c) 一个隐含型属性 mimeparameters。

mimetype 属性给出了消息部分的 MIME content-type 值,并且它应是某个 MIME 复合类型,如"多部分/相关的(multipart/related)"或"多部分/签名的(multipart/signed)"。类型为 ID 的 id 属性为需要对本复合进行引用的序列中后面元素提供了一种方法。mimeparameters 属性给出了处理 content-type 所需的重要 MIME 参数值(如:type=application/xml)。

Composite 元素有一个 Constituent(成分)子元素。

Constituent 元素有一个类型为 IDREF 的必备型属性 idref、一个类型为布尔型的隐含型属性 excludeFromSignature(是否从签名中排除)以及类型为非负整数的两个隐含型属性 minOccurs(最小出现次数)和 maxOccurs(最大出现次数)。

idref 属性值与前面的 Composite、Encapsulation 或 SimplePart 元素的 id 属性的值相同。一系列 Constituent 元素的目的是指出打包在当前 Composite 或 Encapsulation 元素中的内容和顺序。

excludeFromSignature 属性指出该成分不包括在 ebXML 消息[XMLDSIG]签名中。换句话说，为了给出消息的 Constituent 的摘要，MSH 生成的签名不应包含 ds:Reference 元素。只有当 Constituent 是整个 ebXML 消息的顶层复合的一部分时，该属性才是可用的。

minOccurs 和 maxOccurs 属性规定了 Composite 中项出现的次数或次数范围。如果不使用这两个属性，则认为该项仅出现一次。

Encapsulation 元素通常用来指出 MIME 安全机制的用法，如[S/MIME]或 Open-PGP[RFC2015]。安全体部分能够封装一个上述的 MIME 部分。为了方便起见，即使严格说数据不在体部分之内，所有这样的安全结构也都位于 Encapsulation 元素之下（换句话说，为简化起见，带有 MIME 多部分/签名的所谓的清晰签名或分离签名结构应置于 Encapsulation 元素中）。

Encapsulation 元素的另一种可能用法是表示在加密和/或签名前对负载的某些部分使用的一个压缩算法，如 gzip[ZLIB]。

Encapsulation 元素有下列属性：

a) 一个必备型属性 mimetype；

b) 一个必备型属性 id；

c) 一个隐含型属性 mimeparameters。

mimetype 属性给出了消息部分的 MIME content-type 的值，如 application/pkcs7-mime。如果它需要在序列后面的某些元素中作为构件被引用，类型为 ID 的 id 属性为引用该复合元素提供了一种方法。mimeparameters 属性还为那些重要的 MIME 参数提供了值，这些参数对于理解 content-type 的处理命令很有必要。

Encapsulation 元素和 Composite 元素分别由一个 Constituent 子元素或可重复的 Constituent 子元素序列组成。

Constituent 元素含有零个或一个 SignatureTransform 子元素与零个或一个 EncryptionTransform 子元素。SignatureTransform 元素应与 XML 数字签名[XMLDSIG]一起使用。当该元素存在时，则标识了计算摘要前应用于源数据的转换。EncryptionTransform 元素应与 XML 加密[XMLENC]一起使用。当该元素存在时，则标识了解密前必须应用于 CipherReference（密码参考）的转换。每个 SignatureTransform 元素和 EncryptionTransform 元素都包含有一个或多个 ds:Transform [XMLDSIG] 元素。

### 6.7 Signature 元素

Signature 元素（出现次数为零次或一次）能够利用符合[XMLDSIG]的技术对 CPA 进行数字签名。Signature 元素是对 CPP 进行签名的根元素。其语法是：

<tp:Signature>…</tp:Signature>

Signature 元素包含了一个或多个 ds:Signature 元素。ds:Signature 元素及其所有子元素的内容都由[XMLDSIG]定义。详见 7.9。

注：在目标命名空间中有必要利用 Signature 元素将多个 ds:Signature 元素包含在一起，以允许在 CollaborationProtocolProfile 和 CollaborationProtocolAgreement 元素中加入通配符（命名空间为 namespace="##other"）。否则，内容模型将含糊不清。

ds:Signature 的其他约束条件如下：

a) 如果任何 ds:Signature 元素没有通过[XMLDSIG]所定义的核心验证，则必须认为 CPP 是无效的。

b) 无论何时对 CPP 签名，ProcessSpecification 元素中的每个 ds:Reference 元素必须通过参考验证，并且每个 ds:Signature 元素必须通过核心验证。

注 1：在没有对 CPP 进行签名的情况下，软件仍然可以对 ProcessSpecification 元素中的 ds:Reference 元素进行验证，并且对异常进行报告。

注 2：生成 CPP 和 CPA 的软件可以识别出 ds:Signature 并且自动插入定义 CPP 和 CPA 所必需的元素结构。在 7.9.1.1中将粗略给出签名生成；而加密过程的细节不在本部分范围内。

注 3：关于有效性测试时间的描述见 6.4.4.6 的注。

### 6.8 Comment 元素

CPP 元素包含零个或多个 Comment(注释)元素。Comment 元素是一个文本性的注释，该元素可用于用户所希望的任何目的。必备型属性 xml:lang 标识了 Comment 的语言。xml:lang 属性必须遵守[XML]中规定的语言规则。如果存在多个 Comment 元素，则每个元素的 xml:lang 属性值可以不同。下面是 Comment 元素的一个例子：

```
<tp:Comment xml:lang="en-US">This is a CPA between A and B</tp:Comment>
```

除非两个参与方另有商定，否则当由两个 CPP 生成一个 CPA 时，应在该 CPA 中包括来自两个 CPP 的所有 Comment 元素。

## 7 CPA 定义

CPA 定义了两个参与方需要商定的能力，使得他们能够根据该 CPA 开展电子商务。本章详细定义和描述了 CPA。有关内容使用 XML 代码段来说明。

本章中的大部分 XML 元素已在第 6 章“CPP 定义”中进行了详细描述。本章基本上不再重复说明。本章仅描述那些在 CPP 中没有的元素，或需要在 CPA 语境中进一步描述的元素。XML 模式见附录 D，CPA 文档实例见附录 B。

### 7.1 CPA 结构

下面是 CPA 的总体结构：

```
<CollaborationProtocolAgreement
  xmlns:tp="http://www.oasis-open.org/committees/ebxml-cppa/schema/cpp-cpa-2_0.xsd"
  xmlns:ds="http://www.w3.org/2000/09/xmldsig#"
  xmlns:xlink="http://www.w3.org/1999/xlink"
  tp:cpaid="YoursAndMyCPA"
  tp:version="2.0a">
  <tp:Status tp:value="proposed"/>
  <tp:Start>1988-04-07T18:39:09</Start>
  <tp:End>1990-04-07T18:40:00</End>
  <! -- ConversationConstraints MAY appear 0 or 1 time -->
  <tp:ConversationConstraints
    tp:invocationLimit="100"
    tp:concurrentConversations="4"/>
  <tp:PartyInfo>
    ...
  </tp:PartyInfo>
  <tp:PartyInfo>
    ...
  </tp:PartyInfo>
  <tp:SimplePart tp:id="…"> <! -- one or more -->
    ...
  </tp:SimplePart>
  <tp:Packaging tp:id="…"> <! -- one or more -->
```

…

</tp:Packaging>

<tp:Signature> <! -- zero or one time -->

…

</tp:Signature>

<tp:Comment xml:lang="en-GB">any text</Comment> <! -- zero or more -->

</tp:CollaborationProtocolAgreement>

## 7.2 CollaborationProtocolAgreement 元素

CollaborationProtocolAgreement 元素是 CPA 的根元素。它有一个必备型属性 cpaid，来为文档提供唯一标识符。cpaid 属性值应由一个参与方分配，并由双方使用。建议 cpaid 属性值为一个 URI。cpaid 属性值应是 ebXML 消息头中 cpaid 元素的值，或是其他消息传输服务的消息头中类似元素的值。

注：每个参与方可以将 cpaid 属性与本地标识符相关联。

另外，CollaborationProtocolAgreement 元素还有一个必备型属性 version。该属性指出 CPA 符合的模式版本。该 version 属性的值应是一个诸如“2_0a”或“2_0b”的字符串。

注：分配唯一 cpaid 值的方法在实现系统中给出。

CollaborationProtocolAgreement 有必需的 XML 命名空间[XMLNS]声明，该声明在第 6 章“CPP 定义”中给出。

CollaborationProtocolAgreement 元素由以下的子元素组成，它们中的大多数将要在后续的章节中进一步详细描述：

a) 一个必备型元素 Status，它标识了生成 CPA 过程的状态。
b) 一个必备型元素 Start，它记录了 CPA 生效的日期和时间。
c) 一个必备型元素 End，它记录了一个截止日期和时间。在此时间之后，参与方必须重新协商该 CPA。
d) 零个或一个 CoversationConstraints 元素，它记录了会话过程的某些协议。
e) 两个必备型元素 PartyInfo，每个用于 CPA 中的一个参与方。
f) 一个或多个 SimplePart 元素。
g) 一个或多个 Packaging 元素。
h) 零个或一个 Signature 元素，它使用[XMLDSIG]对 CPA 进行签名。
i) 零个或多个 Comment 元素。

## 7.3 Status 元素

Status 元素记录了生成 CPA 的组成/协商过程的状态。下面是一个 Status 元素的例子：

<Status value = "proposed"/>

Status 元素有一个必备型属性 value，记录当前 CPA 组成状态。该属性有下列枚举值：

a) “proposed”(建议)，表示 CPA 仍处在参与方协商阶段。
b) “agreed”(商定)，表示 CPA 的内容已由两个参与方商定。
c) “signed”(签名)，表示 CPA 已被一个或多个参与方“签名”。“签名”按照 7.7 中描述的数字签名形式进行。

注 1：Status 元素可以由 CPA 组合与协商工具使用，以便生成 CPA。

注 2：Status 元素的 value 属性值在第一个参与方签名前应设为“signed”。即使从技术角度看，在签名中不包括 value 属性是可行的，但最好在第一次签名前把该属性值设为“signed”，并对于后续签名继续保持其值为“signed”。

## 7.4 CPA 的生命周期

CPA 的生命周期由 Start 和 End 元素给定。其语法为：

<tp:Start>1988-04-07T18:39:09</tp:Start>

<tp:End>1990-04-07T18:40:00</tp:End>

### 7.4.1 Start 元素

Start(开始)元素规定了CPA生效日期和时间。Start元素应是一个字符串值,该字符串符合XML模式数据类型规范[XMLSCHEMA-2]中定义的日期时间类型的内容模型。例如,表达UTC(协调世界时)1999年5月31日下午1点20分,Start元素的值应为:

1999-05-31T13:20:00Z

应按照UTC表示Start元素。

### 7.4.2 End 元素

End(结束)元素规定了CPA截止日期和时间。End元素应是一个字符串值,该字符串符合[XMLSCHEMA-2]中定义的日期时间的内容模型。例如,表达UTC 1999年5月31日下午1点20分,End元素的值因应为:

1999-05-31T13:20:00Z

应按照UTC表示End元素。

当CPA到达截止时间时,正在进行的业务交易应继续完成,而不应开始新的业务交易。当对话中的正在进行的所有业务交易完成时,对话应终止,而不管它是否已经完成。

当对CPA签名时,如果签名证书的有效期满的时间早于CPA结束时间,则签名该协议(即CPA)的软件应发出警告。此时,应重新协商CPA的End值或者用其他方法将证书的有效期与CPA的有效期调整一致(其他方法包括重新签发一个有效期更长的证书或获得新证书)。

签名软件也可以调整执行安全功能的CPA中引用的证书有效期,以便在CPA有效期满之前其证书仍在有效期内。这样的调整可以以多种方式出现,包括利用ds:KeyInfo的内容模型ds:RetrievalMethod安装一个新证书,并根据ds:RetrievalMethod里的信息获取新证书。如果调整没有成功,则签名软件必须警告用户:CPA的有效期超过了CPA中所引用的某个证书的有效期。

注1:如果一个业务应用程序定义了一个由多个业务交易组成的对话,则CPA到达结束日期时,该对话可以中止,而不给出错误指示。运行系统会向应用程序给出一个错误指示。

注2:由于对话的持续时间没有限制,因此在结束CPA之前等待对话终止可能是不可行的。

注3:如果在End元素规定的日期和时间之后根据CPA发起一个新的业务交易时,运行系统应向两个参与方返回错误指示。

## 7.5 ConversationConstraints 元素

ConversationConstraints (对话限制)元素对根据CPA进行对话的次数进行了限制。下面是该元素的一个例子:

<tp: ConversationConstraints tp: invocationLimit = "100" tp: concurrentConversations = "4"/>

ConversationConstraints元素有下列属性:

a) 一个隐含型属性invocationLimit;

b) 一个隐含型属性concurrentConversations。

### 7.5.1 invocationLimit 属性

invocationLimit(调用限制)属性定义了根据CPA能够处理的最大对话数目。当达到该数目时,该CPA被终止,并且必须重新协商CPA。如果没有规定值,那么对话的数目没有上限,并且由End元素单独控制CPA的生命周期。

注:invocationLimit属性对根据CPA进行的业务单元数目进行限制。它是一个业务参数,而不是性能参数。无论先满足哪一个中止条件(End或invocationLimit),CPA都失效。

### 7.5.2 concurrentConversations 属性

concurrentConversations(并行对话)属性定义了CPA能够同时处理的最大对话数目。如果没有规定值，则处理并行对话自行决定。

注：concurrentConversations 属性为参与方提供了一个参数，当需要限制特定 CPA 并行处理的对话数目时使用该参数，如后端进程可能仅支持一个限定的并行对话数目。当进程中已经达到该 CPA 所允许的最大对话数目时，如果收到一个新的对话请求，实现系统可以拒绝新的对话，或者可以把该请求加入到队列中直到现有的对话结束。如果没有给出 concurrentConversations 的值，则如何处理一个超出能力范围的新对话请求可自行决定。

## 7.6 PartyInfo 元素

PartyInfo 元素的一般特征见 6.4。

CPA 应为其中的每个参与方规定一个 PartyInfo 元素。该元素规定了参与方为了进行由 CPA 引用的过程规范文档所定义的业务协同而商定的条款。如果一个 CPP 有多个 PartyInfo 元素，则应从每个 CPP 中挑选出适当的 PartyInfo 来组成一个 CPA。

在该 CPA 中，每个 PartyInfo 元素应有一个或多个 PartyId 元素。这些元素的值与 GB/T 19256.3 或类似的消息服务规范中的 PartyId 元素的值相同。PartyId 元素应在 ebXML 消息的 To 或 From 头元素中使用。

### 7.6.1 ProcessSpecification 元素

ProcessSpecification 元素标识了两个参与方商定要开展的业务协同。在一个 CPA 中可以有一个或多个 ProcessSpecification 元素。每个元素应是一个独立的 CollaborationRole 元素的子元素。详见 6.4.3。

## 7.7 SimplePart 元素

CollaborationProtocolAgreement 元素应包含一个或多个 SimplePart 元素。SimplePart 元素的语法详见 6.5。

## 7.8 Packaging 元素

CollaborationProtocolAgreement 元素应包含一个或多个 Packaging 元素。Packaging 元素的语法详见 6.6。

## 7.9 Signature 元素

CPA 文档可以由一个或多个参与方进行数字签名，这既是确保 CPA 文档完整性的一种方法，也是达成协议的一种方法(类似于公司官员在纸面文件上签字)。如果对 ebXML CPA 和 CPP 文档进行数字签名，则应使用[XMLDSIG]。

如果 Signature 元素存在，则它应由一到三个 ds:Signature 组成。可由参与方的一方或双方对该 CPA 进行签名。建议由双方对该 CPA 进行签名。当由双方签名时，由一方先签名；然后另一方在第一个参与方签名之上签名；最后可再由一个公证人对该 CPA 进行签名。

ds:Signature 元素是对 CPP 进行签名的根元素。

由[XMLDSIG]定义该元素及其所有子元素的内容。下面是一个对 ds:Signature 元素的限制：

a) 如果 ds:Signature 没有通过由[XMLDSIG]所定义的核心验证，则该 CPA 必须被认为是无效的。

b) 无论何时对 CPA 签名，ProcessSpecification 中的每个 ds:Signature 必须通过参考验证，并且每个 ds:Signature 必须通过核心验证。

注：在没有对 CPA 进行签名的情况下，软件仍然可以对 ProcessSpecification 元素中的 ds:Signature 元素进行验证，并对异常进行报告。

用于生成 CPP 和 CPA 的软件可以识别出 ds:Signature 并且自动插入定义 CPP 和 CPA 所必需的元素结构。签名生成本身是一个加密过程，这不属于本部分范围。

注：关于验证 CPA 时间的描述见 6.4.4.6 的注。

### 7.9.1 持久数字签名

如果用[XMLDSIG]对 ebXML CPP 或 CPA 进行签名，则应使用本条定义的签名过程。

#### 7.9.1.1 签名的生成

下面是生成数字签名的步骤：

步骤1：生成一个 SignedInfo（签名信息）元素（ds：Signature 的子元素）。SignedInfo 元素应含有[XMLDSIG]规定的 SignatureMethod（签名方法）子元素、CanonicalizationMethod（规范化方法）子元素以及 Reference 子元素。

步骤2：根据[XMLDSIG]，使用 SignedInfo 中规定的算法，规范并计算 SignedInfo 上的 SignatureValue。

步骤3：根据[XMLDSIG]，构建包括 SignedInfo、KeyInfo（建议）以及 SignatureValue 元素的 Signature 元素。

步骤4：在刚签名的文件中包括命名空间限定的 Signature 元素，跟在最后一个 PartyInfo 元素之后。

#### 7.9.1.2 ds：SignedInfo 元素

ds：SignedInfo 元素应由零个或一个 CanonicalizationMethod 元素、ds：SignatureMethod 元素以及一个或多个 ds：Reference 元素组成。

#### 7.9.1.3 ds：CanonicalizationMethod 元素

在[XMLDSIG]中定义的 ds：CanonicalizationMethod 元素可以出现零次或一次，这就意味着它不必出现在 ds：Signature 元素的实例中。在没有另外规定 ds：CanonicalizationMethod 元素的情况下，适用于签名数据的缺省规范化方法是[XMLC14N]。该缺省方法也将作为 ebXML CPP 或 CPA 文档的缺省规范化方法。

#### 7.9.1.4 ds：SignatureMethod 元素

ds：SignatureMethod 元素应存在，且含有一个 algorithm 属性。该属性的建议值为：

"http://www.w3.org/2000/09/xmldsig#sha1"

该建议值应被所有符合 ebXML CPP 或 CPA 的软件实现系统支持。

#### 7.9.1.5 ds：Reference 元素

CPP 或 CPA 文档的 ds：Reference 元素应有一个值为“”的必备型属性 URI，以将签名应用于包括 ds：Signature 元素的文档（CPP 或 CPA 文档）。CPP 或 CPA 文档的 ds：Reference 元素可以包括一个隐含型属性 type，其值为：

"http://www.w3.org/2000/09/xmldsig#Object"。

该属性符合[XMLDSIG]，它仅提供参考信息，可以省略。编写或处理 ebXML CPA 或 CPP 文档的软件实现系统应可以处理这两种情况。ds：Reference 元素可以包括一个类型为 ID 的 id 属性，ds：Signature 元素可以使用 id 属性引用该 ds：Reference 元素。

#### 7.9.1.6 ds：Transform 元素

CPA 或 CPP 文档的 ds：Reference 元素，当不对包含它的 ds：Signature 元素及其所有子元素进行处理时，应包括一个子 ds：Transform 元素。这可以通过将 Transform 元素的 ds：Algorithm 属性规定为如下值来实现：

"http://www.w3.org/2000/09/xmldsig#enveloped-signature"

例如：

```
<ds:Reference ds:URI="">
  <ds:Transforms>
    <ds:Transform ds:Algorithm="http://www.w3.org/2000/09/xmldsig#enveloped-signature"/>
  </ds:Transforms>
  <ds:DigestMethod ds:Algorithm="http://www.w3.org/2000/09/xmldsig#sha1"/>
```

<ds:DigestValue>…</ds:DigestValue>

</ds:Reference>

7.9.1.7 **ds:Algorithm 属性**

ds:Transform 元素应包括一个 ds:Algorithm 属性,其值为:

http://www.w3.org/2000/09/xmldsig#enveloped-signature

注:当对 CPA 数字签名时,建议每个参与方根据上面所描述的过程对文档进行签名。

当两个参与方对 CPA 进行签名时,第一方只对 CPA 的内容进行签名,不包括自身的签名。第二个参与方应在 CPA 的内容以及包含第一方签名的 ds:Signature 元素之上进行签名。如果有必要,还可以由一个公证人在两个签名之上进行签名。

7.10 **Comment 元素**

CollaborationProtocolAgreement 元素包括零个或多个 Comment 元素(有关该元素的语法详见 6.8)。

7.11 **根据两个 CPP 生成一个 CPA**

本条描述了根据两个 CPP 生成一个 CPA 的规范化问题。参见附录 E。

7.11.1 **id 属性重复**

当根据两个 CPP 生成一个 CPA 时,可能出现两个 CPP 中 ID 类属性的值相同。当根据两个 CPP 生成一个 CPA 时,应测试 ID 类属性的值是否相同。如果 ID 类属性的值相同,则其中一个应被赋予新值,并将该 CPP 中相应的 IDREF 属性修改为新值。

注:参与方应选择在贸易伙伴中尽可能唯一的 ID/IDREF 值,以避免在形成 CPA 时重新设置 ID/IDREF。例如,下面的 CPP 中的 Certificate 元素的 certId 属性很普通,有可能与其他贸易伙伴的 CPP 中的 certId 属性发生冲突:

<tp:Certificate tp:certId="EncryptionCert"><ds:KeyInfo/></tp:Certificate>

为避免重新设置 CPA 中的 ID 值,公司 A 的 CPP 最好选择 certID 的值为:

<tp:Certificate tp:certId="CompanyA_EncryptionCert"><ds:KeyInfo/></tp:Certificate>

7.12 **根据 CPA 中信息修改过程规范文档参数**

过程规范文档包括许多表示为 XML 属性的参数(如与 CPA 的 BusinessTransactionCharacteristics 元素的属性相对应的安全类属性)。这些属性的值可作为缺省值或建议值。当生成一个 CPA 时,参与方可以决定接受过程规范中的建议值,或者也可商定能更好地反映他们需求的参数值。

当用 CPA 来配置运行系统时,必须总是假设 CPA 中规定的选项优先于所引用的过程规范文档中规定的选项。尤其是 CPA 的 BusinessTransactionCharacteristics 和 Packaging 元素中的所有选项必须按照参与方商定的进行实现。这些选项应优先于过程规范文档中的缺省值。在安装 CPA 和过程规范文档的过程中,必须对所有的结果选项进行一致性验证。如果不一致,则必须发出一个错误信号。

注:用 CPA 中的信息替代过程规范文档中的信息有多种方式。例如:

a) CPA 的编写工具能生成一个过程规范文档的拷贝。然后该工具可直接用 CPA 的信息修改过程规范文档。这种方法的优点在于整个替代过程都是由 CPA 编写工具完成的。

b) 当 CPA 和过程规范文档安装在参与方的系统时,CPA 安装工具可以使用 CPA 中相应参数的信息动态替代过程规范文档中的参数。这就无需生成一个独立的过程规范文档拷贝。

c) 其他可能的方法可以根据 CPA 和/或过程规范文档中参数信息的 XSLT 转换来实现。

## 8 一致性

为了与本部分保持一致,实现系统应:

a) 支持所有在本部分中定义的功能需求和接口需求;

b) 不规定任何与本部分矛盾或不一致的需求。

符合本部分的实现系统应满足本部分适用内容的一致性需求

对创建或维护 ebXML CPP 或 CPA 实例文档的工具或服务的一致性测试可通过验证该工具或服

务生成或修改的 CPP 或 CPA 实例文档来实现，该验证可以使用两个或多个符合 W3C XML Schema 规范[XMLSCHEMA-1，XMLSCHEMA-2]的 XML Schema 解析器，并依据附录 D 中 CPP 或 CPA 的 XML Schema [XMLSCHEMA-1]定义来实现。附录 D 中 CPP 或 CPA 的 XML Schema 定义可从以下网址获得：

http://www.oasis-open.org/committees/ebxml-cppa/schema/cpp-cpa-2_0.xsd

一致性测试的目的是确定所测试的实现系统是否与本部分所描述的需求一致。一致性测试使得软件供应商能够实现兼容的和互操作的系统。应使用可用的测试套件来测试实现和应用系统，从而验证它们与本部分的一致性。

验证实现系统、应用程序以及构件是否与本部分一致应使用独立于软件供应商的公共测试套件。软件供应商可以使用开放源代码的实现系统来测试其产品的接口兼容性、一致性以及互操作性。

# 附　录　A
## （资料性附录）
## CPP 文档示例

本例包括两个在附录 B 中用来形成 CPA 的 CPP。以 ASCII 文件形式给出本 CPP 的网址为：

http://www.oasis-open.org/committees/ebxml-cppa/schema/cpp-example-companyA-2_0b.xml.

http://www.oasis-open.org/committees/ebxml-cppa/schema/cpp-example-companyB-2_0b.xml.

a)　cpp-example-companyA-2_0b.xml

```
<?xml version="1.0"?>
<!-- Copyright UN/CEFACT and OASIS, 2001. All Rights Reserved. -->
<tp:CollaborationProtocolProfile
  xmlns:tp="http://www.oasis-open.org/committees/ebxml-cppa/schema/cpp-cpa-2_0.xsd"
  xmlns:xsi="http://www.w3.org/2001/XMLSchema-instance"
  xmlns:xlink="http://www.w3.org/1999/xlink"
  xmlns:ds="http://www.w3.org/2000/09/xmldsig#"
  xmlns:xsd="http://www.w3.org/2001/XMLSchema"
  xsi:schemaLocation="http://www.oasis-open.org/committees/ebxml-cppa/schema/cpp-cpa-2_0.
xsd cpp-cpa-2_0.xsd"
  tp:cppid="uri:companyA-cpp" tp:version="2_0b">
  <!-- Party info for CompanyA-->
  <tp:PartyInfo
    tp:partyName="CompanyA"
    tp:defaultMshChannelId="asyncChannelA1"
    tp:defaultMshPackageId="CompanyA_MshSignalPackage">
    <tp:PartyId
      tp:type="urn:oasis:names:tc:ebxml-cppa:partyid-type:duns">123456789</tp:PartyId>
    <tp:PartyRef xlink:href="http://CompanyA.com/about.html"/>
    <tp:CollaborationRole>
      <tp:ProcessSpecification
        tp:version="2.0"
        tp:name="PIP3A4RequestPurchaseOrder"
        xlink:type="simple"
        xlink:href="http://www.rosettanet.org/processes/3A4.xml"
        tp:uuid="urn:icann:rosettanet.org:bpid:3A4$2.0"/>
      <tp:Role
        tp:name="Buyer"
        xlink:type="simple"
        xlink:href="http://www.rosettanet.org/processes/3A4.xml#Buyer"/>
      <tp:ApplicationCertificateRef tp:certId="CompanyA_AppCert"/>
      <tp:ServiceBinding>
        <tp:Service>bpid:icann:rosettanet.org:3A4$2.0</tp:Service>
```

```
<tp:CanSend>
  <tp:ThisPartyActionBinding
    tp:id="companyA_ABID1"
    tp:action="Purchase Order Request Action"
    tp:packageId="CompanyA_RequestPackage">
    <tp:BusinessTransactionCharacteristics
      tp:isNonRepudiationRequired="true"
      tp:isNonRepudiationReceiptRequired="true"
      tp:isConfidential="transient"
      tp:isAuthenticated="persistent"
      tp:isTamperProof="persistent"
      tp:isAuthorizationRequired="true"
      tp:timeToAcknowledgeReceipt="PT2H"
      tp:timeToPerform="P1D"/>
    <tp:ActionContext
      tp:binaryCollaboration="Request Purchase Order"
      tp:businessTransactionActivity="Request Purchase Order"
      tp:requestOrResponseAction="Purchase Order Request Action"/>
    <tp:ChannelId>asyncChannelA1</tp:ChannelId>
  </tp:ThisPartyActionBinding>
</tp:CanSend>
<tp:CanSend>
  <tp:ThisPartyActionBinding
    tp:id="companyA_ABID2"
    tp:action="ReceiptAcknowledgment"
    tp:packageId="CompanyA_ReceiptAcknowledgmentPackage">
    <tp:BusinessTransactionCharacteristics
      tp:isNonRepudiationRequired="true"
      tp:isNonRepudiationReceiptRequired="true"
      tp:isConfidential="transient"
      tp:isAuthenticated="persistent"
      tp:isTamperProof="persistent"
      tp:isAuthorizationRequired="true"/>
    <tp:ChannelId>asyncChannelA1</tp:ChannelId>
  </tp:ThisPartyActionBinding>
</tp:CanSend>
<! -- The next binding uses a synchronous delivery channel -->
<tp:CanSend>
  <tp:ThisPartyActionBinding
    tp:id="companyA_ABID6"
    tp:action="Purchase Order Request Action"
    tp:packageId="CompanyA_RequestPackage">
    <tp:BusinessTransactionCharacteristics
```

```
        tp:isNonRepudiationRequired="true"
        tp:isNonRepudiationReceiptRequired="true"
        tp:isConfidential="transient"
        tp:isAuthenticated="persistent"
        tp:isTamperProof="persistent"
        tp:isAuthorizationRequired="true"
        tp:timeToAcknowledgeReceipt="PT5M"
        tp:timeToPerform="PT5M"/>
      <tp:ActionContext
        tp:binaryCollaboration="Request Purchase Order"
        tp:businessTransactionActivity="Request Purchase Order"
        tp:requestOrResponseAction="Purchase Order Request Action"/>
      <tp:ChannelId>syncChannelA1</tp:ChannelId>
    </tp:ThisPartyActionBinding>
    <tp:CanReceive>
      <tp:ThisPartyActionBinding
        tp:id="companyA_ABID7"
        tp:action="Purchase Order Confirmation Action"
        tp:packageId="CompanyA_SyncReplyPackage">
        <tp:BusinessTransactionCharacteristics
          tp:isNonRepudiationRequired="true"
          tp:isNonRepudiationReceiptRequired="true"
          tp:isConfidential="transient"
          tp:isAuthenticated="persistent"
          tp:isTamperProof="persistent"
          tp:isAuthorizationRequired="true"
          tp:timeToAcknowledgeReceipt="PT5M"/>
        <tp:ActionContext
          tp:binaryCollaboration="Request Purchase Order"
          tp:businessTransactionActivity="Request Purchase Order"
          tp:requestOrResponseAction="Purchase Order Confirmation Action"/>
        <tp:ChannelId>syncChannelA1</tp:ChannelId>
      </tp:ThisPartyActionBinding>
    </tp:CanReceive>
    <tp:CanReceive>
      <tp:ThisPartyActionBinding
        tp:id="companyA_ABID8"
        tp:action="Exception"
        tp:packageId="CompanyA_ExceptionPackage">
        <tp:BusinessTransactionCharacteristics
          tp:isNonRepudiationRequired="true"
          tp:isNonRepudiationReceiptRequired="true"
          tp:isConfidential="transient"
```

```
            tp:isAuthenticated="persistent"
            tp:isTamperProof="persistent"
            tp:isAuthorizationRequired="true"/>
          <tp:ChannelId>syncChannelA1</tp:ChannelId>
        </tp:ThisPartyActionBinding>
      </tp:CanReceive>
    </tp:CanSend>
    <tp:CanReceive>
      <tp:ThisPartyActionBinding
        tp:id="companyA_ABID3"
        tp:action="Purchase Order Confirmation Action"
        tp:packageId="CompanyA_ResponsePackage">
        <tp:BusinessTransactionCharacteristics
          tp:isNonRepudiationRequired="true"
          tp:isNonRepudiationReceiptRequired="true"
          tp:isConfidential="transient"
          tp:isAuthenticated="persistent"
          tp:isTamperProof="persistent"
          tp:isAuthorizationRequired="true"
          tp:timeToAcknowledgeReceipt="PT2H"/>
        <tp:ActionContext
          tp:binaryCollaboration="Request Purchase Order"
          tp:businessTransactionActivity="Request Purchase Order"
          tp:requestOrResponseAction="Purchase Order Confirmation Action"/>
        <tp:ChannelId>asyncChannelA1</tp:ChannelId>
      </tp:ThisPartyActionBinding>
    </tp:CanReceive>
    <tp:CanReceive>
      <tp:ThisPartyActionBinding
        tp:id="companyA_ABID4"
        tp:action="ReceiptAcknowledgment"
        tp:packageId="CompanyA_ReceiptAcknowledgmentPackage">
        <tp:BusinessTransactionCharacteristics
          tp:isNonRepudiationRequired="true"
          tp:isNonRepudiationReceiptRequired="true"
          tp:isConfidential="transient"
          tp:isAuthenticated="persistent" tp:isTamperProof="persistent"
          tp:isAuthorizationRequired="true"/>
        <tp:ChannelId>asyncChannelA1</tp:ChannelId>
      </tp:ThisPartyActionBinding>
    </tp:CanReceive>
    <tp:CanReceive>
      <tp:ThisPartyActionBinding
```

```
          tp:id="companyA_ABID5"
          tp:action="Exception"
          tp:packageId="CompanyA_ExceptionPackage">
          <tp:BusinessTransactionCharacteristics
            tp:isNonRepudiationRequired="true"
            tp:isNonRepudiationReceiptRequired="true"
            tp:isConfidential="transient"
            tp:isAuthenticated="persistent"
            tp:isTamperProof="persistent"
            tp:isAuthorizationRequired="true"/>
          <tp:ChannelId>asyncChannelA1</tp:ChannelId>
        </tp:ThisPartyActionBinding>
      </tp:CanReceive>
    </tp:ServiceBinding>
  </tp:CollaborationRole>
  <! -- Certificates used by the "Buyer" company -->
  <tp:Certificate tp:certId="CompanyA_AppCert">
    <ds:KeyInfo>
      <ds:KeyName>CompanyA_AppCert_Key</ds:KeyName>
    </ds:KeyInfo>
  </tp:Certificate>
  <tp:Certificate tp:certId="CompanyA_SigningCert">
    <ds:KeyInfo>
      <ds:KeyName>CompanyA_SigningCert_Key</ds:KeyName>
    </ds:KeyInfo>
  </tp:Certificate>
  <tp:Certificate tp:certId="CompanyA_EncryptionCert">
    <ds:KeyInfo>
      <ds:KeyName>CompanyA_EncryptionCert_Key</ds:KeyName>
    </ds:KeyInfo>
  </tp:Certificate>
  <tp:Certificate tp:certId="CompanyA_ServerCert">
    <ds:KeyInfo>
      <ds:KeyName>CompanyA_ServerCert_Key</ds:KeyName>
    </ds:KeyInfo>
  </tp:Certificate>
  <tp:Certificate tp:certId="CompanyA_ClientCert">
    <ds:KeyInfo>
      <ds:KeyName>CompanyA_ClientCert_Key</ds:KeyName>
    </ds:KeyInfo>
  </tp:Certificate>
  <tp:Certificate tp:certId="TrustedRootCertA1">
    <ds:KeyInfo>
```

```
      <ds:KeyName>TrustedRootCertA1_Key</ds:KeyName>
    </ds:KeyInfo>
  </tp:Certificate>
  <tp:Certificate tp:certId="TrustedRootCertA2">
    <ds:KeyInfo>
      <ds:KeyName>TrustedRootCertA2_Key</ds:KeyName>
    </ds:KeyInfo>
  </tp:Certificate>
  <tp:Certificate tp:certId="TrustedRootCertA3">
    <ds:KeyInfo>
      <ds:KeyName>TrustedRootCertA3_Key</ds:KeyName>
    </ds:KeyInfo>
  </tp:Certificate>
  <tp:Certificate tp:certId="TrustedRootCertA4">
    <ds:KeyInfo>
      <ds:KeyName>TrustedRootCertA4_Key</ds:KeyName>
    </ds:KeyInfo>
  </tp:Certificate>
  <tp:Certificate tp:certId="TrustedRootCertA5">
    <ds:KeyInfo>
      <ds:KeyName>TrustedRootCertA5_Key</ds:KeyName>
    </ds:KeyInfo>
  </tp:Certificate>
  <tp:SecurityDetails tp:securityId="CompanyA_TransportSecurity">
    <tp:TrustAnchors>
      <tp:AnchorCertificateRef tp:certId="TrustedRootCertA1"/>
      <tp:AnchorCertificateRef tp:certId="TrustedRootCertA2"/>
      <tp:AnchorCertificateRef tp:certId="TrustedRootCertA4"/>
    </tp:TrustAnchors>
  </tp:SecurityDetails>
  <tp:SecurityDetails tp:securityId="CompanyA_MessageSecurity">
    <tp:TrustAnchors>
      <tp:AnchorCertificateRef tp:certId="TrustedRootCertA3"/>
      <tp:AnchorCertificateRef tp:certId="TrustedRootCertA5"/>
    </tp:TrustAnchors>
  </tp:SecurityDetails>
  <! -- An asynchronous delivery channel -->
  <tp:DeliveryChannel
    tp:channelId="asyncChannelA1"
    tp:transportId="transportA2"
    tp:docExchangeId="docExchangeA1">
    <tp:MessagingCharacteristics
      tp:syncReplyMode="none"
```

```
        tp:ackRequested="always"
        tp:ackSignatureRequested="always"
        tp:duplicateElimination="always"/>
  </tp:DeliveryChannel>
  <!-- A synchronous delivery channel -->
  <tp:DeliveryChannel
      tp:channelId="syncChannelA1"
      tp:transportId="transportA1"
      tp:docExchangeId="docExchangeA1">
      <tp:MessagingCharacteristics
        tp:syncReplyMode="signalsAndResponse"
        tp:ackRequested="always"
        tp:ackSignatureRequested="always"
        tp:duplicateElimination="always"/>
  </tp:DeliveryChannel>
  <tp:Transport tp:transportId="transportA1">
    <tp:TransportSender>
        <tp:TransportProtocol tp:version="1.1">HTTP</tp:TransportProtocol>
        <tp:AccessAuthentication>basic</tp:AccessAuthentication>
        <tp:AccessAuthentication>digest</tp:AccessAuthentication>
        <tp:TransportClientSecurity>
          <tp:TransportSecurityProtocol tp:version="3.0">SSL</tp:TransportSecurityProtocol>
          <tp:ClientCertificateRef tp:certId="CompanyA_ClientCert"/>
          <tp:ServerSecurityDetailsRef tp:securityId="CompanyA_TransportSecurity"/>
        </tp:TransportClientSecurity>
    </tp:TransportSender>
    <tp:TransportReceiver>
        <tp:TransportProtocol tp:version="1.1">HTTP</tp:TransportProtocol>
        <tp:AccessAuthentication>basic</tp:AccessAuthentication>
        <tp:AccessAuthentication>digest</tp:AccessAuthentication>
        <tp:Endpoint
          tp:uri="https://www.CompanyA.com/servlets/ebxmlhandler/sync"
          tp:type="allPurpose"/>
        <tp:TransportServerSecurity>
          <tp:TransportSecurityProtocol tp:version="3.0">SSL</tp:TransportSecurityProtocol>
          <tp:ServerCertificateRef tp:certId="CompanyA_ServerCert"/>
          <tp:ClientSecurityDetailsRef tp:securityId="CompanyA_TransportSecurity"/>
        </tp:TransportServerSecurity>
    </tp:TransportReceiver>
  </tp:Transport>
  <tp:Transport tp:transportId="transportA2">
    <tp:TransportSender>
        <tp:TransportProtocol tp:version="1.1">HTTP</tp:TransportProtocol>
```

```
        <tp:AccessAuthentication>basic</tp:AccessAuthentication>
        <tp:AccessAuthentication>digest</tp:AccessAuthentication>
        <tp:TransportClientSecurity>
          <tp:TransportSecurityProtocol tp:version="3.0">SSL</tp:TransportSecurityProtocol>
          <tp:ClientCertificateRef tp:certId="CompanyA_ClientCert"/>
          <tp:ServerSecurityDetailsRef tp:securityId="CompanyA_TransportSecurity"/>
        </tp:TransportClientSecurity>
      </tp:TransportSender>
      <tp:TransportReceiver>
        <tp:TransportProtocol tp:version="1.1">HTTP</tp:TransportProtocol>
        <tp:AccessAuthentication>basic</tp:AccessAuthentication>
        <tp:AccessAuthentication>digest</tp:AccessAuthentication>
        <tp:Endpoint
          tp:uri="https://www.CompanyA.com/servlets/ebxmlhandler/sync"
          tp:type="allPurpose"/>
        <tp:TransportServerSecurity>
          <tp:TransportSecurityProtocol tp:version="3.0">SSL</tp:TransportSecurityProtocol>
          <tp:ServerCertificateRef tp:certId="CompanyA_ServerCert"/>
          <tp:ClientSecurityDetailsRef tp:securityId="CompanyA_TransportSecurity"/>
        </tp:TransportServerSecurity>
      </tp:TransportReceiver>
    </tp:Transport>
    <tp:DocExchange tp:docExchangeId="docExchangeA1">
      <tp:ebXMLSenderBinding tp:version="2.0">
        <tp:ReliableMessaging>
          <tp:Retries>3</tp:Retries>
          <tp:RetryInterval>PT2H</tp:RetryInterval>
          <tp:MessageOrderSemantics>Guaranteed</tp:MessageOrderSemantics>
        </tp:ReliableMessaging>
        <tp:PersistDuration>P1D</tp:PersistDuration>
        <tp:SenderNonRepudiation>
<tp:NonRepudiationProtocol>http://www.w3.org/2000/09/xmldsig#</tp:NonRepudiationProtocol>
          <tp:HashFunction>http://www.w3.org/2000/09/xmldsig#sha1</tp:HashFunction>
    <tp:SignatureAlgorithm>http://www.w3.org/2000/09/xmldsig#dsa-sha1</tp:SignatureAlgorithm>
          <tp:SigningCertificateRef tp:certId="CompanyA_SigningCert"/>
        </tp:SenderNonRepudiation>
        <tp:SenderDigitalEnvelope>
          <tp:DigitalEnvelopeProtocol tp:version="2.0">S/MIME</tp:DigitalEnvelopeProtocol>
          <tp:EncryptionAlgorithm>DES-CBC</tp:EncryptionAlgorithm>
```

```
        <tp:EncryptionSecurityDetailsRef tp:securityId="CompanyA_MessageSecurity"/>
      </tp:SenderDigitalEnvelope>
    </tp:ebXMLSenderBinding>
    <tp:ebXMLReceiverBinding tp:version="2.0">
      <tp:ReliableMessaging>
        <tp:Retries>3</tp:Retries>
        <tp:RetryInterval>PT2H</tp:RetryInterval>
        <tp:MessageOrderSemantics>Guaranteed</tp:MessageOrderSemantics>
      </tp:ReliableMessaging>
      <tp:PersistDuration>P1D</tp:PersistDuration>
      <tp:ReceiverNonRepudiation>
<tp:NonRepudiationProtocol>http://www.w3.org/2000/09/xmldsig#</tp:NonRepudiationPro-
tocol>
          <tp:HashFunction>http://www.w3.org/2000/09/xmldsig#sha1</tp:HashFunc-
tion>
    <tp:SignatureAlgorithm>http://www.w3.org/2000/09/xmldsig#dsa-sha1</tp:Signature-
Algorithm>
        <tp:SigningSecurityDetailsRef tp:securityId="CompanyA_MessageSecurity"/>
      </tp:ReceiverNonRepudiation>
      <tp:ReceiverDigitalEnvelope>
        <tp:DigitalEnvelopeProtocol tp:version="2.0">S/MIME</tp:DigitalEnvelopeProto-
col>
        <tp:EncryptionAlgorithm>DES-CBC</tp:EncryptionAlgorithm>
        <tp:EncryptionCertificateRef tp:certId="CompanyA_EncryptionCert"/>
      </tp:ReceiverDigitalEnvelope>
    </tp:ebXMLReceiverBinding>
  </tp:DocExchange>
</tp:PartyInfo>
<! -- SimplePart corresponding to the SOAP Envelope -->
<tp:SimplePart
  tp:id="CompanyA_MsgHdr"
  tp:mimetype="text/xml">
  <tp:NamespaceSupported
    tp:location="http://www.oasis-open.org/committees/ebxml-msg/schema/msg-header-2_0.
xsd"
    tp:version="2.0">
    http://www.oasis-open.org/committees/ebxml-msg/schema/msg-header-2_0.xsd
  </tp:NamespaceSupported>
</tp:SimplePart>
<! -- SimplePart corresponding to a Receipt Acknowledgment business signal -->
<tp:SimplePart
  tp:id="CompanyA_ReceiptAcknowledgment"
```

```
    tp:mimetype="application/xml">
    <tp:NamespaceSupported
      tp:location="http://www. ebxml. org/bpss/ReceiptAcknowledgment. xsd"
      tp:version="2.0">
      http://www. ebxml. org/bpss/ReceiptAcknowledgment. xsd
    </tp:NamespaceSupported>
  </tp:SimplePart>
  <! -- SimplePart corresponding to an Exception business signal -->
  <tp:SimplePart
    tp:id="CompanyA_Exception"
    tp:mimetype="application/xml">
    <tp:NamespaceSupported
      tp:location="http://www. oasis-open. org/committees/ebxml-msg/schema/msg-header-2_0.
xsd"
      tp:version="2.0">
      http://www. oasis-open. org/committees/ebxml-msg/schema/msg-header-2_0. xsd
    </tp:NamespaceSupported>
  </tp:SimplePart>
  <! -- SimplePart corresponding to a request action -->
  <tp:SimplePart
    tp:id="CompanyA_Request"
    tp:mimetype="application/xml">
    <tp:NamespaceSupported
      tp:location="http://www. rosettanet. org/schemas/PIP3A4RequestPurchaseOrder. xsd"
      tp:version="2.0">
      http://www. rosettanet. org/schemas/PIP3A4RequestPurchaseOrder. xsd
    </tp:NamespaceSupported>
  </tp:SimplePart>
  <! -- SimplePart corresponding to a response action -->
  <tp:SimplePart
    tp:id="CompanyA_Response"
    tp:mimetype="application/xml">
    <tp:NamespaceSupported
      tp:location="http://www. rosettanet. org/schemas/PurchaseOrderConfirmation. xsd"
      tp:version="2.0">
      http://www. rosettanet. org/schemas/PIP3A4PurchaseOrderConfirmation. xsd
    </tp:NamespaceSupported>
  </tp:SimplePart>
  <! -- An ebXML message with a SOAP Envelope only -->
  <tp:Packaging tp:id="CompanyA_MshSignalPackage">
    <tp:ProcessingCapabilities
      tp:parse="true"
      tp:generate="true"/>
```

```
    <tp:CompositeList>
      <tp:Composite
        tp:id="CompanyA_MshSignal"
        tp:mimetype="multipart/related"
        tp:mimeparameters="type=text/xml">
        <tp:Constituent tp:idref="CompanyA_MsgHdr"/>
      </tp:Composite>
    </tp:CompositeList>
  </tp:Packaging>
  <! -- An ebXML message with a SOAP Envelope plus a request action payload -->
  <tp:Packaging tp:id="CompanyA_RequestPackage">
    <tp:ProcessingCapabilities
      tp:parse="true"
      tp:generate="true"/>
    <tp:CompositeList>
      <tp:Composite
        tp:id="CompanyA_RequestMsg"
        tp:mimetype="multipart/related"
        tp:mimeparameters="type=text/xml">
        <tp:Constituent tp:idref="CompanyA_MsgHdr"/>
        <tp:Constituent tp:idref="CompanyA_Request"/>
      </tp:Composite>
    </tp:CompositeList>
  </tp:Packaging>
  <! -- An ebXML message with a SOAP Envelope plus a response action payload -->
  <tp:Packaging tp:id="CompanyA_ResponsePackage">
    <tp:ProcessingCapabilities
      tp:parse="true"
      tp:generate="true"/>
    <tp:CompositeList>
      <tp:Composite
        tp:id="CompanyA_ResponseMsg"
        tp:mimetype="multipart/related"
        tp:mimeparameters="type=text/xml">
        <tp:Constituent tp:idref="CompanyA_MsgHdr"/>
        <tp:Constituent tp:idref="CompanyA_Response"/>
      </tp:Composite>
    </tp:CompositeList>
  </tp:Packaging>
  <! -- An ebXML message with a Receipt Acknowledgment signal, plus a business response, or an
ebXML message with an Exception signal -->
  <tp:Packaging tp:id="CompanyA_SyncReplyPackage">
    <tp:ProcessingCapabilities
```

```
      tp:parse="true"
      tp:generate="true"/>
    <tp:CompositeList>
      <tp:Composite
        tp:id="CompanyA_SignalAndResponseMsg"
        tp:mimetype="multipart/related"
        tp:mimeparameters="type=text/xml">
        <tp:Constituent tp:idref="CompanyA_MsgHdr"/>
        <tp:Constituent tp:idref="CompanyA_ReceiptAcknowledgment"/>
        <tp:Constituent tp:idref="CompanyA_Response"/>
      </tp:Composite>
    </tp:CompositeList>
  </tp:Packaging>
  <! -- An ebXML message with a SOAP Envelope plus a ReceiptAcknowledgment payload -->
  <tp:Packaging tp:id="CompanyA_ReceiptAcknowledgmentPackage">
    <tp:ProcessingCapabilities
      tp:parse="true"
      tp:generate="true"/>
    <tp:CompositeList>
      <tp:Composite
        tp:id="CompanyA_ReceiptAcknowledgmentMsg"
        tp:mimetype="multipart/related"
        tp:mimeparameters="type=text/xml">
        <tp:Constituent tp:idref="CompanyA_MsgHdr"/>
        <tp:Constituent tp:idref="CompanyA_ReceiptAcknowledgment"/>
      </tp:Composite>
    </tp:CompositeList>
  </tp:Packaging>
  <! -- An ebXML message with a SOAP Envelope plus an Exception payload -->
  <tp:Packaging tp:id="CompanyA_ExceptionPackage">
    <tp:ProcessingCapabilities
      tp:parse="true"
      tp:generate="true"/>
    <tp:CompositeList>
      <tp:Composite
        tp:id="CompanyA_ExceptionMsg"
        tp:mimetype="multipart/related"
        tp:mimeparameters="type=text/xml">
        <tp:Constituent tp:idref="CompanyA_MsgHdr"/>
        <tp:Constituent tp:idref="CompanyA_Exception"/>
      </tp:Composite>
    </tp:CompositeList>
  </tp:Packaging>
```

```xml
    <tp:Comment xml:lang="en-US">Buyer's Collaboration Protocol Profile</tp:Comment>
</tp:CollaborationProtocolProfile>
```

b) cpp-example-companyB-2_0b. xml

```xml
<? xml version="1.0"? >
<! -- Copyright UN/CEFACT and OASIS, 2001. All Rights Reserved. -->
<tp:CollaborationProtocolProfile
  xmlns:tp="http://www.oasis-open.org/committees/ebxml-cppa/schema/cpp-cpa-2_0.xsd"
  xmlns:xsi="http://www.w3.org/2001/XMLSchema-instance"
  xmlns:xlink="http://www.w3.org/1999/xlink"
  xmlns:ds="http://www.w3.org/2000/09/xmldsig#"
  xmlns:xsd="http://www.w3.org/2001/XMLSchema"
  xsi:schemaLocation="http://www.oasis-open.org/committees/ebxml-cppa/schema/cpp-cpa-2_0.
xsd cpp-cpa-2_0.xsd"
  tp:cppid="uri:companyB-cpp"
  tp:version="2_0b">
  <! -- Party info for CompanyB-->
  <tp:PartyInfo
    tp:partyName="CompanyB"
    tp:defaultMshChannelId="asyncChannelB1"
    tp:defaultMshPackageId="CompanyB_MshSignalPackage">
    <tp:PartyId tp:type="urn:oasis:names:tc:ebxml-cppa:partyid-type:duns">987654321</tp:
PartyId>
    <tp:PartyRef xlink:type="simple" xlink:href="http://CompanyB.com/about.html"/>
    <tp:CollaborationRole>
      <tp:ProcessSpecification
        tp:version="2.0"
        tp:name="PIP3A4RequestPurchaseOrder"
        xlink:type="simple" xlink:href="http://www.rosettanet.org/processes/3A4.xml"
        tp:uuid="urn:icann:rosettanet.org:bpid:3A4$2.0"/>
      <tp:Role
        tp:name="Seller"
        xlink:type="simple"
        xlink:href="http://www.rosettanet.org/processes/3A4.xml#seller"/>
      <tp:ApplicationCertificateRef tp:certId="CompanyB_AppCert"/>
      <tp:ServiceBinding>
        <tp:Service>bpid:icann:rosettanet.org:3A4$2.0</tp:Service>
        <tp:CanSend>
          <tp:ThisPartyActionBinding
            tp:id="companyB_ABID1"
            tp:action="Purchase Order Confirmation Action"
            tp:packageId="CompanyB_ResponsePackage">
            <tp:BusinessTransactionCharacteristics
              tp:isNonRepudiationRequired="true"
```

```
          tp:isNonRepudiationReceiptRequired="true"
          tp:isConfidential="transient"
          tp:isAuthenticated="persistent"
          tp:isTamperProof="persistent"
          tp:isAuthorizationRequired="true"
          tp:timeToAcknowledgeReceipt="PT2H"/>
        <tp:ActionContext
          tp:binaryCollaboration="Request Purchase Order"
          tp:businessTransactionActivity="Request Purchase Order"
          tp:requestOrResponseAction="Purchase Order Confirmation Action"/>
        <tp:ChannelId>asyncChannelB1</tp:ChannelId>
      </tp:ThisPartyActionBinding>
    </tp:CanSend>
    <tp:CanSend>
      <tp:ThisPartyActionBinding
        tp:id="companyB_ABID2"
        tp:action="ReceiptAcknowledgment"
        tp:packageId="CompanyB_ReceiptAcknowledgmentPackage">
        <tp:BusinessTransactionCharacteristics
          tp:isNonRepudiationRequired="true"
          tp:isNonRepudiationReceiptRequired="true"
          tp:isConfidential="transient"
          tp:isAuthenticated="persistent"
          tp:isTamperProof="persistent"
          tp:isAuthorizationRequired="true"/>
        <tp:ChannelId>asyncChannelB1</tp:ChannelId>
      </tp:ThisPartyActionBinding>
    </tp:CanSend>
    <tp:CanSend>
      <tp:ThisPartyActionBinding
        tp:id="companyB_ABID3"
        tp:action="Exception"
        tp:packageId="CompanyB_ExceptionPackage">
        <tp:BusinessTransactionCharacteristics
          tp:isNonRepudiationRequired="true"
          tp:isNonRepudiationReceiptRequired="true"
          tp:isConfidential="transient"
          tp:isAuthenticated="persistent"
          tp:isTamperProof="persistent"
          tp:isAuthorizationRequired="true"/>
        <tp:ChannelId>asyncChannelB1</tp:ChannelId>
      </tp:ThisPartyActionBinding>
    </tp:CanSend>
```

```
<tp:CanReceive>
  <tp:ThisPartyActionBinding
   tp:id="companyB_ABID4"
   tp:action="Purchase Order Request Action"
   tp:packageId="CompanyB_RequestPackage">
   <tp:BusinessTransactionCharacteristics
     tp:isNonRepudiationRequired="true"
     tp:isNonRepudiationReceiptRequired="true"
     tp:isConfidential="transient"
     tp:isAuthenticated="persistent"
     tp:isTamperProof="persistent"
     tp:isAuthorizationRequired="true"
     tp:timeToAcknowledgeReceipt="PT2H"
     tp:timeToPerform="P1D"/>
   <tp:ActionContext
     tp:binaryCollaboration="Request Purchase Order"
     tp:businessTransactionActivity="Request Purchase Order"
     tp:requestOrResponseAction="Purchase Order Request Action"/>
   <tp:ChannelId>asyncChannelB1</tp:ChannelId>
  </tp:ThisPartyActionBinding>
</tp:CanReceive>
<tp:CanReceive>
  <tp:ThisPartyActionBinding
   tp:id="companyB_ABID5" tp:action="ReceiptAcknowledgment"
   tp:packageId="CompanyB_ReceiptAcknowledgmentPackage">
   <tp:BusinessTransactionCharacteristics
     tp:isNonRepudiationRequired="true"
     tp:isNonRepudiationReceiptRequired="true"
     tp:isConfidential="transient"
     tp:isAuthenticated="persistent"
     tp:isTamperProof="persistent"
     tp:isAuthorizationRequired="true"/>
   <tp:ChannelId>asyncChannelB1</tp:ChannelId>
  </tp:ThisPartyActionBinding>
</tp:CanReceive>
<!-- The next binding uses a synchronous delivery channel -->
<tp:CanReceive>
  <tp:ThisPartyActionBinding
   tp:id="companyB_ABID6"
   tp:action="Purchase Order Request Action"
   tp:packageId="CompanyB_SyncReplyPackage">
   <tp:BusinessTransactionCharacteristics
     tp:isNonRepudiationRequired="true"
```

```
        tp:isNonRepudiationReceiptRequired="true"
        tp:isConfidential="transient"
        tp:isAuthenticated="persistent"
        tp:isTamperProof="persistent"
        tp:isAuthorizationRequired="true"
        tp:timeToAcknowledgeReceipt="PT5M"
        tp:timeToPerform="PT5M"/>
      <tp:ActionContext
        tp:binaryCollaboration="Request Purchase Order"
        tp:businessTransactionActivity="Request Purchase Order"
        tp:requestOrResponseAction="Purchase Order Request Action"/>
      <tp:ChannelId>syncChannelB1</tp:ChannelId>
    </tp:ThisPartyActionBinding>
    <tp:CanSend>
      <tp:ThisPartyActionBinding
        tp:id="companyB_ABID7"
        tp:action="Purchase Order Confirmation Action"
        tp:packageId="CompanyB_ResponsePackage">
        <tp:BusinessTransactionCharacteristics
          tp:isNonRepudiationRequired="true"
          tp:isNonRepudiationReceiptRequired="true"
          tp:isConfidential="transient"
          tp:isAuthenticated="persistent"
          tp:isTamperProof="persistent"
          tp:isAuthorizationRequired="true"
          tp:timeToAcknowledgeReceipt="PT5M"/>
        <tp:ActionContext
          tp:binaryCollaboration="Request Purchase Order"
          tp:businessTransactionActivity="Request Purchase Order"
          tp:requestOrResponseAction="Purchase Order Confirmation Action"/>
        <tp:ChannelId>syncChannelB1</tp:ChannelId>
      </tp:ThisPartyActionBinding>
    </tp:CanSend>
    <tp:CanSend>
      <tp:ThisPartyActionBinding
        tp:id="companyB_ABID8"
        tp:action="Exception"
        tp:packageId="CompanyB_ExceptionPackage">
        <tp:BusinessTransactionCharacteristics
          tp:isNonRepudiationRequired="true"
          tp:isNonRepudiationReceiptRequired="true"
          tp:isConfidential="transient"
          tp:isAuthenticated="persistent"
```

```
        tp:isTamperProof="persistent"
        tp:isAuthorizationRequired="true"/>
      <tp:ChannelId>syncChannelB1</tp:ChannelId>
    </tp:ThisPartyActionBinding>
   </tp:CanSend>
  </tp:CanReceive>
 </tp:ServiceBinding>
</tp:CollaborationRole>
<! -- Certificates used by the "Seller" company -->
<tp:Certificate tp:certId="CompanyB_AppCert">
  <ds:KeyInfo>
    <ds:KeyName>CompanyB_AppCert_Key</ds:KeyName>
  </ds:KeyInfo>
</tp:Certificate>
<tp:Certificate tp:certId="CompanyB_SigningCert">
  <ds:KeyInfo>
    <ds:KeyName>CompanyB_Signingcert_Key</ds:KeyName>
  </ds:KeyInfo>
</tp:Certificate>
<tp:Certificate tp:certId="CompanyB_EncryptionCert">
  <ds:KeyInfo>
    <ds:KeyName>CompanyB_EncryptionCert_Key</ds:KeyName>
  </ds:KeyInfo>
</tp:Certificate>
<tp:Certificate tp:certId="CompanyB_ServerCert">
  <ds:KeyInfo>
    <ds:KeyName>CompanyB_ServerCert_Key</ds:KeyName>
  </ds:KeyInfo>
</tp:Certificate>
<tp:Certificate tp:certId="CompanyB_ClientCert">
  <ds:KeyInfo>
    <ds:KeyName>CompanyB_ClientCert_Key</ds:KeyName>
  </ds:KeyInfo>
</tp:Certificate>
<tp:Certificate tp:certId="TrustedRootCertB4">
  <ds:KeyInfo>
    <ds:KeyName>TrustedRootCertB4_Key</ds:KeyName>
  </ds:KeyInfo>
</tp:Certificate>
<tp:Certificate tp:certId="TrustedRootCertB5">
  <ds:KeyInfo>
    <ds:KeyName>TrustedRootCertB5_Key</ds:KeyName>
  </ds:KeyInfo>
```

```
</tp:Certificate>
<tp:Certificate tp:certId="TrustedRootCertB6">
  <ds:KeyInfo>
    <ds:KeyName>TrustedRootCertB6_Key</ds:KeyName>
  </ds:KeyInfo>
</tp:Certificate>
<tp:Certificate tp:certId="TrustedRootCertB7">
  <ds:KeyInfo>
    <ds:KeyName>TrustedRootCertB7_Key</ds:KeyName>
  </ds:KeyInfo>
</tp:Certificate>
<tp:Certificate tp:certId="TrustedRootCertB8">
  <ds:KeyInfo>
    <ds:KeyName>TrustedRootCertB8_Key</ds:KeyName>
  </ds:KeyInfo>
</tp:Certificate>
<tp:SecurityDetails tp:securityId="CompanyB_TransportSecurity">
  <tp:TrustAnchors>
    <tp:AnchorCertificateRef tp:certId="TrustedRootCertB5"/>
    <tp:AnchorCertificateRef tp:certId="TrustedRootCertB6"/>
    <tp:AnchorCertificateRef tp:certId="TrustedRootCertB4"/>
  </tp:TrustAnchors>
</tp:SecurityDetails>
<tp:SecurityDetails tp:securityId="CompanyB_MessageSecurity">
  <tp:TrustAnchors>
    <tp:AnchorCertificateRef tp:certId="TrustedRootCertB8"/>
    <tp:AnchorCertificateRef tp:certId="TrustedRootCertB7"/>
  </tp:TrustAnchors>
</tp:SecurityDetails>
<! -- An asynchronous delivery channel -->
<tp:DeliveryChannel
  tp:channelId="asyncChannelB1"
  tp:transportId="transportB1"
  tp:docExchangeId="docExchangeB1">
  <tp:MessagingCharacteristics
    tp:syncReplyMode="none"
    tp:ackRequested="always"
    tp:ackSignatureRequested="always"
    tp:duplicateElimination="always"/>
</tp:DeliveryChannel>
<! -- A synchronous delivery channel -->
<tp:DeliveryChannel
  tp:channelId="syncChannelB1"
```

```
      tp:transportId="transportB2"
      tp:docExchangeId="docExchangeB1">
      <tp:MessagingCharacteristics
        tp:syncReplyMode="signalsAndResponse"
        tp:ackRequested="always"
        tp:ackSignatureRequested="always"
        tp:duplicateElimination="always"/>
    </tp:DeliveryChannel>
    <tp:Transport tp:transportId="transportB1">
      <tp:TransportSender>
        <tp:TransportProtocol tp:version="1.1">HTTP</tp:TransportProtocol>
        <tp:AccessAuthentication>basic</tp:AccessAuthentication>
        <tp:TransportClientSecurity>
          <tp:TransportSecurityProtocol tp:version="3.0">SSL</tp:TransportSecurityProtocol>
          <tp:ClientCertificateRef tp:certId="CompanyB_ClientCert"/>
          <tp:ServerSecurityDetailsRef tp:securityId="CompanyB_TransportSecurity"/>
        </tp:TransportClientSecurity>
      </tp:TransportSender>
      <tp:TransportReceiver>
        <tp:TransportProtocol tp:version="1.1">HTTP</tp:TransportProtocol>
        <tp:AccessAuthentication>basic</tp:AccessAuthentication>
        <tp:Endpoint
          tp:uri="https://www.CompanyB.com/servlets/ebxmlhandler/sync"
          tp:type="allPurpose"/>
        <tp:TransportServerSecurity>
          <tp:TransportSecurityProtocol tp:version="3.0">SSL</tp:TransportSecurityProtocol>
          <tp:ServerCertificateRef tp:certId="CompanyB_ServerCert"/>
          <tp:ClientSecurityDetailsRef tp:securityId="CompanyB_TransportSecurity"/>
        </tp:TransportServerSecurity>
      </tp:TransportReceiver>
    </tp:Transport>
    <tp:Transport tp:transportId="transportB2">
      <tp:TransportSender>
        <tp:TransportProtocol tp:version="1.1">HTTP</tp:TransportProtocol>
        <tp:AccessAuthentication>basic</tp:AccessAuthentication>
        <tp:TransportClientSecurity>
          <tp:TransportSecurityProtocol tp:version="3.0">SSL</tp:TransportSecurityProtocol>
          <tp:ClientCertificateRef tp:certId="CompanyB_ClientCert"/>
          <tp:ServerSecurityDetailsRef tp:securityId="CompanyB_TransportSecurity"/>
        </tp:TransportClientSecurity>
      </tp:TransportSender>
      <tp:TransportReceiver>
        <tp:TransportProtocol tp:version="1.1">HTTP</tp:TransportProtocol>
```

```
        <tp:AccessAuthentication>basic</tp:AccessAuthentication>
        <tp:Endpoint
          tp:uri="https://www.CompanyB.com/servlets/ebxmlhandler/async"
          tp:type="allPurpose"/>
        <tp:TransportServerSecurity>
          <tp:TransportSecurityProtocol tp:version="3.0">SSL</tp:TransportSecurityProtocol>
          <tp:ServerCertificateRef tp:certId="CompanyB_ServerCert"/>
          <tp:ClientSecurityDetailsRef tp:securityId="CompanyB_TransportSecurity"/>
        </tp:TransportServerSecurity>
      </tp:TransportReceiver>
    </tp:Transport>
    <tp:DocExchange tp:docExchangeId="docExchangeB1">
      <tp:ebXMLSenderBinding tp:version="2.0">
        <tp:ReliableMessaging>
          <tp:Retries>3</tp:Retries>
          <tp:RetryInterval>PT2H</tp:RetryInterval>
          <tp:MessageOrderSemantics>Guaranteed</tp:MessageOrderSemantics>
        </tp:ReliableMessaging>
        <tp:PersistDuration>P1D</tp:PersistDuration>
        <tp:SenderNonRepudiation>
<tp:NonRepudiationProtocol>http://www.w3.org/2000/09/xmldsig#</tp:NonRepudiationPro-
tocol>
          <tp:HashFunction>http://www.w3.org/2000/09/xmldsig#sha1</tp:HashFunction>
          <tp:SignatureAlgorithm>http://www.w3.org/2000/09/xmldsig#dsa-sha1</tp:Sign-
atureAlgorithm>
          <tp:SigningCertificateRef tp:certId="CompanyB_SigningCert"/>
        </tp:SenderNonRepudiation>
        <tp:SenderDigitalEnvelope>
          <tp:DigitalEnvelopeProtocol tp:version="2.0">S/MIME</tp:DigitalEnvelopeProtocol>
          <tp:EncryptionAlgorithm>DES-CBC</tp:EncryptionAlgorithm>
          <tp:EncryptionSecurityDetailsRef tp:securityId="CompanyB_MessageSecurity"/>
        </tp:SenderDigitalEnvelope>
      </tp:ebXMLSenderBinding>
      <tp:ebXMLReceiverBinding tp:version="2.0">
        <tp:ReliableMessaging>
          <tp:Retries>3</tp:Retries>
          <tp:RetryInterval>PT2H</tp:RetryInterval>
          <tp:MessageOrderSemantics>Guaranteed</tp:MessageOrderSemantics>
        </tp:ReliableMessaging>
        <tp:PersistDuration>P1D</tp:PersistDuration>
        <tp:ReceiverNonRepudiation>
```

```
<tp:NonRepudiationProtocol>http://www.w3.org/2000/09/xmldsig#</tp:NonRepudiationPro-
tocol>
            <tp:HashFunction>http://www.w3.org/2000/09/xmldsig#sha1</tp:
HashFunction>
            <tp:SignatureAlgorithm>http://www.w3.org/2000/09/xmldsig#dsa-sha1</tp:Sign-
atureAlgorithm>
            <tp:SigningSecurityDetailsRef tp:securityId="CompanyB_MessageSecurity"/>
          </tp:ReceiverNonRepudiation>
          <tp:ReceiverDigitalEnvelope>
            <tp:DigitalEnvelopeProtocol tp:version="2.0">S/MIME</tp:DigitalEnvelopeProtocol>
            <tp:EncryptionAlgorithm>DES-CBC</tp:EncryptionAlgorithm>
            <tp:EncryptionCertificateRef tp:certId="CompanyB_EncryptionCert"/>
          </tp:ReceiverDigitalEnvelope>
        </tp:ebXMLReceiverBinding>
      </tp:DocExchange>
    </tp:PartyInfo>
    <!-- SimplePart corresponding to the SOAP Envelope -->
    <tp:SimplePart
      tp:id="CompanyB_MsgHdr"
      tp:mimetype="text/xml">
      <tp:NamespaceSupported
        tp:location="http://www.oasis-open.org/committees/ebxml-msg/schema/draft-msg-header-
05.xsd"
        tp:version="2.0">
        http://www.oasis-open.org/committees/ebxml-msg/schema/draft-msg-header-05.xsd
      </tp:NamespaceSupported>
    </tp:SimplePart>
    <!-- SimplePart corresponding to a Receipt Acknowledgment business signal -->
    <tp:SimplePart
      tp:id="CompanyB_ReceiptAcknowledgment"
      tp:mimetype="application/xml">
      <tp:NamespaceSupported
        tp:location="http://www.ebxml.org/bpss/ReceiptAcknowledgment.xsd"
        tp:version="2.0">
        http://www.ebxml.org/bpss/ReceiptAcknowledgment.xsd
      </tp:NamespaceSupported>
    </tp:SimplePart>
    <!-- SimplePart corresponding to an Exception business signal -->
    <tp:SimplePart
      tp:id="CompanyB_Exception"
      tp:mimetype="application/xml">
      <tp:NamespaceSupported
        tp:location="http://www.oasis-open.org/committees/ebxml-msg/schema/draft-msg-header-
```

```
05.xsd"
        tp:version="2.0">
        http://www.oasis-open.org/committees/ebxml-msg/schema/draft-msg-header-05.xsd
      </tp:NamespaceSupported>
    </tp:SimplePart>
    <!-- SimplePart corresponding to a request action -->
    <tp:SimplePart
      tp:id="CompanyB_Request"
      tp:mimetype="application/xml">
      <tp:NamespaceSupported
        tp:location="http://www.rosettanet.org/schemas/PIP3A4RequestPurchaseOrder.xsd"
        tp:version="2.0">
        http://www.rosettanet.org/schemas/PIP3A4RequestPurchaseOrder.xsd
      </tp:NamespaceSupported>
    </tp:SimplePart>
    <!-- SimplePart corresponding to a response action -->
    <tp:SimplePart
      tp:id="CompanyB_Response"
      tp:mimetype="application/xml">
      <tp:NamespaceSupported
        tp:location="http://www.rosettanet.org/schemas/PurchaseOrderConfirmation.xsd.xsd"
        tp:version="2.0">
        http://www.rosettanet.org/schemas/PIP3A4PurchaseOrderConfirmation.xsd
      </tp:NamespaceSupported>
    </tp:SimplePart>
    <!-- An ebXML message with a SOAP Envelope only -->
    <tp:Packaging tp:id="CompanyB_MshSignalPackage">
      <tp:ProcessingCapabilities
        tp:parse="true"
        tp:generate="true"/>
      <tp:CompositeList>
        <tp:Composite
          tp:id="CompanyB_MshSignal"
          tp:mimetype="multipart/related"
          tp:mimeparameters="type=text/xml">
          <tp:Constituent tp:idref="CompanyB_MsgHdr"/>
        </tp:Composite>
      </tp:CompositeList>
    </tp:Packaging>
    <!-- An ebXML message with a SOAP Envelope plus a request action payload -->
    <tp:Packaging tp:id="CompanyB_RequestPackage">
      <tp:ProcessingCapabilities
        tp:parse="true"
```

```
      tp:generate="true"/>
    <tp:CompositeList>
      <tp:Composite
        tp:id="RequestMsg"
        tp:mimetype="multipart/related"
        tp:mimeparameters="type=text/xml">
        <tp:Constituent tp:idref="CompanyB_MsgHdr"/>
        <tp:Constituent tp:idref="CompanyB_Request"/>
      </tp:Composite>
    </tp:CompositeList>
  </tp:Packaging>
  <! -- An ebXML message with a SOAP Envelope plus a response action payload -->
  <tp:Packaging tp:id="CompanyB_ResponsePackage">
    <tp:ProcessingCapabilities
      tp:parse="true"
      tp:generate="true"/>
    <tp:CompositeList>
      <tp:Composite
        tp:id="CompanyB_ResponseMsg"
        tp:mimetype="multipart/related"
        tp:mimeparameters="type=text/xml">
        <tp:Constituent tp:idref="CompanyB_MsgHdr"/>
        <tp:Constituent tp:idref="CompanyB_Response"/>
      </tp:Composite>
    </tp:CompositeList>
  </tp:Packaging>
  <! -- An ebXML message with a SOAP Envelope plus a Receipt Acknowledgment payload -->
  <tp:Packaging tp:id="CompanyB_ReceiptAcknowledgmentPackage">
    <tp:ProcessingCapabilities
      tp:parse="true"
      tp:generate="true"/>
    <tp:CompositeList>
      <tp:Composite
        tp:id="CompanyB_ReceiptAcknowledgmentMsg"
        tp:mimetype="multipart/related"
        tp:mimeparameters="type=text/xml">
        <tp:Constituent tp:idref="CompanyB_MsgHdr"/>
        <tp:Constituent tp:idref="CompanyB_ReceiptAcknowledgment"/>
      </tp:Composite>
    </tp:CompositeList>
  </tp:Packaging>
  <! -- An ebXML message with a SOAP Envelope plus an Exception payload -->
  <tp:Packaging tp:id="CompanyB_ExceptionPackage">
```

```
    <tp:ProcessingCapabilities
      tp:parse="true"
      tp:generate="true"/>
    <tp:CompositeList>
      <tp:Composite
        tp:id="CompanyB_ExceptionMsg"
        tp:mimetype="multipart/related"
        tp:mimeparameters="type=text/xml">
        <tp:Constituent tp:idref="CompanyB_MsgHdr"/>
        <tp:Constituent tp:idref="CompanyB_Exception"/>
      </tp:Composite>
    </tp:CompositeList>
  </tp:Packaging>
  <! -- An ebXML message with a Receipt Acknowledgment signal, plus a business response, or an
ebXML message with an Exception signal -->
  <tp:Packaging tp:id="CompanyB_SyncReplyPackage">
    <tp:ProcessingCapabilities
      tp:parse="true"
      tp:generate="true"/>
    <tp:CompositeList>
      <tp:Composite
        tp:id="CompanyB_SignalAndResponseMsg"
        tp:mimetype="multipart/related"
        tp:mimeparameters="type=text/xml">
        <tp:Constituent tp:idref="CompanyB_MsgHdr"/>
        <tp:Constituent tp:idref="CompanyB_ReceiptAcknowledgment"/>
        <tp:Constituent tp:idref="CompanyB_Response"/>
      </tp:Composite>
    </tp:CompositeList>
    <tp:CompositeList>
      <tp:Composite
        tp:id="CompanyB_SyncExceptionMsg"
        tp:mimetype="multipart/related"
        tp:mimeparameters="type=text/xml">
        <tp:Constituent tp:idref="CompanyB_MsgHdr"/>
        <tp:Constituent tp:idref="CompanyB_Exception"/>
      </tp:Composite>
    </tp:CompositeList>
  </tp:Packaging>
  <tp:Comment xml:lang="en-US">Seller's Collaboration Protocol Profile</tp:Comment>
</tp:CollaborationProtocolProfile>
```

# 附　录　B
（资料性附录）
**CPA 文档示例**

本附录中的示例分析了一个 XML Schema 分析器。以 ASCII 文件形式给出该 Schema 的网址为：

http://www.oasis-open.org/committees/ebxml-cppa/schema/cpp-cpa-2_0b.xsd。

用 XSD 分析本例的网址为：

http://www.oasis-open.org/committees/ebxml-cppa/schema/cpa-example-2_0b.xml。

```
<? xml version="1.0"? >
<! -- Copyright UN/CEFACT and OASIS, 2001.  All Rights Reserved. -->
<tp:CollaborationProtocolAgreement
  xmlns:tp="http://www.oasis-open.org/committees/ebxml-cppa/schema/cpp-cpa-2_0.xsd"
  xmlns:xsi="http://www.w3.org/2001/XMLSchema-instance"
  xmlns:xlink="http://www.w3.org/1999/xlink"
  xmlns:ds="http://www.w3.org/2000/09/xmldsig#"
  xmlns:xsd="http://www.w3.org/2001/XMLSchema"
  xsi:schemaLocation="http://www.oasis-open.org/committees/ebxml-cppa/schema/cpp-cpa-2_0.
xsd cpp-cpa-2_0.xsd"
  tp:cpaid="uri:companyA-and-companyB-cpa" tp:version="2_0b">
  <tp:Status tp:value="proposed"/>
  <tp:Start>2001-05-20T07:21:00Z</tp:Start>
  <tp:End>2002-05-20T07:21:00Z</tp:End>
  <tp:ConversationConstraints tp:invocationLimit="100" tp:concurrentConversations="10"/>
  <! -- Party info for CompanyA -->
  <tp:PartyInfo
    tp:partyName="CompanyA"
    tp:defaultMshChannelId="asyncChannelA1"
    tp:defaultMshPackageId="CompanyA_MshSignalPackage">
    <tp:PartyId tp:type="urn:oasis:names:tc:ebxml-cppa:partyid-type:duns">123456789</tp:
PartyId>
    <tp:PartyRef xlink:href="http://CompanyA.com/about.html"/>
    <tp:CollaborationRole>
      <tp:ProcessSpecification
      tp:version="2.0"
      tp:name="PIP3A4RequestPurchaseOrder"
      xlink:type="simple"
      xlink:href="http://www.rosettanet.org/processes/3A4.xml"
      tp:uuid="urn:icann:rosettanet.org:bpid:3A4$2.0"/>
    <tp:Role
      tp:name="Buyer"
      xlink:type="simple"
```

```
    xlink:href="http://www.rosettanet.org/processes/3A4.xml#Buyer"/>
  <tp:ApplicationCertificateRef tp:certId="CompanyA_AppCert"/>
  <tp:ServiceBinding>
    <tp:Service>bpid:icann:rosettanet.org:3A4$2.0</tp:Service>
    <tp:CanSend>
      <tp:ThisPartyActionBinding
        tp:id="companyA_ABID1"
        tp:action="Purchase Order Request Action"
        tp:packageId="CompanyA_RequestPackage">
        <tp:BusinessTransactionCharacteristics
          tp:isNonRepudiationRequired="true"
          tp:isNonRepudiationReceiptRequired="true"
          tp:isConfidential="transient"
          tp:isAuthenticated="persistent"
          tp:isTamperProof="persistent"
          tp:isAuthorizationRequired="true"
          tp:timeToAcknowledgeReceipt="PT2H"
          tp:timeToPerform="P1D"/>
        <tp:ActionContext
          tp:binaryCollaboration="Request Purchase Order"
          tp:businessTransactionActivity="Request Purchase Order"
          tp:requestOrResponseAction="Purchase Order Request Action"/>
        <tp:ChannelId>asyncChannelA1</tp:ChannelId>
      </tp:ThisPartyActionBinding>
      <tp:OtherPartyActionBinding>CompanyB_ABID4</tp:OtherPartyActionBinding>
    </tp:CanSend>
    <tp:CanSend>
      <tp:ThisPartyActionBinding
        tp:id="companyA_ABID2"
        tp:action="ReceiptAcknowledgement"
        tp:packageId="CompanyA_ReceiptAcknowledgmentPackage">
        <tp:BusinessTransactionCharacteristics
          tp:isNonRepudiationRequired="true"
          tp:isNonRepudiationReceiptRequired="true"
          tp:isConfidential="transient"
          tp:isAuthenticated="persistent"
          tp:isTamperProof="persistent"
          tp:isAuthorizationRequired="true"/>
        <tp:ChannelId>asyncChannelA1</tp:ChannelId>
      </tp:ThisPartyActionBinding>
      <tp:OtherPartyActionBinding>CompanyB_ABID5</tp:OtherPartyActionBinding>
    </tp:CanSend>
    <!-- The next binding uses a synchronous delivery channel -->
```

```
<tp:CanSend>
  <tp:ThisPartyActionBinding
    tp:id="companyA_ABID6"
    tp:action="Purchase Order Request Action"
    tp:packageId="CompanyA_RequestPackage">
    <tp:BusinessTransactionCharacteristics
      tp:isNonRepudiationRequired="true"
      tp:isNonRepudiationReceiptRequired="true"
      tp:isConfidential="transient"
      tp:isAuthenticated="persistent"
      tp:isTamperProof="persistent"
      tp:isAuthorizationRequired="true"
      tp:timeToAcknowledgeReceipt="PT5M"
      tp:timeToPerform="PT5M"/>
    <tp:ActionContext
      tp:binaryCollaboration="Request Purchase Order"
      tp:businessTransactionActivity="Request Purchase Order"
      tp:requestOrResponseAction="Purchase Order Request Action"/>
    <tp:ChannelId>syncChannelA1</tp:ChannelId>
  </tp:ThisPartyActionBinding>
  <tp:OtherPartyActionBinding>CompanyB_ABID6</tp:OtherPartyActionBinding>
  <tp:CanReceive>
    <tp:ThisPartyActionBinding
      tp:id="companyA_ABID7"
      tp:action="Purchase Order Confirmation Action"
      tp:packageId="CompanyA_SyncReplyPackage">
      <tp:BusinessTransactionCharacteristics
        tp:isNonRepudiationRequired="true"
        tp:isNonRepudiationReceiptRequired="true"
        tp:isConfidential="transient"
        tp:isAuthenticated="persistent"
        tp:isTamperProof="persistent"
        tp:isAuthorizationRequired="true"
        tp:timeToAcknowledgeReceipt="PT5M"/>
      <tp:ActionContext
        tp:binaryCollaboration="Request Purchase Order"
        tp:businessTransactionActivity="Request Purchase Order"
        tp:requestOrResponseAction="Purchase Order Confirmation Action"/>
      <tp:ChannelId>syncChannelA1</tp:ChannelId>
    </tp:ThisPartyActionBinding>
    <tp:OtherPartyActionBinding>CompanyB_ABID7</tp:OtherPartyActionBinding>
  </tp:CanReceive>
  <tp:CanReceive>
```

```
        <tp:ThisPartyActionBinding
          tp:id="companyA_ABID8"
          tp:action="Exception"
          tp:packageId="CompanyA_ExceptionPackage">
          <tp:BusinessTransactionCharacteristics
            tp:isNonRepudiationRequired="true"
            tp:isNonRepudiationReceiptRequired="true"
            tp:isConfidential="transient"
            tp:isAuthenticated="persistent"
            tp:isTamperProof="persistent"
            tp:isAuthorizationRequired="true"/>
          <tp:ChannelId>syncChannelA1</tp:ChannelId>
        </tp:ThisPartyActionBinding>
        <tp:OtherPartyActionBinding>CompanyB_ABID8</tp:OtherPartyActionBinding>
      </tp:CanReceive>
    </tp:CanSend>
    <tp:CanReceive>
      <tp:ThisPartyActionBinding
        tp:id="companyA_ABID3"
        tp:action="Purchase Order Confirmation Action"
        tp:packageId="CompanyA_ResponsePackage">
        <tp:BusinessTransactionCharacteristics
          tp:isNonRepudiationRequired="true"
          tp:isNonRepudiationReceiptRequired="true"
          tp:isConfidential="transient"
          tp:isAuthenticated="persistent"
          tp:isTamperProof="persistent"
          tp:isAuthorizationRequired="true"
          tp:timeToAcknowledgeReceipt="PT2H"/>
        <tp:ActionContext
          tp:binaryCollaboration="Request Purchase Order"
          tp:businessTransactionActivity="Request Purchase Order"
          tp:requestOrResponseAction="Purchase Order Confirmation Action"/>
        <tp:ChannelId>asyncChannelA1</tp:ChannelId>
      </tp:ThisPartyActionBinding>
      <tp:OtherPartyActionBinding>CompanyB_ABID1</tp:OtherPartyActionBinding>
    </tp:CanReceive>
    <tp:CanReceive>
      <tp:ThisPartyActionBinding
        tp:id="companyA_ABID4"
        tp:action="ReceiptAcknowledgment"
        tp:packageId="CompanyA_ReceiptAcknowledgmentPackage">
        <tp:BusinessTransactionCharacteristics
```

```
                tp:isNonRepudiationRequired="true"
                tp:isNonRepudiationReceiptRequired="true"
                tp:isConfidential="transient"
                tp:isAuthenticated="persistent"
                tp:isTamperProof="persistent"
                tp:isAuthorizationRequired="true"/>
              <tp:ChannelId>asyncChannelA1</tp:ChannelId>
            </tp:ThisPartyActionBinding>
            <tp:OtherPartyActionBinding>CompanyB_ABID2</tp:OtherPartyActionBinding>
          </tp:CanReceive>
          <tp:CanReceive>
            <tp:ThisPartyActionBinding
              tp:id="companyA_ABID5"
              tp:action="Exception"
              tp:packageId="CompanyA_ExceptionPackage">
              <tp:BusinessTransactionCharacteristics
                tp:isNonRepudiationRequired="true"
                tp:isNonRepudiationReceiptRequired="true"
                tp:isConfidential="transient"
                tp:isAuthenticated="persistent"
                tp:isTamperProof="persistent"
                tp:isAuthorizationRequired="true"/>
              <tp:ChannelId>asyncChannelA1</tp:ChannelId>
            </tp:ThisPartyActionBinding>
            <tp:OtherPartyActionBinding>CompanyB_ABID3</tp:OtherPartyActionBinding>
          </tp:CanReceive>
        </tp:ServiceBinding>
      </tp:CollaborationRole>
      <! -- Certificates used by the "Buyer" company -->
      <tp:Certificate tp:certId="CompanyA_AppCert">
        <ds:KeyInfo>
          <ds:KeyName>CompanyA_AppCert_Key</ds:KeyName>
        </ds:KeyInfo>
      </tp:Certificate>
      <tp:Certificate tp:certId="CompanyA_SigningCert">
        <ds:KeyInfo>
          <ds:KeyName>CompanyA_SigningCert_Key</ds:KeyName>
        </ds:KeyInfo>
      </tp:Certificate>
      <tp:Certificate tp:certId="CompanyA_EncryptionCert">
        <ds:KeyInfo>
          <ds:KeyName>CompanyA_EncryptionCert_Key</ds:KeyName>
        </ds:KeyInfo>
```

```
</tp:Certificate>
<tp:Certificate tp:certId="CompanyA_ServerCert">
  <ds:KeyInfo>
    <ds:KeyName>CompanyA_ServerCert_Key</ds:KeyName>
  </ds:KeyInfo>
</tp:Certificate>
<tp:Certificate tp:certId="CompanyA_ClientCert">
  <ds:KeyInfo>
    <ds:KeyName>CompanyA_ClientCert_Key</ds:KeyName>
  </ds:KeyInfo>
</tp:Certificate>
<tp:Certificate tp:certId="TrustedRootCertA1">
  <ds:KeyInfo>
    <ds:KeyName>TrustedRootCertA1_Key </ds:KeyName>
  </ds:KeyInfo>
</tp:Certificate>
<tp:Certificate tp:certId="TrustedRootCertA2">
  <ds:KeyInfo>
    <ds:KeyName>TrustedRootCertA2_Key</ds:KeyName>
  </ds:KeyInfo>
</tp:Certificate>
<tp:Certificate tp:certId="TrustedRootCertA3">
  <ds:KeyInfo>
    <ds:KeyName>TrustedRootCertA3_Key</ds:KeyName>
  </ds:KeyInfo>
</tp:Certificate>
<tp:Certificate tp:certId="TrustedRootCertA4">
  <ds:KeyInfo>
    <ds:KeyName>TrustedRootCertA4_Key</ds:KeyName>
  </ds:KeyInfo>
</tp:Certificate>
<tp:Certificate tp:certId="TrustedRootCertA5">
  <ds:KeyInfo>
    <ds:KeyName>TrustedRootCertA5_Key</ds:KeyName>
  </ds:KeyInfo>
</tp:Certificate>
<tp:SecurityDetails tp:securityId="CompanyA_TransportSecurity">
  <tp:TrustAnchors>
    <tp:AnchorCertificateRef tp:certId="TrustedRootCertA1"/>
    <tp:AnchorCertificateRef tp:certId="TrustedRootCertA2"/>
    <tp:AnchorCertificateRef tp:certId="TrustedRootCertA4"/>
  </tp:TrustAnchors>
</tp:SecurityDetails>
```

```
<tp:SecurityDetails tp:securityId="CompanyA_MessageSecurity">
  <tp:TrustAnchors>
    <tp:AnchorCertificateRef tp:certId="TrustedRootCertA3"/>
    <tp:AnchorCertificateRef tp:certId="TrustedRootCertA5"/>
  </tp:TrustAnchors>
  </tp:SecurityDetails>
  <tp:DeliveryChannel
    tp:channelId="asyncChannelA1"
    tp:transportId="transportA1"
    tp:docExchangeId="docExchangeA1">
    <tp:MessagingCharacteristics
      tp:syncReplyMode="none"
      tp:ackRequested="always"
      tp:ackSignatureRequested="always"
      tp:duplicateElimination="always"/>
  </tp:DeliveryChannel>
  <tp:DeliveryChannel
    tp:channelId="syncChannelA1"
    tp:transportId="transportA2"
    tp:docExchangeId="docExchangeA1">
    <tp:MessagingCharacteristics
      tp:syncReplyMode="signalsAndResponse"
      tp:ackRequested="always"
      tp:ackSignatureRequested="always"
      tp:duplicateElimination="always"/>
  </tp:DeliveryChannel>
  <tp:Transport tp:transportId="transportA1">
    <tp:TransportSender>
      <tp:TransportProtocol tp:version="1.1">HTTP</tp:TransportProtocol>
      <tp:AccessAuthentication>basic</tp:AccessAuthentication>
      <tp:TransportClientSecurity>
        <tp:TransportSecurityProtocol tp:version="3.0">SSL</tp:TransportSecurityProtocol>
        <tp:ClientCertificateRef tp:certId="CompanyA_ClientCert"/>
        <tp:ServerSecurityDetailsRef tp:securityId="CompanyA_TransportSecurity"/>
      </tp:TransportClientSecurity>
    </tp:TransportSender>
    <tp:TransportReceiver>
      <tp:TransportProtocol tp:version="1.1">HTTP</tp:TransportProtocol>
      <tp:AccessAuthentication>basic</tp:AccessAuthentication>
      <tp:Endpoint
        tp:uri=https://www.CompanyA.com/servlets/ebxml handler/async
        tp:type="allPurpose"/>
      <tp:TransportServerSecurity>
```

```
            <tp:TransportSecurityProtocol tp:version="3.0">SSL</tp:TransportSecurityProtocol>
            <tp:ServerCertificateRef tp:certId="CompanyA_ServerCert"/>
            <tp:ClientSecurityDetailsRef tp:securityId="CompanyA_TransportSecurity"/>
          </tp:TransportServerSecurity>
        </tp:TransportReceiver>
      </tp:Transport>
      <tp:Transport tp:transportId="transportA2">
        <tp:TransportSender>
          <tp:TransportProtocol tp:version="1.1">HTTP</tp:TransportProtocol>
          <tp:AccessAuthentication>basic</tp:AccessAuthentication>
          <tp:TransportClientSecurity>
            <tp:TransportSecurityProtocol tp:version="3.0">SSL</tp:TransportSecurityProtocol>
            <tp:ClientCertificateRef tp:certId="CompanyA_ClientCert"/>
            <tp:ServerSecurityDetailsRef tp:securityId="CompanyA_TransportSecurity"/>
          </tp:TransportClientSecurity>
        </tp:TransportSender>
        <tp:TransportReceiver>
          <tp:TransportProtocol tp:version="1.1">HTTP</tp:TransportProtocol>
          <tp:AccessAuthentication>basic</tp:AccessAuthentication>
          <tp:Endpoint
            tp:uri=https://www.CompanyA.com/servlets/ebxmlhandler/sync
            tp:type="allPurpose"/>
          <tp:TransportServerSecurity>
            <tp:TransportSecurityProtocol tp:version="3.0">SSL</tp:TransportSecurityProtocol>
            <tp:ServerCertificateRef tp:certId="CompanyA_ServerCert"/>
            <tp:ClientSecurityDetailsRef tp:securityId="CompanyA_TransportSecurity"/>
          </tp:TransportServerSecurity>
        </tp:TransportReceiver>
      </tp:Transport>
      <tp:DocExchange tp:docExchangeId="docExchangeA1">
        <tp:ebXMLSenderBinding tp:version="2.0">
          <tp:ReliableMessaging>
            <tp:Retries>3</tp:Retries>
            <tp:RetryInterval>PT2H</tp:RetryInterval>
            <tp:MessageOrderSemantics>Guaranteed</tp:MessageOrderSemantics>
          </tp:ReliableMessaging>
          <tp:PersistDuration>P1D</tp:PersistDuration>
          <tp:SenderNonRepudiation>
<tp:NonRepudiationProtocol>http://www.w3.org/2000/09/xmldsig#</tp:NonRepudiationPro-
tocol>
            <tp:HashFunction>http://www.w3.org/2000/09/xmldsig#sha1</tp:
HashFunction>
```

```
        <tp:SignatureAlgorithm>http://www.w3.org/2000/09/xmldsig#dsa-sha1</tp:Sign-
atureAlgorithm>
        <tp:SigningCertificateRef tp:certId="CompanyA_SigningCert"/>
      </tp:SenderNonRepudiation>
      <tp:SenderDigitalEnvelope>
        <tp:DigitalEnvelopeProtocol tp:version="2.0">S/MIME</tp:DigitalEnvelopeProtocol>
        <tp:EncryptionAlgorithm>DES-CBC</tp:EncryptionAlgorithm>
        <tp:EncryptionSecurityDetailsRef tp:securityId="CompanyA_MessageSecurity"/>
      </tp:SenderDigitalEnvelope>
    </tp:ebXMLSenderBinding>
    <tp:ebXMLReceiverBinding tp:version="2.0">
      <tp:ReliableMessaging>
        <tp:Retries>3</tp:Retries>
        <tp:RetryInterval>PT2H</tp:RetryInterval>
        <tp:MessageOrderSemantics>Guaranteed</tp:MessageOrderSemantics>
      </tp:ReliableMessaging>
      <tp:PersistDuration>P1D</tp:PersistDuration>
      <tp:ReceiverNonRepudiation>

<tp:NonRepudiationProtocol>http://www.w3.org/2000/09/xmldsig#</tp:NonRepudiationPro-
tocol>
        <tp:HashFunction>http://www.w3.org/2000/09/xmldsig#sha1</tp:
HashFunction>
        <tp:SignatureAlgorithm>http://www.w3.org/2000/09/xmldsig#dsa-sha1</tp:Sign-
atureAlgorithm>
        <tp:SigningSecurityDetailsRef tp:securityId="CompanyA_MessageSecurity"/>
      </tp:ReceiverNonRepudiation>
      <tp:ReceiverDigitalEnvelope>
        <tp:DigitalEnvelopeProtocol tp:version="2.0">S/MIME</tp:DigitalEnvelopeProtocol>
        <tp:EncryptionAlgorithm>DES-CBC</tp:EncryptionAlgorithm>
        <tp:EncryptionCertificateRef tp:certId="CompanyA_EncryptionCert"/>
      </tp:ReceiverDigitalEnvelope>
    </tp:ebXMLReceiverBinding>
  </tp:DocExchange>
</tp:PartyInfo>
<!-- Party info for CompanyB -->
<tp:PartyInfo
  tp:partyName="CompanyB"
  tp:defaultMshChannelId="asyncChannelB1"
  tp:defaultMshPackageId="CompanyB_MshSignalPackage">
  <tp:PartyId tp:type="urn:oasis:names:tc:ebxml-cppa:partyid-type:duns">987654321</tp:
PartyId>
  <tp:PartyRef xlink:type="simple" xlink:href="http://CompanyB.com/about.html"/>
```

```
<tp:CollaborationRole>
  <tp:ProcessSpecification
    tp:version="2.0"
    tp:name="PIP3A4RequestPurchaseOrder"
    xlink:type="simple"
    xlink:href=http://www.rosettanet.org/processes/3A4.Xml
    tp:uuid="urn:icann:rosettanet.org:bpid:3A4$2.0"/>
  <tp:Role
    tp:name="Seller"
    xlink:type="simple"
    xlink:href="http://www.rosettanet.org/processes/3A4.xml#seller"/>
  <tp:ApplicationCertificateRef tp:certId="CompanyB_AppCert"/>
  <tp:ServiceBinding>
    <tp:Service>bpid:icann:rosettanet.org:3A4$2.0</tp:Service>
    <tp:CanSend>
      <tp:ThisPartyActionBinding
        tp:id="CompanyB_ABID1"
        tp:action="Purchase Order Confirmation Action"
        tp:packageId="CompanyB_ResponsePackage">
        <tp:BusinessTransactionCharacteristics
          tp:isNonRepudiationRequired="true"
          tp:isNonRepudiationReceiptRequired="true"
          tp:isConfidential="transient"
          tp:isAuthenticated="persistent"
          tp:isTamperProof="persistent"
          tp:isAuthorizationRequired="true"
          tp:timeToAcknowledgeReceipt="PT2H"/>
        <tp:ActionContext
          tp:binaryCollaboration="Request Purchase Order"
          tp:businessTransactionActivity="Request Purchase Order"
          tp:requestOrResponseAction="Purchase Order Confirmation Action"/>
        <tp:ChannelId>asyncChannelB1</tp:ChannelId>
      </tp:ThisPartyActionBinding>
      <tp:OtherPartyActionBinding>CompanyA_ABID3</tp:OtherPartyActionBinding>
    </tp:CanSend>
    <tp:CanSend>
      <tp:ThisPartyActionBinding
        tp:id="companyB_ABID2"
        tp:action="ReceiptAcknowledgement"
        tp:packageId="CompanyB_ReceiptAcknowledgmentPackage">
        <tp:BusinessTransactionCharacteristics
          tp:isNonRepudiationRequired="true"
          tp:isNonRepudiationReceiptRequired="true"
```

```
        tp:isConfidential="transient"
        tp:isAuthenticated="persistent"
        tp:isTamperProof="persistent"
        tp:isAuthorizationRequired="true"/>
      <tp:ChannelId>asyncChannelB1</tp:ChannelId>
    </tp:ThisPartyActionBinding>
    <tp:OtherPartyActionBinding>CompanyA_ABID4</tp:OtherPartyActionBinding>
  </tp:CanSend>
  <tp:CanSend>
    <tp:ThisPartyActionBinding
      tp:id="companyB_ABID3"
      tp:action="Exception"
      tp:packageId="CompanyB_ExceptionPackage">
      <tp:BusinessTransactionCharacteristics
        tp:isNonRepudiationRequired="true"
        tp:isNonRepudiationReceiptRequired="true"
        tp:isConfidential="transient"
        tp:isAuthenticated="persistent"
        tp:isTamperProof="persistent"
        tp:isAuthorizationRequired="true"/>
      <tp:ChannelId>asyncChannelB1</tp:ChannelId>
    </tp:ThisPartyActionBinding>
    <tp:OtherPartyActionBinding>CompanyA_ABID5</tp:OtherPartyActionBinding>
  </tp:CanSend>
  <tp:CanReceive>
    <tp:ThisPartyActionBinding
      tp:id="companyB_ABID4"
      tp:action="Purchase Order Request Action"
      tp:packageId="CompanyB_RequestPackage">
      <tp:BusinessTransactionCharacteristics
        tp:isNonRepudiationRequired="true"
        tp:isNonRepudiationReceiptRequired="true"

        tp:isConfidential="transient"
        tp:isAuthenticated="persistent"
        tp:isTamperProof="persistent"
        tp:isAuthorizationRequired="true"
        tp:timeToAcknowledgeReceipt="PT2H"
        tp:timeToPerform="P1D"/>
      <tp:ActionContext
        tp:binaryCollaboration="Request Purchase Order"
        tp:businessTransactionActivity="Request Purchase Order"
        tp:requestOrResponseAction="Purchase Order Request Action"/>
```

```
        <tp:ChannelId>asyncChannelB1</tp:ChannelId>
      </tp:ThisPartyActionBinding>
      <tp:OtherPartyActionBinding>CompanyA_ABID1</tp:OtherPartyActionBinding>
    </tp:CanReceive>
    <tp:CanReceive>
      <tp:ThisPartyActionBinding
        tp:id="companyB_ABID5"
        tp:action="ReceiptAcknowledgment"
        tp:packageId="CompanyB_ReceiptAcknowledgmentPackage">
        <tp:BusinessTransactionCharacteristics
          tp:isNonRepudiationRequired="true"
          tp:isNonRepudiationReceiptRequired="true"
          tp:isConfidential="transient"
          tp:isAuthenticated="persistent"
          tp:isTamperProof="persistent"
          tp:isAuthorizationRequired="true"/>
        <tp:ChannelId>asyncChannelB1</tp:ChannelId>
      </tp:ThisPartyActionBinding>
      <tp:OtherPartyActionBinding>CompanyA_ABID2</tp:OtherPartyActionBinding>
    </tp:CanReceive>
    <! -- The next binding uses a synchronous delivery channel -->
    <tp:CanReceive>
      <tp:ThisPartyActionBinding
        tp:id="companyB_ABID6"
        tp:action="Purchase Order Request Action"
        tp:packageId="CompanyB_RequestPackage">
        <tp:BusinessTransactionCharacteristics
          tp:isNonRepudiationRequired="true"
          tp:isNonRepudiationReceiptRequired="true"
          tp:isConfidential="transient"
          tp:isAuthenticated="persistent"
          tp:isTamperProof="persistent"
          tp:isAuthorizationRequired="true"
          tp:timeToAcknowledgeReceipt="PT5M"
          tp:timeToPerform="PT5M"/>
        <tp:ActionContext
          tp:binaryCollaboration="Request Purchase Order"
          tp:businessTr[illegible]
[illegible]
        [illegible]syncChannelB1</tp:ChannelId>
      </tp:ThisPartyActionBinding>
      <tp:OtherPartyActionBinding>CompanyA_ABID6</tp:OtherPartyActionBinding>
    <tp:CanSend>
```

```
<tp:ThisPartyActionBinding
  tp:id="companyB_ABID7"
  tp:action="Purchase Order Confirmation Action"
  tp:packageId="CompanyB_SyncReplyPackage">
  <tp:BusinessTransactionCharacteristics
    tp:isNonRepudiationRequired="true"
    tp:isNonRepudiationReceiptRequired="true"
    tp:isConfidential="transient"
    tp:isAuthenticated="persistent"
    tp:isTamperProof="persistent"
    tp:isAuthorizationRequired="true"
    tp:timeToAcknowledgeReceipt="PT5M"/>
  <tp:ActionContext
    tp:binaryCollaboration="Request Purchase Order"
    tp:businessTransactionActivity="Request Purchase Order"
    tp:requestOrResponseAction="Purchase Order Confirmation Action"/>
  <tp:ChannelId>syncChannelB1</tp:ChannelId>
</tp:ThisPartyActionBinding>
<tp:OtherPartyActionBinding>CompanyA_ABID7</tp:OtherPartyActionBinding>
</tp:CanSend>
<tp:CanSend>
  <tp:ThisPartyActionBinding
   tp:id="companyB_ABID8"
   tp:action="Exception"
   tp:packageId="CompanyB_ExceptionPackage">
   <tp:BusinessTransactionCharacteristics
    tp:isNonRepudiationRequired="true"
    tp:isNonRepudiationReceiptRequired="true"
    tp:isConfidential="transient"
    tp:isAuthenticated="persistent"
    tp:isTamperProof="persistent"
    tp:isAuthorizationRequired="true"/>
   <tp:ChannelId>syncChannelB1</tp:ChannelId>
  </tp:ThisPartyActionBinding>
  <tp:OtherPartyActionBinding>CompanyA_ABID8</tp:OtherPartyActionBinding>
  </tp:CanSend>
 </tp:CanReceive>
</tp:ServiceBinding>
</tp:CollaborationRole>
<! -- Certificates used by the "Seller" company -->
<tp:Certificate tp:certId="CompanyB_AppCert">
 <ds:KeyInfo>
  <ds:KeyName>CompanyB_AppCert_Key</ds:KeyName>
```

```
    </ds:KeyInfo>
  </tp:Certificate>
  <tp:Certificate tp:certId="CompanyB_SigningCert">
    <ds:KeyInfo>
      <ds:KeyName>CompanyB_Signingcert_Key</ds:KeyName>
    </ds:KeyInfo>
  </tp:Certificate>
  <tp:Certificate tp:certId="CompanyB_EncryptionCert">
    <ds:KeyInfo>
      <ds:KeyName>CompanyB_EncryptionCert_Key</ds:KeyName>
    </ds:KeyInfo>
  </tp:Certificate>
  <tp:Certificate tp:certId="CompanyB_ServerCert">
    <ds:KeyInfo>
      <ds:KeyName>CompanyB_ServerCert_Key</ds:KeyName>
    </ds:KeyInfo>
  </tp:Certificate>
  <tp:Certificate tp:certId="CompanyB_ClientCert">
    <ds:KeyInfo>
      <ds:KeyName>CompanyB_ClientCert_Key</ds:KeyName>
    </ds:KeyInfo>
  </tp:Certificate>
  <tp:Certificate tp:certId="TrustedRootCertB4">
    <ds:KeyInfo>
      <ds:KeyName>TrustedRootCertB4_Key</ds:KeyName>
    </ds:KeyInfo>
  </tp:Certificate>
  <tp:Certificate tp:certId="TrustedRootCertB5">
    <ds:KeyInfo>
      <ds:KeyName>TrustedRootCertB5_Key</ds:KeyName>
    </ds:KeyInfo>
  </tp:Certificate>
  <tp:Certificate tp:certId="TrustedRootCertB6">
    <ds:KeyInfo>
      [illegible]
    </ds:KeyInfo>
  </tp:Certificate>
  <tp:Certificate tp:certId="TrustedRootCertB7">
    <ds:KeyInfo>
      <ds:KeyName>TrustedRootCertB7_Key</ds:KeyName>
    </ds:KeyInfo>
  </tp:Certificate>
  <tp:Certificate tp:certId="TrustedRootCertB8">
```

```
      <ds:KeyInfo>
        <ds:KeyName>TrustedRootCertB8_Key</ds:KeyName>
      </ds:KeyInfo>
    </tp:Certificate>
    <tp:SecurityDetails tp:securityId="CompanyB_TransportSecurity">
      <tp:TrustAnchors>
        <tp:AnchorCertificateRef tp:certId="TrustedRootCertB5"/>
        <tp:AnchorCertificateRef tp:certId="TrustedRootCertB6"/>
        <tp:AnchorCertificateRef tp:certId="TrustedRootCertB4"/>
      </tp:TrustAnchors>
    </tp:SecurityDetails>
    <tp:SecurityDetails tp:securityId="CompanyB_MessageSecurity">
      <tp:TrustAnchors>
        <tp:AnchorCertificateRef tp:certId="TrustedRootCertB8"/>
        <tp:AnchorCertificateRef tp:certId="TrustedRootCertB7"/>
      </tp:TrustAnchors>
    </tp:SecurityDetails>
    <! -- An asynchronous delivery channel -->
    <tp:DeliveryChannel
      tp:channelId="asyncChannelB1"
      tp:transportId="transportB1"
      tp:docExchangeId="docExchangeB1">
      <tp:MessagingCharacteristics
        tp:syncReplyMode="none"
        tp:ackRequested="always"
        tp:ackSignatureRequested="always"
        tp:duplicateElimination="always"/>
    </tp:DeliveryChannel>
    <! -- A synchronous delivery channel -->
    <tp:DeliveryChannel
      tp:channelId="syncChannelB1"
      tp:transportId="transportB2"
      tp:docExchangeId="docExchangeB1">
      <tp:MessagingCharacteristics
        tp:syncReplyMode="signalsAndResponse"
        tp:ackRequested="always"
        tp:ackSignatureRequested="always"
        tp:duplicateElimination="always"/>
    </tp:DeliveryChannel>
    <tp:Transport tp:transportId="transportB1">
      <tp:TransportSender>
        <tp:TransportProtocol tp:version="1.1">HTTP</tp:TransportProtocol>
        <tp:AccessAuthentication>basic</tp:AccessAuthentication>
```

```xml
      <tp:TransportClientSecurity>
        <tp:TransportSecurityProtocol tp:version="3.0">SSL</tp:TransportSecurityProtocol>
        <tp:ClientCertificateRef tp:certId="CompanyB_ClientCert"/>
        <tp:ServerSecurityDetailsRef tp:securityId="CompanyB_TransportSecurity"/>
      </tp:TransportClientSecurity>
    </tp:TransportSender>
    <tp:TransportReceiver>
      <tp:TransportProtocol tp:version="1.1">HTTP</tp:TransportProtocol>
      <tp:AccessAuthentication>basic</tp:AccessAuthentication>
      <tp:Endpoint
        tp:uri=https://www.CompanyB.com/servlets/ebxmlhandler/async
        tp:type="allPurpose"/>
      <tp:TransportServerSecurity>
        <tp:TransportSecurityProtocol tp:version="3.0">SSL</tp:TransportSecurityProtocol>
        <tp:ServerCertificateRef tp:certId="CompanyB_ServerCert"/>
        <tp:ClientSecurityDetailsRef tp:securityId="CompanyB_TransportSecurity"/>
      </tp:TransportServerSecurity>
    </tp:TransportReceiver>
  </tp:Transport>
  <tp:Transport tp:transportId="transportB2">
    <tp:TransportSender>
      <tp:TransportProtocol tp:version="1.1">HTTP</tp:TransportProtocol>
      <tp:AccessAuthentication>basic</tp:AccessAuthentication>
      <tp:TransportClientSecurity>
        <tp:TransportSecurityProtocol tp:version="3.0">SSL</tp:TransportSecurityProtocol>
        <tp:ClientCertificateRef tp:certId="CompanyB_ClientCert"/>
        <tp:ServerSecurityDetailsRef tp:securityId="CompanyB_TransportSecurity"/>
      </tp:TransportClientSecurity>
    </tp:TransportSender>
    <tp:TransportReceiver>
      <tp:TransportProtocol tp:version="1.1">HTTP</tp:TransportProtocol>
      <tp:AccessAuthentication>basic</tp:AccessAuthentication>
      <tp:Endpoint
        tp:uri=https://www.CompanyB.com/servlets/ebxmlhandler/sync
        tp:type="allPurpose"/>
      <tp:TransportServerSecurity>
        <tp:TransportSecurityProtocol tp:version="3.0">SSL</tp:TransportSecurityProtocol>
        <tp:ServerCertificateRef tp:certId="CompanyB_ServerCert"/>
        <tp:ClientSecurityDetailsRef tp:securityId="CompanyB_TransportSecurity"/>
      </tp:TransportServerSecurity>
    </tp:TransportReceiver>
  </tp:Transport>
```

```
<tp:DocExchange tp:docExchangeId="docExchangeB1">
  <tp:ebXMLSenderBinding tp:version="2.0">
    <tp:ReliableMessaging>
      <tp:Retries>3</tp:Retries>
      <tp:RetryInterval>PT2H</tp:RetryInterval>
      <tp:MessageOrderSemantics>Guaranteed</tp:MessageOrderSemantics>
    </tp:ReliableMessaging>
    <tp:PersistDuration>P1D</tp:PersistDuration>
    <tp:SenderNonRepudiation>
<tp:NonRepudiationProtocol>http://www.w3.org/2000/09/xmldsig#</tp:NonRepudiationProtocol>
      <tp:HashFunction>http://www.w3.org/2000/09/xmldsig#sha1</tp:HashFunction>
      <tp:SignatureAlgorithm>http://www.w3.org/2000/09/xmldsig#dsa-sha1</tp:SignatureAlgorithm>
      <tp:SigningCertificateRef tp:certId="CompanyB_SigningCert"/>
    </tp:SenderNonRepudiation>
    <tp:SenderDigitalEnvelope>
      <tp:DigitalEnvelopeProtocol tp:version="2.0">S/MIME</tp:DigitalEnvelopeProtocol>
      <tp:EncryptionAlgorithm>DES-CBC</tp:EncryptionAlgorithm>
      <tp:EncryptionSecurityDetailsRef tp:securityId="CompanyB_MessageSecurity"/>
    </tp:SenderDigitalEnvelope>
  </tp:ebXMLSenderBinding>
  <tp:ebXMLReceiverBinding tp:version="2.0">
    <tp:ReliableMessaging>
      <tp:Retries>3</tp:Retries>
      <tp:RetryInterval>PT2H</tp:RetryInterval>
      <tp:MessageOrderSemantics>Guaranteed</tp:MessageOrderSemantics>
    </tp:ReliableMessaging>
    <tp:PersistDuration>P1D</tp:PersistDuration>
    <tp:ReceiverNonRepudiation>
<tp:NonRepudiationProtocol>http://www.w3.org/2000/09/xmldsig#</tp:NonRepudiationProtocol>
     <tp:HashFunction>http://www.w3.org/2000/09/xmldsig#sha1</tp:HashFunction>
     <tp:SignatureAlgorithm>http://www.w3.org/2000/09/xmldsig#dsa-sha1</tp:SignatureAlgorithm>
     <tp:SigningSecurityDetailsRef tp:securityId="CompanyB_MessageSecurity"/>
    </tp:ReceiverNonRepudiation>
    <tp:ReceiverDigitalEnvelope>
      <tp:DigitalEnvelopeProtocol tp:version="2.0">S/MIME</tp:DigitalEnvelopeProtocol>
```

```
          <tp:EncryptionAlgorithm>DES-CBC</tp:EncryptionAlgorithm>
          <tp:EncryptionCertificateRef tp:certId="CompanyB_EncryptionCert"/>
        </tp:ReceiverDigitalEnvelope>
      </tp:ebXMLReceiverBinding>
    </tp:DocExchange>
  </tp:PartyInfo>
  <! -- SimplePart corresponding to the SOAP Envelope -->
  <tp:SimplePart
    tp:id="CompanyA_MsgHdr"
    tp:mimetype="text/xml">
    <tp:NamespaceSupported
      tp: location = http://www. oasis-open. org/committees/ebxml-msg/schema/msg-header-2 _
0. xsd
      tp:version="2. 0">
      http://www. oasis-open. org/committees/ebxml-msg/schema/msg-header-2_0. xsd
    </tp:NamespaceSupported>
  </tp:SimplePart>
  <tp:SimplePart
    tp:id="CompanyB_MsgHdr"
    tp:mimetype="text/xml">
    <tp:NamespaceSupported
      tp: location = http://www. oasis-open. org/committees/ebxml-msg/schema/msg-header-2 _
0. xsd
      tp:version="2. 0">
      http://www. oasis-open. org/committees/ebxml-msg/schema/msg-header-2_0. xsd
    </tp:NamespaceSupported>
  </tp:SimplePart>
  <! -- SimplePart corresponding to a Receipt Acknowledgment business signal -->
  <tp:SimplePart
    tp:id="CompanyA_ReceiptAcknowledgment"
    tp:mimetype="application/xml">
    <tp:NamespaceSupported
      tp:location=http://www. ebxml. org/bpss/ReceiptAcknowledgment. xsd
      tp:version="2. 0">http://www. ebxml. org/bpss/ReceiptAcknowledgment. xsd
    </tp:NamespaceSupported>
  </tp:SimplePart>
  <tp:SimplePart
    tp:id="CompanyB_ReceiptAcknowledgment"
    tp:mimetype="application/xml">
    <tp:NamespaceSupported
      tp:location="http://www. ebxml. org/bpss/ReceiptAcknowledgment. xsd"
      tp:version="2. 0">
      http://www. ebxml. org/bpss/ReceiptAcknowledgment. xsd
```

```
      </tp:NamespaceSupported>
    </tp:SimplePart>
    <! -- SimplePart corresponding to an Exception business signal -->
    <tp:SimplePart
      tp:id="CompanyA_Exception"
      tp:mimetype="application/xml">
      <tp:NamespaceSupported
        tp:location="http://www.oasis-open.org/committees/ebxml-msg/schema/msg-header-2_0.
xsd"
        tp:version="2.0">
        http://www.oasis-open.org/committees/ebxml-msg/schema/msg-header-2_0.xsd
      </tp:NamespaceSupported>
    </tp:SimplePart>
    <tp:SimplePart
      tp:id="CompanyB_Exception"
      tp:mimetype="application/xml">
      <tp:NamespaceSupported
        tp:location="http://www.oasis-open.org/committees/ebxml-msg/schema/msg-header-2_0.
xsd"
        tp:version="2.0">
        http://www.oasis-open.org/committees/ebxml-msg/schema/msg-header-2_0.xsd
      </tp:NamespaceSupported>
    </tp:SimplePart>
    <! -- SimplePart corresponding to a request action -->
    <tp:SimplePart
      tp:id="CompanyA_Request"
      tp:mimetype="application/xml">
      <tp:NamespaceSupported
        tp:location=http://www.rosettanet.org/schemas/PIP3A4RequestPurchaseOrder.xsd
        tp:version="1.0">
        http://www.rosettanet.org/schemas/PIP3A4RequestPurchaseOrder.xsd
      </tp:NamespaceSupported>
    </tp:SimplePart>
    <tp:SimplePart
      tp:id="CompanyB_Request"
      tp:mimetype="application/xml">
      <tp:NamespaceSupported
        tp:location=http://www.rosettanet.org/schemas/PIP3A4RequestPurchaseOrder.xsd
        tp:version="1.0">
        http://www.rosettanet.org/schemas/PIP3A4RequestPurchaseOrder.xsd
      </tp:NamespaceSupported>
    </tp:SimplePart>
    <! -- SimplePart corresponding to a response action -->
```

```
<tp:SimplePart
  tp:id="CompanyA_Response"
  tp:mimetype="application/xml">
  <tp:NamespaceSupported
    tp:location=http://www.rosettanet.org/schemas/PurchaseOrderConfirmation.xsd
    tp:version="1.0">
    http://www.rosettanet.org/schemas/PIP3A4PurchaseOrderConfirmation.xsd
  </tp:NamespaceSupported>
</tp:SimplePart>
<tp:SimplePart
  tp:id="CompanyB_Response"
  tp:mimetype="application/xml">
  <tp:NamespaceSupported
    tp:location=http://www.rosettanet.org/schemas/PurchaseOrderConfirmation.xsd
    tp:version="1.0">
    http://www.rosettanet.org/schemas/PIP3A4PurchaseOrderConfirmation.xsd
  </tp:NamespaceSupported>
</tp:SimplePart>
<! -- An ebXML message with a SOAP Envelope only -->
<tp:Packaging
  tp:id="CompanyA_MshSignalPackage">
  <tp:ProcessingCapabilities
    tp:parse="true"
    tp:generate="true"/>
  <tp:CompositeList>
    <tp:Composite
      tp:id="CompanyA_MshSignal"
      tp:mimetype="multipart/related"
      tp:mimeparameters="type=text/xml">
      <tp:Constituent tp:idref="CompanyA_MsgHdr"/>
    </tp:Composite>
  </tp:CompositeList>
</tp:Packaging>
<tp:Packaging
  tp:id="CompanyB_MshSignalPackage">
  <tp:ProcessingCapabilities
    tp:parse="true"
    tp:generate="true"/>
  <tp:CompositeList>
    <tp:Composite
      tp:id="CompanyB_MshSignal"
      tp:mimetype="multipart/related"
      tp:mimeparameters="type=text/xml">
```

```
      <tp:Constituent tp:idref="CompanyB_MsgHdr"/>
    </tp:Composite>
  </tp:CompositeList>
</tp:Packaging>
<! -- An ebXML message with a SOAP Envelope plus a request action payload -->
<tp:Packaging tp:id="CompanyA_RequestPackage">
  <tp:ProcessingCapabilities
    tp:parse="true"
    tp:generate="true"/>
  <tp:CompositeList>
    <tp:Composite
      tp:id="CompanyA_RequestMsg"
      tp:mimetype="multipart/related"
      tp:mimeparameters="type=text/xml">
      <tp:Constituent tp:idref="CompanyA_MsgHdr"/>
      <tp:Constituent tp:idref="CompanyA_Request"/>
    </tp:Composite>
  </tp:CompositeList>
</tp:Packaging>
<tp:Packaging tp:id="CompanyB_RequestPackage">
  <tp:ProcessingCapabilities
    tp:parse="true"
    tp:generate="true"/>
  <tp:CompositeList>
    <tp:Composite
      tp:id="CompanyB_RequestMsg"
      tp:mimetype="multipart/related"
      tp:mimeparameters="type=text/xml">
      <tp:Constituent tp:idref="CompanyB_MsgHdr"/>
      <tp:Constituent tp:idref="CompanyB_Request"/>
    </tp:Composite>
  </tp:CompositeList>
</tp:Packaging>
<! -- An ebXML message with a SOAP Envelope plus a response action payload -->
<tp:Packaging tp:id="CompanyA_ResponsePackage">
  <tp:ProcessingCapabilities tp:parse="true" tp:generate="true"/>
  <tp:CompositeList>
    <tp:Composite
      tp:id="CompanyA_ResponseMsg"
      tp:mimetype="multipart/related"
      tp:mimeparameters="type=text/xml">
      <tp:Constituent tp:idref="CompanyA_MsgHdr"/>
      <tp:Constituent tp:idref="CompanyA_Response"/>
```

```
      </tp:Composite>
    </tp:CompositeList>
  </tp:Packaging>
  <tp:Packaging tp:id="CompanyB_ResponsePackage">
    <tp:ProcessingCapabilities
      tp:parse="true"
      tp:generate="true"/>
    <tp:CompositeList>
      <tp:Composite
        tp:id="CompanyB_ResponseMsg"
        tp:mimetype="multipart/related"
        tp:mimeparameters="type=text/xml">
        <tp:Constituent tp:idref="CompanyB_MsgHdr"/>
        <tp:Constituent tp:idref="CompanyB_Response"/>
      </tp:Composite>
    </tp:CompositeList>
  </tp:Packaging>
  <! -- An ebXML message with a SOAP Envelope plus a Receipt Acknowledgment payload -->
  <tp:Packaging tp:id="CompanyA_ReceiptAcknowledgmentPackage">
    <tp:ProcessingCapabilities
      tp:parse="true"
      tp:generate="true"/>
    <tp:CompositeList>
      <tp:Composite
        tp:id="CompanyA_ReceiptAcknowledgmentMsg"
        tp:mimetype="multipart/related"
        tp:mimeparameters="type=text/xml">
        <tp:Constituent tp:idref="CompanyA_MsgHdr"/>
        <tp:Constituent tp:idref="CompanyA_ReceiptAcknowledgment"/>
      </tp:Composite>
    </tp:CompositeList>
  </tp:Packaging>
  <tp:Packaging tp:id="CompanyB_ReceiptAcknowledgmentPackage">
    <tp:ProcessingCapabilities
      tp:parse="true"
      tp:generate="true"/>
    <tp:CompositeList>
      <tp:Composite
        tp:id="CompanyB_ReceiptAcknowledgmentMsg"
        tp:mimetype="multipart/related"
        tp:mimeparameters="type=text/xml">
        <tp:Constituent tp:idref="CompanyB_MsgHdr"/>
        <tp:Constituent tp:idref="CompanyB_ReceiptAcknowledgment"/>
```

```
      </tp:Composite>
    </tp:CompositeList>
  </tp:Packaging>
  <! -- An ebXML message with a SOAP Envelope plus an Exception payload -->
  <tp:Packaging tp:id="CompanyA_ExceptionPackage">
    <tp:ProcessingCapabilities
      tp:parse="true"
      tp:generate="true"/>
    <tp:CompositeList>
      <tp:Composite
        tp:id="CompanyA_ExceptionMsg"
        tp:mimetype="multipart/related"
        tp:mimeparameters="type=text/xml">
        <tp:Constituent tp:idref="CompanyA_MsgHdr"/>
        <tp:Constituent tp:idref="CompanyA_Exception"/>
      </tp:Composite>
    </tp:CompositeList>
  </tp:Packaging>
  <tp:Packaging tp:id="CompanyB_ExceptionPackage">
    <tp:ProcessingCapabilities
      tp:parse="true"
      tp:generate="true"/>
    <tp:CompositeList>
      <tp:Composite
        tp:id="CompanyB_ExceptionMsg"
        tp:mimetype="multipart/related"
        tp:mimeparameters="type=text/xml">
        <tp:Constituent tp:idref="CompanyB_MsgHdr"/>
        <tp:Constituent tp:idref="CompanyB_Exception"/>
      </tp:Composite>
    </tp:CompositeList>
  </tp:Packaging>
  <! -- An ebXML message with a Receipt Acknowledgment signal, plus a business response, or an
ebXML message with an Exception signal -->
  <tp:Packaging tp:id="CompanyA_SyncReplyPackage">
    <tp:ProcessingCapabilities
      tp:parse="true"
      tp:generate="true"/>
    <tp:CompositeList>
      <tp:Composite
        tp:id="CompanyA_SignalAndResponseMsg"
        tp:mimetype="multipart/related"
        tp:mimeparameters="type=text/xml">
```

```
          <tp:Constituent tp:idref="CompanyA_MsgHdr"/>
          <tp:Constituent tp:idref="CompanyA_ReceiptAcknowledgment"/>
          <tp:Constituent tp:idref="CompanyA_Response"/>
        </tp:Composite>
      </tp:CompositeList>
    </tp:Packaging>
    <tp:Packaging tp:id="CompanyB_SyncReplyPackage">
      <tp:ProcessingCapabilities
        tp:parse="true"
        tp:generate="true"/>
      <tp:CompositeList>
        <tp:Composite
          tp:id="CompanyB_SignalAndResponseMsg"
          tp:mimetype="multipart/related"
          tp:mimeparameters="type=text/xml">
          <tp:Constituent tp:idref="CompanyB_MsgHdr"/>
          <tp:Constituent tp:idref="CompanyB_ReceiptAcknowledgment"/>
          <tp:Constituent tp:idref="CompanyB_Response"/>
        </tp:Composite>
      </tp:CompositeList>
    </tp:Packaging>
    <tp:Comment xml:lang="en-US">buy/sell agreement between CompanyA.com and CompanyB.
com
</tp:Comment>
</tp:CollaborationProtocolAgreement>
```

# 附　录　C
# （资料性附录）
# 与完整的 CPP 和 CPA 定义相对应的业务过程规范

本附录复制了附录 A 和附录 B 中被 CPP 和 CPA 引用的业务过程规范。以 ASCII 文件形式给出的本文档的网址为：

http://www.oasis-open.org/committees/ebxml-cppa/schema/bpss-example-2-0a.xml。

以 ASCII 文件形式给出的、与本例一致的 Schema 的网址为：

http://www.oasis-open.org/committees/ebxml-cppa/schema/ebBPSS1.04.xsd。

```
<?xml version="1.0" encoding="UTF-8"?>
<ProcessSpecification
  xmlns="http://www.ebxml.org/BusinessProcess"
  xmlns:xsi="http://www.w3.org/2001/XMLSchema-instance"
  xsi:schemaLocation="http://www.ebxml.org/BusinessProcess ebBPSS1.04.xsd"
  name="PIP3A4RequestPurchaseOrder"
  uuid="urn:icann:rosettanet.org:bpid:3A4$2.0"
  version="R02.00">
  <Documentation>
    This PIP enables a buyer to issue a purchase order and obtain a quick response from the provider that acknowledges which of the purchase order product line items are accepted, rejected, or pending.
  </Documentation>
  <!--Purchase order Request Document-->
  <BusinessDocument
    name="Puchase Order Request"
    nameID="Pip3A4PurchaseOrderRequest"
    specificationLocation="PurchaseOrderRequest.xsd">
    <Documentation>
      The document is an XSD file that specifies the rules for creating the XML document for the business action of requesting a purchase order.
    </Documentation>
  </BusinessDocument>
  <BusinessDocument
    name="Puchase Order Confirmation"
    nameID="Pip3A4PurchaseOrderConfirmation"
    specificationLocation="PurchaseOrderConfirmation.xsd">
    <Documentation>
      The document is an XSD file that specifies the rules for creating the XML document for the business action of making a purchase order confirmation.
    </Documentation>
  </BusinessDocument>
  <BusinessTransaction
```

```
  name="Request Purchase Order"
  nameID="RequestPurchaseOrder_BT">
  <RequestingBusinessActivity
    name="Purchase Order Request Action"
    nameID="PurchaseOrderRequestAction"
    isAuthorizationRequired ="true"
    isIntelligibleCheckRequired="true"
    isNonRepudiationReceiptRequired="true"
    isNonRepudiationRequired="true"
    timeToAcknowledgeReceipt="P0Y0M0DT2H0M0S">
    <DocumentEnvelope
      businessDocument="Puchase Order Request"
      businessDocumentIDRef="Pip3A4PurchaseOrderRequest"
      isAuthenticated="persistent"
      isConfidential="transient"
      isTamperProof="persistent"/>
  </RequestingBusinessActivity>
  <RespondingBusinessActivity
    name="Purchase Order Confirmation Action"
    nameID="PurchaseOrderConfirmationAction"
    isAuthorizationRequired="true"
    isIntelligibleCheckRequired="true"
    isNonRepudiationRequired="true"
    timeToAcknowledgeReceipt="P0Y0M0DT2H0M0S">
    <DocumentEnvelope
      businessDocument="Purchase Order Confirmation"
      businessDocumentIDRef="Pip3A4PurchaseOrderConfirmation"
      isAuthenticated="persistent"
      isConfidential="transient"
      isPositiveResponse="true"
      isTamperProof="persistent"/>
  </RespondingBusinessActivity>
</BusinessTransaction>
<BinaryCollaboration
  name="Request Purchase Order"
  nameID="RequestPurchaseOrder_BC"
  initiatingRole="BuyerId">
  <Role
    name="Buyer"
    nameID="BuyerId"/>
  <Role
    name="Seller"
    nameID="SellerId"/>
```

```
    <Start toBusinessState="Request Purchase Order"/>
    <BusinessTransactionActivity
      name="Request Purchase Order"
      nameID="RequestPurchaseOrder_BTA"
      businessTransaction="Request Purchase Order"
      businessTransactionIDRef="RequestPurchaseOrder_BT"
      fromRole="Buyer" fromRoleIDRef="BuyerId"
      toRole="Seller" toRoleIDRef="SellerId"
      isLegallyBinding="true"
      timeToPerform="P0Y0M0DT24H0M0S"
      isConcurrent="false"/>
    <Success
      fromBusinessState="Request Purchase Order"
      conditionGuard="Success"/>
    <Failure
      fromBusinessState="Request Purchase Order"
      conditionGuard="BusinessFailure"/>
    <Transition
      fromBusinessState="Request Purchase Order"
      toBusinessState="Request Purchase Order"/>
  </BinaryCollaboration>
</ProcessSpecification>
```

## 附 录 D
## （规范性附录）
## 与完整的 CPP 和 CPA 定义相对应的 W3C XML Schema 文档

以 ASCII 文件的形式给出了本 XML Schema 文档的网址为：

http://www.oasis-open.org/committees/ebxml-cppa/schema/cpp-cpa-2-0b.xsd。

```
<? xml version="1.0" encoding="UTF-8"? >
<! -- This is the schema that corresponds to the version 2.0 CPP/A spec -->
<! -- Some parsers may require explicit declaration of 'xmlns:xml="http://www.w3.org/ XML/
1998/namespace"'.
   In that case, a copy of this schema augmented with the above declaration should be cached and
used for the purpose of schema validation for CPP and CPA. -->
<schema targetNamespace="http://www.oasis-open.org/committees/ebxml-cppa/schema/cpp-cpa-
2_0.xsd"
  xmlns:tns="http://www.oasis-open.org/committees/ebxml-cppa/schema/cpp-cpa-2_0.xsd"
  xmlns="http://www.w3.org/2001/XMLSchema"
  xmlns:xsi="http://www.w3.org/2001/XMLSchema-instance"
  xmlns:xlink="http://www.w3.org/1999/xlink"
  xmlns:ds="http://www.w3.org/2000/09/xmldsig#"
  elementFormDefault="qualified"
  attributeFormDefault="qualified" version="2_0b">
  <import
    namespace="http://www.w3.org/1999/xlink"
    schemaLocation="http://www.oasis-open.org/committees/ebxml-msg/schema/xlink.xsd"/>
  <import
    namespace="http://www.w3.org/2000/09/xmldsig#"
    schemaLocation="http://www.w3.org/TR/xmldsig-core/xmldsig-core-schema.xsd"/>
  <import
    namespace="http://www.w3.org/XML/1998/namespace"
    schemaLocation="http://www.w3.org/2001/03/xml.xsd"/>
  <attributeGroup name="pkg.grp">
    <attribute ref="tns:id" use="required"/>
    <attribute name="mimetype" type="tns:non-empty-string" use="required"/>
    <attribute name="mimeparameters" type="tns:non-empty-string"/>
  </attributeGroup>
  <attributeGroup name="xlink.grp">
    <attribute ref="xlink:type" fixed="simple"/>
    <attribute ref="xlink:href" use="required"/>
  </attributeGroup>
  <element name="CollaborationProtocolAgreement">
    <complexType>
```

```
      <sequence>
        <element ref="tns:Status"/>
        <element ref="tns:Start"/>
        <element ref="tns:End"/>
        <element ref="tns:ConversationConstraints" minOccurs="0"/>
        <element ref="tns:PartyInfo" minOccurs="2" maxOccurs="2"/>
        <element ref="tns:SimplePart" maxOccurs="unbounded"/>
        <element ref="tns:Packaging" maxOccurs="unbounded"/>
        <element ref="tns:Signature" minOccurs="0"/>
        <element ref="tns:Comment" minOccurs="0" maxOccurs="unbounded"/>
      </sequence>
      <attribute name="cpaid" type="tns:non-empty-string" use="required"/>
      <attribute ref="tns:version" use="required"/>
    </complexType>
  </element>
  <element name="Signature">
    <complexType>
      <sequence>
        <element ref="ds:Signature" maxOccurs="3"/>
      </sequence>
    </complexType>
  </element>
  <element name="CollaborationProtocolProfile">
    <complexType>
      <sequence>
        <element ref="tns:PartyInfo" maxOccurs="unbounded"/>
        <element ref="tns:SimplePart" maxOccurs="unbounded"/>
        <element ref="tns:Packaging" maxOccurs="unbounded"/>
        <element ref="tns:Signature" minOccurs="0"/>
        <element ref="tns:Comment" minOccurs="0" maxOccurs="unbounded"/>
      </sequence>
      <attribute name="cppid" type="tns:non-empty-string" use="required"/>
      <attribute ref="tns:version" use="required"/>
    </complexType>
  </element>
  <element name="ProcessSpecification">
    <complexType>
      <sequence>
        <element ref="ds:Reference" minOccurs="0" maxOccurs="unbounded"/>
      </sequence>
      <attribute name="name" type="tns:non-empty-string" use="required"/>
      <attribute ref="tns:version" use="required"/>
      <attributeGroup ref="tns:xlink.grp"/>
```

```
      <attribute name="uuid" type="anyURI"/>
    </complexType>
  </element>
  <element name="Service" type="tns:service.type"/>
  <element name="Protocol" type="tns:protocol.type"/>
  <element name="SendingProtocol" type="tns:protocol.type"/>
  <element name="ReceivingProtocol" type="tns:protocol.type"/>
  <element name="OverrideMshActionBinding">
    <complexType>
      <attribute name="action" type="tns:non-empty-string" use="required"/>
      <attribute name="channelId" type="IDREF" use="required"/>
    </complexType>
  </element>
  <element name="ChannelId" type="IDREF"/>
  <complexType name="ActionBinding.type">
    <sequence>
      <element ref="tns:BusinessTransactionCharacteristics"/>
      <element ref="tns:ActionContext" minOccurs="0"/>
      <element ref="tns:ChannelId" maxOccurs="unbounded"/>
      <any namespace="##other" processContents="lax" minOccurs="0" maxOccurs="un-
bounded"/>
    </sequence>
    <attribute name="id" type="ID" use="required"/>
    <attribute name="action" type="tns:non-empty-string" use="required"/>
    <attribute name="packageId" type="IDREF" use="required"/>
    <attribute ref="xlink:href" use="optional"/>
    <attribute ref="xlink:type" fixed="simple"/>
  </complexType>
  <element name="ActionContext">
    <complexType>
      <sequence>
        <element ref="tns:CollaborationActivity" minOccurs="0"/>
        <any namespace="##other" processContents="lax" minOccurs="0" maxOccurs="un-
bounded"/>
      </sequence>
      <attribute name="binaryCollaboration" type="tns:non-empty-string" use="required"/>
      <attribute name="businessTransactionActivity" type="tns:non-empty-string" use="re-
quired"/>
      <attribute name="requestOrResponseAction" type="tns:non-empty-string" use="re-
quired"/>
    </complexType>
  </element>
  <element name="CollaborationActivity">
```

```
    <complexType>
      <sequence>
        <element ref="tns:CollaborationActivity" minOccurs="0"/>
      </sequence>
      <attribute name="name" type="tns:non-empty-string"/>
    </complexType>
  </element>
  <element name="CollaborationRole">
    <complexType>
      <sequence>
        <element ref="tns:ProcessSpecification"/>
        <element ref="tns:Role"/>
        <element name="ApplicationCertificateRef" type="tns:CertificateRef.type" minOccurs
="0" maxOccurs="unbounded"/>
        <element name="ApplicationSecurityDetailsRef" type="tns:SecurityDetailsRef.type" mi-
nOccurs="0"/>
        <element ref="tns:ServiceBinding"/>
      </sequence>
    </complexType>
  </element>
  <element name="PartyInfo">
    <complexType>
      <sequence>
        <element ref="tns:PartyId" maxOccurs="unbounded"/>
        <element ref="tns:PartyRef" maxOccurs="unbounded"/>
        <element ref="tns:CollaborationRole" maxOccurs="unbounded"/>
        <element ref="tns:Certificate" minOccurs="0" maxOccurs="unbounded"/>
        <element ref="tns:SecurityDetails" minOccurs="0" maxOccurs="unbounded"/>
        <element ref="tns:DeliveryChannel" maxOccurs="unbounded"/>
        <element ref="tns:Transport" maxOccurs="unbounded"/>
        <element ref="tns:DocExchange" maxOccurs="unbounded"/>
        <element ref="tns:OverrideMshActionBinding" minOccurs="0" maxOccurs="unbounded"/>
      </sequence>
      <attribute name="partyName" type="tns:non-empty-string" use="required"/>
      <attribute name="defaultMshChannelId" type="IDREF" use="required"/>
      <attribute name="defaultMshPackageId" type="IDREF" use="required"/>
    </complexType>
  </element>
  <element name="PartyId">
    <complexType>
      <simpleContent>
        <extension base="tns:non-empty-string">
          <attribute name="type" type="anyURI"/>
```

```
        </extension>
      </simpleContent>
    </complexType>
  </element>
  <element name="PartyRef">
    <complexType>
      <sequence>
      </sequence>
      <attributeGroup ref="tns:xlink.grp"/>
      <attribute name="type" type="anyURI"/>
      <attribute name="schemaLocation" type="anyURI"/>
    </complexType>
  </element>
  <element name="DeliveryChannel">
    <complexType>
      <sequence>
        <element ref="tns:MessagingCharacteristics"/>
      </sequence>
      <attribute name="channelId" type="ID" use="required"/>
      <attribute name="transportId" type="IDREF" use="required"/>
      <attribute name="docExchangeId" type="IDREF" use="required"/>
    </complexType>
  </element>
  <element name="Transport">
    <complexType>
      <sequence>
        <element ref="tns:TransportSender" minOccurs="0"/>
        <element ref="tns:TransportReceiver" minOccurs="0"/>
      </sequence>
      <attribute name="transportId" type="ID" use="required"/>
    </complexType>
  </element>
  <element name="AccessAuthentication" type="tns:accessAuthentication.type"/>
  <element name="TransportSender">
    <complexType>
      <sequence>
        <element name="TransportProtocol" type="tns:protocol.type"/>
        <element ref="tns:AccessAuthentication" minOccurs="0" maxOccurs="unbounded"/>
        <element ref="tns:TransportClientSecurity" minOccurs="0"/>
      </sequence>
    </complexType>
  </element>
  <element name="TransportReceiver">
```

```
      <complexType>
        <sequence>
          <element name="TransportProtocol" type="tns:protocol.type"/>
          <element ref="tns:AccessAuthentication" minOccurs="0" maxOccurs="unbounded"/>
          <element ref="tns:Endpoint" maxOccurs="unbounded"/>
          <element ref="tns:TransportServerSecurity" minOccurs="0"/>
        </sequence>
      </complexType>
    </element>
    <element name="Endpoint">
      <complexType>
        <attribute name="uri" type="anyURI" use="required"/>
        <attribute name="type" type="tns:endpointType.type" default="allPurpose"/>
      </complexType>
    </element>
    <element name="TransportClientSecurity">
      <complexType>
        <sequence>
          <element name="TransportSecurityProtocol" type="tns:protocol.type"/>
          <element name="ClientCertificateRef" type="tns:CertificateRef.type" minOccurs="0"/>
          <element name="ServerSecurityDetailsRef" type="tns:SecurityDetailsRef.type" minOccurs="0"/>
          <element ref="tns:EncryptionAlgorithm" minOccurs="0" maxOccurs="unbounded"/>
        </sequence>
      </complexType>
    </element>
    <element name="TransportServerSecurity">
      <complexType>
        <sequence>
          <element name="TransportSecurityProtocol" type="tns:protocol.type"/>
          <element name="ServerCertificateRef" type="tns:CertificateRef.type"/>
          <element name="ClientSecurityDetailsRef" type="tns:SecurityDetailsRef.type" minOccurs="0"/>
          <element ref="tns:EncryptionAlgorithm" minOccurs="0" maxOccurs="unbounded"/>
        </sequence>
      </complexType>
    </element>
    <element name="Certificate">
      <complexType>
        <sequence>
          <element ref="ds:KeyInfo"/>
        </sequence>
```

```
    <attribute name="certId" type="ID" use="required"/>
  </complexType>
</element>
<element name="DocExchange">
  <complexType>
    <sequence>
      <element ref="tns:ebXMLSenderBinding" minOccurs="0"/>
      <element ref="tns:ebXMLReceiverBinding" minOccurs="0"/>
    </sequence>
    <attribute name="docExchangeId" type="ID" use="required"/>
  </complexType>
</element>
<element name="ReliableMessaging">
  <complexType>
    <sequence>
      <element name="Retries" type="integer" minOccurs="0"/>
      <element name="RetryInterval" type="duration" minOccurs="0"/>
      <element name="MessageOrderSemantics" type="tns:messageOrderSemantics.type"/>
    </sequence>
  </complexType>
</element>
<element name="PersistDuration" type="duration"/>
<element name="SenderNonRepudiation">
  <complexType>
    <sequence>
      <element name="NonRepudiationProtocol" type="tns:protocol.type"/>
      <element ref="tns:HashFunction"/>
      <element ref="tns:SignatureAlgorithm" maxOccurs="unbounded"/>
      <element name="SigningCertificateRef" type="tns:CertificateRef.type"/>
    </sequence>
  </complexType>
</element>
<element name="ReceiverNonRepudiation">
  <complexType>
    <sequence>
      <element name="NonRepudiationProtocol" type="tns:protocol.type"/>
      <element ref="tns:HashFunction"/>
      <element ref="tns:SignatureAlgorithm" maxOccurs="unbounded"/>
      <element name="SigningSecurityDetailsRef" type="tns:SecurityDetailsRef.type" minOc-
curs="0"/>
    </sequence>
  </complexType>
</element>
```

```
  <element name="HashFunction" type="tns:non-empty-string"/>
  <element name="EncryptionAlgorithm">
    <complexType>
      <simpleContent>
        <extension base="tns:non-empty-string">
          <attribute name="minimumStrength" type="integer"/>
          <attribute name="oid" type="tns:non-empty-string"/>
          <attribute name="w3c" type="tns:non-empty-string"/>
          <attribute name="enumerationType" type="tns:non-empty-string"/>
        </extension>
      </simpleContent>
    </complexType>
  </element>
  <element name="SignatureAlgorithm">
    <complexType>
      <simpleContent>
        <extension base="tns:non-empty-string">
          <attribute name="oid" type="tns:non-empty-string"/>
          <attribute name="w3c" type="tns:non-empty-string"/>
          <attribute name="enumerationType" type="tns:non-empty-string"/>
        </extension>
      </simpleContent>
    </complexType>
  </element>
  <element name="SenderDigitalEnvelope">
    <complexType>
      <sequence>
        <element name="DigitalEnvelopeProtocol" type="tns:protocol.type"/>
        <element ref="tns:EncryptionAlgorithm" maxOccurs="unbounded"/>
        <element name="EncryptionSecurityDetailsRef" type="tns:SecurityDetailsRef.type"
minOccurs="0"/>
      </sequence>
    </complexType>
  </element>
  <element name="ReceiverDigitalEnvelope">
    <complexType>
      <sequence>
        <element name="DigitalEnvelopeProtocol" type="tns:protocol.type"/>
        <element ref="tns:EncryptionAlgorithm" maxOccurs="unbounded"/>
        <element name="EncryptionCertificateRef" type="tns:CertificateRef.type"/>
      </sequence>
    </complexType>
  </element>
```

```
<element name="ebXMLSenderBinding">
  <complexType>
    <sequence>
      <element ref="tns:ReliableMessaging" minOccurs="0"/>
      <element ref="tns:PersistDuration" minOccurs="0"/>
      <element ref="tns:SenderNonRepudiation" minOccurs="0"/>
      <element ref="tns:SenderDigitalEnvelope" minOccurs="0"/>
      <element ref="tns:NamespaceSupported" minOccurs="0" maxOccurs="unbounded"/>
    </sequence>
    <attribute ref="tns:version" use="required"/>
  </complexType>
</element>
<element name="ebXMLReceiverBinding">
  <complexType>
    <sequence>
      <element ref="tns:ReliableMessaging" minOccurs="0"/>
      <element ref="tns:PersistDuration" minOccurs="0"/>
      <element ref="tns:ReceiverNonRepudiation" minOccurs="0"/>
      <element ref="tns:ReceiverDigitalEnvelope" minOccurs="0"/>
      <element ref="tns:NamespaceSupported" minOccurs="0" maxOccurs="unbounded"/>
    </sequence>
    <attribute ref="tns:version" use="required"/>
  </complexType>
</element>
<element name="NamespaceSupported">
  <complexType>
    <simpleContent>
      <extension base="anyURI">
        <attribute name="location" type="anyURI" use="required"/>
        <attribute ref="tns:version"/>
      </extension>
    </simpleContent>
  </complexType>
</element>
<element name="BusinessTransactionCharacteristics">
  <complexType>
    <attribute name="isNonRepudiationRequired" type="boolean"/>
    <attribute name="isNonRepudiationReceiptRequired" type="boolean"/>
    <attribute name="isConfidential" type="tns:persistenceLevel.type"/>
    <attribute name="isAuthenticated" type="tns:persistenceLevel.type"/>
    <attribute name="isTamperProof" type="tns:persistenceLevel.type"/>
    <attribute name="isAuthorizationRequired" type="boolean"/>
    <attribute name="isIntelligibleCheckRequired" type="boolean"/>
```

```
      <attribute name="timeToAcknowledgeReceipt" type="duration"/>
      <attribute name="timeToAcknowledgeAcceptance" type="duration"/>
      <attribute name="timeToPerform" type="duration"/>
      <attribute name="retryCount" type="integer"/>
    </complexType>
  </element>
  <element name="MessagingCharacteristics">
    <complexType>
      <attribute ref="tns:syncReplyMode" default="none"/>
      <attribute name="ackRequested" type="tns:perMessageCharacteristics. type"
default="perMessage"/>
      <attribute name="ackSignatureRequested" type="tns:perMessageCharacteristics. type"
default="perMessage"/>
      <attribute name="duplicateElimination" type="tns:perMessageCharacteristics. type"
default="perMessage"/>
      <attribute name="actor" type="tns:actor. type"/>
    </complexType>
  </element>
  <element name="ServiceBinding">
    <complexType>
      <sequence>
        <element ref="tns:Service"/>
        <element ref="tns:CanSend" minOccurs="0" maxOccurs="unbounded"/>
        <element ref="tns:CanReceive" minOccurs="0" maxOccurs="unbounded"/>
      </sequence>
    </complexType>
  </element>
  <element name="CanSend">
    <complexType>
      <sequence>
        <element name="ThisPartyActionBinding" type="tns:ActionBinding. type"/>
        <element name="OtherPartyActionBinding" type="IDREF" minOccurs="0"/>
        <element ref="tns:CanReceive" minOccurs="0" maxOccurs="unbounded"/>
      </sequence>
    </complexType>
  </element>
  <element name="CanReceive">
    <complexType>
      <sequence>
        <element name="ThisPartyActionBinding" type="tns:ActionBinding. type"/>
        <element name="OtherPartyActionBinding" type="IDREF" minOccurs="0"/>
        <element ref="tns:CanSend" minOccurs="0" maxOccurs="unbounded"/>
      </sequence>
```

```
    </complexType>
  </element>
  <element name="Status">
    <complexType>
      <attribute name="value" type="tns:statusValue.type" use="required"/>
    </complexType>
  </element>
  <element name="Start" type="dateTime"/>
  <element name="End" type="dateTime"/>
  <element name="Type" type="tns:non-empty-string"/>
  <element name="ConversationConstraints">
    <complexType>
      <attribute name="invocationLimit" type="int"/>
      <attribute name="concurrentConversations" type="int"/>
    </complexType>
  </element>
  <element name="Role">
    <complexType>
      <attribute name="name" type="tns:non-empty-string" use="required"/>
      <attributeGroup ref="tns:xlink.grp"/>
    </complexType>
  </element>
  <element name="SignatureTransforms">
    <complexType>
      <sequence>
        <element ref="ds:Transform" maxOccurs="unbounded"/>
      </sequence>
    </complexType>
  </element>
  <element name="EncryptionTransforms">
    <complexType>
      <sequence>
        <element ref="ds:Transform" maxOccurs="unbounded"/>
      </sequence>
    </complexType>
  </element>
  <element name="Constituent">
    <complexType>
      <sequence>
        <element ref="tns:SignatureTransforms" minOccurs="0"/>
        <element ref="tns:EncryptionTransforms" minOccurs="0"/>
      </sequence>
      <attribute ref="tns:idref" use="required"/>
```

```
      <attribute name="excludedFromSignature" type="boolean" default="false"/>
      <attribute name="minOccurs" type="nonNegativeInteger"/>
      <attribute name="maxOccurs" type="nonNegativeInteger"/>
    </complexType>
  </element>
  <element name="Packaging">
    <complexType>
      <sequence>
        <element name="ProcessingCapabilities">
          <complexType>
            <attribute name="parse" type="boolean" use="required"/>
            <attribute name="generate" type="boolean" use="required"/>
          </complexType>
        </element>
        <element name="CompositeList" maxOccurs="unbounded">
          <complexType>
            <choice maxOccurs="unbounded">
              <element name="Encapsulation">
                <complexType>
                  <sequence>
                    <element ref="tns:Constituent"/>
                  </sequence>
                  <attributeGroup ref="tns:pkg.grp"/>
                </complexType>
              </element>
              <element name="Composite">
                <complexType>
                  <sequence>
                    <element ref="tns:Constituent" maxOccurs="unbounded"/>
                  </sequence>
                  <attributeGroup ref="tns:pkg.grp"/>
                </complexType>
              </element>
            </choice>
          </complexType>
        </element>
      </sequence>
      <attribute ref="tns:id" use="required"/>
    </complexType>
  </element>
  <element name="Comment">
    <complexType>
      <simpleContent>
```

```
      <extension base="tns:non-empty-string">
        <attribute ref="xml:lang"/>
      </extension>
    </simpleContent>
  </complexType>
</element>
<element name="SimplePart">
  <complexType>
    <sequence>
      <element ref="tns:NamespaceSupported" minOccurs="0" maxOccurs="unbounded"/>
    </sequence>
    <attributeGroup ref="tns:pkg. grp"/>
    <attribute ref="xlink:role"/>
  </complexType>
</element>
<! -- COMMON -->
<simpleType name="statusValue. type">
  <restriction base="NMTOKEN">
    <enumeration value="agreed"/>
    <enumeration value="signed"/>
    <enumeration value="proposed"/>
  </restriction>
</simpleType>
<simpleType name="endpointType. type">
  <restriction base="NMTOKEN">
    <enumeration value="login"/>
    <enumeration value="request"/>
    <enumeration value="response"/>
    <enumeration value="error"/>
    <enumeration value="allPurpose"/>
  </restriction>
</simpleType>
<simpleType name="non-empty-string">
  <restriction base="string">
    <minLength value="1"/>
  </restriction>
</simpleType>
<simpleType name="syncReplyMode. type">
  <restriction base="NMTOKEN">
    <enumeration value="mshSignalsOnly"/>
    <enumeration value="responseOnly"/>
    <enumeration value="signalsAndResponse"/>
    <enumeration value="signalsOnly"/>
```

```
    <enumeration value="none"/>
  </restriction>
</simpleType>
<complexType name="service.type">
  <simpleContent>
    <extension base="tns:non-empty-string">
      <attribute name="type" type="tns:non-empty-string"/>
    </extension>
  </simpleContent>
</complexType>
<complexType name="protocol.type">
  <simpleContent>
    <extension base="tns:non-empty-string">
      <attribute ref="tns:version"/>
    </extension>
  </simpleContent>
</complexType>
<attribute name="idref" type="IDREF"/>
<attribute name="id" type="ID"/>
<attribute name="version" type="tns:non-empty-string"/>
<attribute name="syncReplyMode" type="tns:syncReplyMode.type"/>
<complexType name="SecurityPolicy.type"/>
<complexType name="CertificateRef.type">
  <attribute name="certId" type="IDREF" use="required"/>
</complexType>
<simpleType name="perMessageCharacteristics.type">
  <restriction base="NMTOKEN">
    <enumeration value="always"/>
    <enumeration value="never"/>
    <enumeration value="perMessage"/>
  </restriction>
</simpleType>
<simpleType name="actor.type">
  <restriction base="NMTOKEN">
    <enumeration value="urn:oasis:names:tc:ebxml-msg:actor:nextMSH"/>
    <enumeration value="urn:oasis:names:tc:ebxml-msg:actor:toPartyMSH"/>
  </restriction>
</simpleType>
<simpleType name="messageOrderSemantics.type">
  <restriction base="Name">
    <enumeration value="Guaranteed"/>
    <enumeration value="NotGuaranteed"/>
  </restriction>
```

```
  </simpleType>
  <complexType name="SecurityDetailsRef.type">
    <attribute name="securityId" type="IDREF" use="required"/>
  </complexType>
  <simpleType name="persistenceLevel.type">
    <restriction base="Name">
      <enumeration value="none"/>
      <enumeration value="transient"/>
      <enumeration value="persistent"/>
      <enumeration value="transient-and-persistent"/>
    </restriction>
  </simpleType>
  <element name="SecurityDetailsRef" type="tns:SecurityDetailsRef.type"/>
  <element name="SecurityDetails">
    <complexType>
      <sequence>
        <element ref="tns:TrustAnchors" minOccurs="0"/>
        <element ref="tns:SecurityPolicy" minOccurs="0"/>
      </sequence>
      <attribute name="securityId" type="ID" use="required"/>
    </complexType>
  </element>
  <element name="TrustAnchors">
    <complexType>
      <sequence>
        <element name="AnchorCertificateRef" type="tns:CertificateRef.type" maxOccurs=
"unbounded"/>
      </sequence>
    </complexType>
  </element>
  <element name="SecurityPolicy">
    <complexType>
      <sequence>
      </sequence>
    </complexType>
  </element>
  <simpleType name="accessAuthentication.type">
    <restriction base="NMTOKEN">
      <enumeration value="basic"/>
      <enumeration value="digest"/>
    </restriction>
  </simpleType>
</schema>
```

# 附 录 E
# （资料性附录）
# CPA 的构成

## E.1 计算程序设计建议

对顶层元素(CPP 和 CPA)的 schemas 快速检查表明，可以把 CPA 看作是 CPP 中 PartyInfo 元素的各部分合并，然后把这些 PartyInfo 元素与其他 CPA 同级元素(如管理 CPA 有效期的元素)集成在一起的结果。

把 CPP 合并成 CPA 是贸易伙伴获得建议性或“草案性”CPA 的一种方法，也可以根据 CPA 模板来形成 CPA 草案。CPA 模板是一个参与方所建议的、使用占位符值来标识其他参与方情况(如 PartyId 或 TransportEndpoint 元素)的业务过程实现。为了根据 CPA 模板形成 CPA，应由其他贸易参与方的实际值替代这些占位符值。这些实际值本身可以从其他参与方的 CPP 中提取(如果有的话)，或者可以从执行数据入口功能的管理者那里获得。

本部分把指出对象潜在用法的 CPA 草案称为 CPA 协商过程的输入。在该过程中，应验证 CPA 草案是否适用于双方，即通过修改直到找到适合的 CPA，或者直到一方(或双方)获得其他可行的软件。目前正在制定这些协商程序和规程，同时定义它们的需求，并将在本规范的下一版本中给出结果说明。通常，当通过协商获得反映最终协议的详细参数值时，CPA 草案就应是一个把业务过程全部绑定到传输实现的建议。一个特殊的伴随性文档，即协商描述性文档，主要说明了能被协商的参数以及这些参数的可接受值的范围或集合。

本附录剩余部分的目的是标识和描述组成 CPA 草案的计算程序通常要完成的基本任务。当非规范性的规定用于 CPA 构成算法时，应向实现者提供某些指导。这种指导有助于实现者设计一个对配置业务协同有用的、部分自动和部分交互的软件系统，从而获得完整的互操作性。

在枚举和描述这些基本任务之前，有必要对本部分主要关注 CPA 构成任务而不是试图给出 CPA 构成算法的两个基本原因作出说明。这两个原因表明实现者可以按照自己的方法通过 CPP 来起草 CPA。

### E.1.1 输入的可变性

在形成 CPA 的过程中，用户的喜好是一个可变因素。假设本节中，每个参与方可以使可能的合作者获得其 CPP。通常参与方应有一个所期望的业务协同(在 ProcessSpecification 文档中定义的)来与其中意的合作者进行合作。因此，信息输入通常不仅应涉及 CPP，还应涉及所中意的业务协同用户的优先选择权。

CPA 构成工具可以访问在形成 CPA 的 CPP 中没有发布的本地用户信息。用户可以选择只发布那些不被反对的系统能力。例如，用户只能使用 HTTP 发布，此时即使能够使用 FTP，也要将其忽略。忽略 FTP 的原因可能涉及管理 FTP 会话的用户帐户、目录以及口令等的可扩充性。尽管没有发布 FTP 能力，但是所配置的软件能够使用那些有关其自身 FTP 能力的隐含知识来与所期望的合作伙伴形成一个 CPA，该合作伙伴正好有所期望的进行业务协同的 FTP 能力。换句话说，在这种情况下，商业利益可以跨越反对策略。隐含的知识和详细的优先选择信息解释了 CPA 形成过程中输入的可变性。

### E.1.2 在评估所建议的协议中的可变性说明

由两个 CPP 形成 CPA 的输出条件可能涉及互操作性的不同层次和扩展。换句话说，当不存在一个满足每个需求层次和附加限制的优化解决方案时，参与方可以提出一个尽可能多地满足实现需求的 CPA。可以请求用户来决定什么是一个足够好的实现系统，以便根据表示优先选择的用户配置选择的变化而变化。实际上,可以在安全性、可靠消息传输、信号层和确认层以及其他方面进行妥协,以便找出进行业务协同的可接受方法。

CPA 可以支持一个完整的互操作配置,在这里已经就所有业务协同所需的技术层达成协议。此时,在所有相关技术层中应能找到能力上相匹配的参与方。

然而,在 CPA 中可以商定互操作配置,而不是业务协同的所有方面都匹配。尽管在打包、安全性、信号传输、可靠消息传输以及其他方面可能存在缝隙,但是这些系统仍然可以传输业务数据,并且可以采用某些特殊方法来处理这些异常。此时,CPA 能够反映配置策略或请求用户允许忽略配置中的某些缺陷。在业务协同中,系统只要支持提供接收抗抵赖性的特定能力,即使系统无法进行响应,但它仍然可以进行业务交易。系统也许不能处理所有需要支持的处理过程,例如,带有附件的 SOAP 能够按照"multipart/mixed"处理来处理多部分,并允许进行业务协同。事实上,只要可以传输数据和可以提供与业务协同相关的数据,就存在对给定的重要商业利益而言不是暂时或明确的妥协的几个特征。预计这种"部分互操作性"的情况将持续一段时间,因此用一个公式化的"清除"算法进行干预以决定对于互操作性什么是足够的。

## E.2 形成 CPA 构件任务

从技术角度看,CPA 提供了业务协同规范(如在 ProcessSpecification 所参考的文档中定义的内容)与用于实现这些规范的服务以及规范之间的"绑定"。在若干层上执行该实施系统并且该实施系统包括这些层的各种服务。实现充分互操作合作绑定的 CPA 被认为是获得互操作的、应用系统到应用系统的集成。CPA 可能无法满足该目标,但是对于合作伙伴而言仍然是有用的和可接受的。当然,如果无法找到相匹配的数据传输能力,则 CPA 将无法以互操作集成的方式提供更多的能力。同样,在完全满足应用系统到应用系统的集成前,部分 CPA 可以保留将要完成的重要的系统工作。即使如此,部分集成完全可以允许合作,并从增加的自动层获益。

实际上,构成 CPA 的过程的结果可能是一个完整的 CPA、一个失败的结果、一个出现与用户对话的缝隙列表,甚至可以是一个对于业务协同方而言是很好的、部分互操作性的 CPA。由于相匹配的能力和互操作性是一个程度问题,因此构建任务正在寻找在不同层上和用于不同服务的匹配能力。下面将着手描述这些最重要的构建任务。

## E.3 从 CPP 形成 CPA:任务语境

为了简化描述,假设通过软件代理商观察所面对的如下任务:

a) 了解所期望的合作方并且已经检索出合作方的 CPP;
b) 已经选定本方与期望的合作方之间的 ProcessSpecification;
c) 了解 Service 元素、Action 元素以及软件代理商在业务协同(后面将对 BinaryCollaboration 进行严格描述)中所扮演的特定的 Role 元素;
d) 最后,了解 CPP 中已知的发布能力。

通过上面的描述,将使用"3A4"ebBPSS 实例和公司 A 和公司 B 的 CPP 展开讨论,公司 A 和公司 B 的 CPP 可以在本文档的附录中找到,还可以在 OASIS ebXML CPPA 技术委员会的网址中获得。为了简化,假设在代理的 CPP 处和期望的合作方的 CPP 处获得有关能力的信息受到限制。还假设从公司 A 的角度来组成一个 CPA 草案。请注意,这里无法保证从不同的视角、以相同的顺序产生相同的 CPA 草案。

通常,这些基本任务由在合作协议栈的各个层找出我方的能力和期望的合作方能力之间的"匹配"以及找出在这些层提供的相对服务之间的"匹配"组成。虽然无须对该站点进行详细描述,但它至少可以通过应用程序层和消息传输层进行区别。应用程序层由像 ebBPSS 这样的业务过程流规范管理。消息传输层应由若干涉及传输协议、安全、打包,以及消息传输样式(如各种确认、错误消息以及类似的事件)的需求和选择组成。

在把这些任务组成一个可计算过程时,通常应使得按一定顺序执行的这些任务有意义。总体顺序反映了该CPA的隐示结构:首先承担这些任务以确保相对的业务协同过程有一个匹配。当无法在相同的ProcessSpecification中成功地找到合作方时,只有很少的点在工作中通过实现系统的选择。因此,已经宣布要对业务协同过程的绑定构件中的匹配进行检查,首先检查与传输层有关的最重要的匹配,然后继续检查像打包、安全、信号和协议样式等等这样反映整体互操作性的层。通过这些基本观察,着手考虑更为详细的基本任务。

## E.4 进行任务匹配的业务协同过程

公司A已经宣布在其CPP中至少有一个PartyInfo元素。就当前目的来说,最重要的事情应放在具有路径为/CollaborationProtocolProfile/PartyInfo/CollaborationRole所有同级元素。每个这样的元素都有一个子元素ProcessSpecification。首先进行的任务匹配(看作筛选任务也许更好)是选择那些节点,在这些节点处ProcessSpecification正是我们有兴趣建立一个CPA的地方。在检查这些属性值时,允许通过比较name属性、xlink:href属性或uuid属性的值后进行选择。在ProcessSpecification/@uuid属性中找出与ebBPSS过程规范进行匹配的确定的值。

### E.4.1 匹配ProcessSpecification/Roles和Action:首先进行过滤和选择

在前面的任务中,基本上已经在我方和合作方的CPP文档中找出两个CollaborationRole节点,这些文档中的ProcessSpecification是相同的,并且与上面给出的值相同。换句话说,我方具有携带ProcessSpecification/@name='PIP3A4RequestPurchaseOrder(请求购买订货单)的CollaborationRoles。在进行该选择时使用name属性,虽然很方便但不实际。

下面将着手过滤这些节点。在ProcessSpecification中已经给出了我方的Role元素值。对于公司A,该Role有一个值为“Buyer(买方)”的name属性。由于在此仅考虑在ebBPSS术语(或其他等同的流通语言)中的BinaryCollaborations元素,因此我方仅对合作方的CPP中Role值为“Seller(卖方)”的CollaborationRole节点感兴趣。因此我方把目标集中在有Role/@name=“Buyer”的公司A的CPP的CollaborationRole节点上和有Role/@name=“Seller”的公司B的CPP的CollaborationRole节点上。

对于多个一般的合作来说,如ebBPSS的MultiPartyCollaboration,我方需要了解过程中角色的列表,并且继续跟踪CollaborationRole的每个与参与方对应的所选择的Role值。由于多个参与方CPA不属于本规范说明的范围,因此我们不对涉及多个角色合作的匹配/筛选任务进行描述。

## E.5 实现匹配任务

在用所期望的ProcessSpecification筛选了CollaborationRoles之后,应在扮演买方角色的CPP中找出一个CollaborationRole,同时在所期望的合作方公司B中扮演卖方作用的CPP中找到另外一个CollaborationRole。

下一步的任务是定位形成与CPA信息相关的特定的后选绑定(包括服务绑定和活动绑定)。为了简化,当出现一个涉及请求活动后面跟随响应活动这样的标准合作案例时,应详细考虑任务匹配。对于本部分的当前版本,大部分任务匹配应涉及位于CollaborationRole/ServiceBinding/CanSend之下的和CollaborationRole/ServiceBinding/CanReceive之下的CPP的ThisPartyActionBinding元素所引用构件的匹配。

### E.5.1 行动对应性与选择相关性的PackageIds和ChannelIds

在CPP中,位于CollaborationRole/ServiceBinding/CanSend和CollaborationRole/ServiceBinding/CanReceive之下的元素是ThisPartyActionBinding元素列表。对于请求-响应合作方式,我方对匹配感兴趣:

a) 在请求活动中,把请求方的CanReceive/ThisPartyActionBinding与响应方的CanSend/This-

PartyActionBinding 进行绑定；

b) 在响应活动中，把响应方的 CanReceive/ThisPartyActionBinding 与请求方的 CanSend/ThisPartyActionBinding 进行绑定。

这些相关的绑定给出了为完全的互操作协议进行匹配所需引用的构件。案例 1 与请求相关联。案例 2 与响应相关联。

例如，对于公司 A，在 CanSend 之下可以发现：

```
<tp:ThisPartyActionBinding tp:action="Purchase Order Request Action"
tp:packageId="CompanyA_RequestPackage">
    <tp:BusinessTransactionCharacteristics …/>
    <tp:ActionContext tp:binaryCollaboration="Request Purchase Order"
tp:businessTransactionActivity="Request Purchase Order" tp:requestOrResponseAction="Purchase
Order Request Action"/>
    <tp:ChannelId>asyncChannelA1</tp:ChannelId>
</tp:ThisPartyActionBinding>
```

对于与此相关的公司 B，在 CanReceive 之下可以发现：

```
<tp:ThisPartyActionBinding tp:action="Purchase Order Request Action"
tp:packageId="CompanyB_RequestPackage">
    <tp:BusinessTransactionCharacteristics …/>
    <tp:ActionContext tp:binaryCollaboration="Request Purchase Order"
tp:businessTransactionActivity="Request Purchase Order" tp:requestOrResponseAction="Purchase
Order Request Action"/>
    <tp:ChannelId>asyncChannelB1</tp:ChannelId>
</tp:ThisPartyActionBinding>
```

元素的关联性通常（当我们涉及 BPSS BinaryCollaboration 或其他等同的表示时）基于与 action（或 requestOrResponseAction）相同的值。元素更详细的关联性可以利用与一对 CanSend 和 CanReceive 元素有关的 ActionContext 子元素中值进行测试和比较。

在此过程中，已经描述了用于异步绑定的 CanSend 与 CanReceive 的匹配。所有在 ServiceBinding 元素之下的 CanSend 绑定是异步的，并且使用独立 TCP 连接，CanSend 方通过监听 TCP 端口发起。为了表示用于同步发送的绑定细目，我们采用该约定从而替代发送方 CanSend 元素之下的用于发送方的 CanReceive 元素。其描述为：

```
<tp:CanSend>
  <tp:ThisPartyActionBinding
    tp:id="companyA_ABID6"
    tp:action="Purchase Order Request Action"
    tp:packageId="CompanyA_RequestPackage">
  <tp:BusinessTransactionCharacteristics
    tp:isNonRepudiationRequired="true"
    tp:isNonRepudiationReceiptRequired="true"
    tp:isConfidential="transient"
    tp:isAuthenticated="persistent"
    tp:isTamperProof="persistent"
    tp:isAuthorizationRequired="true"
    tp:timeToAcknowledgeReceipt="PT2H"
```

```
    tp:timeToPerform="P1D"/>
    <tp:ActionContext
      tp:binaryCollaboration="Request Purchase Order"
      tp:businessTransactionActivity="Request Purchase Order"
      tp:requestOrResponseAction="Purchase Order Request Action"/>
    <tp:ChannelId>syncChannelA1</tp:ChannelId>
  </tp:ThisPartyActionBinding>
  <tp:CanReceive>
    <tp:ThisPartyActionBinding
      tp:id="companyA_ABID7"
      tp:action="Purchase Order Confirmation Action"
      tp:packageId="CompanyA_SyncReplyPackage">
    <tp:BusinessTransactionCharacteristics
      tp:isNonRepudiationRequired="true"
      tp:isNonRepudiationReceiptRequired="true"
      tp:isConfidential="transient"
      tp:isAuthenticated="persistent"
      tp:isTamperProof="persistent"
      tp:isAuthorizationRequired="true"
      tp:timeToAcknowledgeReceipt="PT2H"
      tp:timeToPerform="P1D"/>
    <tp:ActionContext
      tp:binaryCollaboration="Request Purchase Order"
      tp:businessTransactionActivity="Request Purchase Order"
      tp:requestOrResponseAction="Purchase Order Confirmation Action"/>
    <tp:ChannelId>syncChannelA1</tp:ChannelId>
    </tp:ThisPartyActionBinding>
  </tp:CanReceive>
  <tp:CanReceive>
    <tp:ThisPartyActionBinding
      tp:id="companyA_ABID8"
      tp:action="Exception"
      tp:packageId="CompanyA_ExceptionPackage">
    <tp:BusinessTransactionCharacteristics
      tp:isNonRepudiationRequired="true"
      tp:isNonRepudiationReceiptRequired="true"
      tp:isConfidential="transient"
      tp:isAuthenticated="persistent"
      tp:isTamperProof="persistent"
      tp:isAuthorizationRequired="true"
      tp:timeToAcknowledgeReceipt="PT2H"
      tp:timeToPerform="P1D"/>
    <tp:ChannelId>syncChannelA1</tp:ChannelId>
```

```
    </tp:ThisPartyActionBinding>
  </tp:CanReceive>
</tp:CanSend>
```

本子序列应还可以移入到同步接收方，在此其 CanSend 元素处于用来表示开始接收一个请求的 CanReceive 元素之下。来自公司 B 的同步绑定描述为：

```
<tp:CanReceive>
  <tp:ThisPartyActionBinding
    tp:id="companyB_ABID8"
    tp:action="Purchase Order Request Action"
    tp:packageId="CompanyB_SyncReplyPackage">
    <tp:BusinessTransactionCharacteristics
      tp:isNonRepudiationRequired="true"
      tp:isNonRepudiationReceiptRequired="true"
      tp:isConfidential="transient"
      tp:isAuthenticated="persistent" tp:isTamperProof="persistent"
      tp:isAuthorizationRequired="true" tp:timeToAcknowledgeReceipt="PT5M"
      tp:timeToPerform="PT5M"/>
    <tp:ActionContext
      tp:binaryCollaboration="Request Purchase Order"
      tp:businessTransactionActivity="Request Purchase Order"
      tp:requestOrResponseAction="Purchase Order Request Action"/>
    <tp:ChannelId>syncChannelB1</tp:ChannelId>
  </tp:ThisPartyActionBinding>
  <tp:CanSend>
    <tp:ThisPartyActionBinding
      tp:id="companyB_ABID6"
      tp:action="Purchase Order Confirmation Action"
      tp:packageId="CompanyB_ResponsePackage">
      <tp:BusinessTransactionCharacteristics
        tp:isNonRepudiationRequired="true"
        tp:isNonRepudiationReceiptRequired="true"
        tp:isConfidential="transient"
        tp:isAuthenticated="persistent"
        tp:isTamperProof="persistent"
        tp:isAuthorizationRequired="true"
        tp:timeToAcknowledgeReceipt="PT5M"
        tp:timeToPerform="PT5M"/>
      <tp:ActionContext
        tp:binaryCollaboration="Request Purchase Order"
        tp:businessTransactionActivity="Request Purchase Order"
        tp:requestOrResponseAction="Purchase Order Confirmation Action"/>
      <tp:ChannelId>syncChannelB1</tp:ChannelId>
    </tp:ThisPartyActionBinding>
```

```
  </tp:CanSend>
  <tp:CanSend>
    <tp:ThisPartyActionBinding
      tp:id="companyB_ABID7"
      tp:action="Exception"
      tp:packageId="CompanyB_ExceptionPackage">
      <tp:BusinessTransactionCharacteristics
        tp:isNonRepudiationRequired="true"
        tp:isNonRepudiationReceiptRequired="true"
        tp:isConfidential="transient"
        tp:isAuthenticated="persistent"
        tp:isTamperProof="persistent"
        tp:isAuthorizationRequired="true"
        tp:timeToAcknowledgeReceipt="PT5M"
        tp:timeToPerform="PT5M"/>
      <tp:ChannelId>syncChannelB1</tp:ChannelId>
    </tp:ThisPartyActionBinding>
  </tp:CanSend>
</tp:CanReceive>
```

### E.5.2 匹配和检查 DeliveryChannel 细目

到目前为止,所进行的大部分匹配工作是为了找出成对的关联性行动绑定,因此该匹配已作为一个筛选机制起作用。然而,一旦具有成对的关联性活动绑定,检查用于匹配的工作将贯穿各个操作部分——传输、传输安全、各项任务的 PKI 兼容性、有关消息传输特性[可靠的消息传输、数字封装、签名确认(最小的接收抗抵赖性)]的协议、源的抗抵赖性、打包细目等。

一旦具有行动绑定,IDREF 就将为进行比较的基本构件提供参考。例如,当比较打包细目时,在 CanSend/ThisPartyActionBinding/@packageId 和其他 CPP 的 CanReceive/ThisPartyAction-Binding/@packageId 中找到请求 IDREFS。对于公司 A 的请求"购买定单请求行动",在下面找到了打包 IDREF:

```
tp:packageId="CompanyA_RequestPackage"
```

并且该 IDREF 的值指的是:

```
<tp:Packaging tp:id="CompanyA_RequestPackage">
  <tp:ProcessingCapabilities tp:parse="true"
  tp:generate="true"/>
  <tp:CompositeList>
    <tp:Composite tp:id="CompanyA_RequestMsg"
      tp:mimetype="multipart/related"
      tp:mimeparameters="type=text/xml;">
      <tp:Constituent tp:idref="CompanyA_MsgHdr"/>
      <tp:Constituent tp:idref="CompanyA_Request"/>
    </tp:Composite>
  </tp:CompositeList>
</tp:Packaging>
```

对于公司 A 的请求"购买定单请求行动",在下面找到了传递通道的 IDREF:

```
<tp:ChannelId>asyncChannelA1</tp:ChannelId>
```

并且该 IDREF 的值指的是带有该 ID 的元素，即：

```
<tp:DeliveryChannel tp:channelId="asyncChannelA1" tp:transportId="transportA1"
tp:docExchangeId="docExchangeA1">
<tp:MessagingCharacteristics
    tp:syncReplyMode="none"
    tp:ackRequested="always"
    tp:ackSignatureRequested="always"
    tp:duplicateElimination="always"/>
</tp:DeliveryChannel>
```

在 DeliveryChannel 的属性中可以找到两个为了理解该绑定而保留的重要参考，即：DeliveryChannel/@transportId 和该属性中的 DeliveryChannel/@docExchangeId。

例如，对于公司 A，发现 transportId="transportA1"，并且 docExchangeId=“docExchangeA1”是为继续绑定带有 DeliveryChannel "asyncChannelA1 信息的 IDREF。分析这些参考可获得：

```
<tp:Transport tp:transportId="transportA1">
  <tp:TransportSender>
  <tp:TransportProtocol tp:version="1.1">HTTP</tp:TransportProtocol>
  <tp:TransportClientSecurity>
    <tp:TransportSecurityProtocol tp:version="3.0">SSL</tp:TransportSecurityProtocol>
  <ClientCertificateRef tp:certId="CompanyA_ClientCert"/>
    <tp:ServerSecurityDetailsRef tp:securityId="CompanyA_TransportSecurity"/>
  </tp:TransportClientSecurity>
  </tp:TransportSender>
  <tp:TransportReceiver>
  <tp:TransportProtocol tp:version="1.1">HTTP</tp:TransportProtocol>
  <tp:Endpoint tp:uri="https://www.CompanyA.com/servlets/ebxmlhandler/async"
tp:type="allPurpose"/>
  <tp:TransportServerSecurity>
  <tp:TransportSecurityProtocol tp:version="3.0">SSL</tp:TransportSecurityProtocol>
  <tp:ServerCertificateRef tp:certId="CompanyA_ServerCert"/>
    <tp:ClientSecurityDetailsRef tp:securityId="CompanyA_TransportSecurity"/>
  </tp:TransportServerSecurity>
  </tp:TransportReceiver>
</tp:Transport>
```

对于 transportID 为 transportA1 时，并且

```
<tp:DocExchange tp:docExchangeId="docExchangeA1">
  <tp:ebXMLSenderBinding tp:version="2.0">
  <tp:ReliableMessaging>
    <tp:Retries>3</tp:Retries>
    <tp:RetryInterval>PT2H</tp:RetryInterval>
    <tp:MessageOrderSemantics>Guaranteed</tp:MessageOrderSemantics>
  </tp:ReliableMessaging>
  <tp:PersistDuration>P1D</tp:PersistDuration>
```

```
<tp:SenderNonRepudiation>
<tp:NonRepudiationProtocol>http://www.w3.org/2000/09/xmldsig#
</tp:NonRepudiationProtocol>
<tp:HashFunction>http://www.w3.org/2000/09/xmldsig#sha1
</tp:HashFunction>
<tp:SignatureAlgorithm>http://www.w3.org/2000/09/xmldsig#dsa-sha1
</tp:SignatureAlgorithm>
<tp:SigningCertificateRef tp:certId="CompanyA_SigningCert"/>
</tp:SenderNonRepudiation>
<tp:SenderDigitalEnvelope>
  <tp:DigitalEnvelopeProtocol tp:version="2.0">S/MIME</tp:DigitalEnvelopeProtocol>
  <tp:EncryptionAlgorithm>DES-CBC</tp:EncryptionAlgorithm>
  <tp:EncryptionSecurityDetailsRef tp:securityId="CompanyA_MessageSecurity"/>
</tp:SenderDigitalEnvelope>
</tp:ebXMLSenderBinding>
<tp:ebXMLReceiverBinding tp:version="2.0">
<tp:ReliableMessaging>
  <tp:Retries>3</tp:Retries>
  <tp:RetryInterval>PT2H</tp:RetryInterval>
  <tp:MessageOrderSemantics>Guaranteed</tp:MessageOrderSemantics>
</tp:ReliableMessaging>
<tp:PersistDuration>P1D</tp:PersistDuration>
<tp:ReceiverNonRepudiation>
<tp:NonRepudiationProtocol>http://www.w3.org/2000/09/xmldsig#
</tp:NonRepudiationProtocol>
<tp:HashFunction>http://www.w3.org/2000/09/xmldsig#sha1
</tp:HashFunction>
<tp:SignatureAlgorithm>http://www.w3.org/2000/09/xmldsig#dsa-sha1
</tp:SignatureAlgorithm>
<tp:SigningSecurityDetailsRef tp:securityId="CompanyA_MessageSecurity"/>
</tp:ReceiverNonRepudiation>
<tp:ReceiverDigitalEnvelope>
  <tp:DigitalEnvelopeProtocol tp:version="2.0">S/MIME</tp:DigitalEnvelopeProtocol>
  <tp:EncryptionAlgorithm>DES-CBC</tp:EncryptionAlgorithm>
  <tp:EncryptionCertificateRef tp:certId="CompanyA_EncryptionCert"/>
</tp:ReceiverDigitalEnvelope>
</tp:ebXMLReceiverBinding>
</tp:DocExchange>
```

docExchangeId 为 docExchangeA1。

当然还有其他参考，像有关安全能力的参考，这些参考对于检查详细的匹配特性进行分析应是重要的，但是引进的四个 IDREF(两个为发送方，两个为接收方)对于构成草案性的 CPA 匹配测试是最重要的。假设读者能够通过使用附录中公司 A 和公司 B 的 CPP 和 CPA 的例子分析 IDREF，并且为了节省空间将不以文本的形式给出它们。

下面转到更深入地测试处理,在寻找草案性 CPA 的元素时将涉及这些测试。

将进一步说明的详细任务为:

a) 匹配信道的 MessagingCharacteristics;

b) 检查带有信道细目的 BusinessTransactionCharacteristics;

c) 匹配 Packaging;

d) 匹配 Transport 和 Transport[Receiver/Sender]Security;

e) 匹配和检查 DocExchange 的子树。

由于有关 Transport 的协议是基础性的,因此应首先进行考虑。计算过程很可能首先找到与 Transport 细目匹配的对,并且忽略在该层无法匹配的对。

**E.5.2.1 匹配 Transport 元素**

匹配 Transport 元素首先涉及把请求方的 Transport/TransportSender/TransportProtocol 能力与在接收请求的合作方之下找到的 Transport/TransportReceiver/TransportProtocol 能力进行匹配。可能存在若干个这样的匹配,并且在形成一个草案时使用任何一个这样的匹配,该草案提供了其他方面的匹配。假设每个 CPP 列出了其首选的传输协议(通过由列出的引用 Transport 元素的绑定来决定),但是不同的结果可能导致依赖最初匹配搜寻时使用的 CPA。通常,优选解决方案的差异留给不同阶段的 CPA 协商,后面跟着草案性的 CPA 建议。可通过明显的用户行动进行协商,而且预计将会逐步自动完成。

其次匹配传输涉及把响应合作方的 TransportSender/TransportProtocol 能力与其在接收响应的合作方之下找到的 TransportReceiver/TransportProtocol 能力进行匹配,接收响应的合作方是典型的发送请求的合作方。可能存在若干个这样的匹配,并且任何一个这样的匹配可能被用于形成一个草案。然而,在某种情况下,也许没有必要在 TransportProtocol 上进行第二次匹配。如果使用 HTTP 或其他支持同步响应的协议,并且 DeliveryChannel 有一个 MessagingCharacteristics 子元素,其 syncReplyMode 属性具有“signalsAndResponse”的值时,则每件事情将同步返回,并且没有必要在 TransportProtocol 上为响应 DeliveryChannel 进行第二次匹配。

如果给出 TransportSecurity,则可能有一个附加的检查。首先,TransportSender/TransportClientSecurity/TransportClientProtocol 应与 TransportReceiver/TransportServerSecurity/TransportSecurityProtocol 兼容。其次,如果给出 TransportSender/TransportClientSecurity/ClientSecurityDetailsRef 元素或者 TransportSender/TransportClientSecurity/ServerSecurityDetailsRef 元素,并且给出包括 AnchorCertificateRef 的 IDREF 参考元素,则存在一个机会来检查在 TransportSecurityProtocol 中使用的参与方的 PKI 信任证书的适应性。例如,通过分析 TransportSender/TransportClientSecurity/ClientCertificateRef/@certID 中 IDREF 的值,能够获得建议的用户证书,以便用于用户一方的鉴别。通过分析 AnchorCertificateRef 中的 IDREF,我们能够决定是否将建议的用户证书与服务器方 PKI 上的所信任的根相连接。类似的注释适用于通过分析 TransportReceiver/TransportServerSecurity/ServerCertificateRef 检查所找到的服务器证书的有效性。该服务器证书可以通过对照 CA 信任节点来进行核查,而这些信任节点可以通过分析 TransportSender/TransportClientSecurity/ClientCertificateRef/@SecurityId 并通过找出在 Certificate 元素之下的 KeyInfo 元素中的 CA 证书(或 CA 证书链)所找到的 CA 的信任连接点来获得,而 Certificate 元素可以通过分析 AnchorCertificateRef@certID 中的 IDREF 获得。

当存在用于相关的 Transport 构件的匹配时,发现了一个在传输层可互操作的解决方案。如果没有发现它,将无法获得 CPA,并且标识出需要通过缺陷处理过程进行补救的缝隙。下面将考虑其他需要为互操作的解决方案进行的匹配。

**E.5.2.2 检查 BusinessTransactionCharacteristics 和 DeliveryChannel 以及 MessagingCharacteristics 元素**

在每个相关行动绑定之下,有一个 DeliveryChannel 的子元素和 MessagingCharacteristics 元素,该

元素在 CPA 形成任务时有若干重要属性。有较宽蕴涵的这些属性是 syncReplyMode、ackRequested、和 ackSignatureRequested;对于 duplicateElimination 和 actor 属性来说,当发现在 CanSend 和 CanReceiveDeliveryChannel 有相同的属性值时,存在兼容性。元素的名称暗示所有 DeliveryChannel 的特性都与该消息传输层相关联。

另外,在 ThisPartyActionBinding 下发现的 BusinessTransactionCharacteristics 包含反映各种特性的属性,这些特性与将要由商定的 DeliveryChannel 实现的所期望的安全和业务交易特性相关联。这些特性具有在更详细的 DeliveryChannel 元素的构件(如在 Packaging 元素中)中所需能力的含义。当使用一个 BPSS 过程规范时,可以在业务交易中规定这些特性。然而,BusinessTransactionCharacteristics 元素的特性应是在业务交易的实现过程中可操作的特性,并且跨越了在 BPSS 过程规范中规定的值。由于这些特性是变化的,因此实现这些特性的细目可以扩展到 DeliveryChannel 元素中引用的其他元素。

这些属性适用于请求或响应传递通道,而且可以影响信道中的发送方或接收方(或两者都影响)。另外,管理确认的属性通过规定所限制的返回消息内容的行为来限定 DeliveryChannel 元素的相互关系。

对于在 MessagingCharacteristics 或 BusinessTransactionCharacteristics 中任何属性的兼容性而言,最基本的测试是这些属性在发送方的通过 CanSend/ThisPartyActionBinding/ChannelId 引用的 DeliveryChannel 与通过 CanReceive/ThisPartyActionBinding/ChannelId 引用的 DeliveryChannel 相同。如果它们不相同并且双方已经对所有绑定进行了检查,则草案性的 CPA 应向通过这些属性给出的功能性的共同集合给出妥协。

在下面的描述中,应考虑在两个特性元素中的许多属性,并且把它们与下面的实现细目联系起来,其中之一为 Packaging。

从高层次看,Packaging 中的基本协议就是在发送方生成的打包与接收方所解析打包的兼容性问题。因此,基本的打包检查应是检查在发送方行动的 CanSend 元素之下的打包与在接收方相同行动的 CanReceive 元素之下的打包的兼容性。

为了更加有效,解析/处理打包能力的表示可以使用通配符和重复字符,并且当需要这些能力时还可以表示为生成方使用的开放的数据格式。例如:认为 SimplePart 为:

<tp:SimplePart tp:id="IWild" tp:mimetype="*/*"/>

通过给出的通配符的 mimetype 值,本部分给出了接受任何数据的能力,并且匹配任何特定的 MIME 类型。另外,本部分认为在 Composite 中出现的 Constituent:

<tp:Constituent tp:idref="MsgHdr"/>

<tp:Constituent minOccurs="0" maxOccurs="10" tp:idref="IWild"/>

本表示法用于在已定义的 Composite 中获得处理任意的 MIME 主体部分的能力。这样的打包能力应明显匹配多个特定的打包模式,以及在文字上与通用的模式相匹配。对于更复杂的与 syncReplyMode 有关的打包选择需要更复杂的检查。将在下面对其进行描述。

**E.5.2.2.1　syncReplyMode**

syncReplyMode 有一个不为"none"的值,用来指出在 HTTP 这样的同步操作传输响应中应返回消息中的哪些部分(这里使用"同步"意思是"在相同的 TCP 上连接",这将成为所使用的术语之一。我们不规定所涉及的过程或线中的等待、通知、或阻塞行为,虽然可能有某些维护连接状态以及在 TCP 和插口层之上的计算活动。)

与各种 syncReplyMode 值有关的可能实现非常多,因此应至少指出所涉及的主要原因。

正如将要看到的,Packaging 元素在规定实现细目和兼容性上很重要。但是,由于可能涉及业务层信号,因此除了已经选择了请求和响应的绑定之外,还需要对其他的业务绑定进行测试。另外,当生成草案性的 CPA 时,还需要对 TransportReceiver/Endpoint/@type 的值进行检查。

a) 首先描述响应的情况，MSH 信号和业务信号以某个同步响应和其他异步消息的组合形式返回。将对 syncReplyMode 的值为“mshSignalsOnly”、“signalsOnly”、“responseOnly”和“signalsAndResponse”的各种组合情况进行讨论。
b) 根据约定，由在表示初始请求绑定能力的 CanReceive 或 CanSend 元素之下的附属的 CanSend 或 CanReceive 元素表示同步响应。对于表示的异步请求、响应或信号，CanSend 或 CanReceive 元素是同级的并且直接附属于 ServiceBinding。因此在 CPP 中的 ServiceBinding 之下的元素被分组成异步和同步，并且能够清晰地区分它们。原则上，增加附属层(嵌套)能够比请求和响应更完美地指出对话的形式。在此很少使用功能性的情况。

**E.5.2.2.2 mshSignalsOnly**

请求方的 DeliveryChannel(由 CanSend/ThisPartyActionBinding/ChannelId 引用)和接收方的 DeliveryChannel(由 CanReceive/ThisPartyActionBinding/ChannelId 引用)都应具有 MessagingCharacteristics/@syncReplyMode，其值为 mshSignalsOnly。

当一个参与方能够用附属的 CanSend 和 CanReceive 元素以及它们的特殊绑定来标识用于 SOAP 信封的 DeliveryChannel 时，ebXML 消息传输软件将删除它们。每个参与方能够处理一个符合 ebXML 消息传输的结构化的同步响应。这里的 DeliveryChannel 表示机制作为一个占位符用来捕获可能出现的其他消息传输信号协议。

目前，伴随错误的确认和所签名的确认是主要的 MSH 信号，这些信号包括在 SOAP 信封中。如果公司 A 把 syncReplyMode 的值设置为 mshSignalsOnly，则公司 B 相对应的 CanReceive/ThisPartyActionBinding/@packageId 应包含一个用于消息嵌套的 CanSend/ThisPartyActionBinding/@packageId，而不需要任何业务负载或信号。另外，公司 B 的响应的 CanSend/ThisPartyActionBinding/@packageId 应能够分析所返回的异步响应(可能是其他构件)的打包格式。当公司 A 能够接收响应负载、信号负载或根据打包格式说明的捆绑信号的响应时，可能检查 DeliveryChannel 元素的兼容性，这些打包格式是通过相关的 ThisPartyActionBinding 元素的 pachageId 的属性值引用的。

**E.5.2.2.3 signalsOnly**

请求方的 DeliveryChannel(由 CanSend/ThisPartyActionBinding/ChannelId 引用)和接收方的 DeliveryChannel(由 CanReceive/ThisPartyActionBinding/ChannelId 引用)都应具有 MessagingCharacteristics/@syncReplyMode，其值为 signalsOnly。

如果公司 A 把 syncReplyMode 的值设置为 signalsOnly，则公司 B 之下对应的 CanReceive 元素应有一个嵌套的 CanSend/ThisPartyActionBinding，其 packageId 的属性值对一个适当的信号的打包格式进行了分析。对于与公司 B 的业务层响应有关的 CanSend/ThisPartyActionBinding/@packageId，该 IDREF 属性的值应对返回的负载和省略的业务信号的打包格式进行分析。该 CanSend 元素应是 ServiceBinding 元素的一个直接的子元素，表示其异步字符的位置。最初的请求方需要有一个 CanReceive/ThisPartyActionBinding，它与响应方兼容并且是其 ServiceBinding 元素的直接子元素。

如果异常信号的 DeliveryChannel 细目与请求和响应所规定的那些细目不同的话，则使用附属的 CanSend 元素和附属的 CanReceive 元素可能非常有用。例如，信号绑定可能不同于删除的 ackRequested 或某个可能的用于请求或响应的安全特性(数字封装或接收的抗抵赖性)。正如在请求和响应上有其他的测试那样，能够通过参考对应附属的 CanSend 元素和附属的 CanReceive 元素的 DeliveryChannel 来检查 Packaging、DocExchange、MessagingCharacteristics 或 BusinessTransactionCharacteristics 中的兼容性。

**E.5.2.2.4 responseOnly**

请求方的 DeliveryChannel(由 CanSend/ThisPartyActionBinding/ChannelId 参考的)和接收方的 DeliveryChannel(由 CanReceive/ThisPartyActionBinding/ChannelId 参考的)都应具有 MessagingCharacteristics/@syncReplyMode，其值为 responsOnly。

如果公司 A 把 syncReplyMode 的值设置为 responseOnly，则公司 B 的 CanSend/ThisPartyActionBinding/@packageId 响应应对返回的负载以及省略的业务信号的打包格式进行分析。应包括该 CanSend/ThisPartyActionBinding 作为一个 CanReceive 元素的子元素，以便响应方能够指出这是一个同步响应。

应有一种独立的方法来返回业务层的错误信号。因此，应有一个用于任何信号的负载的 ThisPartyActionBinding，并且这些绑定应在 ServiceBinding 层的直接子元素上，以表示它们的同步形式。

当响应被同步返回时，不太可能使用接收确认和类似的信号。使用这些信号的动机是指出正向进程，并且当直接返回响应时该动力被削弱。

对于包括附属 CanSend/ThisPartyActionBinding 和 CanReceive/ThisPartyActionBinding 的 responseOnly 的情况而言，它意味着可能有对 Packaging、DocExchange、MessagingCharacteristics 或 BusinessTransactionCharacteristics 中的兼容性进行的检查。这里的 syncReplyMode 和 ackRequested 属性应被仔细考虑，因为这里的 mshSignalsOnly 值意味着另一种同步消息传输必须出现在相同的连接上。对于附属绑定之下引用的 Transport 元素而言，在那里不必有一个 Endpoint 元素。如果有 Endpoint 元素，它们可以被忽略。

**E.5.2.2.5　signalsAndResponse**

请求方的 DeliveryChannel（由 CanSend/ThisPartyActionBinding/ChannelId 引用）和接收方的 DeliveryChannel（由 CanReceive/ThisPartyActionBinding/ChannelId 引用）都应具有 MessagingCharacteristics/@syncReplyMode，其值为 signalsAndResponse。

如果公司 A 把 syncReplyMode 的值设置为 signalsAndResponse，则公司 B 的 CanSend/ThisPartyActionBinding/@packageId 响应应是对公司 B 的 CanReceive 元素的附属元素。所引用的打包格式应能够把负载和捆绑的信号一起返回。如果异步绑定不存在错误信号，则该异步绑定应仅被定义为用于所有业务交易的消息交换而商定的 DeliveryChannel。而且，很可能给出一个异步绑定以便发送异常信号。

**E.5.2.2.6　ackRequested 属性和 ackSignatureRequested 属性**

在对关联的 DeliveryChannel 中（即由于与一个根据行动 CanSend 和 CanReceive 元素所引用的元素关联）的 ackRequested 和 ackSignatureRequested 属性的检查主要是检查对应属性的值是否相同。

然而，这些属性与其他有必要提到的信息项之间存在某种交互。

ackRequested 属性的主要用法是在可靠的消息传输配置中使用。如果配置可靠的消息传输，则根据协议对在 DocExchange/ebXMLSenderBinding 和 DocExchange/ebXMLReceiverBinding 之下的所对应的 ReliableMessaging 元素中的顺序进行检查。另外，应对用于协议的 MessagingCharacteristics 元素的 duplicateElimination 属性进行检查。可以通过仔细校正这些大小不等的值来形成一个草案性的 CPA。通过降低等级可以提供最有可能被接受的草案性的 CPA。例如，如果 duplicateElimination 在接收方为“false”，通过在发送方校正“false”则很有可能生成一个成功的草案。

ackSignatureRequested 属性的另一个功能是为接收的抗抵赖性提供一个“薄”的实现。基本的检查就是检查属性值是否相等，另外附加的限制需要测试和校正。如果无法在 ServiceBinding 之下找到实现接收的抗抵赖性的信号，则有一个用于 ackSignatureRequested 属性的“always”值建议校正 BusinessTransactionCharacteristics 的属性 isNonRepudiationReceiptRequired 为“true”。而且，如果这么做了，应仔细检查 BusinessTransactionCharacteristics 的属性 isNonRepudiationReceiptRequired 是否是“false”。这是因为消息传输实现系统仅处理已接收的脱离线路的字节流（并且坚持它以便获得进一步的处理）。可以设想对于语义和语法上的检查并不安全。

**E.5.2.3　用于 BusinessTransactionCharacteristics 的 DocExchange 检查**

当使用带有 ebXML 消息传输的 CPP 和 CPA 时（这种情况最有可能在早期出现），将有机会对 BusinessTransactionCharacteristics 属性的协议进行检查。

在请求或响应绑定中下面三个属性需要有相同的值。在本附录中不再对这些“期限”进行讨论，除非有一个复杂的建议性的CPA生成工具可以检查所选择的可靠消息传输参数值的关联性、接受确认或接受确认绑定的兼容性，以及SyncReplyMode内部配置的一致性。

<attribute name="timeToAcknowledgeReceipt" type="duration"/>

<attribute name="timeToAcknowledgeAcceptance" type="duration"/>

<attribute name="timeToPerform" type="duration"/>

保留属性涉及许多安全问题，并将成为保留BusinessTransactionCharacteristics属性问题的焦点：

<attribute name="isNonRepudiationRequired" type="boolean"/>

<attribute name="isNonRepudiationReceiptRequired" type="boolean"/>

<attribute name="isIntelligibleCheckRequired" type="boolean"/>

<attribute name="isAuthenticated" type="tns:persistenceLevel.type"/>

<attribute name="isTamperProof" type="tns:persistenceLevel.type"/>

<attribute name="isAuthorizationRequired" type="boolean"/>

<attribute name="isConfidential" type="tns:persistenceLevel.type"/>

这里基本的测试是检查相对于DeliveryChannel的对应属性之间是否有相同的值。还有某些促使进行额外检查的DeliveryChannel部分的互动。

在前面当讨论MessagingCharacteristics的ackSignatureRequested属性时，指出了消息传输实现。当isIntelligibleCheckRequired属性为“false”时为保持所给出的isNonRepudiationReceiptRequired为“true”提供了较少的支持。当上面两个属性都为“true”时，则应存在与Packaging和DeliveryChannel的值兼容的业务信号。如果在异步CanSend和CanReceive元素中独立地描述该信号，则已知的该信号的名称[如ReceiptAcknowlegment(接受确认)]可以支持一个相对简单的搜寻和测试。而且，如果涉及同步传输，可能需要使用syncReplyMode的某些过滤器以便发现接收的抗抵赖性“较强”实现的下一级支持。

当由业务信号实现接收的抗抵赖性时，签名证书有效性的检查可能涉及CollaborationRole/ApplicationCertificateRef元素和CollaborationRole/ApplicationSecurityDetailsRef元素，而且CollaborationRole/ApplicationSecurityDetailsRef提供了对SecurityDetails元素的引用，该元素包含一列TrustAnchors。来自签名接收确认一方的证书将按照通过TrustAnchors之下的AnchorCertificateRef所引用的证书进行检查。

业务信号有时作为一个消息部分传递。消息本身仍然通过MSH发送，并且MSH还能够通过使用由分析IDREF发现的证书来签名该消息，可以在以下网址找到IDREF：DocExchange/ebXMLSenderBinding/SenderNonRepudiation/SigningCertificateRef/@certID。

如果用一个特殊的软件构件来实现MSH的功能性和业务层的安全性，则可以通过ApplicationCertificateRef和SigningCertificateRef/certID指定相同的证书。换句话说，MSH层签名与应用层签名之间的区别是逻辑上的区别，并且可能不对应软件构件的边界。由于MSH签名在消息之上，因此消息签名可以在应用软件层签名之上。由于对于某些系统配置来说签名可能是冗余的，因此协议要求双方签名需在不同地区存在。

失效的证书可能无法防止一个草案性的CPA的形成。首先，发送方签名的证书可能是一个自己签名的证书。如果真是这样，可能把一个自己签名的证书参考增加到接收方的TrustAnchors/AnchorCertificateRef列表。本建议相当于商定一个直接信任模型，而不是一个涉及证书认证的层次型的模型。其次，建议通过再一次对TrustAnchors进行适当的修订来增加一个可信的根。

当通过消息传输层实现接收的抗抵赖性时，可利用DocExchange之下的属性检查PKI：

——isNonRepudiationRequired；

——isAuthenticated；

——isAuthorizationRequired；

——isTamperProof。

鉴别、认证、抗抵赖性，以及“防篡改”的概念与业务层的概念非常不同，这些因素的实现趋向于使用非常类似的技术。实际上，无法阻止文字上的篡改。相反，可以提供某些手段检查已经发生的篡改（或者某些意外错误）。同样，通常通过访问控制（允许或禁止用户利用源的角色）的实现以及获得访问标记或证书提供认证，访问可能涉及开始阶段的鉴别。抗抵赖性可以基于所有以前的功能，加上在以后为提供原始证据而保留的信息。

当检查对于两个参与方 isNonRepudiationRequired 是否设置为真时，应检查接收方是否把签名证书看作有效。

在 DocExchange/ebXMLSenderBinding/SenderNonRepudiation/SigningCertificateRef/@ certID 中可以找到 IDREF 对签名证书的引用。应根据 SecurityDetails 元素之下的 TrustAnchors/AnchorCertificateRef 元素中获得的信任连接点来检查所引用证书的有效性，而 SecurityDetails 元素是通过 DocExchange/ebXMLSenderBinding/SenderNonRepudiation/SigningCertificateRef/@certID 中的 IDREF 引用的。

如上所述，失效的证书不能阻止建立一个草案性的 CPA。能够增加自签名证书或新的信任连接点来校正带有另一方证书的一方的信任模型。

除了检查 PKI 基础设施的互操作性之外，还要检查在 DocExchange/ebXMLReceiverBinding/ReceiverNonRepudiation 中的属性和 DocExchange/ebXMLSenderBinding/SenderNonRepudiation 中的属性值的兼容性。如果协议需求的知识允许待缓实现一个必备的值，则 NonRepudiationProtocol、HashFunction 以及 SignatureAlgorithm 的值即使不相等也可能是兼容的。这些值可以通过相等、校正或协商来达成一个协议。

如果 isNonRepudiationRequired 为 true，则 isAuthenticated 和 isTamperProof 也应为 true。这是因为实现 isNonRepudiationRequired 借助于数字签名、两个参与方的鉴别（根据标识的相关签名证书）以及篡改检查（根据签名加密的哈希函数）。对话不必为 true，因为鉴别和篡改检查可以在无须整理所需的信息来支持抗抵赖性声明的情况下进行。

isConfidential 属性指出了在发送/接收站点应用程序到应用程序中所分配的各种特性。

isConfidential 属性具有下列可能值：“none”、“transient（瞬态）”、“persistent”以及“transient-and-persistent”（瞬态与持续）。“persistent”或“transient-and-persistent”指出了给出的数字封装功能；“transient”指出了在传输层或以下的层适用的保密性。

GB/T 19256.3 没有“正式”的数字封装实现系统，并且引用了未来的 XML 加密规范作为其功能的方向。然而，XML 加密规范是当前候选的推荐规范，它适合于预先实现。

在 CPA 中，DocExchange/ebXMLSenderBinding/SenderDigitalEnvelope 和 DocExchange/ebXMLReceiverBinding/ReceiverDigitalEnvelope 能够提供与安全有关的符合[XMLENC]的配置细目。XML 加密的用法通常将以 DigitalEnvelopeProtocol 值的形式出现，并且还可能出现在 Packaging 的 NamespaceSupported 元素中。

目前，GB/T 19256.3 仅指出了一个最终使用 XML 加密的方向，但并没有强制使用数字封装协议。可以在应用层上使用数字封装，并且将根据 MIME 类型在 Packaging 元素中给出。PKI 匹配应利用在 ApplicationCertificateRef 和 ApplicationSecurityDetailsRef 中给出的证书。如果使用其他协议，最安全的方法是使用对 DocExchange 内容模型的扩展，如：XXXSenderBinding 和 XXXReceiverBinding，并且遵守 DocExchange 的 ebXML 内容模型样式。本部分的未来版本将使这些扩展的语义更容易实现互操作性；目前，这些扩展是一些贸易团体中多语义扩展。

当检查 IsConfidential 是否被设置为两个参与方的“persistent”或“transient and persistent”时，应检查密钥交换证书是否被发送方看作有效。可以在 DocExchange/ebXMLSenderBinding/SenderDigitalEnvelope/EncryptionSecurityDetailsRef//@securityId 中找到参考 SecurityDetails 元素的 IDREF。将使用从 SecurityDetails 元素之下的 TrustAnchors/AnchorCertificateRef 元素中获得的信任连接点证书来测试由发送方有效的 DocExchange/ebXMLReceiverBinding/ReceiverDigitalEnvelope/EncryptionCertificateRef@certID 所引用的证书。

如上所述,失效的证书不能阻止建立一个草案性的 CPA。能够增加自签名证书或新的信任连接点来校正带有另一方证书的一方的信任模型。

除了与检查和校正有关的 PKI 之外,还应检查 EncryptionAlgorithm 和 DigitalEnvelopeProtocol 的相同性(或兼容性),并且如果不相同或不兼容,则应校正最初建议性的 CPA 版本的值。在协商阶段对这些元素进行优选和校正。

最后,当其他参与方仅使用 Packaging 元素来指出 S/MIME 这样的数字签名时,由于它接收了一个来自应用程序的封装负载,因此将通过使用 DocExchange/ebXMLSenderBinding/SenderDigitalEnvelope 或 DocExchange/ebXMLReceiverBinding/ReceiverDigitalEnvelope 来模型化某个参与方的数字封装。此时,PKI 证书有效性需通过分析 CollaborationRole/ApplicationSecurityDetailsRef 发现的信任连接点检查 DocExchange/ebXMLReceiverBinding/ReceiverDigitalEnvelope/EncryptionCertificateRef/@certID 的有效性。由于数字封装的功能性遍布不同的安装软件的站点,因此使其复杂化。

## E.6 CPA 的形成:技术细目

当通过两个 CPP 的 PartyInfo 元素的匹配部分构成一个草案性 CPA 时,需要对某些附加的限制进行观察。

首先,按照 7.11.1 中所述,生成草案性 CPA 的软件需要保证在一个 CPP 中的 ID 值不同于另一个 CPP 中的值,以便当出现 CPP 时没有 IDREF 参考冲突。下列 ID 值可能会发生冲突:

——Certificates;

——SecurityDetails;

——SimplePart;

——Packaging;

——DocExchange;

——Transport;

——DeliveryChannel;

——ThisPartyActionBinding。

这里有包括 IDREF 的元素和复杂类型定义。还有某些元素具有 IDREF 值的属性。它们是:

——PartyInfo;

——ActionBinding. type;

——ThisPartyActionBinding;

——OtherPartyActionBinding;

——OverrideMSHActionBinding;

——ChannelId;

——DeliveryChannel;

——Constituent;

——CertificateRef. type;

——AnchorCertificateRef;

——ApplicationCertificateRef;

——ClientCertificateRef;

——ServerCertificateRef;

——SigningCertificateRef；

——EncryptionCertificateRef；

——CertificateRef；

——SecurityDetailsRef.type。

其次，当 CanSend 和 CanReceive 绑定信息与其他参与方的 CanReceive 和 CanSend 元素之下的绑定信息相匹配（相等、对应或符合）时，应把 OtherPartyActionBinding 的 IDREF 参考填入到 CPA 中。

第三，对于签署的 CPA，建议实现者在使用[XMLDSIG]签名技术时参照 7.9.1.1。

第四，当由两个 CPP 组成一个 CPA 时，除非另有约定，否则在该 CPA 中应包括 6.8 中描述的来自两个 CPP 的所有 Comment 元素。

第五，若干个 CPA 有效性测试可以在草案性 CPA 上进行。这些测试对于即将配置并输入到运行软件构件的已协商 CPA 而言是非常重要的。

a） 有效期：对 CPA 签名时所使用的证书进行检查，以验证该 CPA 没有超过 End 元素所规定的有效期。

b） 证书有效期：如果一个 CPA 的寿命超过了在签名、密钥交换或其他安全功能中使用的所接受的证书寿命，则应建议把 ds:KeyInfo 提交给这些证书，而不是通过传值来使该元素包括它们。

c） 根据 6.4.4 的条款检查过程规范参考。

最后，CPA 有若干元素，其值无法从某个 CPP 获得（并且当使用 CPA 模板作为草案性的 CPA 的基础时可能需要进行检查）。可能需要增加 Status、Start、End 以及可能的 ConversationConstraints 元素。可能有必要提供下列属性的值。

——CollaborationProtocolAgreement/@cpaid；

——CollaborationProtocolAgreement/@version；

——CollaborationProtocolAgreement/Status@value；

——CollaborationProtocolAgreement/ConversationConstraint@invocationLimit；

——CollaborationProtocolAgreement/ConversationConstraint@concurrentConversations。

# 附 录 F
# (规范性附录)
# CPA 和 ebXML 消息传输参数之间的对应关系

表 F.1 给出了 ebXML 消息传输服务的消息头中使用的元素和它们在 CPA 中对应元素之间的关系。

**表 F.1 消息头元素/属性与 CPA 元素/属性的对应关系**

| 消息头元素/属性 | 对应的 CPA 元素/属性 |
|---|---|
| PartyId 元素 | PartyId 元素;如果多种 PartyID 元素存在于 CPA 中相同的 PartyId 元素之下,则它们中的所有元素必须包括在消息头中 |
| Role 元素 | Role 元素 |
| CPAId 元素 | 在 CollaborationProtocolAgreement 元素中的 cpaid 属性 |
| ConversationId 元素 | 没有等同元素;应通过上面的消息服务接口(MSI)软件生成 |
| Service 元素 | Service 元素 |
| Action 元素 | 在 ThisPartyActionBinding 元素中的 action 属性 |
| TimeToLive 元素 | 计算 Timestamp(在消息头中)+ PersistDuration(在 DocExchange/ebxmlReceiverBinding 之下)的总数 |
| MessageId 元素 | 没有等同元素;应通过每个消息的 MSH 生成 |
| Timestamp | 没有等同元素;应通过每个消息的 MSH 生成 |
| RefToMessageId 元素 | 没有等同元素;通常在适当的应用程序处出现;应用于与请求消息相关的响应消息上 |
| SyncReply 元素 | 在 MessagingCharacteristics 元素中的 syncReplyMode 属性;如果且仅如果 syncReplyMode 属性不是"none",则应包括 SyncReply 元素 |
| DuplicateElimination 元素 | 在 MessagingCharacteristics 元素中的 DuplicateElimination 属性;如果在 MessagingCharacteristics 之下的 DuplicateElimination 属性设置为"always",或者如果它被设置为"perMessage"并且该应用指出 MSH 需要复制删除时,则应包括 DuplicateElimination 元素 |
| Manifest 元素 | Packaging 元素;在 Manifest 元素之下的每个 Reference 元素应与通过引用 Packaging 之下的一个 CompositeList 获得的 SimplePart 相对应 |
| 在 Reference 元素中的 Xlink:role 属性 | SimplePart 元素中的 Xlink:role 属性 |
| AckRequested 元素 | 在 MessagingCharacteristics 元素中的 AckRequested 属性;如果 AckRequested 属性被设置为"always",则在该 SOAP 头中包括一个 AckRequested 元素;如果设置为"perMessage",则通向 MSI 的输入被用来决定是否需要包括一个 AckRequested 元素;同样,在 AckRequested 元素之下的该签署过的属性应基于 ackSignatureRequested 属性进行适当设置,并且可能由通向 MSI 的输入决定 |
| MessageOrder 元素 | 在 ReliableMessaging 元素中的 messageOrderSemantics 属性;如果给出 AckRequested 元素并且在 ReliableMessaging 元素中的 messageOrderSemantics 属性设置为"担保(Guaranteed)",则应给出 MessageOrder 元素 |
| Ds:Signature 元素 | 如果 BusinessTransactionCharacteristics 元素中的 isNonRepudiationRequired 属性设置为"true",则应在 SOAP 头中给出 Ds:Signature;从 SenderNonRepudiation 和 ReceiverNonRepudiation 元素中获得建立签名的相关参数 |

表 F.2 给出了由不在消息头中包含的 ebXML 消息传输服务所使用的隐含参数，以及如何从 CPA 中获得这些参数。

**表 F.2 隐含的消息传输参数与 CPA 元素/属性的对应关系**

| 隐含的消息传输参数 | 对应的 CPA 元素/属性 |
|---|---|
| Retries(不在消息头中)但被用于管理发送方的可靠消息传输行为 | Retries 元素(在 ReliableMessaging 元素之下) |
| RetryInterval(不在消息头中)但被用于管理发送方的可靠消息传输行为 | RetryInterval 元素(在 ReliableMessaging 元素之下) |
| PersistDuration(不在消息头中)但被用于管理接收方的可靠消息传输行为 | PersistDuration 元素(在 ebXMLReceiverBinding 元素之下) |
| Endpoint(不在消息头中)但被用于发送 SOAP 消息 | Endpoint 元素(在 TransportReceiver 之下)；发送的消息类型必须进入 MSI；然后从 TransportReceiver 元素之下所包括的 Endpoint 中选择一个适当的 Endpoint |
| 使用 Service&Action 来决定对应的 DeliveryChannel | DeliveryChannel |
| 使用 ReceiverDigitalEnvelope 来决定加密算法和密钥 | ReceiverDigitalEnvelope |
| 使用 SenderNonRepudiation 来决定所签署的证书并且使用 ReceiverNonRepudiation 来决定适用于所签署证书的信任连接点和安全策略 | SenderNonRepudiation 和 ReceiverNonRepudiation |
| 使用 Packaging 来决定应如何封装负载。还使用 Packaging 来决定应如何摘录单个 SimplePart 并使其相对于模式生效 | Packaging |
| 使用 TransportClientSecurity 和 TransportServerSecurity 来决定用于鉴别的服务器和用户使用的证书 | TransportClientSecurity 和 TransportServerSecurity |
| 除非通过 OverrideMshActionBinding 进行超越，否则使用通过由确认、错误、状态请求、状态响应、Ping、Pong 这样的独立 MSH 层的 defaultMshChannelId 所标识的 DeliveryChannel | 在 PartyInfo 元素和 OverrideMshActionBinding 中的 defaultMshChannelId 属性 |

## 参 考 文 献


[1] [DIGENV] Digital Envelope, RSA Laboratories,
http://www.rsasecurity.com/rsalabs/faq/2-2-4.html.

[2] [HTTP] Hypertext Transfer Protocol, Internet Engineering Task Force RFC 2616,
http://www.rfc-editor.org/rfc/rfc2616.txt.

[3] [IPSEC] IP Security Document Roadmap, Internet Engineering Task Force RFC 2411,
http://www.ietf.org/rfc/rfc2411.txt.

[4] [ISO6523] Structure for the Identification of Organizations and Organization Parts, International Standards Organization ISO-6523.

[5] [MIME] MIME (Multipurpose Internet Mail Extensions) Part One: Mechanisms for Specifying and Describing the Format of Internet Message Bodies. Internet Engineering Task Force RFC 1521,
http://www.ietf.org/rfc/rfc1521.txt.

[6] [RFC959] File Transfer Protocol (FTP), Internet Engineering Task Force RFC 959,
http://www.ietf.org/rfc/rfc959.txt.

[7] [RFC1123] Requirements for Internet Hosts—Application and Support, Internet Engineering Task Force RFC 1123,
http://www.ietf.org/rfc/rfc1123.txt.

[8] [RFC1579] Firewall-Friendly FTP, Internet Engineering Task Force RFC 1579,
http://www.ietf.org/rfc/rfc1579.txt.

[9] [RFC2015] MIME Security with Pretty Good Privacy, Internet Engineering Task Force, RFC 2015,
http://www.ietf.org/rfc/rfc2015.txt.

[10] [RFC2119] Key Words for use in RFCs to Indicate Requirement Levels, Internet Engineering Task Force RFC 2119,
http://www.ietf.org/rfc/rfc2119.txt.

[11] [RFC2246] The TLS Protocol, Internet Engineering Task Force RFC 2246,
http://www.ietf.org/rfc/rfc2246.txt.

[12] [RFC2251] Lightweight Directory Access Protocol (v3), Internet Engineering Task Force RFC 2251,
http://www.ietf.org/rfc/rfc2251.txt.

[13] [RFC2396] Uniform Resource Identifiers (URI): Generic Syntax, Internet Engineering Task Force RFC 2396,
http://www.ietf.org/rfc/rfc2396.txt.

[14] [RFC2617] HTTP Authentication: Basic and Digest Authentication, Internet Engineering Task Force RFC 2617,
http://www.ietf.org/rfc/rfc2617.txt.

[15] [RFC2822] Internet Message Format, Internet Engineering Task Force RFC 2822,
http://www.ietf.org/rfc/rfc2822.txt.

[16] [S/MIME] S/MIME Version 3 Message Specification, Internet Engineering Task Force RFC 2633,
http://www.ietf.org/rfc/rfc2633.txt.
[17] [SAML] Security Assertion Markup Language,
http://www.oasis-open.org/committees/security/ - documents
[18] [SMTP] Simple Mail Transfer Protocol, Internet Engineering Task Force RFC 2821,
http://www.faqs.org/rfcs/rfc2821.html.
[19] [SSL] Secure Sockets Layer, Netscape Communications Corp.,
http://www.netscape.com/eng/ssl3/.
[20] [X12] ANSI X12 Standard for Electronic Data Interchange, X12 Standard Release 4050, December 2001.
[21] [XAML] Transaction Authority Markup Language,
http://xaml.org/.
[22] [XLINK] XML Linking Language,
http://www.w3.org/TR/xlink/.
[23] [XML] Extensible Markup Language (XML), World Wide Web Consortium,
http://www.w3.org/XML.
[24] [XMLC14N] Canonical XML, Ver. 1.0, Worldwide Web Consortium,
http://www.w3.org/TR/2001/REC-xml-c14n-20010315.
[25] [XMLDSIG] XML Signature Syntax and Processing, Worldwide Web Consortium,
http://www.w3.org/TR/xmldsig-core/.
[26] [XMLENC] XML Encryption Syntax and Processing, Worldwide Web Consortium,
http://www.w3.org/TR/2002/CR-xmlenc-core-20020304/.
[27] [XMLNS] Namespaces in XML, Worldwide Web Consortium,
http://www.w3.org/TR/REC-xml-names/.
[28] [XMLSCHEMA-1] XML Schema Part 1: Structures, Worldwide Web Consortium,
http://www.w3.org/TR/xmlschema-1/.
[29] [XMLSCHEMA-2] XML Schema Part 2: Datatypes, Worldwide Web Consortium,
http://www.w3.org/TR/xmlschema-2/.
[30] [XPOINTER] XML Pointer Language, Worldwide Web Consortium,
http://www.w3.org/TR/xptr/.
[31] [ZLIB] Zlib: A Massively Spiffy Yet Delicately Unobtrusive Compression Library,
http://www.gzip.org/zlib/.

ICS 35.040
L 67

# 中华人民共和国国家标准

GB/T 19256.3—2006

# 基于XML的电子商务
# 第3部分:消息服务规范

Electronic business eXtensible Markup Language(ebXML)—
Part 3:Message Service specification(ebMS)

(ISO/TS 15000-2:2004,MOD)

2006-09-18 发布　　2007-03-01 实施

中华人民共和国国家质量监督检验检疫总局
中国国家标准化管理委员会 发布

# 前　言

GB/T 19256《基于XML的电子商务》目前分为下列9个部分：

——第1部分：技术体系结构；

——第2部分：协同规程轮廓与协议规范；

——第3部分：消息服务规范；

——第4部分：注册系统信息模型规范；

——第5部分：注册服务规范；

——第6部分：业务过程规范模式；

——第7部分：业务过程构件设计规则；

——第8部分：报文设计规则；

——第9部分：核心构件与业务信息实体规范。

将来还可能增加新的部分。

本部分为GB/T 19256的第3部分。

本部分修改采用ISO/TS 15000-2:2004《基于XML的电子商务　第2部分：消息服务规范(ebMS)》。

本部分与ISO/TS 15000-2:2004的主要差异如下：

——按照国家标准的编写格式要求对原文的一些章节及章节编号错误做了适当的调整；

——引言对应于原文的"Introduction"的部分内容；

——第1章对应于原文的1.2.1的部分内容；

——第2章对应于原文的1.1.4；

——增加第3章"术语与定义"；

——第4章对应于原文的"Introduction"的部分内容；

——第5章对应于原文的第Ⅰ部分；

——第6章对应于原文的第Ⅱ部分；

——附录A～附录C对应于原文的附录A～附录C；

——参考文献对应于原文的参考文献的部分内容；

——对文中一些错误的地方进行了改正。

本部分的附录A、附录B和附录C为规范性附录。

本部分由中国标准化研究院提出。

本部分由全国电子业务标准化技术委员会归口。

本部分起草单位：中国标准化研究院。

本部分主要起草人：任冠华，胡涵景，魏宏，刘碧松，孙文峰，陈煌，刘颖，章建方。

# ISO 前言

国际标准化组织(ISO)是一个世界性的各国标准机构(ISO 成员团体)的联盟。国际标准的制定工作一般通过 ISO 技术委员会完成。每个成员团体如果对某个技术委员会建立的某个项目感兴趣,则有权向该技术委员会表述意见。任何与 ISO 有联络关系的官方和非官方国际组织都可以直接参与该项工作。ISO 与国际电工委员会(IEC)在电工技术标准的所有领域密切合作。

国际标准是根据 ISO/IEC 标准化工作导则第 3 部分规定的规则进行起草的。

技术委员会的主要任务是起草国际标准。由技术委员会正式通过的国际标准草案须经各成员团体投票表决。一项国际标准草案至少需要 75%的成员团体投票赞成,才能作为正式的国际标准发布。

在某些情况下,尤其是当市场有迫切需求时,技术委员会也可以决定发布其他类型的国际标准:

——ISO 公共适用规范(ISO/PAS):它代表 ISO 标准工作组中的技术专家间达成的协议,且该工作组的上一级委员会中有 50%以上的成员投票赞成对其进行发布。

——ISO 技术规范(ISO/TS):它代表技术委员会成员间达成的协议,且该委员会成员中有 2/3 以上的成员投票赞成对其进行发布。

ISO/PAS 或 ISO/TS 发布 3 年之后要进行复审,以确定其是否在下一个 3 年内继续有效,或通过修订将其转化成国际标准,或将其废止。如果被确认为继续有效,那么在随后的另一个 3 年之后,仍需对其再进行一次复审,但这时的复审结论只能在将其转化成国际标准或者废止两者中做出选择。

需要注意的是,本部分的某些内容可能会涉及一系列专利权。ISO 不负责标出这些专利权。

ISO/TS 15000-2 是由 OASIS 下设的 ebXML 消息服务技术委员会起草(原文件名为《OASIS/ebXML 消息服务规范(2.0 版)》),由 ISO/TC 154(行政、商业和工业中的过程、数据元和文档格式)采纳。ISO/TS 15000-2 与 OASIS/ebXML 消息服务规范 2.0 版在内容上完全相同。

ISO/TS 15000 系列标准在《基于 XML 的电子商务》的总标题下由下列部分组成:

——第 1 部分:协同规程轮廓与协议规范(ebCPP);

——第 2 部分:消息服务规范(ebMS);

——第 3 部分:注册系统信息模型规范(ebRIM);

——第 4 部分:注册服务规范(ebRS)。

# 引　言

本部分是基于 XML 的电子商务系列标准之一。该系列标准的目的是实现统一的全球电子市场。在这个市场中，任何规模、任意地理位置的企业都可以通过交换基于 XML 的消息进行业务往来。该系列标准给出了一种构建完整的、模块化的电子商务框架的方法。

本部分着重定义了用于交换电子商务消息的独立于通信协议的方法。它定义了特定的封装结构以支持业务信息可靠、安全地传输。此外，本部分还定义了一种灵活的封装技术，允许消息中包含任何格式类型的负载。这种特点保证了使用传统语法(例如 UN/EDIFACT、ASC X12 或 HL7)的原有电子商务系统的使用者能够和新兴技术的使用者一起利用 ebXML 基础设施。

本部分定义了保证两个参与方间进行安全、可靠消息交换的 ebMS 协议。它描述了：

a) 用于对参与双方间传输的负载数据进行打包的 ebXML 消息结构；

b) 通过数据通信协议进行发送和接收消息的 MSH 的行为。

本部分独立于负载和所使用的通信协议。附录描述了如何将本部分与 HTTP 协议[RFC2616]和 SMTP 协议[RFC2821]组合起来使用。

## 0.1 功能概述

本部分由下列主题组成：

### 0.1.1 核心功能

a) 打包规范——规定了如何将 ebXML 消息及其相关部分打包成一种可以使用诸如 HTTP 或 SMTP 的通信协议进行发送的格式(见 5.1.1)。

b) ebXML SOAP Envelope 扩展——规定了消息服务中生成或处理 ebXML 消息所必须的信息结构和成分(见 5.1.3)。

c) 错误处理——规定了 ebXML 消息服务如何向另一个 ebXML MSH 报告其所检查到的错误(见 5.3.2)。

d) 安全性——规定了 ebXML 消息安全语义(见 5.3.1)。

e) SyncReply(同步应答)——向下一个 MSH 指出应答是否以同步的形式返回(见 5.3.3)。

### 0.1.2 附加特征

a) 可靠消息传输——可靠消息传输功能定义了一种互操作协议。按照该协议，任意两个消息服务实施能够传且只传一次语义来可靠地交换消息(见 6.1)。

b) 消息状态服务——描述了使一个服务能够发现另一个 MSH 或一个单独消息的状态的服务(见 6.2 和 6.3)。

c) 消息顺序——保证接收方 MSH 接收消息的顺序(见 6.4)。

d) 逐跳——通过中间的 MSH 节点发送消息(见 6.5)。

### 0.1.3 附录

a) 附录 A 模式——本规范性附录包括用于 ebXML SOAP Header(头)和 Body(体)扩展的 XML 模式定义[XMLSchema]。

b) 附录 B 通信协议封装映射——本规范性附录描述了如何通过 HTTP 和 SMTP 来传输符合 ebXML 消息服务的消息。

c) 附录 C 安全轮廓——讨论了安全服务轮廓。

## 0.2 文件约定

属性名称以小写字母开头，元素名称以大写字母开头。

本部分凡涉及密码相关内容，按国家有关法规实施。本部分不涉及任何具体的密码运算，所有密码运算均在符合国家有关法规的密码设备中进行。本部分中所引用的 MD2、MD5 和 RSA 等密码算法均为举例说明。

## 0.3 说明和假设

本部分假设读者对通信协议、MIME、XML、SOAP、带有附件的 SOAP 消息以及安全技术有一定的了解。

所有的例子都为资料性的。如果本部分与例子之间存在不一致，以本部分为准。

建议实施者在使用本部分之前一定要阅读和理解 GB/T 19256.2 及其涵义。

# 基于 XML 的电子商务
# 第 3 部分:消息服务规范

## 1 范围

本部分定义了通过诸如 HTTP 或 SMTP 的通信协议传输 ebXML 消息的消息封装和头文档模式,以及发送和接收 ebXML 消息的软件行为。同时本部分给出了用于 ebXML 基础设施的消息封装、路由和传输设备。此外,本部分还给出了必要的安全性和可靠性特征,以支持国际电子商务。

本部分适用于将要实施 ebXML 消息服务的软件开发群体。

## 2 规范性引用文件

下列文件中的条款通过 GB/T 19256 的本部分的引用而成为本部分的条款。凡是注日期的引用文件,其随后所有的修改单(不包括勘误的内容)或修订版均不适用于本部分,然而,鼓励根据本部分达成协议的各方研究是否可使用这些文件的最新版本。凡是不注日期的引用文件,其最新版本适用于本部分。

GB/T 18793—2002 信息技术 可扩展置标语言(XML)1.0(W3C RFC-xml:1998,NEQ)

GB/T 19256.2 基于 XML 的电子商务 第 2 部分:协同规程轮廓与协议规范(GB/T 19256.2—2006,ISO/TS 15000-1:2004,MOD)

GB/T 19256.6 基于 XML 的电子商务 第 6 部分:业务过程规范模式(GB/T 19256.6—2006,UN/CEFACT:ebXML business process specification schema,MOD)

ebXML Glossary(version 0.99),UN/CEFACT

## 3 术语、定义和缩略语

### 3.1 术语和定义

下列术语和定义适用于本部分。

3.1.1

**通信协议信封 communication protocol envelope**

ebXML 消息的最外层信封,如 HTTP 或 SMTP。

3.1.2

**消息信封 message envelope**

包含 ebXML 消息的两个主要部分(头和负载容器)的、独立于通信协议的信封,特指 MIME 多部分/相关的信封。

3.1.3

**消息头 message header**

关于成功生成或处理 ebXML 消息传输服务和 ebXML 消息等的必要信息的结构和构成的规定。

3.1.4

**消息传输能力 messaging capabilities**

支持参与方间文档交换的能力集合。如通信协议及其参数、安全定义以及结束和接收消息的通用特性。

3.1.5

**消息传输服务　messaging service**

能够使贸易伙伴间进行互操作的、安全可靠的消息交换的框架。

3.1.6

**负载　payload**

非 ebXML 信封部分的数据/信息。

3.1.7

**负载容器　payload container**

用于封装 ebXML 消息的真实负载的可选容器。如果存在一个负载,则负载容器必须由 MIME 头部分(ebXML 负载信封)和内容部分(负载本身)组成。

3.1.8

**负载信封　payload envelope**

与 MIME 部分相关的特定 MIME 头。

## 3.2　缩略语

下列缩略语适用于本部分。

| | | |
|---|---|---|
| CPA | Collaboration-Protocol Agreement | 协同规程协议 |
| CPP | Collaboration-Protocol Profile | 协同规程轮廓 |
| ebMS | ebXML Messaging Service | ebXML 消息服务 |
| ebXML | electronic business eXtensible Markup Language | 电子商务可扩展置标语言 |
| EDI | Electronic Data Interchange | 电子数据交换 |
| FTP | File Transfer Protocol | 文件传输协议 |
| HTTP | HyperText Transfer Protocol | 超文本传输协议 |
| IETF | Internet Engineering Task Force | 互联网工程任务组 |
| JMS | Java Message Service | Java 消息服务 |
| MIME | Multipurpose Internet Mail Extensions | 多功能因特网邮件扩展 |
| MSH | Message Service Handler | 消息服务处理器 |
| OASIS | Organization for the Advancement of Structured Information Standards | 结构化信息标准推进组织 |
| SAML | Security Assertion Markup Language | 安全声明标记语言 |
| SMTP | Simple Message Transfer Protocol | 简单邮件传输协议 |
| SOAP | Simple Object Access Protocol | 简单对象访问协议 |
| SSL | Security Socket Layer | 安全套接字层 |
| TCP/IP | Transmission Control Protocol/Internet Protocol | 传输控制与网际协议 |
| TLS | Transport Layer Security | 传输层安全性 |
| URN | Uniform Resource Name | 统一资源名称 |
| W3C | World Wide Web Consortium | 互联网联合组织 |
| XML | eXtensible Markup Language | 可扩展置标语言 |

# 4　操作概念

## 4.1　背景和目的

传统的业务信息交换必须符合各种基于标准的语法。这些交换在很大程度上是以由主机和批处理衍生出的 EDI 标准为基础的。其中一些标准定义了与特定通信协议的绑定。这些 EDI 技术应用效果很好,然而它们的实施难度很大,而且成本很高。因此,这些系统的应用通常仅局限于具有成熟信息技术能力的大型企业。

基于 XML 的业务交换的迅速增加成为了定义一种新的全球电子交换方式的催化剂，利用这种新的方式可以使得所有的业务活动，不论规模大小，都能够进行电子商务活动。本部分的主要目的是促进 XML 框架内的电子商务消息的交换。标识为 ebXML 消息“负载”的业务消息不一定必须用 XML 来表示。传统的 EDI 格式与基于 XML 的消息都可以通过 ebMS 进行传输。实际上，ebMS 的负载可采用任何一种数字形式来表示，如 XML、ASC X12、HL7、AIAG E5、数据库表、二进制图像文件等等。

ebXML 体系结构要求 ebMS 协议可以加载于任何一种可用的通信协议上。因此，本部分并不要求只使用一种特定的通信协议。虽然本版本只给出了与 HTTP 和 SMTP 协议的绑定，但也可以使用其他协议。

ebXML 需求规范[ebREQ]要求通信必须安全可靠。ebXML 的任务主要集中于调整现有的和正在形成的技术，不鼓励制定新的协议。因此，本部分定义了现有安全标准和协议的语境中的安全性，规定了现有标准可以满足的需求，其他需求则必须推迟到新技术或标准可用的时候再进行规定，例如特殊消息头元素的加密。

在[ebREQ]中定义的可靠性需求与通过通信信道进行的 ebXML 消息传输有关。本部分给出了满足[ebREQ]的机制。本部分的可靠消息传输元素为通信层提供了可靠性，但并不将其作为对本部分支持的应用程序的业务层确认。这是个非常重要的区别。业务过程通常期望对其生成的消息进行响应。该响应可以对应用程序所接收的消息采用简单的确认形式，其中应用程序用于接收消息或接收反映源消息功能的伴随消息。这些消息不在本部分范围之内。在本部分中定义的确认不能指出 ebXML 消息的负载在语法上是否正确，也不能确认负载消息的正确性。它无法指出这些信息的业务可接受性或负载内容的一致性。本部分的目的是使发送方相信接收方 MSH 能够安全、完整地接收到消息。

ebMS 基本体系结构假设消息是在两个符合本部分的 MSH 节点之间进行交换。这两个 MSH 节点给出了根据要求进行扩展后可支持逐跳环境的跳-跳模型。逐跳环境允许消息的下一个目的地作为中间 MSH，而不是由最初的发送 MSH 标识的“接收 MSH”。ebMS 体系结构假设消息发送方可以不知道传输消息的特定路径。然而，必须假定最初的发送方知道消息的最终接收方以及一个或多个中间跳中的第一个跳。

ebMS 支持“服务质量”的概念。服务质量的水平是根据消息交换直接涉及的两个参与方之间的协议进行控制的。实际上，两个参与方间可以存在多个协议。为了满足业务交换的特殊需要，可以对协议进行修改。例如，业务参与方可以在一个合同中对从国内厂家购买产品的消息交换进行说明，在另一个合同中对从国外厂家购买产品的消息交换进行说明。通过这样的选择，参与方可以同意遵守在贸易合作中达成的协议。多个协议也可以存在于从最初的发送方到最终的接收方等处理消息的各方之间。这些协议包括：

a） 消息源站点的 MSH 与最终目的地的 MSH 之间的协议；

b） 消息源站点的 MSH 与作为中间站点的 MSH 之间的协议；

c） 消息最终目的地的 MSH 与作为中间站点的 MSH 之间的协议。

当然，中间点之间也存在协议。但是，源站点的 MSH 与最终目的地的 MSH 可以不知道这些协议。

符合本部分的 MSH 应遵守其本身与其他符合本部分的任一 MSH 之间进行通信的有效协议。从广义上说，这些协议被表示为 CPA。本部分标识了必须商定的信息，但没有规定用于制定和维护这些协议的方法或形式。在实际中应假设合同的实际内容已包含在初始化文件/配置文件、数据库或符合 GB/T 19256.2 的 XML 文档中。

### 4.2 运作策略和限制

从逻辑上讲，ebMS 是一个或多个业务应用与一个通信服务之间的一个服务。这就要求对业务应用与 MSH 之间抽象的服务接口进行定义。本部分认可该接口，但没有对其进行定义。本部分以后的版本将对该服务接口结构进行规定。

本部分定义了两个通信协议的绑定，且规定 MSH 独立于任一通信协议。由于早期工作集中在用于传输的 HTTP 协议上，因此本部分没有优先考虑该协议。当然也可以使用其他协议，并且本部分以后的版本中可能给出与这些协议相关的详细说明。

ebMS 依赖于外部的配置信息。这些信息可通过所定义的业务过程或贸易伙伴协议来确定。获取这些数据的目的是为了在 CPP 或 CPA 中使用。GB/T 19256.2 对构成这些协议的信息进行了定义。ebXML 体系结构定义了基础设施的构件和 ebMS 之间的关系。就 MSH 而言，组成 CPP/CPA 的信息可用于支持正常的运作。然而，由特定的 MSH 实施系统所使用的方法并不要求存在单独的 CPA 实例。CPA 被表示为一个 XML 文档。某些实施系统可以选择增加并使用一个含有 CPA 信息的数据库。本部分没有规定如何获得、存储或使用 CPA 信息，只是说明必须提供用于 MSH 的特定信息项以获得成功的运作。

## 4.3 运作方式

本部分没有规定如何在 ebXML 总框架中安装 MSH。假定某些 MSH 实施系统并不实现本部分中已定义的所有功能。例如，一些贸易伙伴并不要求可靠的消息传输服务，因此在它们的 MSH 中不存在可靠消息传输能力。但是，所有的 MSH 实施系统应符合关于特定实施系统所支持功能的规范，并可以给出对所请求但不支持的功能的错误提示。关于 MSH 实施系统的文档应在实施系统中标识出没有满足要求的所有 ebMS 特征。

从概念上说，ebMS 可以分解为如下三个部分：

a) 抽象的服务接口；

b) MSH 提供的功能；

c) 对底层传输服务的映射。

图 1 描述了存在于 ebMS 体系结构的可能的实施系统中的功能模块的逻辑排列。这些模块按照一种指明它们之间的内在关系和从属性的方式进行排列。

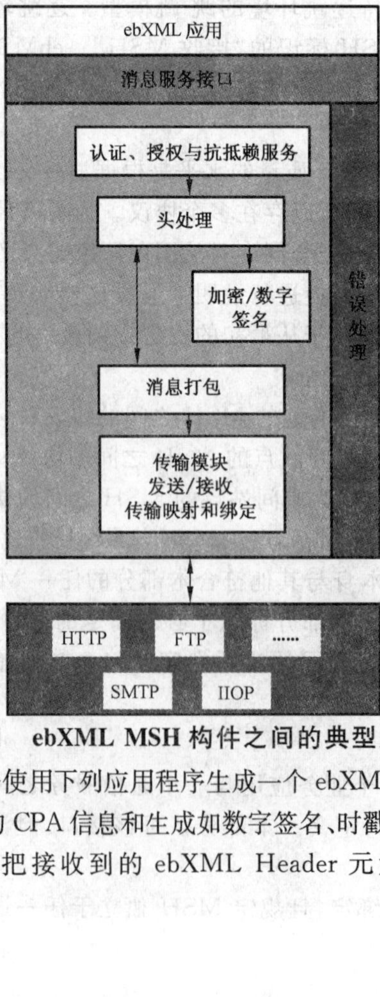


**图 1 ebXML MSH 构件之间的典型关系**

头处理(Header Processing)——使用下列应用程序生成一个 ebXML 消息的消息头元素。这些应用程序包括：经过消息服务接口，管理消息的 CPA 信息和生成如数字签名、时戳以及唯一标识符的信息。

头解析(Header Parsing)——把接收到的 ebXML Header 元素中的信息提取或转化为适用于 MSH 实施系统处理的一种形式。

安全服务(Security Services)——包括数字签名的生成与确认、加密、认证和认可。这些服务可由包括头处理和头解析构件的其他 MSH 构件使用。

可靠消息传输服务(Reliable Messaging Services)——处理 ebXML 消息的传输和确认。该服务包括处理可靠传输消息的持续时间、重试、错误通知和确认。

消息打包(Message Packaging)——将 ebXML 消息(ebXML Header 元素与负载)封装在符合[SOAPAttach]的容器中。

错误处理(Error Handling)——对 MSH 或应用程序处理消息期间遇到的错误的报告进行处理。

消息服务接口(Message Service Interface)——一个抽象的服务接口。应用程序使用该接口与发送和接收消息的 MSH 相互作用,MSH 使用该接口与处理接收消息(传输模块)的应用程序相连接。

## 5 核心功能

### 5.1 带有 SOAP 的 ebXML

本部分定义了在 SOAP Envelope(信封)内的修饰命名空间的 SOAP Header 和 Body 元素扩展集合。这些元素打包在 MIME 多部分中,以使负载或附件与 SOAP 扩展元素包含在一起。通常,主要在以下情况中使用单个 ebXML SOAP 扩展元素:

a) 可以使用不同的软件构件来生成 ebXML SOAP 扩展元素;

b) ebXML SOAP 扩展元素不总是存在;

c) ebXML SOAP 扩展元素中包含的数据可以与其他 ebXML SOAP 扩展元素分别进行数字签名。

#### 5.1.1 打包规范

ebXML 消息是一个独立于通信协议的 MIME/Multipart 消息信封,在结构上符合[SOAPAttach]规范,也称其为消息包。

在消息包中包含两个逻辑 MIME 部分:

a) 第一个 MIME 部分称为头容器,它包含符合 SOAP1.1 的消息,该 XML 文档在本部分的其余章节被称为 SOAP 消息;

b) 零个或多个称为负载容器的附加 MIME 部分,包括应用层负载。

图 2 描述了 ebXML 消息的一般结构和组成。

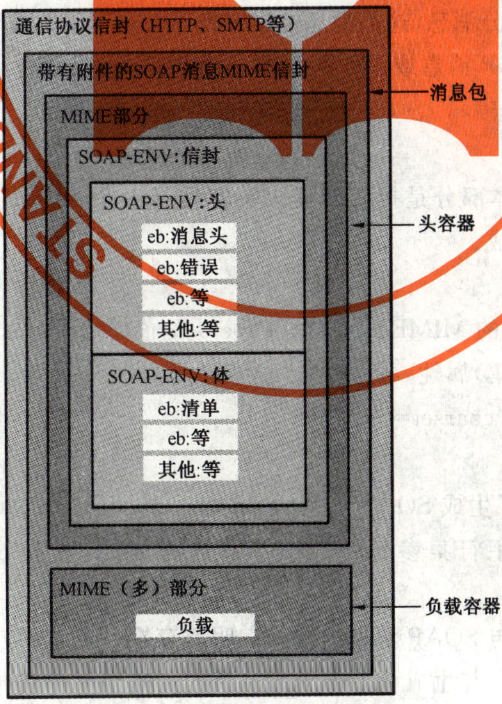


图 2 ebXML 消息结构

SOAP 消息是一个包含 SOAP Envelope 元素的 XML 文档。SOAP Envelope 元素是表示 SOAP 消息的 XML 文档的根元素。SOAP Envelope 元素由以下元素组成：

a) 一个 SOAP Header 元素：用于增加 SOAP 消息特征的一种通用机制，包括特定的 ebXML 头元素。

b) 一个 SOAP Body 元素：与消息负载部分相关的、由 MSH 控制的数据和信息的一个容器。

5.1.1.1 **SOAP 结构一致性**

ebXML 消息打包符合如下规范：

a) 简单对象访问协议(SOAP)规范 1.1[SOAP]；

b) 带有附件的 SOAP 消息规范[SOAPAttach]。

在 SOAP 消息中带有 ebXML 头并不意味着 ebXML 重载现有的 SOAP 语义，而是将基于 SOAP 的 ebXML 语义直接映射到 SOAP 语义中。

5.1.1.2 **消息包**

消息包的所有 MIME 头元素都符合[SOAPAttach]。另外，在消息包中的 Content-Type(＜内容-类型＞)MIME 头还包含一个 type(类型)属性，该属性与包含 SOAP 消息文档的 MIME 体部分的 MIME 媒体类型相匹配。按照[SOAP]规范，SOAP 消息的 MIME 媒体类型的值为"text/xml"。

建议初始头包括一个按照 MIME[RFC2045]构建的 Content-ID(＜内容-标识＞)MIME 头。对于 Multipart/ Related(＜多部分/相关＞)的媒体类型，除了所要求的参数之外，还应给出 start(＜开始＞)参数(在[RFC2387]的 MIME Multipart/Related 中是可选的)。这样就可以进行更健壮的错误检查。下例是一个用于 Multipart/Related 消息包的 MIME 头：

```
Content-Type: multipart/related; type="text/xml"; boundary="boundaryValue";
start=messagepackage-123@example.com

--boundaryValue
Content-ID: messagepackage-123@example.com
```

实施系统必须支持非多部分消息，这类消息可以在没有 ebXML 负载时存在。没有负载的 ebXML 消息可以作为一个普通的 SOAP 消息或是作为只有一个体部分的、符合[SOAPAttach]的多部分消息进行发送。

5.1.1.3 **头容器**

在本部分中，消息包的根体部分是指头容器。头容器是一个 MIME 体部分，由一个在[SOAPAttach]中定义的 SOAP 消息组成。

5.1.1.3.1 **Content-Type**

根据[SOAP]规范，头容器的 MIME Content-Type 头的值必须为"text/xml"。在 Content-Type 头中可以包含一个 charset(字符集)属性。例如：

```
Content-Type: text/xml; charset="UTF-8"
```

5.1.1.3.2 **charset 属性**

MIME charset 属性标识了生成 SOAP 消息的字符集。按照[XMLMedia]中关于 XML 的规定，该属性的语义以 text/xml 的"字符集参数/编码策略"进行描述，其有效值列表参见 http://www.iana.org/。

如果 MIME charset 属性与 SOAP 消息的编码声明都存在，则二者应是等同的。如果给出 MIME charset 属性，则它一定不能包含与生成 SOAP 消息时所使用的编码相互冲突的值。

为了获得最大的交互能力，建议在对本文档编码时使用 UTF-8 规范[UTF-8]。由于对媒体类型定义的处理规则源于[XMLMedia]的 text/xml，因此 MIME 属性没有缺省值。

#### 5.1.1.3.3 头容器范例

下列片断给出了头容器的一个例子：

```
Content-ID: <messagepackage-123@example.com>                         ---|Header
Content-Type: text/xml; charset="UTF-8"                                 |
                                                                        |
<SOAP:Envelope                                          --|SOAP Message|
    xmlns:SOAP="http://schemas.xmlsoap.org/soap/envelope/">   |            |
    <SOAP:Header>                                             |            |
    ...                                                       |            |
    </SOAP:Header>                                            |            |
    <SOAP:Body>                                               |            |
    ...                                                       |            |
    </SOAP:Body>                                              |            |
  </SOAP:Envelope>                                          --|            |
                                                                           |
  --boundaryValue                                                       ---|
```

#### 5.1.1.4 负载容器

在符合[SOAPAttach]的消息包中，可以存在零个或多个负载容器。

如果消息包中包含一个应用负载，则应用负载应包含在一个负载容器中。

如果消息包中没有应用负载，则负载容器一定不存在。

每一个负载容器的内容必须在 SOAP Body 中的 ebXML Manifest(清单)元素中进行标识(见 5.2.2)。

本部分对应用负载的结构或内容没有任何规定，也没有任何限制。负载可以是简单的无格式文本对象或是复杂的嵌套的多部分对象。规定负载对象的结构与组成，是定义业务过程或定义使用 ebMS 的信息交换机构的权利。

#### 5.1.1.4.1 负载容器范例

下列部分是一个负载容器和负载的例子：

```
Content-ID: <domainname.example.com>          -------------| ebXML MIME|
Content-Type: application/xml                 -------------|           |
                                                           |           | Payload
<Invoice>                                     -------------|           | Container
  <Invoicedata>                                            | Payload   |
    ...                                                    |           |
  </Invoicedata>                                           |           |
</Invoice>                                    -------------|           |
```

#### 5.1.1.5 其他 MIME 参数

本部分中描述的任何 MIME 部分都可以包含符合 MIME[RFC2045]规范的其他 MIME 头。实施系统可以忽略本部分中没有定义的 MIME 头，同时必须忽略其无法识别的 MIME 头。

例如，一个实施系统可能包含消息的 content-length(<内容-长度>)。然而带有 content-length 的消息的接收方可以将其忽略。

#### 5.1.1.6 报告 MIME 错误

如果在消息包中检测到一个 MIME 错误，则必须按照[SOAPAttach]中的规定进行报告。

5.1.2 **XML 序言**

如果 SOAP 消息的 XML 序言存在，则它可以包括一个 XML 声明。对于 XML 序言，本部分没有增加新的注释或处理指令。例如：

Content-Type：text/xml；charset="UTF-8"

<? xml version="1.0" encoding="UTF-8"? >

5.1.2.1 **XML 声明**

在 SOAP 消息中可以存在 XML 声明。如果存在，则 XML 声明必须包括 GB/T 18793—2002 所要求的版本说明，并可以包括一个编码声明。下面描述的语义必须由 ebMS 来实施。

5.1.2.2 **编码声明**

如果编码声明与头容器的 MIME 字符集同时存在，则 SOAP 消息的 XML 序言应包括编码声明，且该声明应等同于头容器的 MIME Content-Type 的 charset 属性(见 5.1.1.3)。

如果给出了编码声明，则编码声明一定不包括与生成 SOAP 消息时所使用的编码相互冲突的值。对 SOAP 消息进行编码时建议使用[UTF-8]。

如果使用 GB/T 18793—2002 中规定的规则 XML 处理器不能确定字符编码，则应在 ebXML SOAP 头文档中给出 XML 声明及其包括的编码声明。

注：按照 GB/T 18793—2002，XML 文档中不要求包括编码声明。

5.1.3 **ebXML SOAP Envelope 扩展**

按照[SOAP]规范，所有的扩展元素的内容需要命名空间来修饰。在本部分中定义的所有 ebXML SOAP 扩展元素内容是由 5.1.2.2 中定义的 ebXML SOAP Envelope 扩展命名空间修饰的命名空间。

用于 ebXML SOAP 扩展的命名空间声明(xmlns 伪属性)可能包含在 SOAP Envelope、Header 或 Body 元素中，或直接包含在每一个 ebXML SOAP 扩展元素中。

5.1.3.1 **命名空间伪属性**

用于 ebXML SOAP Envelope 扩展的命名空间声明(xmlns 伪属性)(见[XMLNS])有一个必需值：

http://www.oasis-open.org/committees/ebxml-msg/schema/msg-header-2_0.xsd

5.1.3.2 **xsi:schemaLocation 属性**

下面的 SOAP 命名空间 http://schemas.xmlsoap.org/soap/envelope/ 指的是 W3C XML 模式规范。OASIS 的 ebXML 消息传输技术委员会提供了一个 SOAP 模式版本。该 SOAP 模式版本与如下的 XML 模式规范[XMLSchema]的 W3C 推荐版本等效：

http://www.oasis-open.org/committees/ebxml-msg/schema/envelope.xsd

建议所有 ebXML MSH 实施系统应在 SOAP Envelope 元素中包括修饰 XMLSchema(XML 模式)实例命名空间的 schemaLocation(模式位置)属性，以便指出用来确认文档的、验证分析程序的模式文档位置。如果不包括 schemaLocation 属性，则可能阻碍所接收消息的 XML 模式确认。

例如：

```
<SOAP:Envelope xmlns:SOAP="http://schemas.xmlsoap.org/soap/envelope/"
                    xmlns:xsi="http://www.w3.org/2001/XMLSchema-instance"
   xsi:schemaLocation="http://schemas.xmlsoap.org/soap/envelope/
               http://www.oasis-open.org/committees/ebxml-msg/schema/envelope.xsd">
```

另外，ebXML SOAP Header 和 Body 扩展元素内容可以受相似的限定，以便对确认分析程序找到的模式文档位置进行标识，该模式文档包括修饰 ebXML 命名空间的 SOAP 扩展元素的定义。在[XMLSchema]的 W3C 推荐版本中，对 ebXML SOAP 扩展元素模式进行了定义(见附录 A)。修饰 XMLSchema 实例的命名空间的 schemaLocation 属性应包括一个从 ebXML SOAP Envelope 扩展命名空间到同一个元素中的模式文档的映射。该元素对 ebXML Envelope 扩展命名空间进行了声明。

在上面 5.1.3.1 中所描述的命名空间的 schemaLocation 为：

http://www.oasis-open.org/committees/ebxml-msg/schema/msg-header-2_0.xsd

建议使用独立的 schemaLocation 属性，从而使不能正确使用 schemaLocation 属性来解决多个命名空间的模式的工具能够验证 ebXML SOAP 消息。例如：

```
<SOAP:Envelope   xmlns:SOAP="http://schemas.xmlsoap.org/soap/envelope/"
                 xmlns:xsi="http://www.w3.org/2001/XMLSchema-instance"
                 xsi:schemaLocation="http://schemas.xmlsoap.org/soap/envelope/
                     http://www.oasis-open.org/committees/ebxml-msg/schema/envelope.xsd">
  <SOAP:Header
   xmlns:eb="http://www.oasis-open.org/committees/ebxml-msg/schema/msg-header-2_0.xsd"
   xsi:schemaLocation="http://www.oasis-open.org/committees/ebxml-msg/schema/msg-header-2_0.xsd
     http://www.oasis-open.org/committees/ebxml-msg/schema/msg-header-2_0.xsd">
  <eb:MessageHeader ...>
   ...
  </eb:MessageHeader>
  </SOAP:Header>
  <SOAP:Body xmlns:eb="http://www.oasis-open.org/committees/ebxml-msg/schema/msg-
                    header-2_0.xsd"
  xsi:schemaLocation="http://www.oasis-open.org/committees/ebxml-msg/schema/msg-header-2
                    _0.xsd
                    http://www.oasis-open.org/committees/ebxml-msg/schema/msg-header-2_0.
                    xsd">
   <eb:Manifest eb:version="2.0">
   ...
   </eb:Manifest>
  </SOAP:Body>
</SOAP:Envelope>
```

**5.1.3.3 SOAP Header 元素**

SOAP Header 元素是 SOAP Envelope 元素的第一个子元素。该元素必须有一个命名空间修饰符，该修饰符与命名空间"http://schemas.xmlsoap.org/soap/envelope/"的 SOAP Envelope 命名空间声明相匹配。

**5.1.3.4 SOAP Body 元素**

SOAP Body 元素是 SOAP Envelope 元素的第二个子元素。它必须有一个命名空间修饰符，该修饰符与命名空间"http://schemas.xmlsoap.org/soap/envelope/"的 SOAP Envelope 命名空间声明相匹配。

**5.1.3.5 ebXML SOAP 扩展**

ebXML 消息可扩展为含有下列主要扩展元素的 SOAP 消息：

**5.1.3.5.1 SOAP Header 扩展元素**

a) MessageHeader——一个包括消息的路由信息(To/From 等)以及关于该消息的其他语境信息的必备型元素。

b) SyncReply——指出下一个 SOAP 节点所要求的传输状态的元素。

**5.1.3.5.2 SOAP Body 扩展元素**

Manifest——一个指向负载容器或其他地方(如 web)中的数据的元素。该元素可被忽略。

5.1.3.5.3 **ebXML 核心模块**

a) 错误处理模块

ErrorList(错误列表)——包含报告上一个消息的错误列表的 SOAP 头元素。ErrorList 元素仅用于报告上一个消息的错误或警告,可以被忽略。

b) 安全模块

Signature(签名)——一个包含数字签名的元素。该数字签名符合用于对与消息相关的数据进行签名的[XMLDSIG]。该元素可以被忽略。

5.1.3.6 **#通配符元素内容**

按照模式中所指的那样,某些 ebXML SOAP 扩展元素允许通过扩展增加外来修饰命名空间的元素内容。按照[XMLNS],扩展元素内容必须由命名空间来修饰,同时也必须属于外来命名空间。外来命名空间是一个非 http://www.oasis-open.org/committees/ebxml-msg/schema/msg-header-2_0.xsd 的命名空间。当扩展用于专用扩展或将来对协议进行扩充时,可以使用通配符元素。

MSH 实施系统可以忽略修饰命名空间的元素及其内容。

5.1.3.7 **id 属性**

本部分定义的每一个 ebXML SOAP 扩展元素都有一个 id(标识)属性,该属性是一个 XML ID。通过增加 XML ID 可以提供唯一标识 SOAP 消息中元素的能力。因为可以通过在 Reference(参考)元素中规定一个"#<idvalue>"的 URI 来确定是否包含或排除单个 ebXML SOAP 扩展元素,所以当将数字签名应用到 ebXML SOAP 消息中时可以使用该属性。

5.1.3.8 **version 属性**

必备型属性 version(版本)指出了 ebXML SOAP Header 扩展符合的本部分的版本。该属性的目的是提供将来更改版本的能力。为保持一致,本部分定义的任何 SOAP 扩展元素的所有版本属性值必须为"2.0"。ebXML 消息可以包括值不为"2.0"的 SOAP 头扩展元素。符合本部分的实施系统接收到非"2.0"版本修饰的 ebXML SOAP 扩展消息,如果能够识别已标识的版本并有能力处理,则该实施系统就可以处理该消息;如果不能识别出已标识的版本,则它必须作出错误应答。version 属性必须是由上面定义的 ebXML SOAP Envelope 扩展命名空间修饰的。

只有当必须从语义上改变元素且不能等待本部分的下一个版本发布的极端情况下,才支持在同一个 ebXML SOAP 文档中使用多个版本的 ebXML SOAP 扩展元素。

5.1.3.9 **SOAP mustUnderstand 属性**

关于 SOAP Header 扩展的必备型属性 SOAP mustUnderstand,即适用于 SOAP 命名空间(http://schemas.xmlsoap.org/soap/envelope/)的命名空间,指出按照[SOAP]元素内容必须被接收过程所理解或消息必须被拒绝。该属性值为"1(真)"表示元素必须被理解或拒绝;该属性值为"0(假)",即缺省值,表示如果不理解该元素就可将其忽略。

5.1.3.10 **ebXML "Next MSH" actor URI**

当 URI(urn:oasis:names:tc:ebxml-msg:actor:nextMSH)在 SOAP actor(执行者)属性值的语境中被使用时,应被解释为扮演符合本部分 ebXML MSH 实例的角色的一个实体。

已建立的 actor 的 URI 使得非 ebXML MSH 节点的 SOAP 节点加入到 ebXML 消息的消息路径成为可能。例如,经过数字签名或对消息加密的 SOAP 节点。

所有的 ebXML MSH 节点必须扮演该角色。

5.1.3.11 **ebXML "To Party MSH"actor URI**

当 URI(urn:oasis:names:tc:ebxml-msg:actor:toPartyMSH)在 SOAP actor 属性值的语境中被使用时,应被解释为符合本部分 ebXML MSH 节点的一个实例。该实例扮演在同一个消息的 MessageHeader/ To/PartyId 元素中已被标识的参与方角色。可以安排 ebXML MSH 扮演该角色。但是如何安排不在本部分范围之内。

ebXML 消息的最终目的地的 MSH 除了扮演根据 SOAP 定义的缺省角色外，还必须扮演接收方 MSH 的 actor 的 URI 角色。

## 5.2 核心扩展元素

### 5.2.1 MessageHeader 元素

在所有 ebXML 消息中，MessageHeader(消息头)元素都是必需的。它必须作为 SOAP Header 元素的一个子元素存在。

MessageHeader 元素是一个复合元素，它包括以下从属元素：

a) 一个 id 属性(详见 5.1.3.7)；

b) 一个 version 属性(详见 5.1.3.8)；

c) 一个值为“1”的 SOAP mustUnderstand 属性(详见 5.1.3.9)；

d) From 元素；

e) To 元素；

f) CPAId(协同规程协议标识)元素；

g) ConversationId(会话标识)元素；

h) Service(服务)元素；

i) Action(行为)元素；

j) MessageData(消息数据)元素；

k) DuplicateElimination(删除重复)元素；

l) Description(描述)元素。

#### 5.2.1.1 From 元素和 To 元素

必备型元素 From 标识发起消息的参与方，而必备型元素 To 标识预定接收消息的参与方。From 和 To 元素都包括诸如 DUNS 码的逻辑标识符，或包括暗含诸如 eMail 地址的物理地址标识符。

每一个 From 元素与 To 元素都包括：

a) PartyId(身份标识)元素——出现一次或多次；

b) Role(角色)元素——出现零次或一次。

如果 From 或 To 元素包括多个 PartyId 元素，则所有列表成员都必须标识同一机构。除非 type 属性值参考了多种标识机制，否则在 From 或 To 元素包含的 PartyId 元素列表中，任何给定的 type 属性值都是唯一的。

注：当参与方之间的消息传输涉及多个中间点时，该机制特别有用。通常，发送方应给出支持中间点和目的地的所有已知领域内的标识，以确定具体标识机制的优先权。

From 元素与 To 元素包括零个或一个 Role 子元素。如果该子元素存在，则应在 PartyId 子元素之后。

##### 5.2.1.1.1 PartyId 元素

PartyId 元素只有一个 type 属性，其内容为一个字符串值。type 属性指出了 PartyId 元素内容中所属字符串的名称领域。所有参与方必须相互商定并理解 type 属性值。建议 type 值为一个 URI。进一步建议从 EDIRA(ISO 6523)、GB/T 14805 或 ANSI ASC X12105 注册系统中获取这些值。

如果 PartyId 的 type 属性不存在，则 PartyId 元素的内容必须是一个 URI[RFC2396]。否则接收 MSH 应报告一个错误(见 5.3.1.5)，在报告中应将 errorCode(错误代码)设置为 Inconsistent，将 severity(严重性)设置为 Error。强烈建议 PartyId 元素的内容为一个 URI。

##### 5.2.1.1.2 Role 元素

Role 元素标识了发送(当作为 From 元素的子元素存在时)和/或接收(当作为 To 元素的子元素存在时)消息的参与方的授权角色(fromAuthorizedRole 或 toAuthorizedRole)。Role 元素的值是 CPA 中规定的一个非空字符串。

注：Role 应尽可能定义为一个 URI。例如：http://rosettanet.org/roles/buyer。

以下部分说明了 From 元素和 To 元素的用法。

```
<eb:From>
  <eb:PartyId eb:type="urn:duns">123456789</eb:PartyId>
  <eb:PartyId eb:type="SCAC">RDWY</PartyId>
  <eb:Role>http://rosettanet.org/roles/Buyer</eb:Role>
</eb:From>
<eb:To>
  <eb:PartyId>mailto:joe@example.com</eb:PartyId>
  <eb:Role>http://rosettanet.org/roles/Seller</eb:Role>
</eb:To>
```

#### 5.2.1.2 **CPAId 元素**

必备型元素 CPAId 是对参与方间的消息交换进行管理的参数进行标识的一个字符串。在考虑消息发送方的情况下，消息接收方必须能够将 CPAId 解析成一套单独的参数。

在参与方间商定的命名空间内，CPAId 元素值必须是唯一的。它可能是 From 元素与 To 元素的 PartyId 值的连接、以某一方的 Internet 域名作为前缀的 URI 或是由其他的命名或注册服务提供和管理的命名空间。建议 CPAId 值为一个 URI。

CPAId 可参考在 GB/T 19256.2 中定义的 CPA 实例。下面为 CPAId 元素的一个例子：

```
<eb:CPAId>http://example.com/cpas/ourcpawithyou.xml</eb:CPAId>
```

当用 CPAId 元素标识消息传输参数时，消息传输参数由 CPA 中的适当元素来确定。

如果接收方确定消息同 CPA 相互冲突，但是由于本部分没有对该冲突的相应处理进行规定，因此，发送方只有在提前知道接收方具有处理这种冲突能力的情况下，才可生成这样的消息。

如果接收 MSH 检查到不一致，则它必须报告一个 errorCode 为 Inconsistent 和 severity 为 Error 的消息。如果不能识别 CPAId，则必须报告 errorCode 为 NotRecognized 和 severity 为 Error 的消息。

#### 5.2.1.3 **ConversationId 元素**

必备型元素 ConversationId 是一个对组成两个参与方间会话的相关消息集合进行标识的字符串。它在规定的 CPAId 语境内必须是唯一的。发起会话的参与方确定 ConversationId 元素值，该值在所有与会话有关的消息中都能得到反映。

ConversationId 元素使消息接收方能够识别出生成会话中早期消息或对其进行处理的应用程序或过程的实例。该元素对于会话中的所有消息保持不变。

用于 ConversationId 的值与实施系统相关。ConversationId 元素的例子如下：

```
<eb:ConversationId>20001209-133003-28572</eb:ConversationId>
```

注：实施系统可以自由选择如何标识和存储一个与特定会话相关的会话状态，并且应为其标识模式和另一个实施系统产生的 ConversationId 元素之间的映射提供便利。

#### 5.2.1.4 **Service 元素**

必备型元素 Service 标识了处理消息的服务，并由服务的设计者对其进行规定。服务的设计者可以是：

a) 一个标准机构；

b) 个人或公司。

注：在 ebXML 业务过程模型的语境中，行为就是基于 GB/T 19256.6 中最低可能的角色(请求或应答角色)，服务就是参与方中被授权角色相关行为的集合。

下面为 Service 元素的一个例子：

```
<eb:Service>urn:services:SupplierOrderProcessing</eb:Service>
```

注：本部分保留使用 Service 元素中以命名空间 urn:oasis:names:tc:ebxml-msg:service 开始的 URI。

Service 元素只有一个 type 属性。

5.2.1.4.1 **type 属性**

如果 type 属性存在，则它指出了发送和接收消息的参与方知道如何借助于其他手段去解释 Service 元素的内容。双方可以使用 type 属性值作为解释的辅助手段。

如果 type 属性不存在，则 Service 元素的内容必须是一个 URI[RFC2396]。如果不是一个 URI，则应报告一个含有 errorCode 为 Inconsistent 和 severity 为 Error 的错误消息(见 4.3.1.5)。

5.2.1.5 **Action 元素**

必备型元素 Action 对在处理消息的 Service 元素中的一个过程进行了标识。该元素在对其进行定义的服务内应是唯一的，其值由服务的设计者规定。下面为 Action 元素的一个例子：

＜eb：Action＞NewOrder＜/eb：Action＞

如果接收 MSH 不能识别出 Service 或 Action 元素的值，则必须报告一个 errorCode 为 NotRecognized 和 severity 为 Error 的错误消息。

5.2.1.6 **MessageData 元素**

必备型元素 MessageData 给出了唯一标识 ebXML 消息的方法。它包括如下元素：

a) MessageId(消息标识)元素；

b) Timestamp(时戳)元素；

c) RefToMessageId(消息参考标识)元素；

d) TimeToLive(有效时间)元素。

下列部分是对 MessageData 元素结构的说明：

＜eb：MessageData＞

＜eb：MessageId＞20001209-133003-28572@example.com＜/eb：MessageId＞

＜eb：Timestamp＞2001-02-15T11：12：12＜/eb：Timestamp＞

＜eb：RefToMessageId＞20001209-133003-28571@example.com＜/eb：RefToMessageId＞

＜/eb：MessageData＞

5.2.1.6.1 **MessageId 元素**

对于每个消息，必备型元素 MessageId 都是一个符合 MessageId[RFC2822]的通用唯一标识符。

注：在 Message-ID(＜消息-标识＞)和 Content-ID(＜内容-标识＞)的 MIME 头中，其值总是用尖括号括起来。然而，在 mid：或 cid：scheme URI、MessageId 与 RefToMessageId 元素中的参考内容一定不能包括这些分隔符。

5.2.1.6.2 **Timestamp 元素**

必备型元素 Timestamp 是一个符合 dateTime[XMLSchema]的、生成消息头的时间值，且须按照[UTC]进行表示。Timestamp 元素中包含的“Z”标识符说明 UTC 是可选的。

5.2.1.6.3 **RefToMessageId 元素**

RefToMessageId 元素有一个 0 或 1 的基数。当该元素存在时，则一定包含与本消息相关的早期 ebXML 消息的 MessageId 值。如果没有早期相关的消息，则该元素一定不存在。

对于错误消息，RefToMessageId 元素是必需的，其值必须是错误消息的 MessageId 值(见 5.3.2)。

5.2.1.6.4 **TimeToLive 元素**

如果 TimeToLive 元素存在，则其指出将消息传送到接收方 MSH 的截止时间，该时间按照 UTC 表示。该元素必须与 XML 模式的日期时间一致。

在本部分中，如果按照 UTC 核准的接收 MSH 内部时钟的时间比消息的 TimeToLive 值大，则 TimeToLive 已超时。

如果接收方 MSH 接收到一个 TimeToLive 已超时的消息，则它应向发送方 MSH 发送一个消息，报告消息的 TimeToLive 已失效。该消息由一个 ErrorList 元素组成，该元素包括设置为 TimeToLive-Expired 的 errorCode 属性和设置为 Error 的 severity 属性的错误。

在 6.1.4.5 的可靠消息传输中对 TimeToLive 元素作了进一步的描述。

#### 5.2.1.7 DuplicateElimination 元素

如果 DuplicateElimination 元素存在，则它标识了发送方对接收 MSH 进行重复消息检查的请求(详见6.1.4.1)。

DuplicateElimination 的有效值为：

a) DuplicateElimination 存在——应删除重复消息；

b) DuplicateElimination 不存在——导致尽力发送的行为。

如果 CPA 将 DuplicateElimination 设置为 never，则 DuplicateElimination 元素一定不存在(详见6.1.4.1与 6.1.6)。

#### 5.2.1.8 Description 元素

Description 元素可以出现零次或多次，其目的是提供一种能够人工可阅读消息目的或意图的描述方式。描述语言通过必备型属性 xml:lang 来定义。xml:lang 属性必须符合 GB/T 18793—2002 中规定的标识语言规则。对于 xml:lang，每次出现都应有不同的值。

#### 5.2.1.9 MessageHeader 范例

下列部分说明了 SOAP Header 中 MessageHeader 元素的结构。

```
<eb:MessageHeader eb:id="..." eb:version="2.0" SOAP:mustUnderstand="1">
  <eb:From>
    <eb:PartyId>uri:example.com</eb:PartyId>
    <eb:Role>http://rosettanet.org/roles/Buyer</eb:Role>
  </eb:From>
  <eb:To>
    <eb:PartyId eb:type="someType">QRS543</eb:PartyId>
      <eb:Role>http://rosettanet.org/roles/Seller</eb:Role>
  </eb:To>
  <eb:CPAId>http://www.oasis-open.org/cpa/123456</eb:CPAId>
  <eb:ConversationId>987654321</eb:ConversationId>
  <eb:Service eb:type="myservicetypes">QuoteToCollect</eb:Service>
  <eb:Action>NewPurchaseOrder</eb:Action>
  <eb:MessageData>
    <eb:MessageId>UUID-2</eb:MessageId>
    <eb:Timestamp>2000-07-25T12:19:05</eb:Timestamp>
    <eb:RefToMessageId>UUID-1</eb:RefToMessageId>
  </eb:MessageData>
  <eb:DuplicateElimination/>
</eb:MessageHeader>
```

### 5.2.2 Manifest 元素

Manifest 元素可以作为 SOAP Body 元素的一个子元素存在。Manifest 元素是由一个或多个 Reference 元素组成的一个复合元素。每个 Reference 元素都标识了与消息相关的负载数据，而不管负载数据是以负载容器中包含的负载文件形式作为消息的一部分，还是作为通过 URL 可以访问的远程资源。建议 SOAP Body 中不存在负载数据。Manifest 元素的目的是：

a) 使直接提取与 ebXML 消息相关的特定负载变得更容易；

b) 允许应用程序决定其是否能在不对负载进行解析的情况下处理负载。

Manifest 元素由下列属性和元素组成：

a) 一个 id 属性(详见 5.1.3.7)；

b） 一个 version 属性（详见 5.1.3.8）；

c） 一个或多个 Reference 元素。

**5.2.2.1 Reference 元素**

Reference 元素是由下列从属元素组成的一个复合元素：

a） 零个或多个 Schema（模式）元素——关于对父 Reference 元素中被标识的实例文档进行定义的模式的信息。

b） 零个或多个 Description 元素——对由父 Reference 元素参考的负载对象的文本描述。

Reference 元素本身是一个符合[XLINK]的简单链接。应注意的是在本语境中使用 XLINK 的唯一目的是为描述一种关联给出一套简明的词汇。XLINK 处理器或引擎的使用不是必需的，但是在某些特定的实施系统中可能是非常有用的。

Reference 元素除了具有上述元素内容之外，还包括下列属性：

a） id——Reference 元素的一个 XML ID。

b） xlink:type——该属性将 Reference 元素定义为一个符合[XLINK]的简单链接。它有一个固定值"simple"。

c） xlink:href——该属性是必需的，其值为被引用负载对象的 URI。它应符合用于[XLINK]简单链接的规范准则。

d） xlink:role——该属性标识了描述负载对象或其目的的某些资源。如果该属性存在，则它应有一个符合[XLINK]的有效 URI 值。

e） 可能存在其他修饰命名空间的属性。接收 MSH 可选择忽略上面定义的命名空间属性之外的任何一个外来命名空间属性。

使用 ebMS 进行业务过程或信息交换的设计者决定 Manifest 所引用的负载数据以及用于 xlink:role 的值。

**5.2.2.1.1 Schema 元素**

如果参考项具有描述其自身的某种模式（如 XML 模式、DTD 或数据库模式），则 Schema 元素应作为 Reference 元素的一个子元素存在。它给出了一种标识模式及其版本的方法，该模式及其版本定义了被父 Reference 元素标识的负载对象。Schema 元素包括下列属性：

a） location（位置）——模式必需的 URI；

b） version——模式的版本标识符。

**5.2.2.1.2 Description 元素**

关于 Description 元素的说明见 5.2.1.8。下面为 Description 元素的一个例子：

<eb:Description xml:lang="en-GB">Purchase Order for 100,000 widgets</eb:Description>

**5.2.2.2 Manifest 验证**

如果 xlink:href 属性包含一个为内容标识的 URI（URI 模式"cid"），则在相应的消息负载容器中必须存在含有<content-id>的 MIME 部分。如果不存在 MIME 部分，则应向发送方报告一个含有 errorCode 为 MimeProblem 和 severity 为 Error 的错误消息。

如果 xlink:href 属性包含一个不是内容标识的 URI（URI 模式"cid"），且该 URI 不能被分析，则应由实施系统来决定是否报告该错误。如果报告该错误，则应向发送方报告一个含有 errorCode 为 MimeProblem 和 severity 为 Error 的错误消息。

注：如果存在负载且负载没有被 Manifest 引用，则应将负载舍弃。

**5.2.2.3 Manifest 范例**

下列部分说明了用于单个负载 MIME 体部分的一个典型的 Manifest：

```
<eb:Manifest eb:id="Manifest" eb:version="2.0">
  <eb:Reference eb:id="pay01"
```

```
    xlink:href="cid:payload-1"
    xlink:role="http://regrep.org/gci/purchaseOrder">
<eb:Schema eb:location="http://regrep.org/gci/purchaseOrder/po.xsd" eb:version="2.0"/>
<eb:Description xml:lang="en-US">Purchase Order for 100,000 widgets</eb:Description>
  </eb:Reference>
  </eb:Manifest>
```

### 5.3 核心模块

#### 5.3.1 安全模块

从本质上讲，ebMS存在着一定的安全风险。ebMS可能处于下列风险中：

a) 未授权的访问；

b) 数据完整性和/或机密性攻击(如人为攻击)；

c) 拒绝服务和欺骗。

在ebXML技术体系风险评估技术报告[secRISK]中对每一种安全风险都进行了详细的说明。

通过应用本条中所描述的一种或几种安全措施的组合，可以从整体或部分对每一种安全风险进行处理。本部分描述了一套经过选择的安全措施轮廓或组合，安全措施的选择主要是针对普通可用技术的关键风险。每个规定的轮廓都对风险进行了说明。安全轮廓表见附录C。

应采取相应的措施来平衡内在风险和可能置于风险之中的资产价值的评估。对于本部分，已签名消息是指包含Signature元素的任何消息。

##### 5.3.1.1 Signature元素

ebXML消息可以通过数字签名来提供安全措施。属于XML签名规范[XMLDSIG]定义的命名空间的零个或多个Signature元素可以作为SOAP Header的子元素存在。Signature元素是按照[XMLDSIG]修饰的命名空间。Signature元素的结构和内容符合[XMLDSIG]。如果在SOAP Header中包含多个元素，则第一个元素表示ebXML消息的数字签名，该数字签名由发送方MSH根据5.3.1进行签名。其他的Signature元素也可以存在，但其目的不在本部分内进行定义。

对ebXML消息进行数字签名时如何构建Signatur元素详见5.3.1.3。

##### 5.3.1.2 安全与管理

任何一种技术，不管其多么先进，都不可能完全替代安全管理策略和实践的有效实施。

建议ebMS的站点管理者支持和维护消息服务的安全机制、站点(或物理)安全程序、密码协议，更新实施系统并进行适当的调整(见http://www.cert.org/和http://ciac.llnl.gov/)。

###### 5.3.1.2.1 CPA

CPA规定了MSH的安全配置。CPA中的两个部分有下列安全定义：

a) 文档交换部分对用于消息负载的安全性进行了说明。MSH并不对该层中规定的安全性负责，但它可以为消息的发送方提供这些服务。

b) 在传输部分中，对用于包括头和负载的整个ebXML文档的安全性进行了说明。

##### 5.3.1.3 签名生成

按照下列步骤，ebXML消息使用[XMLDSIG]进行签名：

a) 根据[XMLDSIG]的规定，为SOAP Envelope和任何要求签名的负载对象生成一个带有SignatureMethod(签名方法)、CanonicalizationMethod(规范化方法)和Reference元素的SignedInfo(签名信息)元素；

b) 根据[XMLDSIG]的规定，规范并计算基于SignedInfo中规定算法的SignedInfo之上的SignatureValue(签名值)；

c) 根据[XMLDSIG]的规定，构建包括SignedInfo、KeyInfo(建议)与SignatureValue元素的Signature元素；

d) 将修饰命名空间的 Signature 元素包括在刚签名的 SOAP Header 中。

按照[XMLDSIG]中的定义，SignedInfo 元素应包括一个 CanonicalizationMethod 元素、一个 SignatureMethod 元素以及一个或多个 Reference 元素。

建议用于数据签名的规范化方法为：

<CanonicalizationMethod Algorithm="http://www.w3.org/TR/2001/REC-xml-c14n-20010315"/>

SignatureMethod 元素应存在，而且应有一个 algorithm 属性。algorithm 属性的建议值为：

<SignatureMethod Algorithm="http://www.w3.org/2000/09/xmldsig#dsa-sha1"/>

所有兼容的 ebXML 消息服务软件实施系统应支持该建议值。

用于 SOAP Envelope 文档的、符合[XMLDSIG]的 Reference 元素应具有一个为" "的 URI 属性值，以对文档进行签名，使其包括 Signature 元素。

根据[XMLDSIG]，用于 SOAP Envelope 文档的、符合[XMLDSIG]的 Reference 元素可以包括一个值为"http://www.w3.org/2000/09/xmldsig#Object"的 type 属性。该属性是纯资料性的，可将其忽略。ebXML MSH 实施系统可以处理参与方的事情。Reference 元素可以包括 id 属性。

用于 SOAP Envelope 文档的、符合[XMLDSIG]的 Reference 元素应包括一个子 Transforms(转换)元素。Transforms 元素应包括如下 Transform 子元素。

第一个 Transform 元素有一个具有如下值的 algorithm 属性：

<Transform Algorithm="http://www.w3.org/2000/09/xmldsig#enveloped-signature"/>

该声明的结果排除了父 Signature 元素及其所有子元素。

第二个 Transform 元素有一个具有如下值的子 XPath 元素：

```
<Transform Algorithm="http://www.w3.org/TR/1999/REC-xpath-19991116">
  <XPath> not(ancestor-or-self::node()[@SOAP:actor="urn:oasis:names:tc:ebxml-msg:actor:
        nextMSH"]|ancestor-or-self::node()[@SOAP:actor="http://schemas.xmlsoap.
        org/soap/actor/next"])
  </XPath>
</Transform>
```

[XPath]声明的结果排除了 SOAP Envelope 中的所有元素及其子元素，其中 SOAP Envelope 包含一个指向 nextMSH 的 SOAP:actor 属性。它也排除了含有 actor 属性的所有元素，其中 actor 属性指向下一个节点(可以在路径中改变)的元素。任何中间节点或 MSH 一定不能改变、格式化或以任何方式修改不指向中间节点的任何元素。中间节点一定不能增加或删除空白空间。任何这样的改变都可能使签名无效。

最后一个 Transform 元素应有一个具有如下值的 algorithm 属性，其值为：

<Transform Algorithm="http://www.w3.org/TR/2001/REC-xml-c14n-20010315"/>

该算法的结果是规范化 SOAP Envelope 的 XML 文件并排除注解。

注：这些转换是为 SOAP Envelope 及其内容而不是为负载对象设置的。对每一个负载进行合适转换的决定应在实施系统中进行。

要求签名的每一个负载对象都应使用符合[XMLDSIG]的、含有一个解析负载对象的 URI 属性的一个 Reference 元素来表示。这种情况可以是负载对象的 MIME 体部分的 Content-ID 的 URI，或者是一个与负载对象的 MIME 体部分的 Content-Location 相匹配的 URI，或者是对消息包外部负载对象进行解析的 URI。建议 URI 属性值与相应负载对象的 Manifest/Reference 元素的 xlink:href 的 URI 值相对应。

注：当 Content-Transfer-Encoding MIME 头规定的传递编码(如 base64)用于 SOAP Envelope 或负载对象时，必须在编码之前生成签名。

下面为一个已数字签名的 ebXML SOAP 消息的例子：

```
<? xml version="1.0" encoding="utf-8"? >
<SOAP:Envelope xmlns:xlink="http://www.w3.org/1999/xlink"
  xmlns:SOAP="http://schemas.xmlsoap.org/soap/envelope/"
  xmlns:eb="http://www.oasis-open.org/committees/ebxml-msg/schema/msg-header-2_0.xsd"
  xmlns:xsi="http://www.w3.org/2001/XMLSchema-instance"
  xsi:schemaLocation="http://schemas.xmlsoap.org/soap/envelope/
      http://www.oasis-open.org/committees/ebxml-msg/schema/envelope.xsd
      http://www.oasis-open.org/committees/ebxml-msg/schema/msg-header-2_0.xsd
      http://www.oasis-open.org/committees/ebxml-msg/schema/msg-header-2_0.xsd">
 <SOAP:Header>
  <eb:MessageHeader eb:id="…" eb:version="2.0" SOAP:mustUnderstand="1">
   …
  </eb:MessageHeader>
  <Signature xmlns="http://www.w3.org/2000/09/xmldsig#">
   <SignedInfo>
      <CanonicalizationMethod Algorithm="http://www.w3.org/TR/2001/REC-xml-c14n-
20010315"/>
    <SignatureMethod Algorithm="http://www.w3.org/2000/09/xmldsig#dsa-sha1"/>
    <Reference URI="">
     <Transforms>
      <Transform Algorithm="http://www.w3.org/2000/09/xmldsig#enveloped-signature"/>
      <Transform Algorithm="http://www.w3.org/TR/1999/REC-xpath-19991116">
       <XPath> not(ancestor-or-self::node()[@SOAP:actor=
           &quot;urn:oasis:names:tc:ebxml-msg:actor:nextMSH&quot;]
                 | ancestor-or-self::node()[@SOAP:actor=
           &quot;http://schemas.xmlsoap.org/soap/actor/next&quot;])
       </XPath>
      </Transform>
      <Transform Algorithm="http://www.w3.org/TR/2001/REC-xml-c14n-20010315"/>
     </Transforms>
     <DigestMethod Algorithm="http://www.w3.org/2000/09/xmldsig#sha1"/>
     <DigestValue>…</DigestValue>
    </Reference>
    <Reference URI="cid://blahblahblah/">
     <DigestMethod Algorithm="http://www.w3.org/2000/09/xmldsig#sha1"/>
     <DigestValue>…</DigestValue>
    </Reference>
   </SignedInfo>
   <SignatureValue>…</SignatureValue>
   <KeyInfo>…</KeyInfo>
  </Signature>
 </SOAP:Header>
```

```
  <SOAP:Body>
    <eb:Manifest eb:id="Mani01" eb:version="2.0">
      <eb:Reference xlink:href="cid://blahblahblah/" xlink:role="http://ebxml.org/gci/invoice">
        <eb:Schema eb:version="2.0" eb:location="http://ebxml.org/gci/busdocs/invoice.dtd"/>
      </eb:Reference>
    </eb:Manifest>
  </SOAP:Body>
</SOAP:Envelope>
```

#### 5.3.1.4 安全措施技术

##### 5.3.1.4.1 持久数字签名

符合W3C/IETF的[XMLDSIG]的技术是唯一可对ebXML消息(ebXML SOAP Header与Body及其相关的负载对象)进行数字签名的技术。符合本部分的XML签名能够对XML文档的各部分有选择地进行签名,并在保留签名有效性的条件下允许对文档进行扩充(即增加新的元素内容)。

如果对一个ebXML消息进行数字签名,则必须使用[XMLDSIG]将ebXML SOAP Header、Body与ebXML负载容器(或在web其他地方中与该消息相关的数据)进行绑定。

要求进行数字签名的ebXML消息应按本条定义的过程进行签名,并应完全符合[XMLDSIG]。

##### 5.3.1.4.2 持久签名接收

用上述方式进行数字签名的确认消息可用于对已数字签名的ebXML消息进行确认。该确认消息必须包括一个符合[XMLDSIG]的Reference元素的列表,该列表与源消息中符合[XMLDSIG]的Signature元素包括的那些元素保持一致。

##### 5.3.1.4.3 非持久认证

非持久认证是由传输ebXML消息的通信信道给出。该认证可以是单向的,也可以是双向的。具体方法由所使用的通信协议来决定。例如,使用如TLS[RFC2246]或IPSEC[RFC2402]的安全网络协议,为ebXML消息的发送方提供一种鉴别TCP/IP环境目的地的方式。

##### 5.3.1.4.4 非持久完整性

通过配置如TLS[RFC2246]或IPSEC[RFC2402]的安全网络协议,可以给出通过网络连接进行传输的数据包摘要和对照关系。

##### 5.3.1.4.5 持久保密性

XML加密技术是由积极从事XML文档选择加密规范的起草工作W3C与IETF联合制定的。制定本部分1.0版本的ebXML传输、路由及封装开发组已把该技术作为唯一可行的方法,来为ebXML消息中的元素(包括SOAP Header)提供持久的、可选择的保密性。

MSH的功能可以提供ebXML负载容器的保密性。负载的保密性可以通过使用XML加密技术(当其有效时)或使用双方商定的其他加密方法(如S/MIME [S/MIME]、[S/MIMEV3]或PGP MIME [PGP/MIME])获得。当XML加密技术处于W3C推荐状态时,相应的XML加密技术标准应是缺省的加密方法。

注:当要求MSH进行签名和加密时,应首先进行签名,然后再加密。

##### 5.3.1.4.6 非持久保密性

当在ebXML的两个相邻MSH节点间传输消息时,可采用如TLS[RFC2246]或IPSEC[RFC2402]的安全网络协议为消息提供暂时的保密性。

##### 5.3.1.4.7 持久授权

OASIS安全服务技术委员会积极从事了安全凭证交换标准的制定工作,该标准包括命名声明和命名权利,并以安全声明标记语言[SAML]为基础。一旦以该标准为基础的技术可行,就可以使用该技术为 ebXML 消息提供持久授权。

#### 5.3.1.4.8 非持久授权

通过配置如 TLS[RFC2246]或 IPSEC[RFC2402]的安全网络协议，可以在双方对话前对证书进行双向认证。这样就使 ebXML MSH 能够鉴别连接源并识别作为 ebXML 消息的被授权源。

#### 5.3.1.4.9 可信时戳

本部分在有效期内可以提供可信时戳服务能力。一旦这些服务被广泛应用，并且针对其使用和表达制定了标准时，则在本部分以后的版本中将对这些标准、技术和服务进行评估和考虑。

#### 5.3.1.5 安全策略

实施者应知道即使使用 XML 数字签名来保护 ebXML 消息的完整性和来源，仍然会存在安全问题。其重要性取决于交换 ebXML 消息的配置环境和传输方式。

之所以存在安全问题是因为 ebXML 消息传输是 XML 和 MIME 技术的集成。将两种或多种技术结合在一起的时候，总是存在着新的安全问题(有时是唯一的)需要处理。在这种情况下，可将 MIME 用作包含 SOAP Envelope 和负载容器的消息包的框架。SOAP Envelope 的各种元素引用了负载，并利用 MIME 机制进行了标识。另外，在 SOAP Envelope 和 MIME 框架中重复使用各种标签，如负载内容的类型。问题是如何使用这些信息和何时使用这些信息。

举例来说，对于每个负载，MIME Content-ID：header 是唯一的标识标签。只要需要，就可在 SOAP Envelope 中使用该标签来标识负载。MIME Content-Type：header 用来标识负载中运载的内容类型。某些内容类型可能包括用于进一步修饰实际类型的附加参数。在 SOAP Envelope 中可以获得这些信息。

即使使用了 XML 数字签名，仍然不能完全保护 MIME 头。尽管目前 XML 加密技术不是有效的并导致无法使用，但是其应用同 XML 数字签名一样正在逐渐发展。当 XML 加密技术的应用与 XML 数字签名的应用程度相同时，将不保护 MIME 头。因此，ebXML 消息的风险取决于如何将 MIME 头中的信息转化为 SOAP Envelope 中的信息。

Content-ID：MIME header 非常重要。破坏者通过将负载与 Content-ID：header 混淆和匹配，就能够很容易地制作出一个拒绝服务的攻击。和大部分拒绝服务的攻击一样，该安全问题没有被提供特殊的保护。然而，这种攻击能被检测到。因为当数字签名有效时，根据实际负载计算出的摘要与 SOAP Envelope 中包含的摘要不匹配。

在 MIME 头和 SOAP Envelope 中都存在内容类型是有问题的。通常的安全惯例不鼓励在两个地方复制信息。当复制信息时，通常的安全惯例要求对两个地方的信息进行比较以保证它们是相同的。如果两组信息不匹配，则认为是安全违规。

当消息在其起始位置到目的地之间的传输路径中时，破坏者能够改变 MIME 头，并且在安全服务有效的情况下仍然检测不到这种攻击。与逐跳传输环境相比，这种威胁在对等传输环境中不太明显。如果 ebXML 消息曾经被记录在一个长期存储区内，则所有的实施系统都处于风险之中，因为存储区的妥协可能将消息置于被修改的风险中。

实际风险取决于实施系统如何使用每个复制的信息集合。如果对体部分标识和分离的 MIME 解析之外的任何处理都依赖于 MIME 头中的信息，则实施系统就处于被动进行无意识的或不希望的行为的风险中。如何利用这一点可以参照允许缓冲区溢出的一般编制程序错误：这主要取决于破坏者的创造力和持久性。

因此，实施系统可以通过确保不使用 MIME 头中不受保护的信息来减少风险，但是为了进行标识和分离体部分的最低目的而被 MIME 解析器使用的信息除外。对实施系统是否应同复制的信息集合进行比较和根据比较结果采取什么措施，在本部分的当前版本中没有进行说明。

### 5.3.2 错误处理模块

本条描述了一个 ebXML MSH 如何向另一个 MSH 报告它在 ebXML 消息中检测到的错误。

ebMS 错误报告与处理模块被认为是 SOAP 处理器层之上的处理层。这就意味着从 SOAP 处理器的角度看，ebXML MSH 从本质上必须是 SOAP 消息的一个应用层处理器。如果 SOAP 处理器不能处理消息，则它可以生成一个 SOAP Fault(错误)消息。发送 MSH 则必须准备接收并处理这些 SOAP Fault 的值。

ebXML MSH 软件可能产生 SOAP Fault，并将其返回给 SOAP 消息的发送方。在这种情况下，返回的消息必须符合[SOAP]规范中关于 SOAP Fault 值的处理原则。

报告一个含有 highestSeverity 为 Warning 的错误的 ebXML SOAP 消息不能作为 SOAP Fault 被报告或返回。

5.3.2.1 **定义**

为了便于了解，本条的使用分为两个阶段：

a) “message in error”(错误消息)——包含或造成一个错误或某类警告的消息；
b) “message reporting the error”(报告错误的消息)——包含一个 ebXML ErrorList 元素的消息。其中该元素对在错误消息中发现的警告和/或错误进行了描述(可参考本部分中其他地方关于错误消息的内容)。

5.3.2.2 **错误类型**

一个 MSH 需要向另一个 MSH 报告错误。例如，同下列内容相关的错误：

——SOAP 消息文档的 ebXML 修饰命名空间的内容(见 5.1.3.1)；
——可靠消息传输失败(见 6.1.5.7)；
——安全性(见 5.3.1)。

除非与前面的规定相违背，否则本部分的其余章节涉及到“错误”的地方都为上面列出的或其他地方定义的所有错误类型或其中的一种。

检测和报告同数据通信协议相关的错误，使用的是数据通信协议支持的标准机制，而不使用这里描述的错误报告机制。

5.3.2.3 **ErrorList 元素**

SOAP Header 元素中的 ErrorList 扩展元素的存在表明由 MessageHeader 元素中的 RefToMessageId 标识的消息含有一个错误。

ErrorList 元素由下列元素和属性组成：

a) id 属性(详见 5.1.3.7)；
b) 一个 version 属性(详见 5.1.3.8)；
c) 一个值为“1”的 SOAP mustUnderstand 属性(详见 5.1.3.9)；
d) highestSeverity 属性；
e) 一个或多个 Error(错误)元素。

如果没有报告错误，则一定不存在 ErrorList 元素。

5.3.2.3.1 **highestSeverity 属性**

highestSeverity(最高严重性)属性包括任何一个 Error 元素的最高严重性。特别是，如果任何一个 Error 元素含有一个值为 Error 的 severity，则 highestSeverity 必须被设置为 Error，否则，highestSeverity 必须被设置为 Warning。

5.3.2.3.2 **Error 元素**

Error 元素包括：

a) id 属性(详见 5.1.3.7)；
b) codeContext 属性；
c) errorCode 属性；
d) severity 属性；

e) location 属性；

f) Description 元素。

5.3.2.3.2.1 **id 属性**

如果错误是 ebXML 元素的一部分，则该元素的 id 属性可用于跟踪错误。

5.3.2.3.2.2 **codeContext 属性**

codeContext(代码语境)属性标识了用于 errorCode 的命名空间或模式。该属性必须是一个 URI，其缺省值为 urn:oasis:names:tc:ebxml-msg:service:errors。如果没有缺省值，则它指出了本部分的实施系统使用的是其本身的 errorCode 属性值。

不建议使用缺省值之外的其他 codeContext 属性值。如果现有的 errorCode 与本条中定义的具有相同或非常相似的意义，则在本部分的实施系统中不应使用其本身的 errorCode 属性值。

5.3.2.3.2.3 **errorCode 属性**

必备型属性 errorCode 指出了错误消息中错误的实质。关于 errorCode 的有效值及代码含义的描述将在下一条中进行说明。

5.3.2.3.2.4 **severity 属性**

必备型属性 severity 指出了错误的严重性。其有效值为：

a) Warning(警告)——指出尽管存在问题，但会话中的其他消息仍能够以正常的方法生成。

b) Error——指出在消息中有一个无法解决的错误并无法对消息进行进一步的处理。当出现这种失败情况时应与应用程序联系。

5.3.2.3.2.5 **location 属性**

location 属性指向消息中包含错误的部分。

如果在 ebXML 元素中存在一个错误且包含错误的文档是“格式规范的文档”(见 GB/T 18793—2002)，则 location 属性的内容必须是一个符合[XPointer]的 XPointer。

如果错误与 ebXML 负载容器相关，则使用 URI 模式“cid”的 location 属性包含错误中的 MIME 部分的 content-id。

5.3.2.3.2.6 **Description 元素**

Description 元素的内容给出了以 xml:lang 属性定义的语言对错误的叙述性描述。XML 解析器或其他典型的验证消息软件生成消息，其内容由生成 Error 元素的软件零售商/开发商来定义。

5.3.2.3.3 **ErrorList 范例**

下面给出的是 ErrorList 元素的一个例子：

```
<eb:ErrorList eb:id="3490sdo", eb:highestSeverity="error" eb:version="2.0" SOAP:mustUnderstand="1">
    <eb:Error eb:errorCode="SecurityFailure" eb:severity="Error" eb:location="URI_of_ds:Signature">
        <eb:Description xml:lang="en-US">Validation of signature failed<eb:Description>
    </eb:Error>
    <eb:Error ...>… </eb:Error>
</eb:ErrorList>
```

5.3.2.3.4 **errorCode 属性值**

本条对在报告错误的消息中使用的 errorCode 属性值进行了说明。在表 1 中用三个标题对其进行描述。

第一列为 errorCode 属性值，即错误代码，如 SecurityFailure。

第二列为对 errorCode 的“简要说明”。该叙述内容一定不能在 Error 元素内容中使用。

第三列为“详细说明”。该列对错误的内涵进行解释并对何时可使用特殊的 errorCode 提供了指导。

5.3.2.3.4.1 报告 ebXML 元素中的错误

表1给出了与 ebXML 元素相关的错误代码。

表1 与 ebXML 元素相关的错误代码

| 错误代码 | 简要说明 | 详细说明 |
|---|---|---|
| ValueNotRecognized | 无法识别的元素内容或属性值 | 虽然文档是规范和有效的，但是其元素/属性包括一个不能被识别的值，因此不能被 ebMS 使用 |
| NotSupported | 不支持的元素或属性 | 虽然文档是规范和有效的，而且所给出的模块与本部分的规则和约束保持一致，但是处理消息的 ebMS 对其不支持 |
| Inconsistent | 与其他元素或属性不一致的元素内容或属性值 | 虽然文档是规范和有效的，但是按照本部分的规则和约束，元素或属性的内容与其他元素或属性的内容不一致 |
| OtherXml | 元素内容或属性值中的其他错误 | 虽然文档是规范和有效的，但是元素内容或属性值不符合本部分的规则和约束，且没有被其他错误代码所包含。Error 元素的内容应被用来指出问题的实质 |

5.3.2.3.4.2 非 XML 文档错误

表2给出了与 ebXML 元素无关的错误代码。

表2 与 ebXML 元素无关的错误代码

| 错误代码 | 简要说明 | 详细说明 |
|---|---|---|
| DeliveryFailure | 消息传输失败 | 接收到一个可能没有或确定不能被发送到下一个目的地的消息。<br>注：如果 severity 被设置为 Warning，则传输该消息的可能性很小 |
| TimeToLiveExpired | 消息有效时间过期 | 在 MessageHeader 元素的 TimeToLive 元素规定的时间后接收到消息 |
| SecurityFailure | 消息安全检查失败 | 对签名的验证或对消息发送方的真实性或权威性的检查失败 |
| MimeProblem | URI 解析错误 | 如果 xlink:href 属性包括一个 URI 而不是一个内容标识(URI 模式"cid")，且 URI 不能被解析，则是否报告错误由实施系统决定 |
| Unknown | 未知的错误 | 指出一个错误已经发生，但是该错误不是上述所提到的任何一种错误。Error 元素的内容应被用来指出问题的实质 |

5.3.2.4 报告与处理错误的实施

5.3.2.4.1 生成报告错误的消息的时间

当 MSH 在消息中检测到一个错误时，则建议向发送错误消息的 MSH 报告该错误。这种情况可能在下列情况中发生：

a) 能够确定报告错误的位置(见 5.3.2.4.2)，该位置是报告错误的消息应被发送去的地方。

b) 错误消息不含有把 highestSeverity 设置为 Error 的 ErrorList 元素。

如果找不到报告错误的位置，或在错误消息中含有把 highestSeverity 设置为 Error 的 ErrorList 元素，则建议：

a) 对错误进行记录；

b) 用其他方法解决该问题；

c) 不采取进一步的行动。

5.3.2.4.2 **标识报告错误的位置**

报告错误的位置是一个由错误消息发送方规定的 URI，它指出将报告错误的消息发送到何处。

应使用 CPA 默认的、由消息中的 CPAId 标识的 ErrorURI 来标识报告错误的位置。否则，接收方可以使用错误消息的 From 元素来解析 ErrorURI。如果二者都不能使用，则没有错误报告给发送方。

即使不能对错误消息进行成功的分析，MSH 实施系统仍然可以通过其他方法尝试确定报告错误的位置。但是如何实现则由实施系统决定。

5.3.2.4.3 **Service 与 Action 元素值**

SOAP Header 是作为早期消息处理结果而被发送出去的消息的一部分，它包括一个 ErrorList 元素。在这种情况中，Service 与 Action 元素值是由服务的设计者设置的。如果 highestSeverity 的值为 Error 时，则一定不使用这种方法。

ErrorList 元素还可以包含在一个独立的消息中。在这种情况中，Service 与 Action 元素值必须按照下面进行设置：

——Service 元素必须被设置为：urn：oasis：names：tc：ebxml-msg：service。

——Action 元素必须被设置为：MessageError。

5.3.3 **SyncReply 模块**

对于消息的发送方，使用诸如 HTTP 的同步通信协议，通过传输请求消息的相同连接来接收相关响应消息是必要的。在 HTTP 情况中，包含 ebXML 消息的 HTTP 请求消息的发送方需要通过同一个 HTTP 连接向发送 ebXML 消息的发送方作出响应。

如果消息路径中存在中间节点（或 ebXML MSH 节点或其他可能的 SOAP 节点），则有必要给出多种方法，从而使消息发送方能够使用这些方法来指出其期望有一个响应，使中间节点保持连接开放。

为此，在下面给出了 SyncReply ebXML SOAP 扩展元素。

5.3.3.1 **SyncReply 元素**

SyncReply 元素可以作为 SOAP Header 元素的直接子元素存在。它包括：

a) 一个 id 属性（详见 5.1.3.7）。

b) 一个 version 属性（详见 5.1.3.8）。

c) 一个 SOAP actor 属性。其必备型值为"http://schemas.xmlsoap.org/soap/actor/next"。

d) 一个值为"1"的 SOAP mustUnderstand 属性（详见 5.1.3.9）。

如果 SyncReply 元素存在，则它指向接收 SOAP 或 ebXML MSH 节点。在该节点处，接收消息的连接应保持开放以期望通过该连接返回一个响应消息。

SyncReply 元素一定不能被用来替换 CPA 中的 syncReplyMode 值。如果 syncReplyMode 元素值为 none 且 SyncReply 元素存在，则接收 MSH 应指出一个 errorCode 为 Inconsistent 与 severity 为 Error 的错误（见 5.3.1.5）。

下面为 SyncReply 元素的一个例子：

```
<eb:SyncReply eb:id="3833kkj9" eb:version="2.0" SOAP:mustUnderstand="1"
        SOAP:actor="http://schemas.xmlsoap.org/soap/actor/next"/>
```

## 5.4 ebXML SOAP 扩展元素的组合

本条对如何把各种 ebXML SOAP 扩展元素组合在一起进行使用进行了说明。

5.4.1 **MessageHeader 元素交互**

每一个消息中都必须存在 MessageHeader 元素。

5.4.2 **Manifest 元素交互**

如果头容器中不存在与消息相关的任何数据，则 Manifest 元素一定存在。这种情况特别适用于数据存放在负载容器或其他地方（如 web）中。

5.4.3 **Signature 元素交互**

在任一消息中都可以存在一个或多个符合[XMLDSIG]的 Signature 元素。

5.4.4 **ErrorList 元素交互**

如果将 ErrorList 元素中的 highestSeverity 属性设置为 Warning,则该元素可以存在于任何元素中。

如果将 ErrorList 元素中的 highestSeverity 属性设置为 Error,则该元素一定不存在于 Manifest 元素中。

5.4.5 **SyncReply 元素交互**

使用同步通信协议向外部发送的任何消息中都可以含有 SyncReply 元素。

## 6 附加特征

### 6.1 可靠消息传输模块

可靠消息传输定义了一种互操作协议,该协议使两个 MSH 能够使用确认、重试、检测和删除重复等机制进行可靠消息交换,使得接收方收到且仅收到一次消息。这个协议非常灵活,它既允许存储和转发可靠消息传输,也允许端到端的可靠消息传输。

可靠性是通过接收 MSH 用确认消息对消息进行响应来实现的。确认消息是包含 Acknowledgment 元素的 ebXML 消息。发送 MSH 接收确认消息失败可能触发连续的重试直至收到确认信息,或超过预先设定的重试次数,这时必须通知发送方消息传输失败。

只要同一消息有可能被收到多次,就表明通过持久存储机制可以实现的检测和删除重复机制是非常必要的。

#### 6.1.1 持久存储器与系统故障

支持可靠消息传输的 MSH 必须使发送和接收的消息能够可靠地保存在持久存储器中。在本部分中,持久存储器是一种在系统故障或系统中断后不会丢失信息的存储数据的方法。

本部分认可存储数据的技术可以实现不同程度的恢复。但其至少应使用具有一块硬盘的恢复特性(或等同特性)的持久存储器。建议本部分的实施者使用能恢复任何单个硬件或软件构件故障的技术。

在出现系统故障或系统中断之后,MSH 必须保证能像未发生系统故障或系统中断一样对持久存储器中的消息进行处理。如何做到这一点由实施系统来决定。

为了支持对重复消息的过滤,接收 MSH 必须在持久存储器中保存 MessageId。另外还建议下述内容保留在持久存储器中:

a) 完整的消息,至少保留到该消息中的信息已被传送给应用程序或其他需要对其处理的过程。
b) 收到消息的时间,使得消息中的信息可被用来生成对消息状态请求(见 6.2.1.1)的响应。
c) 完整的响应消息。

#### 6.1.2 实施可靠消息传输的方法

可以采用下列方法之一实现对可靠消息传输的支持:

a) 使用 ebXML 可靠消息传输协议;
b) 将 ebXML SOAP 框架与商业软件产品结合在一起使用,这些商业软件产品使用可选的协议为消息的可靠传输提供支持;
c) 支持某些特征(尤其是删除重复机制)的用户应用程序;
d) 以每个特征为基础的上述可选方法的组合。

#### 6.1.3 可靠消息传输的 SOAP 头扩展

##### 6.1.3.1 AckRequested 元素

AckRequested(请求确认)元素是发送 MSH 使用的 SOAP Header 的可选扩展元素,它向接收 MSH 请求返回一个确认消息。接收 MSH 在 SOAP actor 属性标识中扮演了参与方的 URI 角色。

AckRequested 元素包括下列属性：

a) 一个 id 属性(详见 5.1.3.7)；

b) 一个 version 属性(详见 5.1.3.8)；

c) 一个值为“1”的 SOAP mustUnderstand 属性(详见 5.1.3.9)；

d) 一个 SOAP actor 属性；

e) 一个 signed(已签名)属性。

AckRequested 元素用来向扮演 SOAP actor 属性标识的角色的接收 MSH 指出是否希望得到一个确认消息。如果是，则还需指出该消息是否需要由接收 MSH 进行签名。

ebXML 消息可以有 0、1 或 2 个 AckRequested 元素实例。单个 MSH 节点应只插入一个 AckRequested 元素。如果存在两个 AckRequested 元素，则它们各自对应的 SOAP actor 属性必须有不同的值。对于任何给定的消息，在表示 Next MSH(见 5.1.3.10)的 actor URI 上最多标出一个 AckRequested 元素，在表示接收方 MSH(见 5.1.3.11)的 actor URI 上最多标出一个 AckRequested 元素。

6.1.3.1.1 **SOAP actor 属性**

AckRequested 元素必须在 Next MSH 或接收方 MSH(它们对于单跳路由是等同的)中被标出。这是通过加入或舍弃一个含有 URN 值的 SOAP actor 属性来实现的，这个 URN 值是在 5.1.3.10 和 5.1.3.11 中定义的两个 ebXML actor URN 值中的一个。actor 的缺省值指向接收方 MSH。

6.1.3.1.2 **signed 属性**

必备型属性 signed 由发送方用来指出接收方 MSH 是否应对其接收到的消息返回一个已签名的确认消息——包含 5.3.1 中描述的符合[XMLDSIG]的 Signature 元素。signed 的有效值为：

a) true(真)——请求一个已签名的确认消息；

b) false(假)——请求一个未签名的确认消息。

在设置 AckRequested 元素中的 signed 属性之前，发送 MSH 应检查接收 MSH 是否支持所请求类型的确认消息(见 GB/T 19256.2)。

当接收 MSH 收到一个将 signed 属性设置为 true 或 false 的消息时，它应验证是否支持所请求的确认消息类型。

a) 如果接收 MSH 能生成所请求类型的确认消息，则它必须向发送 MSH 返回一个包含 Acknowledgment元素的消息。

b) 如果接收 MSH 不能返回所请求类型的确认消息，则它必须通过使用 errorCode 为 Inconsistent、severity为 Error(如果与 CPA 不一致)或 Warning(如果不被支持)来向发送 MSH 报告错误。

6.1.3.1.3 **AckRequested 范例**

在下面的例子中，扮演接收方角色的 MSH 节点请求一个确认消息。所生成的 Acknowledgment 元素必须指向 ebXML MSH 节点，该节点扮演了沿着反向消息路径(端到端的确认)上的发送方的角色。

```
<eb:AckRequested SOAP:mustUnderstand="1" eb:version="2.0" eb:signed="false"/>
```

6.1.3.1.4 **AckRequested 元素交互**

AckRequested 元素一定不能包含在仅有一个 Acknowledgment 元素的消息(无负载)中。强加该限制的目的是为了避免确认消息的无限循环。报告错误的消息一定不包含 AckRequested 元素。

6.1.3.2 **Acknowledgment 元素**

Acknowledgment(确认)元素是一个 SOAP Header 的可选扩展元素。MSH 使用该元素指向接收消息的另一个 MSH。Acknowledgment 元素中的 RefToMessageId 元素被用来标识被其 MessageId 确认的消息。

Acknowledgment 元素由以下元素和属性组成：

a) 一个 id 属性(详见 5.1.3.7)；

b) 一个 version 属性(详见 5.1.3.8);

c) 一个值为“1”的 SOAP mustUnderstand 属性(详见 5.1.3.9);

d) 一个 SOAP actor 属性;

e) 一个 Timestamp 元素;

f) 一个 RefToMessageId 元素;

g) 一个 From 元素;

h) 零或多个符合[XMLDSIG]的 Reference 元素。

**6.1.3.2.1 SOAP actor 属性**

Acknowledgment 元素的 SOAP actor 属性应有一个与被确认消息的 AckRequested 元素相对应的值。如果 Acknowledgment 元素中不存在 SOAP actor,则缺省目标是接收方 MSH(见 6.5.1.3)。

**6.1.3.2.2 Timestamp 元素**

必备型元素 TimeStamp 是一个值,它表示生成确认消息的 MSH 接收到被确认的消息的时间。它是一个日期时间[XMLSchema]且按照 UTC(协调世界时)表示(见 5.2.1.6.2)。

**6.1.3.2.3 RefToMessageId 元素**

必备型元素 RefToMessageId 包含传输处于被报告状态的消息的 MessageId。

**6.1.3.2.4 From 元素**

该元素与 MessageHeader 元素(见 5.2.1.1)的 From 元素是相同的。然而,当用在 Acknowledgment 元素中时,它包括生成确认消息的参与方的标识符。

如果省略 From 元素,则用 MessageHeader 元素中的 From 元素对发送元素的参与方进行标识。

**6.1.3.2.5 符合[XMLDSIG]的 Reference 元素**

通过包含 XML 签名[XMLDSIG]的命名空间中的一个或多个 Reference 元素,确认消息可以保证 MSH 接收的抗抵赖性,其中命名空间来自于正被确认的消息(详见 5.3.1.3)。Reference 元素必须是修饰上述命名空间的命名空间,并且必须符合[XMLDSIG]。如果将被确认的消息包含一个 AckRequested 元素,且该元素的 signed 属性值被设置为 true,则符合[XMLDSIG]的 Reference 列表是必需的。

确认消息的接收表明源消息到达了目的地。已签名确认消息的接收验证了确认消息的发送方。然而,已签名确认消息并没有指出消息是否是完整无缺到达的。在确认消息中所包含的源信息摘要(见[XMLDSIG]中的 4.3.3)向初始发送方指出了被确认消息的接收方收到了什么。确认消息中包含的摘要可以与源消息的摘要进行比较。如果摘要相互匹配,则消息是完整无缺到达的。如果包含在符合[XMLDSIG]的 Signature/Reference 元素中的摘要已被签名,则该摘要存在于源消息中。

如果源消息已签名,则源消息中的符合[XMLDSIG]的 Signature/Reference 元素与确认消息中的 Acknowledgment/符合[XMLDSIG]的 Reference 元素是等同的。如果源消息未被签名,则符合[XMLDSIG]的 Reference 元素一定来自于源消息(见 5.3.1.3)。

根据端对端确认消息的接收,发送方 MSH 可以通知应用程序所引用的消息传输成功。该 MSH 应忽略后续的含有相同 RefToMessageId 值的错误或确认消息。

**6.1.3.2.6 Acknowledgment 范例**

下面是说明发送方 MSH 的 Acknowledgment 元素的一个例子:

```
<eb:Acknowledgment SOAP:mustUnderstand="1" eb:version="2.0">
  <eb:Timestamp>2001-03-09T12:22:30</eb:Timestamp>
  <eb:RefToMessageId>323210:e52151ec74:7ffc@xtacy</eb:RefToMessageId>
  <eb:From> <eb:PartyId>uri:www.example.com</eb:PartyId> </eb:From>
</eb:Acknowledgment>
```

**6.1.3.2.7 主动发送 Acknowledgment 消息**

如果接收到的消息中没有错误,且主动发送确认消息(该消息不是包含负载数据的消息),则 Service 和 Action 元素必须设置如下：

a) Service 元素必须被设置为：urn：oasis：names：tc：ebxml-msg：service。

b) Action 元素必须被设置为：Acknowledgment。

6.1.3.2.8 **Acknowledgment 元素交互**

Acknowledgment 元素可以存在于任何消息中，但 6.1.3.1.4 中的内容除外。对于报告错误的消息，一定不能返回一个确认消息。

6.1.4 **可靠消息传输参数**

本条描述了控制可靠消息传输所需的参数。其中许多参数可以从 CPA 中获得。

6.1.4.1 **DuplicateElimination 元素**

必须由发送方 MSH 使用 DuplicateElimination 元素来指出接收 MSH 是否必须删除重复的消息(见 6.1.6)。如果 CPA 中的 duplicateElimination 值为 never，则该元素一定不存在。

a) 如果 DuplicateElimination 存在——则接收方 MSH 必须使持久存储消息能够持久，从而使接收方应用程序的重复消息最多只存在一次。

b) 如果 DuplicateElimination 不存在——则不要求接收方 MSH 维护持久存储消息，也不要求其检查重复消息。

如果 DuplicateElimination 存在，则接收方 MSH 必须采用一种可以忽略重复消息的可靠消息传输组合(见 6.1.6)。

如果 DuplicateElimination 不存在，则接收 MSH 不需要对重复消息传输进行检查。尽管仍然允许删除重复消息，但重复消息可以被传输到应用程序中，且不要求持久存储消息。

如果接收方不支持所请求的功能，或者 CPA 中的 duplicateElimination 的值与元素的隐含值不匹配，则接收方应使用 errorCode 为 Inconsistent 和 severity 为 Error 向发送方报告该错误。

6.1.4.2 **AckRequested**

发送 MSH 使用 AckRequested 参数请求接收 MSH 返回一个包含 Acknowledgment 元素的确认消息(见 6.1.3.1)，其中该接收 MSH 扮演在 SOAP actor 属性中标识的执行者 URI 的角色。

6.1.4.3 **Retries**

来自于 CPA 的 Retries(重试)参数是一个整数值，它规定了发送 MSH 使用同一通信协议对未被确认的消息应重复发送的最大次数。

6.1.4.4 **RetryInterval**

来自于 CPA 的 RetryInterval(重试间隔)参数是一个时间值，它是按照 duration [XMLSchema]数据类型表示的一个持续时间。该值规定了在发送消息的过程中，如果没有收到确认消息或检测到一个通信错误时，发送 MSH 在两次重试期间应等待的最短时间。RetryInterval 适用于源消息的发送与第一次重试之间的时间和相邻两次重试之间的时间。

6.1.4.5 **TimeToLive**

TimeToLive 的定义见 5.2.1.6.4。

为了实现可靠传输消息，TimeToLive 必须符合如下条件：

TimeToLive > Timestamp + [(Retries + 1) * RetryInterval]

其中，TimeStamp 来自于 MessageData。

6.1.4.6 **PersistDuration**

来自于 CPA 的 PersistDuration(持续时间)参数是时间的最小长度，并按照 duration [XMLSchema]进行表示。该参数是来自于可靠发送的消息的数据，被接收 MSH 保存在持久存储器中。

如果在第一次发送消息后超过了 PersistDuration 规定的时间，则发送 MSH 不应重发送一个具有相同 MessageId 的消息。

如果在 PersistDuration 规定的时间内不能成功地把消息发送出去，则发送 MSH 应报告传输失败(详见 6.1.5.7)。

对于可靠发送的消息，其 TimeStamp(在消息头中可以找到)加上其 PersistDuration(在 CPA 中可以找到)必须大于其 TimeToLive(在消息头中可以找到)。

#### 6.1.4.7 syncReplyMode

来自于 CPA 的 syncReplyMode(同步应答方式)参数只有在同步的数据通信协议(如 HTTP)的情况下才可以被使用。如果是非同步通信协议，则应忽略 syncReplyMode 值。如果不存在 syncReplyMode 属性，则从语义上讲这种情况与该属性存在且值为 none 的情况是等同的。如果 syncReplyMode 参数不为 none，则按照 CPA 中的规定，必须存在一个 SyncReply 元素，且 MSH 必须返回一个来自于同步回复消息的负载中的应用程序或业务过程的响应。syncReplyMode 的有效值为 mshSignalsOnly、signalsOnly、signalsAndResponse、responseOnly 与 none。详见 GB/T 19256.2 中关于 syncReplyMode 的说明。

如果 syncReplyMode 的值为 none 且存在 SyncReply 元素，则接收 MSH 应发送一个 errorCode 为 Inconsistent 和 severity 为 Error 的错误(见 5.3.1.5)。

### 6.1.5 ebXML 可靠消息传输协议

图 3 对 ebXML 可靠消息传输协议进行了说明。

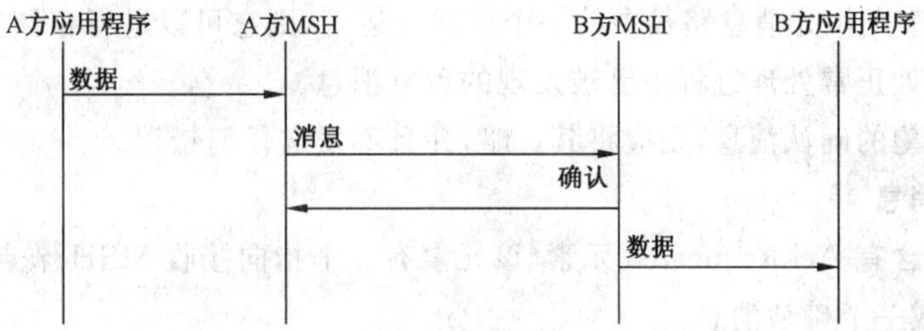


图 3 指出消息已被接收

确认消息的接收表明被确认的消息已经被成功地接收到并被接收 MSH 处理或持久存储了。

确认消息必须包含一个符合 6.1.3.1 描述的包括 RefToMessageId 元素的 Acknowledgment 元素，该 RefToMessageId 元素的值与正被确认的消息中的 MessageId 元素值相同。

#### 6.1.5.1 发送消息行为

如果应用程序给定需要可靠发送的数据，则 MSH 必须做以下工作：

a) 创建一个从应用程序接收到的构件的消息；
b) 插入一个符合 6.1.3.1 定义的 AckRequested 元素；
c) 在持久存储器中保存消息(详见 6.1.1)；
d) 向接收 MSH 发送消息；
e) 等待返回确认该特定消息被接收的确认消息，如果在 RetryInternal 消逝之前确认消息没有到达或遇到通信协议错误，则采取 6.1.5.4 所描述的适当措施。

#### 6.1.5.2 接收消息行为

如果确认消息符合 6.1 中的规定，则：

a) 在持久存储器中寻找一个含有 MessageId 的消息，其中该 MessageId 与已接收到的消息中的 RefToMessageId 值相同；

b) 如果在持久存储器中找到消息,则将该持久消息标记为已发送。

如果接收 MSH 不是接收方 MSH(按照 5.1.3.10 和 5.1.3.11 所定义的),则参考 6.5.1.3 中关于 AckRequested 元素的行为。

如果存在一个 AckRequested 元素(不是确认消息),则:

a) 如果消息重复(即持久存储器中有一个 MessageId 与所接收消息的 MessageId 具有相同的值),则生成一个确认消息(见 6.1.5.3)。按照 6.1.5.5 中的程序重新发送丢失的确认消息。接收 MSH 一定不能把该消息传送给应用程序接口。

注:只有当存在 DuplicateElimination 时才进行重复消息检查。

b) 如果消息不重复(或在持久存储器中没有与所接收消息的 MessageId 相对应的 MessageId),则:

1) 如果存在一个 DuplicateElimination 元素,则将已接收消息的 MessageId 保存在持久存储器中。实施系统决定存储整个消息。

2) 在响应中生成一个确认消息(它可能是另一个消息的一部分)。直到消息已被安全地存储在持久存储器中或被传送到应用程序接口,接收 MSH 才能发送确认消息。发送确认消息是接收 MSH 的义务,接受 MSH 应发送消息给应用程序或转发给适合的消息路径中的下一个 MSH。

如果没有 AckRequested 元素,则进行以下工作:

a) 如果存在 DuplicateElimination 元素,且消息是副本,则什么也不需要做;

b) 否则,发送消息给应用程序接口。

如果接收 MSH 节点作为消息路径中的一个中间点运行,则它可以进行存储转发行为。然而,它一定不能滤掉那个节点处正常处理过程中已被发现的重复消息。

如果接收到未期望的确认消息,则应将其忽略,并且不发送任何错误。

#### 6.1.5.3 生成确认消息

每当接收到一个含有 AckRequested 元素(该元素有一个指向接收 MSH 节点的 SOAP actor URI)的消息时,就必须生成一个确认消息。

确认消息应至少包括一个 Acknowledgment 元素,该元素含有一个与正被确认的消息中的 MessageId 元素值相同的 RefToMessageId。该确认消息必须与源消息具有相同的 PersistDuration,并被置于持久存储器中。

确认消息可以同时作为对被接收消息的响应进行发送。在这种情况下,确认消息的 MessageHeader 元素值是由与业务响应相关的 Service 和 Action 元素决定的。

如果确认消息是主动发送的,则 MessageHeader 元素值必须按照下列方式进行设置:

a) Service 元素必须被设置为:urn:oasis:names:tc:ebxml-msg:service。

b) Action 元素必须被设置为:Acknowledgment。

c) From 元素可以与所接收消息的 To 元素放在一起,该 To 元素的所有子元素都应包含在该 From 元素中。

d) To 元素可与所接收消息的 From 元素放在一起,该 From 元素的所有子元素都应包含在该 To 元素中。

e) RefToMessageId 元素必须被设置为已接收消息的 MessageId。

#### 6.1.5.4 重发丢失的应用程序消息

本条描述了消息发送方和接收方为处理丢失的消息而要求采取的行为。当发送 MSH 没有收到对消息的肯定确认时,则可认为该消息为“丢失”。例如,图 4 的情况中可能丢失消息:

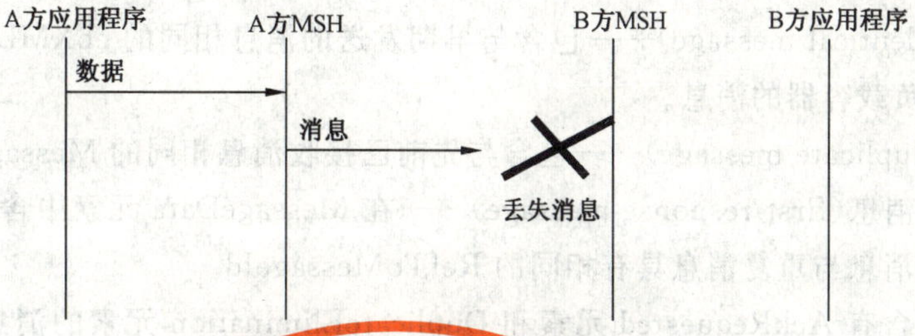


**图 4 消息传输失败**

也可能丢失确认消息，如图 5 所示：

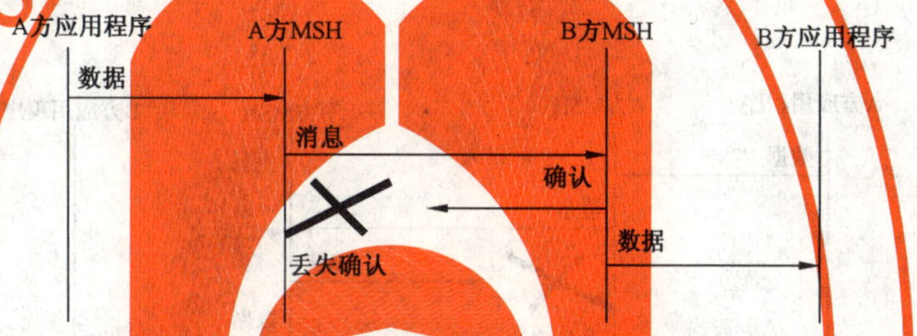


**图 5 确认消息丢失**

注：不对确认消息进行确认。

用于应用程序消息或确认消息丢失而导致未收到预期的确认消息的规则如下：

a) 如果请求的确认消息未收到，且下列情况属实，则发送 MSH 必须重新发送源消息：
   1) 从上次发送消息起，至少已经超过了 RetryInterval 参数中规定的时间；
   2) 重新发送消息的次数低于在 Retries 参数中规定的次数。

b) 如果在达到重试的最大次数后，发送 MSH 仍然没有收到确认消息，则发送 MSH 应通知应用程序和/或系统管理员确认消息接收失败(见 5.3.2.3.2.4 关于错误处理部分)。

c) 如果发送 MSH 检测到一个通信协议错误，则同其没有收到确认消息一样，发送 MSH 必须使用同一种算法重新发送该消息。

### 6.1.5.5 重发确认

如果接收 MSH 收到重复消息，且消息存储在持久存储器中，则接收 MSH 就应重新发送初始的确认消息。在这种情况下，进行如下工作：

在持久存储器中寻找对已接收消息的第一个响应消息(即它包含一个与已接收消息的 MessageId 相匹配的 RefToMessageId)。

如果在持久存储器中发现了响应消息，则将存储的响应消息重新发回到发送所接收消息的 MSH。如果在持久存储器中没有发现响应消息，则：

a) 如果 syncReplyMode 未被设置为 none，且 CPA 包括一个应用程序响应，则一定是应用程序还没有处理完相同消息的早期副本。因此要等待应用程序的响应，然后通过用于重新传输的同一连接同步返回该响应。

b) 否则，生成一个确认消息。

#### 6.1.5.6 重复消息处理

在本部分的语境中：

a) 同一消息(identical message)——包含与早期发送的消息相同的 ebXML SOAP Header、Body 和 ebXML 负载容器的消息。

b) 重复消息(duplicate message)——包含与先前已接收消息相同的 MessageId 的消息。

c) 第一个响应消息(first response message)——在 MessageData 元素中含有最早的 Timestamp 的消息。该消息与重复消息具有相同的 RefToMessageId。

图 6 说明了发送含有 AckRequested 元素和 DuplicateElimination 元素的消息后，发送 MSH 和接收 MSH 应遵守的行为。尤其是：

a) 如果没有收到确认消息，则消息的发送方(A 方 MSH)必须重发“同一消息”。

b) 当消息的接收方(B 方 MSH)收到一个“重复消息”，则必须给发送方(A 方 MSH)重发一个与已发送给发送方(A 方 MSH)的“第一个响应消息”相同的确认消息。

c) 消息的接收方(B 方 MSH)一定不能将消息二次转发给应用程序/过程。

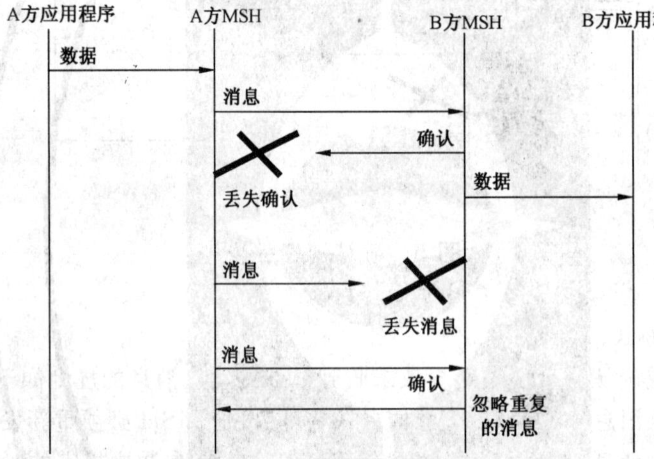


图 6 重发未确认的消息

#### 6.1.5.7 消息传输失败

如果不能发送含有 AckRequested 元素的消息，则 MSH 或处理消息的过程(与路由中间点的情况一样)应向发送方发送一个传输失败通知。传输失败通知消息是一个报告错误的消息。在该消息中，errorCode 为 DeliveryFailure，severity 为：

a) Error：如果检测到错误的一方不能传送消息(如通信传输不可用)。

b) Warning：如果消息已被发送，但是没有收到确认消息。这就意味着可能未传输消息。

含有 Error 元素(其中 errorCode 设置为 DeliveryFailure)的报告错误的消息有可能由于某种原因不能成功地传输。如果发生这种情况，则必须要通过其他方法通知发送方(即报告错误的消息的最终目的地)传输出现问题。至于如何做不在本部分规定范围之内。

注：如果发送方 MSH 接受到一个来自于接收方 MSH 的确认消息，则应忽略所有其他的 DeliveryFailure 或确认消息。

### 6.1.6 可靠消息传输组合

表 3 给出了可靠消息传输组合。

**表 3 可靠消息传输组合**

| | 删除重复机制* | 接收端 MSH 确认请求 | NextMSH 确认请求 | 备 注 |
|---|---|---|---|---|
| 1 | Y | Y | Y | 在端到端处有一次且只有一次可靠消息传输,在中间点处至少有一次。中间点与接收方如果不能传输就可以发布传输失败通知 |
| 2 | Y | Y | N | 在只以端到端重传为基础的端到端层处,有且只有一次可靠消息传输 |
| 3 | Y | N | Y | 如果所有的中间点都是可靠的,则在中间点层处至少有一次可靠消息传输,而在端到端处有一次且只有一次。<br>没有端到端的通知 |
| 4 | Y | N | N | 在接收方处最多有一次删除重复。<br>在中间点或端没有重试 |
| 5 | N | Y | Y | 在中间点和接收方处可能至少有一次含有重复消息的可靠消息传输 |
| 6 | N | Y | N | 在中间点和接收方处可能至少有一次含有重复消息的可靠消息传输 |
| 7 | N | N | Y | 对中间点和端处至少有一次可靠消息传输。<br>没有端到端的通知 |
| 8 | N | N | N | 尽力而为 |

* 只在接收方 MSH 处而不在中间点层处执行删除重复机制。

## 6.2 消息状态服务

消息状态请求服务由以下几个方面组成:

a) 将消息状态请求消息发送给 MSH,该消息包含先前发送的消息的详细情况;

b) 收到请求的 MSH 用消息状态响应消息作出响应。

MSH 应对已可靠发送的,且 RefToMessageId 中的 MessageId 存在于持久存储器中的消息的消息状态请求进行响应(见 6.1.1)。

MSH 可以对那些还未可靠发送出去的消息的消息状态请求作出响应。

消息服务不应使用消息状态请求服务去执行可靠消息传输。

如果接收 MSH 不支持所请求的服务,则应返回一个 errorCode 为 NotSupported、highestSeverity 属性为 Error 的、报告错误的消息。下面对每一种服务进行说明。

### 6.2.1 消息状态消息

#### 6.2.1.1 消息状态请求消息

消息状态请求消息由一个没有 ebXML 负载容器的 ebXML 消息以及如下元素组成:

a) 一个 MessageHeader 元素,它包括:

1) 一个标识生成消息状态请求消息的参与方的 From 元素;

2) 一个标识消息接收方的 To 元素;

3) 一个包含 urn:oasis:names:tc:ebxml-msg:service 的 Service 元素;

4) 一个包含 StatusRequest 的 Action 元素;

5) 一个 MessageData 元素。

b) 一个 StatusRequest 元素,它包括一个 RefToMessageId 元素。该 RefToMessageId 元素包含处于被查询状态的消息的 MessageId。

c) 一个符合[XMLDSIG]的 Signature 元素(见 6.3.1)。

该消息被发送到接收方。

6.2.1.2 **消息状态响应消息**

一旦接收方收到消息状态请求消息，则应生成一个没有 ebXML 负载容器的消息状态响应消息。该消息由下列元素组成：

a) 一个 MessageHeader 元素，它包括：

   1) 一个标识消息状态响应消息的发送方的 From 元素；

   2) 一个被设置为消息状态请求消息中的 From 元素值的 To 元素；

   3) 一个包含 urn:oasis:names:tc:ebxml-msg:service 的 Service 元素；

   4) 一个包含 StatusResponse(状态响应)的 Action 元素；

   5) 一个 MessageData 元素，它包括一个标识消息状态请求消息的 RefToMessageId。

b) StatusResponse 元素(见 6.2.2.3)。

c) 一个符合[XMLDSIG]的 Signature 元素(详见 5.3.1)。

该消息被发送到接收方。

6.2.1.3 **安全策略**

收到消息状态请求信息的各方应对消息作出响应。然而，如果它们考虑到消息的发送方未被授权，则可以忽略该消息而不是将 messageStatus(消息状态)设置为 UnAuthorized 来进行响应。导致这一做法的决策过程与实施系统相关。

6.2.2 **StatusRequest 元素**

可选型元素 StatusRequest(状态请求)是 SOAP Body 的直接子元素，该元素被用来标识一个处于被请求状态的早期消息(见 6.2.3.5)。

StatusRequest 元素由下列元素和属性组成：

a) 一个 id 属性(详见 5.1.3.7)；

b) 一个 version 属性(详见 5.1.3.8)；

c) 一个 RefToMessageId 元素。

6.2.2.1 **RefToMessageId 元素**

必备型元素 RefToMessageId 包含处于被请求状态的消息的 MessageId。

6.2.2.2 **StatusRequest 范例**

下面给出了 StatusRequest 元素的一个例子：

```
<eb:StatusRequest eb:version="2.0" >
        <eb:RefToMessageId>323210:e52151ec74:-7ffc@xtacy</eb:RefToMessageId>
</eb:StatusRequest>
```

6.2.2.3 **StatusRequest 元素交互**

StatusRequest 元素一定不能与下列元素一起存在：

a) 一个 Manifest 元素；

b) 一个 StatusResponse 元素；

c) 一个 ErrorList 元素。

6.2.3 **StatusResponse 元素**

可选型元素 StatusResponse 是 SOAP Body 的直接子元素，该元素被 MSH 用来描述消息处理的状态。

StatusResponse 由下列元素和属性组成：

a) 一个 id 属性(详见 5.1.3.7)；

b) 一个 version 属性(详见 5.1.3.8)；

c) 一个 RefToMessageId 元素；

d) 一个 Timestamp 元素；

e) 一个 messageStatus 属性。

6.2.3.1 **RefToMessageId 元素**

必备型元素 RefToMessageId 包含处于被报告状态的消息的 MessageId。包含 StatusResponse 元素的消息的 MessageData 元素的 RefToMessageId 元素的子元素应有一个包含 StatusRequest 元素的消息的 MessageId，且将 StatusResponse 元素应用于 StatusRequest 元素。StatusRequest 或 StatusResponse 元素的 RefToMessageId 子元素应包含处于被查询状态的消息的 MessageId。

6.2.3.2 **Timestamp 元素**

Timestamp 元素包含收到处于被报告状态的消息的时间(见 5.2.1.6.2)。如果处于被报告状态的消息为 NotRecognized 或请求为 UnAuthorized 时，则必须省略该元素。

6.2.3.3 **messageStatus 属性**

必备型属性 messageStatus 标识了由 RefToMessageId 元素标识的消息的状态。其值可为下列值之一：

a） UnAuthorized——消息状态请求没有被授权或接受；

b） NotRecognized——无法识别由 StatusResponse 元素中的 RefToMessageId 元素标识的消息；

c） Received——MSH 接收到由 StatusResponse 元素中的 RefToMessageId 元素标识的消息；

d） Processed——MSH 对由 StatusResponse 元素中的 RefToMessageId 元素标识的消息进行了处理；

e） Forwarded——MSH 已将由 StatusResponse 元素中的 RefToMessageId 元素标识的消息转发给另一个 MSH。

注：在发送被查询的消息后，如果在 PersistDuration 指出的计时值后发送消息状态请求，则消息状态响应可以指出 MessageId 为 NotRecognized——即该 MessageId 不在持久存储器中。

6.2.3.4 **StatusResponse 范例**

下面给出了 StatusResponse 元素的一个例子：

```
<eb:StatusResponse eb:version="2.0" eb:messageStatus="Received">
    <eb:RefToMessageId>323210:e52151ec74:-7ffc@xtacy</eb:RefToMessageId>
    <eb:Timestamp>2001-03-09T12:22:30</eb:Timestamp>
</eb:StatusResponse>
```

6.2.3.5 **StatusResponse 元素交互**

该元素一定不能与下列元素一起存在：

a） 一个 Manifest 元素；

b） 一个 StatusRequest 元素；

c） 一个含有值为 Error 的 highestSeverity 属性的 ErrorList 元素。

6.3 **MSH Ping 服务**

MSH Ping 服务是可选的，它能够用一个 MSH 来确定另一个 MSH 是否处于工作中。MSH Ping 服务由以下步骤组成：

a） 一个 MSH 发送 MSH Ping 消息到另一个 MSH；

b） 收到 Ping 消息的另一个 MSH 用一个 MSH Pong 消息作出响应。

如果接收 MSH 不支持所请求的服务，则应返回一个 errorCode 为 NotSupported、highestSeverity 属性为 Error 的错误消息。

6.3.1 **MSH Ping 消息**

一个 MSH Ping 消息由一个不包含 ebXML 负载容器的 ebXML 消息及下列元素组成：

a） 一个 MessageHeader 元素，它包括如下元素：

1） 一个标识生成 MSH Ping 消息的参与方的 From 元素；

2） 一个标识 MSH Ping 消息被发送去的参与方的 To 元素；

3） 一个 CPAId 元素；

4） 一个 ConversationId 元素；

5） 一个值为 urn：oasis：names：tc：ebxml-msg：service 的 Service 元素；

6） 一个值为 Ping 的 Action 元素；

7） 一个 MessageData 元素。

b） 一个符合[XMLDSIG]的 Signature 元素（详见 5.3.1）。

该消息被发送到接收方。

下面为 Ping 的一个例子：

```
…Transport Headers
SOAPAction: "ebXML"
Content-type: multipart/related; boundary="ebXMLBoundary"

--ebXMLBoundary
Content-Type: text/xml

<? xml version="1.0" encoding="UTF-8"? >
<SOAP:Envelope xmlns:xsi="http://www.w3.org/2001/XMLSchema-instance"
  xmlns:SOAP="http://schemas.xmlsoap.org/soap/envelope/"
  xsi:schemaLocation="http://schemas.xmlsoap.org/soap/envelope/
                     http://www.oasis-open.org/committees/ebxml-msg/schema/envelope.xsd">
<SOAP:Header  xmlns:eb="http://www.oasis-open.org/committees/ebxml-msg/schema/msg-header-2_0.xsd"
    xsi:schemaLocation="http://www.oasis-open.org/committees/ebxml-msg/schema/msg-header-2_0.xsd
                       http://www.oasis-open.org/committees/ebxml-msg/schema/msg-header-2_0.xsd">
  <eb:MessageHeader version="2.0" SOAP:mustUnderstand="1"
    xmlns=eb:"http://www.oasis-open.org/committees/ebxml-msg/schema/msg-header-2_0.xsd"
    xsi:schemaLocation="http://www.oasis-open.org/committees/ebxml-msg/schema/msg-header-2_0.xsd
                       http://www.oasis-open.org/committees/ebxml-msg/schema/msg-header-2_0.xsd">
    <eb:From> <eb:PartyId>urn:duns:123456789</eb:PartyId> </eb:From>
    <eb:To>   <eb:PartyId>urn:duns:912345678</eb:PartyId> </eb:To>
    <eb:CPAId>20001209-133003-28572</eb:CPAId>
    <eb:ConversationId>20010215-111213-28572</eb:ConversationId>
    <eb:Service>urn:oasis:names:tc:ebxml-msg:service</eb:Service>
    <eb:Action>Ping</eb:Action>
    <eb:MessageData>
        <eb:MessageId>20010215-111212-28572@example.com</eb:MessageId>
        <eb:Timestamp>2001-02-15T11:12:12</eb:Timestamp>
    </eb:MessageData>
  </eb:MessageHeader>
</SOAP:Header>
<SOAP:Body/>
</SOAP:Envelope>

--ebXMLBoundary--
```

注：本例所示为只有一个体部分的 Multipart/Related MIME 结构。

### 6.3.2 MSH Pong 消息

一旦接收方接收到 MSH Ping 消息，就可以生成一个 MSH Pong 消息。该消息由一条不含 XML 负载容器的 ebXML 消息及下列元素组成：

a） 一个 MessageHeader 元素，它包括如下元素：

1） 一个标识 MSH Pong 消息创建方的 From 元素；

2） 一个标识生成 MSH Ping 消息的参与方的 To 元素；

3） 一个 CPAId 元素；

4） 一个 ConversationId 元素；

5） 一个值为 urn:oasis:names:tc:ebxml-msg:service 的 Service 元素；

6） 一个值为 Pong 的 Action 元素；

7） 一个 MessageData 元素，它包括一个标识 MSH Ping 消息的 RefToMessageId。

b） 一个符合[XMLDSIG]的 Signature 元素（详见 5.3.1.1）。

下面为 Pong 的一个例子：

```
…Transport Headers
SOAPAction: "ebXML"
Content-Type: text/xml

<? xml version="1.0" encoding="UTF-8"? >
<SOAP:Envelope  xmlns:xsi="http://www.w3.org/2001/XMLSchema-instance"
                xmlns:SOAP="http://schemas.xmlsoap.org/soap/envelope/"
         xsi:schemaLocation="http://schemas.xmlsoap.org/soap/envelope/
               http://www.oasis-open.org/committees/ebxml-msg/schema/envelope.xsd">
<SOAP:Header  xmlns:eb="http://www.oasis-open.org/committees/ebxml-msg/schema/msg-header-2_0.xsd"
    xsi:schemaLocation="http://www.oasis-open.org/committees/ebxml-msg/schema/msg-header-2_0.xsd

http://www.oasis-open.org/committees/ebxml-msg/schema/msg-header-2_0.xsd">
    <eb:MessageHeader eb:version="2.0" SOAP:mustUnderstand="1">
      <eb:From> <eb:PartyId>urn:duns:912345678</eb:PartyId> </eb:From>
      <eb:To>   <eb:PartyId>urn:duns:123456789</eb:PartyId> </eb:To>
      <eb:CPAId>20001209-133003-28572</eb:CPAId>
      <eb:ConversationId>20010215-111213-28572</eb:ConversationId>
      <eb:Service>urn:oasis:names:tc:ebxml-msg:service</eb:Service>
      <eb:Action>Pong</eb:Action>
      <eb:MessageData>
        <eb:MessageId>20010215-111213-395884@example2.com</eb:MessageId>
        <eb:Timestamp>2001-02-15T11:12:13</eb:Timestamp>
        <eb:RefToMessageId>20010215-111212-28572@example.com</eb:RefToMessageId>
      </eb:MessageData>
    </eb:MessageHeader>
</SOAP:Header>
<SOAP:Body/>
</SOAP:Envelope>
```

注：本例所示为非多部分 MIME 结构。

#### 6.3.3 安全策略

接收 MSH Ping 消息的各方应对消息作出响应。然而,一些参与方可能会使用 MSH Ping 消息来确定 MSH 的存在,而这种方法有可能被看作是安全攻击的一部分,所以存在着风险。因此,MSH Ping 消息的接收方如果认为所收到消息的发送方未被授权或是某种攻击的一部分,则可忽略该消息。导致这一做法的决策过程与实施系统有关。

### 6.4 MessageOrder 模块

MessageOrder(消息顺序)模块允许按照一个特定的顺序将消息提交给接收方。这是通过使用 MessageOrder 元素来实现的。当 MessageOrder 元素存在时,就必须使用可靠消息传输。

MessageOrder 模块必须只与含有一个"Once-And-Only-Once(一次且只有一次)"的配置(见 6.1.6)的 ebXML 可靠消息传输模块(见 6.1)结合起来使用。如果向接收方 MSH 发送了一系列消息,而其中一个消息未能到达,则后续的所有消息也将不能被提交至接收方应用程序(见 6.4.1.1 关于 status 属性部分)。

#### 6.4.1 MessageOrder 元素

MessageOrder 元素是一个请求保存会话中消息顺序的 SOAP Header 的可选扩展。

MessageOrder 元素包括下列属性和元素:

a) 一个 id 属性(详见 5.1.3.7);

b) 一个 version 属性(详见 5.1.3.8);

c) 一个值为"1"的 SOAP mustUnderstand 属性(详见 5.1.3.9);

d) 一个 SequenceNumber 元素。

当 MessageOrder 元素存在时,DuplicateElimination 也一定存在,而 SyncReply 一定不存在。

##### 6.4.1.1 SequenceNumber 元素

必备型元素 SequenceNumber(序列号)指出了接收 MSH 处理消息的顺序。在 ConversationId 和 MSH 中,SequenceNumber 是唯一的。与 ConversationId 中的发送 MSH 一样,发送方 MSH 和接收方 MSH 各自设置一个独立的 SequenceNumber。将会话中由发送 MSH 发送的第一条消息的 SequenceNumber 设置为零,然后对随后发送的每个消息都增加"1"。

对于接收含有 SequenceNumber 元素的消息的一个 MSH,只有当含有比该消息小的 SequenceNumber 的所有消息被传送到应用程序后,它才能将消息传送到应用程序。

如果消息序列超出了实施系统定义的保存序列的限制,则接收 MSH 必须向发送 MSH 指出发送失败,并将 errorCode 设置为 DeliveryFailure,将 severity 设置为 Error(详见 5.3.1.5)。

对于 ConversationId 中由 MSH 发送的每一个准备好的应用程序的消息,SequenceNumber 元素都是一个由发送 MSH 递增的整数值(例如:0,1,2,3,4)。99999999 增加后的下一个值是"0"。SequenceNumber 的值由 0～99999999 范围内的 ASCII 数字组成。在下列情况中,SequenceNumber 取值为"0":

a) 来自发送 MSH 的会话中的第一个消息;

b) 由发送 MSH 重置 SequenceNumber 信息后的第一个消息;

c) 环绕(99999999 后的下一个值)后的第一个消息。

SequenceNumber 元素有一个单独的属性:status。该属性是枚举类型,它应具有下列值之一:

a) Reset——重置 SequenceNumber,如上面情况 a)或 b)中所示;

b) Continue——SequenceNumber 连续增加(包括上面所述的情况 c))。

当 SequenceNumber 因为上面的情况 a)和 b)而被设置为 0 时,发送 MSH 必须将消息的 status 属性设置为 Reset。在其他所有的情况(包括上面所述的情况 c))中,status 属性必须设置为 Continue。status 属性的缺省值为 Continue。

发送 MSH 直到接收到用于会话的、对先前发送的所有消息的确认后,才可以重设会话的 SequenceNumber。只有对所有已发送消息进行计数后,发送 MSH 才可以重设 SequenceNumber。

6.4.1.2 **MessageOrder 范例**

下面给出了 MessageOrder 元素的一个例子:

```
<eb:MessageOrder eb:version="2.0" SOAP:mustUnderstand="1">
    <eb:SequenceNumber>00000010</eb:SequenceNumber>
</eb:MessageOrder>
```

6.4.2 **MessageOrder 元素交互**

对于本部分的当前版本,MessageOrder 元素一定不能与 SyncReply 元素共存。如果在接收的同一个消息中包含这两个元素,则接收 MSH 应报告一个含有 errorCode 设置为 Inconsistent 和 severity 设置为 Error 的报告错误的消息(见 5.3.1.5)。

6.5 **逐跳模块**

逐跳是指通过一个或多个中间节点或 MSH 节点来传输消息的处理过程。中间节点指接收消息的任意节点或 MSH,但不包括发送 MSH 和接收 MSH。这样的节点被称为中间点。

中间点可以用于存储和转发,或者也可用于某些诸如值得信任的第三方时戳服务的处理活动。因此,在本部分的当前版本中,中间点只是存储和转发的实体。

删除和增加指向 Next SOAP 节点或 NextMSH 的 SOAP 扩展元素或模块,都可能涉及到中间点。SOAP 规则规定接收节点必须删除指向 Next SOAP 节点的任何元素或模块。如果该元素或模块需要继续出现在被指定为通往 Next SOAP 节点或在本部分中的 NextMSH 的 SOAP 消息中,则它必须被重新应用。对于已签名的 ebXML 消息,删除和增加元素或模块都会造成潜在的困难。所有中间节点或 MSH 一定不能改变、格式化或以任何方式修改没有指向中间点的任何元素。任何这样的改变都可能使签名无效。

6.5.1 **逐跳可靠消息传输**

可使用 AckRequested 元素(见 6.1.3.1)和包含一个 Acknowledgment 元素(见 6.1.3.1.4)的确认消息完成逐跳(跳-跳)可靠消息传输。其中每个 Acknowledgment 元素都包含一个指向位于发送 MSH 和接收 MSH 之间的 Next MSH(见 5.1.3.10)的 SOAP actor。它可以用于存储和转发逐跳的情况。

对于中间节点不要求使用删除重复机制。因为中间 MSH 使用删除重复机制会妨碍端到端的可靠消息传输重试,因此中间 MSH 必须知道它是一个中间点,并且一定不能执行重复删除任务。

这时,中间 MSH 间的 Retries 和 RetryInterval 值仍保持为实施系统的规定值。可靠消息传输详见 6.1。

6.5.1.1 **AckRequested 范例**

下面给出了指向 NextMSH 的 AckRequested 元素的一个例子:

```
<eb:AckRequested SOAP:mustUnderstand="1" eb:version="2.0" eb:signed="false"
    SOAP:actor="urn:oasis:names:tc:ebxml-msg:actor:nextMSH"/>
```

在上面的例子中,向消息中的下一个 ebXML MSH 节点(见 5.1.3.10)请求一个确认消息。生成的 Acknowledgment 元素必须通过使用值为 NextMSH(见 5.1.3.10)的 SOAP actor 指向反向的消息路径的下一个 ebXML MSH 节点(发送 MSH)。

接收带有 SOAP actor 值为 NextMSHAckRequested 的任意中间点在消息被转发到 Next MSH 之前必须删除该 AckRequested 元素。任意中间点都可以将单个 AckRequested 元素插入到含有值为 NextMSH 的 SOAP actor 的 SOAP Header 中。不应出现两个 AckRequested 元素指向下一个 MSH 的情况。

当 SyncReply 元素存在时,含有值为 NextMSH 的 SOAP actor 的 AckRequested 元素一定不存在。如果 SyncReply 元素不存在,则中间点可以使用同步传输协议同步返回一个中间确认消息。如果在接收到的同一个消息中包含这两个元素,则接收 MSH 应报告一个 errorCode 为 Inconsistent 和 severity

为 Error 的错误(见 5.3.1.5)。

#### 6.5.1.2 Acknowledgment 范例

下面给出了指向 NextMSH 的 Acknowledgment 元素的一个例子：

```
<eb:Acknowledgment SOAP:mustUnderstand="1" eb:version="2.0"
    SOAP:actor="urn:oasis:names:tc:ebxml-msg:actor:nextMSH">
  <eb:Timestamp>2001-03-09T12:22:30</eb:Timestamp>
  <eb:RefToMessageId>323210:e52151ec74:-7ffc@xtacy</eb:RefToMessageId>
  <eb:From> <eb:PartyId>uri:www.example.com</eb:PartyId> </eb:From>
</eb:Acknowledgment>
```

#### 6.5.1.3 逐跳确认

在同一条消息中可以有两个 AckRequested 元素。对于每个 AckRequested 元素(将同一个 SOAP actor 属性用作 AckRequested 元素),都必须发送一个 Acknowledgment 元素。

如果接收 MSH 是接收方 MSH,则见 6.1.5.2。如果接收 MSH 是接收方 MSH 并且有一个 AckRequested 元素指向下一个 MSH(接收方 MSH 起着两种角色的作用),则接收 MSH 执行生成确认消息的两种程序(见本条与 6.1.5.2)。这样就可以要求对同一个消息发送两个 Acknowledgment 元素,其中一个指向下一个 MSH,另一个指向接收方 MSH。

在同一个消息或不同消息中,可以有多个从下一个 MSH 或从接收方 MSH 返回的 Acknowledgment 元素。根据 actor,支持逐跳的 MSH 必须能够区分出哪一个 Acknowledgment 被返回及其产生的相应作用。

如果是一个按照 6.1 定义的确认消息,则其具有如下特点：

a) 在持久存储器中查找具有与所接收消息的 RefToMessageId 值相同的 MessageId 的消息;

b) 如果在持久存储器中发现了一条消息,则将该持久消息标记为已发送。

如果存在一个 AckRequested 元素(不是一个 Acknowledgment 消息),则在响应中生成一个确认消息(可能是其他消息的一部分)。只有在消息已经被持久保存或发送到下一个 MSH 的情况下,接收 MSH 才能发送确认消息。

#### 6.5.1.4 逐跳确认消息的签名

当请求一个已签名的中间确认消息(即含有一个 SOAP actor 为 NextMSH 的已签名确认消息)时,该确认消息必须被单独发送,而不与任何其他消息绑定在一起。按照 5.3.1.3 中所描述的,含有 Transforms 的、符合[XMLDSIG]的 Signature 元素应不包括 Acknowledgment 元素。为了发送一条含有 SOAP actor 为 NextMSH 的已签名确认消息,需要创建一个无负载消息。该消息包含单个 Acknowledgment 元素(见 6.1.3.2.6)与一个含有如下 Transforms 的、符合[XMLDSIG]的 Signature 元素：

```
<Transforms>
  <Transform Algorithm="http://www.w3.org/2000/09/xmldsig#enveloped-signature"/>
  <Transform Algorithm="http://www.w3.org/TR/2001/REC-xml-c14n-20010315"/>
</Transforms>
```

#### 6.5.1.5 逐跳安全策略

SOAP 消息传输允许中间点增加或删除指向中间点的元素。由于对 SOAP Envelope 的任何特性或负载的最小改变都可能会改变计算出的摘要而使 ds:Signature 失效,因此这种情况与端到端签名之间具有潜在的冲突。除非中间点包含一个值为 next 或 nextMSH 的 SOAP actor,否则它们一定不能增加或删除元素。除了那些被添加或删除的元素之外,中间节点一定不能打乱空白空间——包括行结束符(CR/LF)、制表符、空格符等。

### 6.5.2 消息排序与逐跳

按照 6.4 的规定,中间 MSH 节点一定不能参与消息顺序处理。

# 附 录 A
## （规范性附录）
## ebXML SOAP 扩展元素模式

OASIS ebXML 消息传输技术委员会给出了 SOAP1.1 信封模式版本，该版本使用符合[XMLSchema]的模式词汇。

SOAP1.1 见 http://www.oasis-open.org/committees/ebxml-msg/schema/envelope.xsd

制定一个符合[XMLSchema]的 XLINK[XLINK]属性词汇模式是必要的。该模式参考了 ebXML SOAP 扩展元素模式，并在下面的 URI 中可以获得：

http://www.oasis-open.org/committees/ebxml-msg/schema/xlink.xsd

```
<?xml version="1.0" encoding="UTF-8"?>
<!--Some parsers may require explicit declaration of xmlns:xml="http://www.w3.org/XML/
  1998/namespace".
  In that case, a copy of this schema augmented with the above declaration should be cached and
used for the purpose of schema validation on ebXML messages. -->
<schema targetNamespace="http://www.oasis-open.org/committees/ebxml-msg/schema/msg-
header-2_0.xsd"
  xmlns:tns="http://www.oasis-open.org/committees/ebxml-msg/schema/msg-header-2_0.xsd"
  xmlns:ds="http://www.w3.org/2000/09/xmldsig#"
  xmlns:xlink="http://www.w3.org/1999/xlink"
  xmlns:soap="http://schemas.xmlsoap.org/soap/envelope/"
  xmlns="http://www.w3.org/2001/XMLSchema"
  elementFormDefault="qualified"
  attributeFormDefault="qualified"
  version="2.0">
  <import namespace="http://www.w3.org/2000/09/xmldsig#"
    schemaLocation="http://www.w3.org/TR/xmldsig-core/xmldsig-core-schema.xsd"/>
  <import namespace="http://www.w3.org/1999/xlink"
    schemaLocation="http://www.oasis-open.org/committees/ebxml-msg/schema/xlink.xsd"/>
  <import namespace="http://schemas.xmlsoap.org/soap/envelope/"
    schemaLocation="http://www.oasis-open.org/committees/ebxml-msg/schema/envelope.xsd"/>
  <import namespace="http://www.w3.org/XML/1998/namespace"
    schemaLocation="http://www.w3.org/2001/03/xml.xsd"/>
  <!-- MANIFEST, for use in soap:Body element -->
  <element name="Manifest">
    <complexType>
      <sequence>
        <element ref="tns:Reference" maxOccurs="unbounded"/>
        <any namespace="##other" processContents="lax" minOccurs="0" maxOccurs="un-
        bounded"/>
      </sequence>
```

```
    <attributeGroup ref="tns:bodyExtension.grp"/>
  </complexType>
</element>
<element name="Reference">
  <complexType>
    <sequence>
      <element ref="tns:Schema" minOccurs="0" maxOccurs="unbounded"/>
      <element ref="tns:Description" minOccurs="0" maxOccurs="unbounded"/>
      <any namespace="##other" processContents="lax" minOccurs="0" maxOccurs="un-
      bounded"/>
    </sequence>
    <attribute ref="tns:id"/>
    <attribute ref="xlink:type" fixed="simple"/>
    <attribute ref="xlink:href" use="required"/>
    <attribute ref="xlink:role"/>
    <anyAttribute namespace="##other" processContents="lax"/>
  </complexType>
</element>
<element name="Schema">
  <complexType>
    <attribute name="location" type="anyURI" use="required"/>
    <attribute name="version" type="tns:non-empty-string"/>
  </complexType>
</element>
<! -- MESSAGEHEADER, for use in soap:Header element -->
<element name="MessageHeader">
  <complexType>
    <sequence>
      <element ref="tns:From"/>
      <element ref="tns:To"/>
      <element ref="tns:CPAId"/>
      <element ref="tns:ConversationId"/>
      <element ref="tns:Service"/>
      <element ref="tns:Action"/>
      <element ref="tns:MessageData"/>
      <element ref="tns:DuplicateElimination" minOccurs="0"/>
      <element ref="tns:Description" minOccurs="0" maxOccurs="unbounded"/>
      <any namespace="##other" processContents="lax" minOccurs="0" maxOccurs="un-
      bounded"/>
    </sequence>
    <attributeGroup ref="tns:headerExtension.grp"/>
  </complexType>
</element>
```

```
<element name="CPAId" type="tns:non-empty-string"/>
<element name="ConversationId" type="tns:non-empty-string"/>
<element name="Service">
  <complexType>
    <simpleContent>
      <extension base="tns:non-empty-string">
        <attribute name="type" type="tns:non-empty-string"/>
      </extension>
    </simpleContent>
  </complexType>
</element>
<element name="Action" type="tns:non-empty-string"/>
<element name="MessageData">
  <complexType>
    <sequence>
      <element ref="tns:MessageId"/>
      <element ref="tns:Timestamp"/>
      <element ref="tns:RefToMessageId" minOccurs="0"/>
      <element ref="tns:TimeToLive" minOccurs="0"/>
    </sequence>
  </complexType>
</element>
<element name="MessageId" type="tns:non-empty-string"/>
<element name="TimeToLive" type="dateTime"/>
<element name="DuplicateElimination">
</element>
<! -- SYNC REPLY, for use in soap:Header element -->
<element name="SyncReply">
  <complexType>
    <sequence>
      <any namespace="##other" processContents="lax" minOccurs="0" maxOccurs="un-
        bounded"/>
    </sequence>
    <attributeGroup ref="tns:headerExtension.grp"/>
    <attribute ref="soap:actor" use="required"/>
  </complexType>
</element>
<! -- MESSAGE ORDER, for use in soap:Header element -->
<element name="MessageOrder">
  <complexType>
    <sequence>
      <element ref="tns:SequenceNumber"/>
      <any namespace="##other" processContents="lax" minOccurs="0" maxOccurs="un-
```

```
        bounded"/>
      </sequence>
      <attributeGroup ref="tns:headerExtension.grp"/>
    </complexType>
  </element>
  <element name="SequenceNumber" type="tns:sequenceNumber.type"/>
  <! -- ACK REQUESTED, for use in soap:Header element -->
  <element name="AckRequested">
    <complexType>
      <sequence>
        <any namespace="##other" processContents="lax" minOccurs="0" maxOccurs="un-
          bounded"/>
      </sequence>
      <attributeGroup ref="tns:headerExtension.grp"/>
      <attribute ref="soap:actor"/>
      <attribute name="signed" type="boolean" use="required"/>
    </complexType>
  </element>
  <! -- ACKNOWLEDGMENT, for use in soap:Header element -->
  <element name="Acknowledgment">
    <complexType>
      <sequence>
        <element ref="tns:Timestamp"/>
        <element ref="tns:RefToMessageId"/>
        <element ref="tns:From" minOccurs="0"/>
        <element ref="ds:Reference" minOccurs="0" maxOccurs="unbounded"/>
        <any namespace="##other" processContents="lax" minOccurs="0" maxOccurs="un-
          bounded"/>
      </sequence>
      <attributeGroup ref="tns:headerExtension.grp"/>
      <attribute ref="soap:actor"/>
    </complexType>
  </element>
  <! -- ERROR LIST, for use in soap:Header element -->
  <element name="ErrorList">
    <complexType>
      <sequence>
        <element ref="tns:Error" maxOccurs="unbounded"/>
        <any namespace="##other" processContents="lax" minOccurs="0" maxOccurs="un-
          bounded"/>
      </sequence>
      <attributeGroup ref="tns:headerExtension.grp"/>
      <attribute name="highestSeverity" type="tns:severity.type" use="required"/>
```

```
    </complexType>
  </element>
  <element name="Error">
    <complexType>
      <sequence>
        <element ref="tns:Description" minOccurs="0"/>
        <any namespace="##other" processContents="lax" minOccurs="0" maxOccurs="un-
          bounded"/>
      </sequence>
      <attribute ref="tns:id"/>
      <attribute name="codeContext" type="anyURI"
          default="urn:oasis:names:tc:ebxml-msg:service:errors"/>
      <attribute name="errorCode" type="tns:non-empty-string" use="required"/>
      <attribute name="severity" type="tns:severity.type" use="required"/>
      <attribute name="location" type="tns:non-empty-string"/>
      <anyAttribute namespace="##other" processContents="lax"/>
    </complexType>
  </element>
  <!-- STATUS RESPONSE, for use in soap:Body element -->
  <element name="StatusResponse">
    <complexType>
      <sequence>
        <element ref="tns:RefToMessageId"/>
        <element ref="tns:Timestamp" minOccurs="0"/>
        <any namespace="##other" processContents="lax" minOccurs="0" maxOccurs="un-
          bounded"/>
      </sequence>
      <attributeGroup ref="tns:bodyExtension.grp"/>
      <attribute name="messageStatus" type="tns:messageStatus.type" use="required"/>
    </complexType>
  </element>
  <!-- STATUS REQUEST, for use in soap:Body element -->
  <element name="StatusRequest">
    <complexType>
      <sequence>
        <element ref="tns:RefToMessageId"/>
        <any namespace="##other" processContents="lax" minOccurs="0" maxOccurs="un-
          bounded"/>
      </sequence>
      <attributeGroup ref="tns:bodyExtension.grp"/>
    </complexType>
  </element>
  <!-- COMMON TYPES -->
```

```
<complexType name="sequenceNumber.type">
  <simpleContent>
    <extension base="nonNegativeInteger">
      <attribute name="status" type="tns:status.type" default="Continue"/>
    </extension>
  </simpleContent>
</complexType>
<simpleType name="status.type">
  <restriction base="NMTOKEN">
    <enumeration value="Reset"/>
    <enumeration value="Continue"/>
  </restriction>
</simpleType>
<simpleType name="messageStatus.type">
  <restriction base="NMTOKEN">
    <enumeration value="UnAuthorized"/>
    <enumeration value="NotRecognized"/>
    <enumeration value="Received"/>
    <enumeration value="Processed"/>
    <enumeration value="Forwarded"/>
  </restriction>
</simpleType>
<simpleType name="non-empty-string">
  <restriction base="string">
    <minLength value="1"/>
  </restriction>
</simpleType>
<simpleType name="severity.type">
  <restriction base="NMTOKEN">
    <enumeration value="Warning"/>
    <enumeration value="Error"/>
  </restriction>
</simpleType>
<! -- COMMON ATTRIBUTES and ATTRIBUTE GROUPS -->
<attribute name="id" type="ID"/>
<attribute name="version" type="tns:non-empty-string"/>
<attributeGroup name="headerExtension.grp">
  <attribute ref="tns:id"/>
  <attribute ref="tns:version" use="required"/>
  <attribute ref="soap:mustUnderstand" use="required"/>
  <anyAttribute namespace="##other" processContents="lax"/>
</attributeGroup>
<attributeGroup name="bodyExtension.grp">
```

```
    <attribute ref="tns:id"/>
    <attribute ref="tns:version" use="required"/>
    <anyAttribute namespace="##other" processContents="lax"/>
  </attributeGroup>
  <!-- COMMON ELEMENTS -->
  <element name="PartyId">
    <complexType>
      <simpleContent>
        <extension base="tns:non-empty-string">
          <attribute name="type" type="tns:non-empty-string"/>
        </extension>
      </simpleContent>
    </complexType>
  </element>
  <element name="To">
    <complexType>
      <sequence>
        <element ref="tns:PartyId" maxOccurs="unbounded"/>
        <element name="Role" type="tns:non-empty-string" minOccurs="0"/>
      </sequence>
    </complexType>
  </element>
  <element name="From">
    <complexType>
      <sequence>
        <element ref="tns:PartyId" maxOccurs="unbounded"/>
        <element name="Role" type="tns:non-empty-string" minOccurs="0"/>
      </sequence>
    </complexType>
  </element>
  <element name="Description">
    <complexType>
      <simpleContent>
        <extension base="tns:non-empty-string">
          <attribute ref="xml:lang" use="required"/>
        </extension>
      </simpleContent>
    </complexType>
  </element>
  <element name="RefToMessageId" type="tns:non-empty-string"/>
  <element name="Timestamp" type="dateTime"/>
</schema>
```

# 附 录 B
# （规范性附录）
# 通信协议绑定

## B.1 引言

本部分的目的之一就是设计一种可用于各种网络和应用层传输协议的消息处理服务。这些协议作为ebXML消息的“载体”为两个参与方之间执行一个完整的ebXML消息交换提供必要的、最基本的服务。应用层传输协议的例子如HTTP、FTP、JMS和SMTP等。网络传输协议的例子如TCP与SNA/LU6.2等。传输协议对数据内容、处理行为、错误处理与报告的支持是不同的。例如，习惯上在HTTP中以未经处理的方式发送二进制数据。然而，在SMTP的情况中，习惯上用7位制表示法对二进制数据进行编码。HTTP既能进行同步消息交换，又能进行异步消息交换，但是通过SMTP进行的消息交换是异步的。本附录描述了通过特定传输协议实施抽象的ebXML消息处理服务所需的技术细节。

本附录规定了执行符合下列通信协议的ebXML消息的通信协议绑定和技术细节：

a) 超文本传输协议[RFC2616]，可以以同步和异步形式进行传输；

b) 简单邮件传输协议[RFC2821]，只能以异步形式进行传输。

## B.2 HTTP协议

### B.2.1 HTTP协议的最低要求

必须使用HTTP1.1[RFC2616]版本以上的协议。

### B.2.2 通过HTTP发送ebMS消息

即使有多个HTTP请求方法可用，但本部分只定义了通过HTTP发送ebXML消息的HTTP POST请求的用法。ebXML MSH的本体(如ebxmlhandler)可以是HTTP POST请求的一部分：

POST /ebxmlhandler HTTP/1.1

在通过HTTP发送之前，ebXML消息必须按照本部分进行编排。另外，该消息必须符合[RFC2616]规范的19.4中规定的HTTP特定的MIME规范格式约束。

HTTP协议本身支持8位制和二进制数据。因此在通过HTTP发送之前，用于ebXML消息的这些部分的传输编码是可选择的。然而，本部分并不排斥这些部分的内容、传输、编码(如base64编码方案)。

构成一个包含ebXML消息的HTTP消息的规则如下：

a) 含有ebXML消息信封中的相关参数，且带有Content-Type：Multipart/Related的MIME头必须以HTTP头的形式出现。

b) 所有其他组成ebXML消息信封的MIME头必须成为HTTP头的一部分。

c) 强制性的SOAPAction HTTP头字段必须也被包含在HTTP头中，并可以有一个“ebXML”值，即SOAPAction："ebXML"。

d) 其他使用MIME规范中定义的语义头(如＜内容-传输-编码＞)不能作为HTTP头出现。特别是“MIME-Version：1.0”的头一定不能作为HTTP头出现。然而，在HTTP1.1中定义的HTTP特定的类似的MIME头可以同HTTP规范中定义的语义一起使用。

e) 遵循ebXML消息信封的所有ebXML消息部分(包括MIME边界字符串)构成了HTTP实体。该实体包括SOAP Envelope和ebXML组成部分以及包括跟随MIME边界字符串的附件。

下面是HTTP POST ebXML服务消息的一个范例：

```
POST /servlet/ebXMLhandler HTTP/1.1
Host: www. example2. com
SOAPAction: "ebXML"
Content-type: multipart/related; boundary="BoundarY"; type="text/xml";
      start="<ebxhmheader111@example. com>"

--BoundarY
Content-ID: <ebxhmheader111@example. com>
Content-Type: text/xml

<? xml version="1. 0" encoding="UTF-8"? >
<SOAP:Envelope  xmlns:xlink="http://www. w3. org/1999/xlink"
        xmlns:xsi="http://www. w3. org/2001/XMLSchema-instance"
        xmlns:SOAP="http://schemas. xmlsoap. org/soap/envelope/"
        xmlns:eb="http://www. oasis-open. org/committees/ebxml-msg/schema/msg-header-2_0. xsd"
xsi:schemaLocation="http://schemas. xmlsoap. org/soap/envelope/
          http://www. oasis-open. org/committees/ebxml-msg/schema/envelope. xsd
          http://www. oasis-open. org/committees/ebxml-msg/schema/msg-header-2_0. xsd
          http://www. oasis-open. org/committees/ebxml-msg/schema/msg-header-2_0. xsd">
<SOAP:Header>
  <eb:MessageHeader SOAP:mustUnderstand="1" eb:version="2. 0">
    <eb:From>
      <eb:PartyId>urn:duns:123456789</eb:PartyId>
    </eb:From>
    <eb:To>
      <eb:PartyId>urn:duns:912345678</eb:PartyId>
    </eb:To>
    <eb:CPAId>20001209-133003-28572</eb:CPAId>
    <eb:ConversationId>20001209-133003-28572</eb:ConversationId>
    <eb:Service>urn:services:SupplierOrderProcessing</eb:Service>
    <eb:Action>NewOrder</eb:Action>
    <eb:MessageData>
      <eb:MessageId>20001209-133003-28572@example. com</eb:MessageId>
      <eb:Timestamp>2001-02-15T11:12:12</eb:Timestamp>
    </eb:MessageData>
  </eb:MessageHeader>
</SOAP:Header>
<SOAP:Body>
  <eb:Manifest eb:version="2. 0">
    <eb:Reference xlink:href="cid:ebxmlpayload111@example. com"
        xlink:role="XLinkRole"   xlink:type="simple">
      <eb:Description xml:lang="en-US">Purchase Order 1</eb:Description>
    </eb:Reference>
```

```
  </eb:Manifest>
</SOAP:Body>
</SOAP:Envelope>

--BoundarY
Content-ID: <ebxmlpayload111@example.com>
Content-Type: text/xml

<?xml version="1.0" encoding="UTF-8"?>
<purchase_order>
  <po_number>1</po_number>
  <part_number>123</part_number>
  <price currency="USD">500.00</price>
</purchase_order>

--BoundarY--
```

**B.2.3 HTTP 响应代码**

一般来说，为了返回 HTTP 层响应代码，通过 HTTP 进行通信的语义必须遵循[RFC2616]中的规定。当接收 HTTP 实体成功地接收到一个已被发送的 HTTP 消息时，必须返回一个 2xx 码。然而，对于 SOAP 错误的情况见下面内容。同样地，相应于 3xx、4xx、5xx 的情况，可以返回在其范围内的其他 HTTP 代码。但是，在处理 ebXML 消息时遇到的错误情形必须使用本部分中定义的错误机制进行报告。

**B.2.4 SOAP 错误情况和同步交换**

SOAP 1.1 规范规定：

"在 SOAP HTTP 服务器处理请求时，如果出现 SOAP 错误，则服务器必须发布一个'HTTP 500 Internal Server Error'响应，并且在该响应中包含一个指出了 SOAP 处理错误的 SOAP Fault 元素的 SOAP 消息"。

然而，SOAP1.1 规范的范围只局限于通过 HTTP 进行消息交换的同步方式，而本部分对通过 HTTP 进行消息交换的同步和异步方式都作了规定。因此，对于消息交换的同步方式，必须遵循 SOAP1.1 规范，而包含一个指出了 SOAP 处理错误的 SOAP Fault 元素的 SOAP 消息必须返回一个响应代码为"HTTP 500 Internal Server Error"的 HTTP 响应。当使用消息交换的异步方式且消息被成功接收时，必须返回一个在 2xx 范围内的 HTTP 响应代码，且任何错误情况(包括 SOAP 错误)必须通过单独的 HTTP Post 返回。

**B.2.5 同步与异步的对比**

当使用同步传输时，应通过与返回请求相同的 HTTP 连接，返回一个包含上述适合的 HTTP 响应代码的 MSH 响应消息。当 syncReplyMode 参数设置为一个非 none 的值时，如果存在一个应用程序的响应消息，则该消息也应通过与返回请求相同的 HTTP 连接返回，而不使用一个独立的 HTTP Post 请求。如果 syncReplyMode 值为 none，则对 HTTP Post 的响应必须返回一个 HTTP 响应，该 HTTP 响应包含 B.2.3 定义的响应代码以及一个空 HTTP 体。

**B.2.6 访问控制**

实施者可以使用访问控制机制来保护它们的 ebXML MSH 免受未经授权的访问。在符合[RFC2617]的"HTTP Authentication:Basic and Digest Access Authentication"中描述的 HTTP 访问认证过程定义了访问控制机制，以保护 ebXML MSH 免受未经授权的访问。

当使用访问控制时，实施者可支持[RFC2617]中定义的所有的访问控制模式，包括[RFC2617]中的第 2 节描述的基本认证机制。

在本部分中，使用对访问控制的基本认证的实施者也应使用 B.2.7 规定的通信协议层安全性。

**B.2.7 机密性和传输协议层安全性**

ebXML MSH 可以使用传输层加密技术来保护 ebXML 消息和 HTTP 传输头的机密性。IETF 传输层安全规范 TLS[RFC2246]给出了 ebXML MSH 可能用到的技术细节和允许使用的选项列表。按照 TLS[RFC2246]中附录 E 的定义，ebXML MSH 必须能够对 SSL[SSL3]的向下兼容方式进行操作。

ebXML MSH 可以使用 TLS[RFC2246]中规定的任意一种加密算法和密钥长度。ebXML MSH 至少应支持[SSL3]向下兼容必需的密钥长度和算法。

ebXML MSH 允许使用 40 位加密密钥/算法。建议使用更强的加密密钥/算法。

TLS[RFC2246]与 SSL[SSL3]要求使用服务器方的数字证书，但也允许使用基于客户方证书的认证。所有的 ebXML MSH 必须支持分层次的和对等的或直接信托的信任模型。

## B.3 SMTP 协议

SMTP 规范[RFC2821]通常是指 Internet 电子邮件。经过几年的时间，该规范已经被其他规范扩展了。这些规范对该规范的附加功能"顶部分层(layered on top)"进行了定义。这些规范包括：

a) 多用途 Internet 邮件扩展(MIME)[RFC2045]、[RFC2046]、[RFC2387]；

b) SMTP 认证服务扩展[RFC2554]；

c) 通过 TLS 的 SMTP 安全服务扩展[RFC2487]。

一般来说，Internet 电子邮件实施系统由两个"代理"类型组成：

a) 消息传输代理(MTA)：利用代表 MUA 的其他 MTA 发送和接收邮件消息的程序。Microsoft Exchange Server 就是一个 MTA 的例子。

b) 邮件用户代理(MUA)：用来构建电子邮件消息并与发送/检索邮件消息的 MTA 进行通信的电子邮件程序。Microsoft Outlook 就是一个 MUA 的例子。

MTA 经常作为"邮件网络中心"，可为几百个甚至更多的 MUA 提供服务。

MUA 负责按照上面确定的 Internet 电子邮件规范构建电子邮件消息。本附录从 MUA 的角度对通过 eMail 传输 ebXML 消息的"绑定"进行了描述。但未尝试从 MTA 的角度对通过 SMTP 进行的 ebXML 消息交换的绑定进行定义。

**B.3.1 所支持协议的最低要求**

简单邮件传输协议[RFC2821]

MIME[RFC2045]与[RFC2046]

Multipart/Related MIME[RFC2387]

**B.3.2 通过 SMTP 发送 ebXML 消息**

在通过 SMTP 发送消息之前，ebXML 消息必须按照本部分的规定进行编排。另外，消息必须符合 MIME [RFC2045]、[RFC2046]和[RFC2387]中规定的语法、格式和编码规则。

参与方要求通过 email 传输的多种数据类型按照 8 位字符或二进制进行表示。这些数据不能通过 SMTP [RFC2821]进行传输，因为邮件消息严格限制只能使用 7 位 US-ASCII 数据，且数据中语句的字符(包括后面所有的 CRLF 语句分隔符)不能超过 1 000 个。如果发送 MSH 知道接收 MTA 或任何一个中间点的 MTA 被限制为 7 位数据，则那些使用 8 位(或二进制)表示法的任何文档部分必须按照 MIME [RFC2045]中第 6 节规定的编码规则进行"转化"。如果 MSH 知道接收 MTA 和所有中间点 MTA 能够处理 8 位数据，则对于 ebXML 消息的任何部分都不需要进行转化。

构成一个通过 SMTP 传输的 ebXML 消息的规则如下：

a) 如果使用限制传输路径的 SMTP[RFC2821]，则按照 MIME[RFC2045]的第 6 节中定义的编码规则，对所有将在 ebXML 消息中传输的 8 位数据进行转换编码。在已经转换(编码)的、任何体部分的 MIME 信封部分中必须包括 MIME 头的<内容-转换-编码>。

b) 含有 ebXML 消息信封中的相关参数，且 Content-Type：Multipart/Related 的 MIME 头必须以 eMail MIME 头的形式出现。

c) 所有组成 ebXML 消息信封的其他 MIME 头必须也是 eMail MIME 头的一部分。

d) SOAPAction MIME 头字段必须也能被包含在 eMail MIME 头中，并具有一个"ebXML"值，即：SOAPAction："ebXML"。

e) "MIME-Version：1.0"头必须以 eMail MIME 头的形式出现。

f) eMail 头"To："必须包括符合 SMTP[RFC2821]的 ebXML MSH 的 eMail 地址。

g) eMail 头"From："必须包括符合 SMTP[RFC2821]的 ebXML MSH 的 eMail 地址。

h) 按照 SMTP[RFC2821]构建一个"Date："eMail 头。

i) 符合 SMTP[RFC2821]和 MIME[RFC2045]的 eMail 消息头中可以出现其他的头，但 ebXML MSH 可以选择忽略这些元素。

下面为包含 ebXML 消息的 eMail 消息的一个简单例子：

```
From: ebXMLhandler@example.com
To: ebXMLhandler@example2.com
Date: Thu, 08 Feb 2001 19:32:11 CST
MIME-Version: 1.0
SOAPAction: "ebXML"
Content-type: multipart/related; boundary="BoundarY"; type="text/xml";
    start="<ebxhmheader111@example.com>"

  This is an ebXML SMTP Example

--BoundarY
Content-ID: <ebxhmheader111@example.com>
Content-Type: text/xml

<?xml version="1.0" encoding="UTF-8"?>
<SOAP:Envelope  xmlns:xlink="http://www.w3.org/1999/xlink"
  xmlns:xsi="http://www.w3.org/2001/XMLSchema-instance"
    xmlns:SOAP="http://schemas.xmlsoap.org/soap/envelope/"
    xsi:schemaLocation="http://schemas.xmlsoap.org/soap/envelope/
                   http://www.oasis-open.org/committees/ebxml-msg/schema/envelope.xsd">
<SOAP:Header
  xmlns:eb="http://www.oasis-open.org/committees/ebxml-msg/schema/msg-header-2_0.xsd"
  xsi:schemaLocation="http://www.oasis-open.org/committees/ebxml-msg/schema/msg-head
    er-2_0.xsd
    http://www.oasis-open.org/committees/ebxml-msg/schema/msg-header-2_0.xsd">
  <eb:MessageHeader SOAP:mustUnderstand="1" eb:version="2.0">
    <eb:From>
      <eb:PartyId>urn:duns:123456789</eb:PartyId>
    </eb:From>
```

```
    <eb:To>
      <eb:PartyId>urn:duns:912345678</eb:PartyId>
    </eb:To>
    <eb:CPAId>20001209-133003-28572</eb:CPAId>
    <eb:ConversationId>20001209-133003-28572</eb:ConversationId>
    <eb:Service>urn:services:SupplierOrderProcessing</eb:Service>
    <eb:Action>NewOrder</eb:Action>
    <eb:MessageData>
      <eb:MessageId>20001209-133003-28572@example.com</eb:MessageId>
      <eb:Timestamp>2001-02-15T11:12:12</eb:Timestamp>
    </eb:MessageData>
    <eb:DuplicateElimination/>
  </eb:MessageHeader>
</SOAP:Header>
<SOAP:Body
  xmlns:eb="http://www.oasis-open.org/committees/ebxml-msg/schema/msg-header-2_0.xsd"
  xsi:schemaLocation="http://www.oasis-open.org/committees/ebxml-msg/schema/msg-header-2_0.xsd
                      http://www.oasis-open.org/committees/ebxml-msg/schema/msg-header-2_0.xsd">
  <eb:Manifest eb:version="2.0">
    <eb:Reference xlink:href="cid:ebxmlpayload111@example.com"
          xlink:role="XLinkRole"
          xlink:type="simple">
        <eb:Description xml:lang="en-US">Purchase Order 1</eb:Description>
    </eb:Reference>
  </eb:Manifest>
</SOAP:Body>
</SOAP:Envelope>

--BoundarY
Content-ID: <ebxhmheader111@example.com>
Content-Type: text/xml

<? xml version="1.0" encoding="UTF-8"? >
<purchase_order>
  <po_number>1</po_number>
  <part_number>123</part_number>
  <price currency="USD">500.00</price>
</purchase_order>

--BoundarY-
```

**B.3.3 响应消息**

在 ebXML MSH 之间，包括错误和确认的所有 ebXML 响应消息都是异步传输的。每一个响应消息必须按照 B.3.2 中规定的规则进行构建。

所有的 ebXML MSH 必须能够接收由 MTA 发出的传输失败通知消息。接收传输失败通知消息的 MSH 应对消息进行检查以确定由该 MSH 发送的哪一个 ebXML 消息导致了消息传输失败。MSH 应标识出因发送有害消息而造成失败的应用程序。MSH 应尽力通知发生消息传输失败的应用程序。如果 MSH 不能确定有害消息的来源,则应通知 MSH 管理员。

如果 MSH 不能识别出接收到的消息是有效的 ebXML 消息还是传输失败的消息时,则应将不能识别的消息保存在"死信"文件夹中。

MSH 应设置一个审核记录的条目以说明每一个收到的消息的分布情况。

**B.3.4 访问控制**

实施者可使用访问控制机制来保护 ebXML MSH 免受未经授权的访问。在"SMTP 认证服务扩展"[RFC2554]中描述的 SMTP 访问认证过程定义了 ebXML 推荐的访问控制机制,用来保护基于 SMTP 的 ebXML MSH 免受未经授权的访问。

**B.3.5 机密性和传输协议层安全性**

ebXML MSH 可使用传输层加密技术来保护 ebXML 消息的机密性。IETF 的"通过 TLS 的 SMTP 安全服务扩展"规范[RFC2487]给出了可能用到的详细而明确的技术细节和允许使用的选项列表。

**B.3.6 SMTP 模型**

如图 B.1 所示,所有的 ebXML 消息作为 SMTP[RFC2821]邮件交换中的邮件被运载。

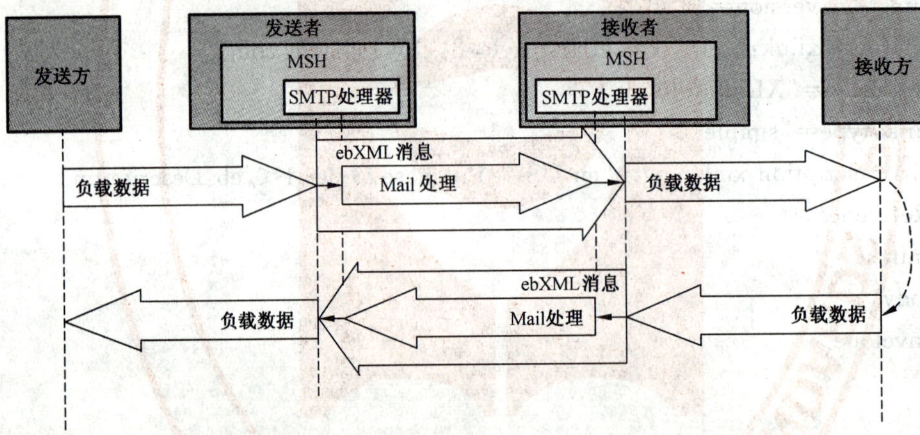


图 B.1 SMTP Mail 描述示意图

## B.4 可靠消息传输过程中的通信错误

当发送方或接收方检测到通信协议层错误(如 HTTP、SMTP 或 FTP 错误)且正在使用可靠消息传输,则相应的传输恢复处理器将执行恢复序列。只有当错误不可恢复时,才恢复进行可靠消息传输(见 6.1)。

# 附　录　C
## （规范性附录）
## 所支持的安全服务

一般的 ebMS 规范体系结构可以支持电子商务所需的所有安全服务。表 C.1 将 MSH 的安全服务组合在一个安全轮廓集合内。这些轮廓或轮廓组合体支持 ebXML 用户团体的特殊安全策略。由于 XML 安全规范还处于不成熟状态，本部分的当前版本只要求支持轮廓 0 和轮廓 1。这并不排除用户使用其他的安全特性来保护 ebXML 交换，但是使用任何非轮廓 0 和轮廓 1 的轮廓都不能保证双方之间的互操作性。

**表 C.1　MSH 安全服务组合轮廓**

| 存在于基线 MSH 中 | | 持久数字签名 | 非持久认证 | 持久签名收据 | 非持久完整性 | 持久机密性 | 非持久机密性 | 持久授权 | 非持久授权 | 可信时戳 | 轮　廓　描　述 |
|---|---|---|---|---|---|---|---|---|---|---|---|
| √ | 轮廓 0 | | | | | | | | | | 对数据没有应用安全服务 |
| √ | 轮廓 1 | √ | | | | | | | | | 发送 MSH 将 XML/DSIG 结构应用于消息中 |
| | 轮廓 2 | | √ | | | | | | √ | | 发送 MSH 对基于通信通道凭证的发送方进行认证，接收 MSH 对其进行授权 |
| | 轮廓 3 | | √ | | | | √ | | | | 发送 MSH 对传输数据的安全通道进行认证，MSH 之间协商确定传输数据的安全通道 |
| | 轮廓 4 | | √ | | √ | | | | | | 发送 MSH 对完整性检查进行认证，接收 MSH 使用通信协议执行完整性检查 |
| | 轮廓 5 | | √ | | | | | | | | 发送 MSH 只对通信通道进行认证（如通过 TCP/IP 的 SSL 3.0） |
| | 轮廓 6 | √ | | | | | √ | | | | 发送 MSH 将 XML/DSIG 结构应用于消息中，并在安全通信通道中传输 |
| | 轮廓 7 | √ | | √ | | | | | | | 发送 MSH 将 XML/DSIG 结构应用于消息中，接收 MSH 返回一个签名收据 |
| | 轮廓 8 | √ | | √ | | | √ | | | | 将轮廓 6 与轮廓 7 组合在一起 |
| | 轮廓 9 | √ | | | | | | | | √ | 将可信时戳应用于轮廓 5 |
| | 轮廓 10 | √ | | √ | | | | | | √ | 含有接收 MSH 返回的签名收据的轮廓 9 |
| | 轮廓 11 | √ | | | | | √ | | | √ | 接收 MSH 将可信时戳应用于轮廓 6 |
| | 轮廓 12 | √ | | √ | | | √ | | | √ | 接收 MSH 将可信时戳应用于轮廓 8 |
| | 轮廓 13 | √ | | | | √ | | | | | 发送 MSH 将 XML/DSIG 结构应用于消息中并采用机密性结构（XML 加密技术） |
| | 轮廓 14 | √ | | √ | | √ | | | | | 含有签名收据的轮廓 13 |
| | 轮廓 15 | √ | | √ | | | | | | √ | 发送 MSH 将 XML/DSIG 结构应用于消息中，并将可信时戳加到消息中，接收 MSH 返回签名收据 |
| | 轮廓 10 | √ | | | | √ | | | | √ | 将可信时戳应用于轮廓 10 |

表 C.1(续)

| 存在于基线MSH中 | | 持久数字签名 | 非持久认证 | 持久签名收据 | 非持久完整性 | 持久机密性 | 非持久机密性 | 持久授权 | 非持久授权 | 可信时戳 | 轮廓描述 |
|---|---|---|---|---|---|---|---|---|---|---|---|
| | 轮廓 17 | √ | | √ | | √ | | | | √ | 将可信时戳应用于轮廓 14 |
| | 轮廓 18 | √ | | | | | | √ | | | 发送 MSH 将 XML/DSIG 结构应用于消息中,并转发授权凭证[SAML] |
| | 轮廓 19 | √ | | √ | | | | √ | | | 接收 MSH 返回签名收据的轮廓 18 |
| | 轮廓 20 | √ | | √ | | | | √ | | √ | 将可信时戳应用于发送 MSH 消息的轮廓 19 |
| | 轮廓 21 | √ | | √ | | √ | | √ | | √ | 发送 MSH 使用机密性结构(XML 加密技术)的轮廓 19 |
| | 轮廓 22 | | | | | √ | | | | | 发送 MSH 在机密性结构(XML 加密技术)内封装消息 |

# 参 考 文 献

[1] [RFC2119] Key Words for use in RFCs to Indicate Requirement Levels, Internet Engineering Task Force, March 1997

[2] [RFC2045] Multipurpose Internet Mail Extensions (MIME) Part One: Format of Internet Message Bodies, N Freed & N Borenstein, Published November 1996

[3] [RFC2046] Multipurpose Internet Mail Extensions (MIME) Part Two: Media Types. N. Freed, N. Borenstein. November 1996

[4] [RFC2246] Dierks, T. and C. Allen, "The TLS Protocol", January 1999

[5] [RFC2387] The MIME Multipart/Related Content-type. E. Levinson. August 1998

[6] [RFC2396] Uniform Resource Identifiers (URI): Generic Syntax. T Berners-Lee, August 1998

[7] [RFC2402] IP Authentication Header. S. Kent, R. Atkinson. November 1998

[8] [RFC2487] SMTP Service Extension for Secure SMTP over TLS. P. Hoffman, January 1999

[9] [RFC2554] SMTP Service Extension for Authentication. J. Myers. March 1999

[10] [RFC2821] Simple Mail Transfer Protocol, J. Klensin, Editor, April 2001

[11] [RFC2616] Fielding, R., Gettys, J., Mogul, J., Frystyk, H., Masinter, L., Leach, P. and T. Berners-Lee, "Hypertext Transfer Protocol, HTTP/1.1", June 1999

[12] [RFC2617] Franks, J., Hallam-Baker, P., Hostetler, J., Lawrence, S., Leach, P., Luotonen, A., Sink, E. and L. Stewart, "HTTP Authentication: Basic and Digest Access Authentication", June 1999

[13] [SOAP] W3C-Draft-Simple Object Access Protocol (SOAP) v1.1, Don Box, DevelopMentor; David Ehnebuske, IBM; Gopal Kakivaya, Andrew Layman, Henrik Frystyk Nielsen, Satish Thatte, Microsoft; Noah Mendelsohn, Lotus Development Corp.; Dave Winer, UserLand Software, Inc.; W3C Note 08 May 2000

[14] [SOAPAttach] SOAP Messages with Attachments, John J. Barton, Hewlett Packard Labs; Satish Thatte and Henrik Frystyk Nielsen, Microsoft, Published Oct 09 2000

[15] [SSL3] A. Frier, P. Karlton and P. Kocher, "The SSL 3.0 Protocol", Netscape Communications Corp., Nov 18, 1996

[16] [UTF-8] UTF-8 is an encoding that conforms to ISO/IEC 10646

[17] [XLINK] W3C XML Linking Recommendation

[18] [XMLC14N] W3C Recommendation Canonical XML 1.0

[19] [XMLNS] W3C Recommendation for Namespaces in XML, World Wide Web Consortium, 14 January 1999

[20] [XMLDSIG] Joint W3C/IETF XML-Signature Syntax and Processing specification

[21] [XMLMedia] RFC 3023, XML Media Types. M. Murata, S. St. Laurent, January 2001

[22] [XPointer] XML Pointer Language (XPointer) Version 1.0, W3C Candidate Recommendation 11 September 2001

[23] [ebREQ] ebXML Requirements Specification, http://www.ebxml.org/specs/ebREQ.pdf, published 8 May 2001

[24] [ebGLOSS] ebXML Glossary, http://www.ebxml.org/specs/ebGLOSS.doc, published 11 May, 2001

[25] [PGP/MIME] RFC2015, "MIME Security with Pretty Good Privacy (PGP)", M. Elkins. October 1996

[26] [SAML] Security Assertion Markup Language, http://www.oasis-open.org/committees/security/docs/draft-sstc-use-strawman-03.html

[27] [S/MIME] RFC 2311, "S/MIME Version 2 Message Specification", S. Dusse, P. Hoffman, B. Ramsdell, L. Lundblade, L. Repka. March 1998

[28] [S/MIMEV3] RFC 2633 S/MIME Version 3 Message Specification. B. Ramsdell, Ed June 1999

[29] [secRISK] ebXML Technical Architecture Risk Assessment Technical Report, version 0.36 published 20 April 2001

[30] [XMLSchema] W3C XML Schema Recommendation,
http://www.w3.org/TR/2001/REC-xmlschema-0-20010502/
http://www.w3.org/TR/2001/REC-xmlschema-1-20010502/
http://www.w3.org/TR/2001/REC-xmlschema-2-20010502/